Holzfrei

Nr. 1 1953
S. 1—164 7. Januar

Chemisches Zentralblatt

Vollständiges Repertorium für alle Zweige der reinen und angewandten Chemie

Im Auftrage der Deutschen Akademie der Wissenschaften zu Berlin, der Akademie der Wissenschaften zu Göttingen und der Gesellschaft Deutscher Chemiker
herausgegeben von
Prof. Dr. Maximilian Pflücke

Chefredakteure: Dr. Eugen Klever und Prof. Dr. Maximilian Pflücke

124. Jahrgang

1953

Akademie-Verlag GmbH., Berlin — Verlag Chemie, GmbH., Weinheim/Bergstr.

Inhalt

Geschichte. Unterricht ... 1
A. Allgemeine und physikalische Chemie ... 2
A_1 Kernphysik und Kernchemie ... 2
A_2 Optisches Verhalten der Materie ... 8
A_3 Elektrizität. Magnetism. Elektrochem. 10
A_4 Thermodynamik. Thermochemie ... 15
A_5 Grenzschichtforschung. Kolloidchem. 17
A_6 Strukturforschung ... 18
A_7 Gleichgewichte. Kinetik ... 21
B. Anorganische Chemie ... 23
C. Mineralogische und geologische Chemie ... 26
D. Organische Chemie ... 27
D_1 Allgem. u. theoretische organ. Chemie 27
D_2 Präparat. organ. Chemie. Naturstoffe 35
Mono- und Oligosaccharide. Glykoside 58
Alkaloide ... 60
Natürliche Farbstoffe ... —
Terpene. Sapogenine ... 62
Sterine. Gallensäuren ... 62
Hormone. Vitamine. Enzyme ... 63
Antibiotica ... —
Andere Naturstoffe ... 66
D_3 Makromolekulare Chemie ... 68
E. Biologische Chemie. Physiologie. Medizin ... 71
E_1 Allgemeine Biologie und Biochemie. 71
E_2 Enzymologie. Gärung ... 72
E_3 Mikrobiolog. Bakteriolog. Immunolog. 74
E_4 Pflanzenchemie. Pflanzenphysiologie. Pflanzenpathologie ... 77
E_5 Tierchemie. Tierphysiologie. Tierpathologie ... 79
E_6 Pharmakologie. Therapie. Toxikologie. Hygiene ... 87
F. Pharmazie. Desinfektion ... 98
G. Analyse. Laboratorium ... 102
H. Angewandte Chemie ... 108
I. Allgemeine chemische Technologie .. 108
II. Feuerschutz. Rettungswesen ... 110
III. Elektrotechnik ... 110
IV. Wasser. Abwasser ... 111
V. Anorganische Industrie ... 112
VI. Silicatchemie. Baustoffe ... 115
VII. Agrikulturchemie. Schädlingsbekämpfung ... 118
VIII. Metallurgie. Metallographie. Metallverarbeitung ... 121
IX. Organische Industrie ... 127
X. Färberei. Organische Farbstoffe .. 131
XI. a) Farben. Anstriche. Lacke. Naturharze ... 133
b) Plaste (Kunstharze, Plastische Massen) ... 135
XII. Kautschuk. Guttapercha. Balata .. 137
XIII. Ätherische Öle. Parfümerie. Kosmetik ... 141
XIV. Zucker. Kohlenhydrate. Stärke ... 142
XV. Gärungsindustrie ... 143
XVI. Nahrungs-, Genuß- und Futtermittel 144
XVII. Fette. Seifen. Wasch- u. Reinigungsmittel. Wachse. Bohnermassen usw. 147
XVIII. a) Holz. Cellulose. Zellstoff. Papier. Papierdruck. Celluloid. Linoleum 149
b) Textilfasern ... 152
XIX. Brennstoffe. Erdöl. Mineralöle ... 156
XX. Schieß- u. Sprengstoffe. Zündmittel —
XXI. Leder. Gerbstoffe ... 160
XXII. Leim. Klebstoffe usw. ... 161
XXIII. Tinte. Hektographenmassen u. a. Spezialpräparate ... —
XXIV. Photographie ... 162

Bibliographien: 2. 8. 21. 26. 71. 72. 77. 87. 98. 102. 108. 109. 114. 121. 135. 141. 144. 146. 152. 156. 160. 162.

Buchbesprechungen: 127. 149. 152.

Namenregister

Abderhalden 79.
Abdullajew 14.
Abell 108.
Adam 13.
Adams, E. M. 98.
Adams, T. J. 13.
Adank 42.
Aguirre Santiago 77.
Air L'Liquide, Soc. An pour l'Étude et l'Exploitation des Procédes Georges Claude 108. 109.
Aitchison 119.
Akamatsu 74.
Akeley 7.
A. B. Raméns Patenter 151.
Albaum [72].
Albers 39.
Aldinger 115.
Allied Chemical & Dye Corp. 140.
Allied Laboratories, Inc. 109.
Allouf 107.
Almquist 74.
Ambrosen 6.
American Steel and Wire Co. 125.
American Zinc, Lead & Smelting Co. 113. 114.
Amis 30.
Anderson, B. W. 1.
Anderson, R. C. 16.
Anderson, T. F. 75.
Andronikova 17.
Angyal, C. L. 28.
Angyal, S. J. 28. 44.
Ans, D' 34.
Appel, O. [121].
Appel, W. D. 153.
Argersinger jr. 22.
Arnold 147.
Arnolds 82.
Arssenjewa-Heil 12.
Asmus [2].
Assali 83.
Atanasiu 118.
Aten jr. 21.
Atkinson 106.
Aunis 15.
Azérad 108.
Badelt 96.
Badische Anilin- & Soda-Fabrik 101. 113. 114. 117. 128. 129. 130. 133. 134.
Baes jr. 22.
Bakelite Corp. 137.
Ball, E. G. 73.
Ball, J. J. 104.
Balls 80.
Baloneff 95.
Bancroft, Joseph, & Sons Co. 132.
Bankston 116.
Barber 7.
Bardenheuer 121.
Barker 78.
Barrett 84.
Barron 107.
Barry-Wehmiller Machinery Co. 148.
Barss 92.
Barton-Wright [77].
Bass 138.
Bastiansen 30.
Bateman 123.
Bauer 19.
Baumgartner 28.
Baur 12.
Bayrische Stickstoff-Werke Akt.-Ges. 113.
B. B. Chemical Co. of Canada Ltd. 161.
Beal 86.
Beals 115.
Becher jr. 158.
Beck 90.
Beecher 92.
Beickert 90.
Belcher 106.
Belgraver 36.
Belinfante 2.
Belknap 97.
Bell 78.
Benckiser, Joh. A., G. m. b. H. Chemische Fabrik 130.
Benedett, De 4.
Bengle jr. 92.
Benk 127.
Beratungsstelle für Autogen-Technik e. V. 127.
Berets 30.
Berg 135.
Berger [102].
Bergner 133.
Bergwerksverband zur Verwertung von Schutzrechten der Kohlentechnik G. m. b. H. 128.
Berman 94.
Bernatek 42.
Bessey 84.
Besson 76.
Beutl 97.
Bick 60.
Biechteler 74.
Biermans 127.
Bilger 88.
Blackburn 87.
Blaedel 104.
Blanquet 142.
Bliss 91.
Blois jr. 20.
Blunck [121].
Boberg 53.
Bock 161.
Boericke 96.
Böttcher 119.
Bogaty 153.
Bogdanow 122.
Bohlmann 47.
Boley 6.
Bolt 140.
Bommert 92.
Booth, A. H. 31.
Booth, G. H. 34.
Borchers, Gebr., Akt.-Ges. 120.
Bottei 10.
Branch 32.
Brand 32.
Brandenberger [127]*.
Brandt 36.
Braun 74.
Braun-Falco 87. 92.
Brecht 150.
Breslin 110.
Brettschneider 88.
Briasco 141.
Bricker 106.
Bridgman 12.
Brieghel-Müller 143.
Briot 83.
British Celanese Ltd. 155.
Britton [127]*.
Brodie, B. B. 108.
Brodie, D. C. 93.
Brötz 154.
Brokaw 22.
Bronchel 36.
Broumand 25.
Brüggemann 83.
Brunel 77.
Brunel-Capelle 78.
Buchanan, A. S. 19.
Buchanan, L. B. 21.
Buchwald 135.
Buckley 20. 31.
Buckman Laboratories, Inc. 120.
Buffalo Electro Chemical Co., Inc. 151.
Bumiller 96.
Bungardt 122.
Bunji 122.
Burgers 19.
Burke 57.
Burket 70.
Burkhardt 23.
Burley 153.
Burns 15.
Burr jr. 47.
Butenandt 43.
Butler 119.
Butterworth 116.
Buu-Hoï 63.
Cameron 159.
Campanaro 47.
Campbell, A. N. 21.
Campbell, K. S. 153.
Campbell, T. W. 41.
Candié, von 148.
Caplan 7.
Carlson, S. 76.
Carlson, T. 8.
Carton 89.
Caspar 154.
Cassella Farbwerke Mainkur 101.
Caswell 6.
Cat, De 35.
Cattaneo 147.
Cavallo 7.
Cellit Oy. 117.
Cenci 100.
Cesare 147.
Charmandarian 17.
Chasowa 121.
Chatterjee 7.
Chédin 150.
Chemische Werke Albert 137.
Chen jr. 108.
Cheronis 131.
Cheston 3.
Chevenard 122.
Cheymol 93.
Chiorboli 27.
Chitrowa 138.
Chynoweth 8.
Ciba Akt.-Ges. 133. 151. 155.
Clark, J. S. 4.
Clark, O. W. 132.
Clauson 1.
Clay 4.
Clementschitsch 97.
Clemo 62. 77.
Cocconi 3.
Coe jr. 17.
Coli 124.
Collier 82.
Colson 156.
CommanditaireVennootschap I. C. Van der Velde-Hennig Franzen 112.
Cook, C. S. 5.
Cook, G. B. [8].
Cook, R. L. 115.
Cooley 16.
Cooper 73.
Coppens 8.
Coppinger 41.
Cordier 81.
Cottet 89.
Courson 20.
Courtaulds Ltd. 132.
Cousins 147.
Cowie 5. 6.
Cox 81.
Creischer 82.
Cresswell 154.
Cron 59.
Cross 115.
Cuban-American Sugar Co. 148.
Cunningham 106.
Czetsch-Lindenwald, V. 110.
Dainton 15.
Danly Machine Specialties, Inc. 109.
Danner 152.
Danysz 3.
Danzig 38.
Dassetto 124.
Daub 49.
Davis, E. B. 84.
Dawson, J. K. 13.
Dawson, W. 106.
Decker, R., u. H. Holz 128. 129.
Déjardin 104.
Delahay 13.
Demassieux 115.
Demeter [146].
Demidowa 121.
Denbigh 15.
Dengel 40.
Denizot 118.
Destriau 9.
Deutsche Gold- & Silber-Scheideanstalt, vormals Roessler 114. 125. 130. 151.
Deutsche Hydrierwerke A. G. 142.
Deutsche Shell Akt.-Ges. 140.
Dev 141.
DeVore 12.
De Witt 2.
Dialer 68.
Diamond Alkali Co. 148.
Diepschlag 121.
Diess 125.
Dijkman [141].
Dino 147.
Directie van de Staatsmijnen in Limburg 109.
Distillers Co. Ltd. 130.
Dittrich 71.
Dobrowsky 17.
Dobry 30.
Dönhardt 95.
Doering 981.
Doermann 75.
Dolak 157.
Dornbusch 135.
Dornow 53.
Dougherty 91.
Dow Chemical Co. 128. 136.
Drahowzal 33.
Drees [121].
Drews 143.
Dreyfus 151.
Driessche, Van den 146.
Driessen Mareeuw, van den 159.
Dripps 94.
Dry 153.
Dryden jr. 48.
Dürrwächter 126.
Dullaghan 48.
Duncan [8].
Dunicz 106.
Dunitz 31.
Dunlop Rubber Co. Ltd. 162.
Dunne 106.
Dupaix-Lasseur 76.
Du Pont de Nemours, E. I., & Co. 120. 131. 141.
Duvernoy 144.
Easterling 85.
Eastman Kodak Co. 136.
Ebnöther 66.
Eckel 106.
Edwards 26.
Effenberger 120.
Egger 146.
Eigen 16.
Einsele 12.
Eisenlohr [108].
Eisler 68.
Eisner 16.
Ekhoff 23.
Elder jr. 94.
El Ghoroury 73.
Elman 83.
Elvehjem 85.
Emeléus 36.

Emery 103.
Emmerich 142.
Emmrich [87].
Enders 93.
English Clays Lovering Pochin & Co. Ltd. 140.
Enzensberger 149.
Epstein 1.
Erlemann 82.
Erlenbach 101.
Erni 92.
Errera 71.
Erschler 14.
Esmay 56.
Estermann 15.
Everson, G. 84.
Everson, T. C. 92.
Evva 163.
Fabel [152].
Faber 117.
Fairhurst 121.
Fairlie 92.
Faldner 149.
Falkenhagen 10.
Fand 56.
Farbenfabriken Bayer 102. 114. 128. 130. 148. 161.
Farbwerke Hoechst, vormals Meister Lucius & Brüning 120. 128. 129. 131. 136. 151.
Farnsworth 68.
Farrar 65.
Faure 161.
Fekete 90.
Feld 4.
Ferm 49.
Fernandéz 77.
Fery 138.
Fettchemie und Fewa-Werk VEB 164.
Fiennes 89.
Fiess 70.
Finow Kupfer- und Messingwerke Akt.-Ges., vormals Casp. Noell 126.
Firestone Tire & Rubber Co. 152.
Firmenich & Cie., successeurs de la Soc. An. M. Naef & Cie. 142.
Fischer 21. 95
Fitzgerald 138.
Flygare 143.
Fonken 35.
Fontaine 80.
Fontana 147.
Forestal Land, Timber & Railways Co. Ltd. 161.
Forschungsgemeinschaft Dr. Kremers G. m. b. H. 146.
Foster, D. H. 150.
Foster, G. E. 99.
Fouret 110.
Fox 53. 54. 55.
Françon 103.
Franke, E. 124.
Franke, H. 89.
Frankel 26.
Fraser 104.
Freeman 94.
Freier 105.
Freiling 22.
Freitag 123.
French, A. B. 92.
French, W. E. 140.
Freter 75.
Frey 7.
Frisch 4.
Fristom 9.
Fritchle 1.
Fritschel 92.
Fritz 139.
Fritze 81.
Fröb 153.
Fruness 85.
Fruton 30.
Führer 141.
Fujikawa 144.
Fuller 111.
Fults 77.
Fuson, N. 27.
Fuson, R. C. 46.
Galamini, A. 80.
Galamini, M. 80.
Galland 76.
Galt 13.
Gardent 55.
Garrett 24.
Gastellu 160.
Gastrock 144.
Gatzka 115.
Gayer 24.
Gehman 139.
Geigy, J. R., Akt.-Ges. 121.
General Electric Co. Ltd. 134.
General Motors Corp. 126.
Gerrard 32.
Gerritsen 73.
Geyer 86.
Gibson 9.
Gilady 81.
Gillisen 76.
Gilman 42. 56.
Ginsburg 139.
Giri 72.
Givens 51.
Glastonbury 98.
Glaxo Laboratories Ltd. 102.
Glen 122.
Godfrey 17.
Gofman 79.
Goldbeck 105.
González 147.
Goodrichs, B. F., Co. 137.
Gordon 144.
Gortner jr. 96.
Gottschalk 80.
Goubeau 23.
Goudsmit 5.
Goulden 106.
Grabe 154.
Graham 79.
Grall 160.
Grand 122.
Grandine jr. 138.
Grant 87.
Grau [98].
Gray 7.
Green, H. S. 3.
Green, P. 108.
Greenough 123.
Gregory 20.
Gresham 162.
Grim 7.
Grubitsch 124.
Gründer 122.
Güldenpfennig 145.
Güntherschulze 110.
Gürtürk 76.
Guha 141.
Guhr 85.
Gui 139.
Gustus 131.
Guthof 74.
Haakh 148.
Hader 102.
Hadler 30.
Haeseler 143.
Hagelstein 99.
Hajosi dit Lemarin 112.
Hall, E. B. 159.
Hall, M. B. 104.
Halpern, A. 106.
Halpern, N. B. 83.
Halpern, O. 4.
Hamill 123.
Hamjian 116.
Hamlet 65.
Handy 20.
Hanel 110.
Hansel 141.
Harley 78.
Harris, J. O. 62.
Harris, M. 153.
Harry 27.
Hart 5.
Hartmann, von 135.
Harvill 51.
Haszeldine 36.
Hatanaka 144.
Hatcher 5.
Hausschild 89.
Hayatsu 106.
Hays 5.
Hebberling 133.
Hebeler 92.
Heckrotte 3.
Heichlinger 163.
Heilingötter 141.
Heilmeyer, I. 88.
Heilmeyer, L. 88.
Hein 23.
Heinen 82.
Heinle 97.
Heinrich 85.
Hellmers 1.
Helm 7.
Helmeczi 90.
Henbest 65.
Hendry 82.
Henkel & Cie, G. m. b. H. 126. 130. 155.
Henneberg 90.
Henrard 127.
Henrich 3.
Henschel 85.
Herbinet 161.
Herbst 51.
Hereford 4.
Herring 12.
Herrmann 132.
Herzberg 8.
Herzfeld 17.
Herzog 98.
Hewlett 119.
Heydenburg 5. 6.
Heyns 107.
Hietaranta 146.
Higué 142.
Hilfer 141.
Hinsberg [108].
Hirschmüller [108].
Hiskey 106.
Hoán 63.
Hoard 20.
Hoch 48.
Hocquette 71.
Hodge 58.
Hodgson 121.
Hofer 112.
Hofferth 42.
Hoffmann, E. 72.
Hoffmann-La Roche & Co., Akt.-Ges. 102.
Hogben 86.
Hohlfeld 88.
Hollander 90.
Honeyborne 116.
Honeycutt 42.
Honig 143.
Hopwood 103.
Horowitz 60.
Horst 89.
Horton 105.
Hostettler 145.
Hough 69.
Hoveman 161.
Huber 83.
Hudson 16.
Hünlich [156].
Hüttenwerke Ruhrort-Meiderich Akt.-Ges. 124.
Hughes 33.
Hull 94.
Hundt 152.
Huppert 74.
Hurley 26.
Hurn 158.
Hurry 140.
I. G. Farbenindustrie, Akt.-Ges. 113. 133. 140.
Imhof 145.
Imperial Chemical Industries Ltd. 109. 112. 120. 129. 131. 156.
Ingèbo 147.
Ingles 150.
Interchemical Corp. 132.
International General Electric Co., Inc. 111.
Ireland 97.
Irish 98.
Isidoro 147.
Itallie, van 86.
Iwanow 149.
Jackson 29.
Jacobi 81.
Jacoby 157.
Jaffé 5. 14.
Jager 96.
Jander [26].
Janensch 143.
Janin 104.
Jansen 72.
Jaretzky 95.
Jayme 1. 149.
Jemeljanow 157.
Jensen 117.
Jermolenko 139.
Jeu 85.
Jindra 100.
Johnson, A., & Co. 125.
Johnson, B. A. 91.
Johnson, W. S. 35.
Johnston 22.
Jones, B. 32.
Jones, C. M. 92.
Jones, E. R. H. 65.
Jones, F. L. 150.
Jones, H. B. 79.
Jones, J. K. N. 69.
Josien 27.
Jost 121.
Junussow 61.
Kainer 152.
Kaiser, D. W. 37.
Kaiser, H. 103.
Kalle & Co., Akt.-Ges. 164.
Kapp 83.
Kastler 10.
Kaye 50.
Keenan 18.
Keller [127].
Kendall 108.
Kendrick, E. 68.
Kendrick, E. L. 99.
Kendrick, R. L. 80.
Kenigsberg 96.
Kerow 86.
Kertscher 131.
Kilpper 151.
King, B. D. 94.
King, G. L. 25.
King, J. 148.
Kingsbury 104.
Kipratsch 1.
Kirkwood 18.
Klamann 33.
Kleber 143.
Kleinert 154.
Klemm, F. [2].
Klemm, K. 150.
Kley 93.
Klotz 70.
Kniep 115.
Knuth-Winterfeldt 123.
Köhler 149.
Körver 83.
Koester [8].
Köttermann 109.
Kofod 29.
Kojima 13.
Kolessnikow 68.
Kooyman 35.
Kopaczewski 95.
Koretsky 106.
Korschak 68.
Koski 8.
Kotilainen, K. K. 126.
Kotilainen, V. K. 126.
Kottler 162.
Kraft 40.
Krassilnikow 78.
Kraus, G. 17.
Kraus, H. H. 79.
Krauss 83.
Kreipe 144.
Krieger 137.
Kroser 68.
Krüger 152.
Krusen 77.
Künzel 39.
Kukolew 116.
Kunjawski 121.
Kuntz 45.
Kurth 150.
Kusminski 138.
Kuzmak 21.
Laage 90.
Lacher 31.
Lagasse 108.
Lampe 143.
Lane 88.
Lang 144.
Lange, B. [108].
Lange, Th. 16.
Langer 7.
Langfield 138.
Lansford jr. 75.
Laqua 8.
Lasater 16.
Lassieur 103.
Laubengayer 10.
Laudy 15.
Laue 119.
Laviron 89.
Lazarus 81.
Lebow 4.
Lech-Chemie Gersthofen 128.
Lecoq 97.
Lee, A. R. [160].
Lee, P. 8.
Lehmann 88.
Leiber 89.
Leicester 1.
Leist 10.
Leloup 80.
Leonard 48.
Lepore 3.
Lerch 30.
Lestradet 108.
Lettré 30.
Levin 157.
Levy 108.
Lewis, H. 84.
Lewis, H. M. 85.
Lewis, U. J. 85.
Ley, De 86.
Libermann 33.
Lidman 116.
Liebscher 110.
Lieneweg 103.
Lindahl [146].
Linder 150.
Lindgren 79.
Lindner 21.
Linton 92.
Linzbach 94.
Livingston 28.
Ljaschenko 11.
Ljubtschanskaja 138.
Llopis 14.
Lock 3.
Lodenkämper 76.
Löhlein 90.
Lövei 81.
Löwe [108].
Loneragan 118.
Long 91.
Loosen 82.
Lorenz 143.
Losinski 21.
Lowenhaupt 93.
Lowry 84.
Lozac'h 49.
Lu 93. 94.
Luckey 4.
Ludány 81.
Lüpfert [127].
Lüttgen [149].
Lyon 79.
Lyons 95.
McCollister 98.
McCourtney 144.
McCready 78.
Macdonald 44.
McFadzean 91.
Macheboeuf 107.
Mackie 57.
Madison 59.
Madow 137.
Magno-Syn-Werk G. m. b. H. 112.
Magnuson 11.
Maier 28.
Maier-Leibnitz [8].
Malmstadt 104.
Malmus 118.
Mann 115.
Mapson 78.
Máramarosi 90.
Margret 74.
Mark 112.
Markunas 107.
Maron 137.
Martin, E. L. 49.
Martin, J. G. 91.
Marvel 69.
Mason jr. 158.
Massain [2].
Matheson 44.
Mathieu 118.
Mattler 9.
Mayo 139.
Maze 3.
Meacham 97.
Meckbach 28.
Meier 134.
Meijer 66.
Meißner 151.
Meleney 91.
Melnitschenko 116.
Melvin 70.
Mendelejew [2].
Menkin 92.
Mensier 158.
Menzel [108]
Merck & Co., Inc. 114.
Merritt 74.
Mershow 123.
Merten [108].
Messel 3.
Metallgesellschaft Akt.-Ges. 125. 140. 161.
Metallwerke Unterweser Akt.-Ges. 125.
Meyer, A. 76.
Meyer, Fr. 93.
Meyer, W. W. 79.
Meyrick 161.
Micksch [162].
Miekk-oja 123.
Mikusch, von 133.
Miller, A. 146.
Miller, F. J. 105.
Mitscherlich 76.
Miyashita 74.
Möbius 92.
Möbus 148.
Moeller 25.
Molzer 131.
Monk 23. 24.
Monsanto Chemical Co. 112. 136.
Montag 87.
Monte Bovi 106.
Mooney 18.
Moor, J. de 81.
Moor, P. de 81.
Morra 103.
Morton 138.
Mosher [152].
Mügge 110.
Müller, A. 135.
Müller, G. 135.

Müller-Hester [2].
Müller-Rid 150.
Münzberg 145.
Muggleton 72.
Mumford 46.
Murphy, E. F. 88.
Murray, H. C. 65.
Murray, J. 141.
Mutter 162.
N. V. de Bataafsche Petroleum Mij. 129. 134. 140.
N. V. Philips' Gloeilampenfabrieken 164.
N. V. W. A. Scholten's Chemische Fabrieken 146.
Nagy 10.
Najib-Farah 79.
Nardi 87.
Nataf 5.
Nath 77.
National Cash Register Co. 152.
National Steel Corp. 124.
Nayak 141.
Néel 12.
Neiman 70.
Nell 90.
Nellensteyn 159.
Nemerow 111.
Nemetz 145.
Nester 104.
Neuman 86.
Neuwald 93.
Nicholson 83.
Nicola, de 82.
Nielsen 9.
Nitzsche 135.
Noetzel 90.
Nord 48.
Nordell 111.
Norrish 34.
Novadel-Agene Corp. 114.
O'Connor 19.
Oelkers 95.
Oelsner [127]
Oeser [156].
Österreichisch-Amerikanische Magnesit Akt.-Ges. 117.
Ogden [127].
Ogg jr., A. 22.
Ogg, C. L. 106.
Okamura 13.
Olcott 7.
Oltramare 91.
Oreschko 156.
Orr jr. 116.
Orth 146.
Osato 39.
Osborn 24. 25.
Osborne 4.
Ost [109].
Oster 70.
Osterhout 71.
Ott 83.
Owen 48.
Pacsu 153.
Palin 111.
Panijel 74.
Park 31.
Parke, Davis & Co. 101.
Parris 50.
Partington [2].
Pascual 2.
Patat 68.
Paton 32.
Patton 134.
Paukner 143.
Pauling 18.
Pausch 150.
Pavolini 147.
Payne 77.
Pease 22.
Pedersen 29.
Pepkowitz 105.
Perez Ossorio 33.
Perfogit S. p. A. 156.
Perner 73.
Perry jr. 6.
Perutz, Otto, Trockenplattenfabrik München, G. m. b. H. 163.
Petersen 145.
Peterson 65.
Petit 115.
Phillipps 5. 6.
Phillips Petroleum Co. 140.
Phrix-Werke Akt.-Ges. 155.
Pièce 117.
Pieper 145.
Piffault 142.
Pissarenko 138.
Pjatnitzki 1.
Plano [98].
Plath [162]
Plichet 91.
Plyler 104.
Politycki 21.
Pollard 119.
Polyplast Gesellschaft für Kautschukchemie m. b. H. 140.
Pominski 144.
Ponder 81.
Poppe 76.
Porter 157.
Pospischil 154.
Poucke, Van 35.
Powell 27.
Preston 7.
Prijs 53.
Pritchard 105.
Progressow 61.
Prudhomme 71.
Publications Corp. 163.
Publicker Industries, Inc. 131.
Puleston 77.
Pure Oil Co. 114.
Putnam 5.
Putzeiko 11.
Quinquaud 93.
Rabaté 133.
Radke 95.
Raeburn 57.
Ralph 150.
Ramarao 28.
Rammler 157.
Ramsay 8.
Ranson 79.
Rao 72.
Rassow [109].
Rath 153.
Raubitschek 72.
Rausin 122.
Rauterberg 118.
Rayner 157.
Read 1.
Redfield 107.
Reed jr. 17.
Register 85.
Rehner jr. 139.
Reid, A. F. 80.
Reid, G. 144.
Remy 86.
Rentz 100.
Repin 1.
Republic Steel Corp. 113. 127.
Reuß 76.
Reynolds 22.
Rhoades 71.
Rhodes [2].
Richards 5.
Riddick 107.
Rider 14.
Riebsomer 49.
Riesebos 21.
Riley 70.
Rist 58.
Rittgen 116.
Roberts, C. W. 51.
Roberts, F. F. 9.
Robertson F. 26.
Robertson, J. H. 31.
Rocchietta 99.
Rocha 122.
Rodden 105.
Rodet 152.
Roesler 119.
Rogers, D. 18.
Rogers, P. V. 89.
Rollet 103.
Romani 79.
Rose 80.
Rosenqvist 106.
Rosenthaler 98.
Ross 45.
Roth [108]
Rothstein 2.
Rott 97.
Rouser 86.
Rovesti 141.
Rowe 98.
Rowlinson 19.
Roy 24. 25.
Rubin 31.
Rüfenacht 38.
Russell, L. B. 87.
Russell, W. L. 87.
Rzasa 157.
Sacharow 149.
Sälde 81.
Saksena 11.
Salathiel 157.
Salatiello 138.
Salzer 149.
Sauberlich 85.
Scalfarotto 134.
Schaper 109.
Schayer 43.
Scheer 134.
Schikorr 124.
Schillinger 65.
Schlefers 100.
Schloßberger 43.
Schmahl [2].
Schmid 66.
Schmidt 11.
Schneider, F. 142.
Schneider, H. G. 142.
Schneider, J. J. 80.
Schnurmann 68.
Schoch 152.
Schöberl 159.
Scholten 89.
Schosstakowski [71].
Schröter 151.
Schtatnow 120.
Schubert 95.
Schuler 39.
Schulte 65.
Schultz 38.
Schulz 135.
Schuman 96.
Schwieter 142.
Scorah [127].
Scott 104.
Sebryuns 108.
Secrest 5.
Seegmiller 72.
Seel 98.
Seifert 158.
Seliger, H. 94.
Seliger, H. H. 7.
Seligman-Schürck, Hans, & Co. 132.
Sellke 119.
Seybold jr. 159.
Shamash 127.
Sharp 100.
Shaw 83.
Shearon jr. 138.
Shechter 31.
Shell Development Co. 136. 160.
„Shell" Refining and Marketing Co. Ltd. 159.
Shilen 97.
Shipp 150.
Shirley 105.
Shive 75.
Shoppee 62. 63.
Siegel 4.
Sieglitz 101.
Siemens & Halske Akt.-Ges. 136.
Siemens-Schuckert Akt.-Ges. 110. 111. 134.
Siliprandi, D. 81.
Siliprandi, N. 81.
Silverman, A. 3.
Silverman, R. A. 12.
Simonetta 18.
Sisler 31.
Smith, E. M. 123.
Smith, G. H. 146.
Smith, H. M. 158.
Smith, J. H. 25.
Smith, P. B. 12.
Smith jr., W. T. 47.
Smorgonski 1.
Snyder, E. F. 159.
Snyder, W. 96.
Soc. An. Établissements Edouard Belin 164.
Soc. An. des Manufactures des Glaces et Produits Chimiques de Saint-Gobain, Chauny & Cirey 117. 161.
Soc. An. de Produits Industriels 134.
Soc. des Usines Chimiques Rhône-Poulenc 100. 128.
Sonneborn Sons, L., Inc. 160.
Sookne 153.
Soos 98.
Sorauer [121].
Sorenson 80.
Spandau [26].
Spangenberg-Werke Willy Spangenberg 135.
Speakman 153.
Spencer, F. C. 86.
Spencer, H. C. 98.
Spencer, P. F. 147.
Spoerri 56.
Spofa Spojené Farmaceutické Závody Národni Podnik 100.
Spring 106.
Ssasonow 118.
Ssinjakowa 145.
Ssiwkow 1.
Ssuschkin 163.
Ssuschko 1.
Stache 110.
Stallard 30.
Stamm 110.
Standard Oil Development Co. 140. 159.
Standley 13.
Stapp 75.
Stare 86.
Stargardter 126.
Staub 144.
Stauß 118.
Stefan 89.
Steigman 106.
Steiner 146.
Stenger 105.
Stephens 57.
Stephenson 30.
Stepko 11.
Sterling Drug Inc. 100.
Stewart 91.
Stoll 118.
Stopka 89.
Storgårds 146.
Strasser jr. 125.
Street 12.
Stripp 18.
Strittmatter 73.
Strunz 26.
Strutz 76.
Stuart [21].
Sturtevant 30.
Suhr 135.
Sulzer Frères/S. A. 114.
Summers 62. 63.
Sure 85.
Sutton, G. K. de 147.
Sutton, L. E. 29.
Svit Národní Podnik 126.
Swann jr. 48.
Sweetnam 88.
Sweetser 106.
Swindells 17.
Sykowa 69.
Szper 111.
Täufel 77.
Talalay 141.
Talât-Erben 10.
Tappan 85.
Taubitz 119.
Tavernier 35.
Temple 104.
Teng 91.
Terentjewa 68.
Teste 49.
Thamsen 29.
Thomason 105.
Thompson, L. 28.
Thompson, L. R. 25.
Thomson 43.
Thrush 32.
Thurston, E. F. 112.
Thurston, J. T. 37.
Tiews 83. 146.
Tilitschenko 69.
Tillich 88.
Tillotson 97.
Tisslin 156.
Tobias 7.
Tokuoka 144.
Tompkin 31.
Toribara 108.
Trappmann 118.
Trissler 53.
Truce 36.
Tschelzow 162.
Tschernitzkaja 27.
Turner 90.
Tuxworth 21.
Ullmann 143.
Ullyot 60.
Ulrich 154.
Ultrakust-Gerätebau Dr. Ing. Oswald Raudszus 132. 155.
Underwood 86.
United States of America 101. 137.
United States Steel Co. 127.
Upjohn Co. 102.
Utterback 27.
Vadolt Trust 126.
Vail [114].
Vajda 81.
Vallarta 2.
Vandeveer 26.
Vandoni 15.
Varley Dry Accumulators Ltd. 111.
Vaughan jr. 39.
Vereinigte Glanzstoff-Fabriken Akt.-Ges. 155.
Verma 19.
Vernois 8.
Vickers Inc. 111.
Vieweg 152.
Viscontini 42.
Vix 144.
Vogel, H. [127].
Vogel, O. [127].
Vogler 68.
Vogt [144].
Vold, M. J. 159.
Vold, R. D. 159.
Volk 81.
Wacker, Dr. Alexander, Gesellschaft für elektrochemische Industrie G. m. b. H. 136.
Waddell 86.
Wade 108.
Wadman 69.
Waeser 133.
Wagner, E. [156].
Wagner, R. E. 153.
Walsh 104.
Walter, L. Ja. 145.
Walter, W. 107.
Walther 82.
Walton 99.
Warlamow 112.
Wartanjan 29.
Warth 91.
Waser 18.
Wassermann 68.
Watts 161.
Way 93.
Webb, B. H. 145.
Webb, M. 72.
Weber 92.
Webster 87.
Weertman 15.
Wei 10.
Weichselbaum 83.
Weidner 9.
Weil 4.
Weir 123.
Weissler 8.
Wellisch 36.
Werle 81.
West 105.
Westf. Kupfer- und Messingwerke Akt.-Ges., vorm. Casp. Noell 126.
Westinghouse Electric Corp. 111.
White 104.
Whitmer 9.
Wicke, E. 15.
Wicke, G. 97.
Wilkinson jr. 139.
Williams, D. B. 112.
Williams, M. L. 138.
Williams, S. 154.
Williams, W. D. 99.
Willits 106.
Wilmarth 22. 25.
Wilson, H. A. 5.
Wilson, T. L. 26.
Winckler 2. 3.
Winter 82.
Woebcken 135.
Wörner 149.
Wolfram 119.
Wolfrom 59.
Wollentin 10.
Woltz 9.
Wood 18.
Woolley 12.
Wouters 5.
Wright 69.
Wtorow 163.
Wultsch 149.
Wurm 154.
Yankley 79.
Yekutieli 3.
Youden 102.
Young 115.
Youngberg 26.
Yuen 119.
Zaffarano 6.
Zeisberger 81.
Zerweck 152.
Zill 154.
Zimen 8.
Zimmer 34.
Zimmerman 16.
Zimmermann [135].
Zirelsson 86.
Zschimmer & Schwarz vormals Chemnitz 151.
Zwetkow 68.

Chemisches Zentralblatt

1953 Nr. 1 7. Januar

Geschichte. Unterricht.

Georg Jayme, *Emil Heuser siebzig Jahre. Der Verein der Zellstoff- und Papier-Chemiker und -Ingenieure verleiht dem Jubilar die Alexander Mitscherlich-Denkmünze.* Würdigung der Person u. des Lebenswerkes des in Stralsund geborenen Cellulosefachmannes. Aufstellung seiner Veröffentlichungen. (Papier **6.** 347—55. 5/9. 1952.) P. ECKERT. 1

J. H. Hellmers, *Ferdinand von Wolff zum Gedächtnis.* Nachruf auf den am 7/4. 1952 in Halle verstorbenen Mineralogen (geb. 13/9. 1874 in Glogau). — Bild. (Geologie **1.** 201—09. Mai 1952.) GOTTFRIED. 1

L. M. Smorgonski, *Ss. W. Dain, einer der Begründer der Elektronentheorie der chemischen Reaktionen.* Vf. zeigt, wie DAIN die Redoxprozesse auf Grundlage der von ihm begründeten Elektronentheorie dieser Prozesse deutete. Seine Symbole u. Gleichungsformen kommen den gegenwärtig üblichen sehr nahe. (Химия в Школе [Chem. Schule] **1952.** Nr. 3. 33—35. Mai/Juni.) V. WILPERT. 1

Henry M. Leicester, *Germain Henri Hess und die Begründung der Thermochemie.* Kurzer Überblick über Leben u. Schaffen von G. H. HESS (1802—1850). (J. chem. Educat. **28.** 581—83. Nov. 1951. Stockholm, Karolinska Inst.) LEVI. 1

B. W. Anderson, *Stokes über Fluorescenz.* Die Bedeutung von GEORGE GABRIEL STOKES für die Erforschung der Fluorescenz. (Gemmologist **21.** 77—80. Mai 1952.) LEVI. 1

John Read, *Alchimie und Kunst.* Vf. behandelt künstler. Illustrationen in alchimist. Büchern. (Nature [London] **169.** 479—81. 22/3. 1952.) LEVI. 2

Jennie E. Clauson, *Ein räumliches Modell des Periodischen Systems der Elemente.* Vf. konstruiert ein Modell des Period. Syst., indem um einen Stab spiralförmig ein Draht in verschied. Radien gewickelt wird, an dem Knöpfe die Atome darstellen. Es ist so bes. möglich, den Einbau der Lanthaniden u. Aktiniden zu veranschaulichen. (J. chem. Educat. **29.** 250—51. Mai 1952. Glendale, Calif., High School.) MOSLÉ. 6

Frank P. Fritchle, *Fitchs Apparat zur Messung der Wärmeleitfähigkeit.* Der App. dient dazu, daß Studenten in kurzer Zeit die therm. Leitfähigkeit schlechter Leiter bestimmen können. Die dabei erzielten, nicht sehr genauen Werte werden wesentlich verbessert, wenn man die Leitfähigkeit der Haltestücke u. Luftspalte berücksichtigt. Es wird dafür eine einfache Formel angegeben. (Amer. J. Physics **19.** 475. Nov. 1951. Chicago, Ill., Central Sci. Co.) MIETHING. 6

A. Ss. Ssiwkow, *Vorrichtung zur Erzeugung von Gasen.* Beschreibung eines einfach herzustellenden, nach dem Prinzip des KIPPschen App. arbeitenden Gasentwicklungsapparates. (Химия в Школе [Chem. Schule] **1952.** Nr. 3. 65. Mai/Juni.) V. WILPERT. 6

P. W. Ssuschko, *Eine Vorrichtung zur Gewinnung der Halogene.* Vf. empfiehlt, die nach bekannten Verff. entwickelten Cl_2-, Br_2- u. J_2-Dämpfe bei Abwesenheit eines Abzugsschrankes in einen umgekehrt angebrachten Ballon (Spritzkolben) überzudestillieren; Korkverschluß des Aufnahmekolbens mit Ein- u. Ausleitungsrohr (in W. eintauchend) bewerkstelligen den Abschluß. (Химия в Школе [Chem. Schule] **1952.** Nr. 3. 62—63. Mai/Juni.) V. WILPERT. 6

D. A. Epstein, *Synthese des Ammoniaks und der Salpetersäure.* Beschreibung der Synth. des NH_3 aus N_2 u. H_2 unter optimalen Bedingungen (Fe-Katalysator, Zirkulation, Temp. 400—550°, Druck 250—750 at) sowie der Darst. des HNO_3 aus NH_3 u. Luft-O_2 in 2 Arbeitsgängen ($NH_3 \rightarrow NO_2 \rightarrow HNO_3$) wie auch der direkten Gewinnung konz. HNO_3 zu Unterrichtszwecken. (Химия в Школе [Chem. Schule] **1952.** Nr. 3. 12—22. Mai/Juni.) V. WILPERT. 6

M. P. Pjatnitzki, L. Kipratsch und **M. Repin,** *Ein Elektrolysengasometer und dessen Anwendung zur Gewinnung von Äthan.* Der App. besteht aus einer dreihalsigen Literflasche; jeder der drei Hälse ist mit einem durchbohrten Kautschukstopfen verschlossen. Durch die mittlere Bohrung reicht ein Glasrohr fast bis zum Boden, drinnen sitzt die röhrenförmig gebogene Cu-Kathode; durch das Rohr kann Fl. nachgegossen werden; der zweite Hals trägt die C-Anode, der dritte das Gasableitungsrohr. Die Äthangewinnung erfolgt durch Elektrolyse einer konz., mit Essigsäure angesäuerten Na-Acetatlsg. (mit gleichgerichtetem Wechselstrom). Die entwickelte CO_2 wird mit nachgegossener NaOH-Lsg. absorbiert. (Химия в Школе [Chem. Schule] **1952**. Nr. 3. 63—64. Mai/Juni.) V. WILPERT. 6

José Pascual, *Die Arten der Darstellung optisch-aktiver Verbindungen in der Ebene. Vereinfachung von Konfigurationstypen.* Zeichner. Darst. opt.-akt. Verbb., z. B. Glycerinaldehyd, d-Erythrose, d-Threose, d-Weinsäure, α-Aminosäuren, Campher, Terpene, Äpfelsäure. (Ion [Madrid] **12**. 64—71. Febr. 1952. Barcelona, Univ.) ALTPETER. 6

Robert Massain, Chimie et chimistes. Paris: Magnard. 1952. (XIV + 393 S. m. Abb.) fr. 600,—.

D. I. Mendelejew, Abhandlungen. Leningrad-Moskau: 1952. Ausg. der Akad. der Wiss. der UdSSR. Bd. 23 (386 S.) 14 Rbl. 20 Kop. [russ.]; Bd. 25 (804 S.) 31 Rbl. 85 Kop. [russ.].

Herbert Müller-Hester, Wegbereiter der deutschen Pharmazie. Von den Anfängen bis zur Gegenwart. Stuttgart: Deutscher Apotheker-Verl. 1952. (127 S.) 4°. DM 12,50.

Eugen Schmahl, Carl Auer von Welsbach. Nebst einem Anh. über Alois Auer von Welsbach v. **Friedrich Klemm.** München: Oldenbourg Verl.; Düsseldorf: Deutscher Ingenieur-Verl. 1952. (28 S. m. Abb.) 8° = Deutsches Museum. Abhandlungen u. Berichte. Jg. 20. 1952, H. 1. DM 1,20.

A. Allgemeine und physikalische Chemie.

Jerome Rothstein, *Beobachtungsmaterial, Logik und Physik.* (Sitzungsbericht.) (Vgl. C. **1952**. 2290 u.6492). Darst. des inneren Zusammenhanges zwischen Logik u. Physik in erkenntnistheoret. Hinsicht. (Physic. Rev. [2] **85**. 722. 15/2. 1952; Bull. Amer. physic. Soc. **26**. Nr. 6. 26. 24/10. 1951. Evans Signal Labor.) SPEER. 10

Erik Asmus, Einführung in die höhere Mathematik und ihre Anwendungen. Ein Hilfsbuch f. Chemiker, Physiker u. andere Naturwissenschaftler. 2. verb. Aufl. Berlin: de Gruyter. 1952. (XV + 400 S. m. 178 Abb.) 8° = Arbeitsmethoden d. modernen Naturwissenschaften. DM 22,—.

J. R. Partington, General and inorganic chemistry for university students. 2nd ed. New York: Macmillan. 1952. (947 S. m. Abb.) $ 6,50.

J. E. W. Rhodes, Concise physical chemistry. London: English Universities Pr. 1952. (192 S. m. Abb.) 12 s. 6 d.

—, Fortschritte der chemischen Forschung. Bd 2, H. 3. Berlin, Göttingen, Heidelberg: Springer-Verl. DM 28,60.

A_1. Kernphysik und Kernchemie.

Bryce Seligman DeWitt, *Punkttransformationen in der Quantenmechanik.* Gruppentheoret. Betrachtungen über Punkttransformationen in der Quantenmechanik. (Physic. Rev. [2] **85**. 653—61. 15/2. 1952. Les Houches, Haute Savoie, Univ. de Grenoble, École d'Été de Phys. Théor.) SPEER. 80

Frederik J. Belinfante, *Die mit dem Verbot von Selbstwechselwirkungen in der integrokausalen Quantenfeldtheorie zusammenhängenden Probleme.* Theoret. Unters. über die Auswirkung des Verbotes von Selbstwechselwirkungen auf den Formalismus der Quantenelektrodynamik. Vf. schlägt vor, die Selbstwechselwirkungen nur bei den virtuellen, intermediären Zuständen zu verbieten, bei denen die ungestörte Energie von der Energie des Anfangszustandes sehr verschieden ist. (Physic. Rev. [2] **85**. 468—73. 1/2. 1952. Lafayette, Ind., Purdue Univ., Dep. of Phys.) SPEER. 80

M. S. Vallarta, *Das Energiespektrum der primären Höhenstrahlung aus Neutronenintensitäten.* (Sitzungsbericht.) Unter Benutzung der Neutronenintensitätsmessungen von SIMPSON u. unter Annahme von Proportionalität zwischen der Zahl der Neutronen u. der prim. Protonen läßt sich das Energiespektr. der Komponente der prim. Protonen bestimmen. Schreibt man das Spektr. in der Form $n = K/E\gamma$ (n = Zahl der prim. Protonen; E = Energie), so zeigt die Analyse ein Ansteigen von γ von dem Wert 1,175 bei 1,3—4,3 BeV auf 1,815 im Bereich 4,3—14 BeV, in Übereinstimmung mit Ergebnissen aus Messungen geladener Sekundärteilchen in Ballon- u. Raketenhöhen. (Physic. Rev. [2] **85**. 748. 15/2. 1952; Bull. Amer. physic. Soc. **26**. Nr. 7. 14. 30/11. 1951. Univ. de México.) WEIGEL. 85

J. R. Winckler, *Absorptionsversuch zum Nachweis der Höhenstrahlalbedo in großen Höhen.* Auf Ballonflügen in Höhen, entsprechend 27 g/cm², wurde ein Zählerteleskop mit einem festen Zenitwinkel von 60° eingestellt. Darunter befand sich ein Pb-Block. Es wurden Dreifach- u., um Aufschluß über die Schauer zu erhalten, Vierfachkoinzidenzen gemessen. Albedo-Teilchen konnten nicht festgestellt werden. Durch sie könnte die Diskrepanz zwischen gemessener u. theoret. Ost-West-Asymmetrie erklärt werden. (Physic. Rev. [2] **85**. 1053—54. 15/3. 1952. Minneapolis, Minn., Univ.) WIEDEMANN. 85

J. R. Winckler, *Anwendung der Čerenkov-Strahlung auf das Problem der Höhenstrahlalbedo.* (Vgl. vorst. Ref.) Mit einem Zählerteleskop u. einem dazwischen befindlichen Luciteblock wird auf Seehöhe, 120—150 g/cm² u. 17 g/cm² u. für Zenitwinkel von 0 u. 60° die ČERENKOV-Strahlung gemessen. Hieraus wird die 60° relativist. Albedo auf 17 g/cm² berechnet. Es ergeben sich Werte zwischen 0,03 u. 0,07 mit großen statist. Fehlern. (Physic. Rev. [2] **85.** 1054—55. 15/3. 1952.) WIEDEMANN. 85

R. Maze, *Fehlen des zweiten Maximums in der Übergangskurve für Elektronenschauer.* (Vgl. C. **1951.** II. 773.) Bei Wiederholung der Verss. wurde eine weitere Gruppe von Zählrohren unter dem Absorber angebracht u. Fünffachkoinzidenzen gemessen, so daß die Strahlung sicher aus dem Pb stammte. Das zweite Maximum bei 7 cm Pb konnte nicht bestätigt werden, es wird auf statist. Schwankungen zurückgeführt. (Physic. Rev. [2] **85.** 697—98. 15/2. 1952. Paris, Labor. École Normale Sup.) WIEDEMANN. 85

H. S. Green und H. Messel, *Die seitliche Ausdehnung der Höhenstrahlschauer in Luft und Blei.* Die seitliche Entw. der Nucleonenkaskade in Luft wird berechnet. Der mittlere Abstand von der Schauerachse wird berechnet. Auf Seehöhe beträgt der Abstand für ein Teilchen mit mehr als $10 \cdot 10^9$ eV 2,1 km. Das Maximum der seitlichen Ausbreitung liegt bei 6500 m. Unter einem Pb-Block von 56 cm Dicke erlangen Teilchen mit mehr als $10 \cdot 10^9$ eV einen Abstand von 6,4 cm von der Schauerachse. (Physic. Rev. [2] **85.** 679—80. 15/2. 1952. Adelaide, Univ.) WIEDEMANN. 85

M. Danysz, W. O. Lock und G. Yekutieli, *Beweis für die Existenz neutraler Teilchen sehr kurzer Lebensdauer.* Auf Aufnahmen von Sternen niedriger Multiplizität (2 bis 6 Zacken) wurde eine Korrelation in der Richtung u. der Energie von π-Paaren festgestellt, die bei Kernzertrümmerungen ausgesandt werden. Es werden ca. 10 mal mehr Fälle beobachtet, bei denen der Winkel zwischen den Sekundärteilchen $<20°$ u. der gegenüber der Primärrichtung $>70°$ ist, als bei statist. Verteilung zu erwarten wäre. Vff. nehmen den Zerfall eines neutralen, kurzlebigen (10^{-14} Sek.) Teilchens in $\pi^+ + \pi^- +$ Q an, Q liegt zwischen 2 u. 5 MeV. (Nature [London] **169.** 364—65. 1/3. 1952. Bristol, Univ., H. H. Wills Phys. Labor.) WIEDEMANN. 90

G. Cocconi und A. Silverman, *Suche nach der Bildung von V^0-Teilchen durch ein 310 MeV-Bremsstrahlenbündel.* Vff. untersuchen die Erzeugung von V^0-Teilchen durch eine 310 MeV-Bremsstrahlung, die auf C u. Pb trifft. Der Nachw. der Zerfallsprodd. der V^0-Teilchen nach der Rk. $V^0 \rightarrow$ Proton $+ \pi^-$-Meson $+$ Q erfolgte mit einer Koinzidenzanordnung von Stilben- u. NaJ-Zählern. Ein unter 90° zum γ-Strahlbündel emittiertes u. in einem bestimmten Bereich zerfallendes V^0-Teilchen ruft ein Proton hervor, das durch einen Scintillationszähler nachgewiesen wird; das Meson wird durch zwei, dem Scintillationszähler unmittelbar benachbarte Stilbenzähler festgestellt. Mit einem Bündel von $9 \cdot 10^{11}$ effektiven Quanten/Min. wurden 9 Koinzidenzen beobachtet. Unter der Annahme, daß sämtliche beobachteten Koinzidenzen Zerfallsprodd. der V^0-Teilchen sind u. daß die Lebensdauer 10^{-10} Sek. beträgt, läßt sich die obere Grenze des differentiellen Wirkungsquerschnittes pro C-Kern für die Erzeugung von V^0-Teilchen zu $5 \cdot 10^{-32}$ cm²/Raumwinkel/effektive Quantenzahl angeben. Dieser Wert entspricht angenähert 0,3% des Wirkungsquerschnittes für die Erzeugung geladener Mesonen in C. Gleiche Verss. wurden mit Pb als Targetmaterial durchgeführt. Die Zerfallsprodd. der V^0-Teilchen wurden unter ca. 30° zum γ-Strahlbündel nachgewiesen. Die registrierten Ereignisse überschritten niemals die Größe der zufälligen Koinzidenzen. (Physic. Rev. [2] **84.** 1062. 1/12. 1951. Ithaca, N. Y., Cornell Univ.) G. SCHMIDT. 90

W. Heckrotte, L. R. Henrich und J. V. Lepore, *Photoerzeugung neutraler Mesonen aus Deuterium.* (Vgl. KAPLON, C. **1952.** 2786.) Die differentiellen Wirkungsquerschnitte für die Erzeugung neutraler Mesonen aus Deuteronen bei Einw. von 150 u. 200 MeV-Photonen werden berechnet. Es wird die pseudoskalare Mesonentheorie u. pseudovektorielle Kopplung angenommen. Die Kurven fallen von 0—180° ab. Der Hauptanteil des Wirkungsquerschnittes ist dem Quadrat der Wechselwirkungsenergie proportional. (Physic. Rev. [2] **85.** 490—91. 1/2. 1952. Berkeley, Calif., Univ., Dep. of Phys., Radiat. Labor.) WIEDEMANN. 90

W. B. Cheston, *Die Wechselwirkung eines geladenen π-Mesons mit dem Deuteron.* (Vgl. C. **1952.** 4563.) Die Wirkungsquerschnitte für die folgenden Wechselwirkungen eines π^+-Mesons mit einem Deuteron werden berechnet: Strahlungsabsorption $p+p+\gamma$, Ladungsaustauschstreuung $p+p+\pi^0$, elast. Streuung $d+\pi^+$ u. unelast. Streuung $n+p+\pi^+$. Es wird ein pseudoskalares Meson angenommen u. sowohl die direkte als auch die Gradientenkopplung behandelt. Die Wechselwrkg. zwischen den Nucleonen wird phänomenolog. betrachtet. Die Meson–Nucleon-Kopplung wird als schwach vorausgesetzt. Im allg. wird die Energie des einfallenden Mesons zu 25 MeV angenommen. Die Ergebnisse der Berechnung werden mit denen für die Meson–Nucleon-Wechselwrkg. verglichen. Bei der Ladungsaustauschstreuung wird für beide Kopplungsarten ein Minimum in der Vorwärtsrichtung erhalten. Das Verhältnis der Wirkungsquerschnitte für elast. u. für unelast. Streuung beträgt in beiden Fällen 1,5. (Physic. Rev. [2] **85.** 952—61. 15/3. 1952. Rochester, N. Y., Univ.) Wiedemann. 90

I. L. Lebow, B. T. Feld, D. H. Frisch und **L. S. Osborne,** *Erzeugung von Photomesonen aus Deuterium.* Vff. bestimmen die Energieverteilungen der positiven u. negativen π-Mesonen aus D bei 90 u. 26° zum Photonenbündel. Das mittlere π^-/π^+-Ausbeuteverhältnis beträgt 0,5 ± 0,5 bei 90° u. 90 ± 0,23 bei 26°. Es wird angenommen, daß die Photoerzeugung eines geladenen Mesons aus einem Deuteron ein Paar ident. Nucleonen zur Folge hat, deren Quantenzustände durch das Paulische Ausschlußprinzip begrenzt sind. Die Verhältnisse der Gesamtanzahl der π^+-Mesonen aus D u. H im Energiebereich von 65—145 MeV bei 26° u. im Energiebereich von 40—105 MeV bei 90° werden graph. wiedergegeben. Die Ergebnisse lassen eine große spinabhängige Wechselwrkg. vermuten. (Physic. Rev. [2] **85.** 681—82. 15/2. 1952. Cambridge, Mass., MIT, Phys. Dep., u. Labor. for Nucl. Sci. and Engng.) G. Schmidt. 90

B. T. Feld, D. H. Frisch, I. L. Lebow, L. S. Osborne und **J. S. Clark,** *Erzeugung von Photomesonen in Kohlenstoff und Wasserstoff.* Targets aus Paraffin, schwerem Paraffin u. Graphit wurden gleichzeitig der Bremsstrahlung von 330 MeV-Elektronen ausgesetzt. Die Mesonen wurden in Messing verlangsamt u. die Enden ihrer Bahnen in photograph. Emulsionen beobachtet. Die Energieverteilung der in C u. H erzeugten Mesonen wurde unter Winkeln von 90 u. 26° zum Photonenbündel bestimmt. Die Zahl der positiven Mesonen je Proton beträgt in C, gemittelt über das ganze Energiegebiet, 0,32 ± 0,05 unter 90° u. 0,07 ± 0,01 unter 26° gegenüber H. Das Verhältnis der negativen zu den positiven Mesonen beträgt in C 1,43 ± 0,13 bei 90° u. 1,03 ± 0,25 bei 26°. Die Abhängigkeit des Wirkungsquerschnittes von der Photonenenergie wird mit der pseudoskalaren Theorie verglichen. Es wird kein extremer Abfall bei kleinen Winkeln beobachtet. (Physic. Rev. [2] **85.** 680—81. 15/2. 1952. Cambridge, Mass., MIT, Phys. Dep., u. Labor. for Nucl. Sci. and Engng.) Wiedemann. 90

Otto Halpern, *Erzeugung und Nachweis zirkular polarisierter γ-Strahlen.* (Sitzungsbericht.) (Vgl. C. **1952.** 2621 u. 6323.) Zur Unters. zirkular polarisierter γ-Strahlen erweist sich die Compton-Streuung an polarisierten Elektronen im magnetisierten Fe als geeignet. Der differentielle Streuquerschnitt für den Compton-Prozeß hat einen 24—28 mal größeren Wert als für ein einzelnes unpolarisiertes Elektron. (Physic. Rev. [2] **85.** **747.** 15/2. 1952; Bull. Amer. physic. Soc. **26.** Nr. 7. 13. 30/11. 1951. Univ. of Southern California.) H. Hauswald. 90

David Luckey und **John W. Weil,** *Die Geschwindigkeit von 170 MeV-γ-Strahlen.* Die Geschwindigkeit der 170 MeV-γ-Strahlen wurde mit einer Koinzidenzanordnung gemessen. 310 MeV-Elektronen in der Kreisbahn eines Synchrotrons fielen auf ein dünnes Target u. wurden durch das magnet. Führungsfeld analysiert. Das Energiespektr. der γ-Strahlen in Koinzidenz mit diesen Elektronen wurde durch Verwendung eines Paarspektrometers gemessen. Es besaß eine Spitze bei 170 MeV mit einer vollen Breite beim halben Maximum von maximal 20%. Für die Geschwindigkeit der 170 MeV-γ-Strahlen wurde der Wert von 2,974·10¹⁰ cm/Sek. mit einem wahrscheinlichen Fehler von 1% berechnet. (Physic. Rev. [2] **85.** 1060. 15/3. 1952. Ithaca, N. Y., Cornell Univ.) G. Schmidt. 90

Forrest P. Clay und **Frank L. Hereford,** *Die Streuung von zirkular polarisierten Photonen der Energie von 0,5 MeV in magnetisiertem Eisen.* Durch Koinzidenzmessungen werden die beim Durchstrahlen mit zirkular polarisierten Photonen der Energie $0{,}5 \cdot 10^6$ eV in magnetisierten Fe-Blechen entstehenden vorwärts gerichteten Compton-Elektronen ermittelt. Gegenüber der Theorie ergibt sich ein Unterschied von wenigen %. (Physic. Rev. [2] **85.** 675—76. 1 /2. 1952. Charlottesville, Va., Univ.) Fahlenbrach. 90

S. DeBenedetti und **R. Siegel,** *Drei-Quantenvernichtung und Positronium.* Mittels einer Dreifachkoinzidenzmeth. wurde die Drei-γ-Strahlenvernichtung direkt nachgewiesen. Die Strahlenquelle bestand aus ^{22}Na. Die drei Scintillationszähler [NaJ (Tl)-Kristalle u. 5819-Photomultiplier] wurden mit Impulshöhenselektoren verbunden. Die Auflösungszeit lag zwischen 10^{-6} u. 10^{-7} Sekunden. Im allg. befanden sich die Zähler in gleicher Ebene mit der Quelle, bei Messungen des Untergrundes wurde ein Zähler um 45° aus dieser Ebene herausgeschwenkt. Die bei den Messungen mit Zählern in gleicher Ebene u. in nicht gleicher Ebene auftretende Differenz wird der Dreiquantenvernichtung zugeschrieben. Die Größe dieses Effektes stimmt innerhalb eines Faktors 2 mit der theoret. Erwartung einer Triplettvernichtung auf 370 Singulettvernichtungen überein. Um die Bldg. des Positroniums zu verfolgen, wurde eine Strahlenquelle gleicher

Intensität auf dünnes Al niedergeschlagen u. in den Mittelpunkt eines Al-Behälters gebracht. Der Behälter war mit Dichlordifluormethan bei 6 at gefüllt. Die zehnfache Zunahme des Effektes bei der Zähleranordnung in gleicher Ebene bestätigt die Stabilität des Positroniums. (Physic. Rev. [2] **85.** 371—72. 15/1. 1952. Pittsburgh, Pa., Carnegie Inst. of Technol.) G. Schmidt. 90

R. D. Hatcher und **H. E. Hart,** *Potentiale des regulären Mesonentyps bei Proton-Proton-Streuung.* (Sitzungsbericht.) Während sich aus der (p–p)-Streuung niedriger Energie bei Annahme eines Mesonenpotentials für das π-Meson eine M. von 316 m_e gegenüber dem experimentellen Wert von 275 ergibt, wird mit der wiedergegebenen, überall endlichen Potentialform bessere Übereinstimmung erzielt. (Physic. Rev. [2] **85.** 703. 15/2. 1952; Bull. Amer. physic. Soc. **26.** Nr. 6. 7. 24/10. 1951. New York Univ.) Werner Schulz. 90

T. M. Putnam, *Der differentielle Wirkungsquerschnitt für die Streuung von 9,5 MeV-Protonen an Helium.* (Sitzungsbericht.) Ein 20 MeV-H_2-Bündel als Protonenquelle wurde an He gestreut u. die Verteilung der gestreuten Protonen über 40 Winkel zwischen 10 u. 172,5° bestimmt. Es wurden 2500 Bahnen auf photograph. Platten ausgemessen, die Genauigkeit betrug bis 25° 5%, darüber 2,9%. (Physic. Rev. [2] **85.** 774. 15/2. 1952; Bull. Amer. physic. Soc. **26.** Nr. 8. 26. 27/12. 1951. Berkeley, Univ. of California.) Wiedemann. 90

L. F. Wouters, *Nachweis azimutaler Polarisation bei der doppelten (n–p)-Streuung bei 150 MeV.* (Sitzungsbericht.) Ergänzung der C. **1952.** 5523 referierten Arbeit um apparative Angaben. (Physic. Rev. [2] **85.** 757. 15/2. 1952; Bull. Amer. physic. Soc. **26.** Nr. 8. 9. 27/12. 1951. Berkeley, Calif., Univ.) Conrad. 90

George Jaffé, *Über die Diffusion thermischer Neutronen.* (Sitzungsbericht.) Vf. geht zur Beschreibung der Diffusion therm. Neutronen über die die Bewegung der Moderatormoll. vernachlässigende lineare Transportgleichung hinaus, indem er die ursprüngliche quadrat. Boltzmann-Gleichung unter der Annahme, daß die Moderatoratome einer Maxwell-Verteilung genügen, in allg. Form integriert. (Physic. Rev. [2] **85.** 747. 15/2. 1952; Bull. Amer. physic. Soc. **26.** Nr. 7. 13. 30/11. 1951. Louisiana State Univ.) H. Hauswald. 90

E. Leigh Secrest, *Eine Quadraturmethode zur Berechnung von zweidimensionalen Neutronenverteilungen.* (Sitzungsbericht.) Das Iterationsverf. des Vf. führt zusammen mit einer Quadraturapproximation zu einer angenäherten Lsg. der die Streuung u. Absorption von mehrfach gestreuten Neutronen beschreibenden Transportgleichung. (Physic. Rev. [2] **85.** 747. 15/2. 1952; Bull. Amer. physic. Soc. **26.** Nr. 7. 13. 30/11. 1951. MIT.) H. Hauswald. 90

H. A. Wilson, *Die magnetischen Kernmomente.* (Sitzungsbericht.) Auf Grund der Diracschen Theorie des Elektrons wird für das magnet. Moment eines Kerns mit der Ladung Ze u. der M. Am der Ausdruck $[j(j+1)]^{1/2} g \cdot Zm_p/Am$ (wo g der Landésche Faktor u. j der Kernspin ist) abgeleitet. (Physic. Rev. [2] **85.** 747. 15/2. 1952; Bull. Amer. physic. Soc. **26.** Nr. 7. 13. 30/11. 1951. Rice Inst.) H. Hauswald. 95

Roger Nataf, *Bemerkung über die Nordheim-Regel in bezug auf den Drehimpuls der ungerade-ungerade-Kerne.* Die Nordheim-Regel geht aus der (j—j)-Kopplung zwischen dem ungeraden Proton u. dem ungeraden Neutron sowie aus der Tatsache hervor, daß der stabilste Zustand des Kerns das Maximum des Triplettzustandes für das Syst. der beiden Nucleonen einschließt. Die L–S-Kopplung wird durch die Nordheim-Regel nicht erklärt. (C. R. hebd. Séances Acad. Sci. **234.** 1972—74. 12/5. 1952.) G. Schmidt. 95

P. I. Richards, E. E. Hays und **S. A. Goudsmit,** *Die Massen von Blei und Wismut.* Mit dem früher beschriebenen magnet. Flugzeitmassenspektrometer (Physic. Rev. [2] **74.** [1948.] 622 u. C. **1952.** 5040), das noch durch einen Magnetfeldregulator verbessert war, wurden die Massen von ^{208}Pb u. ^{209}Bi neu bestimmt. Pb u. Bi wurden an einem Mo-Glühdraht in die Ionenquelle verdampft; als Vergleichssubstanz mit den entsprechenden Ionenfragmenten dienten gleichzeitig eingeführte C_7F_{14}-Dämpfe. Unter Benutzung der Werte C = 12,003895 u. F = 19,00445 wurden erhalten: ^{208}Pb = 208,0416 ± 0,0015; ^{209}Bi = 209,0466 ± 0,0015; ^{209}Bi-^{208}Pb = 1,0050 ± 0,0015. (Physic. Rev. [2] **85.** 630—31. 15/2. 1952. Upton, Long Island, N. Y., Brookhaven Nat. Labor.) Conrad. 100

C. Sharp Cook, *Der Hüllelektroneneinfang durch Kerne (K-Einfang).* Übersicht über den gegenwärtigen Stand der Theorie u. die erforderliche Instrumentation zur Beobachtung des K-Einfangs. (Amer. J. Physics **19.** 37—47. Jan. 1951. St. Louis, Mo., Washington Univ.) W. Reichardt. 103

G. C. Phillips, N. P. Heydenburg und **D. B. Cowie,** *Winkelkorrelationsuntersuchungen der (d; p, γ)-Prozesse der Targetkerne ^{6}Li, ^{10}B und ^{16}O.* (Sitzungsbericht.) ^{6}Li-, ^{10}B- u.

^{16}O-Targets mittlerer Stärke wurden mit monochromat. Deuteronen von 1,0, 1,81 bzw. 1,70 u. 2,04 MeV aus einem elektrostat. Generator beschossen. Die Winkelkorrelationen wurden aus (p, γ)-Koinzidenzen in einer Schaltung von 10^{-8} Sek. Auflösungszeit erhalten; sie sind innerhalb der Fehlergrenzen isotrop. (Physic. Rev. [2] **85.** 742. 15/2. 1952; Bull. Amer. physic. Soc. **26.** Nr. 7. 8. 30/11. 1951. Carnegie Inst. of Washington.) WEIGEL. 103

N. P. Heydenburg, G. C. Phillips und **Dean B. Cowie,** *Unelastische Streuung von Protonen an leichten Kernen.* (Vgl. vorst. Ref.) (Sitzungsbericht.) Vff. untersuchen die unelast. Streuung von 7,4 MeV-Protonen bei einem Laboratoriumswinkel von 90° an Folientargets aus ^9Be, ^{12}C, ^{13}C (47%), CaF_2, Ni, Al, Na u. Gastargets aus n. BF_3, $^{10}BF_3$ (96%), N_2, O_2, CH_4 u. Ne. Beobachtet wurden folgende Energieniveaus (in MeV): ^{9}Be 2,57; ^{10}B 2,34, ^{11}B 2,06; ^{12}C 4,20; ^{14}N 2,35, 3,95; ^{16}O kein Niveau; ^{19}F 1,53, 3,83; Ne 1,44, 4,36; ^{23}Na 3,67; Al 1,02, 2,30, 2,89, 3,32, 4,48 u. Ni 1,44. Die gestreuten Protonen wurden mit Proportionalzählern in Doppelkoinzidenzschaltung beobachtet, die Reichweiten u. Energien mit geeichten Al-Absorberfolien bestimmt. (Physic Rev. [2] **85.** 742. 15/2. 1952; Bull. Amer. physic. Soc. **26.** Nr. 7. 8. 30/11. 1951.) WEIGEL. 103

J. Ambrosen, *Deuteronenreaktionen mit getrennten Magnesiumisotopen.* Vf. untersucht die Protonenspektren bei den Rkk. ^{24}Mg(d, p)^{25}Mg(I), ^{25}Mg(d, p)^{26}Mg(II) u. ^{26}Mg(d, p)^{27}Mg(III). Beschossen wurden Präpp. der getrennten Isotope von 15 bis 90 μg/cm^2 Flächendichte mit 1,9 MeV-Deuteronen. Die Protonenspektren wurden unter einem Laboratoriumswinkel von 90° auf ILFORD C 2-Emulsionen (100 μ) registriert. Rk. (I) liefert 4 Protonengruppen mit einer Energie von 6,48, 5,92, 5,58 u. 4,92 MeV, entsprechend Q-Werten von $4,99 \pm 0,10$, $4,41 \pm 0,10$, $4,05 \pm 0,10$ u. $3,37 \pm 0,2$, die dem Grundzustand von ^{25}Mg u. 3 Anregungszuständen bei 0,58, 0,94 u. 1,62 MeV zugeordnet werden können. Bei Rk. (II) treten 6 Protonengruppen mit 10,22, 8,45, 7,34, 6,37, 5,98 u. 5,50 MeV auf, entsprechend Q-Werten von $8,86 \pm 0,10$, $7,02 \pm 0,10$, $5,86 \pm 0,10$, $4,86 \pm 0,10$, $4,45 \pm 0,10$ u. $3,95 \pm 0,10$ MeV, die dem ^{26}Mg-Grundzustand u. Anregungszuständen bei 1,84, 3,00, 4,00, 4,41 u. 4,91 MeV zugeordnet werden können. Die Rk. (III) liefert 2 Protonengruppen von 5,71 u. 4,76 MeV, entsprechend Q-Werten von $4,16 \pm 0,10$ u. $3,18 \pm 0,2$ MeV, dem Grundzustand von ^{27}Mg u. einem 0,98 MeV-Anregungszustand zugehörig. Die Übereinstimmung mit den Ergebnissen anderer Autoren ist befriedigend. (Nature [London] **169.** 408. 8/3. 1952. Kopenhagen, Univ., Inst. für theoret. Phys.) WEIGEL. 103

F. I. Boley und **D. J. Zaffarano,** *Positronenspektren einiger Spiegelkerne.* Mit einem Scintillationsspektrometer wurden die Endpunkte der Positronenenergien u. Halbwertszeiten der Spiegelkerne ^{23}Mg, ^{27}Si, ^{31}S, ^{33}Cl, ^{37}K u. ^{39}Ca untersucht. Diese Kerne wurden durch (γ, n)- u. (γ, 2 n)-Rkk. mittels 70 MeV-Röntgenstrahlen erzeugt. Die Ergebnisse bestätigen frühere, von verschied. Autoren nach der Nebelkammer- u. Absorptionsmeth. erhaltene Werte u. liefern zusätzlich die maximalen Energien der Positronen von ^{37}K u. ^{39}Ca. Mit Ausnahme von ^{23}Mg, wo Folien benutzt wurden, bestanden die Strahlenquellen aus feingepulverten Verbb., die so gewählt waren, daß keine kurzlebigen Aktivitäten mit denen der zu untersuchenden Isotope interferieren konnten. Die bestrahlten Verbb., wie z. B. SiO_2, NH_4Cl, KJ, CaF_2, die Halbwertszeiten, Endpunkte u. *ft*-Werte werden für die einzelnen Isotope tabellar. angegeben, wobei die Endpunkte mit Hilfe der FERMI-Darst. erhalten wurden. Die Werte für die Halbwertszeit wurden durch Beobachtungen über angenähert drei Halbwertszeiten jeder Aktivität ermittelt. Aus den Ergebnissen kann auf einen Wert von $(1,40 \pm 0,07) \cdot 10^{-13}$ cm für den Kernradius geschlossen werden. (Physic. Rev. [2] **84.** 1059—60. 1/12. 1951. Ames, Iowa, State Coll., u. Inst. for Atomic Res.) G. SCHMIDT. 103

Randall S. Caswell, *Die mittlere Energie von β-Spektren.* Die für die biol. Wirkungen wichtige mittlere Energie, d. h. der Quotient aus der gesamten, durch ein radioakt. Präp. entwickelten Energie E_m u. der Zerfallsgeschwindigkeit dieses Präp., wurde dadurch gemessen, daß als Maß für E_m die Ionisation mit einer Extrapolations-Ionisationskammer bestimmt wurde. Die damit für ^{32}P gefundene mittlere Energie $0,696 \pm 0,03$ MeV stimmt mit Literaturdaten überein; daher können die für ^{90}Y, ^{131}J u. ^{45}Ca gemessenen Werte von $0,895 \pm 0,035$, $0,189 \pm 0,008$ u. $0,0746 \pm 0,003$ MeV als zuverlässig angesehen werden. (Physic. Rev. [2] **86.** 82—85. 1/4. 1952. Cambridge, Mass., MIT, Radioact. Cent. of Labor. for Nucl. Sci. and Engng.) KIRSCHSTEIN. 103

Alfred M. Perry jr., *Unelastische Wirkungsquerschnitte für 240 MeV-Protonen.* (Vgl. C. **1952.** 5202.) Vf. bestimmt die mittlere freie Weglänge für die unelast. Zusammenstöße der 240 MeV-Protonen in Kernemulsionen (ILFORD G 5). Diese Zusammenstöße umfassen Sternbldg., Bremsprozesse, unelast. Streuprozesse, COULOMB- u. Beugungsstreuung. Die Beobachtungen wurden an einzelnen Protonenbahnen bei 600facher

Vergrößerung durchgeführt. Auf 99,07 m Protonenbahnlänge wurden 198 Sterne, 10 Bremsprozesse, 124 Streuprozesse von $>4^0$ u. 5 (p—p)-Streuprozesse gefunden. Aus dem Verhältnis der Wirkungsquerschnitte wird eine mittlere freie Weglänge von $36{,}1\,^{+2{,}6}_{-2{,}1}$ cm bestimmt. Die unelast. Wirkungsquerschnitte für 240 MeV-Protonen (in barn) sind für *Ag* 1,18 ± 0,08, *Br* 0,97 ± 0,07, *O* 0,25 ± 0,03, *N* 0,23 ± 0,03 u. für *C* 0,21 ± 0,03. Die angeführten Fehler rühren hauptsächlich von der statist. Ungenauigkeit der Ereignisse her. (Physic. Rev. [2] **85.** 497—98. 1/2. 1952. Rochester, N. Y., Univ., Dep. of Phys.) G. SCHMIDT. 103

Lawrence M. Langer, *Verbotene β-Spektren von ^{124}Sb und ^{124}J.* Aus den Verss. über angeregte Zustände von ^{124}Sb, ^{124}Te u. ^{124}J u. verbotene Übergänge (vgl. u. a. MITCHELL u. Mitarbeiter, C. **1950.** II. 2159) kann gefolgert werden, daß nach dem Kernschalenmodell der Zustand in ^{124}Sb am besten durch J = 3, + beschrieben wird, was sich aus der Kombination eines $g_{7/2}$-Protons u. eines $s_{1/2}$-Neutrons ergibt. Der Zustand von ^{124}J wird zu J = 3, + angenommen, was der Kombination eines $d_{5/2}$-Protons u. eines $s_{1/2}$-Neutrons entspricht. Der resultierende L-Zustand würde dann 4 für ^{124}Sb u. 2 für ^{124}J sein. Obgleich eine gewisse Tendenz für den ersten angeregten Zustand eines gerade-gerade-Kerns besteht, daß J = 2, + ist, gilt diese Regel nicht ohne Ausnahme. In Anbetracht des Verlaufs des Spektr. erscheint es angebracht, dem 0,60 MeV-Niveau von ^{134}Te den Wert J = 1, — zuzuordnen. Die Betrachtungen werden auf die Halbwertszeit für den ^{124}Sb-Übergang ausgedehnt. (Physic. Rev. [2] **84.** 1059. 1/12. 1951. Bloomington, Ind., Univ., Dep. of Phys.) G. SCHMIDT. 103

S. D. Chatterjee und **R. N. Olcott,** *Fehlen spontaner Neutronenemission aus Samarium.* Aus Sm-Oxalatpulver mit 782 g Sm wurden Stäbchen gepreßt. Zum Neutronennachw. wurden $^{10}BF_3$-Proportionalzähler (45 cm Hg) benutzt. Bei der ersten Anordnung wurde in einem Paraffinblock ein Zähler mit 12 Sm-Stäbchen umgeben, bei der zweiten, empfindlicheren die gesamten Stäbchen von 6 Zählern. Es konnte keine spontane Emission von Neutronen aus Sm nachgewiesen werden, wohl aber eine Neutronenabsorption durch Sm. Die entgegengesetzten Befunde anderer Autoren werden diskutiert. (Physic. Rev. [2] **85.** 147—48. 1/1. 1952. Washington, Nat. Bur. of Stand.) WIEDEMANN. 103

W. C. Barber und **R. H. Helm,** *Beweis für die K-Schalenionisation, die den α-Zerfall von ^{210}Po begleitet.* (Vgl. GRACE u. Mitarbeiter, C. **1951.** II. 2418.) Die Intensität I_K des 76 keV-Übergangs ist, bezogen auf die Intensität $I_γ$ der 800 keV-Kern-γ-Strahlung, zu hoch, um allein durch innere Konversion erklärt zu werden, u. zwar ist $I_K/I_γ$ ca. 2—3 mal so groß wie der Konversionskoeff. in der K-Schale. Vff. sehen darin einen Beweis, daß die von ^{210}Po emittierten α-Teilchen zum Teil die K-Schale des entstehenden Pb-Atoms ionisieren. Die Wahrscheinlichkeit hierfür ergibt sich zu $(1{,}4 \pm 0{,}30) \cdot 10^{-6}$. (Physic. Rev. [2] **86.** 275—80. 1/5. 1952. Stanford, Calif., Univ., Dep. of Phys.) KIRSCHSTEIN. 103

H. H. Seliger und **L. Cavallo,** *Die absolute Standardisierung von Radioisotopen durch 4 π-Zählung.* Es wird die absol. Zählung von β-Teilchen bei Benutzung von 4 π-Proportional-Durchströmungszählern beschrieben, wobei ^{131}J, ^{32}P u. ^{60}Co als β-Standards dienten. Geprüft wurden Zähler verschied. Form. Eine einfache Meth. für die Herst. von Präparatenträgern wird angegeben, eine Formel für die Absorption im Präp. abgeleitet, die unabhängig von der Trägerdicke u. dem β-Energiespektr. ist. Die Ergebnisse werden mit denjenigen anderer Autoren verglichen. (J. Res. nat. Bur. Standards **47.** 41—44. Juli 1951. Washington, D. C., Nat. Bur. of Stand.) WEIGEL. 105

Cornelius A. Tobias, *Beschleunigung mehrfach geladener Kerne.* Mit Hilfe eines Niedervoltbeschleunigers können Atomkerne ohne Begrenzung der Ordnungszahl mit einer Geschwindigkeit, die über der der K-Elektronen liegt, tangential in ein Cyclotron mit modulierter Frequenz eintreten. Vorbeschleunigt werden zunächst die zweifach positiv geladenen Atome, die bei Eintritt in das Cyclotron durch eine feine Metallfolie von allen Elektronen befreit werden. Ein ähnlicher Vorbeschleuniger kann auch zu einem Betatron gebaut werden. (Physic. Rev. [2] **85.** 764. 15/2. 1952; Bull. Amer. physic. Soc. **26.** Nr. 8. 16. 27/12. 1951. Berkeley, Calif., Univ.) LINDBERG. 112

David Caplan und **Edward Akeley,** *Die Axialbewegung eines Elektrons in einem Abschnitt konstanter Wellengeschwindigkeit eines Linearbeschleunigers.* Ausführliche Darst. der C. **1952.** 4256 referierten Arbeit. (J. appl. Physics **23.** 774—78. Juli 1952. Purdue Univ.) GEHLEN-KELLER. 112

H. B. Frey, W. M. Grim, W. M. Preston und **T. S. Gray,** *Ansprechen eines Anthracen-Scintillationszählers auf Protonen.* Es wird das Verh. des Scintillationszählers im Bereich unterhalb 3,7 MeV-Protonen untersucht, wobei die Wirksamkeit des Lichtausstoßes mit der Ionendichte in Beziehung gesetzt wird. (Physic. Rev. [2] **82.** 372—73. 1/5. 1951. Cambridge, Mass., MIT.) W. REICHARDT. 112

Thomas Carlson und **W. S. Koski,** *Einige feste Lösungen von Polystyrol als Scintillationszähler.* Plast. Scheiben aus einer festen Lsg. von 2% eines organ. Phosphors in Styrol wurden durch nachträgliche Polymerisation mit Benzoylperoxyd u. Trikresylphosphat als Katalysator hergestellt. Die Wirksamkeit als Scintillationszähler wurde mit einem ^{60}-Co-Präp., das Emissionsmaximum bei Anregung mit Röntgenstrahlen gemessen. (Physic. Rev. [2] **85.** 697. 15/2. 1952. Baltimore, Md., Johns Hopkins Univ., Dep. of Chem.) FROST. 112

A. G. Chynoweth, *Leitfähigkeitskristallzähler.* Übersicht über die Haupteigg. an Leitfähigkeitskristallzählern, ihre Arbeitsweise u. derzeitige Stellung auf dem Gebiet kernphysikal. Instrumentation. (Amer. J. Physics **20.** 218—26. April 1952. Ottawa, Can., Nat. Res. Labors.) EICHHOFF. 112

René Coppens und **Goulven Vernois,** *Experimentelle Bestimmung des Absorptionskoeffizienten der α-Strahlen einer Substanz unbekannter chemischer Zusammensetzung und Untersuchung des Uran- und Thoriumgehaltes einer radioaktiven Substanz durch Autoradiographie.* Beschreibung der Meth. zur experimentellen Schätzung des Absorptionskoeff. einer Substanz unbekannter chem. Zusammensetzung. Die Möglichkeiten der Meth. werden experimentell durch Best. der Anzahl der α-Bahnen in einer photograph. Emulsion von reinen Mineralien (Monazit, Allanit) u. von mit 50% SiO_2 gemischten Mineralien geprüft. In analoger Weise wurden durch Vgl. mit der chem. Analyse der U- bzw. Th-Geh. (C_U bzw. C_{Th}) ermittelt. Enthalten die Substanzen sowohl U als auch Th, so ist für das Verhältnis C_{Th}/C_U der Ausdruck $(9,2 \pm 2,56\ n)$ zu setzen. (C. R. hebd. Séances Acad. Sci. **234.** 1974—76. 12/5. 1952.) G. SCHMIDT. 112

G. B. Cook and J. F. Duncan, Modern radiochemical practice. London: Clarendon. Pr. 1952. (XX + 408 S.) s. 42

Lothar Koester und Heinz Maier-Leibnitz, Genaue Zählung von β-Strahlen mit Proportionalzählrohren. Heidelberg: Springer-Verl. 1951. (10 S.) gr. 8° = Sitzungsberichte d. Heidelberger Akad. d. Wiss. Math.-naturwiss. Kl. Jg. 1951, Abh. 5. DM 2,25.

Karl Erik Zimen, Angewandte Radioaktivität. Berlin, Göttingen, Heidelberg: Springer. 1952. (VII + 124 S. m. 45 Textabb. u. 1 Taf.) gr. 8°. DM 18,80.

A_2. Optisches Verhalten der Materie.

K. Laqua, *Über den spektralen Charakter von Funkenentladungen.* Aus Unterss. an selbst- u. fremdgezündeten Funkenentladungen mit den verschiedensten elektr. Daten geht hervor, daß die im Funken umgesetzte Energie im wesentlichen die Menge des verdampften Elektrodenmaterials u. damit die Gesamtintensität des Spektr. bestimmt. Die Zeitdauer der Entladung bestimmt den spektralen Charakter, indem bei gleicher umgesetzter Energie das Spektr. bei kürzerer Entladungszeit funkenähnlicher wird. Wie gezeigt wird, ist es möglich, durch Konstanthaltung der umgesetzten Energie u. der Entladungsdauer mit sehr verschied. elektr. Parametern spektralähnliche Entladungen herzustellen. (Spectrochim. Acta [London] **4.** 446—66. 1952. Dortmund, Staatl. Materialprüfungsamt Nordrhein-Westfalen.) EICHHOFF. 114

Po Lee und **G. L. Weissler,** *Querschnitt des Neonabsorptionskontinuums.* Die Ne-Absorption wurde im Vakuum-UV von 300—1300 Å gemessen. An der Seriengrenze bei 574,2 Å steigt die Absorption von fast Null steil auf $k = 155\ cm^{-1}$ an. (J. opt. Soc. America **42.** 214. März 1952. Los Angeles, Calif., Univ., Phys. Dep.) D. BRÜCK. 118

G. L. Weissler und **Po Lee,** *Absorptionskoeffizienten von Sauerstoff im Vakuum-Ultraviolett.* Die Absorptionskoeffizienten von O_2 wurden von 300—1300 Å mittels Vakuumspektrographen in Kombination mit einer Linienemissionslichtquelle gemessen. Von 1000—1300 Å wurden scharfe Absorptionsstellen gefunden. Die kontinuierliche Absorption unter 740 Å wird einer Ionisationsgrenze O_2^+ zugeordnet, die zu verschied. RYDBERG-Serien gehört. Das Kontinuum hat ein breites Maximum zwischen 400 u. 600 Å mit k-Werten über 700 cm^{-1}, u. im Gegensatz zum N_2-Spektr. zeigt das O_2-Spektr. noch eine starke Absorption bei 303 Å mit $k = 530$. In Übereinstimmung mit den Vorhersagen der klass. Dispersionstheorie wurde die Oscillatorstärke $f = 6$ durch Integration der Absorptionskurve gefunden. Ein Energieniveauschema für das O_2-Mol. ist dargestellt. (J. opt. Soc. America **42.** 200—03. März 1952. Los Angeles, Calif., Univ., Phys. Dep.) D. BRÜCK. 118

G. Herzberg und **D. A. Ramsay,** *Absorptionsspektren von freien NH_2-Radikalen.* Die bekannten α-Banden, die sowohl im NH_3-Emissionsspektr. als auch im Fluorescenzspektr. unter bestimmten Bedingungen zwischen 4200 u. 8300 Å auftreten, wurden schon früher den freien NH_2-Radikalen zugeschrieben. Zur Überprüfung dieser Annahme wurde NH_3 photochem., entsprechend der Gleichung $NH_3 + h\nu = NH_2 + H$, dissoziiert u. das Absorptionsspektr. gemessen. Es wurden die gleichen α-Banden gefunden. — Die Spektren des NH_2-Radikals in Absorption u. in Emission sind in einer Abb. wiedergegeben. (J. chem. Physics **20**. 347. Febr. 1952. Ottawa, Can., Nat. Res. Labors.) D. BRÜCK. 118

A. F. Gibson, *Absorptionsspektren von Bleisulfid-, -selenid- und -tellurideinkristallen.* (Vgl. C. **1952**. 6173.) Die Unters. der Absorptionsspektren von PbS-, PbSe- u. PbTe-Einkristallen im Wellenlängenbereich von 2—16 μ bei 20—600° K ergab, daß der Absorptionskoeff. k für diese Wellenlängen ca. 100 mal kleiner als der der aufgedampften Schichten ist. Charakterist. für die Spektren ist das Zusammenfallen der scharfen Absorptionskante mit der langwelligen Grenze der Photoleitfähigkeit. Bei größeren Wellenlängen nimmt k langsam mit der Wellenlänge wie bei Ge u. Si zu. k zeigt als Funktion der Wellenlänge für die untersuchten Stoffe u. Tempp. die gleiche Charakteristik. Die kurzwellige Absorptionsgrenze verschiebt sich mit abnehmender Temp. zu größeren Wellenlängen. (Proc. physic. Soc. Sect. B **65**. 378—88. 1/5. 1952. Great Malvern, Worcs., Telecommunications Res. Establ., Ministry of Supply.) LINDBERG. 118

P. J. H. Woltz und A. H. Nielsen, *Die Infrarotspektren von CF_4 und GeF_4.* Mit den PERKIN-ELMER-Spektrographen 12 C u. 21 mit NaCl-, LiF-, CaF_2-, KBr- u. KRS 5-Prismen wurde das Infrarotspektr. von *CF_4* im Wellenlängenbereich von 2—33 μ u. dasjenige von *GeF_4* zwischen 2 u. 38 μ gemessen. Die Unterss. wurden in einer 10 cm-Zelle aus Fluorothene u. in einer Meterzelle mit Fenstern aus NaCl, KBr, KRS-5 u. Polyäthylen ausgeführt. Bei CF_4 wurden im Vgl. zu früheren Messungen viele neue Banden entdeckt u. einige bekannte Banden auf Verunreinigungen (vermutlich CHF_3 u. C_2F_6) zurückgeführt. Das Spektr. von CF_4 enthält 29, das auffällig bandenarme des GeF_4 nur 10 Banden. Beiden (sowie dem Spektr. von SiF_4) gemeinsam sind die beiden intensiven Banden der Frequenzen ν_3 (CF_4 1283 cm^{-1}; GeF_4 800 cm^{-1}) u. ν_4 (CF_4 632 cm^{-1}; GeF_4 260 cm^{-1}). In CF_4 wurde auch die Frequenz ν_2 bei 435 cm^{-1} beobachtet. Die aufgefundenen Banden u. ihre Zuordnung sind in Tabellen zusammengestellt. Die Hauptbanden werden mit den entsprechenden von SiF_4, $GeCl_4$ u. $GeBr_4$ verglichen. (J. chem. Physics **20**. 307—12. Febr. 1952. Oak Ridge, Tenn., Carbide and Carbon Chemicals Co., K-25 Labors.) FORCHE. 120

Robert M. Fristrom, *Das Mikrowellenspektrum eines nicht ganz kugelförmigen Kreisels. Struktur und Dipolmoment von Sulfurylfluorid.* Inhaltlich ident. mit der C. **1952**. 7130 referierten Arbeit. (Physic. Rev. [2] **85**. 717. 15/2. 1952; Bull. Amer. physic. Soc. **26**. Nr. 6. 21. 24/10. 1951. Cambridge, Mass., Harvard Univ.) FORCHE. 121

C. A. Whitmer und R. T. Weidner, *Paramagnetische Mikrowellenspektren von Eisenalaunsalzen.* Es wurde paramagnet. Resonanzabsorption bei 9375 MHz durch Fe-NH_4- u. Fe-K-Alaun bei den Tempp. 4, 77 u. 293° K beobachtet. Aus den Spektren ergab sich, daß die Aufspaltung des Grundzustandes des Fe nicht durch die Annahme eines kristallinen Feldes rein kub. Symmetrie erklärt werden kann u. daß ferner die NH_4- u. K-Alaune deutlich verschied. Spektren haben. (Physic. Rev. [2] **84**. 159—60. 1/10. 1951. New Brunswick, N. J., Rutgers Univ., Dep. of Phys.) GOTTFRIED. 121

F. F. Roberts, *Mikrowellen-Faraday-Rotation in flüssigem Sauerstoff.* Die Drehung der Polarisationsebene (FARADAY-Effekt) von ferro- u. paramagnet. Stoffen ist auch bei hochfrequenten Magnetfeldern gefunden worden. Für fl. O_2 wird eine Drehung von 0,6°/cm theoret. erwartet. Experimentell wird keinerlei Drehung sowohl von fl. als auch von gasförmigem O_2 am Kp. gefunden. Der Grund soll die starke magnet. Dämpfung der Spin-Präzession durch mol. Zusammenstöße beim Anlegen des Hochfrequenzfeldes sein. (Proc. physic. Soc. Sect. B **65**. 460. 1/6. 1952. London, Dollis Hill, Post Office Res. Stat.) FAHLENBRACH. 122

Georges Destriau und Joseph Mattler, *Oscillographische Untersuchung der Ausleuchtung.* Cu-aktivierte ZnS-Phosphore werden nach Erregung mit UV- oder Röntgenstrahlen mit Hilfe elektr. Wechselfelder ausgeleuchtet u. der zeitliche Verlauf der ausgeleuchteten Phosphorescenzhelligkeit I zusammen mit dem (sinusförmigen) Verlauf der angelegten Spannung V auf einen Kathodenstrahloscillographen geschrieben. Die angewandten Felder waren in der Größenordnung 30—200 kV/cm. Die Änderungen von I folgen denen von V in gut ausgeprägter Form. Jedoch eilt bei Spannungen von 50 Hz das Ausleuchtmaximum (I_{max}), dem Spannungsmaximum (V_{max}) zeitlich voraus. Vom Beginn des Einschaltens des Feldes nimmt mit jeder folgenden Halbwelle die Amplitude von I u. gleichzeitig die Voreilung von I_{max} gegenüber V_{max} vermutlich infolge fortschreitender Änderung von Leitfähigkeit u. DK. ab. Bei höheren Feldfrequenzen (1800 Hz) ist zu Beginn ebenfalls eine geringe Voreilung der Ausleuchtmaxima, nach mehreren Halbwellen indessen eine geringe Nacheilung feststellbar. Die Amplitudenabnahme von I mit zunehmender Halbwellenzahl ist um so größer, je stärker die ausleuchtende Feldstärke ist. Im allg. nehmen die aufeinanderfolgenden I_{max} gleichmäßig ab. Bei manchen ZnS-Phosphoren zeigt sich eine Anomalie insofern, als z. B. alle gradzahligen Ausleuchtamplituden systemat. eine geringere Höhe als die ungeraden Amplituden zeigen. Offenbar ist das Abklingen der elektr. ausgeleuchteten Phosphorescenz von der Richtung des angelegten Feldes abhängig. Eine Reihe von Oscillogrammen werden wiedergegeben. (J. Physique Radium **13.** 205—09. April 1952. Paris, Fac. des Sci., Labor. de Luminescence du P. C. B.) Rudolph. 125

A. Kastler, *Analyse der Phosphorescenzausleuchtkurve einer Substanz mittels Kathodenstrahloscillographen bei Ausleuchtung mit zirkular polarisiertem infrarotem Licht.* Der zeitliche Helligkeitsverlauf beim Ausleuchten von mit UV erregtem *ZnS-Cu* u. *ZnS-Mn* durch zirkular polarisiertes Infrarot wird mittels Elektronenvervielfacher u. Kathodenstrahloscillograph photographiert. Die nach Vf. zu erwartende Änderung der Ausleuchtkurve bei plötzlicher Änderung des Polarisationssinnes des ausleuchtenden Infrarots wurde bei Raumtemp. u. Temp. der fl. Luft nicht beobachtet. Ein solcher Effekt sollte aber bei der Temp. des fl. He an monokrist. Seltenen Erd-Phosphoren auftreten. (Boll. sci. Fac. Chim. ind., Bologna **10.** 3—4. 1952.) Rudolph. 125

Robert W. Wollentin, C. K. Lui Wei und **Rudolph Nagy,** *Cadmiumchlorophosphat-phosphore.* Mit Mn aktivierte Leuchtstoffe auf der Basis $3\,Cd_3(PO_4)_2 \cdot x\,(MCl_2){:}\,y\,MnCl_2$ wurden durch Glühen von CdO, $(NH_4)_2HPO_4$, $MnCl_2$ u. MCl_2 hergestellt, wo M für Mg, Cd, Ba, Sr oder Zn (oder auch einige davon) steht, x zwischen 0 u. 5 variiert u. $y < 1$ ist. Von den Präpp. wurden gemessen: die relative Helligkeit bei Erregung mit Licht der Wellenlänge 2537 Å, Emissionsspektren, Erregungsverteilungen, Ausbeute u. Konstanz in Leuchtstofflampen. Chem. Analysen wurden nicht gemacht, wohl aber Röntgenstrukturanalysen. — Das Maximum der schmalen Emissionsbande (Halbwertsbreite $\approx$ 800 Å) variiert von ca. 5800—6100 Å. Die Erregbarkeit erstreckt sich von ca. 2100 bis ca. 3000 Å mit Maxima bei 2300 u. 2350 Å. Die Leuchtstoffe haben Apatitstruktur, doch entsteht außerdem immer noch etwas Pyrophosphat (für M = Mg, Cd) bzw. Orthophosphat (für M = Sr, Ba, Zn). Größte Helligkeit ergibt sich — außer für M = Zn — für $x > 1$, während für Apatit $x = 1$ sein müßte. Der Überschuß dient möglicherweise auch als Flußmittel. — Zunehmende Mn-Menge bewirkt, wenn M = Sr oder Ba, Kontraktion des Gitters u. Verschiebung der Emission nach längeren Wellen. (J. electrochem. Soc. **99.** 131—36. April 1952. Bloomfield, N. J., Westinghouse Electric. Corp.) Brauer. 125

Rudolph Nagy, C. K. Lui Wei und **R. W. Wollentin,** *Calcium-Zinksilicat-Phosphor.* Durch Substitution von $^1/_3$ des Ca durch Zn in Ca-Silicat wurde bei Pb-Aktivierung ein neuer, im UV emittierender Phosphor erhalten. Röntgenanalyse ergab die Struktur des Hardystonits $Ca_2ZnSi_2O_7$. Darin ist (Warren, Z. Kristallogr., Mineral., Petrogr., Abt. A **74.** [1930.] 389) Zn^{2+} von 4 O^{2-} umgeben u. Ca_2^+ von 8 O^{2-}. Das Maximum der Emissionskurve liegt bei 3450 Å. Die Erregungsverteilung wurde zwischen 2200 u. 3000 Å gemessen. In UV-Leuchtstofflampen kann dieser Leuchtstoff Ca-Ce-Phosphat ersetzen. (J. electrochem. Soc. **99.** 137—39. April 1952.) Brauer. 125

A_3. Elektrizität. Magnetismus. Elektrochemie.

A. W. Laubengayer und **R. Bottei,** *Das Dipolmoment von Dekaboran.* Das Dipolmoment von Dekaboran, $B_{10}H_{14}$, wurde in verd. benzol. Lsg. zu 3,52 D bestimmt. (J. Amer. chem. Soc. **74.** 1618—19. 20/3. 1952. New York, Cornell Univ.) K. L. Wolf. 132

Talât-Erben, *Notiz über die Dielektrizitätskonstante von reinem Wasserstoffperoxyd als Funktion der Temperatur.* In einer früheren Arbeit (C. **1952.** 7609) haben Vff. eine Beziehung für die Temperaturabhängigkeit der DK. von Lösungsmitteln abgeleitet. Sie zeigen, daß neue Messungen von Gross u. Taylor (C. **1950.** II. 2767) über die Temperaturabhängigkeit der DK. von H_2O_2 diese Beziehung bestätigen. (Bull. Soc. chim. France, Mém. [5] **19.** 176. Jan./Febr. 1952. Istanbul, Techn. Univ., Fac. des Mécan., Inst. de Chim.) K. L. Wolf. 132

H. Falkenhagen und **M. Leist,** *Eine Bemerkung zu den Arbeiten von G. B. Bonino und Mitarbeitern über die Konzentrationsabhängigkeit der Dielektrizitätskonstanten.* Für die Abhängigkeit der DK. von der Konz. γ (in Mol/Liter Lsg.) stellen Vff. die Beziehung $D = D_0\,(1 + a\sqrt{\gamma} - b\,\gamma)$ der von Bonino (Gazz. chim. ital. **78.** [1948.] 61) angegebenen Gleichung $D = D_0\,(1 - c\sqrt{\gamma^{3/2}})$ gegenüber (D DK. des gelösten Ionenbildners, D_0 DK. des Lösungsm.). Die Gleichung nähert die experimentellen Unterss. von Fischer u. Schaffeld (Ann. Physik **25.** [1936.] 450) bedeutend besser an als die Gleichung von Bonino u. ist theoret. gesichert. Für *$NaNO_3$* ist a = 0,047, b = 1,1, c = 0,085; *HNO_3*: a = 0,047, b = 6,0, c = 1,815; *H_2SO_4*: a = 0,115, b = 4,5, c = 3,65; *NaCl*: a = 0,095, b = 1,45, c = 0,085 für 0,01 < γ < 0,1 u. a = 0,047, b = 1,0, c = 0,085 für γ < 0,01. Das Auftreten des Wurzelfaktors a = 0,047 entspricht genau der Theorie von FALKENHAGEN (Elektrolyte, Leipzig 1932). (Z. physik. Chem. **199.** 370—75. April 1952. Rostock, Univ., Inst. für theoret. Phys.) R. WOLFF. 132

Dale W. Magnuson, *Messungen der Dielektrizitätskonstante von Chlortrifluorid bei 9400 MHz.* Das beschriebene Verf. zur Messung der DK. von ClF_3 beruht auf der Änderung der Resonanzfrequenz eines evakuierten Hohlraumes (Cu) beim Füllen mit ClF_3-Dampf. Für die Molpolarisation des monomeren ClF_3 wurde die Beziehung P_m = 15,944 + 1882,0/T °K mit einem wahrscheinlichen Fehler von ±0,075 berechnet; das Dipolmoment beträgt 0,554 ± 0,002 D. Die durchschnittliche Molpolarisation des Dimeren beträgt 49,8 ± 0,5; das Dipolmoment berechnet sich zu $0{,}50^{+0{,}12}_{-0{,}17}$ D. Die Fehlermöglichkeiten des Meßverf. werden diskutiert. (J. chem. Physics **20.** 229—32. Febr. 1952. Oak Ridge, Tenn., Carbide and Carbon Chemicals Comp., K-25 Labors.) FORCHE. 132

H. Schmidt, *Über einige Messungen an Bariumtitanat.* Zunächst gibt Vf. eine Zusammenstellung der mathemat. Beziehungen zwischen den elektr. u. mechan. Materialkonstanten von kreisförmigen Scheiben piezoelektr. Substanzen. Von $BaTiO_3$ (I) wurde zwischen —10 u. 150° die Temperaturabhängigkeit der DK. ε, des elektr. Verlustfaktors tg φ, des Elastizitätsmoduls Y, des mechan. Verlustwinkels η u. des Piezomoduls d_{12} in der 12-Richtung gemessen. Die Auswertung der Messungen ergibt folgende Werte für I bei 20°: ε = 1600, tg φ = 0,01, Y = 10^{11} Newton/m², POISSON-Konstante 0,28, η = 0,003, D. 5500 kg/m³, Schallgeschwindigkeit 4300 m/Sek., Schallwiderstand 24 · 10^6 kg/m · Sek., Kopplungsfaktor der Radial- bzw. der Dickenschwingung 30 bzw. 45%, d_{11} bzw. d_{12} = 15 bzw. 6 · 10^{-11} m/V, Piezokonstante in der 11- bzw. 12-Richtung 20 bzw. 8,5 A · Sek./m². Ferner wurde die Temperaturabhängigkeit von ε, tg φ, Y u. η von Mischkeramiken aus 92% I u. 8% $PbTiO_3$ gemessen; ε u. tg φ sind kleiner u. Y u. η größer als die entsprechenden Werte von I. (Akust. Beih. Nr. **2.** 83—88. 1952. Beih. zu: Acustica [Zürich]. Göttingen, Univ., III. Physikal. Inst.) FUCHS. 132

B. D. Saksena, *Die piezoelektrische Konstante von Zinksulfid.* Die piezoelektr. Konstante von ZnS wird unter den formalen Annahmen berechnet, daß 1. ein reiner Ionenkristall (Zn^{++}, S^{--}) vorliegt u. alle Atome mit gleicher Wrkg. zur Erzeugung des elektr. Momentes beitragen, u. 2. ein rein kovalenter Kristall vorliegt u. nur die nächsten Nachbarn betrachtet werden. Im 1. Fall stimmen die Ergebnisse mit den von BORN u. BORMANN erhaltenen überein. Für homogene elast. Deformationen werden die piezoelektr. Gleichungen u. die piezoelektr. Konstante berechnet. Für den kovalenten Zustand ist diese Konstante 5,4 · 10^4 u. für den ion. Zustand —15,8 · 10^4, während der experimentelle Wert —4,20 · 10^4 beträgt. Danach würde krist. ZnS zu 67% ion. Charakter haben sowie eine formale Ladung von +0,68 E. für Zn u. von —0,68 E. für S besitzen. (Physic. Rev. [2] **81.** 1012—15. 15/3. 1951. State College, Pa., Pennsylvania State Coll.) WERNER SCHULZ. 135

W. I. Ljaschenko und **I. I. Stepko,** *Einfluß der Adsorption auf die Oberflächenladungen und die Leitfähigkeit eines Halbleiters.* Bei der Adsorption von CO_2, CO, O_2, *Äthylalkohol-*, *Methanol-*, *Aceton-* u. *Wasserdampf* an dünnen Schichten von Cu_2O, ZnO, CdO u. MnO_2 ergab sich eine Abnahme der Austrittsarbeit, bei *Bzl.*-Adsorption dagegen keine wesentliche Änderung. Bei geringen Drucken ist die Änderung der Austrittsarbeit stark druckabhängig. Dann erfolgt auch eine große Änderung der Leitfähigkeit (bei Löcherleitung in gleicher Richtung, bei Elektronenleitung in entgegengesetzter Richtung wie die Austrittsarbeit). Die Hauptursache für diese Effekte ist, daß sich die Besetzung der Oberflächenniveaus ändert. Die Änderung des Widerstandes infolge der Oberflächenladungen nimmt unter dem Einfl. eines äußeren Feldes bei Cu_2O zu u. bei ZnO ab. (Известия Академии Наук СССР, Серия Физическая [Nachr. Akad. Wiss. UdSSR, physik. Ser.] **16.** 211—17. März/April 1952. Inst. für Physik der Akad. der Wiss. der UkrSSR.) KIRSCHSTEIN. 135

Je. K. Putzeiko, *Anwendung der Kondensatormethode zur Untersuchung der spektralen Verteilung der photoelektrischen Sensibilität in Halbleitern.* In Form einer Zusammenfassung früherer Arbeiten (vgl. C. **1952.** 6172; **1951.** II. 3272 u. früher) wird eingehend das Verhältnis zusätzlicher Absorptionsbanden zu den selektiven Banden der photoelektr. Empfindlichkeit behandelt. Diese Banden entstehen vermutlich durch Eigenhaftniveaus, die ca. 0,2—0,4 eV über dem besetzten Grundband liegen u. nur bei zusätzlicher Belichtung teilweise besetzt werden. (Известия Академии Наук СССР, Серия Физическая [Nachr. Akad. Wiss. UdSSR, physik. Ser.] **16.** 34—45. Jan./Febr. 1952.) KIRSCHSTEIN. 135

A. N. Arssenjewa-Heil, *Äußerer Photoeffekt von Halbleitern.* Nach einer Zusammenfassung der Ergebnisse der C. **1949.** II. 18 u. **1950.** II. 2039 referierten Arbeiten wird über den Photoeffekt von *CdSe* + 2% *Cd* u. von *Ge* mit nicht genannten Zusätzen berichtet. Das Energiespektr. der Photoelektronen zeigt, daß die Elektronen nicht wie bei reinen Halbleitern aus verhältnismäßig tief liegenden diskreten Niveaus oder schmalen Bändern herausgerissen werden, sondern aus breiten Bändern, die, wie sich aus der Austrittsarbeit ergibt, höher liegen als die entsprechenden Niveaus bei reinen Halbleitern. (Известия Академии Наук СССР, Серия Физическая [Nachr. Akad. Wiss. UdSSR, physik. Ser.] **16.** 122—28. Jan./Febr. 1952. Leningrad, Physikal.-Techn. Inst. der Akad. der Wiss. der UdSSR.) KIRSCHSTEIN. 135

H. B. DeVore, *Photoleitfähigkeitsuntersuchung der Aktivierung von Bariumoxyd.* Zur Ermittelung der Donatorenergieniveaus werden Photoleitfähigkeitsunterss. an BaO-Kathoden bei verschied. Stufen der Thermionenaktivität ausgeführt. Während der Aktivierung auftretende Änderungen zeigen sich im langwelligen Ende der Photoleitfähigkeitskurve. Für niedere Aktivitätsstufen hat dieser Abschnitt einen Schwellenwert von ca. 2,3 eV u. mit ansteigender Thermionenaktivität einen zweiten von ca. 1,5 eV. Die Messungen sprechen für die Ausbldg. von Donatoren bei Niveaus, deren Beträge unter dem Leitfähigkeitsband während der Aktivierung liegen. Es wird versucht, den Ursprung dieser Donatoren zu erklären. (Physic. Rev. [2] **85.** 390. 15/1. 1952. R. C. A. Labors.) GEDSCHOLD. 135

P. W. Bridgman, *Der Widerstand von 72 Elementen, Legierungen und Verbindungen bis zu 100000 kg/cm².* Zusammenfassende Darst. aller bisher vom Vf. auf die Druckabhängigkeit des elektr. Widerstandes bis zu 100000 at geprüften Elemente, Legierungen u. Verbindungen. — 78 Literaturangaben. (Proc. Amer. Acad. Arts Sci. **81.** 169—251. März 1952. Cambridge, Mass., Harvard Univ., Lyman Labor. of Phys.) SPEER. 136

Richard A. Silverman, *Die Fermi-Energie von metallischem Lithium.* Ausgehend von der WIGNER-SEITZ-Approximation, entwickelt Vf. eine Grenzbedingungsmeth. zur Ableitung des Koeff. E_{2n} in der Potenzreihenentw. für die Energie eines Elektrons mit der Wellenzahl k, das sich im Gitter eines Alkalimetalls bewegt. Für E_4 ergibt sich der Wert —0,031. (Physic. Rev. [2] **85.** 227—30. 15/1. 1952. Cambridge, Mass., Harvard Univ., Dep. of Phys.) SPEER. 136

Louis Néel, *Die Theorie der magnetischen Nachwirkung durch Diffusion.* Die SNOEKsche Nachwrkg., bei der Zwischengitter-Fremdatome die Urheber sind, wird durch eine magnetokristalline Wechselwrkg. zwischen den Atomplätzen u. der Richtung der spontanen Magnetisierung gedeutet. Die Nachwrkg. wird theoret. erklärt, wenn man der Anisotropieenergie die sogenannte „Stabilisierungsenergie" hinzufügt, die Beträge bis zu 100 erg/cm³ annehmen kann. Es folgt die Zeitabhängigkeit des Druckes einer 90- oder 180°-Wand aus der Diffusion der Fremdatome. Die experimentellen Ergebnisse von MITKEWITSCH (J. Physique Radium **7.** [1936.] 133) u. von WEBB u. FORD (J. Instn. electr. Engr. **75.** [1934.] 787) werden erklärt. (J. Physique Radium **13.** 249—64. Mai 1952. Grenoble, Univ., Labor. d'Électrostat. et de Phys. du Métal.) FAHLENBRACH. 137

Th. Einsele und **F. Baur,** *Der Frequenzgang der magnetischen Nachwirkung bei Massekernen.* Messungen der komplexen Permeabilität an einem Massekern in einem sehr breiten Frequenzbereich (30 Hz bis 100 kHz) zeigten, daß eine Aufspaltung der JORDANschen Nachwrkg. in einen niederfrequenten u. einen hochfrequenten Anteil naheliegt. (Z. angew. Physik **3.** 373—76. Okt. 1951. Stuttgart, TH, Inst. für Nachrichtentechnik.) v. HARLEM. 137

R. Street, J. C. Woolley und **P. B. Smith,** *Der Einfluß der Wärmebehandlung auf die magnetische Nachwirkung von Permanentmagnetlegierungen.* Die metallkundlichen Erkenntnisse über die *Alnico*-Dauermagnetlegierungen fordern die Existenz zweier raumzentrierter Phasen Fe_2NiAl u. *Fe*, die als kleine Inseln im Material verteilt sind. Die Koerzitivkraft ist abhängig von dem Prod. aus der Größe u. der Anzahl dieser Einschlüsse, so daß die gleiche Koerzitivkraft auf sehr verschied. Wärmebehandlungswegen erreicht werden kann. Dagegen ist die magnet. Nachwrkg. eine eindeutige Funktion der Wärmebehandlung. Vff. bestimmen die Nachwrkg. u. die Koerzitivkraft einer Alnico-Legierung a) nach einer Abkühlung von 1300° mit verschied. Abkühlungsgeschwindigkeit u. b) nach einer Glühung bei 700° bei zunehmender Glühzeit nach einem vorherigen Abschrecken in kaltem W. von 1300°. Die gefundenen Ergebnisse sollen mit der Keimbildungstheorie erklärt werden. (Proc. physic. Soc. Sect. B **65.** 461—62. 1/6. 1952. Nottingham, Univ., Dep. of Phys.) FAHLENBRACH. 137

Conyers Herring, *Energie einer Bloch-Wand im Bilde des Bändermodells.* 1. Mitt. *Spiralförmige Annäherung.* Das Elektronenbändermodell des festen Körpers ist in der

Lage, die BLOCH-Wand zwischen den Elementarbereichen zu bestimmen. Dazu braucht nur die konstante Spinfunktion für jedes bewegliche Elektron durch eine veränderliche Spinfunktion ersetzt zu werden. Eine Berechnung der oberen Grenze für die Wanddicke stimmt größenordnungsmäßig mit der Erfahrung überein. (Physic. Rev. [2] **85.** 1003—11. 15/3. 1952. Murray Hill, N. J., Bell Telephone Labors.) FAHLENBRACH. 137

John K. Galt, *Bewegung einer Wand zwischen ferromagnetischen Elementarbereichen bei Fe_3O_4.* (Vgl. C. **1952.** 2795.) An Bilderrahmeneinkristallen aus synthet. Fe_3O_4 mit den magnet. leichten [1 1 1]-Richtungen als Rahmen wird die Hysteresekurve u. die Bewegung der Wand zwischen den Elementarbereichen mit der BITTERschen Streifenmeth. untersucht. Die Proben besaßen hohe Anfangspermeabilitäten von 5000 bei niedrigen Frequenzen u. einen steilen Abfall der Permeabilität schon bei 1000 Hz. Die Unters. der Wandbewegung unter der Einw. äußerer Magnetfelder ist beim Fe_3O_4 deswegen von Bedeutung, da die Wirbelstromeinflüsse hier eine untergeordnete Rolle spielen. Die gefundenen Ergebnisse bestätigen die neuesten theoret. Erkenntnisse des Ferromagnetismus vollauf u. ergeben die Kenntnis einiger Grundkonstanten des Fe_3O_4. (Physic. Rev. [2] **85.** 664—69. 15/2. 1952. Murray Hill, N. J., Bell Telephone Labor.) FAHLENBRACH. 137

Tosihiko Okamura und Yūzō Kojima, *Ferromagnetische Resonanz in Einkristallen von Kobalt-Zinkferrit.* An einem Einkristall aus Co-Zn-Ferrit ($Co_{0,7}Zn_{0,3}Fe_2O_4$) wird zwischen Raumtemp. u. dem CURIE-Punkt bei 9310 MHz die ferromagnet. Resonanzabsorption bestimmt. Der CURIE-Punkt wurde bei 340° gefunden. Die Unterss. wurden mit der Gleichfeldrichtung in [1 1 0]- u. in [1 0 0]-Richtung ausgeführt. In beiden Fällen wurde das Resonanzfeld u. die Linienbreite in Abhängigkeit von der Temp. aufgetragen. Bei 70° verschwindet die Anisotropieenergie. Ein Vgl. mit gesinterten polykristallinen Proben ergibt den Entmagnetisierungsfaktor u. die Sättigungsmagnetisierung u. mit der KITTELschen Formel dann den g-Faktor u. die Konstante K_1 der Kristallenergie. (Physic. Rev. [2] **85.** 690. 15/2. 1952. Sendai, Japan, Res. Inst. for Sci. Measurements.) FAHLENBRACH. 137

G. D. Adam und K. J. Standley, *Ferromagnetische Resonanz von Manganantimonid.* Bei $\lambda = 1{,}26$ cm u. zwischen 20 u. 315° wird die ferromagnet. Resonanz von pulverförmigem MnSb gemessen. Es wird eine starke Temperaturabhängigkeit der Halbwertsbreite der Resonanz u. des g-Faktors bestimmt. Letzterer nimmt von einem Wert von 2,75 bei 20° auf 2,1 beim CURIE-Punkt ab, die Halbwertsbreite von 5700 Oe bei 90° auf 1100 Oe bei 290°. Die Abweichung des g-Faktors vom Wert 2,0 wird nicht auf eine Beteiligung der Spin-Bahnmomentkopplung zurückgeführt, sondern auf starke Anisotropiekräfte bei Raumtemp., die mit wachsender Temp. zum CURIE-Punkt hin abnehmen. Aber auch am CURIE-Punkt wird nicht g = 2, sondern 2,1 extrapoliert. (Proc. physic. Soc. Sect. B **65.** 454—55. 1/6. 1952. Nottingham, Univ., Dep. of Phys.) FAHLENBRACH. 137

J. K. Dawson, *Magnetochemie der schwersten Elemente.* **5.** Mitt. *Feste Lösungen von Urantetrafluorid und Thoriumtetrafluorid.* (4. vgl. C. **1952.** 1284.) Im Gebiet von 90 bis 350° absol. wird die Susceptibilität von festen Lsgg. von UF_4 u. ThF_4 gemessen. Das CURIE-WEISSsche Gesetz ist überall erfüllt. Die Δ-Werte der Gleichung $\mu = 2{,}83 \cdot \sqrt{\chi_{U^{IV}} \cdot (T - \Delta)}$ ändern sich von —102° für 100% UF_4 auf —25° bei 5,3%, die μ-Werte von 3,30 auf 4,12 Magnetonen. Für unendliche Verdünnung extrapoliert man einen Wert, der weitgehend dem für einen 5 f^2-Zustand mit j—j-Kopplung entspricht. Das steht im Gegensatz zu dem entsprechenden Oxydsyst., bei dem man bei unendlicher Verdünnung einen Wert erhält, der der 6 d^2-Konfiguration entspricht. (J. chem. Soc. [London] **1951.** 2889—92. Nov. Harwell, Berks., Atomic Energy Res. Est.) KLEMM. 137

J. K. Dawson, *Berichtigung zu „Magnetochemie der schwersten Elemente.* 5. Mitt. *Feste Lösungen von Urantetrafluorid und Thoriumtetrafluorid".* (Vgl. vorst. Ref.) Infolge eines Rechenfehlers sind die Urankonzz. in der vorst. Arbeit falsch angegeben. Das Präp. mit dem Δ-Wert —25 enthält nicht 5,3, sondern 10,4% U. Die Momente variieren in Wirklichkeit zwischen 3,30 u. 2,92. Für unendliche Verdünnung erhält man — wie bei dem Oxydsyst. — 2,83 Magnetonen; dies spricht für eine 6 d^2-Konfiguration der U-Ionen, da bei 5 f-Elektronen sich ein Bahnanteil irgendwie bemerkbar machen sollte. (J. chem. Soc. [London] **1952.** 1185—86. März.) KLEMM. 137

Paul Delahay und Thomas J. Adams, *Polarographische Untersuchung der Kinetik der Ionenrekombination und Vergleich mit der Onsagerschen Theorie.* Vff. leiten aus der ONSAGERschen Theorie der Ionenrekombination (IR.) eine Gleichung ab für die Geschwindigkeitskonstante (GK.) von Prozessen, die die Rekombination zweier einwertiger Ionen umfassen. Der Temperaturkoeff. der GK. ist im wesentlichen derselbe wie für einen Diffusionsprozeß. Die theoret. Ergebnisse werden verglichen mit polarograph. Daten für die Rekombination des Brenztraubensäure- u. des H-Ions. Die Abhängigkeit der GK. von der Ionenstärke wird experimentell untersucht, u. die Befunde werden auf der Basis der DEBYE-HÜCKEL-Theorie analysiert. Schließlich wird der Einfl. der Geschwindigkeit des Elektrodenprozesses bei polarograph. Unterss. der IR. quantitativ diskutiert. Die Übereinstimmung zwischen den Werten der GK. für die IR., erhalten nach der polarograph. Meth. bzw. nach der ONSAGERschen Theorie, ist gut. (J. Amer. chem. Soc. **74.** 1437—41. 20/3. 1952. Louisiana State Univ., Coates Chem. Labor.) NIEMITZ. 138

B. W. Erschler, *Das Problem des absoluten Potentials in der Elektrochemie und die Nullpunkte der Metalle.* Zusammenfassende krit. Übersicht. Bei der Behandlung des Problems des absol. Potentials wird auf die Zus. der EMK. einer Kette aus Einzelpotentialen, auf die Beziehung zwischen Voltapotential u. Austrittsarbeit, auf die Abhängigkeit des Potentials an der inneren Phasengrenze von der Doppelschicht u. der Struktur der Oberflächen von Metall u. Lsg. eingegangen. Ferner wird der Nullpunkt der Ladung bei den Metallen u. die Möglichkeit seiner Best. sowie die Beziehung zum Voltapotential besprochen. (Успехи Химии [Fortschr. Chem.] **21.** 237—49. Febr. 1952. Moskau.) WIEDEMANN. 140

G. M. Abdullajew, *Untersuchung der Temperaturabhängigkeit des Potentialsprunges in Kupfer(I)-oxyd an der Elektrode.* Mit Cu- u. Au-Elektroden wurde der Anodensprung von Cu_2O zwischen —183 u. +350° untersucht. Er nahm bei konstanter Spannung mit steigender Temp. ab u. verschwand bei 270°; oberhalb 270° bildete sich ein konstanter Potentialsprung an der Kathode von der Größenordnung 10^{-2} V aus. (Известия Академии Наук СССР, Серия Физическая [Nachr. Akad. Wiss. UdSSR, physik. Ser.] **16.** 225—26. März/April 1952. Inst. für Physik u. Mathem. der Akad. der Wiss. der AserbSSR.) KIRSCHSTEIN. 140

John A. Rider und **George Jaffé,** *Über Polarisation in Elektrolytlösungen.* (Sitzungsbericht.) Die von Vff. kürzlich vorgeschlagene Verallgemeinerung einer für Kristalle abgeleiteten Polarisationstheorie auf Elektrolyte wird mit Hilfe einer eine modifizierte JONES-Brücke enthaltenden Versuchsanordnung experimentell geprüft. Die verwendete Zelle hatte die Gestalt eines Plattenkondensators mit Schutzring, verhältnismäßig großer Oberfläche u. kleinem, aber variablem Plattenabstand. Die Meßergebnisse zeigen entsprechend der Theorie die Abhängigkeit der Leitfähigkeit u. der Kapazität von der Konz. der Lsg., dem Plattenabstand u. der Frequenz. Um die großen Kapazitäten zu erklären, die hierbei auftreten, muß die Ggw. einer Gruppe vielleicht hydratisierter Ionen mit einer 100 mal kleineren Beweglichkeit, als sie n. Elektrolytionen zukommt, angenommen werden. (Physic. Rev. [2] **85.** 746. 15/2. 1952; Bull. Amer. physic. Soc. **26.** Nr. 7. 12. 30/11. 1951. Louisiana State Univ.) LEVI. 142

J. Llopis, *Beitrag zur Kenntnis der Überspannung der Halogene.* 1. Mitt. *Experimentelle Ergebnisse, die mit Platinelektroden erhalten worden sind.* Das elektrochem. Verh. des Syst. J_2/J^- wird durch die Konzentrationsänderung der zu bestimmenden Substanzen im Kontakt mit der Elektrode beherrscht. Die Polarisationskurven werden durch die Gleichung $\varepsilon = a + b \log [(i - i_e)/(i_a - i)^2]$, wobei i_e u. i_a die anod. bzw. kathod. Grenzintensität bedeuten, dargestellt. Bei 25° wurden folgende Durchschnittswerte ermittelt: $b_m = 0{,}030$ V u. $a_m = 0{,}260$ V. Mit einer stat. Mikroelektrode sind die erhaltenen i_e-Werte fast proportional der J_2-Konzentration. Aus dem Temperaturkoeff. i_e für eine gegebene Konz. von J_2 wird die Aktivierungswärme für die mol. Diffusion des J_2 zur Elektrode unter den angewandten experimentellen Bedingungen bei $\Delta H^* = 4{,}50$ kcal/Mol ermittelt. Bei den mit einer stat. Mikroelektrode für das Syst. Br_2/Br^- erhaltenen Polarisationskurven sind i_a u. i_e fast proportional den Konzz. von Br^- u. Br_2. Aus deren Temperaturkoeffizienten leiten sich ab $\Delta H^* = 4{,}79$ kcal/Mol für die Diffusion des Br_2 u. $\Delta H^* = 4{,}83$ kcal/Mol für das Ion Br^-. Wird als Grundelektrolyt eine n $HClO_4$-Lsg. benutzt, dann wird bei 25° ein Mittelwert $b_m = 0{,}040 \pm 0{,}0040$ V ermittelt. Werden als Grundlsgg. solche von verschied. p_H benutzt, dann wird bei einem p_H, der einer n H_3PO_4-Lsg. entspricht, die Irreversibilität beachtlich. Dieser Einfl. ist ausgesprochen, wenn die zeitlichen Abweichungen des Potentials bei Konstanthaltung der Intensität mittels einer rotierenden Mikroelektrode ausgeführt werden. Das stat. Potential dieses Syst. ist unabhängig vom p_H. Das Syst. Cl_2/Cl^- ist immer mehr oder weniger irreversibel. Die Einflüsse von Cl^--Konz., Temp. u. p_H werden untersucht. Aus diesen Beobachtungen geht hervor, daß die Möglichkeit der anod. O_2-Bldg. die Ursache der Überspannung der Halogene ist. Es ist festgestellt worden, daß das Syst. J_2/J^- sich reversibel, das Syst. Br_2/Br^- je nach dem p_H verschieden u. das Syst. Cl_2/Cl^- je nach Umständen mehr oder weniger irreversibel verhält. (An. Real Soc. españ. Física Quím., Ser. B **48.** 305—20. April 1952. Madrid, Inst. „A. de G. Rocasolano" de Quím.-Fís.) PISTOR. 143

A_4. Thermodynamik. Thermochemie.

K. G. Denbigh, *Die Transportwärme in binären regulären Lösungen.* Vf. vergleicht die thermodynam. u. kinet. Theorien der therm. Diffusion in bin. fl. Mischungen. Die Größe des SORET-Effektes wird in der thermodynam. Theorie durch die Transportwärmen der Komponenten u. in der kinet. Theorie durch die Abreißenergien u. die Löcherbldg. in der Fl. bestimmt. Es wird eine auf dem regulären Flüssigkeitsmodell beruhende Deutung der Transportwärme gegeben u. gezeigt, daß sie in Ausdrücken der mol. Wechselwirkungsenergien dargestellt werden kann. Die erhaltenen Gleichungen genügen den Forderungen der thermodynam. Theorie. (Trans. Faraday Soc. **48.** 1—8. Jan. 1952. Cambridge, Tennis Court Road, Chem. Engng. Labor.) NIEMITZ. 146

W. G. Burns und **F. S. Dainton,** *Die Dampfdruckkurven von festem und flüssigem Nitrosylchlorid.* Vff. bestimmten die Dampfdrucke zweier sorgfältig gereinigter u. analysierter Proben von NOCl innerhalb des Temperaturbereiches von —97 bis —7° mittels einer stat. Meth. in einer ausschließlich aus Glas gefertigten Apparatur. Die aus den Resultaten nach der Meth. der kleinsten Quadrate berechneten Dampfdruckgleichungen lauten: festes NOCl, $\log_{10}P(mm) = -(1660 \pm 32)/T + 9{,}37 \pm 0{,}20$; fl. NOCl, $\log_{10}P(mm) = -(1347 \pm 6)/T + 7{,}922 \pm 0{,}025$. Die mol. latente Sublimationswärme ergibt sich zu 7590 ± 150 cal·Mol^{-1}, die Schmelzwärme zu 1430 ± 180 cal·Mol^{-1} u. die Verdampfungswärme zu 6160 ± 27 cal·Mol^{-1}. Unabhängig von diesen Messungen wurde der F. der festen Form zu $-59{,}6 \pm 0{,}3°$ bestimmt. Der Wert ist in guter Übereinstimmung mit den angeführten beiden Dampfdruckgleichungen. Die erhaltenen Werte werden diskutiert u. die Unterschiede gegenüber früheren Messungen darauf zurückgeführt, daß früher keine ganz reinen Proben zur Unters. gelangten. (Trans. Faraday Soc. **48.** 21—24. Jan. 1952. Leeds, Univ., Dep. of Inorg. and Phys. Chem.) NIEMITZ. 150

R. Vandoni und **M. Laudy,** *Messung der Partialdampfdrucke von HNO_3-H_2O-Gemischen bei 20° und Richtigkeitsbeweis der Gleichung von Margules-Duhem.* 1. Mitt. *Messung der Partialdampfspannungen von HNO_3-H_2O-Gemischen bei 20°.* Von HNO_3-H_2O-Gemischen wird bei einer Temp. von 20° der Partialdruck beider Komponenten gemessen u. mit den berechneten Dampfdrucken von FORSYTHE u. GIAUQUE u. von WILSON u. MILES verglichen. Fehler bei der Dampfdruckbest. entstehen durch die Wasserhaut der Glasteile u. durch eine Beeinflussung der gefetteten Hähne durch die Salpetersäure. Daher wurde die App. umgebaut. Neue App. mit Schliffen statt der gefetteten Hähne ist in Skizze wiedergegeben. (J. Chim. physique Physico-Chim. biol. **49.** 99—102. März 1952. Paris, Labor. des Services Chimiques de l'État.) MIETHING. 150

G. Aunis, *Messung der Partialdampfdrucke von HNO_3-H_2O-Gemischen bei 20° und Richtigkeitsbeweis der Gleichung von Margules-Duhem.* 2. Mitt. *Richtigkeitsbeweis der Gleichung von Margules-Duhem für HNO_3-H_2O-Gemische bei 20°.* (1. vgl. vorst. Ref.) Es wird in der Gleichung von MARGULES-DUHEM die Aktivität der Komponenten ihrem Dampfdruck proportional gesetzt u. diese Gleichung dann auf die Messungen von VANDONI u. LAUDY (l. c.) des Dampfdruckes von HNO_3-H_2O-Gemischen angewandt. Die Übereinstimmung der Theorie mit der Messung ist sehr gut, wie aus den Zahlenwerten in mehreren Tabellen hervorgeht. (J. Chim. physique Physico-Chim. biol. **49.** 103—08. März 1952.) MIETHING. 150

I. Estermann und **J. R. Weertman,** *Wirkung des Gehaltes an Verunreinigungen auf die spezifische Wärme von Germanium.* (Sitzungsbericht.) Messung der spezif. Wärme von sehr reinem Ge u. solchem mit einer Störstellenkonz. von 10^{20}/cm^3 bei 80° K. Die Ergebnisse zeigen, daß die Anomalie der spezif. Wärme an diesem Punkt nicht auf den Einbau von Störstellen zurückzuführen ist. Die Abweichung beträgt weniger als **1%.** Eine Anomalie vom Typ der von SIMON u. CRITESCU angegebenen (Z. physik. Chem., Abt. B **25.** [1934.] 273) wurde nicht gefunden. (Physic. Rev. [2] **83.** 228. 1/7.; Bull. Amer. physic. Soc. **26.** Nr. 3. 37. 26/4. 1951. Carnegie Inst. of Technol.) SPEER. 151

E. Wicke, *Die Dissoziationsenergie von Fluor.* Es wird ein Vers. zur Best. der Dissoziationsenergie des F_2 durch Verfolgung der Wärmeleitfähigkeit des Gases an einem elektr. geheizten Ni-Draht beschrieben. F_2 zeigt dabei bis 500° (bei höheren Tempp. wird das Ni stark angegriffen) keine Dissoziation, wie sie nach dem gleichen Verf. bei J_2 an einem Pt-Draht deutlich erkennbar ist. Das spricht gegen einen Wert von kleiner als 43 kcal/Mol für die Dissoziationsenergie des F_2. — Verss., die Dissoziationsenergie aus dem bei der Explosion eines H_2-F_2-Gemisches in einem kugelförmigen Stahlgefäß ausgelösten Druckstoß zu ermitteln, sind noch nicht auswertbar. (J. physic. Chem. **56.** 358—60. März 1952. Göttingen, Univ., Physikal.-chem. Inst.) FORCHE. 155

Stone D. Cooley, James A. Lasater und **Robbin C. Anderson,** *Der Einfluß der Zusammensetzung von Wasserstoff-Brom-Mischungen auf die Verbrennungsgeschwindigkeiten.* Vff. untersuchten an BUNSEN-Brennern die Verbrennungsgeschwindigkeiten v von H_2-Br_2-Mischungen in Abhängigkeit von den Konzz., den Brennerdurchmessern u. Zusätzen von Fremdgasen, wie N_2, Ar, He, O_2, Wasserdampf, Luft u. HBr (die sämtlich v verminderten). Bei Änderung der Brennerdurchmesser änderte sich v innerhalb der Meßgenauigkeit nicht (v wurde ermittelt sowohl durch Best. des Spitzenwinkels des Flammenkonus aus der photograph. Aufnahme wie durch Ausmessen der Flammenoberfläche u. Division derselben durch die Strömungsgeschwindigkeit der Gase); für 49° warme Mischungen ergab sich bei Atmosphärendruck ein maximales v mit 32 cm/Sek. für die Zus. mit 41—44 Mol-% Br_2. Ebenso wie es BARTHOLOMÉ an H_2/Cl_2-Mischungen feststellte, besteht keine Beziehung zwischen maximalem v u. den höchsten Gleichgewichtstemperaturen. (J. Amer. chem. Soc. **74.** 739—43. 5/2. 1952. Univ. of Texas, Defense Res. Labor., u. Dep. of Chem.) ROEDER. 157

M. Eigen, *Zur Theorie der Wärmeleitfähigkeit des Wassers.* Das von den meisten übrigen nichtmetall. Fll. abweichende Verh. der Wärmeleitfähigkeit des W. wird auf den Einfl. der Assoziation der H_2O-Moll. im fl. Zustand zurückgeführt. Zur Berechnung wird ein Ansatz vorgeschlagen, der sich additiv aus 2 Anteilen (λ_1 u. λ_a) zusammensetzt. Während in λ_1 die n. Wärmeleitung in Fll. (etwa nach der bisher üblichen Berechnung) zum Ausdruck gelangt, beschreibt λ_a einen zusätzlichen Transport von Dissoziationsenergie (der H-Brücken) in Analogie zu den NERNSTschen Vorstellungen über die n. Wärmeleitung in dissoziierenden Gasen. Für den Transport der Dissoziationswärme wird ein besonderer Diffusionsmechanismus angenommen, der aus einem einfachen molekularkinet. Ansatz unter Berücksichtigung der Assoziationsstruktur des W. nach EUCKEN folgt. Es gelingt auf diese Weise, den Absolutwert u. die Temperaturabhängigkeit der Wärmeleitfähigkeit des W. quantitativ wiederzugeben. (Z. Elektrochem., Ber. Bunsenges. physik. Chem. **56.** 176—180. 1952. Göttingen, Univ., Inst. für Phys. Chemie.) NIEMITZ. 158

J. Zimmerman, *Wärmeleitung in Legierungen bei tiefen Temperaturen.* (Sitzungsbericht.) An einer Reihe von Cu-Ni-Legierungen u. Legierungen von nichtrostendem Stahl wurden die therm. u. die elektr. Leitfähigkeit bei Tempp. zwischen 2,6 u. 80° K gemessen. Es wurde gefunden, daß das WIEDEMANN-FRANZsche Verhältnis für diese Legierungen im allg. den theoret. Wert von $2{,}45 \cdot 10^{-8}$ Watt·Ohm/Grad² überschreitet, außer für den Temperaturbereich des fl. He, wo nahezu der theoret. Wert festgestellt wurde. Gefunden wurde ferner, daß angelassene Proben die gleiche elektr. Leitfähigkeit, jedoch größere therm. Leitfähigkeit besitzen als kaltgezogene Proben des gleichen Materials. (Physic. Rev. [2] **82.** 769. 1/6.; Bull. Amer. physic. Soc. **26.** Nr. 2. 13. 8/3. 1951. Carnegie Inst. of Technol.) GOTTFRIED. 158

P. A. Hudson und **M. Eisner,** *Untersuchungen über die Debye-Frenkel-Theorie der Ultraschallabsorption.* (Sitzungsbericht.) Die DEBYE-FRENKEL-Theorie nimmt die Existenz mol. Ordnungen an, die für die bei der Ultraschallabsorption beobachteten Anomalien verantwortlich sein sollen. Dieser Effekt wurde durch Vgl. der Absorption in isomeren Fll. [*Allylalkohol* (I) u. *Aceton* (II)] untersucht. Die gemessenen Absorptionskoeffizienten betrugen bei 3,5 MHz für **I** 0,0087 u. für **II** 0,0053 cm^{-1}. Der für **I** als stärker assoziierte Fl. gemessene Wert stimmt mit der klass. Theorie von STOKES u. KIRCHHOFF besser überein als der für **II** gemessene, was qualitativ den Voraussagen der DEBYE-FRENKEL-Theorie entspricht. Der Vers., durch Druck (bis zu 2 at) die Bldg. mol. Ordnungen zu begünstigen u. damit die Ultraschallabsorption zu beeinflussen, wurde an *Ae.* durchgeführt, führte jedoch zu keinem merklichen Effekt. (Physic. Rev. [2] **85.** 746. 15/2. 1952; Bull. Amer. physic. Soc. **26.** Nr. 7. 12. 30/11. 1951. A & M Coll. of Texas.) LEVI. 159

Th. Lange, *Methoden zur Untersuchung der Schwingungskavitation in Flüssigkeiten mit Ultraschall.* Das Auftreten von Kavitationsvorgängen in *W.* unter der Einw. sehr intensiver Ultraschallwellen der Frequenzen 300, 575 u. 800 kHz wurde nach folgenden Methoden untersucht: 1. Messen des Schalldruckes mit einem Wasserschallmikrophon; der Einsatz der Kavitation ergibt sich aus dem Knickpunkt der Mikrophonspannungs-Senderspannungs-Kurve. 2. Auftreten sichtbarer Blasen. 3. Die Kavitation setzt an Keimblasen ein, die nichtlineare Schwingungen ausführen; gemessen wurde der Beginn des mit der Schallabstrahlung verbundenen hochfrequenten u. niederfrequenten Rauschens. 4. Messen der Druckspitzen, die durch Verwendung eines Breitbandverstärkers u. Oscillographen sichtbar gemacht werden konnten. Weiter wird gezeigt, daß die Keimgröße einen wesentlichen Einfl. auf die Zerreißfestigkeit der Fl. u. somit auf den Kavitationseinsatz besitzt. Die Zerreißfestigkeit von mit Luft gesätt. W. fällt bei

Zunahme des hydrostat. Druckes ($p = 0{,}05$—1 Bar), bei teilweise entgastem W. aber geht sie durch ein bei $p \doteq 0{,}5$ liegendes Minimum. (Akust. Beih. Nr. **2.** 75—82. 1952. Beih. zu: Acustica [Zürich]. Göttingen, Univ., III. Physikal. Inst.) FUCHS. 159

A_5. Grenzschichtforschung. Kolloidchemie.

M. O. Charmandarian und N. N. Andronikova, *Die Wechselwirkung von Natriumchlorid und Eisenchlorid auf die undialysierte kolloide Lösung von Eisen(III)-hydroxyd.* Durch Zugabe von Na_2CO_3 zu Lsgg. von $FeCl_3$, die verschied. Mengen NaCl enthielten, wurden koll. Lsgg. von $Fe(OH)_3$ mit variablen Mengen NaCl u. $FeCl_3$ dargestellt. Bei der Prüfung der Beständigkeit dieser vor Licht geschützten $Fe(OH)_3$-Sole zeigte sich, daß diese nicht nur mit steigendem Geh. an NaCl, sondern auch mit zunehmender Konz. an $Fe(OH)_3$ abnimmt; während NaCl flockend wirkt, übt $FeCl_3$ einen stabilisierenden Einfl. aus. (Bull. Soc. chim. France, Mém. [5] **19.** 95—97. Jan./Febr. 1952.) HENTSCHEL. 164

M. O. Charmandarian und N. N. Andronikova, *Das Verhalten eines Kolloids in Gegenwart von Elektrolyten während seiner Bildung.* (Vgl. vorst. Ref.) Es wird die Beständigkeit undialysierter $Fe(OH)_3$-Sole in Ggw. von Chloriden u. Sulfaten bei verschied. Konz. untersucht. Diese Beständigkeit hängt nicht nur von der Konz. an $Fe(OH)_3$, sondern auch von der Konz. der anwesenden Chloride ab. Koaguliertes $Fe(OH)_3$ kann durch gesätt. Lsg. von Na_2SO_4 u. $MgSO_4$ peptisiert werden. Der Stabilitätsanstieg erfolgt in steiler Kurve, wobei für die Sulfate eine krit. Konz. geringster Stabilität existiert. Ferner wird der Einfl. der Na- u. Mg-Ionen auf die Stabilität des $Fe(OH)_3$-Sols geprüft, wobei $MgSO_4$ in verd. Lsg. rascher koaguliert als in Na_2SO_4; bei Mg-Salzen sind die Farbänderungen während der Flockung deutlicher. (Bull. Soc. chim. France, Mém. [5] **19.** 97—99. Jan./Febr. 1952.) HENTSCHEL. 164

Karl F. Herzfeld und Sidney G. Reed jr., *Der Begriff der freien Oberflächenenergie bei kleinsten Teilchen.* Die freie Energie der Oberfläche kleinster Teilchen ist prinzipiell thermodynam. undefinierbar, u. zwar nicht aus Gründen, die mit der Schwierigkeit einer geometr. Oberflächendefinition zusammenhängen, sondern weil die Arbeit, die zur reversiblen Abtrennung eines kleinsten Teilchens nötig ist, merklich von der Konz. dieser kleinsten Teilchen abhängt. Die Gesamtenergie der Oberfläche dagegen ist definierbar. Die kinet. Berechnungen von BECKER u. DÖRING (vgl. Ann. Physik **24.** [1935.] 719) erlauben eine künstliche Definition der „wirksamen freien Oberflächenenergie". Die Berechnung dieser Größe wird auf Grund der LENNARD-JONESschen Wechselwirkungsenergie für N-Keime mit 2—8 Moll. durchgeführt. (Z. Elektrochem., Ber. Bunsenges. physik. Chem. **56.** 308—10. 1952. Washington, D. C., Catholic Univ. of America.) LEVI. 166

A. Dobrowsky, *Über eine algebraische Berechnung der axialsymmetrischen Diffusion und ihre Darstellung durch ein hydrodynamisches Modell (Methode der Strömungsteiler).* Es wird eine Meth. angegeben, die es gestattet, den Ablauf jeder beliebigen Diffusionsströmung zu berechnen, sofern nur die Stromlinien durch konforme Abb. gegeben sind; die Berechnung kann außer mit Hilfe der BESSELschen Funktionen bequemer nach der Meth. der Strömungsteiler erfolgen. Neben dem Fall eines Zylinders in einem unendlich großen Reservoir wird auch derjenige für den Fall, daß der Zylinder in ein Reservoir endlicher Größe eingestellt ist, behandelt. Zur selbständigen Wiedergabe der zylindr. Diffusion bei beliebigen Randbedingungen wird ein hydrodynam. Modell mit Capillaren von abgestufter Weite beschrieben. (Kolloid-Z. **126.** 1—14. April 1952. Wien, TH.) HENTSCHEL. 171

Gerard Kraus, *Über die Berechnung integraler Diffusionskoeffizienten aus freien Diffusionsexperimenten.* Für die Diffusion zwischen den Konzz. $C = 0$ u. $C = C_0$ ist der integrale Diffusionskoeff. durch $\overline{D} = (1/C_0) \int_0^{C_0} D(c)\, dc$ gegeben. Durch Einführung einer Funktion Φ mit $\Phi(C) - \Phi(0) = \int_0^C \xi\, dc$ ($\xi = x/t^{1/2}$) u. Kombination mit der Differentialgleichung der Diffusion erhält Vf. mit den Randbedingungen $C = C_0$ bei $x = 0$ für alle t u. $c = 0$ für alle $x > 0$ bei $t = 0$ $\overline{D} = (\frac{1}{2} C_0) \int_0^{C_0} \xi^2\, dC$. Erfolgt die Diffusion zwischen den Konzz. C_1 u. C_2, ergibt sich $\overline{D} = \frac{1}{2} (C_2 - C_1) \int_{C_1}^{C_2} \xi^2\, dC$. (J. chem. Physics **20.** 200. Jan. 1952. Cincinnati, O., Univ., Appl. Sci. Res. Labor.) WOELK. 171

J. F. Swindells, J. R. Coe jr. und T. B. Godfrey, *Die absolute Viscosität von Wasser bei 20°.* Vff. bestimmten in umfangreichen Messungen die absol. Viscosität des W. bei 20° nach der Capillarströmungsmeth., wobei der Einfl. der Capillarenden durch Vergleichsmessung von 2 Capillaren gleichen Durchmessers u. verschied. Länge eliminiert wurde. Für die Viscosität des W. bei 20° ergab sich der Wert von $0{,}010019 \pm$

0,000003 Poise, der deutlich niedriger liegt als der allg. in den letzten 30 Jahren angenommene Wert von 0,01005 Poise. Auf Grund dieser Messungen plant das NATIONAL BUREAU OF STANDARDS ab 1. 7. 1952 die Zugrundelegung des Wertes 0,01002 Poise für die absol. Viscosität des W. bei 20° als Basis für die Eichung der Viscosimeter u. der Standardölproben. Es wird den übrigen Laboratorien empfohlen, ebenfalls diesen Wert als Bezugswert für vergleichende Viscositätsmessungen zu verwenden. (J. Res. nat. Bur. Standards **48.** 1—31. Jan. 1952. Washington.) NIEMITZ. 172

R. W. Mooney, A. G. Keenan und **L. A. Wood,** *Die Adsorption von Wasserdampf an Montmorillonit.* 1. Mitt. *Desorptionswärme und Anwendung der BET-Theorie.* Es werden die Adsorptions- u. Desorptionskurven von Wasserdampf bei 0 u. 20° an Montmorillonit (Wyoming-*Bentonit* in der natürlichen, H^+- u. Na^+-Form) aufgenommen. Im Gegensatz zu den Adsorptionsisothermen für N_2 sind diejenigen für Wasserdampf nicht reversibel, dagegen sind die Desorptionsisothermen für W. reversibel. Mit Hilfe der Gleichung von CLAUSIUS-CLAPEYRON werden die Desorptionswärmen berechnet, u. diese geben einen Hinweis für die Bldg. verschied. Adsorptionsschichten. Die Anwendung der BET-Theorie führt zu einer neuen Deutung für die Entstehung monomol. Schichten. Ein Vgl. der spezif. Oberflächen auf Grund der Desorptionskurven für W. u. N_2 gibt für ersteres mindestens 10 mal so große Werte, was durch die Ablösung einzelner Blättchen durch Wasserdampf erklärt wird. Bei der N_2-Adsorption mißt man nur die äußere Oberfläche der Aggregate, während man bei der Wasserdesorption die gesamte Oberfläche der einzelnen Blättchen mißt, wobei für den H^+-, Na^+- u. natürlichen Montmorillonit die Fläche zwischen den einzelnen Blättchen 18 bzw. 25 u. 29 mal so groß ist. (J. Amer. chem. Soc. **74.** 1367—71. 20/3. 1952. Ithaca, N. Y., Cornell Univ.) HENTSCHEL. 176

R. W. Mooney, A. G. Keenan und **L. A. Wood,** *Die Adsorption von Wasserdampf an Montmorillonit.* 2. Mitt. *Einfluß austauschbarer Ionen und Gitterquellung auf Grund der Röntgenstrahlenbeugung.* (1. vgl. vorst. Ref.) Durch Austausch mit den Alkali- (Li^+, Na^+, K^+, Rb^+, Cs^+) u. Erdalkali- (Mg^{2+}, Ca^{2+}, Sr^{2+} u. Ba^{2+}) Ionen werden die entsprechenden Montmorillonite hergestellt u. ihre Desorptionsisothermen für Wasserdampf bei 20° aufgenommen. Gleichzeitig werden röntgenograph. die Gitterabstände der c-Achse in Abhängigkeit vom W.-Geh. bestimmt. Es werden dann die relativen Ionenhydratationen unter der Annahme, daß Rb^+ u. Cs^+ nicht hydratisiert sind, ermittelt, wobei die Ergebnisse für Montmorillonit mit denjenigen für Kaolinit übereinstimmen. Aus den Beziehungen zwischen der Form der Isothermen, den Desorptionswerten u. den röntgenograph. Gitterabständen läßt sich schließen, daß das adsorbierte W. in deutlich getrennten monomol. Schichten vorliegt. (J. Amer. chem. Soc. **74.** 1371—74. 20/3. 1952.) HENTSCHEL. 176

A_6. Strukturforschung.

Jürg Waser, *Modifikationsfunktionen in der Fourier-Inversion der Beugungsdaten.* (Sitzungsbericht.) Es wird gezeigt, wie die red. Intensitätsfunktion I(s), die im wesentlichen die Beugung von Partikeln oder Wellen an streuender Materie beschreibt, durch FOURIER-Inversion eine radiale Verteilungsfunktion liefert. (Physic. Rev. [2] **85.** 745. 15/2. 1952; Bull. Amer. physic. Soc. **26.** Nr. 7. **11.** 30/11. 1951. Rice Inst.) LEVI. 181

D. Rogers, *Neue Methoden der direkten Strukturbestimmung unter Benutzung abgeänderter Patterson-Diagramme.* (Research **4.** 295—96. Juni 1951. Cardiff, Univ. Coll., Viriamu Jones Labor.) GOTTFRIED. 181

Kenneth F. Stripp und **John G. Kirkwood,** *Asymptotische Entwicklung der Verteilungsfunktion für die asymmetrische Spitze.* Bei starren Moll. mit 3 verschied. Trägheitsmomenten („asymm. Spitzen") ist die Energie nicht als elementare Funktion der Quantenzahlen angebbar. Vff. berechnen die Verteilungsfunktion Z in diesem Fall unter Benutzung der Methoden von WIGNER (Physic. Rev. [2] **40.** [1932.] 749) u. KIRKWOOD (Physic. Rev. [2] **44.** [1933.] 31). (J. chem. Physics **19.** 1131—33. Sept. 1951. Pasadena, Calif., Inst. of Technol., Gates and Crellin Labors. of Chem.) KRESSE. 182

Linus Pauling und **Massimo Simonetta,** *Bindungsniveaus und Bindungsenergie in elementarem Phosphor.* Die relative Stabilität des P_4-Mol. u. des schwarzen P wird unter Zugrundelegung der spd-Hybridbindung diskutiert. Der relative Wert des Spannungsanteils im P_4-Mol. mit einem Bindungswinkel von 60° gegenüber dem n. P-P-Mol. wird aus Bindungsniveauwerten, aus der Enthalpie des schwarzen P, sowie aus den Bildungswärmen von gasförmigem PH_3, krist. P_4H_2 u. ebenfalls krist. P_2H berechnet. Der wahrscheinlichste Wert ist der erste mit 22,8 kcal/Mol. Der korrespondierende Wert für die Bindungsenergie der n. P—P-Bindung ist 51,3 kcal/Mol. Für roten P wird eine Struktur mit einem Abstand von 2,2 Å zwischen gebundenen P-Atomen u. 3,5—4 Å zwischen ungebundenen angenommen. Die strukturellen Beziehungen zwischen rotem P u. den anderen allotropen Formen des P sowie deren Umwandlungen ineinander werden erörtert. Abschließend werden Betrachtungen über nichtzylindr. spd-Bindungsniveaus angestellt. (J. chem. Physics **20**. 29—34. Jan. 1952. Pasadena, Calif., California Inst. of Technol., Gates and Crellin Labors. of Chem.) LEVI. 182

S. H. Bauer, *Bemerkungen über die Strukturen der flüchtigen Fluorverbindungen.* Die Molekularstrukturen von zahlreichen flüchtigen F-Verbb. werden auf Grund von vorliegenden Meßdaten aus Elektronenbeugungsbildern u. Mikrowellenspektren eingehend erörtert. Die entsprechenden Chlorverbb. u. Alkylderivv. werden zum Vgl. herangezogen. Als Grundlage der Betrachtungen dienen vier Fragenkomplexe, die an Hand umfangreicher Beobachtungsergebnisse beantwortet werden: In Verbb. des Typs MF_n sind im allg. alle M—F-Bindungen gleichwertig; die einzigen Ausnahmen sind JF_5, JF_7, ClF_3, MoF_6, WF_6 u. UF_6. Wenn M in mehreren Wertigkeitsstufen auftreten kann, ist der Bindungscharakter (dieser Begriff bezieht sich auf die Elektronenverteilung in der unmittelbaren Nähe eines Atompaares u. umschließt Faktoren, wie Polarität, Hybridisierung, Molekülresonanz usw.) von der Zahl n unabhängig; sämtliche beobachteten Unterschiede der Atomabstände liegen innerhalb der experimentellen Fehlergrenze. In Verbb. des Typs MX_pF_q sind die Abstände M—F u. M—X von den Zahlen p u. q abhängig. Sowohl aus Mikrowellenspektren als auch aus Elektronenbeugungsaufnahmen ist ersichtlich, daß drei F-Atome an einem Zentralatom M zu einer Verkürzung des M—F-Abstandes gegenüber den Verbb. H_3MF führen. Die Beeinflussung der M—X-Bindung scheint von der Natur des Zentralatoms u. von X abhängig zu sein. Der Bindungscharakter in den Fluorverbb. MF_n ist verschieden von demjenigen in den entsprechenden Chlorverbb. MCl_n u. Alkylderivv. $(M(CH_3)_n$. — Vf. richtet besonderes Augenmerk auf das Problem der Additivität von Atomradien u. Bindungsenergien, auf die überraschenden Konfigurationen, Bindungsabstände u. Bindungswinkel einiger Fluorverbb. u. auf die divergierenden Rückschlüsse aus Beugungsmessungen einerseits u. spektroskop. Daten andererseits. (J. physic. Chem. **56**. 343—51. März 1952. Ithaca, N. Y., Cornell Univ., Dep. of Chem.) FORCHE. 182

J. S. Rowlinson, *Intermolekulare Kräfte in CF_4 und SF_6.* Aus der LENNARD-JONES-Gleichung für die Energie zwischen zwei Atomen lassen sich durch ein vereinfachtes Mittelungsverf. die Kräfte zwischen zwei Moll. AX_n mit Hilfe der interatomaren Kräfte berechnen. Im Falle von CF_4 u. SF_6 zeigen die so gefundenen r_{min}-Werte gute Übereinstimmung mit den experimentellen Werten von MACCORMACK u. SCHNEIDER (C. **1952**. 6175); aber die berechneten Energien liegen um 16 bzw. 34 % höher. (J. chem. Physics **20**. 337. Febr. 1952. Manchester, Univ., Dep. of Chem.) FORCHE. 182

W. G. Burgers, *Keimbildung und Wachstum bei Kristallen in festen Metallen.* Zusammenfassung der heute vorliegenden experimentellen Ergebnisse u. theoret. Deutungen zur Frage der Keimbldg. bei der Rekristallisation verformter Metallproben. (Z. Elektrochem., Ber. Bunsenges. physik. Chem. **56**. 318—23. 1952. Delft, TH, Labor. für physikal. Chemie.) LEVI. 190

D. J. O'Connor und A. S. Buchanan, *Die Herstellung großer Kristalle schwerlöslicher Bleiverbindungen.* Stabile $PbCrO_4$-Kristalle von durchschnittlich 5 mm Länge u. 3 mm Breite wurden durch langsames Verdampfen bei 80° aus $Pb(NO_3)_2$- u. $K_2Cr_2O_7$-Lsgg. hergestellt. Die Kristalle sind im Gegensatz zu den in der Natur vorkommenden monoklinen *Krokoit*-Kristallen orthorhombisch. Unter den gleichen Bedingungen wurden orthorhomb. $PbSO_4$-Kristalle von der Größe 3 zu 4 mm aus $Pb(NO_3)_2$- u. K_2SO_4-Lsgg. hergestellt. Diese Kristalle sind mit den in der Natur vorkommenden *Anglesit*-Kristallen identisch. (Austral. J. Sci. **14**. 129—31. Febr. 1952. Melbourne, Univ., Dep. of Chem.) BLUTH. 190

Ajit Ram Verma, *Wachstumsspiralen und Polytypie von Siliciumcarbidkristallen.* Die verschied. Wachstumsmerkmale, die an SiC-Kristallen beobachtet wurden, werden in 3 Gruppen eingeteilt: Wachstumsspiralen, orientierte Aufwachsungen u. Löcher, Hohlräume usw. Bei den Wachstumsspiralen werden 3 Typen unterschieden, die Elementarspiralen mit einer Stufentiefe in der Größenordnung einer Elementarzelle, Spiralen, die von Verwerfungen herrühren u. viel ausgeprägter sind als die Elementarspiralen mit einer Stufentiefe bis zu 620 Å, u. schließlich sogenannte „interlaced spirals", deren Stufentiefe nur etwa die Hälfte einer Elementarzelle ausmacht. Mkr. Unterss. zeigen die Form der Spiralen (kreisförmig oder hexagonal), die Wechselwrkg. zwischen verschied. Wachstumsfronten sowie die Dichte der Verwerfungen, die bis zu $10^5/cm^2$ betragen kann. Die interferometr. Unters. der Stufentiefen führt zum Verständnis der Polytypie der SiC-Kristalle, die 12 Typen umfaßt, von denen 1 kub. ist, die anderen alle hexagonal oder rhomboedrisch. Orientierte Aufwachsungen wurden in Form von dreieckigen Pyramiden mit einer Höhe von einigen Lichtwellenlängen sowie als orientierte dreieckige u. hexagonale Molekülschichten beobachtet. Löcher wurden am Ursprung der Spiralen u. an anderen Stellen auf den Stufenlinien beobachtet. (Z. Elektrochem., Ber. Bunsenges. physik. Chem. **56**. 268—74. 1952. London, Univ., Royal Holloway Coll.) LEVI. 190

H. E. Buckley, *1. Die gewöhnlicheren Oberflächenformen von Siliciumcarbidkristallen. 2. Eine Bemerkung über die Schwierigkeiten, die mit den modernen Theorien über das Kristallwachstum verbunden sind.* 1. Auf der 0001-Fläche von SiC wurden, meist für das bloße Auge sichtbar, Spiralen u. ähnliche Zeichnungen beobachtet. Breite u. Tiefe dieser Linien erreichen viele Tausend Elementarzellendimensionen. Zahlreiche Einzelbeobachtungen werden ausführlich beschrieben. Ferner werden Beobachtungen an einem dünnen CdJ_2-Kristall mitgeteilt, bei dem das Wachstum der $10\bar{1}0$-Fläche mehrere millionenmal stärker sein muß als das der 0001-Fläche, auf der unter gewissen Bedingungen Spiralen zu sehen sind. — 2. Eine Abgrenzung der verschied. Wachstumstheorien gegeneinander wird diskutiert, außerdem wird die Notwendigkeit erörtert, gewisse frühere Annahmen auf Grund neuerer Anschauungen zu revidieren. (Z. Elektrochem., Ber. Bunsenges. physik. Chem. **56**. 275—82. 1952. Manchester, Univ., Crystall. Dep.) LEVI. 190

D. L. Coursen und J. L. Hoard, *Die Struktur von B-Trichlorborazol.* Die Struktur von B-Trichlorborazol wird durch Analyse der an Einkristallen aufgenommenen Röntgendiagramme vollständig bestimmt. Aufnahmetechnik u. Auswertung werden ausführlich beschrieben. Mit Hilfe von dreidimensionalen FOURIER-Methoden unter Benutzung von Korrekturen für den endlichen Reihenabbruch werden exakte Werte für die Atomparameter erhalten, nämlich für die vierzähligen Lagen: B: (x =) 0,9415; (y =) $^1/_4$; (z =) 0,5515. N: 0,1225; $^1/_4$; 0,2200. Cl: 0,832; $^1/_4$; 0,7565, u. für die achtzähligen Lagen: B: 0,0780; 0,1595; 0,3065. N: 0,9885; 0,1600; 0,4655. Cl: 0,1335; 0,0470; 0,1980. Der Gang der Best. wird in aller Ausführlichkeit gezeigt. Ausgehend von einer gründlichen Erörterung der Genauigkeit dieser Ergebnisse wird der „Zuverlässigkeitskoeff." eingeführt u. diskutiert. Mit Hilfe der gefundenen Parameterwerte wird die Struktur des B-Trichlorborazols aufgestellt, die analog der des *symm. Trichlorbenzols* ist. Im einzelnen ergeben sich hierbei folgende Daten: Symmetrie: D_{3h}; B—N = 1,413 ± 0,010 Å; B—Cl = 1,760 ± 0,015 Å; ∢N—B—N = 119 ± 1°; ∢B—N—B = 121 ± 1°. (J. Amer. chem. Soc. **74**. 1742—50. 5/4. 1952. Ithaca, N. Y., Cornell Univ., Dep. of Chem.) LEVI. 195

L. L. Handy und N. W. Gregory, *Die Kristallstruktur von Chrom(II)-chlorid.* Für wasserfreies $CrCl_2$ ergaben Pulveraufnahmen ein rhomb. Gitter mit den Dimensionen a = 6,65 Å; b = 5,99 Å; c = 3,48 Å (Genauigkeit ± 0,01 Å). Es gelang nicht, Pulveraufnahmen von $CrBr_2$ u. CrJ_2 zu indizieren, doch scheinen sie keine hexagonale Symmetrie zu besitzen. Das Diagramm von $CrCl_2$ hat eine gewisse Ähnlichkeit mit dem von $CaCl_2$, welches Rutilstruktur besitzt. In der Elementarzelle liegen 2 Moll; die röntgenograph. D. ist 2,95. — $CrCl_2$ wurde dargestellt durch direkte Rk. von metall. Cr mit wasserfreiem HCl bei 850° u. Reinigung durch Sublimation im Hochvakuum. (J. chem. Physics **19**. 1314. Okt. 1951. Seattle, Wash., Univ., Dep. of Chem. and Chem. Engng.) GOTTFRIED. 195

L. L. Handy und N. W. Gregory, *Struktureigenschaften von Chrom(III)-jodid und einigen Chrom(III)-Mischhalogeniden.* Pulverröntgendiagramme zeigen, daß CrJ_3 die gleiche Struktur hat wie $CrCl_3$. Die Einheitszelle ist hexagonal mit den Gitterkonstanten a = 6,86 Å u. c = 19,88 Å. Die 3 Mischhalogenide $CrJCl_2$, $CrJBr_2$ u. $CrBrCl_2$, die durch Einw. des weniger akt. Halogens auf das entsprechende Cr(II)-Salz dargestellt wurden, haben die gleiche Struktur, wie sie für ideale feste Lsgg. der entsprechenden Cr(III)-Salze zu erwarten ist, mit der einzigen Ausnahme, daß die Halogenschichten weniger dicht gepackt sind. Diese Ergebnisse wurden durch Unterss. an Mischhalogeniden, die durch gemeinsame Sublimation von $CrBr_3$ u. $CrCl_3$ erhalten wurden, bestätigt. (J. Amer. chem. Soc. **74**. 891—93. 20/2. 1952. Seattle, Wash., Univ. of Washington, Dep. of Chem. and Chem. Engng.) LEVI. 195

Marsden S. Blois jr., *Struktur und Stabilität dünner aufgedampfter Metallfilme.* (Sitzungsbericht.) Die Abhängigkeit der Struktur u. Stabilität dünner Metallfilme (10 bis 1000 Å) von der Art des aufgedampften Metalls, der Unterlage u. der Aufdampfparameter wurde mittels Elektronenmikroskop, opt. Absorptionsspektren u. Dichtemessungen untersucht. An einem *Ag*-Film (10 Å) zeigte sich, daß das Absorptionsmaximum die

Teilchengröße charakterisiert; die Struktur wird durch die Aufdampfparameter bestimmt u. durch Farbwechsel angezeigt. Die D. als Funktion der Dicke zeigt, daß mit wachsender Schichtdicke asymptot. die D. des massiven Metalls erreicht wird. (Physic. Rev. [2] **85.** 764. 15/2. 1952; Bull. Amer. physic. Soc. **26.** Nr. 8. 16. 27/12. 1951. Stanford Univ.) LINDBERG. 196

A. Politycki und **H. Fischer,** *Zur Deutung der Ätzfiguren beim Ätzen und chemischen Polieren von Aluminium.* MAHL u. STRANSKI (vgl. C. **1942.** 2238) fanden, daß sich beim Ätzen von Reinst-Al mit wss. Säuren nicht Kubooktaeder, wie theoret. zu erwarten ist, sondern Würfel bilden, u. führten das auf die stete Neubildung der weggeätzten Oxydschicht zurück. Vff. bestätigen diese Ergebnisse für *HCl*, *HBr* u. sehr verd. *HF* als Ätzmittel u. entwickeln einen elektrochem. Mechanismus für die stete Erneuerung der einmol. Oxydhaut während des Ätzens. Beim Ätzen mit *HJ* bei 25° dagegen bilden sich tatsächlich Kubooktaeder. Ein regelloser Abbau zeigt sich beim Ätzen mit 5%ig. HF u. mit Gemischen von konz. H_2SO_4, H_3PO_4 u. HNO_3. Voraussetzung für diese Abbauform ist offenbar das Vorliegen poröser Deckschichten. Die Ergebnisse werden durch elektronenmkr. Aufnahmen belegt. (Z. Elektrochem., Ber. Bunsenges. physik. Chem. **56.** 326—30. 1952. Karlsruhe, Siemens & Halske A. G., Werkstoffhauptlabor.) LEVI. 196

A. N. Campbell, L. B. Buchanan, J. M. Kuzmak und **R. H. Tuxworth,** *Das System Aluminium-Indium-Zinn.* Beim bin. Syst. Al–In fanden Vff., daß sich die Mischungslücke von 17,5—97,2 Gew.-% In erstreckt, u. die Temp. der Monotektikalen bei 638,6° liegt. Der obere krit. Punkt der Mischungslücke liegt bei 875° u. 61 Gew.-% In. Das tern. Eutektikum setzt sich aus 48,83 Gew.-% Sn, 51,03 Gew.-% In u. 0,14 Gew.-% Al zusammen u. liegt bei 117,1°. (J. Amer. chem. Soc. **74.** 1962—66. 20/4. 1952. Winnipeg, Can., Univ. of Manitoba, Dep. of Chem.) BLUTH. 197

Erich Lindner, *Eine Methode zur Erforschung von Vierstoffsystemen, dargestellt am System Blei-Zink-Cadmium-Zinn.* Die Konst. des Vierstoffsyst. Pb–Zn–Cd–Sn wird mit Hilfe von Schnitten parallel zu zwei sich kreuzenden Kanten des gleichseitigen Tetraeders dargelegt. Zur Unters. werden die bereits bekannten Dreistoffsysteme herangezogen. Es werden die Sättigungsgrenzen der im Syst. auftretenden Entmischung im fl. Zustand festgelegt, die ca. 45% des Gesamtvol. des Körpers ausmacht. Der quaternäre eutekt. Punkt konnte bei der Temp. von 138° mit der Zus. von 28,2(%) Pb, 2,25 Zn, 16,7 Cd u. 52,45 Sn ermittelt werden. (Z. Metallkunde **42.** 377—87. Dez. 1951. Dresden, TH, Inst. für Werkstoffkunde.) HOCHSTEIN. 197

M. G. Losinski, *Methodik zur Bestimmung der Gesetzmäßigkeiten der Härteänderungen der α- und γ-Phasen von Stahl beim Erhitzen bis 1100° im Vakuum.* Beschreibung einer App., die es gestattet, die Härte von Stahlproben im Vakuum bei hohen Tempp. durch Eindrücken einer Diamantspitze zu messen. An 2 Stählen mit 0,2 bzw. 0,35% C wird der Härteverlauf im Temperaturbereich 20—1100° festgestellt; es zeigt sich, daß die α–γ-Umwandlung auch an der Härtekurve in charakterist. Weise durch Haltepunkte in Erscheinung tritt. (Доклады Академии Наук СССР [Ber. Akad. Wiss. UdSSR] [N. S.] **84.** 63—66. 1/5. 1952. Inst. für Maschinenkunde der Akad. der Wiss. der UdSSR.) EHMCKE. 200

Herbert Arthur Stuart, Die Struktur des freien Moleküls. Allg. physik. Methoden zur Best. der Struktur v. Molekülen u. ihre wichtigsten Ergebnisse. Berlin, Göttingen, Heidelberg: Springer-Verl. 1952. (XX + 609 S. m. 189 Abb.) gr. 8° = Die Physik d. Hochpolymeren. Bd. 1. DM 69,—.

A₇. Gleichgewichte. Kinetik.

P. C. Riesebos und **A. H. W. Aten jr.,** *Nichtvorhandensein eines schnellen Austausches von Schwefelatomen zwischen Sulfat- und Persulfationen.* Vff. untersuchen den Austausch von S-Atomen zwischen mit ^{35}S markierten, ca. 0,001 oder 0,002 mol. K_2SO_4-Lsgg. u. nichtakt., ca. 0,0005 oder 0,001 mol. $K_2S_2O_8$-Lsgg. bei p_H ca. 1, 7 u. 10. Die Lsgg. bleiben ca. 1 Woche bei Raumtemp. in Kontakt. Nach Fällung des Sulfats als $BaSO_4$ wird das Persulfat durch Kochen mit HCl zersetzt. Bei allen Verss. ist die durchschnittliche spezif. Aktivität des aus dem Persulfat stammenden Schwefels geringer als 2% der spezif. Aktivität des Sulfatschwefels. Unter diesen Umständen beträgt die Zeit, innerhalb welcher die Hälfte der S-Atome ausgetauscht würde, mindestens ½ Jahr. Auf Grund unterschiedlicher Werte, die bei Vergleichsverss. erhalten werden, wird jedoch vermutet, daß entweder ein großer Teil oder die gesamte im Persulfat gefundene Aktivität auf unvollständige Trennung der beiden Ionenarten zurückzuführen ist. Bei einer weiteren Reihe von Austauschverss. werden die Lsgg. (p_H ~10) 5 Min. gekocht. Dabei wird ca. $^1/_3$ des Persulfates zerstört; der Durchschnittsanteil der Aktivität der Persulfationen beträgt danach nur noch 1,5% der Gesamtaktivität.

Auch hier deuten die stark streuenden Ergebnisse an, daß dieser Wert viel zu hoch ist. (J. Amer. chem. Soc. **74**. 2440. 5/5. 1952. Amsterdam, Inst. for Nucl. Res.) GEDSCHOLD. 221

C. A. Reynolds und William J. Argersinger jr., *Bestimmung der Konstitution und Beständigkeit von Komplexionen aus Löslichkeitsminima.* Die Lage des Löslichkeitsminimums einer Löslichkeitskurve bestimmt die Löslichkeit des Salzes am Minimum u. die Konz. der zugefügten Anionen. Daraus u. aus dem Löslichkeitsprod. (K_s) ist es möglich, unter der Annahme vollständiger Dissoziation der Salze u. Einheitlichkeit der Aktivitätskoeffizienten, für die sich bildenden Komplexe die Koordinationszahl des Zentralatoms u. die Dissoziationskonstante zu errechnen. Vff. erhalten nach mathemat. Ansatz u. Vereinfachung für einfache Salze A_mB_n (z. B. AgOH) für die Koordinationszahl $q = S_mC_m/(S_mC_m - K_s)$, für die Dissoziationskonstante $K_D = (q-1)C_m^q$, wo S = Löslichkeit des Salzes A_mB_n[Mol/Liter], u. C = B-Ionen in Mol/Liter bedeuten. Voraussetzung ist, daß von der betrachteten Verb. nur 1 Komplex in der Gegend des Minimums vorliegt. Bildet eine Verb. dort mehrere Komplexe, so ist die Meth. nur dann anwendbar, wenn einer der Komplexe am Minimum stark dominiert. Existieren um ein Minimum 2 Komplexe u. sind von einem die Formel u. die Dissoziationskonstante bekannt, so können die entsprechenden Daten des anderen Komplexes errechnet werden. (J. physic. Chem. **56**. 417—20. April 1952. Lawrence, Kans., Univ. of Kansas, Dep. of Chem.) PLUST. 223

Edward C. Freiling, Harold S. Johnston und Richard A. Ogg jr., *Kinetik der schnellen Reaktion zwischen Nitrylchlorid und Stickoxyd in der Gasphase.* Die Rk. $ClNO_2 + NO \rightarrow NO_2 + ClNO$ ist ein Analogon zu der im Verlauf des N_2O_5-Zerfalls angenommenen Rk. $NO_3 + NO \rightarrow 2NO_2$. Das Nitrylchlorid wird durch die Umsetzung $N_2O_5 + ClNO \rightarrow ClNO_2 + 2NO_2$ hergestellt, indem frisch dest. NOCl auf dem doppelten Überschuß an N_2O_5 kondensiert wurde. Bei Aufbewahren im Trockeneisbad kann man die Oxydation des NOCl an dem Verschwinden seiner Farbe verfolgen. Es bleibt ein weißer, fester Körper, bedeckt von einer farblosen Fl., die zweimal von —78° auf —196° dest. wurde. Die geringe, sich durch schwach strohgelbe Färbung anzeigende Verunreinigung (weniger als 2%) war nicht störend. Die ohne Seiten-Rk. u. vollständig verlaufende Umsetzung wurde durch Messung der NO_2- u. NOCl-Absorption bei 436 mμ verfolgt. Die Drucke beider Reaktionspartner wurden im Bereich von 0,1—18 mm, der Gesamtdruck von 0,2—384 mm (Zugabe von N_2), die Temp. von 1—71° variiert. Die Rk. ist homogen u. von erster Ordnung in bezug auf die Ausgangsstoffe. Die Geschwindigkeitskonstante ergibt sich zu $k = 0{,}83 \cdot 10^{12} \exp(-6900 \pm 150/RT)$ cm³/Mol·Sekunde. Ob in der bimol. Rk. ein Cl- oder ein O-Atom ausgetauscht wird, bleibt offen u. könnte durch ein N-Isotop enthaltendes NO_2Cl geklärt werden, wenn seine Austauschgeschwindigkeit gering genug wäre. (J. chem. Physics **20**. 327—29. Febr. 1952. Stanford, Calif., Univ., Dep. of Chem.) THEILE. 225

Richard S. Brokaw und Robert N. Pease, *Die Kinetik der thermischen Zersetzung von Aluminiumborhydrid.* Die Zers. wurde bei 159° im Thermostaten durchgeführt. Der entwickelte H_2 wurde bei der Temp. des fl. N_2 abgepumpt, der Rest war unzersetztes $Al(BH_4)_3$. Die Zersetzungsgeschwindigkeit wurde weder durch das Gefäßmaterial noch durch die Ggw. von zusätzlichem H_2 beeinflußt. Als Halbwertszeit ergab sich bei 159° 6500 Sek. u. bei 189° 450 Sekunden. Für die Abnahme des $Al(BH_4)_3$-Drucks ergab sich die Gleichung $P_{Al(BH_4)_3} = P_{0\,Al(BH_4)_3}[a e^{-k_i t} + (1-a) e^{-k_j t}]$, worin k_i, k_j u. a Konstanten sind, letztere mit Werten zwischen 0 u. 1. Um zu ermitteln, wieviel Atome H in der Anfangsstufe der Rk. abgespalten werden, wurde das Verhältnis zwischen dem Druck des abgespaltenen H_2 u. dem des zers. $Al(BH_4)_3$ gegen die Zeit aufgetragen, wobei sich eine im Anfang sehr steil ansteigende Kurve ergab, aus der nur geschlossen werden konnte, daß zu Beginn der Rk. nicht mehr als 3 H-Atome frei werden. Es ergaben sich keine Anzeichen dafür, daß die Rk. zweiter Ordnung ist u. Abhängigkeit vom H_2-Druck zeigt. Die gefundene Gleichung entspricht in ihrem Typ der von RAKOWSKI (vgl. Z. physik. Chem. **57**. [1907.] 321) angegebenen Lsg. von Differentialgleichungen für Rkk. erster Ordnung mit reversiblen Schritten. (J. Amer. chem. Soc. **74**. 1590—91. 20/3. 1952. Princeton, N. J., Univ., Frick Chem. Labor.) LEVI. 225

W. K. Wilmarth und C. F. Baes jr., *Die katalytische Umwandlung von Parawasserstoff durch paramagnetische Komplexionen in wässeriger Lösung.* Die Geschwindigkeit der Umwandlung von Para- in Orthowasserstoff wird an einer Reihe von Cu(II)- u. Cr(III)-Komplexen in wss. Lsg. bei 25° untersucht. Nach der Theorie von WIGNER sollte diese außer vom magnet. Moment von dem Abstand abhängen, auf den sich das H_2-Mol. dem Zentralatom des Komplexes nähern kann. Bei der ebenen Gestalt der

Cu(II)-Komplexe lassen sich über diese Frage aus den Versuchsergebnissen klare Schlüsse nicht ziehen. Bei den oktaedr. gebauten Cr(III)-Komplexen ergab sich zunächst kein Zusammenhang mit der Größe. Stellte man sich dagegen detaillierte Fischer-Hirschfelder-Taylor-Modelle der Komplexe auf, so ergab sich, daß die Nähe, bis zu der das H_2-Mol. an das Zentralatom herantreten kann, viel weniger von der absol. Größe der Liganden abhängt als von der mehr oder weniger offenen Struktur. Aus solchen Modellen ließen sich dann Stoßabstände ableiten, die einen sinnvollen Zusammenhang mit den gemessenen Geschwindigkeitskonstanten ergaben. Im einzelnen wurden folgende Verbb. untersucht: $[Cr(NH_3)_6](NO_3)_3$, $[Cr(H_2O)_6](NO_3)_3$, $[Cr(en)_3]Cl_3 \cdot 3H_2O$, $[Cr(pn)_3]J_3 \cdot H_2O$ (pn = Propylendiamin), $[Cr(Harnstoff)_6]Cl_3 \cdot 3H_2O$, $[Cr(Antipyrin)_6](ClO_3)_3$, $K_3[Cr(CN)_6]$, $K_3[Cr(SCN)_6] \cdot 4H_2O$, $K_3[Cr(C_2O_4)_3] \cdot 3H_2O$, $(NH_4)_3[CrF_6]$. (J. chem. Physics 20. 116—21. Jan. 1952. Los Angeles, Univ. of Southern California, Dep. of Chem.) Klemm. 227

B. Anorganische Chemie.

J. Goubeau und E. Ekhoff, ***Über die Reaktion von Borsäuremethylester mit Ammoniak und Aminen.*** 2. Mitt. (1. vgl. C. 1952. 4582.) Die Rk. zwischen $H_3N \cdot B(OCH_3)_3$ (I) mit überschüssigem $B(OR)_3$ (wobei R = CH_3) verläuft durch Folge-Rkk. des koordinativ ungesätt. Primärprod. $(RO)_3B \cdot NH_2B(OR)_2$ (II) unübersichtlich u. kompliziert. In viel Ae. als Lösungsm. fand eine Ammonolyse von II zu $(RO)_2BNH_2$ (III) u. $B(OR)_3$ statt; in wenig Ae. entstehen höchstwahrscheinlich stöchiometr. Reaktionsprodd. von I u. II. Im Reaktionsgemisch sind neben Ae. folgende Substanzen anzunehmen: $B(OR)_3$, I, II, III u. ROH, von denen $B(OR)_3$, II u. III als koordinativ ungesätt. Verbb. weiter reagieren können. Die Zwischenprodd. mit dem B:N-Verhältnis 1,50:1 bilden sich im Gegensatz zu denen von 1,67:1 rasch. Alle erhaltenen Substanzen spalten sich beim Erwärmen in kleinere Bruchstücke auf. Es wurden Verss. in Chlf., Bzl. u. $(CH_3)_2O$ (IV) durchgeführt. Durch seine stärkere Donatoreig. wirkt IV stabilisierend u. beteiligt sich an der Reaktion. Es konnten so in IV $(OR)_2BNH_2 \cdot (OR)_2BNH_2 \cdot B(OR)_3 \cdot 1\frac{1}{2}(CH_3)_2O$ (V) u. $(RO)_2BNH_2 \cdot (RO)_2BNH_2 \cdot (RO)_2BNH_2 \cdot B(OR)_3 \cdot 3(CH_3)_2O$ (VI) erhalten werden. Bei der Sublimation von V u. VI zeigte der Rückstand bis auf IV-Verlust kaum eine Veränderung, während die Zus. des Sublimats zwischen I u. III lag. Beim langsamen Abpumpen zerfallen die Verbb. des Typs V u. VI. Als Rückstand verbleibt ein schwerflüchtiges Polymerisat von der Zus. $(RO)_2BNH_2 \cdot B(OR)_3$, das bis 250° beständig ist. Mit Dimethylamin verläuft die Rk. ähnlich wie mit NH_3. Der tensimetr. Abbau von I erfolgt über Stufen bei 9 u. 7 mm. In 10%ig. Ausbeute bleibt II als Rückstand. (Z. anorg. allg. Chem. 268. 145—58. Mai 1952. Göttingen, Univ., Anorgan.-chem. Inst.) Moslé. 258

Fr. Hein und R. Burkhardt, ***Über den Triäthanolaminborsäureester und sein komplexchemisches Verhalten.*** Zur Darst. des Triäthanolaminborsäureesters $N(C_2H_4O)_3B$ (I) werden äquivalente Mengen Borsäureester u. Triäthanolamin in anderthalbfachem Vol. Chlf. gelöst u. 1 Std. auf dem Wasserbad erhitzt. Nach dem Abdestillieren des Chlf. krist. I aus. F 231°; Ausbeute 80%. Der Brechungsindex liegt zwischen 1,50 u. 1,66. I ist gut lösl. in W., niederen Alkoholen, Pyridin; mäßig lösl. in Aminen, Nitrilen, höheren Alkoholen u. in Chlf. (ca. 1 g auf 30 ml); wenig lösl. in Nitrobenzol, Brombenzol, Äthylbromid; unlösl. in Ae., Dioxan, Aceton, Bzl., CCl_4 u. Borsäureestern. Kryoskop. Messungen in W. u. Anilin ergaben zu niedrige Werte im Vgl. zum berechneten Molekulargewicht. In Nitrobenzol ist I monomol. gelöst, so daß anzunehmen ist, daß die koordinative Absättigung der B- u. N-Atome weitgehendst intramol. erfolgt. Folgende Additionsverbb. von I wurden hergestellt, die über N als Haftatom zustande kommen können: $B(OC_2H_4)_3N \cdot B(OH)_3$, sintert ab 60°, zers. sich ab 105°, ist stark hygroskop.; $B(OC_2H_4)_3N \cdot HCl \cdot {}^1/_3\,CHCl_3$, sintert bei 120°, zers. sich bei 145°, ist stark hygroskop.; $B(OC_2H_4)_3N \cdot H[Cr(NH_3)_2(SCN)_4] \cdot CH_3OCH_3$ (Ester-Reinecke-Salz), ist rosarot, krist., F. 156°; $4\,B(OC_2H_4)_3N \cdot 5\,HgCl_2$, sintert ab 80°; $2\,B(OC_2H_4)_3N \cdot 3\,SbCl_3$, sintert ab 180°, schm. bei 200°; $B(OC_2H_4)_3N \cdot SnCl_4$, sintert ab 150°. Die Herst. von Addukten, die durch das koordinative Bestreben des B-Atoms zustande kommen können, gelang nicht wie etwa mit NH_3, Pyridin, Aminen, Nitrilen, Isonitrilen, Ketonen u. anorgan. Verbb. mit Gruppen bzw. Atomen elektronegativen Charakters, die sonst gern von B addiert werden. (Z. anorg. allg. Chem. 268. 159—68. Mai 1952. Jena, Friedrich-Schiller-Univ., Inst. für anorgan. Chem.) Moslé. 258

C. B. Monk, ***Die kondensierten Phosphorsäuren und ihre Salze.*** 6. Mitt. *Dissoziationskonstanten von Strontiumtrimetaphosphat und -tetrametaphosphat.* (5. vgl. Jones u. Monk, C. 1951. II. 1558.) Es werden die Leitfähigkeiten von $SrCl_2$-Lsgg., $Na_3P_3O_9$ oder $Na_4P_4O_{12}$ enthaltend, gemessen u. zur Berechnung der Dissoziationskonstanten K der Ionen-

paare $SrP_3O_9^-$ (I) u. $SrP_4O_{12}^{--}$ (II) verwendet. Die Durchschnittswerte von K betragen für I $4{,}44 \cdot 10^{-4}$ u. für II $7{,}0 \cdot 10^{-6}$. Aus den Löslichkeiten von *$Sr(JO_3)_2$* in $Na_3P_3O_9$- bzw. $Na_4P_4O_{12}$-Lsgg. (ausführliche Löslichkeitsangaben s. Original) berechnet Vf. folgende K-Werte: für I $4{,}42 \cdot 10^{-4}$; für II $8{,}3 \cdot 10^{-6}$. Diese Ergebnisse werden mit denen der anderen entsprechenden Erdalkaliverbb. (Mg, Ca, Ba) verglichen u. diskutiert. Die herausfallenden Werte der *Mg-Tri-* u. *Tetrametaphosphate* führt Vf. auf die starke Hydratation des Mg^{++} zurück. Durch Subtraktion des kristallograph. Radius von der „BJERRUM-Distanz" wird der Anionenradius des Trimetaphosphats mit $3{,}2 \pm 0{,}1$ Å u. für das Tetrametaphosphat mit 2,6 Å für Ca, Sr u. Ba berechnet. Während diese Werte mit den aus dem STOKESschen Gesetz u. den Grenzleitfähigkeiten des Anions erhaltenen für das Trimetaphosphat gut übereinstimmen (3,29 Å), liegt diese Übereinstimmung beim Tetrametaphosphat nicht vor (3,91 Å). Da im letzteren Fall 2 Stufen von Assoziation vorliegen, nimmt Vf. an, daß der Wahrscheinlichkeitsfaktor des BJERRUM-Ausdruckes in solchen Systemen unsicher ist. (J. chem. Soc. [London] **1952.** 1314—17. April. Aberystwyth, Univ. Coll. of Wales, Edward Davies Chem. Labor.)
SPARMANN. 264

C. B. Monk, ***Die kondensierten Phosphorsäuren und ihre Salze.* 7. Mitt.** *Ionenassoziation zwischen einigen dreiwertigen Kationen und den Tri- und Tetrametaphosphaten.* (6. vgl. vorst. Ref.) Die Ausdehnung der Ionenpaarbldg. zwischen *Lanthan* (I), einigen komplexen *Kobalt(III)*-Kationen [*Hexamminkobalt(III)*- (II), *Trisäthylendiamminkobalt(III)*- (III) u. *Trispropylendiamminkobalt(III)*- (IV)] u. Trimetaphosphat- sowie Tetrametaphosphationen wird berechnet aus den Leitfähigkeiten der Mischlsgg. der betreffenden Kationenchloride u. Na-Metaphosphaten. Vf. berechnet folgende Dissoziationskonstanten: für MP_3O_9 (M = 3wertiges Kation): für I $0{,}20 \cdot 10^{-5}$ ($2{,}0 \cdot 10^{-4}$), II $3{,}65 \cdot 10^{-5}$ ($2{,}77 \cdot 10^{-4}$), III $3{,}94 \cdot 10^{-5}$ ($3{,}55 \cdot 10^{-4}$), IV $22{,}6 \cdot 10^{-5}$ ($17{,}5 \cdot 10^{-4}$); für $MP_4O_{12}^-$: I $0{,}22 \cdot 10^{-6}$, II $1{,}80 \cdot 10^{-6}$, III $1{,}69 \cdot 10^{-6}$, IV $25{,}6 \cdot 10^{-6}$ (in Klammern stehen die K-Werte der betreffenden Sulfate). Die Radien der Ionenpaare, als BJERRUM-Distanzen in Å [Werte aus dem STOCKESschen Gesetz in ( )] betragen: Trimetaphosphate mit **I** 3,9 (7,2); **II** 5,3 (6,1); **III** 5,3 (7,0); **IV** 7,7 (7,5). Tetrametaphosphate mit **I** 4,7 (7,9); **II** 5,5 (6,7); **III** 5,5 (7,6); **IV** 7,6 (8,1). Sulfate mit **I** 3,8 (6,2); **II** 4,0 (5,1); **III** 4,2 (6,0); **IV** 7,3 (6,5). Vf. diskutiert die Differenzen dieser Werte nach den beiden Rechnungen, die in den Lanthanverbb. am deutlichsten sind, u. nimmt an, daß bei den starken Valenzkräften die Energie der Wechselwrkg. genügend groß ist, die Ionenhydratationsenergie zumindest zu kompensieren. Die relativ gute Übereinstimmung der Werte bei den komplexen Co-Verbb. zeigt, daß sowohl Kationen als auch Anionen verhältnismäßig unhydratisiert sind. (J. chem. Soc. [London] **1952.** 1317—20. April.) SPARMANN. 264

Karl H. Gayer und A. B. Garrett, *Die Gleichgewichte des (rhombischen) Antimonoxydes in verdünnten Lösungen von Chlorwasserstoffsäure und Natronlauge bei 25°.* Rhomb. Sb_2O_3 wurde durch Fällung einer 30 g $SbCl_3$/Liter H_2O enthaltenden Lsg. mit Na_2CO_3-Lsg. hergestellt. Zur Gleichgewichtseinstellung wurde Sb_2O_3 mit HCl bzw. NaOH-Lsgg. verschied. Stärke (0,005—0,1 mol.) 5—7 Tage bei 35° u. anschließend 7 Tage bei $25 \pm 0{,}02°$, Kontrollproben gleich 7 Tage bei 25° geschüttelt. In der Gleichgewichtslsg. wurde der p_H gemessen u. der Sb-Geh. mit Rhodamin B spektrophotometr. bestimmt. Die Löslichkeit des Sb_2O_3 in W. wurde zu $2{,}9 \cdot 10^{-5}$ Mol/1000 g H_2O berechnet. In alkal. Lsg. gilt für die Gleichgewichtskonstante $K_3 = m_{SbO_2^-}\, \gamma_{SbO_2^-} / m_{OH^-}\, \gamma_{OH^-} = 8{,}8 \cdot 10^{-3} \pm 1{,}0 \cdot 10^{-3}$ u. für $\Delta F^0 = 2800$ cal; für $K_4 = m_{SbO_2^-}\, \gamma_{SbO_2^-}\, m_{H^+}\, \gamma_{H^+} = K_3 K_w$ gilt $8{,}8 \cdot 10^{-17}$ u. $\Delta F^0 = 22000$ cal. In saurer Lsg. gilt für $K_2 = m_{SbO^+}\, \gamma_{SbO^+} / m_{H^+}\, \gamma_{H^+} = 7{,}7 \cdot 10^{-4}$ u. $\Delta F^0 = 4300$ cal, für $K_5 = a_{SbO^+}\, a_{OH^-} = K_2 \cdot K_w = 7{,}7 \cdot 10^{-18}$ u. $\Delta F^0 = 23000$ cal. Die Löslichkeiten des Sb_2O_3 in 0,05—0,1n HCl u. NaOH sind tabellar. angegeben. (J. Amer. chem. Soc. **74.** 2353—54. 5/5. 1952. Columbus, O., Ohio State Univ., Dep. of Chem.) MOSLÉ. 266

D. M. Roy und E. F. Osborn, *Das System MgO-Al_2O_3-H_2O.* Phasengleichgewichte in den bin. Systemen MgO-H_2O u. MgO-Al_2O_3 wurden untersucht. Neue Daten im ersten Syst. zeigen, daß die Umwandlung $Mg(OH)_2 = MgO + H_2O$ bei Tempp. zwischen 700 u. 800° stattfindet, je nach dem Wasserdampfdruck, der zwischen 2000 u. 20000 lbs./sq.in. variiert wurde. In dem Syst. MgO-Al_2O_3 (*Spinell*) werden feste Lsgg. gebildet, die bis zu 85 Mol-% Al_2O_3 enthalten. Eine Trennung der festen Lsgg. wurde sowohl unter trockenen als auch unter hydrothermalen Bedingungen durchgeführt. Der Bereich der festen Lsgg. wird mit fallender Temp. kleiner, die Grenze liegt bei 65 Mol-% Al_2O_3 bei 1500°. Unter hydrothermalen Bedingungen wurde Spinell bei Tempp. zwischen 900 u. 375° gebildet, darunter entsteht statt dessen *Brucit* + *Diaspor. Hydrotalkit* ($6\,MgO \cdot Al_2O_3 \cdot CO_2 \cdot 12\,H_2O$), ein Mineral, das natürlich als Zersetzungsprod. von Spinell vorkommt, wurde unterhalb 310° bei verschied. H_2O- u. CO_2-Drucken synthetisiert. Ein Nitratanalogon des Hydrotalkits wurde bei Tempp. unter 420° unter hydrothermalen Bedingungen ebenfalls synthetisiert. Bei Tempp. zwischen 420 u. 375° ist diese Verb. neben Spinell beständig. (Amer. Mineralogist **37**. 300. März/April 1952. State College, Pa., Pennsylvania State Coll.) Levi. 294

Rustum Roy und **E. F. Osborn**, *Phasengleichgewichte in dem System Al_2O_3-SiO_2-H_2O.* Die Gleichgewichtsverbb. von Phasen in dem Syst. Al_2O_3-SiO_2-H_2O wurden unter hydrothermalen Bedingungen im Gebiet zwischen 100 u. 950° u. zwischen 15 u. 30000 lbs./sq.in. untersucht. Es wurden Kurven für univariante Gleichgewichte in einem Druck-Temp.-Diagramm aufgenommen, die die Bedingungen zeigen, unter denen eine Reihe von Gleichgewichtsverbb. in andere übergeht. Zwei neue Phasen werden beschrieben, eine, die am Al-reichen Ende der *Montmorillonit*-Reihe steht, u. eine andere glimmerähnliche, die sich bei der Zers. von *Kaolinit* bildet. Die gefundenen Daten dienen dazu, die Stabilitätsverhältnisse von *Endellit* ($Al_2O_3 \cdot 2\ SiO_2 \cdot 4\ H_2O$) u. *Halloysit* ($Al_2O_3 \cdot 2\ SiO_2 \cdot 2\ H_2O$) aufzuklären. Die Zersetzungstemp. von Endellit liegt zwischen 100 bei 15 u. fast 200° bei ca. 10000 lbs./sq.inch. Die Gleichgewichtszersetzungstemp. der Kaolinitgruppe beträgt 450° u. ist sehr ähnlich für die verschied. Mitglieder dieser Gruppe. *Pyrophyllit* ist eine bei Tempp. zwischen 420 u. 575° im Gleichgewicht mit einer fl. Phase stabile Phase des untersuchten Systems. Über 575° tritt in allen Gemischen *Mullit* als besondere Phase auf. Unter den bei den Unterss. benutzten Bedingungen gelang es nicht, *Andalusit*, *Sillimanit* oder *Cyanit* zu synthetisieren. (Amer. Mineralogist **37**. 300. März/April 1952.) Levi. 294

Therald Moeller und **Glendall L. King**, *Ionenaggregation in zugesetztes Alkali enthaltenden Gallium(III)-chloridlösungen.* Das Ausbleiben der Oxydhydratfällung aus Ga(III)-Salzlsgg. bei Ggw. stöchiometr. Mengen Alkali bis zu 3 Mol OH^--Ion je Mol Ga^{3+}-Ion (vgl. C. **1952**. 978) kann mit übermäßiger Ionenaggregation in der Lsg. durch OH^--Ionen oder Peptisierung durch überschüssiges Ga^{3+}-Ion erklärt werden. Eine Entscheidung zwischen diesen beiden Möglichkeiten gestatten polarograph. Messungen mit der Hg-Tropfelektrode, da eine Ionenaggregation infolge Bindung von Ga^{3+}-Ionen durch OH^- sich in einer entsprechenden Verminderung des Diffusionsstromes ausdrücken muß (während Peptisierung keine Änderung des Diffusionsstroms bei Alkalizusatz bewirken kann), vorausgesetzt, daß der Diffusionsstrom in einer Ga(III)-Salzlsg. der Ga^{3+}-Konz. proportional ist. Dies ist, wie aus Verss. an Chloridlsgg. mit 0,05 mol. KCl als Trägerelektrolyt hervorgeht, mindestens bis zu $4 \cdot 10^{-4}$ mol. der Fall. Es werden Werte für die Diffusionsströme (korr. wegen Verdünnungseffekt) von $2{,}23 \cdot 10^{-4}$ mol. $GaCl_3$-Lsgg. (0,05 mol. an KCl) mitgeteilt, die eine Abnahme des Stroms mit wachsendem Verhältnis OH^-/Ga^{3+} bis zu 0,00 für $OH^-/Ga^{3+} = 3$ zeigen. Hieraus wird geschlossen, daß sich in der Lsg. Ga-OH-Ionenaggregate bilden, wodurch die Diffusionsgeschwindigkeit der Ga^{3+}-Ionen zur Elektrode sinkt, u. daß Peptisierung keine wesentliche Rolle spielt; entsprechende Aggregationsprozesse dürften in Bromid- u. Nitratlsgg. vor sich gehen. — Die Messungen wurden mit einem Sargent-Registrier-Polarographen mit O_2-freien Proben bei $25 \pm 0{,}5°$ ausgeführt. (J. Amer. chem. Soc. **74**. 1355—56. 5/3. 1952. Urbana, Ill., Univ. of Illinois, Noyes Chem. Labor.) v. Dechend. 295

Hormoz Broumand und **J. Harold Smith**, *Zusammensetzung der Eisen(III)-komplexe mit Phenolen und Enolen.* Die gefärbten Komplexe, welche Fe(III) mit Phenolen, Naphtholen u. Enolen in verd. Lsg. bei niederen p_H-Werten bildet, wurden spektrophotometr. untersucht. Mit den einwertigen Phenolen *m-Nitrophenol*, *p-Nitrophenol*, *Salicylaldehyd* u. *Salicylsäure* bildet Fe(III) nur je einen Komplex, in welchem die komplexbildenden Komponenten im Verhältnis 1 : 1 stehen. Komplexe im gleichen Zusammensetzungsverhältnis werden von Fe(III) mit dem Na-Salz der *2-Naphthol-3.6-disulfonsäure* u. *Äthylacetoacetat* gebildet. Von den zweiwertigen Phenolen bildet Fe(III) mit *Resorcin* in den Verhältnissen 1 : 1 u. 2 : 1 zwei Komplexe beim p_H 1,15, während beim p_H 0,9 hauptsächlich der 1 : 1-Komplex vorliegt. Von den dreiwertigen Phenolen bildet Fe(III) mit *Phloroglucin* Komplexe im Verhältnis 1 : 1 u. vielleicht 2 : 1 oder 3 : 1, wobei die Zus. der letzten beiden Komplexe infolge ihrer Unbeständigkeit ungewiß ist. Durch elektrolyt. Unterss. werden die angeführten Ergebnisse bestätigt, die gebildeten 1 : 1-Komplexe sind der allg. Formel $Fe(OAr)^{++}$ entsprechend positiv geladen. Der Einfl. des p_H u. der Konz. auf Zus. u. Farbe der Komplexe wird diskutiert. (J. Amer. chem. Soc. **74**. 1013—16. 20/2. 1952. Amherst, Mass., Univ. of Massachusetts, Chem. Labor.) Sparmann. 354

Lawrence R. Thompson und **W. K. Wilmarth**, *Die zweikernigen μ-Peroxokomplexe von drei- und vierwertigem Kobalt.* Die aus Lsgg. von *Tetraäthylendiamin-μ-amino-μ-peroxokobalt(III)-nitrat* (I) zu erhaltenden grünen u. roten Verbb., die Werner für Isomere hielt, wurden untersucht. Vff. fanden, daß beide Verbb. im Redox-Verhältnis

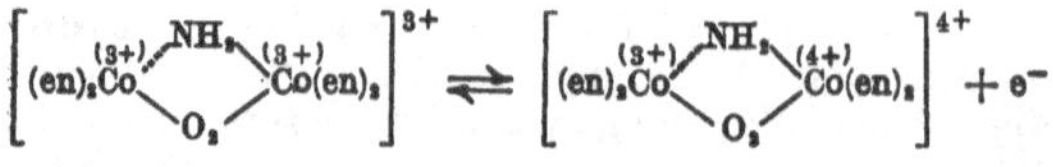

stehen (vgl. nebenst.), also nicht isomer sind. Die grüne Verb., *Tetraäthylendiamin-μ-amino-μ-peroxokobalt (III)-kobalt (IV)-nitrat* (II), ist durch Oxydation mit MnO_4^-, HOCl, Br_2, BrO_3^-, NO_3^- sofort, dagegen nicht unmittelbar mit H_2O_2, Fe^{3+}, Ag^+, Hg^{2+} oder $Cr_2O_7^{2-}$ aus I erhältlich. Mit $KMnO_4$ konnte direkte Titration von I erfolgen. Umgekehrt trat sofortige Red. von II zu I bei Anwesenheit von NO_2^-, N_2H_4, $Fe(CN)_6^{4-}$, AsO_2^-, $S_2O_3^{2-}$ oder OH^-, u. langsam mit Hg_2^{2+} oder $NH_2OH \cdot HCl$ ein. Mit Sn^{2+}, Fe^{2+}, J^- u. SO_3^{2-} wurde außer dem 4wertigen Co auch die Peroxo-Brücke reduziert. Mit $Na_2S_2O_3$ konnte der Vorgang II → I titrimetr. verfolgt werden. Die schon bekannte Umwandlung der roten in die grüne Verb. in Lsg. durch Br^- wurde von Vff. als durch Br^- katalysierte Disproportionierung gemäß

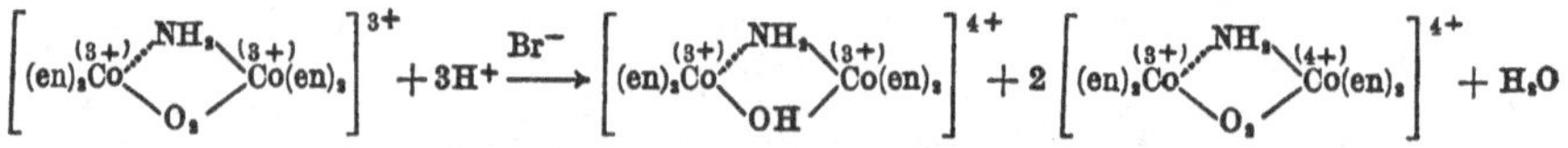

erkannt. Die nach angegebenen Rkk. erhaltenen Substanzen wurden mit direkt hergestellten Verbb. röntgenograph. verglichen. Die Umwandlungen in Lsg. wurden spektrophotometr. verfolgt. (J. physic. Chem. **56.** 5—9. Jan. 1952. Los Angeles, Calif., Univ. of South California, Dep. of Chem.) Plust. 355

Gerhart Jander und **Hans Spandau**, Kurzes Lehrbuch der anorganischen und allgemeinen Chemie. 5. Aufl. Berlin, Göttingen, Heidelberg: Springer-Verl. 1952. (XII + 563 S. m. 169 Abb.) gr. 8°. DM 19,80.

C. Mineralogische und geologische Chemie.

Patrick M. Hurley, *α-Ionisationsschaden als Grund für niedrige Heliumgehalte.* Es wird die Frage untersucht, ob He-Atome aus den Kristallstrukturen von Mineralien nur dann entweichen, wenn die Strukturen durch intensive α-Ionisation geschädigt sind. Der He-Verlust z. B. für Zirkon ist prakt. = 0 bei geringem α-Beschuß u. nimmt bis zur völligen He-Abgabe zu, wenn die Präpp. einem Beschuß von 10^{16} α/mg ausgesetzt waren. Der Zusammenhang zwischen He-Verlust u. Anzahl der α-Teilchen läßt sich durch eine einfache Differentialgleichung wiedergeben, die mit den Versuchsergebnissen an Zirkon übereinstimmt. (Trans. Amer. geophysic. Union **33.** 174—83. April 1952. Cambridge, Mass., MIT, Dep. of Geol.) Weigel. 378

Forbes Robertson und **Paul L. Vandeveer,** *Ein neues Diagrammschema für paragenetische Beziehungen der Erzmineralien.* Es wird der Vers. unternommen, die Paragenese der Erzmineralien zweier Vorkk. in Montana graph. darzustellen mit dem Ziele einer Allgemeingültigkeit. Dabei erhält jedes Mineral einen Punkt entweder auf einer Kreislinie oder außerhalb derselben. Die Punkte werden durch Geraden oder Kurvenzüge miteinander verbunden u. ihre Beziehungen untereinander durch Tensoren gekennzeichnet. Die Bedeutung der verwandten Symbole u. ihre räumliche Anordnung führt zum Verstehen der Genese u. umfaßt alle hier gegebenen Möglichkeiten. (Econ. geol. **47.** 101—04. Jan./Febr. 1952. Montana, School of Mines, Dep. of Geol.) Zedlitz. 378

A. B. Edwards, *Die Erzmineralien und ihre Texturen.* Vgl. der Strukturen der sulfid. oxyd. Erze, sowie der gediegenen Metalle mit den in der Natur auftretenden Texturen, deren Deutung oft Schwierigkeiten bereitet. (J. Proc. Roy. Soc. New South Wales **85.** 26—46. 18/4. 1952.) Ensslin. 384

J. J. Frankel, *Mangankonkretionen in Rotsanden von Umgababa, Südküste, Natal.* (South African J. Sci. **48.** 284—85. April 1952. Durban, Univ. of Natal.) Ensslin. 384

Elton A. Youngberg und **Thomas L. Wilson,** *Die Geologie der Holdenmine.* Die Holdenmine befindet sich nordöstlich von Seattle im Kaskadengebirge; sie sitzt einem steil aufgerichteten Gangsyst. auf, das einerseits von prä-ordovic. sauren Sedimenten, andererseits von Schiefern u. kristallinen Gesteinen, wie Amphiboliten u. Dioriten, begrenzt ist. Haupterzträger sind *Kupferkies* u. *Zinkblende*; Cu, Au u. Zn werden gewonnen. Sonstige Begleitmineralien sind *Magnetit, Pyrit, Bleiglanz, Molybdänit, Bournonit, Quarz* u. *Pechblende.* (Econ. geol. **47.** 1—12. Jan./Febr. 1952. Washington.) Zedlitz. 384

Hugo Strunz, *Die Phosphat-Quarz-Feldspat-Pegmatite von Hagendorf-Pleystein in Bayern.* Die Pegmatite granit. Ursprungs bilden Stöcke u. Lager. Die Herkunft der Phosphate u. ihre Anreicherung konnte noch nicht geklärt werden. Die prim. Phosphate *Triphylin, Triplit, Triploidit, Wolfeit, Apatit* u. *Manganapatit* sind mit dem pegmatit. Quarz u. Feldspat entstanden. Die sek. wurden durch Hydratationserscheinungen der prim. unter dem Einfl. thermaler Nachschübe gebildet. Ein anderer Teil entstand durch vadose Sickerwässer. (Neues Jb. Mineralog., Abh. **84.** 77—92. April 1952. Berlin u. Regensburg.) ENSSLIN. 385

William Trevelyan Harry, ***Die Migmatite und Feldspatporphyroblasten-Gesteine am Glen Dessary, Inverness-Shire.*** Kartierung des Gebiets u. Beschreibung der *Pyroxen-Amphibol*-Gesteine u. Feldspatporphyroblasten mit mehreren Analysen. (Quart. J. geol. Soc. London **107.** 137—58. 12/5. 1952.) ENSSLIN. 385

D. Organische Chemie.

D_1. Allgemeine und theoretische organische Chemie.

R. Je. Tschernitzkaja, ***Absorptionsspektren und Dissoziationskonstanten von Diphenylthiocarbazon (Dithizon) und seinen innerkomplexen Salzen.*** 1. Mitt. *Absorptionsspektrum von Diphenylthiocarbazon (Dithizon) und sein Verteilungsgleichgewicht im zweiphasigen System.* Es wurde der Einfl. des Lösungsm. auf Lage u. Intensität der beiden Maxima der Lichtabsorption von *Diphenylthiocarbazon* (*Dithizon*) (I) untersucht. Als Lösungsmittel wurden polare u. unpolare — Bzl., Hexan, Methyläthylketon, Isoamylalkohol — geprüft. Beim Übergang vom unpolaren zum polaren Lösungsm. wird das 1. Maximum (in Bzl. bei 600 mμ) nach kürzeren, das 2. Maximum (in Bzl. bei 450 mμ) nach längeren Wellen verschoben. — In den Systemen Isoamylalkohol-W. u. Bzl.-W. wurde der Verteilungskoeff. von I ermittelt. Nach der Meth. von BABKO u. PILIPENKO (vgl. C. **1947.** II. 1776) wurde die Säuredissoziationskonstante von I bestimmt. I zeigte sich relativ stark lösl. in Isoamylalkohol, was vielleicht auf H-Bindungen beruht. (**Журнал Общей Химии** [J. allg. Chem.] **22.** (**84.**) 403—08. März 1952. Allunions Wiss. Forschungsinst. für chem. Reagentien.) ADOLPHI. D 118

R. Je. Tschernitzkaja, ***Absorptionsspektren und Dissoziationskonstanten von Diphenylthiocarbazon (Dithizon) und seinen innerkomplexen Salzen.*** 2. Mitt. *Absorptionsspektren und Instabilitätskonstanten der innerkomplexen Salze von Dithizon in isoamylalkoholischer Lösung.* (1. vgl. vorst. Ref.) Die Absorptionsspektren der innerkomplexen *Dithizonate* von *Ag*, *Hg(II)*, *Pb(II)*, *Cu(II)*, *Zn*, *Cd* u. *Bi* wurden in isoamylalkoh. Lsg. aufgenommen, die Instabilitätskonstanten nach der Meth. von BABKO u. PILIPENKO (vgl. C. **1950.** II. 1606) bestimmt. Mit dem Ansteigen der letzteren verschiebt sich das Absorptionsmaximum immer weiter nach dem UV, gleichzeitig vermindert sich die Intensität. Durch eine photograph.-photometr. Meth. wird die Zus. des *Silber*-Salzes zu AgD (D = Dithizonation) bestimmt. (**Журнал Общей Химии** [J. allg. Chem.] **22.** (**84.**) 408—14. März 1952.) ADOLPHI. D 118

Paolo Chiorboli, ***Kritische Betrachtungen über ungewöhnlich hohe Carbonylfrequenzen in Raman-Spektren einiger C=O-Verbindungen.*** Nach einer allg. Betrachtung über die Abhängigkeit der Frequenzen der Valenzschwingung der Carbonyl gruppe von den Substituenten u. von der Konjugation werden die ungewöhnlichen, hohen Frequenzen der Säurehalogenide u. ihre Erklärungen krit. betrachtet. Aus Symmetriegründen wird die Resonanz mit einer Struktur mit Dreifachbindung u. ionogen gebundenem Halogen abgelehnt. Alle Schwierigkeiten werden dagegen behoben, wenn nicht die Doppelbindung des CH_2O, sondern die des CO_2 als „ideale CO-Doppelbindung" betrachtet wird. Dann liegen alle beobachteten Bindungswerte der CO-Bindungen zwischen 1 u. 2 mit Ausnahme des Kohlenoxyds. (Gazz. chim. ital. **82.** 227—42. März 1952. Bologna, Univ., Ist. Chim. „G. Ciamician"; C. S. di Chimica ed idrologica del C. N. R.) GOUBEAU. D 120

Nelson Fuson, Marie-Louise Josien, Robert L. Powell und Emery Utterback, ***Die NH-Valenzschwingung und die NH ... N-Wasserstoffbindung in einigen aromatischen Verbindungen.*** Mit einem hochauflösenden Prismenspektrographen werden spektrale Lage u. Intensität der NH-Valenzschwingung bei ca. 3400 cm^{-1} von *Pyrrol* (I), *Indol* (II), *Carbazol* (III), *Diphenylamin* (IV) u. *Anilin* (V) in CCl_4, CS_2, Chlf. u. Bzl. als Lösungsm. gemessen; die Konz. der Lsgg. von I, II, IV, V in CCl_4 wird dabei über einen großen Bereich variiert. Bei I u. II wird wie bei Phenolen u. Alkoholen mit steigender Konz. eine Intensitätsabnahme der scharfen, den unassoziierten Moll. zuzuordnenden „Monomerenbande" u. eine Intensitätszunahme der breiten, langwellig verschobenen „Assoziationsbande" beobachtet. Obgleich die beiden Banden sich bei IV u. V nicht ganz so klar voneinander trennen lassen wie bei I u. II, so lassen doch die an den NH-Banden von I, II, IV, V beobachteten Veränderungen mit Sicherheit auf eine Wasserstoffbrückenassoziation dieser Verbb. schließen; ihre Assoziationsgrade werden verglichen. Beim Wechsel des Lösungsm. von CCl_4 über Chlf. u. CS_2 zu Bzl. beobachten Vff. eine langwellige Verschiebung der „Monomerenbanden", wie von LÜTTKE

u. MECKE (C. **1950**. II. 2049) bereits am Phenol gefunden war; die spektrale Lage der Assoziationsbande bleibt beim Lösungsmittelwechsel jedoch unverändert. Der Einfl. des restlichen Molekülskeletts auf die Schwingungsfrequenz, die Acidität u. die Assoziationsfähigkeit der NH-Gruppe wird diskutiert. Die Einzelergebnisse sind im Original ausführlich in Kurven u. Tabellen wiedergegeben. (J. chem. Physics **20**. 145—52. Jan. 1952. Nashville, Tenn., Fisk Univ., Infrared Spectroscop. Labor.) LÜTTKE. D 120

Wolfgang Meckbach, *Messung des Dispersions- und Absorptionsverlaufes einer nichtassoziierenden polaren Flüssigkeit im Wellenlängenbereich von 1—80 cm.* Vf. untersuchte mit Hilfe von stehenden Wellen im Rechteckrohr (H_{10}-Welle) u. kreiskonzentr. Rohr (LECHER-Welle) für *α-Bromnaphthalin* die Brechungskoeffizienten n im Wellenlängenbereich von 1,3—80 cm u. die Absorptionskoeffizienten n $\varkappa$ zwischen 2,3 u. 30 cm. Die Ergebnisse weichen stark von den nach der einfachen DEBYEschen Theorie (inneres= äußeres Feld) sowie von den nach den inneren Feld-Ansätzen von CLAUSIUS-MOSSOTTI u. ONSAGER zu erwartenden ab. Vf. folgt daher einem Ansatz von PERRIN u. nähert die DEBYEschen Kugelmoll. [eine Relaxationszeit (RZ)] durch ellipsoid. an. Dabei führt allg. die Lage des Dipolmomentes in Richtung einer Hauptachse auf eine, diejenige in der von zwei Hauptachsen aufgespannten Ebene auf zwei u. diejenige schräg zu allen drei Hauptachsen auf drei RZ. Für α-Bromnaphthalin sollten der Lage des Momentes in der von beiden Benzolringen aufgespannten Ebene entsprechend zwei RZ erwartet werden. Zur theoret. Deutung der experimentellen Ergebnisse müßten jedoch drei RZ angenommen werden. Vf. glaubt die Diskrepanz durch Annahme einer anisotropen Zähigkeit erklären zu können. (Z. Physik **131**. 331—53. 1952. Frankfurt/M., Univ., Phys. Inst.) R. WOLFF. D 121

Robert Livingston, Lou Thompson und M. V. Ramarao, *Fluorescenzlöschung von Porphyrin- und Chlorophyllösungen.* (Vgl. LIVINGSTON u. CHUN-LIN-KE, J. Amer. chem. Soc. **72**. [1950.] 909.) Vff. untersuchen die Fluorescenz (Fz)-Löschung von *Mesoporphyrindimethylester* u. *Protoporphyrindimethylester* in benzol. Lsg. durch *Sauerstoff, Chloranil, Chinon, Trinitrotoluol* u. *m-Dinitrobenzol.* Alle Löschdaten sind der modifizierten STERN-VOLMER-Gleichung $I_0/I = 1 + k_1[Q] + k_2[Q]^2$ anzupassen. Abweichend von den Chlorophylldaten ist k_2 in diesem Falle nicht durch $k_1{}^2/8$ ersetzbar. I_0 u. I bedeuten dabei die Intensität der ungelöschten bzw. gelöschten Fluorescenz, [Q] die Molarität des Löschers. Die Halbwertslöschkonz. $[Q]_{1/2}$ steigt in der angegebenen Reihenfolge von 0,0028 für O_2 bis 0,0113 für m-Dinitrobenzol an. Vorläufige Messungen mit *NO* ergaben eine Löschwrkg. an Mesoporphyrin in Bzl., doch ist dieses Ergebnis offen, da auch reversible u. irreversible Farbänderungen beobachtet wurden. — Von 28 Nichtlöschern für Chlorophyll wurden 9, nämlich *Nitropropan, Butylnitrit, Butylnitrat, Anilin, 2.6-Diaminopyridin, tert.-Hexylmercaptan, CO, CO_2* u. *N_2O* an Mesoporphyrin getestet. Sie erwiesen sich alle als Nicht- bzw. sehr schwache Löscher. Butylnitrit verursachte sogar einen Anstieg von I_0 von 7—9%. Die Löschwrkg. der 14 getesteten Substanzen läuft also für Porphyrin- der für Chlorophyllsgg. parallel. Die Verhältnisse der Löschkonstanten $k_1(p)/k_1(ch)$ liegen mit Ausnahme von O_2 bei 1,0—1,5. Diese Ähnlichkeit der Löschwrkg. legt es nahe, daß die Löschung durch diese Stoffe nicht nur für Chlorophyll oder Chlorine charakterist. ist, sondern wahrscheinlich für alle fluorescierende Porphyrinderivv. u. vielleicht auch für aromat. KW-stoffe zutrifft. (J. Amer. chem. Soc. **74**. 1073—75. 20/2. 1952. Minneapolis, Minn., Univ., School of Chem.) ZANKER. D 125

Wilhelm Maier und Günther Baumgartner, *Die elektrischen Dipolmomente in der homologen Reihe der 4.4'-Di-n-alkoxyazoxybenzole.* Es werden nach der Meth. der verd. Lsgg. in Bzl. die Dipolmomente der sieben 1. Glieder der homologen Reihe der *4.4'-Di-n-alkoxyazoxybenzole* gemessen. Gefunden werden die Werte 2,36; 2,42; 2,41; 2,38; 2,35; 2,35 u. 2,36 cgs-Einheiten. Es handelt sich in allen Fällen um die auch in kristallin-fl. Form vorkommenden trans-Isomeren (FF. u. Klärpunkte: 117, 135; 137, 167; 115, 122; 102, 134; 77, 122; 80, 127; 75, 123°). — Das Alternieren der dielektr. Anisotropie der magnet. geordneten pl-Phasen dieser Stoffe ist nach dem Ergebnis vorliegender Messungen eine reine Folge der Struktur der kristallin-fl. Phase selbst. (Z. Naturforsch. **7a**. 172—75. Febr. 1952. Freiburg, Univ., Phys. Inst.) K. L. WOLF. D 132

C. L. Angyal und S. J. Angyal, *Cyclite.* 2. Mitt. *Dipolmomente einiger Cyclitacetate.* (1. vgl. C. **1953**. 44.) Die elektr. Dipolmomente der *Hexaacetylderivv.* von *Mesoinosit* (2,8 D), (±)-*Inosit* (3,0 D), *Epiinosit* (4,1 D) u. *Scylloinosit* (2,3 D) u. der *Pentaacetate* von *Viboquereit* (2,3 D), *Quebrachit* (3,3 D), *Scylloquereit* (2,3 D) u. *Pinit* (4,1 D) wurden in Bzl. gemessen u. die Beziehung zwischen Konfiguration u. Dipolmoment diskutiert; Vgl. der Momente mit denen der Benzolhexachloride macht bei den Verbb. (in oben angegebener Reihenfolge) folgende Lagen der Substituenten wahrscheinlich (e = äquatoriale, p = polare Lage) epeeee; peeeep; epepee; eeeeee; peeee—; pe*eeep; eeeee—; pee*eee; der * bezieht sich auf die Methoxygruppe. (J. chem. Soc. [London] **1952**. 695—97. Febr. Sydney, Univ., Chem. Dep.) ROSSOW. D 132

Helmer Kofod, L. E. Sutton und J. Jackson, ***Die Molekülstruktur des Pyrrols und einiger seiner Derivate auf Grund von Dipolmomentmessungen.*** Es wurden die Dipolmomente folgender Pyrrolderivv. in benzol. Lsg. bestimmt: *Pyrrol* 1,80, *1-Methyl-* 1,92, *2.5-Dimethyl-* 2,08, *1.2.5-Trimethyl-* 2,07, *3.4-Dijod-2.5-dimethyl-* 4,00, *2.3.4.5-Tetrajod-* 2,52, *1-Phenyl-* 1,32, *2.5-Dimethyl-1-phenyl-* 2,00, *2.5.2'.5'-Tetramethyl-1-phenyl-* 2,07, *2.5.2'.4'.6'-Pentamethyl-1-phenyl-* 2,06, *1-p-Tolyl-* 1,79, *2.5.4'-Trimethyl-1-phenyl-* 2,34, *1-p-Chlorphenyl-* 0—0,3, *1-p-Chlorphenyl-2.5-dimethyl-* 0,50, *1-p-Bromphenyl-2.5-dimethyl-* 0,54, *2.5-Dimethyl-1-p-nitrophenylpyrrol* 2,48 u. *p-Bis-[2.5-dimethylpyrryl-(1)]-benzol* 0,77. Die außerhalb des Ringes liegende Stickstoffvalenz erweist sich als weniger als 7° gegen die Symmetrieachse des Ringes geneigt. Der positive Pol des Momentes des Pyrrols liegt gegen den Stickstoff, der negative gegen den Ringrest hin. Die Messungen an den Phenylpyrrolen werden im Hinblick auf Resonanz u. ster. Hinderung diskutiert. (J. chem. Soc. [London] **1952**. 1467—76. April. Oxford, Phys.-chem. Labor.) K. L. WOLF. D 132

A. T. Wartanjan, ***Halbleitereigenschaften von organischen Farbstoffen.*** Bei der Unters. von 0,1—1 μ dicken Filmen wurden folgende Ergebnisse erzielt: Die Dunkelleitfähigkeit σ nimmt bei *Phthalocyanin, Cu-* u. *Mg-Phthalocyanin* u. *sulfuriertem Phthalocyanin, Methylenblau* u. *Kristallviolett* (I) exponentiell mit der Temp. zu. Der Temperaturkoeff. u. die Abhängigkeit der Stromstärke i von der Spannung wird durch Gase (O_2, H_2) wesentlich beeinflußt. — Bei Belichtung in Spektralbereichen, die zu den Absorptionsbanden der festen Filme gehören, steigt σ; die Zeitabhängigkeit von i bei Ein- u. Abschalten der Belichtung ist für *Rhodamin G6* u. *Eosin* (II) graph. dargestellt. Der bei Belichtung zusätzlich fließende Strom Δi nimmt meist infolge photochem. Rkk. ab; auf diese Weise kann daher z. B. die Oxydation der Farbstoffe nachgewiesen werden. — Die spektrale Verteilung des Photostroms wurde bei Zimmertemp. für **II**, *Erythrosin B* (**III**), *Phloxin* (**IV**), *Rose bengale* (**V**), *Trypaflavin* (**VI**) u. *Phenosafranin* aufgenommen u. ist teilweise in Kurven wiedergegeben. Auch die Temperaturabhängigkeit von lg Δi ist für **I, III, IV, V, VI** u. *Acridingelb* graph. dargestellt u. läßt sich durch Gleichungen von der Form lg $\Delta i = a - b/T$ beschreiben. Mit der Belichtungsintensität L hängt Δi durch die Gleichung $\Delta i = c \cdot L^k$ zusammen; k liegt bei großer Trägheit unterhalb 0,5 u. sonst zwischen 0,5 u. 1. Der Wert 1 wird nur bei **VI** angenommen. — Bei großen Spannungen treten, vermutlich infolge JOULEscher Wärme, Abweichungen vom OHMschen Gesetz auf. — Abschließend wurden die elektr. Eigg. der Farbstoffe in Ggw. von O_2, J_2-, Chlf.-, CCl_4-, C_2HCl_3- u. Ae.-Dämpfen untersucht. Bei den meisten bas. Farbstoffen verursachen elektronegative Gase eine Abnahme der stationären Leitfähigkeit; bei **II, III, IV, V** u. **VI** wird σ durch O_2 vergrößert. (**Известия Академии Наук СССР, Серия Физическая** [Nachr. Akad. Wiss. UdSSR, physik. Ser.] **16**. 169—85. März/April 1952.) KIRSCHSTEIN. D 135

Kai Julius Pedersen, ***Die Dissoziationskonstanten der Brenztrauben- und der Oxalessigsäure.*** Vf. beschreibt eine Meth. für die Best. der Dissoziationskonstanten von schwachen u. mäßig starken Säuren in Salzlsgg. mit Hilfe von elektrometr. Messungen an Zellen mit Flüssigkeitsverbindung. Die begrenzte Brauchbarkeit der Meth. wird krit. diskutiert. Die Meth. wurde benutzt zur Best. der Dissoziationskonstanten der *Brenztraubensäure* (I) u. der 1. u. 2. Dissoziationskonstanten der *Oxalessigsäure* (I) in NaCl- bzw. in manchen Fällen KCl-Lsgg. bei den Tempp. 25 u. 37°. Für **I** ergibt sich K_a bei 25° zu $3,24 \cdot 10^{-3}$ u. bei 37° zu $3,80 \cdot 10^{-3}$. Für **II** ergibt sich bei 25° K_{a1} zu $2,79 \cdot 10^{-3}$ u. K_{a2} zu $4,27 \cdot 10^{-5}$ u. bei 37° K_{a1} zu $3,55 \cdot 10^{-3}$ u. K_{a2} zu $4,38 \cdot 10^{-5}$. (Acta chem. scand. **6**. 243—56. 1952. Kopenhagen, Dänemark, Royal Veter. and Agricult. Coll., Chem. Labor.) NIEMITZ. D 139

Jørn Thamsen, ***Die sauren Dissoziationskonstanten der Glucose, des Mannits und des Sorbits, gemessen unter Verwendung der Wasserstoffelektrode und der Glaselektrode bei 0° und 18°.*** Vf. bestimmte durch p_H-Messungen unter Verwendung sowohl einer H-Elektrode als auch einer Glaselektrode, die beide prakt. ident. Ergebnisse lieferten, die sauren Dissoziationskonstanten für *Glucose* (I), *Mannit* (II) u. *Sorbit* (III) bei 0 u. 18° in mit NaOH versetzten Lösungen. Es ergaben sich folgende p_H-Werte: bei 0° **I** 12,92; **II** 14,09; **III** 14,14; bei 18° **I** 12,43; **II** 13,50; **III** 13,57. Dabei muß bemerkt werden, daß, bes. im Fall der **I**, mit wachsender Verdünnung ein leichter Anstieg dieser Werte erfolgt. Eine Bearbeitung des Versuchsmaterials von MICHAELIS u. RONA (1913) u. von URBAN u. SCHAFFER (J. biol. Chemistry **94**. [1931]. 697) zeigt gute Übereinstimmung der daraus berechneten p_K-Werte mit denen des Verfassers. (Acta chem. scand. **6**. 270—82. 1952. Kopenhagen, Royal Danish School of Pharmacy.) NIEMITZ. D 139

C. C. Stephenson und **D. J. Berets,** *Wärmekapazitäten und Entropien von Melamin und Dicyandiamid.* Die Wärmekapazitäten von *Melamin* u. *Dicyandiamid* werden von 15—300° K calorimetr. bestimmt. Die graph. Darst. von C_p/T gegen T beider Verbb. entspricht einer DEBYE-Funktion mit $\Theta = 175°$ K u. 6 Freiheitsgraden. Die berechneten Entropiewerte werden für 298,16° K zu 35,63 ± 0,03 cal/Grad·Mol für Melamin u. zu 30,90 ± 0,03 cal/Grad·Mol angegeben. (J. Amer. chem. Soc. **74.** 882—83. 20/2. 1952. Cambridge, Mass., Massachusetts Inst. of Technol., Dep. of Chem.)
W. KAUFMANN. D 151

Robert D. Stallard und **Edward S. Amis,** *Verdampfungswärme und andere Eigenschaften von Dioxan, Wasser und deren Mischungen.* Am Syst. *Dioxan–H_2O* werden Refraktion, spezif. Wärmen, Absorption von Dioxan durch H_2SO_4 sowie totale u. partielle spezif. u. mol. Verdampfungswärme gemessen. Die Zus. der Flüssigkeits- u. Dampfphase wird aus der Refraktion bei verschied. Tempp. bestimmt. Die spezif. Wärme in Joule/Gramm bei 40° wird durch $C_p = 4{,}25 - 0{,}017554\,x - 0{,}00007356\,x^2$ wiedergegeben (x = Mol.-% Dioxan). Die Verdampfungswärme zeigt in Abhängigkeit vom %-Geh. Dioxan der Lsg. zwischen 0 u. 20% einen steilen Abfall infolge Aufhebung der H-Brücken u. Dipol–Dipol-Kräfte im H_2O. Bis 95% Dioxan ist die Abnahme gering infolge zunehmender Kraftwrkg. zwischen W. u. Dioxan (induzierte Dipole). Die Abhängigkeit der Verdampfungswärme vom %-Geh. Dioxan in der Dampfphase zeigt linearen Verlauf. Die partiellen mol. Verdampfungswärmen werden in Abhängigkeit von der DK. der Lsg. dargestellt. Aus den Schwankungen der DK. lassen sich die angegebenen Änderungen der zwischenmol. Kräfte bestätigen. (J. Amer. chem. Soc. **74.** 1781—90. 5/4. 1952. Fayetteville, Ark., Univ., Chem. Dep.) W. KAUFMANN. D 155

Alan Dobry und **Julian M. Sturtevant,** *Die Hydrolysenwärme der Amid- und Peptidbindung.* Durch direkte calorimetr. Messungen wurden die Hydrolysenwärmen ΔH_h einer typ. Peptidbindung u. einer typ. Amidbindung bestimmt. Zur Best. der Hydrolysenwärme der Peptidbindung diente die enzymat. Hydrolyse von *Carbobenzoxyglycyl-L-phenylalanin* durch Carboxypeptidase bei 25° in 0,05 mol. Li-Phosphatpuffer nach der Gleichung: $RCO\cdot NH\cdot CH(R')COO^-$ (wss.) + H_2O → $RCOO^-$ (wss.) + $^+NH_3\cdot CH(R')COO^-$ (wss.). Die Hydrolysenwärme der Peptidbindung ergab sich zu 2550 ± 50 cal/Mol. Zur Best. der Hydrolysenwärme der Amidbindung diente die enzymat. Hydrolyse von *Benzoyl-L-tyrosinamid* durch Chymotrypsin bei 25° in 0,05 mol. K-Phosphatpuffer nach der Gleichung: $RCONHCH(R')CONH_2$ (wss.) + H_2O → $RCONHCH(R')COO^-$ (wss.) + NH_4^+ (wss.). Die Hydrolysenwärme der Amidbindung ergab sich zu 5840 ± 220 cal/Mol. (J. biol. Chemistry **195.** 141—47. März 1952. New Haven, Conn., Yales Univ., Dep. of Chem.) K. F. MÜLLER. D 156

Alan Dobry, Joseph S. Fruton und **Julian M. Sturtevant,** *Thermodynamik der Hydrolyse von Peptidbindungen.* (Vgl. vorst. Ref.) Das Hydrolysengleichgewicht von *Benzoyl-L-tyrosylglycinamid* (I) bei 25° (enzymat. Hydrolyse mit Chymotrypsin in Phosphatpuffer) wurde durch „tracer"-Meth. unter Verwendung von Glycinamid-hydrochlorid-[^{15}N] bestimmt. Die Standard-Freie Energie ΔF_h^0 für die I-Hydrolyse: RCONHR (1 Mol) + H_2O (fl.) = $RCOO^-$ + NH_3R^+ wurde aus den Gleichgewichtsdaten zu —420 ± 50 cal/Mol berechnet. Die Hydrolysenwärme von I bei 25° wurde calorimetr. zu —1550 ± 100 cal/Mol bestimmt. Die Standardentropie der I-Hydrolyse bei 25° ergab sich zu —3,8 ± 0,4 cal/Grad. (J. biol. Chemistry **195.** 149—54. März 1952. New Haven, Conn., Yale Univ., Dep. of Chem. and Physiol. Chem.)
K. F. MÜLLER. D 156

O. Bastiansen und **Eva Hadler,** *Molekülstrukturen von Dodekafluor-n-pentan, Hexadekafluor-n-heptan und Dodekafluorisopentan.* Aus Elektronenbeugungsunterss. mit einem rotierenden Sektor werden Rückschlüsse auf die Struktur von *Dodekafluor-n-pentan* (**I**), *Hexadekafluor-n-heptan* (**II**) u. *Dodekafluorisopentan* (**III**) gezogen. Die σ(r)/r-Kurven von I u. II sind sehr ähnlich, diejenige von III zeigt einige Abweichungen. Alle drei Verbb. weisen ein zickzackförmiges C-Skelett, keine Abweichung vom Tetraederwinkel, trans-Konfiguration der F-Atome, keine freie Rotation um die C–C-Bindung u. den gleichen C–F-Abstand von 1,38 Å auf. I u. II haben ein planares C-Skelett; bei III liegen die C-Atome 1, 3, 4 u. 5 in einer Ebene. (Acta chem. scand. **6.** 214—18. 1952. Blindern-Oslo, Univ., Kjemiske Inst.) FORCHE. D 182

Hans Lettré und **Irmgard Lerch,** *Über partielle Racemate.* 4. Mitt. *Verbindungen von cis- und trans-Tetralindiol-(2.3).* (Vgl. C. **1943.** II. 1719.) Die bereits von LEROUX [1909.] beschriebene Verb. **III** aus *meso-cis-* (**I**) u. *rac.-trans-Tetralindiol-(2.3)* (*rac.*-**II**) erweist sich durch ihr Zustandsdiagramm als stabile Mol.-Verb. im Verhältnis 1 : 1; sie ist also als [d-l, d-l, d-d, l-l] zu bezeichnen. Das aus rac. II erhältliche l-II bildet mit rac. II ein Eutektikum; rac.-II ist also eine echte rac. Verbindung. Auch l-II bildet mit I eine Mol.-Verb. (IV) 1 : 1 [d-l, l-l], also ein partielles Racemat. III + IV bilden eine lückenlose Mischkristallreihe, das gleiche muß aus Symmetriegründen auch für die Verb. mit d-II der Fall sein; III ist also nur dadurch ausgezeichnet, daß in ihr das Verhältnis d- zu l-II = 1 : 1 ist (opt. Aktivität daher = 0) u. daß der F. einen Minimumwert hat; III ist also als Mischkristall aus den partiellen Racematen [d-l, l-l] u. [d-l, d-d] aufzufassen.

Versuche: *cis-Tetralindiol-(2.3)* (I), F. 118°, aus 2.3-Dibromtetralin (aus 1.4-Dihydronaphthalin) mit Ag-Acetat in CH_3COOH, Verseifen des Diacetats mit alkoh. KOH u. Abtrennen von III (F. 140°) mit Benzol. — *rac.-trans-Tetralindiol-(2.3)* (*rac.*-I) (F. 133°), durch Hydrolyse des Dibromids mit heißer K_2CO_3-Lösung. — Spaltung von rac.-II durch Überführung in den *sauren Monophthalsäureester* ($C_{18}H_{16}O_5$, F. 143,5°, aus Bzl. + PAe. feine Nadeln; 53% Ausbeute) mit Phthalsäureanhydrid in Chlf. (18 Std. Kochen), Aufnehmen in Sodalsg., Ansäuern u. Extraktion mit Chlf., u. dessen Überführung in das *Brucinsalz*, das durch mehrfache Kristallisation aus Aceton + A. zerlegt wurde; daraus durch Schütteln mit verd. HCl, Aufnehmen des Esters (F. 137,5°; $[\alpha]_D$ —39,2°) in Ae., Kochen des Ae.-Rückstandes mit 1%ig. KOH, Neutralisation mit HCl, Eindampfen u. Chloroformextraktion l-II, F. 152°, $[\alpha]_D$ —70,1° (18,1 mg in 2 cm^3 A.). (Chem. Ber. **85**. 394—97. 20/5. 1952. Göttingen, Univ., Organ.-chem. Inst.) ROSDORFF. D 184

A. H. Booth und **H. E. Buckley**, *Wachstumsgeschwindigkeiten von Einkristallen von Äthylendiamin-d-tartrat: Fehlerhaftes Wachstum und seine Verhinderung durch Borsäure.* Mkr. gemessen wurde das Wachstum von Einkristallen von Äthylendiamin-d-tartrat bei konstanter Übersättigung u. gutem Rühren, u. zwar in der Richtung des negativen Endes der y-Achse. Bes. beobachtet wurde die Entw. von Kristallfehlern, denn es ist bekannt, daß fehlerhafte Kristallflächen schneller wachsen als fehlerfreie. Im allg. waren die Werte der Wachstumsgeschwindigkeit konstant; gelegentlich konnten jedoch doppelte Geschwindigkeiten beobachtet werden. Zusatz von Borsäure in Konzz. von 0,2—0,6 g/Liter setzte die Wachstumsgeschwindigkeit herab, verminderte jedoch auch gleichzeitig das Auftreten von fehlerhaften Kristallen. (Nature [London] **169**. 367—68. 1/3. 1952. Manchester, Univ., Crystallography Dep.) GOTTFRIED. D 190

J. D. Dunitz und **J. H. Robertson**, *Beziehung zwischen Aureomycin und Terramycin.* Die *Hydrochloride von Aureomycin* (I) u. *Terramycin* (II) zeigen einen auffallend ähnlichen Kristallaufbau, wie durch opt. u. röntgenograph. Unterss. festgestellt wurde. Die kristallograph. Daten sind (die 1. Zahl bezieht sich auf I, die 2. auf II): a (Å) 11,22, 11,19; b (Å) 12,89, 12,49; c (Å) 15,55, 15,68; Raumgruppe $P2_1 2_1 2_1$, $P2_1 2_1 2_1$; D. (g/cm^3) 1,52, 1,51; Mol.-Gew. 515, 499; α 1,633 (|| zu c), 1,639; β 1,700 (|| zu b), 1,686; γ 1,715 (|| zu a), 1,721 (|| zu a). Die Beobachtungen sind mit der Annahme zu vereinbaren, daß das nicht ionogene Cl-Atom in I durch eine OH-Gruppe in II ersetzt ist. (J. Amer. chem. Soc. **74**. 1108. 20/2. 1952. Oxford, Univ., Labor. of Chem. Crystallography.) K. FABER. D 195

Bernard Rubin, Harry H. Sisler und **Harold Shechter**, *Molekülverbindungen von Distickstofftetroxyd mit einigen aliphatischen und alicyclischen Äthern.* Durch therm., magnet. u. spektroskop. (RAMAN- u. Ultrarotspektr.) Unterss. der Systeme *Distickstofftetroxyd-Diäthyläther, -Tetrahydrofuran, -Tetrahydropyran, -Dioxan* u. *-β.β'-Dichlordiäthyläther* wird die Bldg. folgender Verbb. nachgewiesen: $N_2O_4 \cdot 2(C_2H_5)_2O$ (F. —74,8°), $N_2O_4 \cdot 2\,C_5H_{10}O$ (F. —56,8°), $N_2O_4 \cdot C_4H_8O$ (F. —20,5°), $N_2O_4 \cdot 2\,C_4H_8O$ (?) (inkongruentes Schmelzen) u. $N_2O_4 \cdot C_4H_8O_2$ (F. 45,2°). Die magnet. u. spektroskop. Unterss. zeigen, daß N_2O_4 in seiner dimeren Form beständig ist u. auch nicht teilweise in NO_2^+, NO_2^-, NO^+ u. NO_3^- aufspaltet. Es wird angenommen, daß die Äthersauerstoffatome den N-Atomen des N_2O_4 koordiniert sind. Die Bedeutung dieser Verbindungsbldg. ergibt sich eindeutig aus dem Verh. des Dichlordiäthyläthers, der keine Verb. mit N_2O_4 bildet u. auch die oxydierende Wrkg. von N_2O_4 nicht hindert, wie die übrigen Äther. (J. Amer. chem. Soc. **74**. 877—82. 20/2. 1952. Columbus, O., State Univ., Chem. Labor.) GOUBEAU. D 223

J. R. Lacher, G. W. Tompkin und **J. D. Park**, *Die Kinetik der Dampfphasendimerisierung von Tetrafluoräthylen und Trifluorchloräthylen.* Der Verlauf der Dimerisierung von $CF_2{=}CFCl$ u. von $CF_2{=}CF_2$ sowie der Mischdimerisierung von $CF_2{=}CFCl$ + $CF_2{=}CF_2$ zu den gesätt. Cyclobutanderivv. wurde bei Drucken von weniger als 1 at untersucht. Die drei Vorgänge sind homogene Rkk. zweiter Ordnung. Die Reaktionsgeschwindigkeit wurde durch den Druckabfall u. im Falle der Mischdimerisierung durch Infrarotanalyse des Reaktionsprod. gemessen. Die Dimerisierung von $CF_2{=}CFCl$ verläuft zwischen 304,5 u. 509,1° bei 100 u. 600 mm Druck ohne merkliche Temperaturerhöhung zu *1.2-Dichlorhexafluorcyclobutan.* Das Prod. besteht aus 80—90% cis-Verb., während die photochem. u. katalyt. Chlorierung von Hexafluorcyclobutan 80—90%

trans-Verb. liefern. Die zwischen 288 u. 466° untersuchte Dimerisierung von $CF_2{=}CF_2$ ist exotherm u. bringt am Anfang der Rk. einen Temperaturanstieg hervor. Die Geschwindigkeitskonstante nimmt im Laufe der Rk. ab. Dieser Effekt ist nicht durch die Annahme einer umgekehrten Rk. zu erklären, denn das entstandene *Oktafluorcyclobutan* ist bei den angewandten Tempp. stabil, behindert aber die Reaktion. Bei der Mischdimerisierung von $CF_2{=}CFCl + CF_2{=}CF_2$ zu *Monochlorheptafluorcyclobutan* wird die Dimerisierungsgeschwindigkeit des $CF_2{=}CFCl$ durch das $CF_2{=}CF_2$ u. die Reaktionsprodd. nicht beeinflußt. Die Geschwindigkeitkonstante gehorcht der ARRHENIUS-Gleichung. — Die Aktivierungsenergien der drei Dimerisierungs-Rkk. betragen 26300 cal/Mol. Die experimentell gefundenen ARRHENIUSschen „A-Faktoren" sind um ca. 3 Zehnerpotenzen kleiner als die für eine bimol. Rk. berechnete Stoßzahl. Demnach genügt es zum Zustandekommen der Dimerisierung nicht, daß die Olefinmoll. mit ausreichender Energie zusammenstoßen, sondern sie müssen auch gleichzeitig in der richtigen Lage zueinander orientiert sein. Die Bedeutung der Symmetriezahlen für die Berechnung der A-Faktoren wird erörtert. (J. Amer. chem. Soc. **74.** 1693—96. 5/4. 1952. Boulder, Colo., Univ. of Colorado.) FORCHE. D 225

S. J. Branch und **Brynmor Jones,** *Additive Effekte von Substituenten bei der Bromierung aromatischer Äther mit unterbromiger Säure.* Bei der Bromierung aromat. Äther der Typen I u. II mit HOBr in 75%ig. Essigsäure zeigte es sich, daß wie bei der Chlorierung (vgl. JONES, C. **1943.** I. 720 u. **1943.** II. 413) die relativen Effekte der R-Gruppen von den Substituenten X u. umgekehrt die relativen Effekte von X von R unabhängig sind.

I

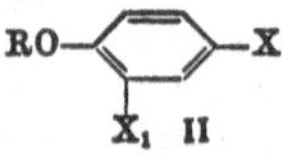

II

— Untersucht wurde die Bromierung von I, $X = NO_2$, $R = CH_3, C_2H_5, C_3H_7, C_4H_9, C_5H_{11}$; sowie der Verbb. II mit $R = CH_3, C_2H_5, C_3H_7, C_4H_9, C_5H_{11}$ u. $X = X_1 = Cl$; $X = X_1 = Br$; $X = COOC_2H_5$; $X_1 = Cl$; $X = COOC_2H_5$, $X_1 = Br$. (Research **5.** 334. Juli 1952. Hull, Univ. Coll.) SPAETH. D 225

J. C. D. Brand und **R. P. Paton,** *Geschwindigkeitsbestimmende Faktoren bei einigen ortho-Nitrierungen.* Verbb. vom Typ $p\text{-}XC_6H_4NO_2$ (I) u. $p\text{-}XC_6H_4N(CH_3)_3^+$ (**II**) (X = H, Cl, Br, CH_3 u. $C(CH_3)_3$) wurden in 90—96% H_2SO_4 bei 18 u. 25° nitriert. Das Verhältnis der Geschwindigkeitkonstanten k_I/k_{II} wurde nach der Konkurrenzmeth. durch Absorptionsmessungen bestimmt. Im angewandten Medium lag die Nitroverb. nicht oder nur unwesentlich als konjugierte Säure vor, mit Ausnahme des Nitrobenzols erfolgt Nitrierung quantitativ in ortho-Stellung zum Substituent X. Das Verhältnis k_I/k_{II} ist für X = H ein Maximum u. nimmt in der Reihe Cl, Br, Butyl, Methyl ab (**H**: k_I/k_{II} = 1,7, CH_3: k_I/k_{II} = 0,3). Da Halogen ebenso wie Alkyl das Verhältnis verringert, wird als Grund die elektronenabgebende Tendenz der Substituenten angesehen, das heißt beim Halogen der elektromere u. bei der Alkylgruppe der induktive u. induktomere Effekt. Die damit verbundene Negativierung des Kerns bedeutet an sich eine Herabsetzung der Energie des Übergangszustandes, sie wird jedoch durch den elektronenanziehenden 2. Substituenten ausgeglichen, u. zwar durch die elektromer u. induktiv wirkende Nitrogruppe weit stärker als durch die rein induktiv wirkende $N(CH_3)_3^+$-Gruppe. Für diese Erklärung ist es nicht notwendig, zwischen einem Ladungsübergang durch Resonanzwrkg. oder über die σ-Bindungen zu unterscheiden. Die unterschiedliche Wrkg. von Halogen u. Alkyl ist in der verschieden starken Aktivierung des Kerns durch diese Substituenten zu suchen (bei Methyl noch zusätzlich infolge Hyperkonjugation). Messungen der Nitrierungsgeschwindigkeiten von I (X = Cl, Br, F) ergaben, daß diese in der genannten Reihenfolge abnehmen. Der Unterschied gegenüber der Wrkg. der betreffenden Substituenten in den einfachen Halogenbenzolen ist bes. im Fall des Fluors auffallend. Eine Erklärung dafür wird mit der verschieden großen elektromeren Polarisierbarkeit der Halogene gegeben, die mit der Nitrogruppe in Wechselwrkg. stehen; diese nimmt in der Reihenfolge F < Cl < Br zu. Die substituierten Phenyltrimethylammoniummethylsulfate wurden durch Rk. der tert. Basen mit Dimethylsulfat in Aceton dargestellt, *p-Brom-*, $C_{10}H_{16}O_4NBrS$, F. 121°; *p-Chlor-*, $C_{10}H_{16}O_4NClS$, F. 143°; *p-tert.-Butylverb.*, $C_{14}H_{25}O_4NS$, F. 214°. — *p-tert.-Butylnitrobenzol*, F. 28,3° u. *1-tert.-Butyl-2.4-dinitrobenzol*, F. 62°, durch Nitrierung von tert.-Butylbenzol. (J. chem. Soc. [London] **1952.** 281—86. Febr. Glasgow, Univ.) MANTHEY. D 225

W. Gerrard und **A. M. Thrush,** *Die Rolle von Pyridin im Carbonsäure-Thionylchlorid-System.* Bei Zugabe von 0,5 Mol $SOCl_2$ zu einer äther. Lsg. von je 1 Mol Essigsäure u. Pyridin bei —10° wurde ein Nd. aus äquimol. Mengen Pyridinhydrochlorid u. $C_5H_5NH^{+-}OSOCl$ u. aus der äther. Lsg. *Acetanhydrid* mit 97% Ausbeute erhalten; ebenso entstanden mit hohen Ausbeuten aus den entsprechenden Säuren *Isobutter-*, *Isovalerian-* u. *n-Heptansäureanhydrid.* Vff. erklären ihre Ergebnisse durch Annahme einer 4-Zentren-Rk. (Breitseitstoß) u. weisen darauf hin, daß Pyridin bei der $SOCl_2$-Carbonsäure-Rk. nicht nur als Katalysator u. Lösungsm. wirkt, sondern an den Rkk. teilnimmt. — Wie oben wurden dargestellt *Isobuttersäureanhydrid*, Kp. 180—183°; n_D^{19} 1,4061; $D.^{20}{}_4$ 0,9535; 98%. — *Isovaleriansäureanhydrid*, $Kp._{15}$ 100—103°; n_D^{21} 1,4150; $D.^{27}{}_4$ 0,9260; 99%. — *n-Heptansäureanhydrid*, $Kp._{0,4}$ 104—108°; $Kp._{754}$ 258°; n_D^{21} 1,4320; $D.^{15}{}_4$ 0,9215; 97%. (J. chem. Soc. [London] **1952**. 741—42. Febr. Leeds, Univ., Dep. of Inorgan. and Physic. Chem.) GOEBEL. D 225

D. Klamann und F. Drahowzal, *Über den Einfluß von Lösungsmitteln auf die Reaktionsweise des Pyridins.* Vff. untersuchen das Verh. des *Pyridins* (I) bei der Rk. mit *p-Toluolsulfochlorid* (II) u. Alkoholen in Ggw. verschied. Lösungsmittel wie *Äthylchlorid, Chlf., 1.2-Dichloräthan, Trichloräthylen, Äthylacetat, Aceton, 1.4-Dioxan, Bzl., Cyclohexan, PAe., Methanol* u. *A.* sowie den Einfl. der Temperatur. Dazu werden 0,25 Mol II u. 0,5 Mol Methanol bzw. A. in 100 ml Lösungsm. gelöst u. bei Reaktionstemp. mit 0,5 Mol I versetzt. Nach 20—145 Min. wird I mit verd. HCl entfernt u. aus der organ. Schicht Methyl- bzw. Äthyl-p-toluolsulfonat gewonnen. Die tabellar. mitgeteilten Ergebnisse zeigen einen bedeutenden Einfl. des Lösungsm. sowie der Reaktionstemp. auf die Alkylpyridiniumsalz- u. Esterbldg. als konkurrierende Rkk.; im allg. wird durch Lösungsmittelzusatz die Bldg. der quaternären Salze zurückgedrängt, bes. wirksam waren polare Verbb. (Chlor-KW-stoffe, Ester, Aether, Aceton). Mit steigender Temp. nimmt das Ausmaß der Salzbldg. auch in Ggw. von Lösungsmitteln zu. Der Einfl. des Lösungsm. wird theoret. als Wechselwrkg. von polaren Gruppen mit dem N-Atom von I diskutiert. (Mh. Chem. **83**. 154—58. 1952. Wien, TH, Inst. für organ. chem. Technol.) WEITBRECHT. D 225

D. Libermann, *Umlagerungen auf dem Gebiet der Organoschwefelverbindungen.* Nach einem Überblick über die Mechanismen, die für die Rk. von Thionylchlorid mit *Phenol* (I) vorgeschlagen worden sind, bespricht Vf. eigene Verss., den Verlauf der Rk. u. die gleichzeitige Bldg. von *p.p'.p''-Trioxytriphenylsulfoniumchlorid, p.p'-Dioxydiphenylsulfid, p-* u. wenig *o-Chlorphenol* zu erklären. Prim. erfolgt nach seinen Ergebnissen Angriff des $SOCl_2$ auf die Hydroxylgruppen von I; so bildet sich bei einem Molverhältnis 1 : 2 unter Absaugen des HCl *Phenylsulfit* (II), trägt man I in überschüssiges sd. $SOCl_2$ ein, wird zu 81% *Phenylchlorsulfit* gebildet. Vf. nimmt an, daß anschließend Umlagerung von II unter dem Einfl. von HCl erfolgt. So entsteht aus II mit $^1/_4$ Mol. 100%ig. H_2SO_4 *p.p'.p''-Trioxytriphenylsulfoniumsulfat* (F. 289°) in einer Ausbeute von 70%. Gasförmige HCl absorbieren organ. Sulfite in Mengen von etwas mehr als 1 Mol, die Mischung färbt sich dabei stark. Nach mehrstündigem Stehen setzt plötzlich eine heftige exotherme Rk. ein, bei der SO_2 entweicht u. das Reaktionsgemisch farblos wird. Die gebildeten Prodd. sind die gleichen wie bei der Rk. von I mit $SOCl_2$. HBr bewirkt keine Veränderung von II. Vf. hält daher folgende Reaktionsfolge für die wahrscheinlichste: $(C_6H_5O)_2SO + H^+ \rightarrow [(C_6H_5O)_2SOH^+] \rightarrow C_6H_5OSOH + C_6H_5O^+$; $C_6H_5OSOH + (C_6H_5O)_2 \cdot SO \rightarrow C_6H_5OSOC_6H_5 + C_6H_5OH + SO_2$; $(C_6H_5O)_2S \rightarrow (HOC_6H_4)_2S$; $C_6H_5O^+ + Cl^- \rightarrow ClC_6H_4OH$; $(C_6H_5O)_2S + C_6H_5O^+ + Cl^- \rightarrow [(C_6H_5O)_2SC_6H_4OH]^+Cl^- \rightarrow (HOC_6H_4)_3 \cdot S^+Cl^-$. Der angenommene Mechanismus erklärt gut die gleichzeitige Bldg. der verschied. beobachteten Prodd., zu seiner Stützung hat Vf. versucht, das als Zwischenprod. angenommene Phenylsulfoxylat darzustellen. Bei der Rk. von SCl_2 mit Na-Phenolat in Bzl. entsteht jedoch ein in Bzl. unlösl., in Alkalien lösl. Prod., F. 90°, das Vf. für *Phenyl-p-oxyphenylsulfenat* (III), entstanden durch Umlagerung, hält. Bei Benzoylierung gibt III *Benzoyloxyphenylsulfinsäure.* — Eine andere Umlagerung erleiden Sulfite in der Wärme, katalysiert durch tert. Basen (vgl. BISSINGER, KUNG u. HAMILTON, C. **1948**. E. 560). Vf. erhielt aus II als Hauptprod. dabei *Oxyphenylsulfinsäurephenylester*, daneben wenig Diphenyläther; er nimmt daher bei aromat. Sulfiten intramol. Umlagerung an. — Vf. geht schließlich auf den Mechanismus der Rk. von Alkoholen mit $SOCl_2$ ein; für tert. Alkohole schließt er dabei auf einen Carboniummechanismus. (Bull. Soc. chim. France, Mém. [5] **18**. C 141—44. März/Apr. 1951. Établ. Theraplix, Labors. de Rech.) KRESSE. D 225

R. Perez Ossorio und E. D. Hughes, *Mechanismus von Substitution und Umlagerung in prototropen Systemen. Racemisierung und Wasserstoffaustausch bei Methylenazomethinen.* Nach einem kurzen Überblick über die Mechanismen der heterolyt. Substitution von H u. der Umlagerungen in prototropen Systemen beschreiben Vff. Verss. zur kinet. Unterscheidung zwischen den beiden im letzten Fall vorgeschlagenen Reaktionsfolgen — bimol. B: $+H—X—Y=Z \rightleftharpoons BH^+ + [X=Y=Z]^- \rightleftharpoons X=Y—Z—H + B$: oder termol. B: $+H—X—Y=Z + HB^+ \rightleftharpoons BH^+ + X=Y—Z + B$:. Sie bestimmten dazu die Geschwindigkeit der Racemisierung u. des H—D-Austausches von *Benzyliden-α-p-diphenylylbenzylamin* (vgl. HSÜ, INGOLD u. WILSON, J. chem. Soc. [London] **1935**.

1778) in Ggw. von 0,1 mol. $NaOC_2H_5$ in Dioxan bei 25°. — Die Anfangsgeschwindigkeiten beider Rkk. waren gleich, wie bei Vorliegen des termol. Mechanismus zu erwarten war; bei der Racemisierung ergab sich $k_1^{25°}$ 0,0217 h^{-1}. (J. chem. Soc. [London] **1952**. 426—29. Febr. London, Univ. Coll., William Ramsay u. Ralph Forster Labors.)

KRESSE. D 225

G. H. Booth und R. G. W. Norrish, *Photochemische Untersuchung einiger organischer Stickstoffderivate.* Die photochem. Wrkg. des gefilterten u. ungefilterten Lichtes eines Hg-Bogens wird an Hand der Zersetzungsprodd. untersucht an Hexanlsgg. von NH_3, *n-Hexylamin, Äthylmethylamin, n-Hexansäureamid, Valeramid, Butyramid, Propionamid, Acetamid* u. *Stearinsäureamid,* bei den Amiden, mit Ausnahme des letzten, auch an Dioxanlösungen. Konz., Temp. u. Bestrahlungsdauer wurden variiert. Ergebnisse für *Amine:* Das einzige beständige gasförmige Zersetzungsprod. ist H_2 (ausgenommen etwas CH_4 bei Äthylmethylamin). Die Menge der ungesätt. KW-stoffe in der Lsg. ist der entwickelten H_2-Menge bei kleiner Konz. im allg. proportional. Bei höheren Konzz. ist der Anteil der ersteren geringer, wobei eine unlösl. N-Verb. in entsprechender Menge gefunden wird. Die Größe des Mißverhältnisses von ungesätt. KW-stoffen u. H_2 ist bei konstanter Konz. von Temp. u. Zeit abhängig. Bei den *Amiden* wird CO neben H_2 als Zersetzungsprod. festgestellt. Dabei werden prim. Amine gebildet. Propion- u. Butyramid bilden außerdem Äthylen, Valeramid Propylen u. Hexansäureamid Butylen. Stearamid gibt mehr ungesätt. Zersetzungsprod., als der entwickelten H_2-Menge entspricht. Das Verhältnis von CO zu H_2 steigt mit größerer Bestrahlungswellenlänge. Vff. nehmen bei den Amiden zwei Zersetzungsarten entsprechend dem Beispiel an: $CH_3CH_2 \cdot CH_2CONH_2 + h\nu \rightarrow CH_3CH_2CH_2NH_2 + CO$ u. $CH_3CH_2CH_2CONH_2 + h\nu \rightarrow CH_2 : CH_2 + CH_3CONH_2$. Das Verh. ist analog den Rkk. von Aldehyden u. Ketonen. — Die Photolyse von *Gelatine* scheint ähnlich der der Amide zu sein. (J. chem. Soc. [London] **1952**. 188—98. Jan. Cambridge, Univ., Dep. of Phys. Chem.) RUDOLPH. D 226

Jean D'Ans und Hans Zimmer, *Der Einfluß von Katalysatoren auf den Verlauf der Friesschen Reaktion.* Es werden die gebräuchlichsten Katalysatoren zur Einleitung einer FRIESschen Rk. geprüft. Bei der Umlagerung des α-*Naphthylacetats* (I) in Nitrobenzol beeinflussen die Katalysatoren außer den Ausbeuten auch die Richtung der Isomerisierung, bei Umlagerungen ohne Lösungsm. werden jedoch nur die Ausbeuten beeinflußt. Als wirksame Katalysatoren in Nitrobenzol erweisen sich $AlCl_3$, $TiCl_4$, $SnCl_4$, $C_6H_5SnCl_3$ u. $FeCl_3$, unwirksam sind $HgCl_2$, $Hg(C_6H_5)_2$, $Al(C_6H_5)_3$, $SnBr_4$, CCl_4, $SiCl_4$, $SnCl_2$, $(C_6H_5)_3SnCl$, PCl_3, $CrCl_3$ u. $FeCl_2$; ohne Lösungsm. sind noch $LaBr_3$, $SnCl_2$, $CrCl_3$ u. $HgCl_2$ wirksam. Bei Umlagerungen am *o-Kresylacetat* in Nitrobenzol wird gefunden, daß brauchbare Ausbeuten erst bei einem Verhältnis Katalysator/Ester von 1 : 1 erzielt werden; diese steigen dann bei Erhöhung der Katalysatorkonz. bis auf 5 : 1 nicht mehr an. Daraus wird geschlossen, daß sich zunächst ein 1 : 1-Komplex Ester-Halogenid mit dem Koordinationszentrum am Carbonylsauerstoff bildet. Es wird noch am Beispiel der FRIESschen Rk. des *Zimtsäure-α-naphthylester* (V) gezeigt, daß diese in Nitrobenzol mit Ausnahme von $FeCl_3$ von allen wirksamen Katalysatoren gegeben wird; die 4-Stellung des Cinnamoylrestes des erhaltenen *4-Cinnamoylnaphthol-(1)* (IV) wird durch Identität mit dem Kondensationsprod. von Benzaldehyd u. 4-Acetylnaphthol-(1) (II) bewiesen.

V e r s u c h e: α-*Naphthylacetat* (I), F. 44,5°. — α-*Naphthylcinnamat* (V), Nädelchen, F. 109,5—110,5° (80%ig. A.), aus α-Naphthol u. Zimtsäurechlorid auf dem Wasserbade; nach beendeter HCl-Entw. wurde 1 Tropfen konz. H_2SO_4 zugegeben u. noch einmal kurz erhitzt; 25% (Ausbeute). — *Phenylzinntrichlorid,* $Kp._{13-15}$ 128—130°, $D.^{20}_{20}$ 1,84, durch 3 std. Erhitzen von 44 g $SnCl_4$ u. 24 g $Sn(C_6H_5)_4$ im Bombenrohr auf 220—230°; Reinigung durch mehrmalige Vakuumdest.; 22%. — *Triphenylzinnchlorid,* F. 104° (Methanol mit W.), durch 22 std. Erhitzen im Bombenrohr von 13 g $SnCl_4$ u. 63 g $Sn(C_6H_5)_4$ auf 240°; 76%. — Bei Umlagerungen von I mit Lösungsm. wurde allg. zu $^1/_{20}$ Mol Katalysator in Nitrobenzol $^1/_{30}$ Mol Ester zugefügt (Lsg. = 100 cm^3) u. 5 Std. auf 20,4° gehalten. *4-Acetylnaphthol-(1)* (II), F. 196—197°, ist im Gegensatz zu *2-Acetylnaphthol-(1)* (III), F. 97—98°, schwer in kaltem Bzl. löslich. Für die nachst. Umlagerungen wurden 6,2 g I benutzt; die Zahlen bedeuten die Ausbeuten an III bzw. II; $AlCl_3$ 0,9 g, 1,4 g; $AlBr_3$ 1,2 g, 1,6 g; $AlCl_3 + HgCl_2$ 0,8 g, 1,4 g; $TiCl_4$ 2,5 g, 0,8 g (bei Umlagerungen mit $TiCl_4$ muß wegen der Bldg. eines unlösl. *1 : 1-$TiCl_4$-Nitrobenzol-Komplexes,* F. 71—75°, gerührt werden); $SnCl_4$ 1,05 g, 0,2 g; $C_6H_5SnCl_3$ 0,22 g, Spuren u. $FeCl_3$ 0,8 g, 0,1 g. Die Umlagerungen ohne Lösungsm. wurden nach bekannten Verff. durchgeführt, als Reaktionsprod. der Umlagerung von I wurde nur III erhalten: $HgCl_2$ 34%; $AlCl_3$ 50%, $LaBr_3$ 3,0%; $SnCl_4$ 81%; $C_6H_5SnCl_3$ 8,1%; $SnCl_2$ 4,0%; $CrCl_3$ 32,2%; $FeCl_3$ 24,4%; $FeCl_2$ Spuren. — *4-Cinnamoylnaph-*

thol-(1) (IV), $C_{19}H_{14}O_3$, F. 190,5° (Methanol), durch FRIESsche Umlagerung mittels $AlCl_3$ aus V in Nitrobenzol bei 20,4°; Reaktionszeit 10 Std.; 20%; oder durch Kondensation von 5 g II mit Benzaldehyd in 50%ig. wss.-alkoh. NaOH, 1 Std. auf dem Wasserbade; 6,1 g (Rohausbeute); — IV gibt mit NaOH, KOH u. $Ba(OH)_2$ tiefrote Lsgg., mit H_2SO_4 wird eine tiefrote Färbung erhalten; die $FeCl_3$-Rk. ist negativ. (Chem. Ber. 85. 585—90. 1952. Berlin-Charlottenburg, Techn. Univ., Lehrstuhl für allg. u. techn. Chem.) ZIMMER. D 227

D₂. Präparative organische Chemie. Naturstoffe.

A. De Cat, R. Van Poucke und B. Tavernier, ***Reduktionen mit Nickel-Aluminium-Legierung in alkalischer Lösung.*** Übersicht über die Anwendung von Ni–Al-Legierung zur Red. von Carbonyl-, Äthylenverbb., Naphthalinderivv., Halogen-, Alkoxy-, S- u. SO_2-Verbb., Furanderivv., Hydrazonen, Oximen u. Azoverbindungen. — 28 Literaturhinweise. (Meded. vlaamse chem. Veren. 14. 81—97. Mai/Juni 1952. Mortsal-Antwerpen, N. V. Gevaert Photo-Producten, Diensten voor Scheikundig Onderzoek.) WESLY. 450

Gunther S. Fonken und William S. Johnson, ***Synthese von Ketonen aus Di-tert.-butylmalonat.*** Aus Di-tert.-butylmalonat u. Alkylhalogeniden lassen sich die entsprechenden Di-tert.-butylalkylmalonate darstellen, deren Na-Verbb. mit Säurechloriden kondensiert u. sofort mit p-Toluolsulfosäure (IV) unter Abspaltung von Isobutylen u. CO_2 in die Ketone übergeführt wurden. Dieses Verf. hat vor der Meth. von BOWMAN (C. **1951.** II. 512) den Vorzug, leicht reduzierbare Gruppen nicht anzugreifen. Die Bldg. von *Mesityl-β-phenyläthylketon* u. *o-Tolyl-β-phenyläthylketon* zeigt, daß dieses Verf. durch ster. Hinderung durch große Substituenten nur wenig eingeschränkt wird.

V e r s u c h e (FF. korr.): *Di-tert.-butylmalonat*, Kp.$_{31}$ 112—115°. Malonsäure u. Isobutylen in Ae. werden mit konz. H_2SO_4 in der Druckflasche 6 Std. geschüttelt; bei —10° öffnen, mit NaOH/Eis waschen u. dest.; n_D^{25} 1,4172; 60% (Ausbeute). — *Di-tert.-butylbenzylmalonat* (I), $C_{18}H_{26}O_4$, Kp.$_{0,9}$ 115—117°, durch Überführung vorst. Verb. in die Na-Verb. mit NaH in tert.-Butanol, 1½std. Rühren mit Benzylchlorid bei 65°, Verdünnen mit W. u. Ausäthern; n_D^{25} 1,4682; 80%. — *Di-tert.-butylcyclohexylmalonat* (II), $C_{17}H_{30}O_4$, Kp.$_{0,1}$ 100—102°, analog mit Cyclohexylbromid bei 90° während 63 Std.; n_D^{25} 1,4422; 76,5%. — *Di-tert.-butyl-n-octylmalonat* (III), $C_{19}H_{36}O_4$, Kp.$_{0,5}$ 113 bis 115°, mit n-Octylbromid während 48 Std.; n_D^{25} 1,4284; 71%. — *Phenyl-β-phenyläthylketon*, F. 70—72° (A.). I u. NaH in absol. Bzl. 2,5 Std. auf 80° erwärmt, Benzoylchlorid in Bzl. zugefügt, nach 1std. überschüssiges NaH mit IV zers., filtriert, eingedampft, Rückstand mit IV in Eisessig +2% Essigsäureanhydrid 1 Std. gekocht u. auf Eis gegossen; die Lsg. wird neutralisiert u. der Nd. abfiltriert; 80%. *Semicarbazon*, F. 144—144,8°. *2.4-Dinitrophenylhydrazon*, $C_{21}H_{18}O_4N_4$, F. 186,6—187,2°. — *p-Nitrophenyl-β-phenyläthylketon*, $C_{15}H_{13}O_3N$, F. 74,5—75° (A.), analog aus I u. p-Nitrobenzoylchlorid; 81%. *2.4-Dinitrophenylhydrazon*, $C_{21}H_{17}O_6N_5$, F. 235,9—236,7° (Bzl.). — *o-Nitrophenyl-β-phenyläthylketon*, $C_{15}H_{13}O_3N$, Kp.$_{0,5}$ 163,5—166°, aus I u. o-Nitrobenzoylchlorid, anschließend chromatograph. gereinigt; 71%. — *Styryl-β-phenyläthylketon*, F. 52,5 bis 53,8° (PAe.), aus I u. Cinnamoylchlorid; 79%. — *n-Heptyl-n-nonylketon*, F. 40,8—41,6° (CH_3OH), aus III u. Capryloylchlorid; 65%. *5-Heptyl-5-nonylhydantoin*, $C_{19}H_{36}O_2N_2$, F. 116,5—117,2°, Nadeln aus CH_3OH. — *Phenylcyclohexylmethylketon*, aus II u. Benzoylchlorid; isoliert als *2.4-Dinitrophenylhydrazon*, $C_{20}H_{22}O_4N_4$, F. 148,3—148,6° (Bzl./PAe.); 56%. — *o-Tolyl-β-phenyläthylketon*, $C_{16}H_{16}O$, Kp.$_{0,05}$ 125—130°, aus I u. o-Toluylchlorid; n_D^{25} 1,5720; 70%. — *o-Tolylcyclohexylmethylketon*, $C_{15}H_{20}O$, Kp.$_{0,04}$ 109,5 bis 110°, aus II u. o-Toluylchlorid; n_D^{25} 1,5278; 56%. — *Di-tert.-butylbenzylmesitoylmalonat*, $C_{28}H_{36}O_5$, F. 106,8—107,6° (PAe.), wie oben aus I, NaH u. Mesitoylchlorid durch 20std. Erhitzen auf 80° in Bzl.; das Reaktionsgemisch wird an Al_2O_3 chromatographiert, mit PAe. entwickelt u. das Reaktionsprod. mit Chlf. eluiert; 26%. — Daraus mit Propionsäure durch 10std. Kochen mit einer Spur IV *Mesityl-β-phenyläthylketon*, $C_{18}H_{20}O$, Kp.$_{0,05}$ 140—141°; n_D^{25} 1,5547; 84%. (J. Amer. chem. Soc. 74. 831—33. 5/2. 1952. Madison, Wis., Univ., Labor. of Organ. Chem.) MACHOLDT. 450

E. C. Kooyman, ***1.1-Dichlordiene-(1.3).*** **1. Mitt.** ***Darstellung von 1.1-Dichlorbutadien und von 1.1-Dichlor-n-hexadien.*** Vf. stellt durch Pyrolyse von 1.1.1.3-Tetrachlorbutan (I) bzw. 1.1.1.3-Tetrachlorhexan (III) bei 450—460° *1.1-Dichlorbutadien-(1.3)* (II) bzw. *1.1-Dichlorhexadien-(1.3)* (IV) dar. II polymerisiert beim Stehen ähnlich wie IV, nur wesentlich schneller, zu einem viscosen Öl, das schließlich eine dunkelrote M. bildet, die HCl verliert; beim Polymerisieren in einer K-Palmitatemulsion in Ggw. von K-Persulfat wird eine gummiartige elast. M. erhalten, die HCl abgibt, dabei dunkelrot u. schließlich schwarz wird. — II u. IV reagieren mit ca. 1 Mol Br_2, jedoch nicht mit Maleinsäureanhydrid oder SO_2.

Versuche (mit **S. Belgraver** u. **J. P. Bronchel**): *1.1.1.3-Tetrachlorbutan* (I), $C_4H_6Cl_4$, Kp.$_{15}$ 60,5°, durch 5—6std. Erhitzen von ca. 41 Mol CCl_4, 0,4 Mol Benzoylperoxyd (V) u. einer 17 Mol Propen enthaltenden 28%ig. Propen/Propan-Mischung im Stahlautoklaven auf 90° bei 10 at unter Rühren; D.$^{20}_4$ 1,3864, n_D^{20} 1,4794, Mol.-Refr. $[MR]_D$ 40,13; 55% (Ausbeute). — *1.1.1.3-Tetrachlorhexan* (III), $C_6H_{10}Cl_4$, Kp.$_9$ 85 bis 87°, durch 5std. Erhitzen von 1 Mol n-Penten, 3,1 Mol CCl_4 u. 0,012 Mol V wie vorst. auf 90—95°; D.$^{20}_4$ 1,2832, n_D^{20} 1,4788, $[MR]_D$ 49,50; 59%. — *1.1-Dichlorbutadien-(1.3)* (II), $C_4H_4Cl_2$, Kp.$_{90}$ 42—43°, beim Leiten von I durch ein auf 450—460° erhitztes Pyrexrohr (1½ Min. Kontaktzeit) u. Sammeln in einer Kühlfalle, die wenig Hydrochinon enthält; 40%, neben wenig *Trichlorbuten*, oder beim 5std. Erhitzen von ½ Mol I, 1,3 Mol $Ca(OH)_2$ u. W. unter N_2 in Ggw. von wenig 2.6-Di-tert.-butyl-4-methylphenol im Stahlautoklaven unter Rühren bei 105°, Neutralisieren mit verd. HCl u. Extrahieren mit Pentan; 13%; Öl, D.$^{20}_4$ 1,1831, n_D^{20} 1,5021—1,5022, $[MR]_D$ 30,69; UV-Absorptionsmaximum 2430 Å. — *1.1-Dichlorhexadien-(1.3)* (IV), $C_6H_8Cl_2$, Kp.$_{12}$ 51—53°, durch Pyrolyse von III wie vorst.; D.$^{20}_4$ 1,117, n_D^{20} 1,5011, $[MR]_D$ 39,83; UV-Absorptionsmaximum 2465 Å; 33%. (Recueil Trav. chim. Pays-Bas **70**. 684—88. Sept./Okt. 1951. Amsterdam, Koninklijke/Shell-Labor.) REISNER. 520

G. A. R. Brandt, H. J. Emeléus und R. N. Haszeldine, *Organometallische und organometalloide Fluorverbindungen.* 3. Mitt. *Trifluormethylderivate des Schwefels.* (2. vgl. C. **1950**. II. 523.) Die Umsetzung von CF_3J mit S bei oberhalb 200° führt je nach Temp. u. Gefäßmaterial zu verschied. Produkten. Wenn die Rk. in einem Autoklaven aus rostfreiem Stahl bei 260° in 54 Std. durchgeführt wird, entsteht mit 70%ig. Ausbeute *Bistrifluormethyldisulfid* (I), CF_3—S—S—CF_3, Kp. 34,6°; latente Verdampfungswärme 6880 cal/Mol; TROUTONsche Konstante 22,4; Dampfdruckgleichung log p (mm) = 7,765—1503,1/T. In Glasrohren bilden sich bei 205—210° in 48 Std. nur 50% I. Als weitere Reaktionsprodd. treten *CS_2*, *CF_3—S_3—CF_3*, *CF_3—S_4—CF_3* u. *Thiocarbonylfluorid* auf, letzteres nur bei der Umsetzung in Glasgefäßen. I wird durch W. u. verd. Säuren bei Raumtemp. nicht zers., wohl aber von 3n HCl im CARIUS-Rohr bei oberhalb 50° unter Bldg. von Fluoridionen, S, CO_2 u. Carbonylfluorid. Von H_2 wird I bei 300° u. Abwesenheit von Katalysatoren nur wenig verändert; in Ggw. von RANEY-Ni tritt bei 150° Zers. zu Metallfluorid u. Sulfid, aber nicht zu Fluoroform ein. — Beim Überleiten von I über CoF_3 bei 150° entstehen 12% *Trifluormethylschwefelpentafluorid*, CF_3—SF_5. — Mit Cl_2 reagiert I erst bei Tempp. zwischen 160 u. 210° im Einschmelzrohr unter Bldg. von 30% *CF_3Cl*; bei 240—260° erhält man in 72 Std. 50% CF_3Cl neben Schwefelchloriden; bei 330—360° entstehen in 5 Tagen 83% CF_3Cl. — Die Hydrolyse von I mit verd. NaOH spaltet die S—S-Bindung u. führt zu Fluorid, Carbonat, Sulfid u. Schwefel. Ein Zerfallsmechanismus über Trifluormethylmercaptan (CF_3-SH), Trifluormethansulfensäure (CF_3-SOH) u. CF_3OH als Zwischenprodd. wird erörtert. — Wenn I im Quarzrohr 13 Tage lang mit UV-Licht bestrahlt wird, bilden sich 39% *Bistrifluormethylsulfid*, CF_3—S—CF_3, Kp. —22°; latente Verdampfungswärme 5650 cal/Mol; TROUTONsche Konstante 22,5; Dampfdruckgleichung log p (mm) = 7,816—1239,1/T; gegen 15%ig. NaOH noch bis 150° prakt. beständig. Diese Photolyse, die in Pyrexglas nicht eintritt, verläuft unter gleichzeitiger S-Abscheidung vermutlich über freie CF_3-S-Radikale, die auch zur Bldg. von Polysulfiden Anlaß geben können. — Bei 4tägiger UV-Bestrahlung von I in Ggw. von Hg entstehen 53% *Quecksilber-bis-[trifluormethyl]-mercaptid*, $Hg(S-CF_3)_2$; sublimiert unter Atmosphärendruck bei 65° zu durchsichtigen Tafeln, F. 37,5°; lösl. in W. u. in organ. Lösungsmitteln; wird durch verd. HNO_3 nicht zersetzt. (J. chem. Soc. [London] **1952**. 2198—2205. Juni. Cambridge, Univ., Chem. Labor.) FORCHE. 600

William E. Truce und Eric Wellisch, *Kondensationen vom Michaeltyp mit Methylvinylsulfon.* Methylvinylsulfon (I) reagiert mit Verbb. mit akt. Methylengruppen als H-Donatoren in Ggw. bas. Katalysatoren unter Ersatz der H-Atome durch die β-Methansulfonyläthylgruppe. In Analogie zur Cyanäthylierung mit Acrylonitril wird diese Rk. als *Sulfonäthylierung* bezeichnet. Die Struktur der erhaltenen Verbb. wurde durch unabhängige Synth. durch Umsetzung der H-Donatoren mit β-Chloräthylmethylsulfid (III) u. Oxydation der entstandenen Sulfide ohne Isolierung zu den Sulfonen bewiesen. Malonsäurediäthylester, Acetessigsäureäthylester, Cyanessigsäureäthylester, Benzylcyanid, Acetylaceton (II) u. Bis-[methansulfonyl]-methan (IV) wurden mit I disulfonäthyliert, Phenylmalonsäurediäthylester, Phenylaceton, Phenacyl-p-tolylsulfon, Bis-[benzolsulfonyl]-methan u. Bromoform lieferten die monosulfonäthylierten Prodd., dagegen reagierten Phenylessigsäureäthylester, Acetophenon u. Benzyl-p-tolylsulfon nicht mit I. Das aus I u. II erhaltene Prod. spaltete unter den alkal. Bedingungen zum Teil in *1.1-Bis-[β-methansulfonyläthyl]-aceton*, eine analoge Spaltung wurde auch bei der Alkylierung von II mit III u. beim Vers. der Darst. von Bis-[methansulfonyl]-bis-[β-methansulfonyläthyl]-methan durch Alkylierung von IV beobachtet.

Versuche: *Methylvinylsulfon* (I), $Kp._8$ 95—97°, aus III; 76,2% (Ausbeute). — *Phenacyl-p-tolylsulfon*, F. 110° (A., Cellosolve), aus Na-p-Toluolsulfinat (V) u. Phenacylchlorid; 50%. — *Bis-[benzolsulfonyl]-methan*, F. 122°, aus Thiophenol u. Dijodmethan u. nachfolgende Oxydation; 70%. — *Benzyl-p-tolylsulfon*, F. 144°, aus V u. Benzylchlorid; 65%. — Die Sulfonäthylierungen (Meth. **A**) wurden durch langsame Zugabe von I zu der Lsg. des H-Donators u. Katalysators (Triton B) unter Rühren während 4—24 Std. beim Kp. durchgeführt; nach Neutralisation mit verd. HCl wurde in Eis-W. gegossen u. das ausgefallene Prod. abfiltriert. Die Vergleichspräpp. (Meth. **B**) wurden aus den H-Donatoren u. III mit nachfolgender Oxydation mit H_2O_2 dargestellt. — *Bis-[β-methansulfonyläthyl]-malonsäurediäthylester*, F. 84,5—85° (W., A.), nach **A** während 7 Std. in A.; 64,5%; nach **B** in A. in Ggw. von C_2H_5ONa; 8%. — *[β-Methansulfonyläthyl]-phenylmalonsäurediäthylester*, F. 74—75° (W., A.), **A**, 12 Std., A.; 58% bei 30%ig. Umsatz; **B**, A. in Ggw. von C_2H_5ONa; 3%. — *α.α-Bis-[β-methansulfonyläthyl]-acetessigsäureäthylester*, F. 122,5° (A., W.), **A**, 4 Std., A.; 70,2%; **B**, tert.-Butanol in Ggw. von K-tert.-Butylat; 63%. — *Bis-[β-methansulfonyläthyl]-cyanessigsäureäthylester*, F. 159—159,5° (A.-Cellosolve, A., W.), **A**, 4 Std., A.; 81,5%; **B**, A. in Ggw. von C_2H_5ONa; 76%. — *α.α-Bis-[β-methansulfonyläthyl]-benzylcyanid*, F. 189° (A., W.), **A**, 24 Std., A.-tert.-Butanol; 68% bei 36%ig. Umsatz; **B**, Ae. in Ggw. von $NaNH_2$; 34%. — *3.3-Bis-[β-methansulfonyläthyl]-acetylaceton*, F. 159—160° (A., W.), u. *1.1-Bis-[β-methansulfonyläthyl]-aceton*, F. 111° (A.), nach **A** aus I u. II während 10 Std. in A.; 36 bzw. 24%; nach **B** aus II u. III in A. in Ggw. von C_2H_5ONa; 1,2 bzw. < 1%. — *1-β-Methansulfonyläthyl-1-phenylaceton*, F. 76° (W.-Cellosolve), **A**, 9 Std., A.; 61% bei 30%ig. Umsatz; **B**, tert.-Butanol in Ggw. von K-tert.-Butylat; 46%. — *ω-Methansulfonyl-α-p-toluolsulfonyl-n-butyrophenon*, F. 185—186° (A., Cellosolve), **A**, 3 Std. in Cellosolve oder 5 Std. in A.; 61,4%; **B**, A. in Ggw. von C_2H_5ONa; 34%. — *β-Methansulfonyläthyl-bis-[benzolsulfonyl]-methan*, F. 152—153° (A., W.), **A**, 20 Std., A.; 81,6%; **B**, A. in Ggw. von C_2H_5ONa; 58%. — *Bis-[methansulfonyl]-bis-[β-methansulfonyläthyl]-methan*, F. 189° (A., W.), **A**, 5 Std., A.; 84%. — *1.1.1-Tribrom-3-methansulfonylpropan*, F. 124° (PAe.), **A**, 15 Std., ohne Lösungsm.; 74%. — *Methyl-n-propylsulfon*, $Kp._{10}$ 128—129°, a) durch Red. vorst. Verb. in A. mit Zn-Staub + $CuSO_4$ (30 Min. Kochen); n_D^{20} 1,4493; b) durch 6std. Kochen von n-Propyljodid mit Na-Methansulfinat in A.; n_D^{20} 1,4503; 53,4%. (J. Amer. chem. Soc. **74**. 2881—84. 5/6. 1952. Lafayette, Ind., Purdue Univ., Dep. of Chem.) SPAETH. 600

D. W. Kaiser und **J. T. Thurston**, *Chemie des Dicyandiamids*. 1. Mitt. *Carbalkoxycyanamide und -dicyandiamide. Carbäthoxycyanamid* (I) zers. sich zu *Dicarbäthoxycyanamid* (II) u. *Carbäthoxydicyandiamid* (III) nach der Gleichung 3 $C_2H_5OCONHCN$ (I) → $[C_2H_5OCO]_2NCN$ (II) + $C_2H_5OCONHC(NH_2){=}NCN$ (III). Bei der Bldg. von III kann Cyanamid (V) nicht Intermediärprod. sein, da sich aus ihm u. I kein III bildet, sondern anscheinend nur ein **V**-Salz von I. Auch aus Carbo-2-äthylhexoxycyanamid (IV) bildet sich analog *Carbo-2-äthylhexoxydicyandiamid*. Bei dem von PINCK u. BLAIR (J. Amer. chem. Soc. **49**. [1927.] 509) beschriebenen Prod. handelt es sich wahrscheinlich nicht um III, da das nach diesen Autoren dargestellte Prod. andere Brechungsindices zeigte. Die Konst. u. der Bildungsmechanismus der Carbalkoxydicyandiamide werden diskutiert. Von den verschied. möglichen tautomeren Formen dürfte $H_2NC[NHCOOR]{=}NCN$ vorherrschend sein. Sie steht in Übereinstimmung mit der von HUGHES (J. Amer. chem. Soc. **63**. [1940.] 1258) diskutierten Formel für Dicyandiamid (2-Cyanguanidin) (VI). Aus VI u. Chlorkohlensäureestern wurden weitere *Carbalkoxydicyandiamide* hergestellt, wobei die Anwesenheit organ. Lösungsmittel nötig ist. Nicht alle Carbalkoxydicyandiamide können in die entsprechenden Guanylharnstoffe übergeführt werden, da die Carbalkoxygruppe hydrolysiert wird. Beim Vers. der Umkristallisation von Carbophenoxydicyandiamid aus wss. Methanol entstanden *Carbomethoxydicyandiamid* u. *Diphenylcarbonat*.

Versuche: *Carbäthoxycyanamid* (I). Chlorkohlensäureäthylester (VIII) wurde unter Rühren zu einer Lsg. von V u. NaOH in W. unterhalb 20° hinzugefügt, 30 Min. weitergerührt, mit Chlf. versetzt u. mit konz. HCl angesäuert; aus der Chloroformschicht I, hellgelbes Öl von äther. Geruch; 88,5% (Ausbeute); die wss. Lsg. reagiert stark sauer. — *Carbäthoxydicyandiamid* (III), $C_5H_8O_2N_4$, a) durch 1monatiges Stehen von I; 77%; b) aus VI in Aceton + KOH unterhalb 10° mit VIII, Eingießen in Eiswasser, Ansäuern mit Essigsäure u. Abfiltrieren; 73%; aus W. feine Nadeln, die bei langsamem Erhitzen bis 360° nicht schm., sich aber beim Eintauchen bei 225° zers.; Brechungsindices $\alpha = 1{,}395 \pm 0{,}003$; $\beta = 1{,}633 \pm 0{,}003$; fast unlösl. in Ae., saure Rk. in W., lösl.

in Alkali oder NH_3, Wiederausfällen durch Säure; in Ggw. von NH_3 unlösl. Ag-Salz. — *Dicarbäthoxycyanamid* (II), aus dem Filtrat von III nach a) durch Eingießen in W., Zugabe von $NaHCO_3$ u. Extrahieren des schweren Öls mit Ae.; wird unter Kühlung fest. Hydrolyse gab *asymm.-Dicarbäthoxyharnstoff*, F. 86—87°. — Durch 4std. Kochen von I u. V in A. entsteht das V-*Salz von* I, Zers. bei 187—191°. — Aus Na-VI u. VIII bildet sich nach PINCK u. BLAIR (l. c.) ein Prod. mit den Brechungsindices $\alpha = 1{,}430 \pm 0{,}003$, $\beta = 1{,}543 \pm 0{,}003$. — *Carbo-2-äthylhexoxycyanamid* (IV), aus V in W. mit Chlorkohlensäure-2-äthylhexylester (IX; $Kp._{30}$ 106—107°) unter Rühren u. Kühlen auf 10° unter tropfenweisem Zusatz von NaOH in W. bis zur alkal. Rk., Ansäuern mit kleinem Überschuß HCl u. Extraktion mit Chlf.; Öl; ~100 %. — *Carbo-2-äthylhexoxydicyandiamid*, $C_{11}H_{20}$·O_2N_4, a) durch Aufnehmen des nach 19tägigem Stehen von IV erhaltenen teigigen Gemisches in heißem Essigester u. langsame Kristallisation (die zurückbleibende viscose Fl., wahrscheinlich *Bis-[carbo-2-äthylhexoxy]-cyanamid*, wurde nicht weiter untersucht); aus Äthylacetat Platten, Zers. bei 139—140° in vorgeheiztem Bad, bei langsamem Erhitzen Zers. bei 131°; 77 %; b) durch Versetzen einer Lsg. von VI u. IX in Aceton mit NaOH, Ansäuern mit Essigsäure u. Abfiltrieren; 58 %. — *Carbobenzyloxydicyandiamid*, $C_{10}H_{10}O_2N_4$, Zers. bei 184—185°, aus VI u. NaOH in Aceton bei 0—5° mit Chlorkohlensäurebenzylester, Verdünnen mit W. u. Ansäuern mit Essigsäure; aus Methanol breite Platten; 70,5 %. — *Carbocyclohexoxydicyandiamid* (VII), $C_9H_{14}O_2N_4$, Zers. bei 229—230°, aus Chlorkohlensäurecyclohexylester wie vorst.; aus Methanol mit 15 % Cellosolve große Platten; 47 %. — *Carbophenoxydicyandiamid*, durch Lösen von 2 Mol 85 %ig. KOH u. 1,5 Mol VI in wss. Aceton u. Umsetzen mit 1 Mol Chlorkohlensäurephenylester in Aceton, Versetzen mit W. bis zur milchigen Lsg. u. Ansäuern mit Essigsäure als teigiger Nd., der sich nach Trocknen über Nacht u. Lösen in heißem Methanol mit 10 % Cellosolve zu *Diphenylcarbonat* (F. 79—80°) u. *Carbomethoxydicyandiamid* ($C_4H_6O_2N_4$, ohne scharfen Zersetzungspunkt bei allmählichem Erhitzen, beim Eintauchen in ein Ölbad von 230° schnelle Zers.) zers.; aus letzterem mit konz. HCl, Lösen der M. in W. u. Erhitzen *Carbomethoxyguanylharnstoffhydrochlorid*, Zers. bei 180—181° (A.). — *Carbäthoxyguanylharnstoffhydrochlorid*, $C_5H_{10}O_3N_4$·HCl, Zers. bei 171°, durch Hydrolyse von III mit HCl; 85,5 %. *Freie Base*, $C_5H_{10}O_3N_4$, Zers. bei 165°, feine Nadeln. — *Ammelid*, $C_3H_4O_2N_4$, durch Kochen vorst. Verb. mit NH_4OH u. W.; 94 %. — Carbocyclohexoxyguanylharnstoff ließ sich nicht durch Hydrolyse von VII mit HCl erhalten, da Abspaltung der Carbocyclohexoxygruppe u. Bldg. von *Guanylharnstoffhydrochlorid* eintrat. Durch Umsetzung von VII mit p-Toluolsulfonsäuremonohydrat entstand nur *Guanylharnstoff-p-toluolsulfonat*. (J. org. Chemistry **17**. 185—92. Febr. 1952. Stamford, Conn., Amer. Cyanamid Co., Res. Div., Stamford Res. Labors.) ROSDORFF. 890

Morris Danzig und Harry P. Schultz, *Darstellung von Spermidintrihydrochlorid (1.8-Diamino-4-azaoctantrihydrochlorid)*. Vff. stellen durch Aminolyse von γ-Brombutyronitril *γ-Aminobutyronitril* dar. Dieses unterwerfen sie einer Cyanäthylierung zu *N-[2-Cyanäthyl]-γ-aminobutyronitril*, aus dem sie durch katalyt. Hydrierung in alkoh. HCl *Spermidintrihydrochlorid* gewinnen.

Versuche: *γ-Aminobutyronitril*, $Kp._{10}$ 80—82°, durch 48std. Stehen von γ-Brombutyronitril u. fl. NH_3 in einer Stahlbombe bei Raumtemp. unter gelegentlichem Schütteln, Gießen in 50 %ig. NaOH u. Ausäthern; 42 % (Ausbeute). *Hydrochlorid*, F. 143—145°. — *N-[2-Cyanäthyl]-γ-aminobutyronitrilhydrochlorid*, $C_7H_{12}N_3Cl$, F. 133 bis 134°, durch langsames Zutropfen von Acrylonitril zu vorst. Verb. in Ae. bei 30°, 14std. Rühren bei Raumtemp., 1std. Erwärmen auf dem Wasserbad u. Zufügen von alkoh. HCl; 88,5 %. — *Spermidin, Trihydrochlorid*, $C_7H_{22}N_3Cl_3$, F. 256—258° (konz. HCl + absol. A.), durch 2std. Hydrieren vorst. Verb. in alkoh. HCl bei Ggw. von ADAMS-Katalysator bei 70°/60 lbs./sq. in.; 28,7 %. *Chloroaurat*, F. 219,5—220,5°. *Pikrat*, F. 210—212°. (J. Amer. chem. Soc. **74**. 1836—37. 5/4. 1952. Coral Gables, Fla., Univ. of Miami, Chem. Dep.) LEHWALD. 910

K. Rüfenacht, *Zur Synthese von β-Oxyvalin. Vereinfachte Darstellung der α-Brom-β-methoxyisovaleriansäure*. *α-Brom-β-methoxyisovaleriansäure* (I), welche zur Darst. von *β-Oxyvalin* dient, läßt sich wie folgt durch direkte Anlagerung von CH_3OBr an *β.β*-Dimethylacrylsäure (II) gewinnen (FF. auf KOFLER-Block, korr.): In eine auf 10° gekühlte Mischung von II, CH_3OH u. HgO leitet man mit Hilfe eines Luftstroms Br_2-Dampf (4½ Std.), gibt 2n HCl hinzu, dest. CH_3OH im Vakuum ab, extrahiert den Rückstand mit Ae., schüttelt mit $KHCO_3$-Lsg. aus, säuert diesen Auszug mit HCl an, engt auf 40 cm³ ein u. extrahiert mit Ae.; der Rückstand wird mit PAe. verrieben; F. u. Misch.-F. 76—78°; 75 % (Ausbeute). — *β-Oxyvalin*, aus I nach SCHRAUTH u. GELLER (Ber. dtsch. chem. Ges. **55**. [1922.] 2783), F. 218—220° (Zers.); R_F-Wert (Kollidin–W.) 0,28. (Helv. chim. Acta **35**. 762—64. 2/5. 1952. Basel, Univ., Organ.-chem. Anstalt.)
K. F. MÜLLER. 950

James R. Vaughan jr. und Ruth L. Osato, *Die Darstellung von Peptiden unter Verwendung gemischter Kohlensäure-Carbonsäure-Anhydride.* Gemischte Anhydride aus N-substituierten Aminosäuren oder Peptiden mit Alkylkohlensäuren bilden sich unter Wasserausschluß bei niedriger Temp.; ihre Umsetzung mit Aminosäure- oder Peptidestern oder mit aminosauren Salzen gibt die entsprechenden Peptide oder höheren Peptide mit guten Ausbeuten. Die Wahl der Alkylkohlensäure ist nicht von entscheidender Bedeutung, die Verwendung von *sek.-Butylchlorcarbonat* (I) oder *Isobutylchlorcarbonat* (II) als anhydridbildendes Reagens scheint jedoch gewisse Vorteile gegenüber einfacheren Gliedern der Reihe zu haben, wie an der N-Carbobenzoxy (= Cbo)-glycinanilidausbeute gezeigt wurde. Die günstigsten Reaktionsbedingungen (25—30 Min. bei —5° u. Stehenlassen über Nacht bei Raumtemp.) wurden bei der Darst. von *Cbo-Glycyl-DL-phenylalaninäthylester* unter Verwendung von I ermittelt. Eine Racemisierung opt.-akt. Verbb. wurde bei dieser Meth. nicht beobachtet.

Versuche (FF. auf FISHER-JONES-Block, korr.; $[\alpha]_D^{24}$ in A.): Darst. der Alkylchlorcarbonate durch Eintropfen des entsprechenden Alkohols in mit CO_2-Aceton gekühltes $COCl_2$ (50% Überschuß) ohne Lösungsm. (mit Ausnahme von 3.3.5-Trimethylcyclohexanol, das in Bzl. gelöst wird) u. Stehenlassen über Nacht bei Raumtemperatur. *sek.-Butylchlorcarbonat* (I), Kp. 115—117°, n_D^{24} 1,4037; 50% (Ausbeute). *Carbamat,* $C_5H_{11}O_2N$, F. 85,5—87,5°. — *2-Äthylbutylchlorcarbonat,* Kp.$_{13}$ 67°, n_D^{27} 1,4219; 56%. *Carbamat,* $C_7H_{15}O_2N$, F. 82—83,5°. — *1.3-Dimethylbutylchlorcarbonat,* Kp.$_{11}$ 47—50°, n_D^{25} 1,4142; 71%. *Carbamat,* $C_7H_{15}O_2N$, F. 80,5—81,5°. — *1-Äthylamylchlorcarbonat,* Kp.$_{11}$ 68°, n_D^{25} 1,4215; 33%. *Carbamat,* $C_8H_{17}O_2N$, F. 45—46°. — *1-[2-Methylpropyl]-3-methylbutylchlorcarbonat,* Kp.$_{14}$ 81°, n_D^{15} 1,4231; 31%. *Carbamat,* $C_{10}H_{21}O_2N$, F. 113 bis 113,5°. — *3.3.5-Trimethylcyclohexylchlorcarbonat,* Kp.$_{14}$ 97°, n_D^{25} 1,4508; 81%. *Carbamat,* $C_{10}H_{19}O_2N$, F. 86—87,5°. — *Cbo-Glycinanilid,* durch Zugabe von I zur Lsg. von Cbo-Glycin u. $(C_2H_5)_3N$ in Toluol bei —5°, 25 Min. bei —5° u. dann Zugabe von Anilin, Stehenlassen über Nacht, Waschen des Nd. mit W., verd. wss. NaOH u. verd. HCl; F. 146—147°; 70%. Die Darst. von N-substituierten Peptidestern u. -säuren erfolgt im allg. auf gleiche Weise oder mit II; ihre Isolierung u. Reinigung ist jedoch in den einzelnen Fällen verschieden. *Cbo-Glycyl-DL-phenylalanin* (III), aus A.-W., F. 160 bis 162°; 63%. *Äthylester,* F. 91—92°; 71% (mit I), 64% (mit II). — *Cbo-Glycyl-L-tyrosinäthylester,* F. 125—126,5°, $[\alpha]$ +19,8 ± 0,2° (c = 5); 51 bzw. 68%. — *Cbo-DL-Alanyl-DL-phenylalanin* (IV), aus A.-W., F. 145—146°; 50%. *Äthylester,* F. 110—112°; 41%. — *Cbo-Glycyl-DL-valin,* aus A.-W., F. 127—128° u. 146—147°; 49%. — *Cbo-DL-Valyl-DL-alaninäthylester,* $C_{18}H_{26}O_5N_2$, aus Essigester-PAe., F. 111—113°; 65%. — *Cbo-DL-Valyl-L-leucinäthylester,* $C_{21}H_{32}O_5N_2$, aus Essigester-PAe., F. 103—104°; 68%. — *Cbo-DL-Valyl-DL-phenylalaninäthylester,* $C_{24}H_{30}O_5N_2$, F. 138—140°; 47%. — *Cbo-L-Leucylglycinäthylester,* F. 104—105°, $[\alpha]$ —25,6 ± 0,2° (c = 5); 61 bzw. 53%. — *Cbo-L-Leucyl-L-leucinmethylester,* F. 94—96°, $[\alpha]$ —35,8 ± 0,2° (c = 5); 64 bzw. 71%. — *Cbo-L-Leucyl-L-tyrosinäthylester,* F. 116—118°, $[\alpha]$ —14,9 ± 0,1° (c = 10); 63%. — *Di-cbo-L-lysylglycinäthylester,* F. 92—93°, $[\alpha]$ —12,0 ± 0,3° (c = 4); 64%. — *Cbo-L-Phenylalanyl-L-tyrosinäthylester,* F. 159—160°, $[\alpha]$ —9,4 ± 0,1° (c = 10); 46%. — *Cbo-Glycyl-DL-phenylalanylglycinäthylester,* aus III u. Glycinäthylester, F. 132—134°; 76 bzw. 83%. — *Cbo-Glycyl-DL-phenylalanylglycylglycinäthylester,* $C_{25}H_{30}O_7N_4$, aus III u. Glycylglycinäthylester, aus 50%ig. A., F. 172—174°; 65%. — *Cbo-DL-Alanyl-DL-phenylalanyl-DL-valyl-L-leucinäthylester,* $C_{33}H_{46}O_7N_4$, aus IV u. DL-Valyl-L-leucinäthylester, F. 180—190°; 36%. — *Cbo-Glycyl-DL-phenylalanyl-DL-phenylalanylglycylglycinäthylester,* $C_{34}H_{39}O_8N_5$, aus III u. DL-Phenylalanylglycylglycinäthylester, F. 180 bis 184°; 59%. — *Phthaloylglycyl-L-leucinäthylester,* F. 144—145°, $[\alpha]$ —28,5 ± 0,5° (c = 2); 67 bzw. 57%. — *Phthaloylglycyl-L-tyrosinäthylester,* F. 164—165°, $[\alpha]$ +46 bzw. +44,5 ± 0,5° (c = 2); 58%. — *Phthaloyl-DL-leucyl-DL-phenylalaninäthylester,* $C_{25}H_{28}O_5N_2$, F. 107—110°; 55%. — *Phthaloyl-DL-phenylalanylglycylglycinäthylester,* $C_{23}H_{23}O_6N_3$, F. 162—163°; 67%. (J. Amer. chem. Soc. **74.** 676—78. 5/2. 1952. Stamford, Conn., Amer. Cyanamid Co., Chemotherapy Div., Res. Labors.) K. F. MÜLLER. 950

Henry Albers, Werner Künzel und Wilhelm Schuler, *Zur Kenntnis der acylierten Arsenwasserstoff- und Phosphorwasserstoffderivate und der Isoarsile.* Am Beispiel des *Dimethylarsins* (III) werden verschied. Acylierungsmittel, wie Acetylbromid, Trichloracetylchlorid, Borfluorid-Acetamid-Komplex u. Keten (II) zur Synth. von Säurearsiden untersucht u. als wirksam gefunden; die besten Ausbeuten werden mit II erhalten, weil hierbei eine durch HBr katalysierte Ketten-Rk., die nach $(CH_3)_2AsH$ + $BrCOCH_3$ → $(CH_3)_2As \cdot COCH_3$ + HBr; $(CH_3)_2AsH$ + HBr → $(CH_3)_2AsBr$ + H_2 u. $(CH_3)_2AsBr$ + $HAs(CH_3)_2$ → $(CH_3)_2As \cdot As(CH_3)_2$ + HBr zur Zers. des entstandenen *As.As-Dimethylacetarsids* (I) führt, nicht auftreten kann. Durch Zugabe von $BaCO_3$ zum Reaktionsgemisch gelingt es auch nur unvollkommen, den gebildeten HBr zu binden. Thioessigsäure u. Monohalogenacetylhalogenide sind als Acetylierungsmittel unwirksam. II ist zur Acetylierung von *Diäthylphosphin* (IV) zu *P.P-Diäthylacetophosphid* ebenfalls gut geeignet. Dagegen lassen sich PH_3 u. AsH_3 mit keinem der vorst. Reagentien acetylieren. Verss., die den Nitrilen analogen Arsile zu synthetisieren, gelangen nicht, dagegen wurde ein einem Isonitril entsprechender Körper der Struktur $[CH_3As{:}CHBr]_2 \cdot HBr$ gefunden. Die Struktur dieses *As-Methylformarsidbromidhydrobromids* geht aus der Bldg. von Ameisensäure beim Verseifen hervor. Vff. zeigen weiter, daß die Synth. von Arsenanalogen des Thioharnstoffs durch Umsetzung von III mit CS_2 leicht möglich ist. Das bei dieser Rk. zunächst gebildete Additionsprod. zerfällt beim Erhitzen nach $[(CH_3)_2As \cdot CS_2]^- [H_2As(CH_3)_2]^+ \rightarrow [(CH_3)_2As]_2CS + H_2S$. Durch Umsatz von Arsinen mit Phosgen gelingt es nicht, Arsenanaloge des Harnstoffs herzustellen.

Versuche (Alle As-organ. Rkk. unter H_2 oder N_2 in einer Spezialapp.): *As.As-Dimethylacetarsid* (I), C_4H_9OAs, Kp.$_{14}$ 39,5°, aus Dimethylarsin (III; Kp. 36°) u. Acetylbromid in Ggw. von $BaCO_3$ in Ae., nach 4std. Sieden wird vom gebildeten $BaBr_2$ abfiltriert u. I herausfraktioniert; es hinterbleibt ein Rückstand, der wahrscheinlich die Struktur eines kristallätherhaltigen Arsoniumbromids $[(CH_3)_2(CH_3CO)_3As_2]Br \cdot 2(C_2H_5)O$ besitzt. I entsprechend aus II u. Acetamid-Borfluorid; 10—15% (Ausbeute . I durch Acetylieren von Dimethylarsin-MgBr — hergestellt aus III u. Äthyl-MgBr —, dieses wurde nach Abdest. des Ae. u. überschüssigen III mit CH_3COCl versetzt, nach beendeter Rk. wurde mit W. zers. u. wie vorst. aufgearbeitet; 15—20%. I aus III u. Keten (II) (hergestellt in einer besonderen II-Entwicklungsapp.); beim Einleiten von II in die äther. III-Lsg. fand heftige Rk. statt; Reaktionszeit 1—1½ Std., danach wurde mehrfach fraktioniert; gute Ausbeuten. — *As.As-Dimethyltrichloracetarsid*, $C_4H_6OCl_3As$, F. 32—35°, Kp.$_{14}$ 68°, aus III, das mit Trichloracetylchlorid in Ae. in Ggw. von $CaCO_3$ umgesetzt wurde, danach wird fraktioniert; als Vorlauf geht neben III Dimethylarsinchlorid, C_2H_6ClAs, Kp. 105—106°, über. — *Diäthylphosphin* (IV), Kp. 85°, aus Phosphoniumbromid (aus Phosphorwasserstoff u. HBr unter Kühlung mit fl. Luft) mit C_2H_5Br u. ZnO im Rohr bei 150°; 20%. — *P.P-Diäthylacetophosphid*, $C_6H_{13}OP$, Kp.$_1$ 180—200°, aus 30 g IV u. Acetylbromid in Ggw. von $BaCO_3$ in Ae., nach 2 Std. Sieden wurde filtriert u. fraktioniert; 5 g; die Verb. ist leicht verseif- u. oxydierbar. — *As-Methylformarsidbromidhydrobromid*, $C_4H_9Br_3As_2$, Kp.$_1$ 65°, aus Methylarsin (Kp. 2°; durch Red. von Methylarsonsäure mit nascierendem H_2) u. Bromoform in Pyridin; unter Pyridinhydrobromidausscheidung setzte die Rk. ein; zum Aufarbeiten wird im Vakuum fraktioniert; eine Mol.-Gew.-Best. konnte wegen der Unlöslichkeit des Prod. weder in Bzl. noch in Campher durchgeführt werden. — *Tetramethylthiocarbarsid*, $C_5H_{12}SAs$, Kp.$_{12}$ 105—107°, aus III u. CS_2; es fand keine sichtbare Rk. statt; nach mehreren Tagen wurde dest. u. unter H_2S-Entw. das Prod. erhalten. (Chem. Ber. **85**. 239—49. 1952. Danzig, TH, Organ.-chem. Inst. ZIMMER. 980

Kurt Kraft und Ferdinand Dengel, *Über die Synthese einiger aromatischer Fluorverbindungen.* 2. Mitt. (1. vgl. C. **1951**. II. 2032.) Zwecks Unters. ihrer antithyreoidalen u. antibakteriellen Wrkg. wurden einige aromat. Fluorverbb. der Phenyläthylamin- u. Sulfonamidreihe dargestellt. Die Verseifung von *3-Fluor-4-methoxybenzylcyanid* (I) mit NaOH liefert *3-Fluor-4-methoxyphenylessigsäure*, welche beim Erhitzen mit 48%ig. HBr in *3-Fluor-4-oxyphenylessigsäure* (II) übergeht. Die Verseifung der Nitrilgruppe u. die Abspaltung der Methoxygruppe von I lassen sich auch in einem Arbeitsgang durch Erhitzen mit Eisessig u. konz. HBr durchführen. — Das aus Fluorbenzol (III) u. Propionylchlorid nach FRIEDEL-CRAFTS leicht erhältliche *[p-Fluorphenyl]-äthylketon* wurde in Eisessig mit Br_2 in *[p-Fluorphenyl]-[α-bromäthyl]-keton* übergeführt, welches mit Methylamin zu *[p-Fluorphenyl]-[α-methylaminoäthyl]-keton* umgesetzt wurde. Letzteres wurde zu *1-[p-Fluorphenyl]-2-methylaminopropanol-(1)* (*rac. p-Fluorephedrin*) hydriert. — Zur Darst. der Sulfonamide wurden die sauren Sulfate von o- bzw. m-Fluoranilin bei 190° „verbacken", die entstandenen *3-* bzw. *2-Fluor-4-aminobenzolsulfonsäuren* in Form ihrer Na-Salze acetyliert u. mit PCl_5 in die Sulfochloride übergeführt, aus welchen mit NH_4OH die 4-Acetamidobenzolsulfamide erhalten wurden. Aus diesen wurden durch Abspaltung der Acetylgruppe mittels 20%ig. HCl *3-Fluor-* bzw. *2-Fluor-4-aminobenzolsulfamid* dargestellt, die in kaltem W. nur wenig lösl. sind. Eine in W. leichtlösl. Verb. wurde durch Umsetzung der 2-Fluor-4-aminoverb. mit 2 Mol oxymethansulfosaurem Na erhalten, wobei die Kondensation sowohl an der Kernaminogruppe als auch an der Sulfonamidogruppe vonstatten ging u. ein Dinatriumsalz der Formel **IV** entstand. Die freie Disulfonsäure ist nicht beständig. — Durch Umsetzung von 3-Fluor-4-methoxybenzylchlorid (V) (vgl. l. c.) mit Diäthylamin wurde *Diäthyl-[3-fluor-4-meth-*

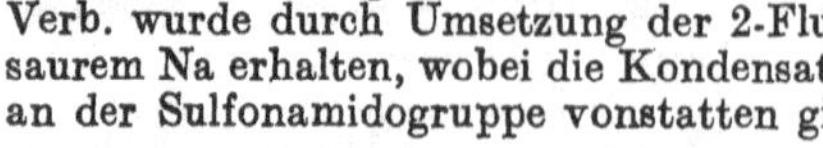

IV

oxybenzyl]-amin gewonnen. — *5-Fluorsalicylsäure* wurde aus dem Na-Salz des p-Fluorphenols (VI) mit CO_2 nach KOLBE dargestellt. — Die pharmakol. Prüfung der dargestellten Verbb. auf ihre grundumsatzsenkende Wrkg. ergab, daß sich die Verb. II (*Capacin*) infolge ihrer geringen Toxizität vor allen anderen Fluorverbb. auszeichnet. Die letale Dosis dieser Verb. beträgt bei weißen Mäusen 3,5 g/kg.

Versuche: *3-Fluor-4-methoxyphenylessigsäure*, $C_9H_9O_3F$, F. 116° (W.), durch 2std. Kochen von I mit A. u. einer Lsg. von NaOH in W. unter Rühren, weiteres 3std. Kochen ohne Rührung unter Abtreiben des A., Zugabe von W., Ausäthern der nichtsauren Anteile, Einstellen auf p_H 6 mit konz. HCl, Filtrieren, Entfärben mit Kohle, Abdampfen des gelösten Ae. im Vakuum u. Abscheidung der Carbonsäure mit konz. HCl; 97% (Ausbeute). — *3-Fluor-4-oxyphenylessigsäure* (II), $C_8H_7O_3F$, F. 132—133° (W.), durch 24std. Kochen der vorst. Verb. mit HBr (D. 1,48); 89,2%; oder durch 15std. Kochen von I mit Eisessig u. 48%ig. HBr u. Eindampfen im Vakuum; 85%. — *[p-Fluorphenyl]-äthylketon*, C_9H_9OF, Kp.$_{11}$ 95°, durch Eintragen von 300 g $AlCl_3$ in eine Mischung von 500 g III u. 185 g Propionylchlorid u. 1½std. Erwärmen auf dem Wasserbad; 190 g. — *[p-Fluorphenyl]-[α-bromäthyl]-keton*, C_9H_8OBrF, Kp.$_{13}$ 120—123°, durch langsames Eintropfen von Br_2 in eine Lsg. der vorst. Verb. in Eisessig u. 30 Min. langes Erwärmen auf dem Wasserbad; 92%. — *[p-Fluorphenyl]-[α-methylaminoäthyl]-keton-hydrochlorid*, $C_{10}H_{12}ONF\cdot HCl$, F. 220—222°, durch Zugabe von Methylaminhydrochlorid in 2nNaOH zu der vorst. Bromverb. in Bzl. unter kräftigem Rühren bei 25° u. Einleiten von HCl in die mit W. gewaschene, getrocknete u. mit etwas A. versetzte Benzolschicht. — *1-[p-Fluorphenyl]-2-methylaminopropanol-(1)-hydrochlorid* (*p-Fluorephedrinhydrochlorid*), $C_{10}H_{14}ONF\cdot HCl$, F. 222° (A.), durch 1½std. Schütteln des vorst. Ketons in Eisessig mit PtO_2 bei 3 at H_2 u. Zimmertemp. u. Einleiten von HCl in die äther. Lsg. der mit NaOH abgeschiedenen Base; 62%. — *3-Fluor-4-aminobenzolsulfonsäure*, durch vorsichtige Zugabe von 98%ig. H_2SO_4 zu o-Fluoranilin u. 10std. Erhitzen im Ölbad auf 190° unter Durchleiten eines schwachen N_2-Stromes; 80%. — *3-Fluor-4-acetamidobenzolsulfonsaures Na*, aus vorst. Verb. durch Auflösen in der berechneten Menge Sodalsg., Eindampfen, Trocknen im Vakuum, Übergießen des Na-Salzes mit Acetanhydrid u. einstd. Erwärmen auf dem Wasserbad; 93%. — *3-Fluor-4-acetamidobenzolsulfamid*, $C_8H_9O_3N_2FS$, F. 203—204°, aus vorst. Na-Salz mit PCl_5, Einrühren in Eiswasser u. Erwärmen des abgeschiedenen Sulfochlorids mit konz. NH_4OH (D. 0,91) auf 40°; 81%; lösl. in heißem W., A. u. Aceton, unlösl. in Äther. — *3-Fluor-4-aminobenzolsulfamid*, $C_6H_7O_2N_2FS$, F. 169—170,5° (korr.), durch 30 Min. langes Kochen der vorst. Acetylverb. mit 20%ig. HCl u. Neutralisation mit NaOH auf p_H 5; 92%. — *2-Fluor-4-aminobenzolsulfonsäure*, aus m-Fluoranilin durch Überführung in das saure Sulfat u. „Verbacken" bei 190°; 78%. — *2-Fluor-4-acetamidobenzolsulfonsaures Na*, durch Neutralisation der vorst. Sulfonsäure mit NaOH, Eindampfen zur Trockne u. Acetylierung mit Acetanhydrid; 91%. — *2-Fluor-4-acetamidobenzolsulfamid*, $C_8H_9O_3\cdot N_2FS$, F. 239—240°, aus vorst. Na-Salz durch Überführung in das Sulfochlorid u. dessen Umsetzung mit NH_4OH; 80%. — *2-Fluor-4-aminobenzolsulfamid*, $C_6H_7O_2N_2FS$, F. 139,5°, aus vorst. Verb. durch Kochen mit 20%ig. HCl; 94%. — *N.N'-Bis-[sulfomethyl]-2-fluor-4-aminobenzolsulfamid, Dinatriumsalz* (*Bis-formaldehydnatriumhydrogensulfitverb. des 2-Fluor-4-aminobenzolsulfamids*) (IV), $C_8H_9O_8N_2FS_3Na_2$, durch Übergießen der vorst. Verb. mit einer wss. Lsg. von oxymethansulfonsaurem Na (dargestellt durch Vermischen von 40%ig. Formaldehyd u. 38%ig. $NaHSO_3$-Lsg.), Zugabe von W., einstd. Kochen, Eingießen der Lsg. in A. u. zweimaliges Aufkochen des abgeschiedenen Na-Salzes mit A.; 91%; spielend lösl. in W., sehr schwer lösl. in organ. Lösungsmitteln. — *Diäthyl-[3-fluor-4-methoxybenzyl]-amin*, aus V mit 90%ig. Diäthylaminlsg. in dreifachem Überschuß; 78%. *Hydrochlorid*, $C_{12}H_{18}ONF\cdot HCl$, F. 210—211° (A.), sehr leicht lösl. in W., lösl. in warmem Methanol u. Äthylalkohol. — *5-Fluorsalicylsäure*, $C_7H_5O_3F$, F. 176—178° (korr.), durch Eindampfen einer Lsg. von VI in der berechneten Menge NaOH im Vakuum, 3std. Erhitzen des gepulverten u. bei 130° über P_2O_5 u. schließlich im Vakuum bei 160—170° getrockneten Phenolats im Schüttelautoklaven bei 5 at CO_2-Druck auf 130° u. Fällung der wss. Lsg. der M. mit konz. HCl; 78%; wenig lösl. in kaltem W., gut lösl. in warmem W., A. u. Äther. (Chem. Ber. **85**. 577—82. 1952. Ludwigshafen/Rh., Knoll A.-G., Forschungsabt.) FORCHE. 1000

Tod W. Campbell und Galvin M. Coppinger, *Die Reaktion von tert.-Butylhydroperoxyd mit einigen Phenolen.* Vff. verfolgen die Rk. von *tert.-Butylhydroperoxyd* (I) mit verschied. *Phenolen* spektrophotometr. über einen Verlauf von 24 Stunden. Die Mehrzahl der Phenole bildet nach Ablauf der Rk. nichtkristallisierende harzige Prodd.; Phenole jedoch, die als gute Antioxydantien bekannt sind, reagieren innerhalb einer Std. zu Verbb. mit einem UV-Maximum von 234 mμ. Von diesen konnte lediglich das Reaktionsprod. von I mit *2.6-Di-tert.-butyl-p-kresol* (II), *Verb.* $C_{19}H_{32}O_3$ (III), kristallin isoliert werden. Bei 125—150° zers. sich II autokatalyt., wobei u. a. *Aceton* entsteht. UV- u. Infrarotspektren von III zeigen keine OH-Bande, jedoch eine für eine CO-Gruppe in Konjugation zu einer C=C-Doppelbindung charakterist. Bande u. eine Peroxydbande (s. Original). III reagiert mit Br_2 in Eisessig zu *4-Oxy-3.5-di-tert.-butylbenzaldehyd*. Vff. nehmen daher an, daß III *1-Methyl-1-tert.-butylperoxy-3.5-di-tert.-butylcyclohexadienon-(4)* ist. — Für die Wrkg. gewisser Phenole als Antioxydantien vermuten Vff., daß diese zunächst den Beginn einer Ketten-Rk. durch H-Abgabe an ein Radikal des Substrats verhindern, wobei sich Phenolradikale bilden, die infolge ihrer Resonanz stabil sind. Letztere wiederum sind ebenfalls Antioxydantien, da sie mit solchen Radikalen, die eine Ketten-Rk. auslösen könnten (Peroxyradikale), direkt zu Peroxyden zu reagieren vermögen.

Versuche: *Verb.* $C_{19}H_{32}O_3$ (III), Nadeln aus Isooctan, F. 74°, durch Zufügen von I zu einer Lsg. von II in tert.-Butanol, dann von 2 Tropfen einer verd. Lsg. von Co-Naphthenat in Essigester u. 24std. Erwärmen; färbt sich bei Belichtung gelb; wird durch $LiAlH_4$ wieder in II verwandelt; Zn + Säure in CH_3OH greift nicht an. — *Aceton* als *2.4-Dinitrophenylhydrazon* (F. 126°) durch kurzes Erhitzen vorst. Verb. auf 125 bis 150°, Auffangen des ohne weitere Wärmezufuhr in heftiger Rk. frei werdenden Gasgemischs u. Zufügen von 2.4-Dinitrophenylhydrazin. — *3.5-Di-tert.-butyl-4-oxybenzaldehyd*, $C_{15}H_{22}O_2$, F. 183° (Methanol), a) durch 12std. Rk. von III mit Br_2 in Eisessig u. Gießen in W.; 82% (Ausbeute), b) durch Behandeln von II in tert.-Butanol mit Br_2 bei 30°; 85%. *2.4-Dinitrophenylhydrazon*, F. 235—236°. — Nachst. Verbb. wurden ebenfalls wie oben mit I zur Rk. gebracht u. bildeten nach 24 Std. harzige Prodd.: *Phenol, p-Chlorphenol, p-Phenylphenol, p-Oxybenzaldehyd, p-tert.-Butylphenol, p-Kresol, 2-Chlor-4-tert.-butylphenol, p-Nitrophenol, 2-Methoxy-4-methylphenol* u. *2.2-Dimethyl-[p-oxyphenyl]-propan*. Nachst. Verbb. reagierten innerhalb 1 Std. zu nichtkrist. Verbb.: *Mesitol, 6-tert.-Butyl-2.4-dimethylphenol* u. *4.4'-Dimethyl-6.6'-di-tert.-butyl-2.2'-methylenbisphenol*. (J. Amer. chem. Soc. **74**. 1469—71. 20/3. 1952. Albany, Calif., Western Reg. Res. Labor.) LEHWALD. 1060

Henry Gilman, Burt Hofferth und Julian B. Honeycutt, *Die Reaktion einiger Aryllithiumverbindungen mit Epichlorhydrin.* Mit dem Ziel, sek. aromat. Alkohole zu erhalten, werden Phenyl-, p-Tolyl-, 1-Naphthyl- u. p-Dimethylaminophenyllithium mit Epichlorhydrin umgesetzt u. im Gegensatz zu bisher verwendeten GRIGNARD-Reagentien befriedigende Ausbeuten erhalten. Dabei ist es erforderlich, daß bei niedrigen Anfangstempp. u. mit längeren Reaktionszeiten gearbeitet wird, da unter gewöhnlichen Bedingungen sich in den Lsgg. von Aryllithiumverbb. befindliches LiBr an den Epoxyring addiert. Mit 9-Fluorenyllithium wurde kein isolierbares Prod. erhalten.

Versuche: Alle Verbb. aus den entsprechenden Aryllithiumverbb. mit Epichlorhydrin in Ae. unter N_2 bei —78° während 2 Stunden. *1-Chlor-3-phenylpropanol-(2)*, $C_9H_{11}OCl$, $Kp._{13-17}$ 132—142°, $Kp._{11-12}$ 125—127°, n_D^{20} 1,5426 bzw. 1,5420, $D.^{20}_4$ 1,155; 67,4% (Ausbeute). — *1-Chlor-3-p-tolylpropanol-(2)*, $Kp._{12}$ 140—143°, n_D^{20} 1,5366, $D.^{20}_{20}$ 1,126; 42%. — *1-Chlor-3-α-naphthylpropanol-(2)*, $Kp._{0,2}$ 180—182°, n_D^{20} 1,6189, $D.^{20}_{20}$ 1,236; 43%. — *1-Chlor-3-[p-dimethylaminophenyl]-propanol-(2)*, $Kp._{0,13}$ 36—38°, n_D^{20} 1,5208, $D.^{20}_{20}$ 1,023; 38%. (J. Amer. chem. Soc. **74**. 1594—95. 20/3. 1952. Ames, Iowa, State Coll., Chem. Labor.) G. WINKLER. 1070

Erling Bernatek, *Ein neues Reaktionsprodukt von Acetylaceton und p-Benzochinon.* Löst man p-Benzochinon in der 10fachen Gewichtsmenge reinem Acetylaceton, das ca. 3—4% Pyridin enthält, so nimmt die Rk. nicht den von IONESCU (Bull. Soc. Chim. France [4] **41**. [1927.] 1096) angegebenen Verlauf u. es bildet sich statt Dioxydiacetylindacen eine rotgefärbte *Substanz* $C_{16}H_{16}O_6$ (I), F. 212—213° (Zers.). Diese zeigt positiven Jodoformtest, ist etwas H_2O-lösl., löst sich gut in Alkali mit violetter Farbe u. fällt bei Zugabe von Säure unverändert wieder aus. Katalyt. Hydrierung führt zur Aufnahme von 1 Mol H_2 u. zu einer Verb., die an der Luft ziemlich instabil ist u. einen F. von ca. 205° besitzt. Sie bildet ein *Diacetat* ($C_{20}H_{22}O_8$, F. 220—221°). Behandlung von I mit methanol. HCl liefert eine farblose Cl-freie *Verb.* $C_{17}H_{18}O_6$, F. 148—150°, die eine CH_3O-Gruppe enthält. (Acta chem. scand. **6**. 160. 1952. Blindern-Oslo, Univ., Kjem. Inst.) LEHWALD. 1190

M. Viscontini und K. Adank, *Synthesen von β-Ketosäureestern.* β-Ketonsäureester wurden durch Kondensation von Säurechloriden mit Malonsäureestern u. Decarboxylierung oder durch Kondensation mit Acetessigester u. Abspaltung des Acetylrestes dargestellt. Bei der Red. des Isonitrosobenzoylessigesters mit $LiAlH_4$ entsteht außer Benzaldehyd ein krist. Prod., das die Zus. der SCHIFFschen Base III oder des Oxazolidins IV besitzt. Beim Vers., α-Amino-β-ketosäureester zu erhalten, gelingt zwar die Kondensation von Benzoyl-

COOH
$C_6H_5CHOH\cdot\dot{C}H\cdot N{=}CH\cdot C_6H_5$
III

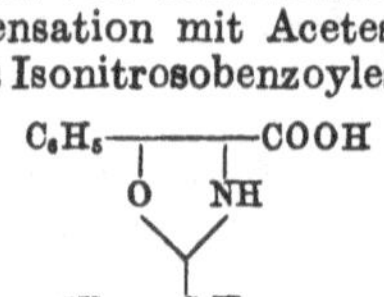
IV

chlorid (I) mit Acetamidomalonester (II), Hydrolyse oder Decarboxylierung führen jedoch nicht zu den erwarteten Substanzen. Desgleichen führt die Kondensation von I mit Hippursäureester nicht zum bekannten *N-Benzoyl-α-aminobenzoylessigester*, sondern zu einem unbeständigen Isomeren, das als O-Benzoylderiv., $C_6H_5CO \cdot O \cdot C(C_6H_5) = N \cdot CH_2 \cdot COOC_2H_5$, angesprochen wird; die analoge Konst. wird auch für das aus I u. II erhaltene Prod. angenommen.

Versuche: *Benzoylacetamidomalonsäurediäthylester*, $C_{16}H_{19}O_6N$, F. 122—123° (W.). II in Bzl. gibt mit Na-Amylatlsg. die rote Na-Verb., die in Bzl. mit I umgesetzt wird; 53% (Ausbeute); bei Verwendung von Mg 52%. — *Benzoylhippursäureäthylester*, F. 105—106° (wss. A.), analog aus Hippursäureester; 45%; mit Mg gelingt die Rk. nicht. *Acetylbenzoylessigsäureäthylester*, $C_{13}H_{14}O_4$, Kp.$_{1,5}$ 149—150°. Zu Acetessigester u. Mg in A.-Ae. gibt man in 4 Std. unter Kühlung u. Rühren I in Tetrahydrofuran; Ansäuern u. Ae.-Extraktion; 91%. — *Benzoylessigsäureäthylester*, Kp.$_{12}$ 147—150°, aus vorst. Verb. durch Behandeln mit ammoniakal. A.; 68%. — *Isonitrosobenzoylessigsäureäthylester*, F. 120—121°, aus vorst. Ester in Eisessig mit $NaNO_2$ in W.; Nadeln aus verd. A.; 91%; liefert bei Red. mit $LiAlH_4$ III oder IV ($C_{16}H_{15}O_3N$, F. 179—180°, Plättchen), bei Red. mit Zn u. Eisessig in Ggw. von Benzoesäureanhydrid *N-Benzoyl-α-aminobenzoylessigsäureäthylester*, $C_{18}H_{17}O_4N$, F. 127—128°, aus verd. A. Nadeln. — *p-Nitrobenzoylessigsäureäthylester*, $C_{11}H_{11}O_5N$, F. 75—76°, aus Acetessigester u. p-Nitrobenzoylchlorid; Hochvakuumfraktion über 135° mit ammoniakal. A. behandelt liefert den Ester. *Isonitrosoderiv.*, $C_{11}H_{10}O_6N_2$, F. 128°; 62%. (Helv. chim. Acta 35. 1342—47. 16/6. 1952. Zürich, Univ., Chem. Inst.) Kausmann. 1270

R. H. Thomson, *Darstellung von p-Nitrophenylhydrazonen*. **Vf.** weist darauf hin, daß die Darst. von p-Nitrophenylhydrazonen in Eisessig (II) nicht ratsam ist, da sich aus 0,3 g p-Nitrophenylhydrazin (I) in 4 ml II bereits nach 5 Min. Kochen 0,27 g *I-β-Acetat* (**Ia**; F. 208°, strohgelbe Nadeln aus Äthylacetat) gebildet haben; mit 60%ig. wss. CH_3COOH betrug die Ausbeute an **Ia** immer noch 0,19 g. **Ia** setzt sich durch 20 Min. Kochen in II nicht mit Carbonylverbb. um, wie mit Aceton, Cyclohexanon, Acetophenon, Propionaldehyd, Benzaldehyd u. Vanillin gezeigt wurde. (Research 5. 338—39. Juli 1952. Aberdeen, Marischal Coll.) Spaeth. 1310

Richard W. Schayer, *Synthese von dl-$^{14}C_{(\beta)}$-Adrenalin und dl-$^{14}C_{(\beta)}$-Adrenochrom*. Versuche: *$^{14}C_{(COOH)}$-Chloressigsäure* (I), nach Ostwald (J. biol. Chemistry **173**. [1948.] 207) aus $CH_3{}^{14}COOH$ (aus $Ba^{14}CO_3$ durch Grignard-Rk.; 85% [Ausbeute]), aus PAe., F. 58°; 56% (Ausbeute). — *$^{14}C_{(CO)}$-Chloracetylbrenzcatechin* (II), aus I u. Brenzcatechin in $POCl_3$ in SO_2-Atmosphäre auf dem Dampfbad (45 Min.), aus W., F. 173°; 29%. — *dl-$^{14}C_{(\beta)}$-Adrenalonhydrochlorid* (III, *4-Methylaminoacetylbrenzcatechinhydrochlorid*), aus II u. 25%ig. CH_3NH_2 (20 Std. bei Raumtemp.), Fällung mit A., Lösen in verd. HCl u. NH_3-Zugabe gibt *$^{14}C_{(\beta)}$-Adrenolon* (54%); daraus *Hydrochlorid*; 81%. — *dl-$^{14}C_{(\beta)}$-Adrenalin* (IV), $C_9H_{13}O_3N$, durch Hydrierung von III in W. mit 5%ig. Pd-Al_2O_3 (2 Std. bei Raumtemp.) u. NH_3-Zugabe; 74% (bezogen auf III), 4,4% (bezogen auf $Ba^{14}CO_3$); R_F-Wert (Butanol-Essigsäure) 0,45. — *dl-$^{14}C_{(\beta)}$-Adrenochrom*, $C_9H_9O_3N$, aus IV (+ nichtisotop. Material) in HCOOH enthaltendem CH_3OH u. Zugabe von Ag_2O bei 35° (1 Min. Schütteln), Filtrieren u. Absaugen des Nd. nach 30 Min. Stehen bei —15°, Auswaschen mit CH_3OH-Ae. (1 : 1 u. 1 : 3) u. Ae.; rotbraune Kristalle; 40%. (J. Amer. chem. Soc. **74**. 2441. 5/5. 1952. Chicago, Ill., Northwestern Univ., Med. School, Rheumatic Fever Res. Inst.) K. F. Müller. 1320

Adolf Butenandt und Hans-Georg Schlossberger, *Über 3.4-Dioxykynurenin, seine Synthese und physiologische Bedeutung. dl-3.4-Dioxykynurenin* (**VIII**), das als mögliches Zwischenprod. in der biol. Synth. der Nicotinsäure (**III**) oder der Ommochromsynth. von Interesse ist, wurde in Analogie zur 3-Oxykynureninsynth. von Butenandt u. Hallmann (Z. Naturforsch. **5b**. [1950.] 444) dargestellt. Als Ausgangsmaterial diente *2-Nitro-3.4-dimethoxyacetophenon* (**IV**), dessen Darst. aus dem *Säurechlorid* (II) der *2-Nitroveratrumsäure* (I) durch Rk. mit Äthoxymagnesiummalonsäurediäthylester über den *2-Nitro-3.4-dimethoxybenzoylmalonsäurediäthylester* gelingt. **IV** wird in den *2-Nitro-3.4-dimethoxybenzoylbrenztraubensäureester* (V) übergeführt, dessen α-Oxim (VI) zu *dl-3.4-Dimethoxykynurenin* (VII)*-äthylester* hydriert wird, der nach Verseifung u. Abspaltung der Methoxygruppen **VIII** ergibt. — Unter den Bedingungen der üblichen Standardteste ist **VIII** unwirksam im Augenpigmentbildungsprozeß an *Drosophila* u. *Ephestia* u. vermag bei *Neurospora crassa* Nicotinsäureamid nicht zu ersetzen. **VIII** ist deshalb kein Zwischenprod. der Ommochrom- bzw. der **III**-Synthese. Das Enzym *Kynureninase* (aus Ratten- bzw. Schweineleber) spaltet **VIII** in *Alanin* u. *3.4-Dioxyanthranilsäure* (**IX**); da dieses Enzym auch in *Neurospora* nachweisbar ist, stellt somit auch **IX** kein Zwischenprod. der **III**-Synth. aus Tryptophan dar.

Versuche: *2-Nitro-3.4-dimethoxybenzoesäure* (I), durch Nitrierung von *Vanillinacetat* (aus Vanillin mit Acetanhydrid in KOH; 96% [Ausbeute]) mit rauchender HNO_3 bei 8—12° zu *2-Nitrovanillinacetat* (69%), das zu *2-Nitrovanillin* (83%) verseift wird; dessen Methylierung mit $(CH_3)_2SO_4$ u. KOH gibt *2-Nitro-3.4-dimethoxybenzaldehyd* (76%), der mit $KMnO_4$ in Aceton zu I oxydiert wird; 65%. *2-Nitro-3.4-dimethoxybenzoylchlorid* (II), aus I mit $SOCl_2$. — *2-Nitro-3.4-dimethoxyacetophenon* (**IV**), $C_{10}H_{11}O_5N$, durch 5std. Kochen von *2-Nitro-3.4-dimethoxybenzoylmalonsäurediäthylester* (aus Äthoxymagnesiummalonsäurediäthylester u. **II** [90 Min. Erhitzen]) mit Eisessig-verd. H_2SO_4; Nadeln, F. 93°; 75%. — *2-Nitro-3.4-dimethoxybenzoylbrenztraubensäureäthylester* (**V**), $C_{14}H_{15}O_8N$, aus **IV** u. Oxalsäurediäthylester in A. in Ggw. von C_2H_5ONa; blaßgelbe Blättchen aus Bzl. + PAe., F. 104°; 73%. — *2-Nitro-3.4-dimethoxybenzoylbrenztraubensäureester-α-oxim* (**VI**), aus **V** u. NH_2OH-Acetat in A. (10 Std. bei 20°); aus Bzl. + PAe.; 88%. — *dl-β-[2-Amino-3.4-dimethoxybenzoyl]-alanin* (**VII**; *dl-3.4-Dimethoxykynurenin*), $C_{12}H_{16}O_5N_2$, durch Hydrierung von **VI** in A. mit RANEY-Ni + Pd-Mohr, zunächst bei Raumtemp. (bis zur Aufnahme von 3 Mol H_2), dann nach Erwärmen (weitere 2 H_2) u. Verseifung mit wss. $Ba(OH)_2$ (3 Std.); Nädelchen aus W., F. 265° (Zers.); 28%. — *dl-β-[2-Amino-3.4-dioxybenzoyl]-alanin* (**VIII**)*-dihydrobromid*, $C_{10}H_{12}O_5N_2 \cdot 2\,HBr$, durch 10std. Erhitzen von **VII** mit 48%ig. HBr unter N_2-Durchleiten; Nadeln aus 15%ig. wss. HBr, F. 175°; 85%. *dl-3.4-Dioxykynurenin* (**VIII**), $C_{10}H_{12}O_5N_2$, aus dem Hydrobromid in W. u. NH_3-Zugabe bis p_H 5,5; hellgelbe Rhomben, F. 274° (Zers.); gibt Ninhydrin-Rk. u. blutrote Färbung mit $FeCl_3$-Lsg.; unlösl. in organ. Lösungsmitteln. (Chem. Ber. **85**. 565—73. 1952. Tübingen, Univ., Physiol.-chem. Inst., u. Max-Planck-Inst. für Biochem.) K. F. MÜLLER. 1350

S. J. Angyal und **C. G. Macdonald**, *Cyclite*. 1. Mitt. *Isopropylidenderivate von Inositen und Querciten. Die Struktur von Pinit und Quebrachit.* (2. vgl. C. **1953**. 28.) Vff. machen (mit **N. K. Matheson**) Vorschläge für eine systemat. Nomenklatur der Cyclite. Sie bezeichnen alle Cyclohexanhexole als Inosite, alle Cyclohexanpentole als Quercite u. alle Pentaoxycyclohexanone als Inososen. Die verschied. Isomeren werden durch Praefixe unterschieden. Danach ergibt sich für den *Desoxyscyllit* von POSTERNAK (Helv. chim. Acta **24**. [1941.] 1045) die Bezeichnung *Scylloquercit*, für *Viburnit Viboquercit* u. für die entsprechende Ketoverb. *Viboinosose*; für den gewöhnlichen Quercit wird der Name *Protoquercit* vorgeschlagen. Ring-C-Atome mit funktionellen Gruppen sollen die kleinstmögliche Numerierung erhalten, Numerierung im Uhrzeigersinn; danach wird das C-Atom der CO-Gruppe in den Inososen als $C_{(1)}$, das C-Atom der CH_2-Gruppe der Quercite als $C_{(6)}$ bezeichnet. Für *Mesoinosit* (**V**) ergibt sich die nebenst. Zählung. Die Nomenklatur der vorliegenden Arbeit entspricht diesen Vorschlägen. — **V**, Protoquercit, Viboquercit, (—)-Inosit, Epiinosit, Pinit u. Quebrachit werden durch Behandlung mit Aceton, $ZnCl_2$ u. Essigsäure in Isopropylidenderivv. verwandelt. Dabei reagiert **V** am schwersten. Bei den anderen Cycliten können die Reaktionsdauer u. die Katalysatormenge wesentlich verringert werden. Voraussetzung für die Rk. ist das Vorhandensein zweier benachbarter Hydroxylgruppen in cis-Stellung. Demgemäß werden Scylloinosit u. Scylloquercit nicht verändert. Aus (—)-Inosit u. Epiinosit werden Triisopropylidenderivv. erhalten. Hier haben auch 2 benachbarte Hydroxylgruppen in trans-Stellung mit Aceton reagiert. Die Stereochemie dieser Derivv. wird diskutiert. — Aus Pinit wird ein Diisopropylidenderiv., aus Quebrachit ein Monoisopropylidenderiv. erhalten, das bei der Oxydation 1 Mol Perjodat verbraucht. Dementsprechend wird Pinit als 3-Methyl-(+)-inosit u. Quebrachit als 2-Methyl-(—)-inosit angesehen.

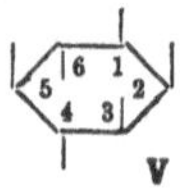

V

Versuche (FF. korr.): (±)-*3.4.5.6-Tetraacetyl-1.2-isopropylidenmesoinosit*, F. 118—121°, aus **V** u. Aceton in Ggw. von $ZnCl_2$ u. Essigsäure durch 9std. Erhitzen, nach Abfiltrieren des ungelösten **V**, Zugabe von trockenem Pyridin, Filtrieren des Zn-Pyridinkomplexsalzes u. Eindampfen Acetylieren mit Essigsäureanhydrid u. Pyridin Zugabe von Chlf.; aus Äthylacetat/PAe. Kristalle; 47% (Ausbeute) des nicht zurückgewonnenen **V**. — (±)-*1.2-Isopropylidenmesoinosit*, $C_9H_{16}O_6$, F. 182—183° (A.), aus vorst. Verb. durch Verseifung mit methanol. $NaOCH_3$; 64%; Perjodatverbrauch 2,72 Mol. — *3.4-Isopropyliden-(+)-protoquercit*, $C_9H_{16}O_5$, F. 159°, aus Protoquercit u. Aceton in Ggw. von $ZnCl_2$ u. Essigsäure, Reaktionsdauer 5 Std., über die nicht krist. *Acetylverb.* [$Kp._{0,3}$ 130° (Badtemp.)]; aus Äthylacetat, $[\alpha]_D^{20}$ +73,7° (c = 1,2 in A.); 44%; Perjodatverbrauch 1,04 Mol. — Scylloinosit u. Scylloquercit reagieren nicht mit Aceton. — *3.4.5-Triacetyl-1.2-isopropyliden-(—)-viboquercit*, F. 104°, aus (—)-Viboquercit wie oben; 60%. — *1.2;3.4;5.6-Triisopropyliden-(—)-inosit* (**I**), $C_{15}H_{24}O_6$, F. 213—214° (A.), aus (—)-Inosit wie oben; $[\alpha]_D^{25}$ +38,1° (c = 1,0 in Chlf.); 30%. — *3.4-Diacetyl-1.2;5.6-diisopropyliden-(—)-inosit*, $C_{16}H_{24}O_8$, F. 129°, aus den Mutterlaugen von I; Nadeln aus A./W. (1 : 2), $[\alpha]_D^{22}$ —116,5° (c = 2,1 in Chlf.); 43%. —

1.2;5.6-Diisopropyliden-(—)-inosit (II), $C_{12}H_{20}O_6$, F. 153°, durch katalyt. Desacetylierung vorst. Verb.; aus Äthylacetat/PAe. (2 : 1), $[\alpha]_D^{20}$ —4,7° (c = 1,2 in A.); Perjodatverbrauch 1,01 Mol. — *1.2-Isopropyliden-(—)-inosit*, $C_9H_{16}O_6$, F. 157,5—158°, durch partielle Hydrolyse von I in Chlf. mit verd. Essigsäure (24 Std.); aus Äthylacetat; 10%; daneben II; 41%. — (±)-*1.2;3.4;5.6-Triisopropylidenepiinosit* (III), $C_{15}H_{24}O_6$, F. 127—128°, aus Epiinosit wie oben (die Acetylverb. wurde nicht isoliert), nach dem katalyt. Desacetylieren u. Eindampfen Aufnehmen des Rückstandes in Chlf. u. Ausschütteln mit W. III beim Eindampfen der Chloroformphase; aus PAe.; 15%. Aus der wss. Phase (±)-*1.2;3.4-Diisopropylidenepiinosit* (IV), $C_{12}H_{20}O_6$, F. 181°, durch Eindampfen u. Extrahieren des Rückstandes mit Äthylacetat, Konzentrieren u. Aufbewahren bei 0°; aus Äthylacetat; 32%; Perjodatverbrauch 1,01 Mol. — (±)-*5.6-Diacetyl-1.2;3.4-diisopropylidenepiinosit*, $C_{16}H_{24}O_8$, F. 138°, aus IV mit Essigsäureanhydrid u. Pyridin; aus A. Nadeln. — *3.6-Diacetyl-1.2;4.5-diisopropylidenepiinosit*, $C_{16}H_{24}O_8$, F. 201—203°, durch Eindampfen der Mutterlaugen von IV u. 1std. Erhitzen des Rückstandes mit Essigsäureanhydrid u. Pyridin, Eingießen in W. u. Extrahieren mit Chlf.; aus PAe.; 5,5%. — *1.2;4.5-Diisopropylidenepiinosit*, $C_{12}H_{20}O_6$, F. 181°, durch katalyt. Desacetylierung vorst. Verb.; aus Äthylacetat; bei Misch-F. mit IV Depression um mehr als 10°; diese Verb. red. Perjodat nicht. — Bei 24std. Hydrolyse von III mit wss. Essigsäure entsteht *Epiinosit*, F. 303—304° (Ausgangsprod. F. 297—298°); 56%; aus den Mutterlaugen 15% IV. — *3-Methyl-1.2;5.6-diisopropyliden-(+)-inosit*, $C_{13}H_{22}O_6$, F. 103—104°, aus Pinit wie oben; nach katalyt. Desacetylierung der sirupösen Acetylverb. Kristalle aus PAe., $[\alpha]_D^{23}$ —22,0° (c = 3,4 in W.); 64%. — *2-Methyl-5.6-isopropyliden-(—)-inosit*, $C_{10}H_{18}O_6$, F. 134—135,5°, aus Quebrachit wie oben, nach katalyt. Desacetylierung Kristalle aus Äthylacetat, $[\alpha]_D^{23}$ —88,8° (c = 1,6 in W.); 22%; Perjodatverbrauch 1,03 Mol. (J. chem. Soc. [London] **1952**. 686—95. Febr. Sidney, Univ., Chem. Dep.) ROSSOW. 1860

Sidney D. Ross und Irving Kuntz, *Die Wechselwirkung von Nachbargruppen bei der Reduktion von 2.2'-Dinitro-4.4'-bis-[trifluormethyl]-biphenyl.* Die Red. von *2.2'-Dinitro-4.4'-bis-[trifluormethyl]-biphenyl* (I) nimmt mit den verschied. Reduktionsmitteln einen andersartigen Verlauf. Mit Sn + HCl bildet sich *2.2'-Diamino-4.4'-bis-[trifluormethyl]-biphenyl* (II). Mit Na_2S + Alkali entstehen als Hauptprodd. je nach der angewandten Na_2S-Menge *3.8-Bis-[trifluormethyl]-benzo-[c]-cinnolin* (III), *3.8-Bis-[trifluormethyl]-benzo-[c]-cinnolin-5-oxyd* (IV) u. *3.8-Bis-[trifluormethyl]-benzo-[c]-cinnolin-5.6-dioxyd* (V). Die Red. mit Na_2S-Überschuß ist das beste Verf. zur Darst. von III. III läßt sich mit Peressigsäure in Chlf. zu IV oxydieren, welches seinerseits durch Red. mit $SnCl_2$ in III übergeführt werden kann. III u. IV bilden aus A. Mischkristalle mit konstantem F., aus denen sich die beiden Komponenten auf chromatograph. Wege isolieren lassen, wobei der Verlauf der Trennung mit Hilfe des UV-Absorptionsspektr. der Eluate verfolgt werden kann. Das verhältnismäßig schwer lösl. u. daher leicht von IV zu trennende V ist als erste Zwischenstufe des Reduktionsverlaufs anzusehen. Da diese Verb. im festen Zustand farblos, in Lsgg. aber farbig ist, dürfte sie besser als *2.2'-Dinitroso-4.4'-bis-[trifluormethyl]-biphenyl* bezeichnet werden. Die katalyt. Red von I mit H_2 liefert ein Gemisch aus II, III, IV u. einer hochschm. Substanz unbestimmter Struktur. Die weitere Behandlung des III-IV-Gemisches mit H_2 führt zu einer Anreicherung von III, aber nicht zu reinem III. Reines IV u. V geben bei der Red. mit H_2 stets III-IV-Gemische, aber kein II. III läßt sich nicht reduzieren. Da II nicht aus III u. IV entstehen kann, wird zur Erklärung des Reaktionsmechanismus der katalyt. Red. angenommen, daß sich I auf der Katalysatoroberfläche in verschied. Weise anordnen kann. Von den zahlreichen Orientierungsmöglichkeiten werden bes. zwei in Erwägung gezogen. Wenn die beiden Nitrogruppen von I auf der Katalysatoroberfläche sitzen u. in cis-Stellung zueinander stehen, kann sich leicht der Benzocinnolinring bilden. Wenn dagegen eine oder beide Nitrogruppen auf der Katalysatoroberfläche sitzen, aber in trans-Stellung orientiert sind, so wird das Diamin II entstehen. — Die Entaminierung von II liefert nach dem üblichen Verf. über das Aminhydrochlorid 46% III neben Spuren einer noch unbekannten Verb., aber keine N-freien Prodd., während nach dem Verf. von KORNBLUM u. IFFLAND (J. Amer. chem. Soc. **71**. [1949.] 2137) über das Hypophosphit 13,2% III u. 27,6% *4.4'-Bis-[trifluormethyl]-biphenyl* entstehen. — Die UV-Absorptionsspektren von III, IV u. V wurden in Dioxanlsg. aufgenommen.

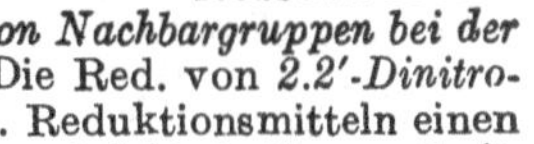

III

Versuche: *2.2'-Dinitro-4.4'-bis-[trifluormethyl]-biphenyl* (I), aus 3-Nitro-4-chlorbenzotrifluorid mit Cu-Pulver; aus A. gelbe Nadeln, F. 124—125°; 30% (Ausbeute). — *2.2'-Diamino-4.4'-bis-[trifluormethyl]-biphenyl* (II), $C_{14}H_{10}N_2F_6$, durch Eintragen von 28 g Sn u. 46 cm^3 konz. HCl in ein auf 50° erwärmtes Gemisch aus 8,5 g I

u. 115 cm³ konz. HCl, Auflösen des organ. Materials in A. u. 3std. Kochen am Rückflußkühler; aus Ligroin Nadeln, F. 134—135°; 65%. — *2.2'-Diacetamido-4.4'-bis-[trifluormethyl]-biphenyl*, $C_{18}H_{14}O_2N_2F_6$, aus II mit Essigsäureanhydrid u. Pyridin; aus Ligroin Nadeln, F. 174—175°; 70%. — Wenn man in eine auf 60° erwärmte Lsg. von 25 g I in 500 cm³ A. im Laufe von 45 Min. eine Lsg. von 31,6 g $Na_2S \cdot 9\,H_2O$ [1 Mol Na_2S auf 1 Mol NO_2] u. 6,3 g NaOH in 55 cm³ W. bei 60—70° einrührt, das Gemisch 2 Std. lang am Rückflußkühler kocht, 300 cm³ A. abdest., den Rückstand in W. gießt u. die braune M. aus Methanol umkrist., erhält man 18,8 g gelbgrüne Kristalle, F. 192—193°, die aus 75% III u. 25% IV bestehen. Bei 3std. Kochen von 9,9 g dieses Gemisches in 400 cm³ A. mit 18 g $SnCl_2 \cdot 2\,H_2O$ in 150 cm³ konz. HCl entstehen 7,7 g *3.8-Bis-[trifluormethyl]-benzo-[c]-cinnolin* (III), $C_{14}H_6N_2F_6$, aus A. gelbgrüne Tafeln, F. 192,5 bis 193°. — Wird die Red. von I mit 0,25 Mol Na_2S pro Mol NO_2 durchgeführt, so bilden sich 43,6% *2.2'-Dinitroso-4.4'-bis-[trifluormethyl]-biphenyl* (*3.8-Bis-[trifluormethyl]-benzo-[c]-cinnolin-5.6-dioxyd*, V), $C_{14}H_6O_2N_2F_6$, aus Dioxan Nadeln, F. 267°; u. 31,1% *3.8-Bis-[trifluormethyl]-benzo-[c]-cinnolin-5-oxyd* (IV), $C_{14}H_6ON_2F_6$, aus A.-Bzl. Tafeln, F. 210,5—212°, welches auch bei der Oxydation von III in Chlf. mit Peressigsäure in 2 Tagen bei Zimmertemp. mit 90%ig. Ausbeute entsteht. — Die Red. von I mit 3,0 Mol Na_2S auf je 1 Mol NO_2 liefert 95% III u. 2,4% II. — Eine Lsg. von 53,8 g I in 140 cm³ Essigsäureäthylester wurde in Ggw. von 0,1 g Pt-Oxydkatalysator bei Zimmertemp. 2½ Std. mit H_2 bei 2—3 at geschüttelt u. das Rohprod. (50 g) nach Verdampfen des Lösungsm. mit 200 cm³ A. gekocht, wobei 3,1 g unlösl. Material, aus A.-Bzl. (1 : 1) gelbe Nadeln, F. 248—249°, zurückblieben. Aus der alkoh. Lsg. krist. 17 g III-IV-Gemisch, das auf Grund des UV-Spektr. ca. 30% IV enthielt. Durch Eindampfen des alkoh. Filtrats u. Kristallisation des Rückstands aus Ligroin wurden 22 g (49%) II erhalten. — Wenn man eine Suspension von 5 g II in 10 cm³ konz. HCl u. 45 cm³ W. 5 Min. kocht, nach Erkalten mit 8 cm³ konz. HCl versetzt, eine Lsg. von 2,3 g 97%ig. $NaNO_2$ in 6 cm³ W. bei 0—3° einrührt, die Diazoniumsalzlsg. mit 60,3 g 50%ig. H_3PO_2 versetzt u. das Gemisch 38 Std. lang bei 5—8° stehenläßt, erhält man 2,27 g III u. 0,31 g einer unbekannten Substanz, aus Dioxan hellgelbe Kristalle, F. 252—254°. Werden aber 5 g II in 123,6 g 50%ig. H_3PO_2 u. 50 cm³ W. mit 2,3 g $NaNO_2$ in 10 cm³ W. bei 0—5° diazotiert u. das Gemisch 4 Std. bei Zimmertemp. stehengelassen, so bilden sich 0,65 g III u. 1,25 g *4.4'-Bis-[trifluormethyl]-biphenyl*, $C_{14}H_8F_6$, aus Methanol-W. Tafeln, F. 93—94,5°. (J. Amer. chem. Soc. **74**. 1297—1302. 5/3. 1952. North Adams, Mass., Sprague Electric Comp., Res. Labor.) Forche. 2210

Reynold C. Fuson und Franklin E. Mumford, ***Die Addition von Grignard-Reagentien an Benzofulvene.*** tert.-Butyl-MgCl reagiert mit Dibenzofulven (III) u. 2.3-Diphenylbenzofulven (I) unter Bldg. von *9-Neopentylfluoren* bzw. *1-Neopentyl-2.3-diphenylinden*. Bei Rk. von I mit C_2H_5MgBr bzw. $C_6H_5CH_2MgCl$ in Ggw. von Mg konnte neben Verbb. ungeklärter Struktur eine *Verb.* $C_{44}H_{34}$ (IV) isoliert werden, die vielleicht als red. Dimeres von I aufzufassen ist.

Versuche: *1-Methyl-2.3-diphenylindenol-(1)*, $C_{22}H_{18}O$, F. 147—148°, durch Eintragen von 2.3-Diphenylindon (II) in äther. CH_3MgBr u. anschließendes 4std. Erhitzen; kub. Kristalle aus Ae. + Bzn.; 88% (Ausbeute). — *1-Chlor-1-methyl-2.3-diphenylinden*, $C_{22}H_{17}Cl$, F. 87—99°, aus vorst. Verb. durch Überschichten mit Ae., Einleiten von HCl-Gas bei +10° (2 Std.) u. Aufgießen der Lsg. nach 2std. Stehen auf Eis; Kristalle aus Ae.; 90%. — *1-Brom-1-brommethyl-2.3-diphenylinden*, $C_{22}H_{16}Br_2$, F. 129,5—131°, aus vorst. Verb. mit Br_2 in Eisessig; Kristalle aus Bzn.; 80%. — *2.3-Diphenylbenzofulven* (I), $C_{22}H_{16}$, aus vorst. Verb. mit Zn in Methanol unter N_2 durch Eintropfen von Eisessig. Das gelbe Prod. konnte nicht weiter gereinigt werden, da Zers. eintrat; 93%. — *1-Neopentyl-2.3-diphenylinden*, $C_{26}H_{26}$, F. 124—125°, durch 12std. Rühren von I mit tert.-Butyl-MgCl in Ae. unter N_2 oder aus V mit 45%ig. HJ in Eisessig durch Erhitzen auf 130° (3 Min.) u. anschließendes Zugeben von $SnCl_2$ in HCl; Nadeln aus Eisessig; 52%. — Rk. von I mit $C_6H_5CH_2MgCl$ in Ggw. von Mg in Ae. durch 8std. Rühren unter Rückfluß in N_2-Atmosphäre liefert *Verb.* $C_{44}H_{34}$ (IV, *red. Dimeres von* I?), F. 246—247°, Kristalle aus Bzl. + Eisessig, u. aus den Mutterlaugen davon *Verb.* $C_{29}H_{24}$ (*1-Phenäthyl-2.3-diphenylinden?*), F. 218—219°, Kristalle aus Eisessig. — Rk. von I mit C_2H_5MgBr in Ggw. von Mg durch 12std. Rühren unter N_2 liefert IV neben nicht näher untersuchten Kristallen, F. 189—230°. — *Neopentylchlorid*, aus Neopentan u. Cl_2 nach Whitmore u. Fleming (J. Amer. chem. Soc. **55**. [1933.] 4161), Kp. 81—83°, n_D^{20} 1,4040. Daneben entsteht eine höhersd. Verb. (Kp. 96—98°, n_D^{20} 1,4462). — *1-Neopentyl-2.3-diphenylindenol* (V), $C_{26}H_{26}O$, F. 134—135°, aus Neopentyl-MgCl u. II durch Erhitzen in Ae. (1 Std.), Kristalle aus Bzn., die von anhaftendem II durch Auflösen in wenig Ae. befreit werden. — *9-Neopentylfluoren*, $C_{18}H_{20}$, F. 79—80°, aus tert.-Butyl-MgCl u. Dibenzofulven (III) durch 11std. Erhitzen unter N_2;

Nadeln aus Methanol; 6%. — Rk. von $C_6H_5CH_2MgCl$ mit III durch Erhitzen unter N_2 (12 Std.) liefert *Verb.* $C_{21}H_{18}$ (*9-Phenäthylfluoren?*), F. 209—210°, Kristalle aus Eisessig + Bzl., u. aus der Mutterlauge eine nicht näher untersuchte Verb., F. 185—188° (nach Trocknen im Vakuum bei 100°, 12 Std.). (J. org. Chemistry **17**. 255—61. Febr. 1952. Urbana, Ill., Univ., Noyes Chem. Labor.) K. FABER. 2650

Walter T. Smith jr. und Louis Campanaro, *[3-Oxynaphthyl-(2)]-methanol.* *[3-Oxynaphthyl-(2)]-methanol* ($C_{11}H_{10}O_2$, F. 190—191° [A.]) entsteht durch Hydrierung von 3-Oxynaphthalincarbonsäure-(2) mit $LiAlH_4$ in Ae. am Rückfluß in 23%ig. Ausbeute. (J. Amer. chem. Soc. **74**. 1107. 20/2. 1952. Iowa City, Iowa, Univ., Chem. Labor.) LEHWALD. 2700

John G. Burr jr., *Verdrängung der Benzoylgruppe vom Phenylfluorenyl-(9)-keton.* *Phenylfluorenyl-(9)-keton* (I) reagiert in fast neutraler Lsg. mit wss. Formaldehyd (II) zu *9-Benzoylfluorenyl-(9)-methanol* (III) u. in einer Mischung von A. u. 50%ig. wss. KOH mit überschüssigem 37%ig. II zu *9-Methylenfluoren* (IV), das als Dibromid identifiziert wurde. Auf dem Dampfbad verläuft letztere Rk. unter Bldg. von polymerem IV. III reagiert mit wss. alkal. II zu IV u. gibt mit alkoh. KOH I. Von III lassen sich keine Acetyl- oder Benzoylderivv. darstellen, die Einw. von Hydroxylamin liefert das Oxim von I. Vf. nimmt an, daß sich im alkal. Milieu das Gleichgewicht II + I $\rightleftharpoons$ III einstellt. Diese Annahme wird durch das Ergebnis der Behandlung von III mit alkal. 10%ig. wss. II mit bekanntem Geh. an $^{14}CH_2O$ gestützt. Das so gewonnene IV u. zurückerhaltene II wiesen die berechneten spezif. Aktivitäten, die aus obigem Gleichgewicht folgen, auf. Zur weiteren Erklärung der untersuchten Rk. wird angenommen, daß aus III durch Anlagerung von OH^- an das Carbonyl-C-Atom unter Aufrichtung der Doppelbindung ein Anion entsteht, das unter Abspaltung von $C_6H_5COO^-$ u. H_2O in IV übergeht.

Versuche: *Phenylfluorenyl-(9)-keton* (I), F. 136—137°, nach WERNER [1906], aber mit K; 64% (Ausbeute); auch aus III in A. u. 50%ig. wss. KOH nach 1 Stunde. *Oxim*, $C_{20}H_{15}ON$, F. 180—182° (A.), aus III in Na_2CO_3-Lsg.; Nadeln. — *9-Brom-9-brommethylfluoren*, $C_{14}H_{10}Br_2$, F. 141—142° (Hexan), a) 0,5 g I in 5 cm³ A. u. 5 cm³ 50%ig. wss. KOH gelöst u. mit 7 cm³ 37%ig. wss. Formaldehyd (II) in Teilen versetzt, nach 15 Min. Abscheidung eines Nd., der mit 10 cm³ W. unter Rühren vervollständigt, in Hexan gelöst u. bromiert wird; 0,4 g; b) aus III in A. mit 37%ig. wss. II u. 50%ig. wss. KOH. — *9-Benzoylfluorenyl-(9)-methanol* (III), $C_{21}H_{16}O_2$, F. 123—124° (Hexan). 0,5 g I in 2 cm³ A., 2 cm³ 50%ig. wss. KOH u. 5 cm³ W. mit 10%ig. HCl neutralisiert u. mit 10 cm³ W. u. 10 cm³ 37%ig. wss. II versetzt; neben ätherunlösl. *Polymethylenfluoren* III, das durch Extraktion mit Ae. isoliert wird; 0,18 g. (J. Amer. chem. Soc. **74**. 1717—19. 5/4. 1952. Oak Ridge, Tenn., Nat. Labor., Chem. Div.) L. FISCHER. 2750

Ferdinand Bohlmann, *Reaktionen mit Lithiumaluminiumhydrid: Reduktion von Heterocyclen mit Lithiumaluminiumhydrid.* $LiAlH_4$ (I) reagiert mit *Pyridin* u. *Chinolin* zunächst unter Bldg. von Additionsverbb., die bei der Zers. mit W. die Dihydroverbb. bilden; *Dihydropyridin* ließ sich nicht rein erhalten, *Dihydrochinolin* ist etwas beständiger u. bildet zwei Pikrate, die vielleicht der *1.4-* u. *1.2-Dihydroverb.* entsprechen. Bei dem von RÄTH (Ber. dtsch. chem. Ges. **57**. [1924.] 550. 715) beschriebenen Dihydrochinolin handelt es sich wahrscheinlich um eine andere Verbindung. Durch Red. von *Acridin* erhält man entweder direkt die bekannte *9.10-Dihydroverb.*, oder es entsteht zunächst die *9.11-Dihydroverb.*, die sich umlagert, ähnliches wird auch für das *Dihydrophenazin*, das mit *Phenazin* eine Mol.-Verb. bildet, angenommen. *Chinoxaline* geben mit I die *Tetrahydroverbb.*; *Benzimidazol* reagiert unter Bldg. der *2.3-Dihydroverb.*, *Phenazon* bildet zunächst eine Additionsverb., die freie Dihydrobase ist nur in Form ihrer Salze bekannt. *Azobenzol* wird nur schwer zum *Hydrazobenzol* red., die Red. der beiden letzten Verbb. verläuft sicher über polare Grenzformen, die beim Phenazon stärker an der Mesomerie beteiligt sind als beim Azobenzol, das deshalb nur sehr langsam angegriffen wird. *2.4.6-Triphenylpyridin* u. *2-Phenylchinolin* reagieren nicht mit I, wohl infolge ster. Hinderung durch die Phenylringe. Furanringe werden nicht angegriffen, *α.β-Difuryläthylen* wurde durch 24std. Kochen mit I nicht verändert.

Versuche: *Dihydropyridin*, aus Pyridin u. I in Ae.; piperidinähnlich riechende Base, red. $AgNO_3$-Lsg., entfärbt $KMnO_4$-Lösung. — *Dihydrochinolin*, F. 40—41°, wie vorst. aus Chinolin; aus PAe. weiße Blättchen, red. $AgNO_3$-Lsg.; orangefarbenes *Pikrat*, $C_9H_9N \cdot C_6H_3O_7N_3$, F. 180—192° (Zers.), aus dem rohen Hydrierungsprod.; 80% (Ausbeute); rotes *Pikrat*, F. 170° (ab 130° Zers.); 5%. — *Dihydroacridin*, F. 169°, aus 1 g Acridin, aus Methanol Kristalle, λ_{max} 288 mμ (ε = 15000); 750 mg. — *Dihydrophenazin*, F. 211°, aus Phenazin über die blaue Mol.-Verb.; 90%. — *Tetrahydrochinoxalin*, F. 91—95° (PAe. + Bzl.), aus Chinoxalin; 70%. Mit $FeCl_3$ Blaufärbung. —

2.3-Dimethyltetrahydrochinoxalin, aus Dimethylchinoxalin, F. 102—103°, aus Bzl. + PAe. Blättchen; 65%; mit $FeCl_3$ blauviolette Färbung. — *Dihydrobenzimidazol, Pikrat*, $C_7H_8N_2 \cdot C_6H_3O_7N_3$, F. 222—224° (Zers.), aus A. + PAe. derbe, braunviolette Kristalle. — Nachw. der Red. von Phenazon mit I gelang nur auf Grund der Red. von Ag-Salzlösung. — *Hydrazobenzol*, F. 124°, aus Azobenzol; 90%. (Chem. Ber. **85.** 390—94. 20/5. 1952. Braunschweig, TH, Organ.-Chem. Inst.) ROSDORFF. 3000

Matthew E. Dullaghan, Louis J. Owen und F. F. Nord, *5-Nitro-2-thenaldehyd.* Auf einem anderen Wege als kürzlich PATRICK u. EMERSON (C. **1952.** 7334) stellten Vff. *5-Nitro-2-thenaldehyd* (I) dar, u. zwar wurde *2-Methyl-5-nitrothiophen* (II) zu *5-Nitrothenyl-(2)-bromid* (III) bromiert, aus dem die Darst. von I zunächst über das Hexamethylentetraminsalz versucht wurde; da damit keine guten Ausbeuten an I erzielt wurden, wurde III mit SeO_2 zu I oxydiert.

Versuche: *5-Nitrothenyl-(2)-bromid* (III), durch 24std. Kochen von II in CCl_4 mit N-Bromsuccinimid in Ggw. von Benzoylperoxyd, Filtration, Dest., Filtration u. Abdest. von unverändertem II ($Kp._6$ 106°). Wegen seiner Zersetzlichkeit wurde III nicht dest., aber durch Umsetzung mit Piperidin u. dann Pikrinsäure als *N-[5-Nitrothenyl-(2)]-piperidinpikrat* ($C_{16}H_{17}O_9N_5S$, F. 193—194°, gelbe Kristalle) charakterisiert. — I-*2.4-Dinitrophenylhydrazon*, $C_{11}H_7O_6N_5S$, F. 250° (Zers.), durch Überführung von III in das *Hexamethylentetraminsalz* (60%), Wasserdampfdest., Ae.-Extraktion u. Umsetzung mit 2.4-Dinitrophenylhydrazin; Hydrolyse des Salzes durch 2std. Kochen mit 50%ig. A. lieferte nur etwas nicht identifizierbares braunes Öl. — I-*Semicarbazon*, $C_6H_6O_3N_4S \cdot H_2O$, F. 223°, durch Oxydation von III in A. mit SeO_2 bei 140—150° (2 Std.) unter Abdest. des A. u. Umsetzung des Rückstandes mit Semicarbazid; 50% (Ausbeute). (J. Amer. chem. Soc. **74.** 2676—77. 20/5. 1952. New York, N. Y., Fordham Univ., Dep. of Organ. Chem. and Enzymol.) SPAETH. 3071

Joseph Hoch, *Beitrag zur Untersuchung der Thiophenketone.* Durch Umsetzung von Thiophen (I) mit Isobutyrylchlorid bzw. Trimethylacetylchlorid in Ggw. von $SnCl_4$ ($AlCl_3$ begünstigt die Polymerisation von I) entstehen *2-Isobutyrothienon* [$Kp._{18}$ 115 bis 117°; 77% (Ausbeute); *Oxim*, F. 99—100°; *Semicarbazon*, F. 150°; *Phenylhydrazon*, $Kp._{20}$ 210—213°] bzw. *2-Trimethylacetothienon* ($Kp._{16}$ 115—116°; 62%; *Oxim*, F. 143°; *Semicarbazon*, F. 132—133°; *Phenylhydrazon*, $Kp._{15}$ 206—207°). 2.5-Dimethylthiophen, in dem beide α-Stellungen besetzt sind, wird durch Säurechloride unter den gleichen Bedingungen in 3-Stellung substituiert; es wurden so dargestellt: *2.5-Dimethyl-3-acetothienon* ($Kp._{15}$ 114—115°; 70%; *Oxim*, F. 83°; *Semicarbazon*, F. 215°; *Phenylhydrazon*, F. 70°), *2.5-Dimethyl-3-isobutyrothienon* ($Kp._{15}$ 126—127°; 88%; *Oxim*, F. 97°; *Semicarbazon*, F. 109°) u. *2.5-Dimethyl-3-trimethylacetothienon* ($Kp._{15}$ 129—130°; 56%; *Oxim*, F. 146°; *Semicarbazon*, F. 177—178°; *Phenylhydrazon*, $Kp._{25}$ 219—220°). — Zur Darst. von 2.5-unsubstituierten 3-Acylthiophenen wurde 3-Bromthiophen mit Mg mit Hilfe von C_2H_5Br in die GRIGNARD-Verb. übergeführt u. diese mit Propionitril bzw. Pivalonitril zu *3-Propiothienon* ($Kp._{25}$ 112—114°; *Semicarbazon*, F. 195—196°; *Oxim*, F. 67—68°) bzw. *3-Trimethylacetothienon* ($Kp._{23}$ 118—119°; *Oxim*, F. 143°; *Semicarbazon*, F. 139—140°) umgesetzt. (C. R. hebd. Séances Acad. Sci. **234.** 1981—83. 12/5. 1952.) SPAETH. 3071

Nelson J. Leonard, Sherlock Swann jr. und Hugh L. Dryden jr., *Die elektrolytische Reduktion von α-Aminoketonen.* Die elektrolyt. Red. von Aminoketonen (I) wurde systemat. untersucht, um den Einfl. a) der Struktur (α- u. β-I, Ringgröße), b) des Kathodenmaterials (Cd, Pb, Cu, Sn), c) der Reduktionstemp. (60 u. 20°) zu bestimmen. Aus 1-Methyl-2-äthylpiperidon-(3) (II) wurde bei 60° in H_2SO_4 mit Cd-Kathode *1-Methyl-2-propylpyrrolidin* (IV) gebildet (dasselbe Prod. entstand durch CLEMMENSEN-Red.); bei 20° mit Cd- oder Pb-Kathode entstand *N-Methylheptylamin* (III). „Chem." Red. bei 20° mit amalgamiertem Zn/HCl lieferte ebenfalls III. Die Anfangsstufe der Red., die zur Ringöffnung u./oder Umlagerung führt, ist eine Spaltung der $C_{(\alpha)}$—N-Bindung. Die Natur der isolierten Reduktionsprodd. ist abhängig von der Struktur des bei der anfänglichen $C_{(\alpha)}$—N-Spaltung entstandenen Zwischenprod., der Reduktionstemp. u. der relativen Aktivität der Elektroden. Alle Redd. wurden durchgeführt in 30%ig. H_2SO_4 mit Stromdichten von 0,053—0,073 A/cm². Nach Beendigung der Red. wurde das Reaktionsgemisch stark alkal. gestellt u. extrahiert (Ae.) oder mit Dampf abgetrieben. Die elektrolyt. Red. von 1-Butylpyrrolidon-(3) (V) führte zu *Dibutylamin* (VI), *1-Butyl-3-oxypyrrolidin* (VII) u. *1-Butylaminobutanol-(3)* (VIII).

Versuche: Beschreibung der Versuchsanordnung; pro Mol I 6 Farad. — Red. von II mit Cd-Kathode lieferte bei 60°: *1-Methyl-2-propylpyrrolidin* (IV), $Kp._{55}$ 72—74°, n_D^{20} 1,4371—1,4378; 41% (Ausbeute); *Pikrolonat*, F. 169,6—171,6° (Zers., A.); *Pikrat*, F. 122,5—124° (Essigester); u. *1-Methyl-2-äthyl-3-oxypiperidin*, $Kp._4$ 73—77°; n_D^{20}

1,4800; 10%; *Pikrat*, F. 107—109° (A.). Bei 20°: *N-Methylheptylamin* (III), Kp.$_{139}$ 110 bis 111°, n_D^{20} 1,4257; 36%. III auch aus Methylamin + Heptyljodid, Kp. 164—166°, n_D^{20} 1,4232. *Pikrat*, F. 96,2—97,2° (A./W.). *Pikrolonat*, F. 175,5—176,5° (Zers., A.). — Pb-Kathode, 60°: 36% III u. 20% IV. 20°: 54% III. — Cu-Kathode, 60°: *1-Methyl-2-propyl-Δ²-pyrrolin*, Kp.$_{148}$119°, n_D^{20} 1,4733; 27%; *Pikrolonat*, F. 96—97° (Zers., Essigester/Hexan; Vorerhitzen des Bades auf 94°); u. 11% IV. Bei 20° 94% II zurück. — Sn-Kathode, 60°: 78% II zurück. 20°: 85% zurück. — Red. von V mit Cd-Kathode bei 60°: *Dibutylamin* (VI), Kp.$_{59}$ 84—85°, n_D^{20} 1,4186—1,4189; 64%; *Phenylthioharnstoffderiv.*, F. 84—85,5° (A./W.); *1-Butylaminobutanol-(3)* (VIII), Kp.$_{20}$ 112—115°, n_D^{20} 1,4359—1,4491; *Pikrolonat*, F. 204—206° (Zers., A.); VII-*Pikrolonat*, F. 166,5 bis 168,5° (Zers., A.); VII + VIII 21%. Bei 20°: 37% VI u. 39% VII + VIII. — *1-Methylpiperidin*, Kp.$_{750}$ 105—106°, n_D^{20} 1,4370, durch Red. von 1-Methylpiperidon-(4) mit Cd-Kathode bei 60°; 59%; oder nach WOLFF-KISHNER; 58%; *Pikrat*, F. 222 bis 225° (Zers., A.). — Red. von Dimethylaminoaceton mit Cd-Kathode bei 60° lieferte 25% *Dimethylamin*; *Pikrat*, F. 157—158°. — *1-Butyl-3-oxypyrrolidin* (VII), $C_8H_{17}ON$, Kp.$_{22}$ 120°, n_D^{20} 1,4659, aus V in Ae. mit $LiAlH_4$; 80%. *Pikrolonat*, $C_{18}H_{25}O_6N_5$, F. 167,5 bis 165,9° (Zers.; A.). — VIII, Kp.$_{23}$ 115—119°, n_D^{20} 1,4435—1,4442, aus frisch dest. Methylvinylketon u. Butylamin (30 Min. bei 5°), dann $LiAlH_4$ in Ae. zugeben; 44%. *Pikrolonat*, $C_{18}H_{27}O_6N_5$, F. 203—204° (Zers.; A.). — Aus II entstand durch Red. mit amalgamierten Zn/HCl bei 20° III, Kp.$_{145}$ 112—114°, n_D^{20} 1,4211—1,4218; 24%. (J. Amer. chem. Soc. **74**. 2871—75. 5/6. 1952. Urbana, Univ. of Illinois, Chem. Labor.)

GOEBEL. 3081

Noel Lozac'h und Jean Teste, *Einen Thiophenkern enthaltende 1.2-Dithiolthione-(3)*. Von 3 untersuchten Thiophenverbb. mit ungesätt. Seitenkette ließ sich nur *1-[α-Thienyl]-propen* (I) zu *5-[α-Thienyl]-1.2-dithiolthion-(3)* (II) sulfurieren, während *2-[α-Thienyl]-propen* u. *2-[α-Thienyl]-buten-(2)* kein Dithiolthion ergaben. Die Konst. von II wurde durch Darst. aus α-Thenoylessigsäureäthylester (III) u. P_2S_5 gesichert. Analog entsteht aus 2-[α-Thenoyl]-propionsäureäthylester (F. 129°) ein rotes Prod. vom F. 90°, das *4-Methyl-5-[α-thienyl]-1.2-dithiolthion-(3)* sein dürfte.

V e r s u c h e: *1-[α-Thienyl]-propen* (I), Kp.$_{14}$ 63°, aus α-Thiophenaldehyd u. C_2H_5MgBr u. Dehydratisierung des entstandenen Alkohols mit $KHSO_4$; n_D^{24} 1,5713. — *α-Thenoylessigsäureäthylester* (III), $C_9H_{10}O_3S$, F. 24° (Ae.), durch Kondensation von α-Thenoesäureäthylester mit überschüssigem Essigsäureäthylester in Ggw. von Na durch 7std. Kochen, Aufnehmen in Ae., Abfiltrieren, Aufnehmen in Eiswasser, Ansäuern mit HCl u. Ausäthern; Kp.$_{3-4}$ 135—140°; 30% Ausbeute. — *5-[α-Thienyl]-1.2-dithiolthion-(3)* (II), $C_7H_4S_4$, F. 130°, a) durch Umsetzung von I mit S während 2 Std. bei 200°, Aufnehmen in warmem Xylol, Filtration, Ausfällen mit $HgCl_2$ u. Zers. der Hg-Verb. mit Na_2S; aus A. braunrote Kristalle; b) aus III u. P_2S_5 nach LOZAC'H u. LEGRAND (C. R. hebd. Séances Acad. Sci. **234**. [1952.] 1291). — *2-[α-Thienyl]-propen*, Kp.$_{15}$ 60—61°, aus α-Acetothienon u. CH_3MgBr u. Dehydratisierung des entstandenen Alkohols mit $KHSO_4$; n_D^{24} 1,5605. — *2-[α-Thienyl]-buten-(2)*, Kp.$_{15}$ 85—88°, wie vorst. mit C_2H_5MgBr; n_D^{23} 1,5648. (C. R. hebd. Séances Acad. Sci. **234**. 1891—93. 5/5. 1952.)

SPAETH. 3112

Robert J. Ferm, J. L. Riebsomer, G. H. Daub und E. L. Martin, *Synthese von Δ²-Imidazolinen und Imidazolidonen-(2)*. Bei der Umsetzung von *[4.4-Dimethyl-1-isopropyl-Δ²-imidazolinyl-(2)]-essigsäureäthylester* (II) bzw. *α-[4.4-Dimethyl-1-isopropyl-Δ²-imidazolinyl-(2)]-buttersäureäthylester* (III) mit 1.2-Diaminen entstehen statt der erwarteten Bisimidazoline *Imidazolidone-(2)* u. *Δ²-Imidazoline*. Der Mechanismus dieser Rk. wird diskutiert. Zum Konstitutionsbeweis werden die Imidazolidone-(2) auch aus den entsprechenden Diaminen u. Harnstoff synthetisiert.

V e r s u c h e: Die Umsetzung von II mit 1.2-Diaminen erfolgt nach PACHTER u. RIEBSOMER (J. org. Chemistry **15**. [1950.] 241). Außer dem Imidazolidon-(2) bildet sich in jedem Fall *1-Isopropyl-2.4.4-trimethyl-Δ²-imidazolin* (I), Kp.$_{28}$ 89—90°; *Pikrat*, F. 183°. — *4.4-Dimethyl-1-[p-tolyl]-imidazolidon-(2)*, $C_{12}H_{16}ON_2$, F. 181—181,5° (A.), a) aus II u. *N-[2-Aminoisobutyl]-p-toluidin* (IV); 90% (Ausbeute); daneben I; 91%. b) Aus IV u. Harnstoff nach MARTELL u. FROST (C. **1951**. I. 2430); 86%. — *4.4-Dimethyl-1-isopropylimidazolidon-(2)* (V), $C_8H_{16}ON_2$, F. 164°; 87 bzw. 73%. I; 65%. — *1-sek.-Butyl-4.4-dimethylimidazolidon-(2)*, $C_9H_{18}ON_2$, F. 111—112°; 90 bzw. 91%. I; 92%. — *4.4-Dimethyl-1-phenylimidazolidon-(2)*, $C_{11}H_{14}ON_2$, F. 134—135°; 92 bzw. 86%. I; 70%. — *α-[4.4-Dimethyl-1-isopropyl-Δ²-imidazolinyl-(2)]-buttersäureäthylester* (III), durch Alkylierung von II mit C_2H_5Br in Ggw. von NaH. — *4.4-Dimethyl-1-isopropyl-2-n-propyl-Δ²-imidazolin*, $C_{11}H_{22}N_2$, Kp. 97—103°, durch 8std. Erhitzen von III mit N-[2-Aminoisobutyl]-isopropylamin auf 160°, Abkühlen, nochmaliges 8std. Erhitzen auf 190 bis 200°, Zugabe von PAe., Stehen auf Eis über Nacht, Abfiltrieren von **V** (31%) u. Dest.; 60%. (J. org. Chemistry **17**. 181—84. Febr. 1952. Albuquerque, N. Mex., Univ., Dep. of Chem.) Rosdorff. 3122

Irving Allan Kaye und Chester L. Parris, *Darstellung von sekundären und tertiären Thiazolyl-(2)-aminen.* Zur Darst. der genannten Amine wurden 2 Methoden untersucht, nämlich **A**: Kondensation von Dimethylchloracetal (I) mit den entsprechend substituierten Thioharnstoffen, u. **B**: Umsetzung von 2-Bromthiazol (**IV**) mit Aminen. Meth. **A** erwies sich als überlegen. Reduktive Alkylierung von 2-Aminothiazol mit Benzaldehyd in HCOOH oder Red. von 2-Benzylidenaminothiazol mit HCOOH gelang nicht. *N.N-Diäthyl-N'-benzyl-N'-[thiazolyl-(2)]-äthylendiamin* (**II**) hatte 1,5% *N.N-Dimethyl-N'-benzyl-N'-[thiazolyl-(2)]-äthylendiamin* (**III**) 20% der Antihistaminwrkg. von Pyribenzamin; **III** zeigte 0,15% der Aktivität des Atropins gegen Acetylcholin. Da **II** bei Raumtemp. eine Fl. ist, bezweifeln Vff. die Identität der von Fox u. Wenner (C. **1952**. 1634) als **II** beschriebenen Verb. vom F. 121—122°.

Versuche (FF. korr.): Nachst. Zwischenprodd. wurden nach bekannten Methoden dargestellt: *2-Bromthiazol* (**IV**), $Kp._{32}$ 82—85°; 67% (Ausbeute). *Benzylidenäthylamin,* $Kp._{95}$ 128—129°; 93%. *N-Äthylbenzylamin,* $Kp._{82}$ 124—125°; 94%. *Benzylisothiocyanat,* $Kp._3$ 105—107°; 91%. *Äthylisothiocyanat,* $Kp._{120}$ 60—70°; 89%. *N-Benzoyl-N'-benzylthioharnstoff,* $C_{15}H_{14}ON_2S$, F. 124—124,5° (Isopropanol); 71%. *N-Benzylthioharnstoff* (**VI**); 92%. *N-Äthylthioharnstoff*; 70%. *N-Benzyl-N'.N'-dibenzylthioharnstoff,* $C_{22}H_{20}ON_2S$, F. 142—143° (Isopropanol); 79,5%. — *Benzoyl-[2-diäthylaminoäthyl]-cyanamid,* $C_{14}H_{21}N_3$, $Kp._5$ 179—180°, durch tropfenweises Versetzen von N.N-Diäthyl-N'-benzyläthylendiamin in Bzl. mit BrCN in Bzl., 4std. Erwärmen auf dem Dampfbad, Versetzen mit wss. NaOH u. Fraktionieren der Benzolschicht; 89%. — *Äthylbenzylcyanamid* (**V**), $Kp._{12}$ 157—158°, analog; 95%. — *Dibenzylcyanamid,* F. 60 bis 62°, analog (100%) oder aus Ca-Cyanamid u. Benzylchlorid (60%); $Kp._3$ 180—185°. — *N-Äthyl-N-benzylthioharnstoff,* $C_{10}H_{14}N_2S$, F. 122,5—123,5° (Isopropanol), durch Einleiten von NH_3 u. H_2S in die Lsg. von **V** in mit NH_3 gesätt. CH_3OH $< 35°$ während 1 Std., weiteres 1std. Einleiten von H_2S u. Zugabe von Eis u. W.; 74%. — *N.N-Dibenzylthioharnstoff,* analog; 73%. — *2-Benzylaminothiazol,* $C_{10}H_{10}N_2S$, F. 126—127,5° (Isopropanol), nach Meth. **A** durch 18std. Erwärmen von **VI** u. **I** in W. u. Alkalisieren; 94% (roh); oder nach Meth. **B** aus **IV** u. Benzylamin durch 72std. Kochen in Cumol oder Xylol; 9,5%. — *2-Äthylaminothiazol,* $C_5H_8N_2S$, F. 49—50° (Hexan), analog nach **A**; 70% (roh). *Pikrat,* $C_5H_8N_2S \cdot C_6H_3O_7N_3$, F. 182—183° (Aceton). — *N.N-Diäthyl-N'-[thiazolyl-(2)]-äthylendiamin,* $Kp._{0,4}$ 112—115°, nach **B** durch 3,5std. Kochen von **IV** u. 2-Diäthylaminoäthylamin in Pyridin, Zugabe von W., Sättigen mit K_2CO_3 u. Extraktion mit Ae.; 60%. *Dihydrochlorid,* $C_9H_{17}N_3S \cdot 2HCl$, F. 181,5—182,5° (Isopropanol). — *2-N-Äthyl-N-benzylaminothiazol,* $C_{12}H_{14}N_2S$, $Kp._{0,1}$ 119—122°; **A**; 28%. *Pikrat,* $C_{12}H_{14}N_2S \cdot C_6H_3O_7N_3$, F. 153,5—154° (Aceton). — *2-Dibenzylaminothiazol,* $C_{17}H_{16}N_2S$, $Kp._{0,5}$ 116—120°, **A**; 57%. *Hydrochlorid,* $C_{17}H_{16}N_2S \cdot HCl$, F. 167—167,5° (Isopropanol). — *N.N-Dimethyl-N'-benzyl-[N'-thiazolyl-(2)]-äthylendiamin* (**III**), $C_{14}H_{19} \cdot N_3S$, $Kp._{0,4}$ 118—125°, **B**; 34%. *Oxalat,* $C_{14}H_{19}N_3S \cdot H_2C_2O_4$, F. 158,5—159,5° (Isopropanol). — *N.N-Diäthyl-N'-benzyl-N'-[thiazolyl-(2)]-äthylendiamin* (**II**), $C_{16}H_{23}N_3S$, $Kp._{0,9}$ 135—139°, **A**; 45%. *Oxalat,* $C_{16}H_{23}N_3S \cdot H_2C_2O_4$, F. 147,5—148,5° (Isopropanol). (J. Amer. chem. Soc. **74**. 2271—73. 5/5. 1952. Brooklyn, N. Y., Brooklyn Coll., Dep. of Chem.) Spaeth. 3142

Irving Allan Kaye und Chester L. Parris, *Alkylierung von 2-Aminothiazolen.* (Vgl. vorst. Ref.) Als 3. Meth. zur Darst. von N-Derivv. des 2-Aminothiazols (**I**) wurde die direkte Alkylierung von **I** untersucht u. gefunden, daß sich sek. Thiazolyl-(2)- amine in guter Ausbeute in Ggw. von $LiNH_2$ zu den N.N-disubstituierten Derivv. von **I** alkylieren lassen, während **I** nach derselben Meth. nur schlechte Ausbeuten an den N-monosubstituierten Derivv. liefert. In Abwesenheit des Katalysators reagiert **I** als 2-Iminothiazolin (**Ia**) u. liefert bei der Alkylierung 3-Derivv. von **Ia**.

Versuche (FF. korr.): *2-Imino-3-äthylthiazolinhydrojodid* (**IV**), $C_5H_8N_2S \cdot HJ$, F. 108,5—110,5 (Isopropanol), nach Meth. **B** (s. unten) 77% (Ausbeute). — *2-Imino-3-[2-diäthylaminoäthyl]-thiazolin,* $Kp._{0,1}$ 97—98°. *Dihydrochlorid,* $C_9H_{17}N_3S \cdot 2HCl$, F. 244—245° (Isporpanol), **B**; 86%. — *2-Imino-3-benzylthiazolin,* $C_{10}H_{10}N_2S$, F. 52 bis 53,5° (Hexan). *Hydrochlorid* (**II**), $C_{10}H_{10}N_2S \cdot HCl$, F. 182—183° (A.), **B**; 99%. — *2-Benzylimino-3-benzylthiazolin,* $C_{17}H_{16}N_2S$, $Kp._{0,03}$ 168—170°, nach Meth. **A** durch 16std. Erwärmen von N.N'-Dibenzylthioharnstoff u. Dimethylchloracetal in W. auf dem Dampfbad als *Hydrochlorid,* $C_{17}H_{16}N_2S \cdot HCl$, F. 217,5—218° Isopropanol); 82%; nach Meth. **B** durch 24std. Kochen von **I** mit Benzylchlorid (**III**) in Isopropanol ebenfalls als Hydrochlorid; 63%; nach Meth. **C** durch 24std. Kochen von **II** u. **III** in

Ggw. von K_2CO_3 in Isopropanol; 64%. — *2-Benzylimino-3-äthylthiazolin*, $C_{12}H_{14}N \cdot S$, Kp.$_{0,06}$ 120—124°, aus **IV** u. **III** nach **C**; 71%. *Oxalat*, $C_{12}H_{14}N_2S \cdot H_2C_2O_4$, F. 144—145° (Isopropanol). — *2-Äthylimino-3-benzylthiazolin*, $C_{12}H_{14}N_2S$, Kp.$_{0,07}$ 113—114°, aus **II** u. C_2H_5J nach **C**; 75%. *Oxalat*, $C_{12}H_{14}N_2S \cdot H_2C_2O_4$, F. 147—149° (Isopropanol). — *2-Dibenzylaminothiazol*, Kp.$_{0,04}$ 148—154°, durch 24std. Kochen von 2-Benzylaminothiazol (**V**) u. **III** mit $LiNH_2$ in Bzl., Filtration u. Dest.; 61%. *Hydrochlorid*, F. 166—167°. — Analog: **V**, F. 126—127°, aus **I**; 6%. — *2-N-Benzyl-N-äthylaminothiazol*, Kp.$_{0,04}$ 109 bis 113°, aus 2-Äthylaminothiazol; 72%. *Pikrat*, F. 152—153,5°. — *N.N-Dimethyl-N'-benzyl-N'-[thiazolyl-(2)]-äthylendiamin*, Kp.$_{0,05}$ 119—121°, aus **V**; 89%. *Oxalat*, F. 157—158°. *Pikrat*, $C_{14}H_{19}N_3S \cdot C_6H_3O_7N_3$, F. 121,5—123° (Isopropanol). — *N.N-Diäthyl-N'-benzyl-N'-[thiazolyl-(2)]-äthylendiamin*, Kp.$_{0,06}$ 134—135° bzw. Kp.$_{0,4}$ 123 bis 127° (? der Referent), aus **V**; 89%; oder nach FOX u. WENNER (C. **1952**. 1634, Kp.$_{0,4}$ 123—127°; 48%. *Dihydrochlorid*, F. 181—183°. *Oxalat*, F. 149—150°. (J. Amer. chem. Soc. 74. 2921—22. 5/6. 1952.) SPAETH. 3142

Robert M. Herbst, Carleton W. Roberts, Horace T. F. Givens und Edward K. Harvill, *Synthese von Nitro- und Aminophenyltetrazolen.* Nach der Meth. von v. BRAUN u. RUDOLPH (Ber. dtsch. chem. Ges. **74**. [1941.] 264) werden N-Alkylnitrobenzamide oder Acylnitroaniline mit PCl_5 in die entsprechenden *Imidchloride* übergeführt u. diese ohne Isolierung mit NH_3 in Bzl. zu *Alkylnitrophenyltetrazolen* umgesetzt, deren katalyt. Hydrierung *Alkylaminophenyltetrazole* lieferte, über deren physiol. Wrkg. bereits von GROSS u. FEATHERSTONE (J. Pharmacol. exp. Therapeut. **92**. [1948.] 330) berichtet wurde.

Versuche: Die Nitrobenzamide wurden aus o-, m- u. p-Nitrobenzoylchlorid u. den entsprechenden aliphat prim. Aminen (letztere im Überschuß oder in Ggw. von Pyridin) dargestellt, die Acylnitroaniline aus den Nitroanilinen mit aliphat. Säureanhydriden oder -chloriden. Acylnitroaniline: *Propionyl-m-*, $C_9H_{10}O_3N_2$, F. 104—104,5° (Isopropanol); 85% (Ausbeute). — *n-Butyryl-m-*, $C_{10}H_{12}O_3N_2$, F. 59 bis 59,5° (Ae.-PAe.), Kp.$_4$ 206—207°; 74%. — *Isobutyryl-m-* (**I**), $C_{10}H_{12}O_3N_2$, F. 95,5 bis 96,5° u. F. 103—104° (CH_3OH), polymorphe Formen, die sich durch Impfen der gesätt. Lsg. ineinander umwandeln lassen; 86%. — *n-Valeroyl-m-*, $C_{11}H_{14}O_3N_2$, F. 67,5 bis 68° (50%ig. Methanol); 68%. — *Isovaleroyl-o-*, $C_{11}H_{14}O_3N_2$, F. 73—73,5° (Heptan); 41%. — *Isovaleroyl-m-*, $C_{11}H_{14}O_3N_2$, F. 95—96° (Ae.-PAe.), Kp.$_2$ 207—209°; 76%. — *Isovaleroyl-p-*, $C_{11}H_{14}O_3N_2$, F. 126,5—128° (Toluol); 86%. — *n-Caproyl-m-*, $C_{12}H_{16}O_3N_2$, F. 63—64° (Ae.-PAe.); 80%. — *Isocaproyl-m-*, $C_{12}H_{16}O_3N_2$, F. 77,5—78,5° (Toluol-Heptan); 85%. — *Isocaproyl-p-*, $C_{12}H_{16}O_3N_2$, F. 73—74,5° (Toluol); 88%. — *Diäthylacetyl-m-*, $C_{12}H_{16}O_3N_2$, F. 122,5—123,5° (Bzl.); 91%. — *n-Heptanoyl-m-*, $C_{13}H_{18}O_3N_2$, F. 54—55,5° (Ae.-PAe.); 52%. — *n-Capryloyl-m-*, $C_{14}H_{20}O_3N_2$, F. 69,5—70,5° (50%ig. Isopropanol); 75%. — *2-Äthylhexanoyl-m-*, $C_{14}H_{20}O_3N_2$, F. 90,5—91,5° (Toluol); 83%. — *Hexahydrobenzoyl-o-*, $C_{13}H_{16}O_3N_2$, F. 79,5—80,5° (Toluol-Heptan); 85%. — *Hexahydrobenzoyl-m-*, $C_{13}H_{16}O_3N_2$, F. 128—129° (Toluol); 85%. — *Hexahydrobenzoyl-p-*, $C_{13}H_{16}O_3N_2$, F. 162—163° (Toluol). — N-Alkylnitrobenzamide: *N-Methyl-o-*, $C_8H_8O_3N_2$, F. 109—110° (Toluol); 48%. — *N-n-Propyl-m-*, $C_{10}H_{12}O_3N_2$, F. 77 bis 78° (50%ig. Isopropanol) 76%. — *N-Isopropyl-m-*, $C_{10}H_{12}O_3N_2$, F. 131—131,5° (CH_3OH); 85%. — *N-n-Butyl-m-*, $C_{11}H_{14}O_3N_2$, F. 73—74° (CH_3OH); 90%. — *N-Isobutyl-o-*, $C_{11}H_{14}O_3N_2$, F. 79,5—80,5° (50%ig. Isopropanol); 68%. — *N-Isobutyl-m-*, $C_{11}H_{14}O_3N_2$, F. 123—124,5° (CH_3OH); 91%. — *N-Isobutyl-p-*, $C_{11}H_{14}O_3N_2$, F. 121,5 bis 122° (CH_3OH); 68%. — *1-m-Nitrophenyl-5-isopropyltetrazol* (**II**), $C_{10}H_{11}O_2N_5$, F. 115° (Isopropanol), durch portionsweises Eintragen von PCl_5 in die Suspension von **I** in Bzl. unter Rühren, ½std. Durchleiten von Luft, portionsweise Zugabe einer 7,5%ig. NH_3-Lsg. in Bzl., 2std. Rühren bei Raumtemp., 2std. Kochen, Eindampfen unter vermindertem Druck, Zugabe von W. u. konz. HCl, 2std. Kochen, Kühlen u. Abfiltrieren; 87%. — Analog folgende Nitrophenylalkyltetrazole: *1-o-Nitrophenyl-5-methyl-*, $C_8H_7O_2N_5$, F. 116,5—117° (Bzl.); 47%. — *1-m-Nitrophenyl-5-methyl-*, $C_8H_7O_2N_5$, F. 148—150° (87%ig. Isopropanol); 57%. — *1-p-Nitrophenyl-5-methyl-*, $C_8H_7O_2N_5$, F. 130—133° (87%ig. Isopropanol); 58%. — *1-m-Nitrophenyl-5-äthyl-*, $C_9H_9O_2N_5$, F. 120—122° (87%ig. Isopropanol); 66%. — *1-m-Nitrophenyl-5-n-propyl-*, $C_{10}H_{11}O_2N_5$, F. 55—56° (60%ig. Isopropanol); 47%. — *1-m-Nitrophenyl-5-n-butyl-*, $C_{11}H_{13}O_2N_5$, Öl; 63%. — *1-o-Nitrophenyl-5-isobutyl-*, $C_{11}H_{13}O_2N_5$, F. 108—109° (Toluol-Heptan); 65%. — *1-m-Nitrophenyl-5-isobutyl-*, $C_{11}H_{13}O_2N_5$, F. 80,5—81° (90%ig. CH_3OH); 85%. — *1-p-Nitrophenyl-5-isobutyl-*, $C_{11}H_{13}O_2N_5$, F. 89,5—90,5° (Isopropanol); 84%. — *1-m-Nitrophenyl-5-n-amyl-*, $C_{12}H_{15}O_2N_5$, F. 51—51,5° (Isopropanol); 70%. — *1-m-Nitrophenyl-5-isoamyl-*, $C_{12}H_{15}O_2N_5$, F. 41—41,5° (Isopropanol); 70%. — *1-p-Nitrophenyl-5-isoamyl-*, $C_{12}H_{15}O_2N_5$, Öl; 78%. — *1-m-Nitrophenyl-5-[n-amyl-(3)]-*, $C_{12}H_{15}O_2N_5$, F. 77,5—78,5° (Bzl.-Heptan); 65%. — *1-m-Nitrophenyl-*

5-n-hexyl-, $C_{13}H_{17}O_2N_5$, F. 52—53° (Isopropanol); 80%. — *1-m-Nitrophenyl-5-n-heptyl-*, $C_{14}H_{19}O_2N_5$, F. 33—34° (Isopropanol); 51%. — *1-m-Nitrophenyl-5-[n-heptyl-(3)]-*, $C_{14}H_{19}O_2N_5$, Öl; 85%. — *1-o-Nitrophenyl-5-cyclohexyl-*, $C_{13}H_{15}O_2N_5$, F. 138—139° (Bzl.); 41%. — *1-m-Nitrophenyl-5-cyclohexyl-*, $C_{13}H_{15}O_2N_5$, F. 135—136° (Isopropanol); 88%. — *1-p-Nitrophenyl-5-cyclohexyl-*, $C_{13}H_{15}O_2N_5$, F. 113,5—114,5° (Isopropanol); 81%. — *1-Methyl-5-o-nitrophenyl-*, $C_8H_7O_2N_5$, F. 89—90° (Toluol-Heptan); 77%. — *1-Methyl-5-m-nitrophenyl-*, $C_8H_7O_2N_5$, F. 146—148° (87%ig. Isopropanol); 60%. — *1-Methyl-5-p-nitrophenyl-*, $C_8H_7O_2N_5$, F. 123—126° (87%ig. Isopropanol); 72%. — *1-Äthyl-5-m-nitrophenyl-*, $C_9H_9O_2N_5$, F. 88—88,5° (87%ig. Isopropanol); 38%. — *1-n-Propyl-5-m-nitrophenyl-*, $C_{10}H_{11}O_2N_5$, F. 61,5—62° (60%ig. Isopropanol); 68%. — *1-Isopropyl-5-m-nitrophenyl-*, $C_{10}H_{11}O_2N_5$, F. 111—112° (90%ig. CH_3OH); 90%. — *1-n-Butyl-5-m-nitrophenyl-*, $C_{11}H_{13}O_2N_5$, Öl; 83%. — *1-Isobutyl-5-o-nitrophenyl-*, $C_{11}H_{13}O_2N_5$, F. 106,5—107° (Isopropanol); 87%. — *1-Isobutyl-5-m-nitrophenyl-*, $C_{11}H_{13}O_2N_5$, F. 82 bis 83,5° (75%ig. Isopropanol); 89%. — *1-Isobutyl-5-p-nitrophenyl-*, $C_{11}H_{13}O_2N_5$, F. 108—108,5° (Isopropanol); 81%. — *1-m-Aminophenyl-5-isopropyltetrazol*, $C_{10}H_{13}N_5$, F. 103—103,5° (Isopropanol), durch Hydrierung von II in Eisessig in Ggw. von PtO_2 unter 50 lbs./sq.in. H_2-Anfangsdruck während 40 Min., Eindampfen unter vermindertem Druck, kurzes Aufkochen mit sehr verd. HCl, Filtration u. Alkalisieren mit konz. NH_4OH; 90%. *Hydrochlorid*, F. 125—126°, krist. aus 95%ig. Isopropanol als *Monohydrat*, F. 90—92°. *Acetylderiv.*, $C_{12}H_{15}ON_5$, F. 152,5—153,5°. Analog nachst. Alkylaminophenyltetrazole: *1-o-Aminophenyl-5-methyl-*, $C_8H_9N_5$, F. 102,5 bis 103,5° (W.); 40%. *Hydrochlorid*, F. 190—192° (Zers.). *Acetylderiv.*, $C_{10}H_{11}ON_5$, F. 139,5 bis 140°. — *1-m-Aminophenyl-5-methyl-*, $C_8H_9N_5$, F. 122—124° (W.); 69%. *Hydrochlorid*, F. 202—203° (Zers.). *Acetylderiv.*, $C_{10}H_{11}ON_5$, F. 170—171°. — *1-p-Aminophenyl-5-methyl-*, $C_8H_9N_5$, F. 146,5—147° (W.); 63%. *Hydrochlorid*, F. 197—198° (Zers.). *Acetylderiv.*, $C_{10}H_{11}ON_5$, F. 146—147°. — *1-m-Aminophenyl-5-äthyl-*, $C_9H_{11}N_5$, F. 114 bis 114,5° (W.); 90%. *Hydrochlorid*, F. 187—188° (Zers.). *Acetylderiv.*, $C_{11}H_{13}ON_5$, F. 145,5—146,5°. — *1-m-Aminophenyl-5-n-propyl-*, $C_{10}H_{13}N_5$, F. 124,5—125° (W.); 78%. *Hydrochlorid*, F. 170—172°. *Acetylderiv.*, $C_{12}H_{15}ON_5$, F. 140,5—141°. — *1-m-Aminophenyl-5-n-butyl-*, $C_{11}H_{15}N_5$, F. 112,5—113,5° (W.); 73%. *Hydrochlorid*, F. 143—144°, krist. aus 95%ig. Isopropanol-Ae. als *Monohydrat*. *Acetylderiv.*, $C_{13}H_{17}ON_5$, F. 111 bis 112°. — *1-m-Aminophenyl-5-isobutyl-*, $C_{11}H_{15}N_5$, F. 87,5—88° (50%ig. CH_3OH); 51%. *Hydrochlorid*, F. 150—152°. *Acetylderiv.*, $C_{13}H_{17}ON_5$, F. 126,5—127,5°. — *1-p-Aminophenyl-5-isobutyl-*, $C_{11}H_{15}N_5$, F. 106,5—107,5° (90%ig. CH_3OH); 78%. *Hydrochlorid*, F. 193—195° (Zers.). *Acetylderiv.*, $C_{13}H_{17}ON_5$, F. 111—112°. — *1-m-Aminophenyl-5-n-amyl-*, $C_{12}H_{17}N_5$, F. 98—99° (Isopropanol); 73%. *Hydrochlorid*, F. 161—162°. *Acetylderiv.*, $C_{14}H_{19}ON_5$, F. 81—82°. — *1-m-Aminophenyl-5-isoamyl-*, $C_{12}H_{17}N_5$, F. 102 bis 103° (Isopropanol); 75%. *Hydrochlorid*, F. 176—178°. *Acetylderiv.*, $C_{14}H_{19}ON_5$, F. 108—109°. — *1-p-Aminophenyl-5-isoamyl-*, $C_{12}H_{17}N_5$, Öl; 85%. *Hydrochlorid*, F. 189—191°. *Acetylderiv.*, $C_{14}H_{19}ON_5$, F. 114—115°. — *1-m-Aminophenyl-5-[n-amyl-(3)]-*, $C_{12}H_{17}N_5$, F. 139—140° (Isopropanol); 65%. *Acetylderiv.*, $C_{14}H_{19}ON_5$, F. 188 bis 189°. — *1-m-Aminophenyl-5-n-hexyl-*, $C_{13}H_{19}N_5$, F. 76—77° (50%ig. Isopropanol); 95%. *Hydrochlorid*, F. 155—157°. *Acetylderiv.*, $C_{15}H_{21}ON_5$, F. 93—94°. — *1-m-Aminophenyl-5-n-heptyl-*, $C_{14}H_{21}N_5$, F. 96—96,5° (Toluol-Heptan); 77%. *Hydrochlorid*, F. 161—162°. *Acetylderiv.*, $C_{16}H_{23}ON_5$, F. 94—95°. — *1-m-Aminophenyl-5-[n-heptyl-(3)]-*, $C_{14}H_{21}N_5$, F. 139—140° (Isopropanol); 77%. *Acetylderiv.*, $C_{16}H_{23}ON_5$, F. 120,5—121°. — *1-m-Aminophenyl-5-cyclohexyl-*, $C_{13}H_{17}N_5$, F. 158—159° (75%ig. Isopropanol); 96%. *Hydrochlorid*, F. 122—124°, krist. aus 95%ig. Isopropanol-Ae. als *Monohydrat*. *Acetylderiv.*, $C_{15}H_{19}ON_5$, F. 196—197°. — *1-p-Aminophenyl-5-cyclohexyl-*, $C_{13}H_{17}N_5$, F. 152,5 bis 153° (75%ig. Isopropanol); 86%. *Hydrochlorid*, F. 179—181°. *Acetylderiv.*, *Monohydrat*, $C_{15}H_{19}ON_5 \cdot H_2O$, F. 96—97°. — *1-Methyl-5-o-aminophenyl-*, $C_8H_9N_5$, F. 94° (Bzl.); 68%. *Hydrochlorid*, F. 202—204° (Zers.). *Acetylderiv.*, $C_{10}H_{11}ON_5$, F. 120—121°. — *1-Methyl-5-m-aminophenyl-*, $C_8H_9N_5$, F. 157—159° (W.); 51%. *Hydrochlorid*, F. 207 bis 208° (Zers.). *Acetylderiv.*, $C_{10}H_{11}ON_5$, F. 173—174°. — *1-Methyl-5-p-aminophenyl-*, $C_8H_9N_5$, F. 157—158° (W.); 69%. *Hydrochlorid*, F. 207—208° (Zers.). *Acetylderiv.*, $C_{10}H_{11}ON_5$, F. 208—209°. — *1-Äthyl-5-m-aminophenyl-*, $C_9H_{11}N_5$, F. 119,5—120,5° (W.); 71%. *Hydrochlorid*, F. 218—220° (Zers.). *Acetylderiv.*, $C_{11}H_{13}ON_5$, F. 108—109°. — *1-n-Propyl-5-m-aminophenyl-*, $C_{10}H_{13}N_5$, F. 90—91° (W.); 87%. *Hydrochlorid*, F. 188 bis 190° (Zers.). *Acetylderiv.*, $C_{12}H_{15}ON_5$, F. 143—143,5°. — *1-Isopropyl-5-m-aminophenyl-*, $C_{10}H_{13}N_5$, F. 81,5—82,5° (50%ig. CH_3OH); 50%. *Hydrochlorid*, F. 224—225° (Zers.). *Acetylderiv.*, $C_{12}H_{15}ON_5$, F. 80,5—81,5°. — *1-n-Butyl-5-m-aminophenyl-*, $C_{11}H_{15}N_5$, F. 87—88° (W.); 58%. *Hydrochlorid*, F. 116—117°. *Acetylderiv.*, $C_{13}H_{17}ON_5$, F. 98—99°. — *1-Isobutyl-5-o-aminophenyl-*, $C_{11}H_{15}N_5$, Öl; 85%. *Hydrochlorid*, F. 160 bis 162°. *Acetylderiv.*, $C_{13}H_{17}ON_5$, F. 118— 119°. — *1-Isobutyl-5-m-aminophenyl-*

$C_{11}H_{15}N_5$, F. 88—88,5° (50%ig. Isopropanol); 63%. *Hydrochlorid*, F. 197—199° (Zers.). *Acetylderiv.*, $C_{13}H_{17}ON_5$, F. 105—106°. — *1-Isobutyl-5-p-aminophenyl-*, $C_{11}H_{15}N_5$, F. 119 bis 120° (CH_3OH); 65%. *Hydrochlorid*, F. 169—170°. *Acetylderiv.*, *Monohydrat*, $C_{13}H_{17}ON_5 \cdot H_2O$, F. 76—77°. (J. org. Chemistry **17**. 262—71. Febr. 1952. Orange, N. J., E. Bilhuber, Inc., Res. Labor.) SPAETH. 3184

Martha Trissler und B. Prijs, *Über Spirocycloxanthenyl-(9)-hydantoin-(5').* Die Darst. von *Spirocycloxanthenyl-(9)-hydantoin-(5')* (I) gelang Vff. nach HENZE u. Mitarbeitern (J. org. Chemistry **12**. [1947.] 543) nur in 3%ig. Ausbeute, was sie auf die geringe Reaktionsfähigkeit der CO-Gruppe im Xanthon zurückführen. Ersatz des Xanthons durch Xanthion lieferte bei Verwendung von verd. A. als Lösungsm. unter Druck eine 4,5%ig. Ausbeute, die durch Verwendung von Acetamid statt A. auf 13% gesteigert werden konnte.

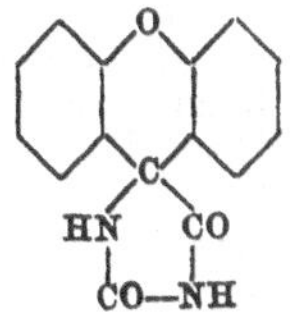

I

Versuche: *Spirocycloxanthenyl-(9)-hydantoin-(5')* (I), $C_{15}H_{10}\cdot O_3N_2$, F. 310° (Zers.), a) aus Xanthon, KCN, Acetamid + $(NH_4)_2CO_3$ im Autoklav während 15 Std. bei 60—70°, dann 22 Std. bei 100—110°, Aufnehmen in angesäuertem W., Suspendieren des gebildeten Nd. in 2nNaOH, Filtrieren u. Ansäuern des Filtrates; 3% (Rohausbeute); b) durch 3std. Erhitzen einer Suspension von Xanthion, KCN u. $(NH_4)_2CO_3$ in 50%ig. A. im Bombenrohr auf 75°, dann 20 Std. auf 105° u. Gießen in Alkali; 4,8%; c) in Acetamid (fl.) statt A. u. 30 Std. in Autoklav bei 100—110°; 13%. (Helv. chim. Acta **35**. 390—92. 1/2. 1952. Basel, Univ., Anstalt für anorgan. Chem.) LEHWALD. 3211

Alfred Dornow und Friedrich Boberg, *Über Derivate von Carbonylverbindungen der Pyridin- und Thiazolreihe.* Zur Prüfung auf tuberkulostat. Wrkg. werden einige *Thiosemicarbazone* von *Pyridin-3-* u. *Thiazol-5-carbonylverbb.* dargestellt, von denen nach vorläufigen Verss. schon das *Thiosemicarbazon* des *Pyridin-3-aldehyds* (II) wirksamer ist als Conteben, es besitzt allerdings eine beträchtliche Giftigkeit. Die benötigten Carbonylverbb. wurden nach bekannten Verff. erhalten, wobei zum Teil die Darst. der Zwischenstufen verbessert wurde. Die Herst. der Thiosemicarbazone gelang glatt aus den Carbonylverbb. u. Thiosemicarbazid (III) in W.; bei Verss., Tetrahydrofuran (I) als Lösungsm. zu benutzen, wurde das *Thiosemicarbazon des γ-Oxybutyraldehyds* erhalten, das sich über das Peroxyd von I gebildet haben dürfte, da frisch über Na dest. I dieses Deriv. nicht lieferte.

Versuche: *2-Methylnicotinsäurenitril*, F. 59°, a) durch 36std. Erhitzen von β-Aminocrotonsäurenitril u. β-Äthoxyacroleindiäthylacetal auf 115°; Kp.$_{14}$ 86—90°; 60% (Ausbeute); b) durch Überführung von 2-Methylnicotinsäureäthylester mit wss. NH_4OH in ein trockenes Gemisch von Amid u. Säure u. Erwärmen mit P_2O_5 im Vakuum; Kp.$_{14}$ 90—96°; 36%. — *4-Methylthiazol-5-carbonsäurenitril*, F. 53° (Ligroin), durch Erhitzen von 4-Methylthiazol-5-carbonsäureamid mit P_2O_5 im Vakuum; Kp.$_{15}$ 90°; 64%. — *Pyridal-p-phenetidin*, $C_{14}H_{14}ON_2$, F. 68° (Ligroin), durch 4std. Stehen von II mit p-Phenetidin; 92%. — *Schiffsche Base aus* II *u. p-Aminosalicylsäure*, $C_{13}H_{10}O_3N_2$, F. 270° (Zers.), aus den Komponenten in einer SOXHLET-App. (II in Dioxan als Extraktionsmittel). — *γ-Oxybutyraldehydthiosemicarbazon*, $C_5H_{11}ON_3S$, F. 114,5° (n-Butanol), a) aus III u. peroxydhaltigem I zuerst unter Kühlung, dann 1 Std. auf dem Wasserbad; b) aus dem Aldehyd u. I in n-Butanol (1½ Std. Rückfluß); 98%. — II-*Thiosemicarbazon*, $C_7H_8N_4S$, F. 226° (Zers.), aus einer heißen wss. Lsg. von III mit II in wenig warmem W., Stehen über Nacht u. Kristallisation aus n-Butanol; 70%. — *2-Methylpyridin-3-aldehydthiosemicarbazon*, $C_8H_{10}N_4S$, F. 242° (Zers.; W.), analog; 92%. — *3-Acetylpyridinthiosemicarbazon*, $C_8H_{10}N_4S$, F. 225° (Zers.; W.); 94%. — *2-Methyl-3-acetylpyridinthiosemicarbazon*, $C_9H_{12}N_4S$, F. 203° (Zers.; W.), nach 12std. Kochen; 77%. — *6-Methyl-3-acetylpyridinthiosemicarbazon*, $C_9H_{12}N_4S$, F. 239° (Zers.; W.), aus dem Keton (Kp.$_{14}$ 110—112°) u. III nach 3std. Kochen; 91%. — *Thiazol-5-aldehydthiosemicarbazon*, $C_5H_6N_4S_2$, F. 229° (Zers.), durch Überführung von Thiazol-5-carbonsäurenitril in *Thiazol-5-aldehyd* nach STEPHAN u. dessen Rk. mit III; 4,2% (bezogen auf das Nitril). — *4-Methylthiazol-5-aldehydthiosemicarbazon*, $C_6H_8N_4S_2$, F. 233° (Zers.); 66%. — *4-Methyl-5-acetylthiazolthiosemicarbazon*, $C_7H_{10}N_4S_2$, F. 228° (Zers.); 66%. — Bei Verss. zur Darst. von 5-Acetylthiazol aus Thiazol-5-carbonsäureester u. Essigester über den substituierten Acetessigester entstand neben Schmieren in geringer Menge eine krist. Verb. F. 72,5° noch nicht bekannter Konstitution. (Arch. Pharmaz. Ber. dtsch. pharmaz. Ges. **285/57**. 80—86. 1952. Hannover, TH, Inst. für organ. Chemie.) SPAETH. 3231

H. Herbert Fox, *Synthetische Tuberkulostatica.* 1. Mitt. *Pyridincarbonsäurederivate.* Vf. stellt nach üblichen Methoden einige *Mono-* u. *Dicarbonsäuren* u. *Säureamide* von *Pyridin* u. *Piperidin* u. einige substituierte Derivv. hiervon dar. Von diesen erweisen sich die *3-Aminoisonicotinsäure* (I)-*derivv.* als tuberkulostat. wirksam gegen Mäusetuberkulose. Eine Änderung der Position 3 durch Substitution scheint ein Verschwinden der Wirksamkeit dieser Verbb. herbeizuführen.

V e r s u c h e (FF. korr.): *2.6-Dimethylpyridindicarbonsäure-(3.5)-diamid*, $C_9H_{11}\cdot O_2N_3$, Zers. > 300°, durch 20 std. Erhitzen des Diäthylesters mit fl. NH_3 in A. in Autoklaven auf 130° bei 500 lbs. N_2 u. Abfiltrieren; Nadeln aus verd. Essigsäure durch Alkalisieren mit NH_4OH; etwas lösl. in heißem H_2O. *Hydrochlorid*, Kristalle aus HCl, Zers. > 300°. Daneben aus dem Filtrat *2.6-Dimethyl-5-carbäthoxynicotinamid*, $C_{11}H_{14}O_3N_2$, lange Nadeln aus W., F. 159—160,5°. — *3-Acetamidoisonicotinsäure*, $C_8H_8O_3N_2$, F. 266 bis 267°, durch Acetylierung von I mit Acetanhydrid u. Na-Acetat am Rückfluß; aus W. hellgelbe Plättchen. — *3-Ureidoisonicotinsäure*, $C_7H_7O_3N_3$, F. > 300°, aus 0,1 (Mol) I u. 0,2 KNCO in W. bei 45° bis zur Lsg. u. Ansäuern mit Eisessig; 18 g; lösl. in Alkali u. verd. HCl, unlösl. in W., Essigsäure u. organ. Lösungsmitteln. — *3-Aminoisonicotinamid*, $C_6H_7ON_3$, F. 151—152°, aus I-Methylester u. fl. NH_3 wie oben; gelbe Kristalle aus Bzl.; unlösl. in kaltem Benzol. — *Nipecotamid, Oxalat*, $C_6H_{12}ON_2\cdot C_2H_2O_4$, F. 203—205°, durch Hydrierung von Nicotinamid in Dioxan mit RANEY-Ni bei 150°/200 lbs. u. Behandeln mit methanol. Oxalsäure; aus A. Nadeln. *Hydrochlorid*, F. 244—246° (wss. A.); lösl. in W., unlösl. in A. u. Äther. *Freie Base*, $C_6H_{12}ON_2$, F. 111 bis 112°, Nadeln oder Blättchen aus PAe.; lösl. in W., A. u. Chlf., etwas in heißem Bzl. u. Essigester, unlösl. in Ae. u. Petroläther. — *Isonipecotamidhydrochlorid*, $C_6H_{12}ON_2\cdot HCl$, F. 215—217°, durch Hydrierung von Isonicotinamidhydrochlorid in Methanol mit PtO_2 bei 50°/50 lbs.; Kristalle aus Methanol + Isopropanol. *Freie Base*, F. 152 bis 153°, Nadeln aus Chlf. + Bzl.; lösl. in A., W. u. heißem Chlf., wenig in heißem Bzl. u. Essigester, unlösl. in Äther. — *Pipecolamid, Hydrochlorid*, $C_6H_{12}ON_2\cdot HCl$, F. 254° (nach Verfärbung; aus Methanol + Isopropanol), durch Hydrierung von Picolinamid·HCl. *Freie Base*, F. 147° (Bzl.). — Es wurde ferner die Aktivität der bekannten nachst. Verbb. untersucht: *4-Phenyl-2.6-dimethylnicotinamid* (F. 200°), *Picolinamid* (F. 108 bis 109°), *Hydrochlorid* (F. 212°), *Isonicotinamid, Hydrochlorid* (F. 262—265°), *Freie Base* (F. 155—156°), *3-Oxyisonicotinsäure* (F. 312°), I (F. 300°) u. *Methylester* (F. 86 bis 88°). (J. org. Chemistry **17**. 542—46. April 1952. Nutley, N. J., Hoffmann-La Roche Inc., Res. Labors.) LEHWALD. 3231

H. Herbert Fox, *Synthetische Tuberkulostatica*. 2. Mitt. *Amino- und Oxypyridincarbonsäurederivate*. (1. vgl. vorst. Ref.) In Fortführung seiner Arbeiten stellt Vf. einige 3-substituierte *Isonicotinsäurederivv.* dar. Zu diesem Zweck sulfoniert er Isochinolin zu einem Gemisch von *5-* u. *8-Sulfonsäure* u. oxydiert dieses mit $KMnO_4$ zu *Cinchomeronsäure* (I). Einw. von NH_4OH hierauf liefert *Cinchomeronimid*, das durch HOFFMANNschen Abbau in *3-Aminoisonicotinsäure* (II) verwandelt wird. Die entsprechenden *4-Aminonicotinsäure* (III)-*derivv.* entstehen aus dem Anhydrid von I, Behandlung mit NH_3 zum Ammoniumsalz von *Cinchomeronsäuremonoamid-(4)* u. HOFFMANNschem Abbau. Eine Anzahl *Derivv.* von *2-substituierten Nicotinsäuren* werden durch Sulfonierung von Chinolin, Oxydation des entstehenden Gemisches aus *5-* u. *8-Sulfonsäure* zu *Chinolinsäure*, Behandlung des Anhydrids hiervon mit NH_3 u. HOFFMANNschem Abbau des entstehenden *Monoamid-(2)-ammoniumsalzes* dargestellt. Daneben wird durch Kondensation von Harnstoff bzw. Thioharnstoff mit II *Copazolin-2.4(1H.3H)-dion* (IV) bzw. sein 2-Thioderiv. gewonnen. Bei einem Vers., *2-[3-Aminoisonicotinsäureamido]-thiazol* durch Erhitzen von II-Methylester mit 2-Aminothiazol darzustellen, entsteht lediglich das isomere *Betain* von II-Methylester, das auch durch Erhitzen von II-Methylester allein ohne Lösungsm. gewonnen werden kann. Analog verhält sich III. — Alle dargestellten Verbb. zeigen in vivo keine wesentliche Wirksamkeit.

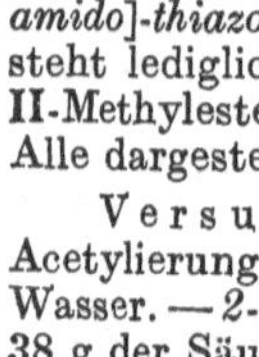

IV

V e r s u c h e (FF. korr.): *3-Acetoxyisonicotinsäure*, $C_8H_7O_4N$, Zers. bei 226°, durch Acetylierung der Oxyverb.; Nadeln aus Acetanhydrid + Bzl.; hydrolysiert leicht in Wasser. — *2-Aminonicotinsäureäthylester*, $C_8H_{10}O_2N_2$, F. 94—96°, durch Veresterung von 38 g der Säure mit A. bei Ggw. von H_2SO_4; Lanzetten aus PAe.; 42 g. — *Betain* von *3-Aminoisonicotinsäuremethylester*, $C_7H_8O_2N_2$, Zers. bei 269—270°, durch Erhitzen des Esters im Ölbad auf 80°; goldgelbe Kristalle aus W. + A. + Aceton. — *4-Aminonicotinsäureäthylester*, $C_8H_{10}O_2N_2$, F. 109—111°, aus 46 g III; Nadeln aus Ligroin; 29 g. — *Betain* von *4-Aminonicotinsäuremethylester*, $C_7H_8O_2N_2$, Zers. bei 293° (vorher verfärbend), durch vorsichtiges Erhitzen von 17 g des Esters im Ölbad auf 170°; glitzernde Kristalle aus W. + Isopropanol + Aceton; 12 g. — *3-Aminoisonicotinsäureisopropylesterhydrochlorid*, $C_9H_{12}O_2N_2\cdot HCl$, Zers. bei 185,5°, durch Veresterung von II; gelbe Nadeln aus Isopropanol-Aceton-Äther. *Freie Base*, $C_9H_{12}O_2N_2$, F. 78—79°, aus PAe. Nadeln. — *4-Aminonicotinamid*, $C_6H_7ON_3$, F. 229,5—230,5° (vorher erweichend),

aus III-Methylester in CH_3OH mit fl. NH_3 im Autoklaven bei 1000 lbs. N_2-Druck bei 80—90° (50 Std.), Abdampfen des Methanols u. Ausziehen mit heißem Chlf. als unlösl. Rückstand; aus W. Nadeln. — *3-Aminoisonicotinsäureäthylester*, $C_8H_{10}O_2N_2$, F. 64 bis 66°, aus 44,6 g II; hellgelbe Nadeln aus Ligroin; 37 g. — *3-Acetamidoisonicotinsäuremethylester*, $C_9H_{10}O_3N_2$, F. 93,5—94,5°, durch Acetylierung von II-Methylester; aus PAe. Nadeln. — *3-Oxyisonicotinsäuremethylester*, $C_7H_7O_3N$, F. 78,5—80,5° (Schmelze wird bei 190° wieder fest, vermutlich infolge Betainbldg.), durch Diazotieren u. Verkochen von II-Methylester, Einengen im Vakuum, Aussalzen mit Na-Acetat u. Extrahieren mit Ae.; gelbe Nadeln aus PAe.; $FeCl_3$-Rk. rot. — *7-Thiocopazolin-2.4(1H.3H)-dion*, $C_7H_5ON_3S$, sublimiert ohne Schmelzen über 360°, durch 5std. Erhitzen von 15 g II u. 12 g Thioharnstoff in Mineralöl auf 170—180°, Filtrieren, Auswaschen, Aufnehmen in Alkali, Filtrieren u. Ausfällen mit Eisessig; 21 g; lösl. in starkem Alkali. — Weiter wurden auf üblichem Wege dargestellt: *4-Aminonicotinsäure* (III), F. ca. 330° (Zers.). *Methylester*, F. 173—173,5°. — *2-Aminonicotinsäure*, F. 229°. *Methylester*, F. 83—84°. *Amid*, F. 191,5—193,5°. — *2-Oxynicotinsäure*, F. 258—260°. — *1.6-Dihydro-1-methyl-6-oxonicotinamid*, F. 209—210°. — *Copazolin-2.4(1H.3H)-dion* (IV), F. >320°. — *Thiazolcarbonsäureamid-(5)*, F. 201—203°. (J. org. Chemistry **17**. 547—54. April 1952.)
LEHWALD. 3231

H. Herbert Fox, *Synthetische Tuberkulostatica. 3. Mitt. Isonicotinaldehydthiosemicarbazon und einige verwandte Verbindungen.* (2. vgl. vorst. Ref.) Bei dem Bemühen, *Isonicotinaldehyd* (I) darzustellen, oxydierte Vf. zunächst γ-Picolin mit SeO_2, erhielt aber lediglich *Isonicotinsäure*. Ein weiterer Vers., durch STEPHENS-Rk. an γ-Cyanpyridin zu I zu gelangen, wie es bei Nicotinaldehyd möglich ist, scheiterte ebenfalls. Schließlich stellte Vf. aus Isonicotinsäuremethylester *Isonicotinsäurehydrazid* dar, das mit Benzolsulfonylchlorid *1-Isonicotinyl-2-benzolsulfonylhydrazin* liefert. Bei der anschließend durchgeführten Spaltung mit Na_2CO_3 in Glycerin entstand I unter sofortiger Zers., Spaltung bei Ggw. von Thiosemicarbazid jedoch liefert das erwünschte I-*Thiosemicarbazon* (II). Analog entsteht *Picolinaldehydthiosemicarbazon*. II zeigte erhebliche tuberkulostat. Aktivität. Ersatz der Aldehydgruppe durch die Säuregruppe ergab nach Umwandlung in das Thiosemicarbazid keinerlei Wirksamkeit. Von den *Thiosemicarbazonen* einer Anzahl dargestellter *Alkylpyridylketone* erwies sich *Methylpyridyl-(4)-ketonthiosemicarbazon* (III) als stark tuberkulostatisch. Ersatz des S-Atoms durch O führte zum Verlust der Aktivität. II u. III stehen in ihrer Aktivität dem Tibion (p-Acetamidobenzaldehydthiosemicarbazon) kaum nach.

Versuche (FF. korr.): *1-Isonicotinyl-2-benzolsulfonylhydrazin*, Zers. bei 190°, durch Behandlung von 196 g Isonicotinsäurehydrazid in Pyridin mit 260 g Benzolsulfonylchlorid nach NIEMANN u. Mitarbeiter (J. Amer. chem. Soc. **64**. [1942.] 1678); 285 g (Ausbeute). — *Isonicotinaldehydthiosemicarbazon* (II), $C_7H_8N_4S$, Zers. bei 219 bis 220°, durch 2 Min. langes Erhitzen von vorst. Verb., Thiosemicarbazid u. H_2O-freiem Na_2CO_3 in Glycerin auf 160°; krist. in 2 Modifikationen, als Nadeln u. stabiler als Granulat; 31%. *Monohydrochlorid*, gelbe Kristalle, Zers. bei 269°. *Äthansulfonsäuresalz*, Hydrat, gelbe Prismen, Zers. bei 208°. — *1-Picolinyl-2-benzolsulfonylhydrazin*, F. 201 bis 203°, aus 93,5 g Picolinsäurehydrazid; 182 g. — *Picolinaldehydthiosemicarbazon*, $C_7H_8N_4S$, Zers. bei 204—205°, aus 25 g vorst. Verb. wie oben; gelbe Nadeln aus Methanol; 7,5 g. *Monohydrochlorid*, gelbe Nadeln, Zers. bei 230°. — *Isonicotinsäurethiosemicarbazid*, $C_7H_8ON_4S$, Zers. bei 279—280°, aus dem Säurechlorid u. Thiosemicarbazid; gelbe Nadeln. — *Nicotinsäurethiosemicarbazid*, $C_7H_8ON_4S$, F. 179,5° (Methanol); wie vorstehend. — *Benzoesäurethiosemicarbazid*, $C_8H_9ON_3S$, Flocken aus W., F. 183—183,5°. — *p-Nitrobenzoesäurethiosemicarbazid*, $C_8H_8O_3N_4S$, Zers. bei 206°, als *Hemihydrat* in weißen, als *Monohydrat* in gelben Nadeln. — *Methylpyridyl-(4)-ketonthiosemicarbazonhydrochlorid*, $C_8H_{10}N_4S\cdot HCl$, Zers. bei 247—248°, durch Erhitzen von 20 g des Ketons mit 15 g Thiosemicarbazid auf 100—130°; gelbe Nadeln aus verd. HCl; 26 g. *Freie Base* (III), Zers. bei 230°. — *Methylpyridyl-(3)-ketonthiosemicarbazon*, $C_8H_{10}N_4S$, Zers. bei 217°, analog. — *Methylpyridyl-(2)-ketonthiosemicarbazon*, $C_8H_{10}N_4S$, F. 160,5 bis 161°, aus A. gelbe Kristalle. — *Äthylpyridyl-(4)-ketonthiosemocarbazon*, $C_9H_{12}N_4S$, F. 189,5—190,5° (Zers.), aus verd. A. Platten. — *Propylpyridyl-(4)-ketonthiosemicarbazon*, $C_{10}H_{14}N_4S$, Nadeln. F. 175,5—176,5°; 11,5 g aus 17 g Keton. — *Methylpyridyl-(4)-ketonsemicarbazonhydrochlorid*, $C_8H_{10}ON_4\cdot HCl$, F. 220° (Zers.); 20 g aus 14 g Keton. — *Äthylpyridyl-(4)-ketonsemicarbazon*, $C_9H_{12}ON_4$, Nadeln aus W., F. 196,5—198,5°; 11 g aus 14 g Keton. (J. org. Chemistry **17**. 555—62. April 1952.) LEHWALD. 3231

Jean Gardent, *Neue Methode der Synthese von Dihydropapaveraldin.* Unter dem Einfl. von 85%ig. H_3PO_4 kondensieren u. cyclisieren sich *3.4-Dimethoxyphenyläthylamin* (*Homoveratrylamin*) (I) u. *3.4-Dimethoxylisonitrosoacetophenon* (*Isonitrosoaceto-*

veratron) (II) bei 35—40° zu *Dihydropapaveraldin* (III) (F. 190—191°). *3.4-Diäthoxyphenyläthylamin* (IV) u. *3.4-Diäthoxyisonitrosoacetophenon* (V) bilden entsprechend *Dihydroperparaldin* (VI) (F. 120°). Durch Zusammengeben der Komponenten in A. oder Bzl. wurden in beiden Fällen sodalösl. Additionsprodd. (F. 95—96° bzw. F. 78 bis 79°) erhalten, die sich mit H_3PO_4 zu III bzw. IV cyclisieren lassen; das aus IV u. V gebildete Prod. (F. 78—79°) verliert diese Fähigkeit durch Umkristallisation aus A. oder CH_3COOH u. geht in einen Körper vom F. 141° über, der sich auch durch Erwärmen der alkoh. Lsg. von IV u. V bildet; unter diesen Bedingungen liefern I u. II direkt III. Der Mechanismus der Cyclisierung ist noch ungeklärt. (C. R. hebd. Séances Acad. Sci. **234.** 1374—76. 24/3. 1952.) Liebig. 3231

Henry Gilman und Donald L. Esmay, *Die Oxydation von Dibenzothiophen und Phenoxathiin mit Wasserstoffperoxyd.* Es wird die Oxydation von *Dibenzothiophen* (I) u. von *Phenoxathiin* (II) mit H_2O_2 (in einem Falle auch mit Cl_2) in Abhängigkeit vom Lösungsm., der Reaktionszeit u. -temp. u. von der Art der Ausführung (Vermischen durch mechan. Rühren oder heftiges Sieden) untersucht (Tabellen); für die Darst. der *Sulfoxyde* u. *Sulfone* von I u. II werden auf Grund der erhaltenen Ergebnisse die optimalen Bedingungen ausgearbeitet. Die Oxydation von I zum Sulfon ist ein Stufenprozeß, der über das Sulfoxyd führt. II wird etwas leichter oxydiert als I.

Versuche: *Dibenzothiophen-5-oxyd,* F. 186—187° (Bzl.). Die Mischung von 0,109 Mol I, 75 ml Eisessig u. 62 ml 30%ig. wss. H_2O_2 wurde unter Rühren zum kräftigen Sieden gebracht (106°), bis sie homogen wurde (4 Min.), dann wurde sofort mit dem Rühren u. Erwärmen aufgehört u. die etwas abgekühlte Lsg. in 200 ml W. gegossen; 95,7% (Ausbeute) roh bzw. 78,8% rein. — *Dibenzothiophen-5-dioxyd,* F. 232—233°, wie vorst., aber 30 Min. Kochen u. Rühren, dann Stehen über Nacht bei Raumtemp.; 97,2%. — *Phenoxathiin-10-oxyd,* F. 152—153°, durch Zufügen von 30 ml 30%ig. H_2O_2 zur sd. Lsg. von 0,05 Mol II in 250 ml absol. A., Zugabe von weiteren 20 ml H_2O_2 nach 3std. Kochen auf dem Dampfbad, weiteres 9std. Kochen, Stehen bei Raumtemp. über Nacht, Einengen auf 75 ml u. Verdünnen der heißen Lsg. mit warmem W. bis zur beginnenden Trübung; 98,1%. — *Phenoxathiin-10-dioxyd,* F. 147—148°, durch 1std. Kochen der Mischung von 0,1 Mol II, 75 ml Eisessig u. 62 ml 30%ig. H_2O_2 unter Rühren u. Stehen über Nacht; 97%. — Im Hinblick auf die Leichtigkeit, mit der II oxydiert wird, handelt es sich bei dem früher von Gilman u. Mitarbeitern (J. Amer. chem. Soc. **62.** [1940.] 2607) durch Hofmann-Rk. erhaltenen Prod. der Analyse nach möglicherweise nicht um 4-Aminophenoxathiinhydrochlorid, sondern um *4-Aminophenoxathiin-10-oxydhydrochlorid* (NaOCl als Oxydationsmittel!), obgleich in der I-Reihe (s. unten) eine analoge Oxydation nicht beobachtet wurde. — *Dibenzothiophencarbonsäure-(4)-amid* (III), $C_{13}H_9ONS$, F. 250—251° (Dioxan), durch Überführung von Dibenzothiophencarbonsäure-(4) mit $SOCl_2$ in das Säurechlorid u. dessen Rk. mit konz. NH_4OH (Stehen über Nacht); 98,4% roh bzw. 50,8% rein. — *Dibenzothiophencarbonsäure-(4)-amid-5-dioxyd,* $C_{13}H_9O_3NS$, F. 236—238°, durch Zugabe von 30%ig. H_2O_2 zu der gerührten Mischung von III u. Eisessig bei 80°, 1 Std. Kochen u. weitere 30 Min. nach Zugabe von weiterem H_2O_2, Einengen u. Abkühlen; 77%. — *4-Aminodibenzothiophen,* F. 109—110° (verd. CH_3OH), durch Zugabe von Br_2 u. NaOH in W. zur Suspension von III in Dioxan u. 10%ig. Sodalsg.; 12std. Erwärmen auf dem Wasserbad, Extraktion mit Ae., Ausfällen des *Hydrochlorids* (F. 243—248°) mit HCl-Gas u. Aufnehmen in verd. NH_4OH; 48%. (J. Amer. chem. Soc. **74.** 2021—24. 20/4. 1952. Ames, Io., State Coll., Chem. Labor.) Spaeth. 3262

T. I. Fand und P. E. Spoerri, *Darstellung und thermische Zersetzung von Pyrazinoesäurebenzolsulfonylhydrazid.* Beim Vers. der Darst. von Pyrazinaldehyd durch therm. Zers. von *Pyrazinoesäurebenzolsulfonylhydrazid* (I) nach dem Verf. von McFadyen u. Stevens (J. chem. Soc. [London] **1936.** 584) zeigte es sich, daß I nicht in der gewünschten Weise, sondern nach dem von Niemann u. Hays (C. **1945.** I. 645) angegebenen Mechanismus zu *N.N'-Dipyrazinoylhydrazin* (III) reagiert.

Versuche: *Pyrazinoesäuremethylesterhydrochlorid,* $C_6H_6O_2N_2 \cdot HCl$, durch Einleiten von gasförmigem HCl in die Suspension von Pyrazinoesäure (II) in CH_3OH; aus Ae.-CH_3OH cremefarbene Kristalle; 70% (Ausbeute). *Freier Ester,* F. 61—62°, aus PAe. seidige Nadeln. — *Pyrazinoesäurehydrazid* (IV), F. 167—169°, durch Zufügen von 85%ig. Hydrazinhydrat zu vorst. Hydrochlorid in CH_3OH u. 2std. Kochen; 90%. — *Pyrazinoesäurebenzolsulfonylhydrazid* (I), $C_{11}H_{10}O_3N_4S$, F. 175,5—176°, aus vorst. Verb. in Pyridin mit Benzolsulfonylchlorid unter Rühren bei 15—20°, Eindampfen im Vakuum u. Behandlung mit Eiswasser; aus A. Kristalle; 96%. — *N.N'-Dipyrazinoylhydrazin* (III), $C_{10}H_8O_2N_6$, F. 245—247°, durch therm. Zers. von 25 g I nach Buchmann u. Richardson (J. Amer. chem. Soc. **61.** [1939.] 891), Suspendieren des erhaltenen gelben Nd. in W. u. Zugabe von HCl; aus CH_3OH 2,3 g verfilzte Nadeln; gibt durch alkal. Hydrolyse II u. *Hydrazin* (*Dibenzalhydrazin*, F. 93—94°); als Nebenprodd. wurden *Diphenyldisulfid*, II u. II-*Amid* isoliert. Zur Reindarst. von III wurde Pyrazinoylchlorid mit IV in Pyridin umgesetzt. (J. Amer. chem. Soc. **74**. 1345. 5/3. 1952. Nepera Park Yonkers, N. Y., Nepera Chem. Co., Inc., u. Brooklyn, N. Y., Polytechn. Inst., Dep. of Chem.) SPAETH. 3272

W. J. Burke und **C. Wayne Stephens,** *Monomere Produkte bei der Kondensation von Phenol mit Formaldehyd und primären Aminen.* Kondensation von Phenol, Formaldehyd (V) u. Cyclohexylamin (VI) im Verhältnis 1 : 2 : 1 in Dioxan liefert *3.4-Dihydro-3-cyclohexyl-1.3(2H)-benzoxazin* (I). Analog verläuft die Kondensation bei Verwendung von Benzylamin, Methylamin u. 2-Aminoäthanol. Die entstehenden Benzoxazine sind empfindlich gegenüber Mineralsäuren. Bei Einw. von HCl auf I entstehen daher *2-Cyclohexylaminomethylphenol* (II) u. V. II läßt sich auch direkt durch Kondensation von Phenol, V u. VI gewinnen. *2-Alkylaminomethylphenole* können ebenfalls durch Hydrolyse der entsprechenden Benzoxazine gewonnen werden. Umgekehrt läßt sich II in I durch Rk. mit V verwandeln. Analog kondensiert 2-Benzylaminomethylphenol mit V. Äquimol. Mengen p-Bromphenol, V u. VI liefern bei der Kondensation *4-Brom-2-cyclohexylaminomethylphenol* (III). Dieses wie auch das bekannte 6-Bromderiv. von I (IV) wird durch $NaNH_2$ bzw. durch $NaNH_2$ u. Hydrolyse in II verwandelt. Durch Hydrolyse von *3.4-Dihydro-3-methyl-1.3(2H)-benzoxazin* entsteht analog *2-Methylaminomethylphenol.* Die vorst. Verss. zeigen, daß vornehmlich die o-Stellung des Phenols reagiert.

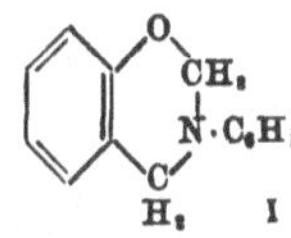

I

Versuche: *3.4-Dihydro-3-cyclohexyl-1.3(2H)-benzoxazin* (I), $C_{14}H_{19}ON$, $Kp._{0,75}$ 133—135°, a) durch Zufügen von 0,1 (Mol) VI zu 0,2 37 %ig. V in Dioxan unter Kühlen, Zufügen von 0,1 Phenol in Methanol, 2std. Sieden, Abdampfen im Vakuum bei Zimmertemp., Behandeln mit 10%ig. KOH u. Ausäthern; n_D^{25} 1,5500; 60% (Ausbeute); b) durch Zufügen von 0,05 II zu einer 0,05 Paraformaldehyd enthaltenden alkal. Methanollsg. u. 1½std. Sieden; 86%. — *3.4-Dihydro-3-methyl-1.3(2H)-benzoxazin*, $C_9H_{11}ON$, $Kp._{0,1}$ 70—71°, analog; n_D^{25} 1,5472; 34%. — *3.4-Dihydro-3-[β-oxyäthyl]-1.3(2H)-benzoxazin*, $C_{10}H_{13}O_2N$, F. 52—53° (CCl_4); 30%. — *3.4-Dihydro-3-benzyl-1.3(2H)-benzoxazin*, $C_{15}H_{15}ON$, F. 66° (Methanol); a) wie vorst.; 74%; b) durch Rk. von 2-Benzylaminomethylphenol mit V wie bei Ib); 80%. — *2-Methylaminomethylphenolhydrochlorid*, $C_8H_{12}ONCl$, F. 144—145° (A.), durch Kochen der entsprechenden vorst. Verb. in konz. äthanol. HCl bis zur Beendigung der Entw. von V; 67%. *Freie Base*, $C_8H_{11}ON$, F. 45—47°; 76%. — *2-[β-Oxyäthyl]-aminomethylphenolhydrochlorid*, $C_9H_{14}\cdot O_2NCl$, F. 151—152° (Zers.; A.), analog; 96%. *Freie Base*, $C_9H_{13}O_2N$, F. 64—65° (Chlf. + PAe.); 74%. — *2-Benzylaminomethylphenolhydrochlorid*, $C_{14}H_{16}ONCl$, F. 190 bis 191° (Zers.; A.); 90%. — *2-Cyclohexylaminomethylphenol* (II), *Hydrochlorid*, $C_{13}H_{20}\cdot ONCl$, F. 209—210° (Zers.; A.); 99%. *Freie Base*, $C_{13}H_{19}ON$, F. 58—59° (PAe.); 83%. II wurde ebenfalls dargestellt: a) durch Kondensation von Phenol, V u. VI in Dioxan (1 : 1 : 1) wie vorst., nach Abdampfen des Ätherextraktes Aufnehmen in A., langsames Zufügen von 0,5 Mol konz. HCl in der Hitze u. Abkühlen nach 10 Min. Sieden; 28%; b) durch Zufügen von III in Ae. zu Na in fl. NH_3 unter Rühren u. Eis-Aceton-Kühlung, nach 4 Min. Zufügen von ausreichend NH_4Cl, Abdampfen des NH_3, Ansäuern mit HCl, Zufügen von 2-Aminoäthanol bis zur alkal. Rk. u. Ausäthern; 100%; c) aus IV wie vorst. u. Hydrolysieren des Prod. mit alkoh. HCl; 96%. — *2-Cyclohexylaminomethyl-4-bromphenol* (III), $C_{13}H_{18}ONBr$, F. 87—88° (A.), durch Kondensation von p-Bromphenol, VI u. V in Dioxan; 53%. (J. Amer. chem. Soc. **74**. 1518—20. 20/3. 1952. Salt Lake City, Utah., Univ., Dep. of Chem.) LEHWALD. 3282

Alexander Mackie und **John Raeburn,** *Darstellung von 2.3-Dihydro-3-ketobenzo-1.4-thiazinderivaten als mögliche Anthelmintica.* Aus dem nach FRIEDLAENDER u. CHWALA [1907.] hergestellten *6-Amino-2.3-dihydro-3-ketobenzo-1.4-thiazin* (I) wurde über die Diazoverb. eine Reihe von *6-substituierten 2.3-Dihydro-3-ketobenzo-1.4-thiazinen* dargestellt; die Verkochung von diazotiertem I zum 6-Oxyderiv. gelang nicht, die 6-Cyan- u. die 6-Bromverb. ließen sich gleichfalls nicht durch SANDMEYER-Rk. darstellen, letztere war aber aus dem Perbromid erhältlich. *6.7-Dioxy-2.3-dihydro-3-ketobenzo-1.4-thiazin* entstand durch Ätherspaltung der bekannten 6.7-Dimethoxyverbindung. Die dargestellten Verbb. waren wirkungslos gegen *Ascaris lumbricoides*, zeigten aber eine paralysierende Wrkg. auf *Fasciola hepatica* in vitro, bes. die 6-Chlorverbindung.

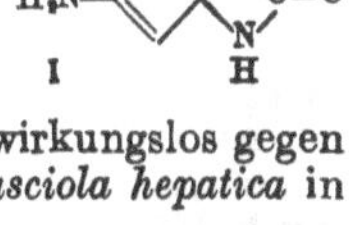

I

Versuche: *6-Amino-2.3-dihydro-3-ketobenzo-1.4-thiazin* (I), durch Red. von 2.4-Dinitrophenylmercaptoessigsäure (F. 172°) mit Sn u. HCl. *Hydrochlorid*, Zers. bei

272—274°. *Acetylderiv.*, F. 257°. — *6-Fluor-2.3-dihydro-3-ketobenzo-1.4-thiazin*, C_8H_6·ONFS, F. 184°, durch Diazotierung von 4,5 g I <10°, 2std. Rühren mit 40%ig. HBF_4, Zers. des erhaltenen Diazoniumfluoborats bei 135° u. Extraktion mit sd. A.; aus wss. A. 1 g blaßgelbe Plättchen. — *6-Chlor-2.3-dihydro-3-ketobenzo-1.4-thiazin*, durch SANDMEYER-Rk. von diazotiertem I. — *6-Brom-2.3-dihydro-3-ketobenzo-1.4-thiazin*, C_8H_6·ONBrS, F. 220°, durch Zers. des Perbromids bei 155°. — *6-Jod-2.3-dihydro-3-ketobenzo-1.4-thiazin*, C_8H_6ONJS, F. 208—210°, durch 5std. Rühren der Lsg. von 4,5 g diazotiertem I mit gesätt. wss. KJ-Lsg. u. 1std. Kochen mit A.; aus wss. A. 3,5 g orangefarbene Nadeln. — *2.3-Dihydro-3-keto-6-thiocyanatobenzo-1.4-thiazin*, $C_9H_6ON_2S_2$, F. 180°, durch 9std. Rühren der Lsg. von 4,5 g diazotiertem I mit KSCN u. CuSCN u. 1½std. Kochen mit A.; aus wss. A. 3 g orangefarbene Nadeln. — *6-Azido-2.3-dihydro-3-ketobenzo-1.4-thiazin*, $C_8H_6ON_4S$, F. 176° (Zers.), aus 4,5 g diazotiertem I mit wss. NaN_3 während 5 Std. <30°; aus wss. A. 5 g blaßgelbe Nadeln, die am Licht gelbbraun werden. — *2.3-Dihydro-3-keto-6-nitrobenzo-1.4-thiazin*, $C_8H_6O_3N_2S$, F. 243—244°, durch Neutralisierung der Diazoniumsalzlsg. aus 4,5 g I mit $CaCO_3$, Filtration, Zugabe von Na-Co(III)-Nitrit u. Zers. des abgetrennten Diazonium-Co(III)-Nitrits mit einer wss. Lsg. von $NaNO_2$, $CuSO_4$ u. Cu_2O; aus A. 1 g goldbraune Nadeln. — *2.3-Dihydro-3-keto-6-nitrosobenzo-1.4-thiazin*, $C_8H_6O_2N_2S$, F. 134°, durch Eintragen der Lsg. von 4,5 g diazotiertem I in gesätt. $KMnO_4$-Lsg. <10°, Alkalisieren mit wss. KOH, 3std. Rühren u. Extraktion mit Ae.; aus wss. A. 0,2 g blaßgelbe Plättchen. — *2.3-Dihydro-3-keto-6-mercaptobenzo-1.4-thiazin*, $C_8H_7ONS_2$, F. 174°, durch Zufügen von K-Xanthat zur Diazoniumsalzlsg. aus 4,5 g I, 1,5std. Erwärmen auf dem Wasserbad, 1std. Kochen des gelben Nd. mit alkoh. KOH, Entfernung des A., Lösen in W. u. Ansäuern mit verd. H_2SO_4; aus wss. A. 3 g blaßgelbe Nadeln. — *2.3-Dihydro-3-ketobenzo-1.4-thiazinarsonsäure-(6)*, $C_8H_8O_4$·NSAs, Zers. >300°, aus 4,6 g diazotiertem I u. 20%ig. Na_3AsO_3-Lsg., Alkalisieren mit wss. NaOH, 3—4std. Rühren, Filtration u. Ansäuern des Filtrats; aus W. 0,5 g blaßgelbe Platten. — *2.3-Dihydro-3-ketobenzo-1.4-thiazinstibonsäure-(6)*, $C_8H_8O_4NSSb$, Zers. <270°, aus 4,5 g diazotiertem I u. einer Lsg. von Sb_2O_3 in konz. HCl; 1 g rotbraunes amorphes Pulver. — *6-Chlormercuri-2.3-dihydro-3-ketobenzo-1.4-thiazin*, C_8H_6·ONClSHg, F. 263—264° (Zers.), durch 2std. Rühren der diazotierten Lsg. von 4,5 g I mit $HgCl_2$ in konz. HCl bei 0° u. Zers. des Diazoniummercurichlorids mit Cu-Bronze in Aceton während 3 Std. bei 0° u. 1 Std. auf dem Wasserbad; aus Nitrobenzol 1 g blaßgelbe Nadeln. — *Bis-[2.3-dihydro-3-ketobenzo-1.4-thiazinyl-(6)]*, $C_{16}H_{12}O_2N_2S$, F. >330°, durch Zers. von 4,5 g diazotiertem I mit Cu-Bronze anfangs <30°, dann bei 75° u. Kochen mit A.; 3,5 g amorphes braunes Pulver. — *2.3-Dihydro-6.7-dioxy-3-ketobenzo-1.4-thiazin*, $C_8H_7O_3NS$, Zers. >240°, durch 2std. Kochen von 5 g 2.3-Dihydro-3-keto-6.7-dimethoxybenzo-1.4-thiazin mit überschüssiger konstant sd. HJ, Entfernung von CH_3J u. Zugabe von W.; aus W. unter Luftausschluß 1 g rosafarbene rechteckige Prismen; wird an der Luft rot u. mit NaOH purpurrot u. dann himmelblau, gibt aber mit $FeCl_3$ keine Färbung. (J. chem. Soc. [London] **1952**. 787—90. März. Edinburgh, Heriot-Watt Coll.) SPAETH. 3292

John E. Hodge und **Carl E. Rist**, *N-Glykosylderivate sekundärer Amine. N-D-Glucosylpiperidin* (I) u. *N-D-Glucosyldiäthanolamin* zeigen in absol. Pyridin keine Mutarotation, während dies bei *N-D-Galaktosylpiperidin* u. *N-D-Mannosylpiperidin* der Fall ist. Bei der Darst. der Glykosylderivv. stark bas. Amine erwies sich die Verwendung von sauren Katalysatoren oder von Lösungsmitteln als überflüssig. Die von KUHN u. BIRKHOFER (Ber. dtsch. chem. Ges. **71**. [1938.] 621) als *N-D-Glucosyldibenzylamin* angesprochene Verb. ist tatsächlich *1-Desoxy-1-dibenzylamino-D-fructose*, also ein Isoglucosaminderivat.

Versuche (FF. u. Kpp. korr.): *N-D-Glucosylpiperidin* (I), $C_{11}H_{21}O_5N$, F. 130° (Zers.), aus wasserfreier D-Glucose u. Piperidin (III; Kp. 106—107°) bei 70—80°; aus CH_3OH-Aceton (1 : 3) Nadeln, $[\alpha]_D^{21}$ +8,5° (Pyridin, c = 5,0; keine Mutarotation), $[\alpha]_D^{25}$ +3° (absol. Methanol, c = 2,0), in W. Mutarotation; 48% (Ausbeute). — *N-[2.3.4.6-Tetraacetyl-D-glucosyl]-piperidin* (II), $C_{11}H_{17}O_5N(COCH_3)_4$, F. 123° (Ae.-PAe.), aus I mit Pyridin–Essigsäureanhydrid (2 : 1) bei —17° (18 Std.) u. 3 Tage bei 0°; $[\alpha]_D^{25}$ —3,5° (Chlf., c = 5,0); 95%. — *2.3.4.6-Tetraacetyl-β-D-glucose*, $C_6H_8O_6(COCH_3)_4$, F. 112—120° (Ae.), aus II mit 0,102n HCl während 3 Std. bei 25° in 1 Std. bei 80°, Einengen im Vakuum, Zugabe von Aceton u. Ae., Abtrennen des **III** ·HCl (F. 245 bis 246°; 95%) u. Verdünnen des Filtrats mit PAe., wobei als erste Fraktion eine kleine Menge prismat. Kristalle, F. 130—137°, erhalten wurde; $[\alpha]_D^{25}$ +6° (7 Min.) → +83° (A. mit einer Spur NH_3, c = 3,3); 52% (roh). — **I**-*Hydrochlorid*, $C_{11}H_{22}O_5NCl$, F. 144° (Gasentw.), aus I; $[\alpha]_D^{21}$ +4° (3 Min.) → +33,5° (2 Std., W., c = 2,0); 98%; **I**·HCl mit F. 150—151° (Zers.) erhält man durch Entacetylierung von **II** in 1,1n HCl; $[\alpha]_D^{21}$ —1° (3 Min.) → +33,0° (konstant, W., c = 2,1). Nach 6monatigem Stehen hat Hydrolyse zu α-D-Glucose u. **I**·HCl stattgefunden. — *N-D-Mannosylpiperidin*, $C_{11}H_{21}O_5N$, F. 115

bis 116° (Zers.), $[\alpha]_D^{24}$ —21,6° (3 Min.) → +13,5° (1—3 Tage, Methanol, c = 1,0), Mutarotation in absol. Pyridin, $[\alpha]_D^{24}$ —27,7° (2 Min.) → +24,2° (1—3 Tage, c = 2,0); 72%. — *N-D-Galaktosylpiperidin*, F. 128—129° (Zers.), $[\alpha]_D^{25}$ +14,4° (3 Min.) → —3,6° (1,5—4 Std.) → 0,0° (26 Std., Methanol, c = 1,0). In absol. Pyridin Mutarotation, $[\alpha]_D^{25}$ —10,2° (4 Min.) → —20,7° (18 Std., c = 2,0); 76%. — *N-D-Glucosyldiäthanolamin*, $C_{10}H_{21}O_7N$, F. 128° (CH_3OH), aus D-Glucose u. Diäthanolamin in absol. A. auf dem Wasserbad oder ohne A.; $[\alpha]_D^{25}$ —22,5° (Pyridin, c = 4,0; keine Mutarotation innerhalb 7 Std.); 58 bzw. 68%. — *Hexaacetyl-N-D-glucosyldiäthanolamin*, $C_{22}H_{33}O_{13}N$, F. 71,5°, $[\alpha]_D^{25}$ —48° (Chlf., c = 2,0), aus A. Nadeln; 43% (roh). — *N-D-Glucosyläthanolamin*, F. 116° (Zers.; CH_3OH-Aceton 1 : 1), $[\alpha]_D^{25}$ —25,3° (12—25 Min.) → +3,5° (3—5 Tage, Pyridin, c = 1,0); 83—91%. — *N-D-Glucosyl-n-butylamin*, F. 88 bis 89°. — *N-1'-D-Mannitylpiperidin*, $C_{11}H_{23}O_5N$, F. 145° u. F. 120—122°. D-Mannose u. III in Methanol mit RANEY-Ni unter Druck in einer Schüttelbombe bei 70—80° hydrieren; existiert in zwei Formen, aus A. fast kub. Prismen u. lange Blättchen, für beide $[\alpha]_D^{26}$ —32,7° (Pyridin, c = 4,0); 58%. — *Pentaacetyl-N-1'-D-mannitylpiperidin*, $C_{11}H_{18}O_5N(COCH_3)_5$, F. 77°, $[\alpha]_D^{25}$ +38° (Chlf., c = 0,5), aus Ae.-PAe. große Prismen. — *N-1'-D-Sorbitylpiperidin*, $C_{11}H_{23}O_5N$, F. 118—119°, durch Hydrierung von I; aus A.-Äthylacetat Nadeln, $[\alpha]_D^{25}$ —16,5° (Pyridin, c = 4,0), —17,7° (W., c = 5,0), —31° (W. + 1 Äquivalent HCl, c = 1,0, p_H 6,0), —29,5° (20%ig. Essigsäure, c = 12); 83%. — *Pentaacetyl-N-1'-D-sorbitylpiperidin*, $C_{11}H_{18}O_5N(COCH_3)_5$, Kp.$_{0,5}$ 175—180°, $[\alpha]_D^{25}$ +19° (Chlf., c = 3,2); 94%. — *1-Desoxy-1-dibenzylamino-D-fructose*, $C_{20}H_{25}O_5N$, F. 162° (Zers.), $[\alpha]_D^{25}$ —89° (25 Min.) → —35° (4 Tage, Pyridin, c = 1,0), a) aus D-Glucose, Dibenzylamin u. NH_4Cl in absol. A.; 27%; b) ohne Zusatz von NH_4Cl; 18%; c) aus D-Mannose; 60%. — Diagramm der Mutarotationen in H_2O. (J. Amer. chem. Soc. **74**. 1494—97. 20/3. 1952. Peoria, Ill., Northern Reg. Res. Labor.)

POHLEMANN. 3400

M. L. Wolfrom, R. K. Madison und M. J. Cron, *Die Struktur von Chondrosin und Chondroitinschwefelsäure.* Chondroitinschwefelsäure aus Knorpel ist elektrophoret. homogen u. verbraucht 1 Mol Perjodat pro Disaccharidbaustein. Es zeigte sich, daß die Glykolgruppierung im D-Glucuronsäureteil der Verb. sitzt. Der Disaccharidbaustein *Chondrosin* (I) wurde als krist. *Heptabenzoylmethylester* charakterisiert u. nach LEVENE (C. **1942**. I. 1753) als *Methylesterhydrochlorid* (II) zu *O-Heptaacetyl-3* (im Original: *4*)-*[N-acetyl-2-amino-2-desoxy-D-galaktopyranosyl]-L-gulonsäuremethylester* (III) red. u. acetyliert. III gibt mit alkoh. NH_3 *3-[N-Acetyl-2-amino-2-desoxy-D-galaktopyranosyl]-L-gulonamid* (IV), dessen Oxydation mit Perjodat unter Formaldehyd- u. Ameisensäurebldg. *2-[N-Acetyl-2-amino-2-desoxy-D-galaktopyranosyl]-D-erythruronamid* liefert. Weitere Perjodataufnahme läßt auf die Bldg. von V (nicht isoliert) schließen. I ist demnach *4-[2-Amino-2-desoxy-β(?)-D-galaktopyranosyl]-D-glucuronsäure*. Die Schwefelsäureestergruppe u. die glykosid. Bindung zur benachbarten D-Glucuronsäuregruppe sind wahrscheinlich den C-Atomen 3, 4 u. 6 jeder I-Einheit zuzuteilen. Die hohen, durch Säurehydrolyse erhaltenen Ausbeuten an I lassen die Chondroitinschwefelsäure als Linearpolymeres erscheinen.

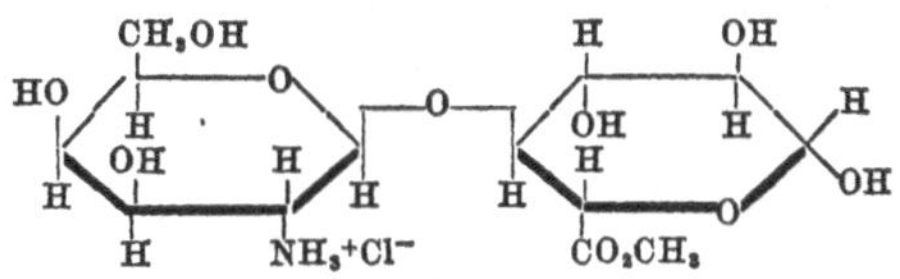
II

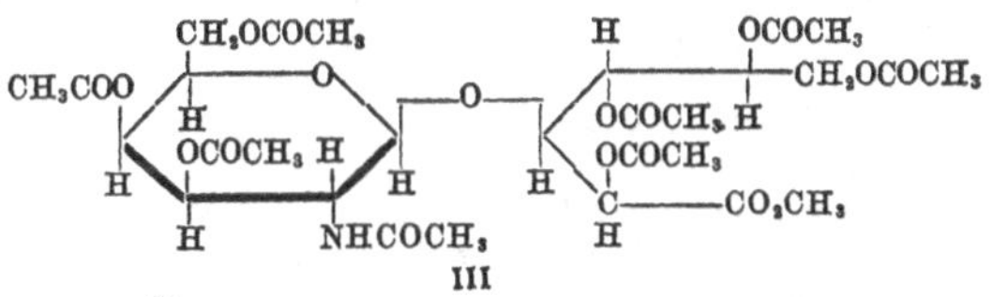
III

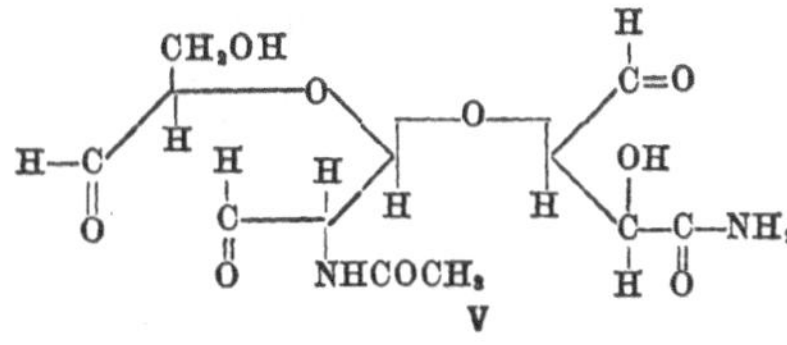
V

V e r s u c h e: *Methyl-O-heptaacetyl-3-[N-acetyl-2-amino-2-desoxy-D-galaktopyranosyl]-L-gulonat* (III), $C_{14}H_{17}O_{11}N(CH_3CO)_7(OCH_3)$, F. 121—123° (A.-PAe.). Ba-Chondroitinsulfat wurde nach LEVENE (l. c.) zum amorphen I-*Hydrochlorid* {$[\alpha]_D^{25}$ +39° (c = 3 in W.); 81—89% (Ausbeute)} hydrolysiert u. dieses in das krist. I-*Methylesterhydrochlorid* (II) umgewandelt, $C_{12}H_{21}O_{10}NCl\cdot(OCH_3)$, F. 155—156°, $[\alpha]_D^{25}$ +39° (c = 4 in Methanol, nach 5 Std. keine Mutarotation); 70—95%. 10 g II in W. wurden bei 60° 20 Std. unter 1100 lbs./sq.in. red. u. nach 15std. Kochen mit 1%ig. methanol. HCl 7,3 g amorphes Prod. {$[\alpha]_D^{21}$ —35° (c = 2,8 in Methanol)} erhalten, die in Pyridin mit Essigsäureanhydrid acetyliert wurden; 4 g III. — *O-Hexabenzoyl-N-benzoylchondrosinmethylester*, $C_{62}H_{51}O_{18}N$, F. 126—129° (Aceton-CH_3OH), aus II in Chlf. u. Pyridin mit Benzoylchlorid; $[\alpha]_D^{28}$ +83° (c = 2 in Chlf.); 26%. — *3-[N-Acetyl-2-amino-2-desoxy-D-galaktopyranosyl]-L-gulonamid* (IV), $C_{12}H_{23}O_{10}N_2(CH_3CO)$, F. 132—134° ($CH_3OH$-Chlf.), aus 3,46 g III in absol. Methanol mit wasserfreiem NH_3; $[\alpha]_D^{27}$ —100° (c = 1,9 in W.); 1,5 g. — *2-[N-Acetyl-2-amino-2-desoxy-D-galaktopyranosyl]-D-erythruronamid*, $C_{10}H_{17}O_8N_2(CH_3CO)$, F. 177—179°, aus 0,9987 g IV u. 5,28 mMol $NaJO_4$ bei 12° (15 Std.); $[\alpha]_D^{27}$ —77° (c = 1,5 in W.); 0,313 g. (J. Amer. chem. Soc. **74**. 1491—94. 20/3. 1952. Columbus, O., Univ., Dep. of Chem.) POHLEMANN. 3400

Robert M. Horowitz und Glenn E. Ullyot, *Colchicin. Reaktionen am Ring C. Colchicein* (I) wird durch Diäthylsulfat + Alkali in *Colchiceinäthyläther* (IV) u. *Isocolchiceinäthyläther* (V) übergeführt, entsprechend der Methylierung mit CH_2N_2 zu *Colchicin* (II) u. *Isocolchicin* (III) (vgl. SORKIN, C. **1946**. I. 52); alle 4 Äther liefern bei der Hydrolyse mit verd. HCl I zurück. Die Äthanolyse von II (mit A. + p-Toluolsulfonsäure) führt zu IV u. wenig V, während III als Hauptprod. V liefert. Methanol, welches katalyt. Mengen $NaOCH_3$ enthält, wandelt II, III, IV u. V unter Aromatisierung des Ringes C in Colchicinsäuremethylester um (vgl. ŠANTAVÝ, C. **1949**. I. 694).

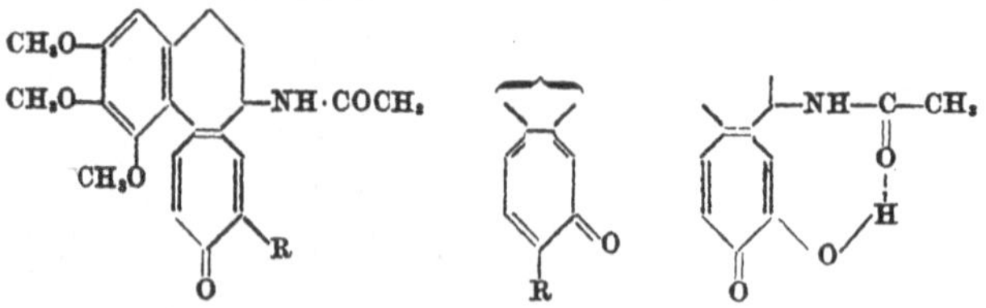

I R = OH; III R = OCH_3; V R = OC_2H_5; VII R = NH_2 — II R = OCH_3; IV R = OC_2H_5; VI R = NH_2 — Ia

Durch konz. wss. NH_3 werden II u. IV in *Colchiceinamid* (VI) (vgl. ZEISEL [1888]), III u. V in *Isocolchiceinamid* (VII) umgewandelt, die sich beide durch heißes wss. Alkali zu I hydrolysieren lassen. Die Verbb. der II- u. der III-Reihe unterscheiden sich deutlich voneinander durch ihre UV- u. Infrarotspektren. I gehört danach u. in Übereinstimmung mit seiner hohen spezif. Drehung der III-Reihe an; eine Tautomerie wird anscheinend durch Ausbldg. einer H-Bindung zwischen der OH- u. der CO-Gruppe gemäß Ia verhindert.

Versuche: *Colchiceinäthyläther* (IV), aus Dioxan-Ae., F. 157—168°, aus Äthylacetat-Ae., F. 135—139° (KOFLER-App.), $[\alpha]_D^{25}$ —129,4° (Chlf.), u. *Isocolchiceinäthyläther* (V), $C_{23}H_{27}O_6N$, blaßgelb, F. 222—223°, $[\alpha]_D^{25}$ —294,5° (Chlf.), aus I in A. u. Diäthylsulfat + wss. NaOH; beide werden durch verd. HCl zu I, F. 178—179°, $[\alpha]_D^{25}$ —255,1° (Chlf.), hydrolysiert. — Durch 1,5std. Kochen mit A. + p-Toluolsulfonsäure wird II in 40% IV u. 5% V verwandelt; nach 6std. Reaktionsdauer werden IV u. V im Verhältnis 4:1 isoliert. III liefert analog bei 5,5std. Reaktionsdauer 34% V u. sehr wenig IV. — Die Äthylierung von I mit A. + p-Toluolsulfonsäure verläuft unbefriedigend. — *Colchicinsäuremethylester*, $C_{22}H_{25}O_6N$, F. 252,5—253°, $[\alpha]_D^{25}$ —140,6° (Chlf.), aus II, III, IV oder V durch Kochen mit CH_3OH + sehr wenig $NaOCH_3$. — VI, $C_{21}H_{24}O_5N_2$, gelb, F. 258,5—259,5°, $[\alpha]_D^{25}$ —134,0° (Chlf.), aus II oder IV u. 28%ig. NH_3 bei Raumtemp., liefert beim Erhitzen mit n-NaOH I. — *Isocolchiceinamid* (VII), $C_{21}H_{24}O_5N_2$, gelb, F. 159—162° (KOFLER-App.), $[\alpha]_D^{25}$ —273,1° (Chlf.), aus III oder V analog, liefert mit NaOH I. — *Isocolchicin* (III), F. 221,5—222,5°, $[\alpha]_D^{25}$ —297,6° (Chlf.), aus I u. CH_2N_2 in CH_2Cl_2 neben II, wird durch Erhitzen mit 0,2nHCl zu I hydrolysiert. (J. Amer. chem. Soc. **74**. 587—92. 5/2. 1952. Philadelphia, Pa., Smith, Kline and French Labors., Res. Div.) BOIT. 3500

I. R. C. Bick, *Absolute stereochemische Konfiguration des Morphins*. **Die spezif.** Drehung des *Apomorphins* (IIa) u. des *Apocodeins* (IIb) erhöht sich mit zunehmender Polarität des verwendeten Lösungsm. ebenso wie die des strukturanalogen (+)-*Laudanosins* (III); IIa u. IIb gehören demnach wie III der L-Reihe an (vgl. LEITHE, Ber. dtsch. chem. Ges. **64**. [1931.] 2827). Da das Asymmetriezentrum von IIa dem $C_{(9)}$-Atom des Morphins entspricht, ist dieses (unter Berücksichtigung

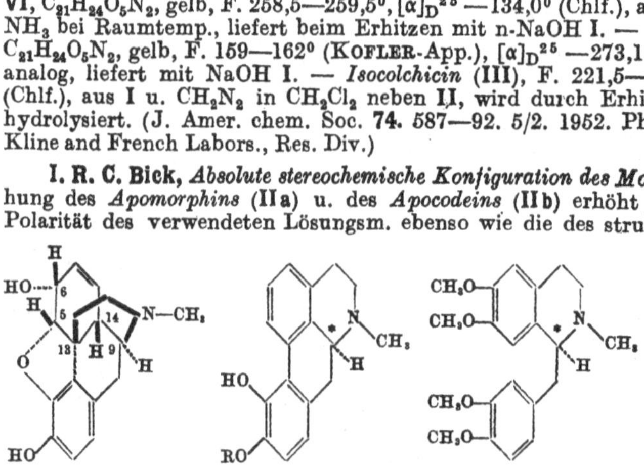

I — IIa R = H IIb R = CH_3 — III

der früher ermittelten relativen Orientierung seiner 5 asymm. C-Atome) durch die Formel I (u. nicht durch ihr Spiegelbild) wiederzugeben. I ist nicht nur relativ zu den konventionellen Bezugssubstanzen, sondern auch absol. richtig, nachdem sich die der L(+)-Weinsäure zugeordnete Konfiguration als die tatsächliche erwiesen hat (vgl. BIJVOET u. Mitarbeiter, Nature [London] **168.** [1951.] 271). (Nature [London] **169.** 755—56. 3/5. 1952. Hobart, Univ. of Tasmania, Dep. of Chem.) BOIT. 3500

Ss. Junussow und N. N. Progressow, ***Über die Alkaloide von Thalictrum minus L.*** 2. Mitt. *Struktur von Thalicmidin und Thalicmin.* (Vgl. C. **1951.** II. 2318.) Thalicmidin (I) enthält 2 H weniger als l. c. angegeben. Die Funktion des 4. O-Atoms wurde aufgeklärt. Es befindet sich in einer phenol. OH-Gruppe, deren saure Eigg. abgeschwächt sind; denn I läßt sich aus den Lsgg. in verd. Alkalilauge mit Ae. völlig ausschütteln. Die Bruttoformel $C_{20}H_{23}O_4N$ läßt sich demnach in $C_{16}H_{10}(NCH_3)(OH)\cdot(OCH_3)_3$ auflösen. Bei der Einw. von Acetanhydrid wird eine opt.-inakt. Verb. ohne bas. Eigg. erhalten, die bei der Oxydation *Mellophansäure* gibt. Auf Grund der Versuchsergebnisse u. gewisser, für die Stellung der Substituenten tetrasubstituierter Aporphinalkaloide gültiger Regeln ist für I die Konst. von *2.3.5-Trimethoxy-6-oxyaporphin* anzunehmen. Diese bestätigte sich bei den weiteren Reaktionen. Die Oxydation lieferte *Metahemipinsäure.* Mit CH_3J in alkal. Lsg. wurde das *Jodmethylat* von *Thalicmidinmethyläther* u. aus diesem durch Erhitzen mit methylalkoh. Alkalilauge *2.3.5.6-Tetramethoxy-8-[β-dimethylaminoäthyl]-phenanthren* gebildet. Da die Rk. mit dem Verlust des Asymmetriezentrums verbunden ist, ist die entstehende Verb. opt.-inaktiv. Das Jodmethylat hiervon zerfällt in sd. methylalkoh. Alkalilauge in $(CH_3)_3N$ u. *2.3.5.6-Tetramethoxy-8-vinylphenanthren,* das durch Oxydation in *2.3.5.6-Tetramethoxyphenanthrencarbonsäure-(8)* übergeführt wurde. Thalicmidinmethyläther ist ident. mit Glaucin = O.O.Dimethylboldin. Nachdem diese Identität festgestellt war, wurde das Vork. von *Glaucin* in Thalictrum minus L. vermutet u. durch Extraktion der Wurzel der Pflanze im Entwicklungsstadium noch unreifer Früchte bestätigt. — Aus Thalicmin (II) entstand durch Acetylieren opt.-inakt., nicht bas. *3.4.7-Trimethoxy-5.6-methylendioxy-8-[β-methylacetylaminoäthyl]-phenanthren,* das zu *Mellophansäure* oxydiert u. durch Zn-Staubdest. in *Phenanthren* übergeführt wurde. Nach diesen Rkk. ist II nicht, wie früher vermutet, ein Benzyltetrahydroisochinolin-, sondern ebenfalls ein Aporphinderiv., u. seine Zus. muß dementsprechend zu $C_{21}H_{23}O_5N$ (statt $C_{21}H_{25}O_5N$) korr. werden. Der HOFMANNsche Abbau verlief glatt über *3.4.7-Trimethoxy-5.6-methylendioxy-8-[β-dimethylaminoäthyl]-phenanthren* u. führte zu $(CH_3)_3N$ u. *3.4.7-Trimethoxy-5.6-methylendioxy-8-vinylphenanthren.* Demnach ist II *3.4.7-Trimethoxy-5.6-methylendioxyaporphin.*

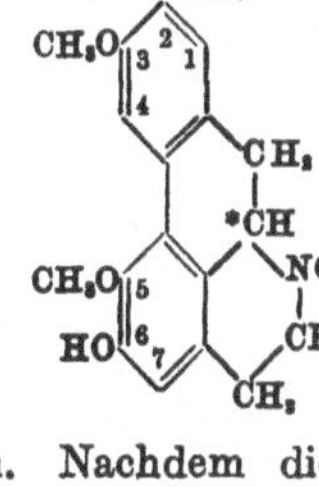

I

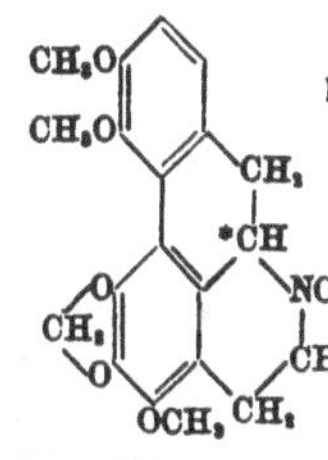

II

V e r s u c h e: *Mellophansäure,* F. 233—236°. a) I wird mit $(CH_3CO)_2O$ 1 Std. gekocht. Die nach Verdampfen der Lsg. auf dem Wasserbad zurückbleibende amorphe M. wird wiederholt mit HNO_3 (D. 1,34) übergossen u. die Lsg. auf dem Wasserbad zur Trockne verdampft. b) II wird mit sd. $(CH_3CO)_2O$ in „N-Acetylthalicmin" (s. unten) umgewandelt u. dieses wie vorst. oxydiert. — *Metahemipinsäure.* Eine Lsg. von I in 2%ig. HCl wird neutralisiert, 3%ig. $KMnO_4$-Lsg. (24 O) innerhalb 2 Std. hinzugefügt u. das Gemisch 1 Std. auf 40° erwärmt; gelblichorange Nadeln; 0,8 g aus 1,3 g I. *Anilid,* F. 170—171° (Zers.). — *Thalicmidinmethyläther, Jodmethylat,* F. 221—222°; aus I u. CH_3J in methylalkoh. KOH bei mehrstd. Kochen; aus W. Nadeln; 2,2 g aus 2 g I. — *2.3.5.6-Tetramethoxy-8-[β-dimethylaminoäthyl]-phenanthren* („*Des-N-methyl-O-methylthalicmidin*"), $C_{22}H_{27}O_4N$, F. 72—73,5°; aus vorst. Verb. bei 3std. Kochen mit 30%ig. methylalkoh. KOH; aus PAe. Kristalle. *Hydrochlorid,* F. 255—257°; silberglänzende Kristalle. *Jodmethylat,* F. 276—280° (Zers.); aus den Komponenten in Aceton; aus A. Kristalle; 0,7 g aus 0,6 g Base. — *2.3.5.6-Tetramethoxy-8-vinylphenanthren,* $C_{20}H_{20}O_4$, F. 143°; aus dem Jodmethylat vorst. Verb. in sd. 30%ig. methylalkoh. KOH; aus A. Kristalle; 0,4 g aus 0,7 g Jodmethylat. — *2.3.5.6-Tetramethoxyphenanthrencarbonsäure-(8),* F. 218°. 0,2 g vorst. Verb. in 50 cm³ Aceton werden mit 0,25 g $KMnO_4$ in 50 cm³ Aceton oxydiert; aus A. Kristalle. — *3.4.7-Trimethoxy-5.6-methylendioxy-8-[β-methylacetylaminoäthyl]-phenanthren* („*N-Acetylthalicmin*"), F. 191—192°; aus II in sd. $(CH_3CO)_2O$; 1,45 g aus 1,5 g II. Liefert bei der Dest. mit der 10fachen Menge Zn-Staub im H_2-Strom *Phenanthren* (0,6 g aus 2,6 g Acetylverb.). — *3.4.7-Trimethoxy-5.6-methylendioxy-8-[β-dimethylaminoäthyl]-phenanthren* („*Des-N-methylthalicmin*"), $C_{22}H_{25}O_5N$, F. 150—150,5°. II-Jodmethylat (F. 235—237°) wird mit

30%ig. methylalkoh. KOH 2 Std. gekocht, das Lösungsm. abdest. u. der Rückstand mit W. aufgenommen; hierbei wird der größte Teil krist. gewonnen, der Rest durch Ausäthern der Mutterlauge. Aus CH_3OH Nadeln; 1,7 g aus 2,5 g Jodmethylat. *Sulfat*, F. 127—128° (Zers.); aus W. oder A. Kristalle. *Jodmethylat*, schm. in geschlossener Capillare bei 236—237° (Zers.); aus den Komponenten in CH_3OH bei 2std. Kochen; Nadeln; 1,2 g aus 1,3 g Base. — *3.4.7-Trimethoxy-5.6-methylendioxy-8-vinylphenanthren*, $C_{20}H_{18}O_5$, F. 185—186°; bei 4std. Kochen des Jodmethylats vorst. Verb. mit methylalkoh. KOH; aus A. Schuppen; 0,4 g aus 1,7 g Jodmethylat. — *D-Glaucin* aus Thalictrum minus L. Aus 43 kg Wurzeln der zur Vegetationsperiode noch unreifer Früchte gesammelten Pflanze wurden 368,3 g in Ae. lösl. Gesamtalkaloide gewonnen. Hierauf wurden aus der Acetonlsg. des von alkalilösl. Alkaloiden (Phenolen) befreiten Alkaloidgemischs 111,2 g eines *Hydrobromids*, nach Umkristallisieren F. 235—237°, isoliert. Aus 1 g Hydrobromid wurde mit NH_3 eine Base, aus Ae. Kristalle, F. 104—109°; $[\alpha]_D$ +84°, erhalten, die in das *Jodmethylat*, F. 216—219°, übergeführt wurde u. mit dem Jodmethylat von Thalicmidinmethyläther ident. war. Auch der HOFMANNsche Abbau verlief wie dort. (Журнал Общей Химии [J. allg. Chem.] **22.** (**84.**) 1047—55. Juni 1952. Taschkent, Inst. für Chem. der Akad. der Wiss. der UsbekSSR, Labor. für Alkaloidchemie.) R. KNOBLOCH. 3500

G. R. Clemo und **J. O. Harris**, *Die Konstitution des Humulens*. Die von WOLFROM u. MISHKIN (C. **1951.** II. 528) für *Humulen* (**I**; *α-Caryophyllen*) vorgeschlagene Struktur wird von Vff. abgelehnt, da sie aus **I**, das mit dem von SIDDIQUI (J. Indian chem. Soc. **16.** [1939.] 423) isolierten *Didymocarpen* ident. ist, durch Oxydation *asymm.-Dimethylbernsteinsäure* (**II**) erhielten. **II** entsteht auch bei der Oxydation von *Dihydrohumulen*, das seinerseits aus *Humulennitrosochlorid* durch katalyt. Hydrierung zu *Tetrahydroaminohumulen* u. Abbau nach HOFMANN erhältlich ist. *Tetrahydrohumulen* (aus *Hexahydroaminohumulen*) liefert durch Oxydation eine C_{15}-Dicarbonsäure, die durch Dest. mit Acetanhydrid ein Anhydrid bildet u. daher einen 4- oder wahrscheinlicher einen 5-Ring enthält. (Chem. and Ind. **1951.** 50. 20/1. Newcastle-upon-Tyne, Univ. of Durham, King's Coll.) SPAETH. 3600

C. W. Shoppee und **G. H. R. Summers**, *Steroide*. 1. Mitt. *Eine neue Darstellung der Cholesterylhalogenide*. Die aus 3.5-Cyclocholestanon-(6) (Isocholestanon) (**I**) durch Behandlung mit Halogenwasserstoff dargestellten *3β-Halogencholestanone-(6)* (**II**; **a** = Cl, **b** = Br, **c** = J) werden mit $LiAlH_4$ zu den *3β-Halogencholestanolen-(6β)* (**III**) red., die mit $POCl_3$ u. Pyridin *3β-Halogencholesterine* (**IV**) geben. Red. von **III** gibt *Cholestanol-(6β)* (**V**). Letzteres gibt im Gegensatz zum α-Epimeren mit $SOCl_2$ (vgl. BARTON u. MILLER, C. **1951.** II. 229) *Cholesten-(5)* u. mit PCl_5 (vgl. STANGE, Hoppe-Seyler's Z. physiol. Chem. **220.** [1933.] 34) *5α.6β-Dichlorcholestan*. Cholestanon-(6) gibt bei Red. mit Na u. A. *Cholestanol-(6α)* (*Acetat*, F. 95°; *Benzoat*, F. 103°; *p-Toluolsulfonat*, F. 108,5 bis 110°; bei ELSEVIER, Encyclopaedia, Vol. XIV, S. 66 als **VI** beschrieben).

Versuche (opt. Drehungen in Chlf.): *3.5-Cyclocholestanon-(6)* (**I**), F. 96—97° (Chromatographie). 3β-Oxycholestanon-(6) (F. 142—143°) wurde mit Toluol-p-sulfonylchlorid in Pyridin in *3β-Toluol-p-sulfonyloxycholestanon-(6)* [F. 186° (Zers.). aus Aceton Nadeln, $[\alpha]_D$ —5° ± 1° (c = 1,333)] verwandelt u. dieses nach DODSON u. RIEGEL (C. **1949.** I. 69) weiterverarbeitet. *3β-Chlorcholestanol-(6β)* (**IIIa**), $C_{27}H_{47}OCl$, F. 96°, aus *3β-Chlorcholestanon-(6)* (**IIa**) (F. 129—130°, aus vorst. Verb. u. HCl in Essigsäure) u. $LiAlH_4$ in Ae.; Nadeln an Pentan; $[\alpha]_D$ + 14,5 ± 2° (c = 4,10); gibt mit CrO_3 in Essigsäure **IIa**. — *Cholesterylchlorid* (**IVa**), F. 95—96°, a) aus **IIa** u. $POCl_3$ in Pyridin unter Eiskühlung, dann bei 20° über Nacht; Platten aus Aceton-Methanol; b) aus Cholesterin u. HCl in absol. Methanol, 7 Std. am Rückfluß; Nadeln aus Ae.-Methanol nach Chromatographie. — *3β-Bromcholestanol-(6β)* (**IIIb**), $C_{27}H_{47}OBr$, F. 95°, aus *3β-Bromcholestanon-(6)* (**IIb**) (F. 123—125°, aus **I** u. 48%ig. HBr) u. $LiAlH_4$ in Ae.; Prismen aus Methanol, $[\alpha]_D$ + 14 ± 2° (c = 3,97). Oxydation gibt **IIb**, Nadeln aus Essigsäure, $[\alpha]_D$ + 3 ± 1° (c = 4,29). — *3β-Bromcholesten-(5)* (*Cholesterylbromid*) (**IVb**), F. 96—98°, aus vorst. Verb. wie **IVa**, a). — *3β-Jodcholestanon-(6)* (**IIc**), $C_{27}H_{45}OJ$, F. 137—138°, aus 1,7 g **I** u. HJ in Essigsäure; 1,72 g. Nadeln aus Essigsäure; $[\alpha]_D$ + 8 ± 2° (c = 4,13). — *3β-Jodcholestanol-(6β)* (**IIIc**), $C_{27}H_{47}OJ$, F. 109—110°, aus **IIc** u. $LiAlH_4$ in Ae.; Nadeln aus A. oder Methanol-Aceton; $[\alpha]_D$ + 15 ± 3° (c = 4,79). Oxydation gibt **IIc**. — *3β-Jodcholesten-(5)* (*Cholesteryljodid*) (**IVc**), F. 105—106°, aus 100 mg **IIIc** wie **IVa**, a) aus A. 84 mg lange Platten. — *Cholestanon-(6)*, F. 97—98°, aus 25 mg **IIc** u. Zn-Staub in Eisessig; 16 mg Platten aus Methanol. — *Cholestanol-(6β)* (**V**), F. 82°, aus **IIIc** durch Zn-Staubred.; Ausbeute quantitativ. *Acetat*, F. 75°. *Benzoat*, F. 79°. — *Cholesten-(5)*, F. 89°, aus **V** wie **IVa**, a) ident. mit derselben Verb. aus **IVa** durch Red. mit Na-Amylalkohol. — *5α.6β-Dichlorcholestan*, $C_{27}H_{46}Cl_2$, F. 114—116°, aus **V** durch Verreiben mit PCl_5 u. Bzl.; Blättchen aus Methanol, $[\alpha]_D$ —29 ± 2° (c = 1,830). — *Cholesten-(4)-on-(3)*, F. 79—81°, aus 6β-Oxycholestanon-(3) (F. 184°) wie **IVa**, a). (J. chem. Soc. [London] **1952**. 1786—90. Mai. Swansea, Univ. of Wales, Univ. Coll.) H. J. KOCH. 3700

C. W. Shoppee und **G. H. R. Summers**, *Steroide*. 2. Mitt. *Die Darstellung von Epicholesterylchlorid und -bromid*. (1. vgl. vorst. Ref.) Das aus 3β-Oxycholestanon-(6) (**I**) durch Behandlung mit PCl_5 erhaltene *3α-Chlorcholestanon-(6)* (**IIa**) wird mit $LiAlH_4$ zu *3α-Chlorcholestanol-(6β)* (**IIIa**) red. u. mit $POCl_3$ in Pyridin in *Epicholesterylchlorid* (**IVa**) übergeführt. Entsprechend mit PBr_5 das *Bromid* (**IVb**). Ferner wird **I** über *Cholestandiol-(3β.6β)* (**V**) unter Epimerisierung an $C_{(3)}$ mit PCl_5 in **IVa** übergeführt. Außerdem wird **V**-Diacetat zum 6-Monoacetat partiell hydrolysiert u. mit PCl_5 umgelagert zu *3α-Chlor-6β-acetoxycholestan* u. zu **IIIa** verseift. Es werden die Rkk. von *Cholestandiol-(3α.6α)* (**VI**) u. *Cholestandiol-(3α.6β)* (**VII**) mit PCl_5 untersucht. Beide werden dargestellt durch Red. von *3α-Oxycholestanon-(6)* (**VIII**), **VI** mit Na u. A., **VII** mit $LiAlH_4$. Beide werden durch CrO_3 oxydiert zu *Cholestandion-(3.6)* (**IX**). **VII** wird außerdem aus *2α.3α-Epoxycholestanon-(6)* durch Red. mit $LiAlH_4$ dargestellt. **VII** gibt mit PCl_5 *Cholestadien-(3.5)* (**X**), **VI** gibt wahrscheinlich *6β-Chlorcholesten-(2)*.

Versuche (opt. Drehungen in Chlf.): *3α-Chlorcholestanon-(6)* (**IIa**), F. 181°, aus 4 g 3β-Oxycholestanon-(6) (**I**) u. PCl_5 in Chlf. u. $CaCO_3$ bei 0° u. Schütteln über Nacht bei 20°; 4,1 g (Ausbeute). — *3α-Chlorcholestanol-(6β)* (**IIIa**), $C_{27}H_{47}OCl$, F. 96° u. 108°, aus 2 g **IIa** u. $LiAlH_4$ in Ae.; lange Nadeln aus Methanol, $[\alpha]_D$ + 13 ± 2° (c = 4,35); 1,94 g. Gibt mit 2%ig. CrO_3-Essigsäure **IIa**. — *Epicholesterylchlorid* (**IVa**), $C_{27}H_{45}Cl$, F. 105—107°, aus 500 mg **IIIa** u. $POCl_3$ in Pyridin bei 0° u. Stehen über Nacht bei 20°; Nadeln aus Aceton, $[\alpha]_D$ —3 ± 2° (c = 1,930); 467 mg. — *3α-Bromcholestanon-(6)* (**IIb**), $C_{27}H_{45}OBr$, F. 173°, aus 1,5 g **I** u. PBr_5, 15 Min. zusammenreiben u. 30 Min. bei 40°; Nadeln aus Methanol-Ae., $[\alpha]_D$ + 10 ± 1° (c = 1,00); 640 mg. — *Epicholesterylbromid* (**IVb**), $C_{27}H_{45}Br$, F. 103—105°, aus **IIb**, wie **IVa** über das nicht krist. *3α-Bromcholestanol-(6β)* (**IIIb**); Nadeln aus Aceton nach Chromatographie, $[\alpha]_D$ —5 ± 2° (c = 1,234). — *Cholestandiol-(3β.6β)* (**V**), F. 196°, aus 2,1 g **I** u. $LiAlH_4$ in Ae. 1 Std. am Rückfluß; Nadeln aus Aceton-Dioxan; 1,82 g. Daneben *Cholestandiol-(3β.6α)*, F. 214—216°. 3,0 g **V** geben mit PCl_5 in Chlf. bei 0° u. 1,5 Std. 1,97 g **IVa** neben *Cholestadien-(3.5)* (**X**), F. 79°. — *6β-Acetoxycholestanol-(3β)*, F. 80° u. 128°, aus Cholestandioldiacetat-(3β.6β) u. methanol. KOH, 1,5 Std. am Rückfluß; Nadeln aus Methanol nach Chromatographie; 75%. Daneben **V**. — *3α-Chlorcholestanylacetat-(6β)*, $C_{29}H_{49}O_2Cl$, F. 127—129°, aus 500 mg vorst. Verb. u. PCl_5 in Chlf. bei 0° u. 1,5 Std. Schütteln bei 20°; Nadeln aus Methanol, $[\alpha]_D$ —16 ± 2° (c = 0,442); 356 mg. Gibt mit wss. methanol. K_2CO_3 **IIIa**. — *3α-Oxycholestanon-(6)* (**VIII**), F. 156—160°, aus 14,6 g 3β-Toluol-p-sulfonyloxycholestanon-(6) nach DODSON u. RIEGEL (C. **1949**. I. 69); 2,3 g neben 4,7 g *Cholesten-(2)-on-(6)* (**XI**; F. 102—104°) u. **I** (F. 140—142°); Isolierung von **VIII** über die Digitoninverbindung. b) Aus 618 mg Epicholesterylacetat (F. 85°) durch Nitrierung mit HNO_3/KNO_3, Red. mit Zn-Staub/CH_3COOH u. Hydrolyse mit 5%ig. alkoh. KOH; Platten aus wss. A. nach Chromatographie; 215 mg. — *Cholestandiol-(3α·6α)* (**VI**), $C_{27}H_{48}O_2$, F. 211 u. 219—220°, aus **VIII** u. Na in A., 30 Min. am Rückfluß; Nadeln aus A.-Aceton, $[\alpha]_D$ + 43 ± 3° (Dioxan, c = 0,67). Gibt bei Oxydation *Cholestandion-(3.6)* (**IX**), F. 171 bis 173°, Nadeln aus Aceton. — *Cholestandiol-(3α.6β)* (**VII**), aus **VIII** u. $LiAlH_4$ in Ae. bei 20°, 30 Min.; Gel; gibt bei Oxydation wie vorst. **IX**. *Diacetat*, $C_{31}H_{52}O_4$, F. 87—89° (Aceton nach Chromatographie); $[\alpha]_D$ —17 ± 3° (c = 5,06). — **X**, F. 78—80°, aus 200 mg **VII** wie **IVa**; Nadeln aus Aceton; 140 mg. — *2α.3α-Epoxycholestanon-(6)*, $C_{27}H_{44}O_2$, F. 141—142°, aus 1,53 g **XI** u. Benzopersäure in Chlf. bei —10°, 15 Std.; Platten aus Aceton, $[\alpha]$ —14 ± 2° (c = 3,32); 1,47 g. 1,43 g geben nach Red. mit $LiAlH_4$ u. Acetylierung 1,34 g **VII**-*Diacetat*. (J. chem. Soc. [London] **1952**. 1790—95. Mai.)
H. J. KOCH. 3700

Ng. Ph. Buu-Hoï und **Ng. Hoán**, *Synthese schwefelhaltiger Analoga synthetischer Östrogene*. Zur Prüfung auf ihre biol. Wirksamkeit werden einige den Östrogenen Hexöstrol, Stilben u. 1.2.2-Triphenyläthylen analoge Verbb. mit Thioäthergruppen u./oder Thiophenringen dargestellt. Das aus 4-[α-Oxypropyl]-thioanisol erhältliche *4-[α-Chlorpropyl]-thioanisol* läßt sich in bekannter Weise mit Fe-Pulver zu *3.4-Bis-[4-methylmercaptophenyl]-hexan* kuppeln; das erhaltene feste Prod. ist wahrscheinlich (Vgl. mit meso-Hexöstrol) die *meso-Form* (**I**), daneben wurde ein öliges Isomeres, wahrscheinlich die *dl-Form*, erhalten. Analog wurde *meso-4.5-Bis-[4-methylmercaptophenyl]-octan* (**II**) dargestellt. **I** u. **II** ließen sich nicht in üblicher Weise entmethylieren. — Durch Kondensation von *4-Methylmercaptobenzaldehyd* (**III**) u. *3-Methyl-4-methylmercaptobenzaldehyd* (**IV**), deren Darst. beschrieben wird, mit substituierten Arylacetonitrilen wurde eine Reihe von *1-Aryl-2-[4-methylmercaptophenyl]-* u. *1-Aryl-2-[3-methyl-4-methylmercaptophenyl]-acrylonitrilen* erhalten. — Es wurden ferner nach bekannten Methoden *1.2-Diphenyl-2-p-methylmercaptophenyläthylen*, dessen *1-Bromderiv.*, *1.2-Diphenyl-2-[3-methyl-4-methylmercaptophenyl]-äthylen* u. dessen *1-Bromderiv.* sowie Analoga davon mit einem Thienyl-(2)- an Stelle eines Phenylrestes hergestellt. Die S-haltigen Verbb. erwiesen sich im ALLEN-DOISY-Test als inakt. oder nur sehr schwach akt., sie sollen als Antagonisten der Östrogene u. als mögliche Inhibitoren des follikelanregenden Hormons geprüft werden. — Die Thiosemicarbazone von **III** u. **IV** zeigten in vitro starke tuberkulostat. Wirkung.

Versuche: *4-Propionylthioanisol*, durch FRIEDEL-CRAFTS-Rk. aus Thioanisol (**V**) u. Propionylchlorid mit $AlCl_3$ in CS_2; 80% (Ausbeute). — *4-[α-Oxypropyl]-thioanisol*, $C_{10}H_{14}OS$, Kp.$_{17}$ 160—162°, durch Kochen vorst. Verb. mit Al-Isopropylat in Isopropanol unter Entfernung des gebildeten Acetons, Behandeln mit verd. HCl u. Extraktion mit Ae.; blaßgelbes Öl; 98%. — *meso-3.4-Bis-[4-methylmercaptophenyl]-hexan* (**I**), $C_{20}H_{26}S_2$, F. 155—156°, durch Überführung vorst. Alkohols mit trockenem HCl bei 0° in *4-[α-Chlorpropyl]-thioanisol*, das nach Waschen mit Eiswasser portionsweise in die Suspension von Fe-Pulver (mit H_2 red.) in heißem W. unter Rühren eingetragen wurde; nach Aufkochen u. Stehen über Nacht wurde das auskrist. **I** in heißem Bzl. aufgenommen u. die Benzollsg. eingedampft; aus A. lange Nadeln; 25%. Daneben wurde ein höhersd. Rückstand, Kp.$_{17}$ 256—258°, erhalten, der wahrscheinlich das *dl-Isomere* enthielt. **I** ließ sich weder mit Pyridinhydrochlorid, HBr noch HJ entmethylieren; in geringer Menge wurde *4-Propenylthioanisol* (*Thioanethol*), $C_{10}H_{12}S$, Kp.$_{17}$ ~146—148°, gebildet. — *4-n-Butyrylthioanisol*, $C_{11}H_{14}OS$, F. 66—67°, durch Eintragen von $AlCl_3$ in die gekühlte Lsg. von **V** u. n-Butyrylchlorid in CS_2, 7 std. Stehen bei Raumtemp. u. übliche Aufarbeitung; Kp.$_{17}$ 187°, aus Ligroin feine Prismen; 95%. — *p-Methylmercapto-β-äthylstyrol*, $C_{11}H_{14}S$, Kp.$_{15}$ 153°, durch Red. des vorst. Ketons nach MEERWEIN-PONNDORF wie oben u. Dehydratisierung des erhaltenen unbeständigen sek. Alkohols durch 10 Min. Kochen mit 98%ig. HCOOH, Aufnehmen in Bzl. u. Destillation. — *meso-4.5-Bis-[4-methylmercaptophenyl]-octan* (**II**), $C_{22}H_{30}S_2$, F. 112°, durch Anlagerung von HCl an vorst. Verb. zu *4-[α-Chlor-n-butyl]-thioanisol* u. dessen Behandlung mit Fe-Pulver analog **I**; aus A. feine Nadeln. — *p-Methylmercaptobenzylchlorid* (*p-Chlormethylthioanisol*), C_8H_9ClS, Kp.$_{17}$ 145°, durch 2tägiges Erwärmen von **V** u. Chlormethylmethyläther in CH_3COOH auf 70—80°, Eingießen in W., Aufnehmen der unteren Schicht in Chlf. u. fraktionierte Dest.; als höher sd. Fraktionen wurden *2.4-Bis-[chlormethyl]-thioanisol* u. *4.4'-Bis-[methylmercapto]-diphenylmethan* (Kp.$_{17}$ ~250°) erhalten. — *4-Methylmercaptobenzaldehyd* (*Thioanisaldehyd*; **III**), Kp.$_{17}$ ~153°, durch 3std. Kochen vorst. Verb. mit Hexamethylentetramin in CH_3COOH, weiteres 1std. Kochen nach Zugabe von W., Aufnehmen in Bzl. u. fraktionierte Destillation. *Thiosemicarbazon*, $C_9H_{11}N_3S_2$, F. 177—179°, aus A. gelbliche Prismen. — *3-Methyl-4-methylmercaptobenzylchlorid*, $C_9H_{11}ClS$, Kp.$_{17}$ ~154—155°, aus o-Thiokresolmethyläther wie das niedere Homologe; als Nebenprod. entstand *3.3'-Dimethyl-4.4'-bis-[methylmercapto]-diphenylmethan*, $C_{17}H_{20}S_2$, F. 74°, Kp.$_{17}$ ~260°, aus Ligroin feine Nadeln. — *3-Methyl-4-methylmercaptobenzaldehyd* (**IV**), $C_9H_{10}OS$, Kp.$_{17}$ 166—168, aus vorst. Verb. analog **III**; blaßgelbes Öl; 77%. *Thiosemicarbazon*, $C_{10}H_{13}N_3S_2$, F. ~208° (Zers.), aus A. oder CH_3COOH blaßgelbe Nadeln. — *4-Methylmercaptobenzophenon*, $C_{14}H_{12}OS$, F. 76°, aus **V** u. Benzoylchlorid mit $AlCl_3$ in CS_2 während 8 Std. bei Raumtemp.; Kp.$_{17}$ ~239°, aus CH_3OH Blättchen; 91%. — *3-Methyl-4-methylmercaptobenzophenon*, $C_{15}H_{14}OS$, F. 84°, analog; aus CH_3OH feine Blättchen; 92%. — *1.2-Diphenyl-2-p-methylmercaptophenyläthylen*, $C_{21}H_{18}S$, F. 100°, durch Zugabe vorvorst. Verb. zu einer eiskalten Ae.-Lsg. der GRIGNARD-Verb. aus Benzylchlorid, 15 Min. Kochen, Zers. mit verd. H_2SO_4, Dehydratisierung des entstandenen Carbinols mit sd. 98%ig. HCOOH, Eingießen in W. u. Aufnehmen in Bzl.; Kp.$_{17}$ 272—274°, aus A. feine Nadeln; 95%. — *1-Brom-1.2-diphenyl-2-p-methylmercaptophenyläthylen*, $C_{21}H_{17}BrS$, F. 131°, durch Bromierung vorst. Verb. in CH_3COOH; aus A. gelbliche Prismen. — *1.2-Diphenyl-2-[3-methyl-4-methylmercaptophenyl]-äthylen*, $C_{22}H_{20}S$, Kp.$_{17}$ 280°, dickes blaßgelbes Öl. — *1-Brom-1.2-diphenyl-2-[3-methyl-4-methylmercaptophenyl]-äthylen*, $C_{22}H_{19}BrS$, F. 124°, aus A. oder CH_3COOH feine Prismen. — *1-Phenyl-2-p-methylmercaptophenyl-2-[thienyl-(2)]-äthylen*, $C_{19}H_{16}S_2$, F. 118°, wie oben aus 2-p-Methylmercaptobenzoylthiophen; Kp.$_{17}$ 276 bis 278°, aus CH_3COOH flache Prismen. — *1-Phenyl-2-p-äthylmercaptophenyl-2-[thienyl-(2)]-äthylen*, $C_{20}H_{18}S_2$, F. 60°, analog aus 2-p-Äthylmercaptobenzoylthiophen; Kp.$_{17}$ ~285—286°, aus CH_3COOH feine Nadeln — Durch Schütteln äquimol. Mengen **III** bzw. **IV** mit Arylacetonitrilen bzw. Thienyl-(2)-acetonitril in warmem A. in Ggw. von etwas 30%ig. wss. KOH u. Kristallisation aus A. wurden nachst. Acrylonitrile dargestellt: *1-Phenyl-2-p-methylmercaptophenyl-*, $C_{16}H_{13}NS$, F. 96°. — *1-p-Tolyl-*

2-p-methylmercaptophenyl-, $C_{17}H_{15}NS$, F. 113°. — *1-p-Fluorphenyl-2-p-methylmercaptophenyl-*, $C_{16}H_{12}NFS$, F. 117°. — *1-p-Chlorphenyl-2-p-methylmercaptophenyl-*, $C_{16}H_{12}NClS$, F. 100°. — *1-p-Bromphenyl-2-p-methylmercaptophenyl-*, $C_{16}H_{12}NBrS$, F. 131°. — *1-p-Jodphenyl-2-p-methylmercaptophenyl-*, $C_{16}H_{12}NJS$, F. 135°. — *1-[Thienyl-(2)]-2-p-methylmercaptophenyl-*, $C_{14}H_{11}NS_2$, F. 89°. — *1-Phenyl-2-[3-methyl-4-methylmercaptophenyl]-*, $C_{17}H_{15}NS$, F. 99°. — *1-p-Tolyl-2-[3-methyl-4-methylmercaptophenyl]-*, $C_{18}H_{17}NS$, F. 96°. — *1-p-Fluorphenyl-2-[3-methyl-4-methylmercaptophenyl]-*, $C_{17}H_{14}NFS$, F. 123°. — *1-p-Chlorphenyl-2-[3-methyl-4-methylmercaptophenyl]-*, $C_{17}H_{14}NClS$, F. 134°. — *1-p-Bromphenyl-2-[3-methyl-4-methylmercaptophenyl]-*, $C_{17}H_{14}NBrS$, F. 132°. — *1-p-Jodphenyl-2-[3-methyl-4-methylmercaptophenyl]-*, $C_{17}H_{14}NJS$, F. 152°. — *1-[Thienyl-(2)]-2-[3-methyl-4-methylmercaptophenyl]*, $C_{15}H_{13}NS_2$, F. 98°. (J. org. Chemistry **17.** 350—57. März 1952. Paris, Univ., Radium Inst., Dep. of Organ. Chem.) SPAETH. 3750

D. H. Peterson und H. C. Murray, *Mikrobiologische Oxydation von Steroiden am Kohlenstoffatom 11.* Vff. führen die Oxydation von Progesteron an $C_{(11)}$ mit Hilfe des Schimmelpilzes *Rhizopus arrhizus* (Stamm RH 176) in 24—48 Std. in einem Lactalbumin-Dextrose-Maisschlempe-Medium durch. Sie isolierten aus dem Methylenchloridextrakt ein *Dioxyprogesteron* (I), $C_{21}H_{30}O_4$, F. 245—248°, $[\alpha]_D^{24}$ +144° (Pyridin); 2,3% (Ausbeute). *Diacetat*, $C_{25}H_{34}O_6$, F. 145—148° u. 153—154°, $[\alpha]_D^{23}$ +71° (absol. A.). Das an Al_2O_3 chromatographierte Konzentrat der Mutterlaugen lieferte weitere 5% I u. ein *Monooxyprogesteron* (II), $C_{21}H_{30}O_3$, F. 166—167°, $[\alpha]_D^{25}$ +179° (Chlf.), λ_{max} 242 mμ (log E = 4,19 in A.); 10%. *Monoacetat*, $C_{23}H_{32}O_4$, F. 175—177°, $[\alpha]_D^{24}$ +143° (Aceton). Oxydation von II lieferte *11-Ketoprogesteron* (III), $C_{21}H_{28}O_3$, F. 174 bis 176°, $[\alpha]_D^{25}$ +227° (Chlf.). Da II andere physikal. Eigg. als 11β-Oxyprogesteron zeigt, u. leicht ein Acetat bildet, schließen Vff. auf 11α-Konfiguration. (J. Amer. chem. Soc. **74.** 1871—72. 5/4. 1952. Kalamazoo, Mich., Upjohn Co.) SCHORRE. 3750

K. R. Farrar, J. C. Hamlet, H. B. Henbest und E. R. H. Jones, *Aufklärung der Struktur des Vitamins A_2 durch Totalsynthese.* Das das Vitamin A_1 in Fischleberölen begleitende *Vitamin A_2* (I) wurde durch Synth. als *3-Dehydrovitamin A_1* erkannt. Zu diesem Zweck wurde *Vitamin-A_1-säure* mit CH_2N_2 in den *Methylester* [$C_{21}H_{30}O_2$, F. 55 bis 56°, λ_{max} 3580—3600 Å (ε = 44600 in A.)] übergeführt, mit N-Bromsuccinimid unter milden Bedingungen daraus das *3-Bromderiv.* hergestellt u. aus diesem mit N-Phenylmorpholin HBr zu *Vitamin-A_2-Säuremethylester* [II; $C_{21}H_{28}O_2$, F. 45—47°, λ_{max} 3770 Å (ε = 40600 in A.), Inflexion 3080 Å (ε = 13100); *freie Säure*, $C_{20}H_{26}O_2$, F. 175 bis 177°, λ_{max} 3720—3730 Å (ε = 39300 in A.), Inflexion 3050 Å (ε = 12600)] abgespalten. Red. von II mit $LiAlH_4$ u. einmalige chromatograph. Reinigung lieferte I als tiefgelbes Öl, λ_{max} 3820 u. 2880 Å (ε = 37500 u. 19100 in A.), λ_{min} 2980 Å (ε = 12900). Das *p-Phenylazobenzoat* aus synthet. I [F. 78—90° (KOFLER) bzw. 84—87° (Capillare), λ_{max} 3410 Å ($E^{1\%}_{1\,cm}$ = 1210 in A.)] zeigt etwas anderes F.-Verh. als das Deriv. des natürlichen I, was wahrscheinlich auf cis-trans-Isomerie beruht, da I aus zwar spektrograph. reinem, aber nicht krist. II dargestellt wurde. Mit n/30-HCl in A. gibt I *Anhydrovitamin A_2* (λ_{max} 3530, 3700 u. 3910 Å in A.); die Ähnlichkeit des Absorptionsspektr. mit dem von Anhydrovitamin A_1 läßt sich am besten durch die nebenst. Struktur III erklären, wonach beide Anhydroverbb. 6 konjugierte Doppelbindungen besitzen. — Durch Oxydation mit MnO_2 liefert I *Vitamin-A_2-aldehyd* (*Retinen$_2$*) [$_{max}$ 3870 Å (ε = 39400 in Pentan), λ_{max} 3930—3970 Å (ε = 37800 in A.), Inflexion 3150 Å (ε = 12900 in A.), λ_{max} 4080 Å (ε = 36400 in Chlf.)], das ein krist. *Semicarbazon* u. *2.4-Dinitrophenylhydrazon* liefert; der Vgl. mit den Derivv. aus natürlichem I ist auch hier durch cis-trans-Isomerie erschwert. (Chem. and Ind. **1951.** 49—50. 20/1. Manchester, Univ., Dep. of Chem.) SPAETH. 3800

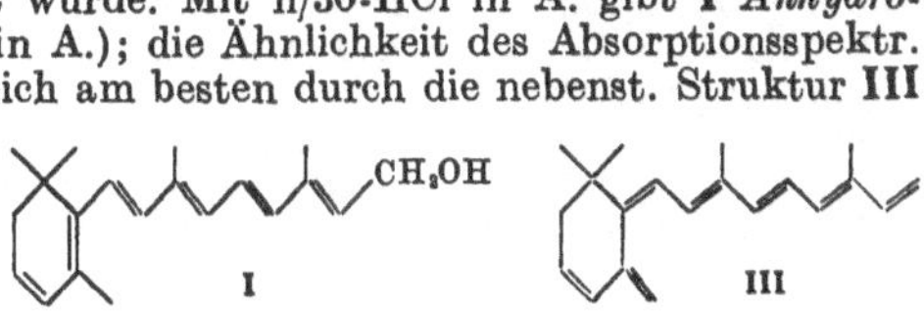

K. E. Schulte und Annelies Schillinger, *Untersuchungen über den oxydativen Abbau der l-Ascorbinsäure.* 1. Mitt. *Vergleichende Untersuchungen über die Kinetik der nichtfermentativen Oxydation von d-Isoascorbinsäure und l-Ascorbinsäure.* Die durch Cu^{++} katalysierte Oxydation der *d-Isoascorbinsäure* (I, *Araboascorbinsäure*) verläuft in einem p_H-Bereich <7,5 in gleicher Weise, aber mit größerer Geschwindigkeit als die der *l-Ascorbinsäure* (II). Die Beeinflussung der Reaktionsgeschwindigkeit durch gleichzeitig anwesende Puffersubstanzen, durch Temperaturerhöhung oder Änderung der Cu^{++}-Konz. erfolgt bei I u. II im gleichen Sinne. Im schwach alkal. Gebiet konnte unter den gewählten Versuchsbedingungen kein meßbarer Unterschied der Reaktionsgeschwindigkeit für I u. II beobachtet werden, desgleichen auch bei sehr niedrigen Cu^{++}-Konzz. (in Ggw. von KCN bzw. nach Vorbehandlung der Reaktionslsgg. mit Dithizonlsg.).

Nur das ein wertige Ion von I u. II (nicht das zweiwertige Ion bzw. die undissoziierte Säure) nimmt an der durch Cu^{++} katalysierten Oxydation teil. Die Verss. bestätigen die von ESSELEN, POWERS u. WOODWARD (Ind. Engng. Chem., ind. Edit. **37**. [1945.] 295) beschriebene Beobachtung, daß die nicht fermentative Oxydation der II durch gleichzeitig anwesende I verzögert u. I gegenüber der II als Antioxydans wirksam werden kann. (Z. Lebensmittel-Unters. u. -Forsch. **94**. 77—87. Febr. 1952. München, Deutsche Forschungsanst. für Lebensmittelchemie.) K. F. MÜLLER. 3800

A. Ebnöther, Th. M. Meijer und H. Schmid, *Über Eleutherinol, ein natürliches Naphthopyron. (Inhaltsstoffe aus Eleutherine bulbosa [Mill.] Urb. VI.)* 6. Mitt. (5. vgl. C. **1952**. 376.) Neben Eleutherin, Isoeleutherin u. Eleutherol wurde aus den Knollen der *Eleutherine bulbosa* in geringer Menge (0,01—0,02%) ein weiterer Pflanzenstoff, das *Eleutherinol* (I) gewonnen, das gegenüber ammoniakal. $AgNO_3$-Lsg. reduzierend wirkt, keine $FeCl_3$-, wohl aber GIBBSsche Farb-Rk. zeigt. Es enthält 2 C—CH_3-Gruppen (KUHN-ROTH-Rk.) u. 2 phenol. OH-Gruppen (Verätherung mit CHN_2 u. Diacetatbldg.). Auf Grund der Ähnlichkeit des UV-Spektr. mit dem des Eugenitins (2.6-Dimethyl-5-oxy-7-methoxychromon) schlossen Vff. auf ein Chromonsystem. Einw. von Piperonal auf den I-*Dimethyläther* liefert ein Piperonylidenkondensationsprod., was die Anwesenheit einer 2-ständigen Chromonmethylgruppe bewies. Alkal. Spaltung von I liefert neben *Aceton* u. *Essigsäure* (identifiziert durch den R_F-Wert des Hydroxamats am Papierchromatogramm) ein *Oxyketon* (II), das 3 OH-Gruppen (ZEREWITINOFF) u. eine Acetylgruppe (positiver Jodoformtest) enthält. Dagegen liefert die alkal. Spaltung des I-Dimethyläthers außer vorst. Prodd. u. dem II-*Dimethyläther* ein Phenol (III). Der Dimethyläther von II gibt ein stark gefärbtes Alkalisalz, was nur bei α.β-Nachbarstellung der OH- u. Acetylgruppe möglich ist. $KMnO_4$-Oxydation liefert *3.5-Dimethoxyphthalsäureanhydrid.* Bei der Pb-Acetatoxydation von III entstehen 2 Chinone (**IV** u. **V**). **IV** wurde auf Grund spektroskop. Unterss. von Vergleichssubstanzen als ein Naphthochinon-(1.2)-deriv. erkannt. Eingehende Unterss. über die $Pb(OCOCH_3)_4$-Oxydation einfacher Phenole (s. unten) legten für III das Vorliegen eines 3-Methyl-2-oxynaphthalinderiv. nahe. **V** wurde daraufhin aus 6.8-Dimethoxy-3-methylnaphthochinon-(1.4) (**VI**) durch Einw. von H_2O_2 (*2.3-Epoxyd*) u. Alkalibehandlung synthetisiert. **IV**, das von dem synthetisierten **VI** u. *6.8-Dimethoxy-2-methyl-1.4-naphthochinon* verschieden ist, kann somit nur *6.8-Dimethoxy-3-methyl-1.2-naphthochinon* sein. Rückschließend folgt hieraus, daß es sich bei II um *Methyl-[3-methyl-2.6.8-trioxynaphthyl-(1)]-keton*, bei III um *6.8-Dimethoxy-3-methylnaphthol-(2)* u. bei I um *2.3'-Dimethyl-6'.8'-dioxynaphtho-[1'.2':5.6]-pyron-(4)* handeln muß. — Oxydationsverss. der Naphthole mit $Pb(OOCCH_3)_4$: *1-Oxy-4-methylnaphthalin* (**VIII**) wird durch 1 Mol $Pb(OCOCH_3)_4$ zu *4-Methyl-2-acetoxynaphthol* oxydiert, das in alkoh. Lsg. bei Ggw. von Spuren Na-Äthylat in *4-Methyl-1.2-naphthochinon* (**VII**) verwandelt wird. Oxydation mit 2 Mol $Pb(OCOCH_3)_4$ hingegen liefert *2.2-Diacetoxy-4-methyl-$\Delta^{3,4}$-dehydrotetralon-(1)* (**IX**), das bei Erwärmen in Essigsäure in **VII**, bei Acetylierung in *4-Acetoxymethyl-1.2-diacetoxynaphthalin* u. bei reduzierender Acetylierung in *1.2-Diacetoxy-4-methylnaphthalin* verwandelt wird. — β-Naphthol liefert bei Oxydation in geringer Menge *1.2-Naphthochinon.* — *2-Oxy-3-methylnaphthalin* (aus 3-Methoxynaphthoesäure-(2)-methylester durch Hydrierung zu *3-Methoxy-2-oxymethylnaphthalin*, Rk. mit p-Toluolsulfochlorid, Hydrierung zu *3-Methoxy-2-methylnaphthalin* u. Entmethylierung) wird mit 2 Mol $Pb(OCOCH_3)_4$ zu *3-Methyl-1.2-naphthochinon, Phthiocol (2-Oxy-3-methyl-1.4-naphthochinon)* u. *1.1-Diacetoxy-3-methyl-$\Delta^{3,4}$-dehydrotetralon-(2)* oxydiert, von denen letzteres durch Sieden in verd. Essigsäure in ersteres umwandelbar ist. (UV-Spektren einzelner Verbb. s. Original.)

Versuche (FF. auf dem KOFLER-Block): Isolierung von *Eleutherinol* (**I**), $C_{15}H_{12}O_4$, Kristalle aus PAe., Zers. oberhalb 310°, durch Eindampfen des Ätherextraktes der Knollen aus Eleutherine bulbosa u. Behandeln mit Eisessig; nach Abtrennen der Fraktion A (vgl. C. **1951**. I. 200) Eindampfen der Mutterlauge, Aufnehmen in Methanol u. sd. filtrieren (im Nd. I u. Eleutherol); aus der Mutterlauge nach Abtrennen von Eleutherin, Isoeleutherin u. Eleutherol, Abdampfen, 1½ jähriges Stehen im Eisschrank, Behandeln der ausgefallenen Kristalle mit sd. Bzl. u. Sublimation bei 250—260° (Luftbad)/0,01 mm; GIBBSsche Farb-Rk. violett. *Dimethyläther,* $C_{17}H_{16}O_4$, F. 186—187° (A. u. Aceton-Ae.), aus 0,125 g I durch äther. CH_2N_2; 114 mg (Ausbeute). I-*Diacetat,* $C_{19}H_{16}O_6$, F. 188—189° (A. u. Bzl.-PAe.); $Kp._{0,01}$ 190—200° (Badtemp.). — I-*Dimethylätherpiperonylidenderiv.*, $C_{25}H_{20}O_6$, F. 272—273° (A. + Chlf.), durch Einschmelzen von I-Dimethyläther mit Piperonal u. $NaOCH_3$ in Methanol + PAe. bei —80° im Hochvakuum im Bombenrohr, ¼ std. Erhitzen auf 100°, Verdünnen mit W., u. Sublimation des Nd. bei 240—250°; gelbe Kristalle. — *Methyl-[3-methyl-2.6.8-trioxynaphthyl-(1)]-keton* (**II**), $C_{13}H_{12}O_4$, Zers. über 200°, durch Erhitzen von I mit 5%ig. KOH unter N_2 zum Sieden, Ansäuern, Sublimation u. Hochvakuumsublimation des Nd.; gelbe Würfel.

Daneben aus der Mutterlauge in sehr geringer Menge *3-Methyl-2.6.8-trioxynaphthalin* (fluoresciert in A. grün; bräunliche Kristalle), aus dem Destillat *Aceton* (*p-Nitrophenylhydrazon*, F. 148—149°) u. *Essigsäure* (als Methylester in das K-Hydroxamat übergeführt, am Papierchromatogramm aus Hexanol R_F = 0,20 [16°]). — *6.8-Dimethoxy-3-methylnaphthol-(2)* (III), $C_{13}H_{14}O_3$, F. 82—84°, durch Alkalispaltung von 250 mg I-Dimethyläther wie vorst., Ausäthern der alkal. Lsg. u. Rektifikation; 50 mg; gibt mit $Pb(OCOCH_3)_4$ + Eisessig gelbe Färbung. Daneben *Aceton* u. *Methyl-[6.8-dimethoxy-3-methyl-2-oxynaphthyl-(1)]-keton*, $C_{15}H_{16}O_4$, F. 99—101° (PAe. + wss. A.), bei vorst. Rektifikation u. aus der alkal. Lsg.; 84 mg; löst sich in Alkali gelb; gibt mit $Pb(OCOCH_3)_4$ u. Eisessig orangefarbene Lösung. — *3.5-Dimethoxyphthalsäureanhydrid*, $C_{10}H_8O_5$, F. 149—152°, aus vorst. Verb. durch Oxydation mit 5%ig. wss. $KMnO_4$ bei 80° in alkal. Medium (0,3n); nach Zufügen von $NaHSO_3$, Ansäuern u. Sättigen mit $(NH_4)_2SO_4$, Ausäthern u. Rektifizieren; fluoresciert im UV violett; fluoresciert mit Resorcin + H_2SO_4 grün; λ_{max} 294 u. 266 Å (log ε 3,44 u. 2,94; 0,01nKOH), 307, 252, 277 u. 245 Å (log ε 3,55, 3,67, 3,07 u. 3,66; 0,01nHCl). Daneben etwas *Oxalsäure*. — *6.8-Dimethoxy-3-methyl-1.2-naphthochinon* (IV), $C_{13}H_{12}O_4$, orangefarbene Nadeln aus Aceton + Ae. + PAe., F. 199—201°, durch 4std. Stehen von 48 mg III mit $Pb(OCOCH_3)_4$ in Eisessig u. Chlf., Verdünnen mit Ae., Zufügen von KCl u. 2nNaOH; isoliert aus dem äther. Auszug; 5 mg; löst sich in konz. H_2SO_4 gelb, bei Verdünnen mit W. blau; löst sich in alkal. Aceton violett. — *6.8-Dimethoxy-3-methyl-2-oxy-1.4-naphthochinon* (V), $C_{13}H_{12}O_5$, F. 205—206°, a) aus der alkal. Lsg. vorst. Rk. durch Ansäuern u. Ausäthern; Nadeln aus Aceton + Ae.; 3 mg; b) durch 3 Min. Erwärmen nachst. Epoxydes in 2n NaOH auf 70°, Ansäuern u. Benzolextraktion; gelbe Kristalle; 87%; löst sich in konz. H_2SO_4 gelb, bei Verdünnen mit W. rot. — *6.8-Dimethoxy-3-methyl-1.4-naphthochinon-2.3-epoxyd*, $C_{13}H_{12}O_5$, F. 131°, durch 15 Min. Erwärmen von 6.8-Dimethoxy-3-methyl-1.4-naphthochinon (VI) in A. mit 30%ig. H_2O_2 in 10%ig. Sodalsg.; Nadelbüschel aus verd. Methanol; 81%. — *6.8-Dimethoxy-2-methyl-1.4-naphthochinon-2.3-epoxyd*, F. 142 bis 143°; analog vorst. Verb. aus 6.8-Dimethoxy-2-methyl-1.4-naphthochinon; 86%. — *6.8-Dimethoxy-3-oxy-2-methyl-1.4-naphthochinon*, $C_{13}H_{12}O_5$, F. 219—221° (unter Druck; Zers.), durch Lösen von 10 mg vorst. Verb. in kalter konz. H_2SO_4 u. Verdünnen mit Eiswasser nach 5 Min. Stehen, Ausäthern u. Hochvakuumsublimation bei 140°; braune u. gelbe Kristalle aus Ae.; 3 mg. — *4-Methyl-2-acetoxynaphthol-(1)*, $C_{13}H_{12}O_3$, F. 180° (Bzl. + PAe.), durch Versetzen einer Lsg. von 4-Methylnaphthol-(1) (VIII) in Chlf. mit 1 Mol $Pb(OCOCH_3)_4$ in Chlf. + Eisessig, Aufnehmen des Eindampfrückstandes in Aceton, Zufügen von Ae. + PAe. zur Fällung der Harze, Abdekantieren u. Auskochen des Rückstandes mit Ae.; 45%; löst sich in H_2SO_4 blau, in NaOH gelb; liefert beim Stehen in A. bei Ggw. von Spuren von Na-Alkoholat VII. — *1-Oxo-2.2-diacetoxy-4-methyl-1.2-dihydronaphthalin* (IX), $C_{15}H_{14}O_5$, F. (bei raschem Erhitzen) 175 bis 177° (bei langsamem Erhitzen ab 120° Zers.), durch Rk. von VIII mit 2 Mol $Pb(OCOCH_3)_4$ wie vorst.; Prismen aus Aceton-Ae.-PAe.; 55%; löst sich in H_2SO_4 u. warmer verd. Lauge grün. — *4-Acetoxymethyl-1.2-diacetoxynaphthalin*, $C_{17}H_{16}O_6$, F. 102,5—103°, durch Acetylierung vorst. Verb. mit Acetanhydrid + etwas H_2SO_4 u. 15 Min. Erwärmen auf 80°; verfilzte Nadeln aus Alkohol. — *1.2-Diacetoxy-4-methylnaphthalin*, $C_{15}H_{14}O_4$, F. 126—127° (A.), a) durch 24std. Stehen von IX mit Zn-Staub in Acetanhydrid u. Pyridin; 68%; b) durch 2std. Erhitzen von VII mit Na-Acetat u. Acetanhydrid unter Wasserausschluß. — *4-Methyl-1.2-naphthochinon* (VII), $C_{11}H_8O_2$, Zers. bei 115—125°, durch 70 Min. Erhitzen von IX mit Eisessig + W., Filtrieren vom ausgefallenen Polymerisationsprod. u. Verdünnen mit W.; orangefarbene Kristalle aus Aceton + Ae.; 80%. — *1.2-Naphthochinon*, F. 137—145° (Zers.), durch Oxydation von 200 mg β-Naphthol mit Pb-Tetraacetat wie bei VIII; nach Auswaschen des Harzes mit Ae. orangefarbene Kristalle aus Aceton + etwas Ae.; 13 mg. — *3-Methoxy-2-oxymethylnaphthalin*, $C_{12}H_{12}O_2$, F. 71—72° (Methanol), durch Zutropfen von 3-Methoxynaphthoesäure-(2)-methylester in Ae. zu $LiAlH_4$ in Ae., nach 2std. Erhitzen Zufügen von Essigester, dann Ansäuern u. Ausäthern; 90%. — *[3-Methoxynaphthyl-(2)]-carbinol-p-tosylester*, durch Zutropfen 25%ig. NaOH zu vorst. Verb. u. p-Tosylchlorid in Aceton unter Rühren u. Kühlen u. 6std. Rühren bei 2—6°; im Eisschrank tagelang haltbar, Zers. bereits bei Raumtemperatur. — *3-Methoxy-2-methylnaphthalin*, $C_{12}H_{12}O$, F. 75 bis 76° (Methanol, durch Rk. vorst. Verb. u. $LiAlH_4$ in Tetrahydrofuran wie vorst. u. 4std. Kochen; 90%. — *3-Methylnaphthol-(2)*, F. 161—162° (Ae. + PAe.), durch 6std. Erhitzen vorst. Verb. mit H_2O-freiem Pyridiniumchlorid bei 200—220°, Ansäuern u. Ausäthern; 82%. *3-Methyl-1.2-naphthochinon*, F. 119—121°, durch 2tägiges Stehen von vorst. Verb. mit Pb-Tetraacetat in Chlf. + Eisessig u. Aufarbeiten wie vorst. aus der alkal. Lsg. durch Ansäuern u. Ausäthern; aus den Bicarbonatauszug *Phthiocol*, F. 171—172°; 29%. Daneben *1.1-Diacetoxy-3-methyl-$\Delta^{3,4}$-dehydrotetralon-(2)*, $C_{15}H_{14}O_5$,

F. 186—187°, durch Ausziehen des beim Aufarbeiten erhaltenen öligen Rückstandes mit Methanol; grobe Würfel aus Aceton-PAe.; 22%; löst sich in konz. H_2SO_4 grün, in alkal. Acetonlsg. violett; zers. sich beim Erwärmen auf dem Wasserbad mit 50% Essigsäure in Phthiocol u. 3-Methyl-1.2-naphthochinon. (Helv. chim. Acta **35.** 910—28. 2/5. 1952. Zürich, Univ., Chem. Inst.) Lehwald. 3950

D_3. Makromolekulare Chemie.

W. N. Zwetkow, Ss. P. Kroser und L. Ss. Terentjewa, *Die Konzentrationsabhängigkeit der Diffusionsgeschwindigkeit von einigen Polymeren in Lösung.* (Vgl. C. **1952.** 2134, 4461.) Bei der Diffusion verschieden konz. Lsgg. von Polymeren nimmt der Diffusionskoeff. (D) mit der Konz. (C) zuerst stark zu u. wird dann nahezu konstant. Bei niedrigermol. Polymeren verschwindet diese C-Abhängigkeit, jedoch nimmt der Anfangswert D_0 mit abnehmendem Mol.-Gew. (MG) zu. In der Gleichung $D = D_0 (1 + \alpha C)$ haben D_0 u. α folgende Werte: Polyisobutylen in Hexan (MG $6 \cdot 10^6$): $D_0 \cdot 10^7$ 0,42; $\alpha(cm^3/g)$ 2000; Polystyrol in Dichloräthan ($6{,}3 \cdot 10^5$): 1,00; 86; Polystyrol in CCl_4 ($1{,}7 \cdot 10^5$): 1,73; 6; Polyvinylalkohol in W. ($6 \cdot 10^4$): 1,9; 0. Die Reibungskraft bei der Diffusion ändert sich mit C erheblich langsamer als die makroskop. Viscosität. Bei C unter 0,2% läßt sich der Diffusionsvorgang nicht mehr refraktometr. verfolgen, die wahren D-Werte sind nur interferometr. zu ermitteln. (Доклады Академии Наук СССР [Ber. Akad. Wiss. UdSSR] [N. S.] **85.** 313—16. 11/7. 1952. Inst. für hochmol. Verbb. der Akad. der Wiss. der UdSSR.) R. K. Müller. 4010

G. Ss. Kolessnikow und W. W. Korschak, *Der Mechanismus der Umarylierungsreaktion von Diarylalkanen.* Am Beispiel des 1.2-Diphenyläthans wird der stufenweise Verlauf der Polymerisation unter Mitwrkg. von Al_2Cl_6 dargestellt. In dem zunächst gebildeten Komplex mit Al_2Cl_6 kann letzteres Polarisation an 2 verschied. Stellen des Mol. hervorrufen. 2 solcher verschiedenartig polarisierter Moll. reagieren unter Bldg. von 1.4-Bis-[β-phenyläthyl]-benzol u. Bzl. miteinander: $C_6H_5CH_2CH_2 \overset{+|-}{\underset{|}{-}} C_6H_5 + H \overset{+|-}{\underset{|}{-}} C_6H_4CH_2CH_2C_6H_5 \rightarrow C_6H_5CH_2CH_2C_6H_4CH_2CH_2C_6H_5 + C_6H_6$. In analoger Weise geht der Prozeß der Kettenbldg. teils in p-, teils in o- bzw. m-Stellung zur CH_2CH_2-Gruppe weiter. Eine Umkehrung dieser Polykondensation stellt der Abbau der Polymerisate durch Zusatz von Bzl. in Ggw. von Al_2Cl_6 dar, wobei die Kette vorzugsweise in der Nähe der Molekülmitte zerreißt. (Доклады Академии Наук СССР [Ber. Akad. Wiss. UdSSR] [N. S.] **85.** 95—98. 1/7. 1952.) R. K. Müller. 4010

B. Eisler, S. D. Farnsworth, E. Kendrick, R. Schnurmann und A. Wassermann, *Katalytische Umwandlung eines Diens in ein dunkelgefärbtes Polymerisat.* Ein aus *Cyclopentadien* (I) bei 20° katalyt. hergestelltes tiefrotes Polycyclopentadien-Trichloressigsäure-Addukt (II) besitzt einen Durchschnittspolymerisationsgrad von 18 ± 2, weist pro I-Einheit eine Doppelbindung in konjugierter Anordnung auf u. ist wahrscheinlich ein polymerer Ester, dessen Enden durch einen Trichloracetylrest bzw. 1 H-Atom besetzt sind. (J. Polymer Sci. **8.** 157—61. Febr. 1952; Nature [London] **168.** 459—61. 15/9. 1951. London, Univ. Coll., Ramsay & Forster Labors., u. Manchester, Petrocarbon Ltd., Manchester Oil Refin. Ltd.) Schäff. 4010

K. Dialer, K. Vogler und F. Patat, *Zur Charakterisierung fraktionierter Polyvinylalkohole.* Von 4 durch Fällen mit Aceton aus den wss. Lsgg. erhaltenen Fraktionen von *Polyvinylalkohol* (**Ia—d**) wurden in W. für die Konzz. $c = 0{,}25$—$1{,}5$ g/100 cm³ die spezif. Viscositäten (25°), die Sedimentationskonstanten s (in Einheiten von 10^{-13}, Messungen bei 28°) u. die Diffusionskonstanten D (in Einheiten von 10^{-7}, 25°) bestimmt. η_{spez}/c fällt linear mit abnehmendem c ab, u. zwar um so stärker, je größer das Mol.-Gew. M. Für s u. D gelten die Beziehungen $s = s_0(1 + K_s c)^{-1}$ u. $D = D_0(1 + K_d c)$. 1/s fällt um so stärker ab, je höher M, während D bei kleinem M mit fallendem c ansteigt u. bei hohem M schwach abnimmt. Für $[\eta]$, s_0, D_0 u. M wurden erhalten: für **Ia** 0,27, 0,605, 6,89 u. 8500; für **Ib** 0,48, 0,96, 3,97 u. 23300; für **Ic** 0,79, 1,54, 2,30 u. 64700; für **Id** 1,18, 2,52, 1,45 u. 167000. Die gute Einheitlichkeit der 4 Fraktionen folgt aus dem zwischen 1,06 u. 1,10 liegenden Wert für den Quotienten D_A/D (D_A = D-Wert bestimmt nach der Flächenmeth., D = D-Wert bestimmt aus den Wendepunkten). Für die Abhängigkeit der einzelnen Materialkonstanten vom Polymerisationsgrad P ergeben sich die Beziehungen: $[\eta] = 0{,}02 \cdot P^{1/2}$ bzw. $s_0 = 5{,}5 \cdot 10^{-15} + 3{,}95 \cdot 10^{-15} P^{1/2}$ u. $D_0 = (12 \cdot 10^{-6} + 8{,}6 \cdot 10^{-6} \sqrt{P})/P$. Die Länge des statist. Vorzugselementes berechnet sich zu 8,5 Å (d.h. Vorliegen stark geknäuelter Fadenmoll.) u. die hydrodynam. Dicke der Ketten zu 4 Å. Die genannte $[\eta]$-M-Beziehung stimmt recht gut mit der von Debye u. Bueche (J. chem. Physics **16.** [1948.] 573) aufgestellten

Theorie überein, während die nach Kirkwood u. Riseman (vgl. C. **1949**. I. 864) berechneten [η]-Werte höher u. die nach W. u. H. Kuhn (Ergebn. exakt. Naturwiss. **25**. [1951.] 1) berechneten tiefer als die experimentellen liegen. Unter der Annahme vollständiger Immobilisierung des Lösungsm. wird für das mol. Reibungsverhältnis die Beziehung $f/f_0 = 1{,}04 \cdot P^{1/6}$ erhalten; sie stimmt für **Ib—d** recht gut, für **Ia** etwas weniger gut mit den experimentellen Daten überein. Vff. schließen daraus, „daß man davon abgehen muß, f/f_0 von Kettenmoll. in Lsg. stereotyp als Asymmetriefaktoren zu interpretieren", f/f_0 lasse sich vielmehr zwanglos als Auswirkungen der ster. u. energet. Beeinflussung der benachbarten Teile in den gelösten Kettenmoll. erklären. Das (scheinbare) partielle spezif. Vol. von **Ia** wurde bei 25° u. für c = 0,5 bestimmt zu 0,748 ± 0,005. (Helv. chim. Acta **35**. 869—85. 2/5. 1952. Basel, Hoffmann-La Roche & Co., Wiss. Labor.) Fuchs. 4010

M. N. Tilitschenko und L. W. Sykowa, *Chemische Struktur von Cyclohexanon-Formaldehydharzen.* Die Rk. von CH_2O mit Cyclohexanon (I) verläuft unter Bldg. wasserunlösl. Harze (vgl. D. R. P. 339 107 [1918.]; Schwz. P. 149 429 [1929.]; Russ. P. 80 924 [1949.]), wenn I am Reaktionsort ständig im Überschuß vorhanden ist, was prakt. dadurch erreicht wird, daß Formalinlsg. zu dem kräftig gerührten Gemisch von I mit Alkalilauge zugetropft wird. In vorliegender Unters. wird festgestellt, daß diese Rk. zu Polymerhomologen vom Typus **II** (R_1 u. R_2 = H oder CH_2OH; n = 0, 1, 2, 3 · · ·) mit verhältnismäßig niedrigem Mol.-Gew. (n maximal 5) führt; wahrscheinlich ist meistens R_1 = H u. R_2 = CH_2OH zu setzen. Durch Fällung des Kondensationsprod. aus alkoh. Lsg. mit W. wurden Fraktionen erhalten, die chem. Individuen entsprechen. Als Analysenmethoden dienten außer der Elementaranalyse die kryoskop. Best. des Mol.-Gew. u. die Best. des Geh. an CH_2OH-Gruppen durch erschöpfende Veresterung mit Phthalsäureanhydrid in Pyridin bei 80—95°.

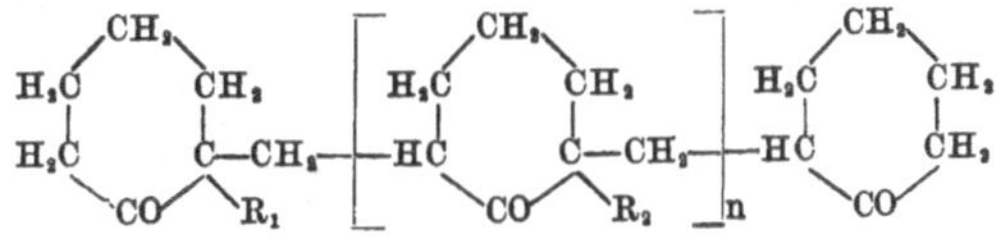

II

V e r s u c h e : Die Kondensation erfolgte bei ca. 20° unter Zutropfen von Formalinlsg. zu I (mol. Verhältnis 1,5—7 : 1) in 5n Alkalilauge unter energ. Rühren. Ausbeute 90—108% vom I-Gewicht. an einem farblosen, bei 73—83° schm., durchsichtigen Harz, das sich pulvern läßt. — *Verb.* $C_{53}H_{80}O_{12}$ (**II**, R_1 = H; R_2 = CH_2OH; n = 5), F. 143 bis 150°; Mol.-Gew. 940. — *Verb.* $C_{37}H_{56}O_8$ (**II**, R_1 = H; R_2 = CH_2OH; n = 3), F. 126 bis 129°; Mol.-Gew. 652,5; ist Hauptbestandteil des Harzes (47%). — *Verb.* $C_{22}H_{34}O_5$ (**II**, R_1 = R_2 = CH_2OH; n = 1), F. 58—66°; Mol.-Gew. 378,5. — *Verb.* $C_{21}H_{32}O_4$ (**II**, R_1 = H; R_2 = CH_2OH; n = 1); nur im Gemisch mit vorst. Verb. erhalten. (Журнал Прикладной Химии [J. angew. Chem.] **25**. 64—69. Jan. 1952. Saratow, Tschernyschewski-Univ., Labor. für organ. Chemie.) Queck. 4010

C. S. Marvel und John C. Wright, *Einige Mischpolymerisate von Dimethylpropen-(1)-phosphonat-(2) und von 1-Phenylvinylphosphonsäure.* Vff. beschreiben die Mischpolymerisation von *Dimethylisopropenylphosphonat* (I), [$CH_2{=}C(CH_3){-}PO_3(CH_3)_2$], mit *Butadien* bzw. *Acrylsäuremethylester* in Emulsion, mit *Methylvinylketon* im Block bzw. mit *Acrylnitril* in Lösung. Der im Polymerisat enthaltene I-Anteil ist in jedem Falle geringer als in der ursprünglichen Monomerenmischung. Bei der Mischpolymerisation von *1-Phenylvinylphosphonsäure*, [$CH_2{=}C(C_6H_5){-}PO_3H_2$], mit *Methacrylsäuremethylester* im Block bzw. mit *Acrylnitril* in wss. Lsg. wurden ebenfalls P-haltige Mischpolymerisate erhalten. (J. Polymer Sci. **8**. 255—56. Febr. 1952. Urbana, Ill., Univ., Noyes Chem. Labor.) Schäff. 4010

L. Hough, J. K. N. Jones und W. H. Wadman, *Einige Beobachtungen über die Konstitution des Myrrhengummis.* Aus *Myrrhengummi* (I) aus der Rinde von *Commiphora myrrha Holmes* wurde ein rohes *Polysaccharid* **II** erhalten, das noch Protein enthielt u. einen in W. unlösl. *Cu-Komplex* (**III**; 70% von **II**) sowie einen in W. lösl. *Cu-Komplex* (**IV** 19% von **II**) bildete. **III** u. **IV** lieferten die Cu-freien *Polysaccharide* **V** u. **VI**. **V** enthielt noch ca. 15% Protein, **VI** ca. 20%, u. gegebenenfalls Harzreste. **V** u. **VI** enthalten jeweils 5% Arabinose u. 20% Galaktose sowie eine Uronsäurekomponente. Durch Titration mit Alkali wurde das Äquivalentgewicht von **V** zu 507 u. von **VI** zu 678 bestimmt u. aus dem OCH_3-Geh. zu 492 bzw. 705. Aus den Hydrolysaten von **V** u. **VI** ließ sich *4-Methyl-D-glucuronsäure* (**VII**) abtrennen. Die Identifizierung erfolgte durch Überführung in *2.3.4.6-Tetramethyl-D-glucose* (**X**) über den *1.4-Dimethyl-D-glucuronsäuremethylester* (**VIII**) u. die *1.4-Dimethyl-D-glucose* (**IX**) sowie durch Entmethylierung von **IX** zur bekannten *4-Methyl-D-glucose* u. weiter zur *D-Glucose*. — Das rohe saure **II** enthält nach den Unterss. ca. 64% Kohlenhydratbestandteile u. 18% Protein (darin wenigstens

15 verschied. Aminosäuren nachgewiesen). 18% der Bestandteile sind noch nicht identifiziert. Der Kohlenhydratanteil besteht aus 4 Teilen D-Galaktose, 1 Teil L-Arabinose u. 3 Teilen VII. Es wird auf das Vork. von methylierten Zuckern u. Uronsäuren in anderen Naturstoffen hingewiesen.

Versuche: *Myrrhengummi* (I) wurde mit 90%ig. A. zur Entfernung der Harze extrahiert u. das Ungelöste in 20%ig. A. gelöst, angesäuert mit HCl u. in A. gefällt. Ein mehrfach umgefälltes *Polysaccharid* (II) hatte $[\alpha]_D + 7^0$ (c = 3,6 in W. als neutrales Na-Salz), 6,1% OCH_3 u. 1,6% Sulfatasche. — 3,6 g II wurden in 250 ml W. gelöst u. mit NH_3 neutralisiert, zentrifugiert, 100 ml 10%ig. $CuSO_4$-Lsg. zugegeben. Der Nd. (III) wurde abfiltriert u. aus dem Filtrat mit Methanol IV gefällt. III u. IV ließen sich mit methanol. HCl vom Cu befreien; mit Methanol Cl-frei gewaschen. — *Polysaccharid* V, aus III, $[\alpha]_D + 18^0$ (c = 0,77 in W.), 2,1% Sulfatasche; 2,5 g (Ausbeute). — *Polysaccharid* VI, aus IV, 0,7 g. — V, 16 Std. mit nH_2SO_4 bei 100° hydrolysiert u. mit Amberlite IR-4 B neutral gemacht, ergab nach Papierchromatographie 21,9% *D-Galaktose* u. 4,7% *L-Arabinose*, bezogen auf V. — Bei entsprechender Behandlung von VI: 19,6% *D-Galaktose* u. 5,2% *L-Arabinose*. — 40 g II wurden mit 0,5n H_2SO_4 auf dem sd. Wasserbad 18 Std. hydrolysiert u. mit Amberlite IR-4 B behandelt. Aus dem Ablauf durch Verteilungschromatographie D-Galaktose u. L-Arabinose, aus dem Amberlite mit verd. H_2SO_4 15 g *4-Methyl-D-glucuronsäure* (VII) eluiert, R_F 0,28 (n-Butanol). — *1.4-Dimethyl-D-glucuronsäuremethylester* (VIII), aus VII durch 8std. Methylierung mit 4%ig. methanol. HCl bei 100°. — *1.4-Dimethyl-D-glucose* (IX), aus VIII durch Red. mit $LiAlH_4$ in Tetrahydrofuran. — *1.2.3.4.6-Pentamethyl-D-glucose*, durch Methylierung von IX mit PURDIEs Reagens; n_D^{18} 1,4470. — *2.3.4.6-Tetramethyl-D-glucose* (X), F. 83°, durch Hydrolyse vorst. Verb., $[\alpha]_D + 83^0$ (c = 1,2 in W.). — *4-Methyl-D-glucose*, durch 3std. Hydrolyse von IX mit 0,5 n H_2SO_4, $[\alpha]_D + 63^0$ (c = 2,0 in W.). *Osazon*, F. 157°, $[\alpha]_D + 27^0 \rightarrow + 3^0$ (nach 20 Std. konstant). — *D-Glucose*, aus IX durch 6std. Hydrolyse mit konz. HBr bei 100°. (J. chem. Soc. [London] **1952.** 796—800. März. Bristol, Univ.)

WILLENBERG. 4050

Stanley C. Burket und Eugene H. Melvin, *Eine Beobachtung über das ultrarote Absorptionsspektrum von Dextran.* Da verschied. *Dextran*-Sorten im Ultrarot bei 12,6 μ unterschiedlich absorbieren u. da durch Alkoholfällung einer wss. Dextranlsg. zwei in ihrer Absorption bei 12,6 μ sich entgegengesetzt verhaltende Fraktionen erhalten wurden, so wird daraus auf zwei verschied. Dextrantypen geschlossen. (Science [Washington] **115.** 516—17. 9/5. 1952. Peoria, Ill., Northern Regional Res. Labor.)

GOUBEAU. 4050

D. P. Riley und G. Oster, *Einige theoretische und experimentelle Untersuchungen der Röntgen- und Lichtstreuung durch kolloide und makromolekulare Systeme.* Die wichtigsten Ergebnisse einer allg. Theorie der Röntgen- u. Lichtstreuung durch koll. u. makromol. Systeme werden zusammengefaßt. Die betrachteten Strukturmodelle weisen entweder Kugel- oder zylindr. Symmetrie auf u. dienen zur Erörterung der Versuchsergebnisse an angenähert kugeligen oder zylindr. Moll. oder Micellen. Bes. wird die Best. der Mol.-Größe u. -Gestalt bei konz. Lsgg. behandelt u. hierfür eine Röntgenmeth. angegeben. Vff. berichten über Unterss. an Lsgg. von Ochsenserumalbumin u. Menschenhämoglobin u. an konz. wss. Systemen von Thymonucleinsäure. Die Ableitung der Micellgröße in Öl-W.-Dispersionen (vgl. SCHULMAN u. Mitarbeiter, Trans. Faraday Soc. **42 B.** [1946.] 165) als Beispiele für Strukturen geringerer Ordnung wird kurz erörtert. (Discuss. Faraday Soc. **1951.** Nr. 11. 107—16. London, Royal Inst.)

SCHÄFF. 4070

Harold A. Fiess und Irving M. Klotz, *Thermodynamik von Metall-Protein-Verbindungen. Vergleich von Komplexbindungen von Kupfer mit nativen Proteinen.* Die Affinität von 5 Proteinen gegenüber Cu^{++} in Acetatpuffer, p_H 6,5, nimmt in der Reihenfolge ab: α-Casein > β-Casein > Rinderserumalbumin > β-Lactoglobulin > Lysozym. Die relative Affinität verläuft entsprechend den isoelektr. Punkten. Das freie Cu^{++} wird analyt. bestimmt u. aus den Gleichgewichtskonstanten ΔF errechnet. Die Absorptionsspektren zeigen mit zunehmender Bindung ansteigende Extinktion u. Verschiebung nach kürzeren Wellen. Mit der Zahl der geladenen Gruppen im Protein lassen sich die Ergebnisse nicht erklären (Rinderserumalbumin hat z. B. mehr COO-Gruppen als β-Casein, bindet aber weniger Cu^{++}). Vff. vermuten einen ähnlichen Bindungsmechanismus wie bei H^+. Beim α-Casein wird keine Temperaturabhängigkeit der Cu-Bindung zwischen 0 u. 25° gefunden, Erhitzen auf 90° red. das Bindungsvermögen nicht. (J. Amer. chem. Soc. **74.** 887—91. 20/2. 1952. Evanston, Ill., Northwestern Univ., Chem.-Labor.)

W. KAUFMANN. 4070

R. E. Neiman, *Besonderheiten der Wärmeausdehnung von Gelatinegelen und -lösungen.* Bei der Integralkurve der Wärmeausdehnung von Photogelatinegelen verschied. Konz.

v = f(t) ist nur ein leichter Knickpunkt zwischen 37 u. 39° erkennbar. Aus der Differentialkurve α = dv/dt = F(t) ergibt sich jedoch, daß, obwohl die Gelatinierung weder mit einem Volumen- noch mit einem Wärmeeffekt verbunden ist, doch der Wärmeausdehnungskoeff. der Gelatine bei 37—39° anomale sprunghafte Änderung zeigt, die bisher nicht bemerkt wurde: ein Maximum mit nachfolgendem Minimum u. Wiederanstieg, wobei das Minimum mit zunehmendem Gelatinegeh. (10—35%) flacher wird. Vf. nimmt ein Zweiphasensyst. aus solvatisierten Ketten als „kondensierte" Phase u. verd. Lsg. der Gelatine in W. als „Gasphase" an; bei der krit. Temp. geht die kondensierte Phase in den dispersen Zustand über u. das Strukturgitter der Gelatine verschwindet. (Доклады Академии Наук СССР [Ber. Akad. Wiss. UdSSR] [N. S.] **82.** 419—22. 21/1. 1952. Woronesh, Univ.) R. K. Müller. 4070

M. Errera, *Photochemie der Desoxyribonucleinsäure.* Die Photolyse von *Desoxyribonucleinsäure* (I) u. von *Desoxynucleohiston* (II) durch ultraviolettes Licht von 2537 Å wurde mit Viscositätsmessungen untersucht. I wurde nach Taylor u. Mitarbeiter (Cold Spring Harbor Sympos. quantitat. Biol. **12.** [1947.] 237), II nach Peterman u. Labm (J. biol. Chemistry **176.** [1948.] 685) dargestellt. Viscositätsmessungen nach Oswald bei 30° in 0,2 u. 1,0 mol. NaCl-Lsg., p_H 6,8. Vf. zeigt kurvenmäßig den Verlauf der „Inaktivierung" durch die Bestrahlung auf. Über die Bestrahlungsprodd. können keine genauen Angaben gemacht werden, doch ist sicher, daß keine dialysierbaren Nucleotidspaltstücke dabei entstehen. Die errechnete Quantenleistung für I u. II ist sehr niedrig, sie liegt in der Größenordnung von $1 \cdot 10^{-5}$. In den untersuchten Konzz. (260—760 γ/cm^3) ändert sie sich wahrscheinlich nicht fühlbar mit der Konzentration. (Ind. chim. belge **17.** 241—45. 1952. Bruxelles, Fac. des Sci., Labor. de Morphol. Animale.) Wolfgang Albrecht. 4090

M. F. Schosstakowski, Einfache Vinyläther. Moskau: Ausg. der Akad. der Wiss. der UdSSR. 1952. (280 S.) 13 Rbl. 50 Kop. [russ.]

E. Biologische Chemie. Physiologie. Medizin.

E_1. Allgemeine Biologie und Biochemie.

M. M. Rhoades, *Die Wirkung des Bronzeallels auf die Anthocyaninbildung beim Mais.* Vererbungsbiologisches zur Lokalisierung der die Pigmentbldg. realisierenden Faktoren bei der Maispflanze. (Amer. Naturalist **86.** 105—08. März/April 1952. Illinois, Univ., Dep. of Bot.) J. Keil. 4130

W. J. V. Osterhout, *Der Mechanismus der Speicherung in lebenden Zellen.* Der Mechanismus der Speicherung in lebenden Zellen wird folgendermaßen erklärt: Die protoplasmat. Oberfläche ist mit einer nichtwss. Schicht überzogen, die für Moll., aber kaum für Ionen permeabel ist. Dementsprechend kann nur eine sehr geringe Zahl Ionen eindringen. Experimente zeigen aber, daß sich Ionen an der äußeren Oberfläche mit organ. Moll. (Trägermoll.) verbinden u. so eindringen können. Im wss. Protoplasma werden diese Moll. verändert oder zers. u. die Ionen in Freiheit gesetzt, die dann nur noch in geringem Maß aus der Zelle hinaus diffundieren können. Aus dieser Anschauung heraus wird eine Reihe wichtiger Fragen beantwortet. (J. gen. Physiol. **35.** 579—94. 20/3. 1952. Rockefeller Inst. for Med. Res., Labors.) Itzerott. 4150

Maurice Hocquette und Victor Prudhomme, *Kernstruktur in der Hypokotylachse von Phaseolus vulgaris L. während des Zuckerhungers und im Verlauf verschiedener Etappen der cellulären Regeneration.* Werden chlorophyllfreie Zellen dem Zuckerhunger ausgesetzt, so kann man bei Erschöpfung der Zellreserven eine schnelle Kerngrößenverminderung beobachten, die durch Zuckerzugabe wieder zu beheben ist. Während der Größenzunahme des Kerns auf seine Ausgangsform zeigt sich Vermehrung des Vol. der chromat. Granulationen, die morpholog. u. chromat. Prochromosomen ähneln. Die Anhäufung der chromat. Substanz ist wohl das Resultat einer intensiven Synthese. (C. R. hebd. Séances Acad. Sci. **234.** 1472—74. 31/3. 1952.) Itzerott. 4150

H. Dittrich, *Ergebnisse der Stickstofflostbehandlung.* Vf. berichtet über dreijährige klin. Erfahrungen mit einem von ihm, Lindner, Viehböck u. der Firma Ebewe entwickelten Stickstofflostpräp., welches das *Methyl-bis-[β-chloräthyl] aminhydrochlorid* u. dessen Hydrolysate enthält. Die Reizwrkg. ist gering; bei Patienten mit Polyarthritis unterdrückt Vitamin C die Nebenwirkungen fast völlig. Günstige Beeinflussung bei Lymphogranulom, chron. Leukämien u. malignen Erkrankungen des Reticuloendothels. Kleinste Dosen scheinen die Tätigkeit der Nebennierenrinde zu stimulieren. Der Vers. einer Behandlung der Polyarthritis, von Leukopenien u. Panmyelopathien erscheint somit aussichtsreich. (Klin. Med. [Wien] **7.** 100—06. 1/3. 1952. Wien, Ev. Krankenhaus für innere Erkrankungen.) Reiss. 4160

H. V. Raubitschek, *Der heutige Stand der Virushypothese des Carcinoms.* Krit. Übersicht. Die für die Virushypothese des Krebses angeführten Befunde, vor allem über die „zellfreie" Verimpfung mit tiefgefrorenen Zellen sind experimentell durch den Nachw. lebender Zellen im gefrorenen Material entkräftet worden. Nichts spricht für die Virus-Hypothese des Krebses. (Wiener klin. Wschr. **64.** [N. F. **7.**] 561. 8/8. 1952.) DRUCKREY. 4160

Erich Hoffmann, *Ist starkes Rauchen schädlich und auch ein gefährlicher Krebsreiz?* Vf. weist auf den krebsfördernden Reiz des Rauchens, bes. beim Inhalieren, hin, wobei individuelle Unterschiede der Empfänglichkeit bestehen. (Münchener med. Wschr. **94.** 1105—08. 30/5. 1952. Bonn.) ITZEROTT. 4160

Harry G. Albaum and others, The biology of phosphorus. Lansing: Mich. State Coll. Press. 1952. (147 S.) $ 2,—.

E_2. Enzymologie. Gärung.

C. G. Seegmiller und **Eugene F. Jansen,** *Polymethylgalakturonase, ein Enzym, das die glykosidische Hydrolyse von esterifizierten Pektinsubstanzen bewirkt.* In dem techn. Enzympräp. *Hydralase* (J. WOLF & Co., Passaic, N. J.) wird ein Enzym aufgefunden, das der von ROBOZ (C. **1952.** 7030.) aus Neurospora crassa isolierten *Pektin-* bzw. *Pektinsäuredepolymerase* ähnlich oder gleich ist. Dieses hydrolysiert die glykosid. Bindungen zwischen esterifizierten Galakturonsäureresten (ohne vorhergehende Deesterifizierung), so daß Vff. die Bezeichnung *Polymethylgalakturonase* (I) vorschlagen. Von den Glykosidbindungen von Pektin oder Pektinsäure werden durch I höchstens 26%, von den Bindungen des Methylglykosides nur 17% gespalten. I wirkt optimal bei p_H 6. Pektin wird rascher angegriffen als Pektinsäure. Galakturonsäure (oder deren Methylester) wird nicht gebildet. Durch diese Eigg. ist I scharf von der Polygalakturonase unterschieden. — Als Substrate dienten käufliches Citruspektin bzw. Citruspektinsäure (durch 18std. Behandlung mit 70%ig. A. am Rückflußkühler gereinigt); Messung des Viscositätsabfalles im OSTWALD-Viscosimeter bzw. der Zunahme von reduzierenden Gruppen nach WILLSTÄTTER-SCHUDEL. — K_m (MICHAELIS-MENTEN-Dissoziationskonstante, d. h. Substratkonz., bei der die halbe maximale Geschwindigkeit erreicht wird) beträgt 1,9%. — I ist wahrscheinlich verschieden von *Depolymerase* in Hefe (LUH u. PFAFF) sowie von der Depolymerase in Tomaten (MCCOLLOCH u. KERTESZ). (J. biol. Chemistry **195.** 327—36. März 1952. Albany, Calif., U. S. Dep. of Agricult., Enzyme Res. Div.) HESSE. 4210

P. Seshagiri Rao und **K. V. Giri,** *Reaktionen zwischen Vitamin C und Urease.* An aus Jackbohnenpulver dargestellter *Urease* (I) konnte gezeigt werden, daß durch *Vitamin* C (II) in steigenden Mengen die I-Aktivität in zunehmendem Maße gehemmt wird. Diese Hemmung wird durch *8-Oxychinolin, Na-Diäthyldithiocarbamat* u. *KCN* aufgehoben, durch *Oxalsäure* u. Purinkörper (*Harnsäure, Guanin, Theophyllin, Xanthin, Kreatinin*) dagegen nicht beeinflußt. *Dehydroascorbinsäure* beeinflußt nicht die Wirksamkeit von I. Cu wirkte in den Verss. in Konzz. ab 0,5 γ gleichfalls zunehmend I-inaktivierend. II-Cu-Komplex wirkt auf I auch dann stark hemmend, wenn er II u. Cu in so geringen Mengen enthält, daß sie für sich keine oder nur wenig Wrkg. zeigen. Dieser Komplex wird hinsichtlich seiner Wrkg. auf I durch die oben genannten Verbb. in gleicher Weise beeinflußt wie II allein. Die Inaktivierung von I durch II wird von einer Oxydation von II begleitet. (Proc. Indian Acad. Sci., Sect. B **35.** 132—42. März 1952. Bangalore, Indian Inst. of Sci., Dep. of Biochem.) KRUSEN. 4210

P. W. Muggleton und **M. Webb,** *Das exocelluläre bakteriolytische System von Bodenaktinomyceten.* 3. Mitt. *Trennung und Charakterisierung der proteolytischen Enzyme.* (2. vgl. C. **1952.** 7191.) Die *Proteinase* (I) des exocellulären bakteriolyt. Syst. eines *Actinomyces*-Stammes aus Boden konnte von der *Peptidase* (II)-Komponente durch Inaktivierung von II bei 60° befreit werden. Durch Kombination einer fraktionierten Fällung mit Aceton u. einer fraktionierten Adsorption an Schaum (Durchleiten von N_2 bei 0,5% $[NH_4]_2SO_4$-Sättigung) wurde eine Trennung von I u. II erzielt. Beide Enzyme besitzen ein ähnliches Mol.-Gewicht. Da I *Benzoyl-L-argininamid* hydrolysiert, handelt es sich um eine *Endopeptidase* von Trypsincharakter. II ist eine *Exopeptidase*, die den weit verbreiteten Leucylpeptidasen in der Wrkg. gleicht u. in *L-Leucylpeptiden* die Peptidbindung zwischen Leucin u. Glycin nur dann hydrolysiert, wenn jenes eine unsubstituierte NH_2-Gruppe besitzt. Die Proteinaseaktivität eines *Actinomyces*-Kulturfiltrats wird durch Inhibitoren, wie Cystin, Na-Thioglykolat, vermindert, wodurch die lyt. Wirksamkeit absinkt. Die lyt. Aktivität von Kulturfiltraten nimmt bei der Dialyse beträchtlich ab u. wird durch Zusatz von Ca^{++} (optimal 0,12 g/Liter) wieder aktiviert. (Biochim. biophysica Acta [Amsterdam] **8.** 526—36. Mai 1952. Birmingham, Univ., Chem. Dep.) K. MAIER. 4210

Abdel Aziz A. El Ghoroury, *Eine neue Methode zum Nachweis der Penicillinasebildung von Staphylokokken.* Eine Blutagarplatte wird mit einer 24 Std.-Kultur eines *Penicillin* (I)-empfindlichen *St. aureus*-Stammes gleichmäßig beimpft. Sterilisierte Filterpapierscheibchen (6,5 mm) werden nach Eintauchen in eine I-Lsg. (15 E./cm^3) in ca. 20 mm Abstand aufgelegt u. mit einer Öse einer 24 Std.-Kultur der auf *Penicillinase* (II)-Bldg. zu untersuchenden Stämme beimpft (1 Kontrolle unbeimpft). Nach 24std. aerober Bebrütung bei 37° zeigen das Kontrollscheibchen u. das mit der Kultur eines II nicht bildenden Stammes versehene auf der Platte Höfe (>20 mm), wo vollständige Wachstumshemmung erfolgte, da I intakt blieb, während die mit II-Bildnern beimpften Blättchen in ihrer Umgebung keine oder unbedeutende Hemmung hervorrufen. Von 45 I-resistenten u. 39 I-empfindlichen koagulasepositiven *St. aureus*-Stämmen, die aus eitrigem Material u. Nasenabstrichen isoliert worden waren, war die 1. Gruppe in allen Fällen II-positiv, die 2. durchweg im Test II-negativ. Die Ergebnisse deckten sich völlig mit den nach der Meth. von BONDI u. DIETZ (Proc. Soc. Exp. Biol. Med. **56.** [1944.] 132) erhaltenen. (Science [Washington] **115.** 20—21. 4/1. 1952. Alexandria, Ägypten, Farouk I. Univ., Fac. of Med., Dep. of Bacteriol.) K. MAIER. 4210

Eric G. Ball, Cornelius F. Strittmatter und Octavia Cooper, *Die Reaktion von Cytochromoxydase mit Kohlenmonoxyd.* Mittels WARBURG-Technik wurde das Verhältnis der Affinitäten von *Cytochromoxydase* zu O_2 bzw. CO bestimmt (9,2/1,0). Die Rk. wurde auch spektroskop. verfolgt, wobei Vff. zu dem Schluß kommen, daß *Cytochromoxydase* u. *Cytochrom* a_3 (KEILIN u. HARTREE, C. **1940.** I. 571) ident. sind. (J. biol. Chemistry **193.** 635—57. Dez. 1951. Boston, Mass., Harvard Med. School.) HESSE. 4210

E. S. Perner, *Zellphysiologische und cytologische Untersuchungen über den Nachweis und die Lokalisation der Cytochromoxydase in Allium-Epidermiszellen.* Das „*Nadi*"-Gemisch (I; α-Naphthol + Dimethyl-p-phenylendiamin) zum Nachw. oxydierender Enzyme durch *Indophenolblau* (II)-Bldg. wurde modifiziert (Ausschaltung von A.) u. zur Unters. des Verlaufs derselben in lebenden Allium-Epidermiszellen (ruhende Küchenzwiebeln) verwendet. Unter Mitwrkg. katalysierender Zellsubstanzen entsteht aus I im Cytoplasma II in Form tiefblauer, mkr. kleiner Granula, während Zellkern, Zellsaft u. Membranen an der Synth. nicht beteiligt sind u. ungefärbt bleiben. Die Zellen zeigen nach 20 Min. Versuchsdauer noch Plasmaströmung u. sind nach 30 Min. noch n. mit HNO_3 plasmolysierbar. Verss. an hitzegetöteten Zellen u. mit verschied. Fermentgiften (KCN, H_2S, CO, 8-Oxychinolin, NH_4SCN) an der lebenden Zelle beweisen die Katalysierung der II-Synth. durch *Cytochromoxydase* (III), während *Polyphenoloxydasen* u. nichtfermentative Rkk. nicht beteiligt sind. Die II-Bldg. ist ausschließlich auf die als „Mikrosomen" bezeichneten Cytoplasmaeinschlüsse lokalisiert, während Plasmagrundsubstanz, Chondriosomen u. Leukoplasten unbeteiligt sind. Die Blaufärbung der Mikrosomen während der *Nadi*-Rk. beruht nicht auf sek. Speicherung des lipoidlösl. II durch Fett oder Lipoide (IV). Die mit Rhodanin B färbbaren strukturgebundenen Cytoplasmalipoide nehmen an der II-Synth. nicht teil. Die II-Ablagerung erfolgt anscheinend autochthon unter Beteiligung hydrophiler Phasen. Katalysierende III muß an den Oberflächenstrukturen der Mikrosomen lokalisiert sein. Die Mikrosomen enthalten außer IV, die erst nach Zerstörung der Struktur durch Fixierung färber. mit Sudan III nachweisbar sind, auch Proteine (V), die sich nach Herauslösen von IV wie Zellkerne u. Chondriosomen durch Rosanilin, Pyronin, Viktoriablau u. Fuchsin anfärben lassen. Das unterschiedliche Verh. der Mikrosomen zu Fettfarbstoffen in lebendem u. fixiertem Zustand deutet auf eine strukturgebundene enge Verknüpfung von IV u. V in der lebenden Zelle hin. Die Annahme, daß die Mikrosomen strukturlose entmischte IV-Tropfen darstellen, ist nicht vertretbar. (Biol. Zbl. **71.** 43—69. 1952. Münster, Westf., Univ., Botan. Inst.) K. MAIER. 4230

T. Gerritsen, *Über die Glucokinaseaktivität von Extrakten aus normalen und aus atrophierten Muskeln. Glucokinase* (I) wurde nach COLOWICK, CORI u. SLEIN (J. biol. Chemistry **168.** [1946.] 583) in Muskeln von Mensch, Kaninchen, Meerschweinchen, Ratte u. Huhn untersucht. Die Aktivität der einzelnen Muskeln war bei Kaninchen: Herz : Skelett : Magen : Zwerchfell = 1 : 1,5 : 0,5 : 0,2; beim Menschen: Herz : Skelett = 1 : 1,4; bei Meerschweinchen: Herz : Beinmuskel = 1 : 1,6. — Unterss. an Taubenmuskel führten zu abweichenden u. widerspruchsvollen Ergebnissen, so daß Vf. vor der unkrit. Übertragung von Ergebnissen bei Tierverss. warnt. — Beim Kaninchen wurden n. Muskeln verglichen mit solchen, die nach Durchschneiden von Nerven 3—4 Wochen atrophiert waren; in diesen war die Aktivität der I stets höher. Beim Menschen war dagegen die I-Aktivität von Muskeln, die infolge Erkrankung atrophiert waren, nur halb so groß wie die von n. Muskeln. Dieser Unterschied zwischen Atrophie nach Nervendurchschneidung u. nach Krankheit könnte durch den Unterschied in der Entwicklungsgeschwindigkeit u. in der Dauer der Atrophie erklärt werden. (Biochim. biophysica Acta [Amsterdam] 8. 466—73. April 1952. Utrecht, Univ., Labor. of Physiol. Chem.) HESSE. 4230

H. J. Almquist und J. B. Merritt, *Wirkung von Sojabohnenantitrypsin auf das Wachstum von Küken.* (Vgl. C. **1952.** 4325.) Vff. führen Fütterungsverss. an Küken mit einem ausgeglichenen Futter durch, das als einziges Protein bis zu 20 % Sojabohnenmehl (roh, gekocht oder beides) enthält. Bereits 5 % rohes Sojamehl ergaben eine nahezu maximale Wachstumshemmung durch *Antitrypsin.* Entsprechend konnte der Wachstumshemmung durch Trypsinbeifütterung entgegen gewirkt werden. (Arch. Biochem. Biophysics **35.** 352—54. Febr. 1952. Calif., Modesto, Grange Co.) NEHRING. 4230

E₃. Mikrobiologie. Bakteriologie. Immunologie.

O. H. Braun und W. Margret, *Ein einfaches Nährmedium zur Züchtung von Lactobacillus bifidus und acidophilus.* Beschreibung eines festen Nährbodens, der mit *Pankreatin* („*Pankreazym*" Fa. RÖHM & HAAS) verdaute Frauenmilch (20 %, 80 % Peptonfleischwasseragar, p_H 6,2) enthält u. optimales Wachstum von *L. bifidus* u. *L. acidophilus* ermöglicht. Der letztere Organismus ist durch das mkr. Bild u. das Verh. gegenüber O_2 von *L. bifidus* abgrenzbar. Die Verwendung von Antibioticis, wie *Streptomycin, Aureomycin* u. *Chloromycetin,* zur Hemmung der Coliflora ist nicht möglich, da beide *Lactobacillus*-Arten diesen gegenüber empfindlich sind. (Zbl. Bakteriol., Parasitenkunde, Infektionskrankh. Hyg., I. Abt., Orig. **158.** 95—96. 12/5. 1952. Heidelberg, Univ., Hygien. Inst., u. Kinderklinik.) K. MAIER. 4310

Otto Guthof, *Die Selenit-Indicator-Platte, ein Hilfsmittel zur Differenzierung von Streptokokken.* Beschreibung eines *Selenit*-Indicator-Nährbodens zur Differenzierung von Streptokokken (I) unter Verwendung von 3 diagnost. Systemen: *Na-Selenit, Hämoglobin* u. *Dextrose–Lactose–Wasserblau.* Die Selenitplatte ermöglicht in vielen Fällen eine Best. von I-Stämmen auf Grund der Wuchsform, gibt bei unklaren Stämmen bessere Anhaltspunkte für die Einordnung als Blutplatte u. biochem. Rkk. u. erlaubt bei *Str. viridans*-Stämmen häufig Rückschlüsse auf die Typenzugehörigkeit. Die Selenitplatte ist in gleicher oder modifizierter Zus. (andere Zucker) auch zur Differenzierung anderer Keime, z. B. von Corynebakterienarten u. Diphtheriebakterientypen, geeignet. (Zbl. Bakteriol., Parasitenkunde, Infektionskrankh. Hyg., I. Abt., Orig. **158.** 87—95. 12/5. 1952. Köln, Univ., Hygiene-Inst.) K. MAIER. 4310

Joseph Huppert und Jacques Panijel, *„Impulswirkung" auf das Wachstum von E. coli B. auf Aminosäuren als Stickstoffquelle.* Das Wachstum von E. coli B. läßt sich auf synthet. Substrat, das eine Aminosäure mit geringer Wachstumswrkg., wie *Tyrosin* oder *Tryptophan,* enthält, verbessern, wenn eine minimale Menge einer N-Quelle mit guter Wachstumswrkg. zugegeben wird. Reihenfolge u. Zeitpunkt des Zusatzes der beiden Arten von Aminosäuren haben auf den Effekt keinen Einfluß. (C. R. hebd. Séances Acad. Sci. **234.** 1495—97. 31/3. 1952.) ITZEROTT. 4310

Walter Biechteler, *Vergleichende Untersuchungen zur Salmonellen- und Shigellen-Diagnostik.* 1. Mitt. *Tetrathionatagar und 2%-Tetrathionatbrühe nach Preuß, Wilson-Blair-Agar, Desoxycholat-Agar und Selenit-F-Brühe nach Leifson.* Ein für *Salmonellen* u. *Shigellen* optimaler Nährboden existiert nicht; der brauchbarste für die Typhusdiagnostik im Stuhl ist der WILSON-BLAIR-*Agar* in der Modifikation von LOOREKOVICH (*Wismutsulfitagar* mit *trypt. Pepton*). Er eignet sich auch zur Typhus- u. Paratyphus-B-Diagnostik im Harn. Zur Erfassung von *S. paratyphi B, S. typhi murium* u. *enteritidis* dient jedoch vor allem *2%-Tetrathionatbrühe.* Bei Ruhrverdacht werden noch LEIFSON-*Agar* u. *Selenit-F-Brühe* herangezogen. (Zbl. Bakteriol., Parasitenkunde, Infektionskrankh. Hyg., I. Abt., Orig. **158.** 53—72. 12/5. 1952. Würzburg, Staatl. Bakt. Untersuchungsanst.) K. MAIER. 4310

Shigeru Akamatsu und Ryuji Miyashita, *Die bakterielle Zersetzung von Kreatinin.* 3. Mitt. *Der Verlauf des Kreatinabbaues.* (2. vgl. C. **1952.** 6707.) Vff. untersuchten den Abbau von *Kreatinin* (I) durch einen Bodenbakterienstamm, der auf einem als C- u. N-Quelle nur I oder *Kreatin* (II) enthaltenden Agarnährboden gezüchtet wurde. Von den als Zwischenprodd. des I-Abbaues möglichen Substanzen wurden *Sarkosin* (III), *Glycin* (IV) u. *Harnstoff* angegriffen. Der Abbau von I verläuft über II u. III nach IV. Die intermediäre III-Bldg. aus II war papierchromatograph. nachweisbar. Da keine Bldg. einer bei der SAKAGUCHI-Rk. positiven Substanz erfolgte, ist die Möglichkeit der Entmethylierung von I oder II zum Zweck der *Glykocyamidin* (V)- oder *Glykocyamin* (VI)-Bldg. ausgeschaltet. Der Bakterienstamm wuchs auf III-haltigem Nährmedium. V u. VI wurden nicht abgebaut u. konnten nicht als C- u. N-Quelle dienen, jedoch bildeten die Bakterien bei Adaptierung an I oder II ein Enzym, das V zu VI hydrolysierte. Diese Erscheinung beruht auf der Verwandtschaft der chem. Konst. von I u. V u. wird als *„relative Adaptation"* bezeichnet. (Enzymologia [Den Haag] **15**. 173—76. 15/2. 1952. Chiba, Japan, Univ., School of Med., Dep. of Biochem.)

K. MAIER. 4320

Edwin M. Lansford jr. und **William Shive**, *Die mikrobiologische Aktivität von N-(DL-Pantonyl)-β-alanin.* Synthet. *N-(DL-α-Amino-β.β-dimethyl-γ-oxybutyryl)-β-alanin (Pantonyl-β-alanin;* I) konnte bei *Lactobacillus arabinosus 17-5 Pantothensäure* (II) nicht ersetzen. Nach Behandlung mit salpetriger Säure zeigte I 5—10% der II-Aktivität. I besaß hinsichtlich der Aufhebung der Cysteinsäure- bzw. Salicylsäurehemmung von *E. coli* eine ähnliche Aktivität wie *β-Alanin* (III) u. *Pantonin* (IV), die vielleicht auf einer partiellen Hydrolyse von I zu freiem III bzw. einer Umwandlung in II beruhte. Bei einer *E. coli*-Mutante, die zum Wachstum IV, das Aminosäureanaloge von Pantosäure (V), benötigt, konnte IV durch I ersetzt werden. Bei 2 weiteren, II u. V verwertenden *E. coli*-Mutanten waren II u. V nicht durch I vertretbar.

Versuche: *N-(DL-α-Carbobenzoxyamino-β.β-dimethyl-γ-oxybutyryl)-β-alanin (Carbobenzoxypantonyl-β-alanin)* (VI), aus DL-α-Carbobenzoxyamino-β.β-dimethyl-γ-butyrolacton (0,0111 Mol) u. dem Na-Salz von III bei 120—130° (1,5 Std.); $C_{17}H_{24}O_6N_2$, F. 126—129° (A.-PAe.). — I, aus VI durch Hydrierung mit Pd-Kohle, $C_9H_{18}O_4N_2$, F. 168—169° (A.-W.). (J. biol. Chemistry **194**. 329—36. Jan. 1952. Austin, Univ. of Texas, Biochem. Inst., u. Dep. of Chem., u. Clayton Foundation for Res.)

K. MAIER. 4320

C. Stapp und **R. Freter**, *Untersuchungen über die Wirkung von 2.4-D im Boden.* 2. Mitt. *Die Reaktion von Bodenbakterien auf den Wuchsstoff.* (1. vgl. C. **1952**. 7402.) Es wurde die Empfindlichkeit einiger wichtiger Arten von Bodenbakterien in vitro gegen das *Na-Salz von 2.4-D* (I) sowohl bzgl. der Wachstumsintensität u. der Keimzahl wie bzgl. ihrer biochem. Leistungen (Red. von Farbstoffen u. von Nitrat, Gelatineverflüssigung, Säurebldg., N-Bindung, CO_2-Produktion u. Wrkg. auf die Knöllchenbldg. bei Leguminosen) ermittelt. Die Wrkg. von I beginnt bei den meisten geprüften Arten u. in allen Versuchsreihen erst ab 0,1% I-Geh.; darunter (0,01—0,1%) wurden niemals stärkere Rkk. der Bakterien beobachtet. Als am empfindlichsten erwiesen sich die Cellulosezersetzer (*Sporocytophaga sp.* u. *Cellvibrio sp.*; geprüft auf Papieragar nach FÅHRAEUS), dann folgten aerobe u. anaerobe Sporenbildner (*Bac. asterosporus, Bac. mycoides, Bac. fusiformis, Bac. subtilis, Bac. megaterium, Bac. carotarum* u. *Bac. tumescens*), während *Azotomonas insolita, Azotobacter chroococcum, Pseud. fluorescens, Pseud. pyocyanea* u. *Bac. prodigiosum* auch noch bei einer Konz. von 0,4% I starkes Wachstum zeigten. — Aus den Versuchsergebnissen wird gefolgert, daß I für die meisten Bakterien keine Wuchsstoffwrkg. besitzt, sondern nur tox. wirkt. Bei der prakt. Anwendung von I ist eine kurzfristige Schädigung der Bakterienflora in den obersten Bodenschichten nicht ausgeschlossen, da dort der I-Geh. anfänglich in den Konzz. von 0,01—0,1% liegen kann. Jedoch ist eine dauernde Schädigung der Bakterien nicht anzunehmen. (Phytopathol. Z. **19**. 20—33. April 1952. Braunschweig-Gliesmarode, Biol. Bundesanst. für Land- u. Forstwirtschaft, Inst. für Bakteriol. u. Serol.)

KLESSE. 4330

A. H. Doermann, *Das intracelluläre Wachstum von Bakteriophagen.* 1. Mitt. *Die Freisetzung von intracellulären Bakteriophagen T_4 durch vorzeitige Lyse mit einem anderen Phagen oder mit Cyanid.* Eine Meth. zur Freisetzung u. Best. intracellulärer Bakteriophagen während der Latenzzeit beruht auf der vorzeitigen Lyse der infizierten Zellen, die durch Zusatz von 0,01 Mol Cyanid zum Nährmedium, wie T_6-Lysat, hervorgerufen wurde. T_6-Lysat ist nur in der ersten Hälfte der Latenzzeit, Cyanid allein nur in der letzten Hälfte für die Lyse wirksam. Mit dieser Meth. konnten an mit T_4 infizierten Bakterien in der ersten Latenzhälfte keine Phagenpartikel wiedergefunden werden, was für die tiefgreifende Umwandlung vor der Reproduktion des Phagen spricht. In der 2. Latenzhälfte häufen sich reife Phagen innerhalb der Bakterien an. Wurde anstatt CN 5-Methyltryptophan benutzt, ergaben sich ähnliche Resultate. (J. gen. Physiol. **35**. 645—56. 20/3. 1952. Cold Spring Harbor, Carnegie Inst. of Washington, Dep. of Genetics.)

ITZEROTT. 4331

Thomas F. Anderson und **A. H. Doermann**, *Das intracelluläre Wachstum von Bakteriophagen.* 2. Mitt. *Das Wachstum von T_3, durch Schallauflösung und durch T_6-Cyanid-Lysis infizierter Zellen untersucht.* (1. vgl. vorst. Ref.) 2 verschied. Methoden, Lyse durch T_6-Cyanid u. Beschallung, wurden verwandt, um das Wachstum vom T_3-Virus zu verfolgen. Die mit den Wirtszellen gebildeten Komplexe wurden in verschied. Entwicklungsstadien zerstört u. die Bruchstücke auf akt. Viruspartikel hin untersucht. Innerhalb der 1. Hälfte der Latenzzeit zerstörten beide Methoden die Fähigkeit der Komplexe, Tochterviruspartikel zu bilden. Wurden die Komplexe 12 Min. bei 30° bebrütet, so setzten beide Methoden Tochterviruspartikel in Freiheit, die ständig mit der Zeit anstiegen, bis am Ende der Periode die n. Lyse erreicht wurde. Aus der quantitativ guten Übereinstimmung beider Methoden kann geschlossen werden, daß quantitativ alle T_3-reifen Tochterpartikel, die in den Komplexen vor der n. Lyse existieren, in Freiheit gesetzt wurden. (J. gen. Physiol. **35.** 657—67. 20/3. 1952. Philadelphia, Univ. of Pennsylvania, Labors. of the Elridge Reeves Johnson Res. Foundation, u. Cold Spring Harbor, Carnegie Inst. of Washington, Dep. of Genetics.) ITZEROTT. 4331

S. Besson und **A. Dupaix-Lasseur,** *Untersuchung über die Fixierung von Penicillin und Dihydrostreptomycin allein oder kombiniert mit Quecksilber oder Kupfer durch die roten Blutkörperchen beim Menschen.* Verss. in vitro. Verwandt wurde *Spécilline* (I) u. *Didromycine* (II) ausgehend von Lsgg. mit 8000 E./cm³ in 5 verschied. Konzentrationsstufen, Hg als $HgCl_2$ u. Cu als $CuSO_4$ in physiol. Salzlösung. Prüfung der antibiot. Wrkg. an Staphylococcus citreus. Es wurde festgestellt, daß die roten Blutkörperchen eine meßbare Menge von I festhalten; diese ist von ihrer Anzahl in der verwendeten Suspension abhängig. Ein sicherer Einfl. von Hg u. Cu auf die I-Fixierung war bei der Versuchsanordnung nicht festzustellen. Unter den gleichen Bedingungen wurde mit II kein Effekt erzielt. Für die besprochenen Verss. ist nach Vff. eine exaktere Bestimmungsmeth. erforderlich. (Bull. Assoc. Diplômés Microbiol. Fac. Pharmac. Nancy **47.** 7—19. April 1952.) DOSSMANN. 4340

André Meyer und **R. Galland,** *Direkte Bestimmung der Streptomycinresistenz des Kochbacillus durch das Telluritverfahren.* Die von den Vff. beschriebene Meth. besteht darin, daß einem Nährboden nach LÖWENSTEIN-JENSEN eine bestimmte Menge einer *Streptomycin* (I)-Lsg. u. hierauf das zu prüfende bacillenhaltige Material zugefügt werden. Zur Sichtbarmachung der Wrkg. wird nach SULA (Amer. Rev. Tubercul. **56.** [1947.] 247) eine 1%ig. K-Telluritlsg. verwendet, die die lebenden Kulturen des KOCH-Bacillus schwarz färbt. Es läßt sich so vom 10. Tage an im Vgl. mit Blindproben feststellen, ob eine Empfindlichkeit oder Resistenz gegenüber I besteht. (Presse méd. **60.** 841—42. 7/6. 1952. Paris.) R. KÖNIG. 4340

K. Poppe und **Ingrid Strutz,** *Antibakterielle Wirkstoffe von Aktinomyceten.* Von 220 aus Erde, Kompost, Straßenstaub u. Sekundärkeimen von Blutplatten isolierten Aktinomyceten besaßen 62 antibakterielle Eigg. gegenüber 5 Testbakterienstämmen. 10 der wirksamen Aktinomycetenstämme wurden mit 16 Bakterienarten geprüft (Zylinder-, Strich-, Loch- u. Röhrchentest). Bldg. antibiot. Substanzen erfolgte bes. bei Züchtung in Glycerin–Glykokoll-Lösung. Die untersuchten Aktinomyceten zeigten eine starke antibakterielle Aktivität gegenüber grampositiven Bakterien. (Zbl. Bakteriol., Parasitenkunde, Infektionskrankh. Hyg., I. Abt., Orig. **158.** 106—09. 12/5. 1952. Rostock, Univ., Inst. für Mikrobiol.) K. MAIER. 4340

Gontran Gillissen und **Sven Carlson,** *Die Produktion antibiotischer Substanzen durch Schimmel unter dem Einfluß eines elektrischen Stroms (Oberflächenkulturen).* Bei Anwendung eines schwachen Wechselstroms auf *Aspergillus oryzae*-Kulturen wurde schnellere Sporulation u. Bldg. der 3fachen Menge des Antibioticums erzielt. Mycelgewichte im Vgl. zu Kontrollen waren nicht erhöht, so daß die Wrkg. des Stroms vorläufig nur als einfacher, nichtspezif. Erregungseffekt zu deuten ist. (C. R. hebd. Séances Acad. Sci. **234.** 1494—95. 31/3. 1952.) ITZEROTT. 4340

E. Mitscherlich, U. Reuß und **S. Gürtürk,** *Der Einfluß der Vorbehandlung von tuberkulösem Material auf die Sicherheit des Nachweises von Tuberkelbakterien in Kultur- und Tierversuch.* Zur Prüfung des Einfl. der Vorbehandlung von Sputum- u. Gewebsproben auf den anschließenden Nachw. von Tuberkelbakterien im Kultur- u. Tiervers. wurden vergleichend 96 Sputumproben mit 10%ig. H_2SO_4 u. 8%ig. *Sputosol*, das durch Alkalihydroxyd gepuffertes Ca-Hypochlorit enthält, 27 Sputumproben mit 10%ig. H_2SO_4 u. nach einem Verf. von DARZIN, 25 Sputumproben mit 6%ig. H_2SO_4 u. nach DARZIN, ferner 98 tuberkulöse Lymphknoten mit 8%ig. H_2SO_4 u. nach DARZIN behandelt. Bei den Sputumproben bewährte sich 5—6%ig. H_2SO_4 u. das Verf. von DARZIN, bei den Gewebsproben 6—8%ig. H_2SO_4. Für den Nachw. der Tb-Bakterien im vorbehandelten Material erwies sich der Meerschweinchenvers. dem Kulturverf. auf HOHN-Nährböden (mit u. ohne Glycerin) um über das Doppelte überlegen. (Zbl. Bakteriol., Parasitenkunde, Infektionskrankh. Hyg., I. Abt., Orig. **158.** 97—103. 12/5. 1952. Hannover, Tierärztl. Hochschule, Hygien. Inst.) K. MAIER. 4350

Hans Lodenkämper, *Zum Problem des Ruhrerregernachweises, zugleich ein Beitrag zur Lebensfähigkeit der Typhus–Paratyphus B- und Ruhrerreger in angetrocknetem Zustande auf der Papieroberfläche.* Im Gegensatz zu *B. coli* bzw. *proteus* besitzen Typhus-, Paratyphus- u. Ruhrerreger im angetrockneten Zustand eine hohe Lebensfähigkeit. Bestimmte Papiersorten besitzen eine bemerkenswerte baktericide Eigenschaft. Angabe einer *Silicagel*-Meth., die bei gleichzeitiger Ausschaltung des nachteiligen Bakteriophageneinfl. u. Erhaltung der Lebensfähigkeit der Ruhrerreger eine rasche Überführung von Stuhlproben in den Trockenzustand erlaubt. (Zbl. Bakteriol., Parasitenkunde, Infektionskrankh. Hyg., I. Abt., Orig. **158.** 73—79. 12/5. 1952. Hamburg, Allg. Krankenhaus St. Georg, Bakteriol.-Serol. Inst.) K. MAIER. 4350

E. C. Barton-Wright, The microbiological assay of the vitamin-B-complex and amino acids. London: Pitman. 1952. (X + 179 S.) s. 18.

E_4. Pflanzenchemie. Pflanzenphysiologie. Pflanzenpathologie.

H. S. Puleston, Jess L. Fults und Merle G. Payne, *Die Schutzwirkung des Uracils gegen die Wirkung von Ultraviolettbestrahlungen bei höheren Pflanzen.* Sämlinge von Alaska-Erbsen wurden der Strahlung von Hg-Lampen ausgesetzt. 95% der Gesamtintensität bestanden aus Strahlung der Wellenlänge 2537 Å. Ein Teil der Sämlinge wurde mit einer Lsg. von *Uracil* (I) besprengt, bevor sie bestrahlt wurden. Bei einer Messung des Wachstums nach 48 Std. zeigte sich, daß die Strahlenschädigung durch eine Besprühung mit 200 γ I nicht beeinflußt wurde. Bei größerer Konz. an I trat dessen Schutzwrkg. ein (Unters. bis zu 1000 μg I). (Science [Washington] **115.** 402—03. 11/4. 1952. Fort Collins, Colorado A and M Coll.) REUSSE. 4404

Obdulio Fernández und Juan Ramón Aguirre Santiago, *Chemische Phylogenie des Lignins.* Vff. untersuchen Endo- u. Epicarpium von Steinobst, wie Pfirsich, Aprikosen, Pflaumen, auf ihren Geh. an *Lignin* (I) (nach KLASON), *Lignol* (nach PAULY), Pentosanen u. mineral. Stoffen, sowie Acetylwert (nach PERKIN) u. Methoxylwerte, durch Äthanolyse, Reäthanolyse. Die Früchte enthalten etwa gleiche Mengen I (32—33%) u. sind zwischen Weich- u. Hartholz einzuordnen. (Farmac. nueva **17.** 1—8. Jan. 53—61. Febr. 1952. Madrid, Univ.) ALTPETER. 4420

K. Täufel und F. Krusen, *Verteilung der Citronensäure in den Samen von Leguminosen und Cerealien und ihr Verhalten bei der Keimung.* Vff. untersuchen verschied. Samen von Leguminosen u. Cerealien u. ihre Mehle auf ihren Geh. an *Citronensäure* (I). Während die ganzen Leguminosensamen u. die ihnen entsprechenden Mehle etwa die gleiche Menge I enthalten, nimmt bei den Cerealienmehlen im Vgl. zu dem jeweiligen Getreidekorn der Geh. mit der Herabsetzung des Ausmahlungsgrades beträchtlich ab. Der weitaus größte Anteil an I befindet sich hier in dem Keimling u. in der Kleie. Im Verlauf der Keimung von Gerste u. Roggen konnten Vff. in den ersten Tagen eine rasche Neubldg. von I nachweisen, deren Menge den Verbrauch übersteigt. Nach sorgfältiger Vorbereitung des zu untersuchenden Materials wurde I zum Teil nach dem Acetonverf. von TÄUFEL u. SCHOIRER, zum Teil nach dem colorimetr. Pentabromacetonverf. nach PUCHER, SHERMAN u. VICKERY bestimmt. In abschließenden Betrachtungen erörtern Vff. die Bedeutung der I im pflanzlichen Intermediärstoffwechsel. (Biochem. Z. **322.** 375—79. 1952. Potsdam-Rehbrücke, Inst. für Ernährungsforschung.) POHLOUDEK-FABINI. 4420

Arthur Brunel, *Der Begriff Ureidpflanzen und seine Anwendung auf die Leguminosen Indochinas.* Neben Amiden u. Aminosäuren, der üblichen Form lösl. N-Verbb., findet man in zahlreichen Pflanzen auch *Allantoin* u. *Allantoinsäure* (I), die bei ihnen im Stoffwechsel des N eine Rolle spielen; deswegen können diese Pflanzen Ureidpflanzen genannt werden. Bei 3 Unterfamilien der Leguminosen Indochinas wurde folgendes festgestellt: Mimosoideae enthalten *Allantoinase* (II), wenig I u. nicht sehr akt. *Urease* (III). Abgesehen vom Fehlen der III trifft das auch für die Caesalpinoideae zu. Durch bes. hohen II-Geh. zeichnen sich die Papilioneae aus. (C. R. hebd. Séances Acad Sci. **234.** 1470—72. 31/3. 1952.) ITZEROTT. 4420

G. R. Clemo und Bhola Nath, *Delphiniumalkaloide.* 1. Mitt. Aus den Samen von *Delphinium staphisagria* werden zunächst durch Extraktion mit PAe. *Delphinin* (I) u. *Staphisin* (II) erhalten. Nachfolgende Extraktion mit Chlf. liefert ein Alkaloidgemisch, aus dem durch chromatograph. Trennung neben wenig I u. II eine krist. *Base* $C_{20}H_{29}\cdot O_5N$ (III; F. 286—290° [Zers.], $[\alpha]_D$ —19,23° [A.]; *Hydrogenoxalat*, $C_{20}H_{29}O_5N\cdot C_2H_2O_4$, F. 300—305° [Zers.]; *Hydrochlorid*, amorph, F. 290—295° [Zers.]) mit einer Ausbeute von 0,2—0,3 g/kg Samen isoliert wird. III, das ein völlig anderes UV-Spektr. zeigt als I u. II, geht durch Hydrierung (PtO_2 in CH_3COOH-haltigem CH_3OH) in ein *Dihydroderiv.* ($C_{20}H_{31}O_5N$, F. 235—238°) über. Bei der Se-Dehydrierung (345°) von III entsteht ein KW-stoffgemisch, aus dem sich chromatograph. ein nach seinem UV-Spektr. als Cyclopenteno- oder Alkylphenanthren anzusprechender *KW-stoff* $C_{18}H_{16}$ (F. 51—52°; *Pikrat*, F. 145—147°) abtrennen läßt. — Aus den unverseifbaren Anteilen von 225 g alkaloidfreiem Samenöl werden durch Extraktion mit Ae. u. chromatograph. Aufteilung 4,5 g einer tiefschm. Substanz von terpenartigem Geruch u. 0,25 g *β-Sitosterin* ($C_{29}H_{50}O$,

F. 137—138°, $[\alpha]_D$ —31,90°; *Acetat*, $C_{29}H_{49}OCOCH_3$, F. 127°; *Benzoat*, $C_{29}H_{49}OCOC_6H_5$, F. 141°; mit Aceton + Al-tert.-Butylat oxydierbar zu *β-Sitosten-(4)-on*, $C_{29}H_{48}O$, F. 87 bis 88°, $[\alpha]_D$ +85,50° [A.]; *2.4-Dinitrophenylhydrazon*, F. 251—253° [Zers.]; *Oxim*, $C_{29}H_{49}ON$, F. 177°) isoliert. (J. chem. Soc. [London] **1952.** 1750—53. Mai. Newcastle-on-Tyne, King's Coll.) BOIT. 4420

J. Barker und **L. W. Mapson**, *Der Ascorbinsäuregehalt von Kartoffelknollen.* 3. Mitt. *Der Einfluß der Lagerung in Stickstoff, Luft und reinem Sauerstoff.* (2. vgl. C. **1952.** 1676.) Durch Ersetzen von O_2 durch N_2 wird der Geh. an *Ascorbinsäure* (I) in Kartoffelknollen weitgehend stabil gehalten, während er in luftgelagerten Knollen unter gleichen Stoffwechselbedingungen entweder ansteigt oder fällt. Der *Saccharose* (II)-Geh. nimmt in N_2-gelagerten Knollen im allg. ab. Bei Lagerung in reinem O_2 ist der I-Geh. anfangs niedriger als in Luft; vom 60.—80. Tag der O_2-Behandlung ab fällt I steil bis nahezu auf Null, während der Geh. an *Dehydroascorbinsäure* zunächst ansteigt u. dann abnimmt. Der II-Geh. steigt während der Lagerung in O_2 zunächst an u. nimmt im Endstadium ab. Bei luftgelagerten Kartoffeln zeigt sich eine allg. Korrelation zwischen den I- u. II-Gehh. bei Tempp. von 10, 25 u. —0,6°. In bestimmten Fällen bei 1° u. bei allen Verss. mit reinem O_2 (unabhängig von der Temp.) scheint diese Korrelation durch andere Faktoren verdeckt zu werden. — 32 Literaturangaben. (New Phytologist **51.** 90—115. April 1952. Dep. of Sci. and Ind. Res., u. Cambridge, Univ., Low Temp. Stat. for Res. in Biochem. and Biophys.) RANG. 4425

Geneviève Brunel-Capelle, *Über den Stoffwechsel der Glyoxylsäure.* Gewebebrei von *Agaricus campestris* führt *Glyoxylsäure* (I) bei Ggw. von Harnstoff zum kleinen Teil in *Allantoinsäure* (II) über, die Hauptmenge wird auf nicht enzymat. Wege abgebaut. Bei der Umwandlung von I in II könnte man an die Beteiligung des SCHARDINGER-Enzyms denken, da sie durch Chinon nicht, durch KCN wegen Bldg. von Tartronsäurenitril vollständig gehemmt wird. Der nichtenzymat. Abbau von I, wie er durch erhitzten Gewebebrei hervorgerufen wird, kann auch durch Cystin, Cystein oder Glutathion ausgelöst werden, wobei sich vielleicht ein Thiazolidin bildet. Der gleichzeitige Abbau von I auf zwei verschied. Wegen unterstreicht deren physiol. Bedeutung für die Pflanze. (C. R. hebd. Séances Acad. Sci. **234.** 1466—68. 31/3. 1952.) ITZEROTT. 4460

J. L. Harley und **C. C. McCready**, *Aufnahme von Phosphat durch abgeschnittene mit Mykorrhiza befallene Wurzeln der Buche.* 2. Mitt. *Phosphorverteilung zwischen Wirt und Pilz.* (1. vgl. C. **1952.** 1677.) Nach Absorption aus belüfteter ^{32}P-haltiger Nährlsg. enthält die pilzbefallene Wurzelrinde ca. 90% des angesammelten ^{32}P, der Kern nur 10%. Der Geh. bleibt bei ^{32}P-Konzz. von 1—50 mg/Liter u. während der ganzen Wachstumsperiode konstant. In ^{32}P-Konz. von 1 mg/Liter zeigte sich innerhalb von 6,5 Std. keine bemerkenswerte Veränderung des ^{32}P-Geh. der Wurzeln. Die Absorption wird durch Ersatz von O_2 durch N_2, durch Na-Azid u. bei Verwendung hoher ^{32}P-Konzz. beeinträchtigt. Rindenfreie Wurzelkerne absorbieren ^{32}P 4mal so stark als solche intakter Wurzelspitzen. (New Phytologist **51.** 56—64. April 1952. Oxford, Univ., Dep. of Bot.) RANG. 4460

L. Bell, *Abhängigkeit der Absorption der Strahlungsenergie durch die Blätter von der Photosynthese.* Zur Ausschaltung des Temperatureffektes wurde bei den Verss. mit jungen Blättern von 1—2 Monate alten Maispflanzen, gezogen im weißen Luminescenzlicht, ein Se-Photoelement angewandt. Es zeigte sich, daß die Menge des vom Blatt reflektierten Lichtes unabhängig vom CO_2-Geh. u. damit von der Photosynth. ist. Aus den Werten für die relative Intensität des durchtretenden Lichtes ergibt sich, daß bei verstärkter Photosynth. die Menge der vom Blatt aufgenommenen Strahlungsenergie zunimmt. Eine Erklärung findet diese Tatsache durch die Annahme, daß der Absorptionskoeff. beim nicht angeregten Mol. des *Chlorophylls* (I) viel größer ist als beim angeregten, u. daß in Ggw. von CO_2 die Ableitung der Anregungsenergie rascher erfolgt als in Abwesenheit von CO_2. Bei der Photosynth. ist die effektive Lebensdauer des angeregten I-Mol. geringer als die natürliche Lebensdauer. Aus einer vom Vf. abgeleiteten Formel ergibt sich der Näherungswert für die untere Grenze der natürlichen Lebensdauer des angeregten Mol. von I zu ~0,02 Sekunden. (Доклады Академии Наук СССР [Ber. Akad. Wiss. UdSSR] [N. S.] **83.** 477—80. 21/3. 1952. Timirjasew-Inst. für Pflanzenphysiol. der Akad. der Wiss. der UdSSR.) LEBTAG. 4460

N. A. Krassilnikow, *Antibiotica im Pflanzenbau.* Vf. berichtet über erfolgreiche Bekämpfung der Hommose der Baumwollpflanze durch Behandlung des Samens mit Antibioticis (I; nicht näher bezeichnet) aus Aktinomyceten. Die I dringen hierbei in das Innere des Samens, ohne den Keim zu schädigen. Durch Bestreichen von Citrone u. Mandarine mit I wird die Nekrose rasch lokalisiert. Durch Einführung von I durch das Blatt kann die Welkekrankheit bei Obstbäumen geheilt werden. Wird Aktinomyceten-

Bioticum dem Substrat für Erbse zugefügt, dann wird dessen Ggw. nach einiger Zeit in Wurzel, Stengel u. Blatt festgestellt. Aus diesem u. anderen Verss. zieht Vf. den Schluß, daß die These, wonach die höhere Pflanze keine organ. Verbb. direkt aufnehmen kann, unhaltbar ist. (Природа [Natur] **41.** Nr. 7. 17—27. Juli 1952.) LEBTAG. 4490

E5. Tierchemie. Tierphysiologie. Tierpathologie.

Gilbert Ranson, *Austern und Kalk. Kalk und organisches Substrat bei Mollusken und einigen anderen marinen Invertebraten.* Die Unters. der Austernschalen u. anderer Invertebraten ergab, daß es keine tier. Kalkabscheidung ohne organ. Substanz gibt, u. daß dieses organ. Substrat die mineral. Struktur des Kalks (Aragonit, Calcit) weitgehend bestimmt. (C. R. hebd. Séances Acad. Sci. **234.** 1485—87. 31/3. 1952.) ITZEROTT. 4525

W. W. Meyer, *Die Eiweißablagerung im Werdegang der Arteriosklerose.* Aus Unterss. des Vf. geht hervor, daß bei der Entstehung arteriosklerot. Polster die Ablagerung von Eiweißstoffen eine wichtige Rolle spielt. Vf. lehnt als Ursache der Gefäßsklerose beim Menschen eine ausschließliche Bedeutung einer prim. Lipoidablagerung in die unveränderten Intima ab. Als eigentliche Ursache der Arterienverhärtung u. der präsklerot. Intimaveränderungen wird dagegen Reizung durch kreislaufmechan. Momente angenommen. Einer herdförmigen Sklerose geht beim Menschen ein diffuser Umbau der Arterienwand voraus, der mit dem Alter fortschreitet u. so durch Beeinflussung der n. Ernährung der Arterienwand günstige Bedingungen für die Entstehung einer herdförmigen Arteriosklerose schafft. (Klin. Wschr. **30.** 244—53. 15/3. 1952. Marburg/Lahn, Univ., Patholog. Inst.) H. SCHEURLEN. 4552

Thomas P. Lyon, Hardin B. Jones, Dean M. Graham, John W. Gofman, Frank T. Lindgren und A. Yankley, *Weitere Untersuchungen über das Verhältnis der S_f 10—20-Lipoproteinmoleküle zur Arteriosklerose.* Die S_f 10—20-Klasse der *Lipoproteine* (I) (S_f = SVEDBERG-Einheiten der Sedimentation in der Ultrazentrifuge), die den Transport von Fett u. Lipoiden im Blut durchführen, ist bei Personen mit Arteriosklerose gegenüber n. gleichen Alters deutlich erhöht. Wiederkehr von Myokardinfarkten u. das Auftreten solcher Infarkte bei Patienten mit Angina pectoris sind von I-Erhöhung begleitet. Durch Verabreichung von fett- u. cholesterinarmer Diät an Patienten mit Coronararterienschäden konnten die I-Spiegel gesenkt u. damit das Auftreten neuer Myocardinfarkte vermindert werden. Durch *Heparin*, das in Mengen von 20—100 mg einmalig verabreicht sehr günstige Wirkungen bei Angina pectoris ausübte, wird der I-Spiegel gesenkt. (A. M. A. Arch. intern Med. **89.** 421—27. März 1952. Berkeley, Univ. of California, Div. of Med. Physics.) KRUSEN. 4552

Rudolf Abderhalden, *Der Stand der Hormonforschung.* Übersicht über den physiol. Wirkungsmechanismus der Hormone. (Dtsch. zahnärztl. Z. **7.** 976—85. 1/9. 1952. Basel.) LOCH. 4558

H. H. Kraus, *Zur Kritik des chemischen Richardsonschen Schwangerschaftstestes.* Im Schwangerschaftstest nach RICHARDSON (C. **1952.** 1355) soll nach Abtrennung von unspezif. Progesteron durch Ausschütteln mit Chlf. bei vorliegender Gravidität *Östron* mit 2.4-Dinitrophenylhydrazin eine 2 Min. lang beständige Braunfärbung hervorrufen. Die Nachprüfung ergab außerordentlich unbefriedigende Ergebnisse. (Zbl. Gynäkol. **74.** 1527—28. 1952. Ludwigshafen, Städt. Frauenklinik.) LOCH. 4559

J. D. Romani, *Eosinophile Infiltrate des Bindegewebes bei Tieren nach akuter Formolreizung.* Der THORNsche Test zur Prüfung der Funktion des Hypophysen-Nebennieren-Syst. ergibt nach Injektion von *ACTH* ein Verschwinden der eosinophilen Polynucleären aus dem strömenden Blut (Eosinopenie). Diese Rk. erfolgt auch auf andere das Hypophysen-Nebennieren-Syst. reizende Insulte: Injektion von *Adrenalin*, *Insulin*, *Adrenochrom* u. postoperativer Schock. Vf. untersucht die Frage, wo die Eosinophilen bleiben, ob sie aufgelöst werden oder ob sie außerhalb des Blutes gespeichert werden. Nach Injektion von Formol subcutan bei Meerschweinchen u. Ratten wurde das Bindegewebe verschied. Körperregionen histolog. untersucht. Es zeigt sich, daß normalerweise Eosinophile in sehr geringer Zahl im Bindegewebe vorhanden sind. Nach der Reizung steigt ihre Zahl erheblich an, u. zwar parallel der Abwehr des Organismus. Der Höhepunkt ist dementsprechend dann erreicht, wenn die Nebenniere ihre Funktion den Notwendigkeiten der Reizabwehr angepaßt hat (10.—60. Std.). Das spricht dafür, daß die Eosinophilen eine Aufgabe bei der Schockabwehr u. Gegenregulation zu erfüllen haben. (C. R. Séances Soc. Biol. Filiales **146.** 33—38. Jan. 1952.) BERGER. 4560

Najib-Farah, *Bilirubinämie und Rheumatismus.* Es wird die Bedeutung des *Bilirubins* bei der Infektion im allg. u. bes. beim Rheumatismus besprochen. Vf. geht von der Beobachtung aus, daß bei gewissen Fällen von Rheumatismus nach Auftreten eines

Ikterus ein Nachlassen der rheumat. Symptome eintritt. Nach seiner Ansicht ist der Verlauf der Infektion davon abhängig, ob die Erreger durch Galle der Lysis anheimfallen. Diese Auffassung wird erklärt. Ferner geht Vf. auf seine früheren Arbeiten über die Beziehungen zwischen *ACTH* u. *Cortison* zur Bilirubinämie ein u. weist auf Erfahrungen bei der Behandlung von 256 Fällen von Rheumatismus hin, die in den letzten 10 Jahren ohne unangenehme Zwischenfälle mit Nebennierenrindenextrakt behandelt wurden. (Schweiz. med. Wschr. **82.** 686—87. 28/6. 1952.) Gohr. 4560

Louis A. Gottschalk, *Die Wirkung von Epinephrin auf das corticale und basale Elektroencephalogramm und auf die Zahl der Eosinophilen.* Es wurde 18 Patienten ohne klin. Zeichen einer Epilepsie oder Erkrankungen des Hypophysen-Nebennierenrinden-syst. (HNNR) zweimal 0,2 mg *Epinephrin* im Abstand von 15 Min. injiziert u. die Wrkg. auf das Elektroencephalogramm (EEG) u. Änderung der Zahl der Eosinophilen geprüft. Dabei zeigten 7 Personen keine Veränderungen des basalen u. corticalen EEG, aber deutliche Verminderung der Eosinophilen. Bei 11 Personen fanden sich geringe Änderungen des EEG, aber keine Abnahme der Eosinophilen. Die Ergebnisse werden unter Berücksichtigung der Zusammenhänge zwischen Zentralnervensyst. u. HNNR diskutiert. (A. M. A. Arch. Neurol. Psychiatry **67.** 522—34. April 1952.) Gohr. 4561

Antonio Galamini und Maria Galamini, *Über eine adrenocorticotrope Wirkung von Urinextrakten adrenalektomierter Ratten bei hypophysektomierten Ratten.* Durch Pikrinsäure- u. Acetonfällungen aus Urin adrenalektomierter Ratten gewonnene wss. Extrakte bewirkten bei ♂ u. ♀ hypophysektomierten Ratten eine Zunahme des Gewichtes der Nebennieren. (Ist. super. Sanità, Rend. **14.** 994—99. 1951. Roma, Ist. Super. di Sanità.) Vincke. 4561

John J. Schneider, *Weitere Isolierung von Nebennierenrindenverbindungen aus Männerharn.* 2. Mitt. *über Untersuchungen über die Ausscheidung von Nebennierenrindenverbindungen.* (1. vgl. J. biol. Chemistry **183.** [1950.] 365.) Vf. beschreibt die Isolierung u. Identifizierung mehrerer Nebennierenrindensteroide aus dem Chloroformextrakt von unbehandeltem Männerharn. Folgende Verbb. wurden isoliert: *3α.21-Diacetoxy-17α-oxypregnan-11.20-dion* (**I**), F. u. Misch-F. 232—234°, $[\alpha]_D^{24}$ +95° (in Aceton) (6,6 γ/Liter Urin). — *21-Acetoxy-17α-oxypregnan-3.11.20-trion,* F. u. Misch-F. 228 bis 230°. — *17-Oxycorticosteronacetat,* F. u. Misch-F. 214—216°. — *17-Oxy-11-dehydrocorticosteronacetat,* F. u. Misch-F. 242—244°, $[\alpha]_D^{25}$ +179° (Aceton) (51 γ/Liter Urin). — „*Compound II*", $C_{21}H_{32}O_6$, deren Isolierung bereits beschrieben wurde (l. c.), aus absol. A. Blättchen, F. 268—272° (Zers.), $[\alpha]_D^{24}$ +118° (Chlf.). — Nach Behandlung des bereits extrahierten Urins mit β-Glucuronidase konnte nach 12 bzw. 36 Std. Stehen bei Raumtemp. erneut **I** isoliert werden u. zwar in einer Menge entsprechend 214 γ/Liter Urin. (J. biol. Chemistry **194.** 337—48. Jan. 1952. Philadelphia, Pa., Jefferson Med. Coll., Dep. of Exp. Med.) Fruhstorfer. 4561

R. L. Kendrick, Kent Balls und Edward Rose, *Behandlung der Thyreotoxikose mit 1-Methyl-2-mercaptoimidazol.* Vff. behandelten 17 Patienten mit Thyreotoxikose in aufschiebender u. 15 in präoperativer Therapie mit täglich 10—45 mg *1-Methyl-2-mercaptoimidazol* 2—11 Monate lang. Bei 26 Fällen wurde stetige, fortschreitende Besserung mit schließlicher Heilung, bei 5 Besserung, aber keine Heilung, u. bei 1 keine Beeinflussung der Krankheit beobachtet. Einzelne Nebenerscheinungen waren Urticaria, Pruritus u. Hautausschläge. (A. M. A. Arch. intern. Med. **89.** 368—73. März 1952. Rochester, Minn., Mayo Clin., Div. of Med.; Philadelphia, Univ. of Pennsylvania, Hosp., Med. Clin.) Krusen. 4562

Allen F. Reid und Jeannette A. Sorenson, *Die effektive Tiefenlage der Schilddrüse und Kompensationsmessungen zur Bestimmung der Jodaufnahme.* Messungen an verschied. menschlichen Schilddrüsen mit ^{131}J u. Vgl. derselben mit Phantommessungen an einer Lsg. mit entsprechendem ^{131}J-Geh. ergaben stark abweichende Werte der effektiven Tiefe der Thyreoidea (Th) von Patient zu Patient. Der meist vorkommende Abstand Haut-Th. liegt bei 1,0—1,5 cm, es kommen jedoch auch Werte von 0 u. 6,0 cm vor. Für die Durchführung von Aktivitätsmessungen an der mit ^{131}J angereicherten Th. werden allg. Regeln mitgeteilt. Bei sorgfältiger Messung werden die Meßfehler kleiner als 7%. (Radiology **58.** 390—92. März 1952. Dallas, Tex., Univ. of Texas, Southwestern Med. School, Dep. of Biophys.) Reusse. 4562

Maurice Fontaine und Jacques Leloup, *Das thyreoide Jod des jungen Salms im Verlauf seiner Entwicklung.* Im Verlauf der Umwandlung des jungen Salms vom „Parr" zum „Smolt" erhöht sich der **J**-Geh. der Schilddrüse in den verschied. Formen (mineral., organ., Thyroxin) zu Beginn der Umwandlung, durchläuft ein Maximum u. erreicht die gleichen beim „Parr" beobachteten niederen Werte, wenn der Salm sich auf Wanderung begibt, womit das Phänomen sicher in Beziehung steht. (C. R. hebd. Séances Acad. Sci. **234.** 1479—80. 31/3. 1952.) Itzerott. 4562

P. de Moor und **J. de Moor,** *Die Pathogenese des Alloxandiabetes.* 2. Mitt. *Die Alloxanresistenz der β-Zellen nach starkem „Stress“.* (1. vgl. C. **1952.** 5768.) Verss. an Kaninchen u. Ratten bestätigen die *Alloxan* (I)-Resistenz nach Adrenalin (II)-Injektion. Auf Grund ihrer Ergebnisse glauben Vff., daß die I-Resistenz eine Folge der durch II verursachten starken Insulinausschüttung ist. (Ann. d'Endocrinol. **13.** 216—23. 1952. Louvain, Univ., Labor. de Clin. méd.) KRUSEN. 4564

Dagmar Siliprandi und **Noris Siliprandi,** *Die Wirkung des Insulins bei der Phosphorylierung von Aneurin.* Die Behandlung von alloxandiabet. Ratten mit *Aneurin* (I) + *Insulin* (II) führt zu einer erheblichen Zunahme der Leber-*Cocarboxylase.* I oder II allein bewirken keinen merklichen Effekt. Vff. schließen daraus, daß II eine Rolle bei der Phosphorylierung von I spielt. (Nature [London] **169.** 329. 23/2. 1952. Rom, Univ., Inst. of biol. Chem.) KOCH. 4564

E. Lövei, G. Ludány und **J. Vajda,** *Insulin und die Bakterienphagocytose der Leukocyten.* Durch *Insulin* wird die die Bakterienphagocytose fördernde Wrkg. des Serums von Mensch u. Kaninchen auf überlebende Rattenleukocyten in vivo reversibel red., in vitro aber nicht beeinflußt. Glucose fördert die Phagocytose. Die Hemmung der Phagocytose durch Insulin läßt sich aber nur zum Teil durch den Einfl. auf den Blutzuckerspiegel erklären. (Z. Vitamin-, Hormon- u. Fermentforsch. **4.** 533—41. 2/5. 1952. Budapest, Univ., II. Chirurg. u. II. Med. Klinik.) SCHWEIGER. 4564

Sydney S. Lazarus, Bruno W. Volk, Mendel Jacobi und **Miriam Y. Gilady,** *Absolute Lymphocytenzahl und anorganischer Serumphosphor nach Glucosegabe bei diabetischen Patienten.* An 17 nüchternen diabet. Patienten wurde absol. Lymphocytenzahl u. anorgan. Serum-P nach intravenöser Gabe von 25 g Glucose (50% Lsg.) nach 30, 60, 120 u. 180 Min. untersucht. In 9 Fällen wich die absol. Lymphocytenzahlveränderung von Kontrollunterss. bei Gesunden ab, wobei auch das Verh. des anorgan. Serum-P nicht n. war. Von den 8 Patienten mit n. Lymphocytenzahlveränderungen wiesen 6 n. Serum-P-Veränderungen auf. Die Möglichkeit, das Verh. von absol. Lymphocytenzahl u. anorgan. Serum-P zur Abgrenzung einer hypophysär-adrenalbedingten Diabetesform festzustellen, wird diskutiert. (Amer. J. Clin. Pathol. **22.** 127—34. Febr. 1952. Brooklyn, N. Y., Jewish Sanatorium.) SCHWEIGER. 4564

E. Werle und **H. Zeisberger,** *Über das Histamin der Magenschleimhaut.* Vff. bestimmten den *Histamin* (I)-Geh. einzelner Magenabschnitte von Mensch, Hund, Schwein u. Meerschweinchen zu 6—96 γ/g Gewebe. Mittels einer angegebenen Meth. wurde die Aktivität der *Histidindecarboxylase* in einzelnen Magenabschnitten bestimmt u. dabei festgestellt, daß I nur in Cardia, Fundus u. Corpus, nicht dagegen in Antrum u. Pylorus gebildet wird. In carcinomatöser Schleimhaut konnte keine I-Bldg. gefunden werden. (Klin. Wschr. **30.** 45—46. 1/1. 1952. München, Univ., Chirurg.-klin. Inst.) KRUSEN. 4569

E. Fritze und **P. Doering,** *Die elektrische Ladung und der isoelektrische Punkt der Blutzellen und deren Beziehungen zur Zellfunktion.* Mit Hilfe der Zellkataphorese vorgenommene Unterss. ergaben eine negative Oberflächenladung für sämtliche Blutzellen, wobei mit zunehmender Zellreifung die Ladungen zunehmen. Der Einfl. des Funktionszustandes der Zellen auf deren Ladungsgröße zeigt sich darin, daß bei akut entzündlichen Prozessen die Ladung der Granulocyten, bei chron. die der Lymphocyten, erhöht ist. Vff. vermuten weiterhin Zusammenhänge zwischen blutgruppenspezif. Isoagglutination, Erythrocytensenkungsgeschwindigkeit, Aggregationsneigung, Phagocytosevermögen u. amöboider Fortbewegung der Leukocyten, sowie Färbbarkeit der Zellen einerseits u. Oberflächenladung andererseits. Der isoelektr. Punkt menschlicher Erythrocyten wurde zu p_H 4,2 bestimmt. (Klin. Wschr. **30.** 19—22. 1/1. 1952. Göttingen, Univ., Med. Klinik.) KRUSEN. 4573

D. Cordier, *Die Rolle der roten Blutkörperchen bei Transport und Reservehaltung mineralischer und organischer Substanzen.* 1. Mitt. (J. de Physiol. **44.** 353—80. 1952. Lyon, Fac. des Sci., Labor. de Physiol.) ITZEROTT. 4573

Henry Sälde, *Leukocytenänderungen im Elektroschock.* Übersicht über die Meinungen u. Theorien verschied. Autoren u. eigene Unterss. unter Auswertung von ungefähr 5000 Blutuntersuchungen. Die Konvulsionen in Verbindung mit dem Elektroschock scheinen nur geringen Einfl. auf das weiße Blutbild zu haben. (Acta Soc. med. Upsaliensis **57.** 263—388. 20/6. 1952. Upsala.) BÖHM. 4573

Eric Ponder und **R. T. Cox,** *Hämolyse als fortschreitende Reaktion in einem heterogenen System.* In Verss. mit Erythrocyten wurde gezeigt, daß sie bzgl. ihres Widerstandes gegen einige Lysine (*Saponin, Digitonin*) heterogen sind, d. h. daß die Rk. zwischen den Zellbestandteilen u. dem Lysin in einigen Fällen reversibel, in andern irreversibel verläuft. Für den Ausdruck reversibel u. irreversibel, der die Sache nicht ganz trifft, wird der Ausdruck progressiv vorgeschlagen. Diese progressiven Rkk. können, wenn sie einmal begonnen haben, nicht völlig gestoppt werden. (J. gen. Physiol. **35.** 595—603. 20/3. 1952. Minneola, Long Island, Nassau Hosp., u. Baltimore, Johns Hopkins Univ., Dep. of Phys.) ITZEROTT. 4573

Edward B. Hendry, *Verzögerte Hämolyse von menschlichen Erythrocyten in Glucoselösungen.* Werden Erythrocyten in Glucoselsg. suspendiert, so ergibt sich ein verzögerter Hämolysetyp (prolyt. Phase ca. 1 Std., hämolyt. Phase ca. 2 Std. Dauer), der auf p_H- u. Temperaturänderungen empfindlich reagiert. Steigender osmot. Druck oder Phlorhizin, jedoch nicht Jodacetat u. Fluorid, hemmen diese Art der Hämolyse. Möglicherweise beruht diese Hämolyseverzögerung in Glucoselsg. auf enzymat. Aktivität. Phosphorylierung kann der begrenzende Faktor sein. (J. gen. Physiol. **35.** 605—16. 20/3. 1952. Glasgow, Western Infirmary, Dep. of Biochem.) ITZEROTT. 4573

H. Bruce Collier, *Faktoren, die die hämolytische Wirkung von „Lysolecithin" auf Kaninchenerythrocyten bewirken.* Das aus der Einw. von Schlangengift auf Eidotter gewonnene „*Lysolecithin*" wurde auf seine Wrkg. auf Kaninchenerythrocyten hin untersucht. Die Lyse setzte zunächst sehr stark ein, hörte aber innerhalb weniger Min. bei Zimmertemp. auf. Ein bestimmter Lysin (I)-Geh. hämolysierte unter bestimmten Bedingungen eine fixierte Anzahl von Zellen. Verdünntere Erythrocytensuspensionen brauchten relativ mehr I zu einer 50%ig. Hämolyse der Suspension. Bei verschied. I-Konzz. zeigten die Zellen eine typ. Verteilung der Hämolyseresistenz. Bei niederer Temp. war I wirksamer, was wohl mit erhöhter I-Adsorption auf der Zelloberfläche einherging. Bei Erhöhung der p_H von 5,5 auf 7,8 erhöhte sich die I-Resistenz der Erythrocyten geringfügig. Bei Anwesenheit von Ca-Ionen u. I wurde deutliche Schrumpfung der Zellen beobachtet, Ca-Ionen allein riefen sie nicht hervor. Die nach der WILBRANDT-Technik erhaltenen hämolyt. Resistenzkurven waren vom „kolloidosmot." Typ. (J. gen. Physiol. **35.** 617—28. 20/3. 1952. Edmonton, Can., Univ. of Alberta, Dep. of Biochem.) ITZEROTT. 4573

P. de Nicola, *Die hemmende Wirkung von hohen Plasmakonzentrationen auf die Blutgerinnung. Beobachtungen während der Behandlung mit Dicumarinderivaten und bei anderen Zuständen.* Die nach der Einphasenmeth. nach QUICK (0,1 ml Plasma, 0,1 ml Thromboplastin, 0,1 ml 0,02 mol. $CaCl_2$) erhaltenen Durchschnittswerte der Gerinnungszeiten liegen bei 10,5—11,5 Sek., wobei die *Plasma*-Konz. 26—28% beträgt. Unterss. mit konz. Plasma, d. h. je 0,25 ml unverd. u. auf 50, 25 u. 12,5% verd. Plasma mit je 0,025 ml Thromboplastin u. 0,2 mol. $CaCl_2$ (Endkonzz.: 70, 35, 17,5 u. 8,725% Plasma), ergaben, daß mit steigenden Plasmakonzz. die Gerinnungszeiten auf 15—25 Sek. verlängert werden. Bei *Tromexan*-Medikation erhöhen sich die Werte von 10—20 auf 20—50 Sekunden. Bei Leberschäden wurden bei der Plasmakonz. von 70% Gerinnungszeiten von über 300 Sek. beobachtet. Die hemmende Wrkg. der höheren Plasmakonzz., bes. bei Leberschäden, ist möglicherweise auf irgendeine antikoagulative Substanz zurückzuführen. (Experientia [Basel] **8.** 116—17. 15/3. 1952. Pavia, Univ., Dep. of Med.) KRUSEN. 4574

H. Loosen, W. Heinen und M. Creischer, *Blutgerinnung bei Belastung und peripherer Stauung als Beitrag zum Trainingsproblem.* In Abhängigkeit von der Stärke der Belastung konnte bei Arbeitsleistung u. gleichzeitiger künstlicher Blutstauung eine Verkürzung der Blutgerinnungszeit festgestellt werden. (Z. ges. inn. Med. Grenzgebiete **7.** 520—23. 1/6. 1952. Köln, Univ., Med. Klin.) LOCH. 4574

Gerhard Walther und Karl-August Winter, *Die Beeinflussung der Blutgerinnung und ihrer einzelnen Phasen durch Streptomycin, PAS und TB VI. Eine experimentelle Untersuchung.* In vitro-Unterss. zeigten, daß unter dem Einfl. von *Streptomycin* (I), *PAS* (II) u. *TB VI* (III; *Solvoteben* BAYER = *Diäthanolaminsalz der Benzaldehydthiosemicarbazon-4-carbonsäure*) in Konzz., wie sie bei lokaler Applikation erreicht werden können (0,25 bis 1,5%), eine bei steigenden Konzz. zunehmende Hemmung von Plasmagerinnung, Prothrombinpotential, 1. u. 2. Gerinnungsphase erfolgt. Dabei zeigen III die stärkste I u. II eine gleiche, geringere Wirkung. Eine unmittelbare Beeinträchtigung der Blutgerinnung ist nicht zu erwarten, da der Blutspiegel bei resorptiver Therapie dieser Substanzen zu niedrig bleibt. I, II u. III besitzen keine fibrinolyt. Wirkung. Auf Grund ihrer Ergebnisse kommen Vff. zu dem Schluß, daß die genannten Therapeutica nicht nur die Gerinnungsgeschwindigkeit verzögern, sondern in den Mechanismus der Gerinnungs-Rk. eingreifen. (Klin. Wschr. **30.** 25—28. 1/1. 1952. Halle/Saale, Univ., I. Med. Klinik.) KRUSEN. 4574

Paul Arnolds und Else Erlemann, *Zur Problematik der Prothrombinbestimmung. Vergleichende Untersuchungen mit der Ein- und Zweiphasenmethode bei der Kontrolle der Dicumarinmedikation.* Die nach einmaligen Gaben von je 500 mg *Dicumarin* (I) bzw.

1800 mg *Tromexan* mit der Einphasenmeth. nach QUICK-LEHMANN u. der Zweiphasenmeth. nach SCHULTZE erhaltenen Ergebnisse von Prothrombin- u. Accelerator-Globulin (II)-Bestimmungen waren uneinheitlich. Dagegen zeigten die Werte von Personen, die in 4—6wöchiger I-Behandlung standen, hinreichende Übereinstimmung beider Methoden. Der von anderen Autoren mitgeteilte II-Anstieg nach 14—20 Tagen I-Therapie konnte nicht bestätigt werden. (Klin. Wschr. **30**. 22—25. 1/1. 1952. Köln-Merheim, Städt. Krankenanstalt.) KRUSEN. 4574

Robert W. Kapp und Darrell T. Shaw, *Wundheilung: Hitzetrübungsindex und Methylenblaureduktionszeit des Plasmas.* Bei 9 organ. Gesunden wurden vor u. nach Herniotomie durch Methylenblau (I) Reduktionszeit des Plasmas (1 ml Plasma + 0,2 ml standardisierte I-Lsg. im kochenden Wasserbad erhitzt, Zeit bis zum völligen Schwund der Farbe) u. durch den Hitzetrübungsindex (HTI; für 1 ml Plasma + 4 ml aqua dest. wird in einem COLEMAN-Spektrophotometer der Wert abgelesen, 10 Sek. in kochendem Wasserbad erhitzt u. in gleicher Weise erneut abgelesen; die Differenz beider Werte ergibt den HTI) das Plasmafibrinogen (II) bestimmt. Während der Wundheilung erhöht sich nach anfänglichem Absinken II zu einem Maximum am 2.—5. Tag. Die Reduktionszeit sinkt maximal bis zum 13. Tag postoperativ. (Surgery, Gynecol. Obstetr. **94**. 577 bis 580. Mai 1952. Cleveland, O., Veterans Administration Hosp., u. Western Reserve Univ., School of Med.) BROSEMANN. 4574

H. Ott, H. Huber und G. Körver, *Ein Vergleich der Elektrophoresemethoden nach Tiselius, Antweiler und Turba.* Vergleichende Unterss. an 24 Seren ergaben neben häufigen Übereinstimmungen gleichsinnige Abweichungen, die sich aus den unterschiedlichen Methoden erklären. (Klin. Wschr. **30**. 34—37. 1/1. 1952. Mainz, Joh.-Gutenberg-Univ., Med. Poliklinik, u. Kinderklinik; Tübingen, Univ., Med. Klinik u. Poliklin.) KRUSEN. 4574

D. B. Nicholson und N. S. Assali, *Die hämatologische Reaktion der Schwangeren auf intravenöses Eisenoxyd-Saccharat.* 4 n., 6 anäm. Frauen vor u. 6 anäm. Frauen nach der Entbindung wurden mit *Fe-Oxyd-Saccharat*-Injektionen intravenös oder durch Dauertropf behandelt. (Dosierung bei den Kontrollpersonen insgesamt 1000 mg, bei den anderen aus dem Fe-Defizit errechnet). Der Grad der Rkk. war im allg. umgekehrt proportional der Schwere der Anämie. Bei insgesamt 203 Injektionen traten 10 lokale u. 2 schwerere allg. Neben-Rkk. auf. (Surgery, Gynecol. Obstetr. **94**. 513—18. Mai 1952. Cincinnati, O., Univ. of Cincinnati, Coll. of Med., u. Cincinnati Gen. Hosp.) BROSEMANN. 4575

Robert Elman und Theodore E. Weichselbaum, *Prae- und postoperative parenterale Erhaltung der Elektrolytbilanz mit einer Salzlösung aus Na, K, Chlorid und Phosphat.* 10 Patienten erhielten 2—3 Tage vor u. 5—6 Tage nach Bauchoperationen intravenös Infusionen von *NaCl* (0,05 g/ml), K_2HPO_4 (0,062 g/ml), KH_2PO_4 (0,014 g/ml) (p_H 7,4; Ampullen zu 40 ml; MEAD JOHNSON CO., Evansville, Ind.) in 2 Liter 10%ig. Glucose bzw. 2 Liter W. mit 100 g Glucose + 100 g MERCK Aminosäuren. Peroral wurde keine Fl. zugeführt. Diese Lsg. erwies sich zur Aufrechterhaltung des Elektrolytbedarfes als ausreichend. (Ann. Surgery **135**. 164—72. Febr. 1952. St. Louis, Mo., Washington Univ., School of Med., u. Barnes Hosp.) BROSEMANN. 4576

M. Briot und B. N. Halpern, *Symptomatologie und Pathogenese des durch Dextran bei Ratten erzeugten Ödemsyndroms.* Bekanntlich sind Ratten sehr empfindlich gegen die Verabreichung von Ovomucoiden u. reagieren mit charakterist. Ödemen. Ein gleiches Syndrom wird auch durch das Polysaccharid *Dextran* erzeugt. Vff. beschreiben die Symptome (Ödeme der Extremitäten, Bluteindickung, Untertemp., Blutdruckerniedrigung u. gegebenenfalls Tod durch Kollaps) u. diskutieren deren Entstehung. (C. R. Séances Soc. Biol. Filiales **146**. 15—20. Jan. 1952. Clin. méd. propédeutique de l'Hôpital Broussais.) BERGER. 4576

M. Briot und B. N. Halpern, *Die Verhinderung der Dextranödeme bei der Ratte durch Promethazin (Phenergan) und Adrenalin.* 30 Min. vor Verabreichung von *Dextran* wird den Versuchstieren *Promethazin* subcutan gespritzt. In gleicher Weise erhielten andere *Adrenalin.* Vff. konnten zeigen, daß diese Stoffe in der Lage sind, sowohl bei n. Ratten, als auch bei solchen, denen die Nebennieren entfernt worden waren, das Auftreten der Ödeme u. der Schockerscheinungen zu verhindern. Die Wrkg. ist unabhängig davon, ob *Dextran* intravenös, intramuskulär oder intraperitoneal gegeben wurde. *Mepyramin* zeigte nicht die gleiche verhindernde Wirkung. Graph. Darstellungen veranschaulichen die Versuche. (C. R. Séances Soc. Biol. Filiales **146**. 21—24. Jan. 1952. Clin. méd. propédeutique de l'Hôpital Broussais.) BERGER. 4576

Johannes Brüggemann, Walther Krauss und Jürgen Tiews, *Zur Methodik der chemischen Vitamin-A- und D-Bestimmung mit elektrophilen Metallhalogeniden.* 1. Mitt.

Allgemeines und Methodik mit Antimonpentachlorid. Die Verwendung von $SbCl_5$ statt $SbCl_3$ bei der Best. von *Vitamin A* (I) u. *β-Carotin* (II) nach CARR-PRICE sowie von *Vitamin D* (III) nach BROCKMANN-CHEN führt auf Grund der wesentlichen Verringerung der Reagensmenge zu einer erheblichen Empfindlichkeitssteigerung der Reaktion. — Darst. des Reagenses: In 50 ml HCl (D. 1,19) wird so viel $SbCl_3$ gelöst, bis die Lsg. die D. 1,35—1,36 aufweist, dann Zusatz von 2 g $K_2Cr_2O_7$. Das Reagens ist in dunkler Flasche 4 Monate haltbar. Für 4 ml Testlsg. (in Chlf.) werden 0,02—0,03 ml Reagens benötigt. Die auf der Testlsg. schwimmenden Reagenströpfchen werden durch vorsichtiges Schwenken zur Rk. gebracht. Die Entw. des blauen Farbstoffs (I u. II) erreicht nach 60 Sek. ihr Maximum. Die Lsg. wird in die Küvette eines PULFRICH-Photometers entleert, wobei das unverbrauchte Reagens an den Wänden des Reaktionsgefäßes hängen bleiben soll, u. nach 30 Sek. gegen eine Vergleichslsg. gemessen (Filter S 61). Zur Best. von III werden 4 ml Testlsg. mit 0,005 ml Reagens versetzt u. vorsichtig mit 0,5 ml Acetylchlorid (IV) überschichtet. Durch vorsichtiges Schwenken läßt sich der sich an der Grenzfläche von IV u. Chlf. entwickelnde gelbe Farbstoff über das Reaktionsgemisch in 30 Sek. verteilen. Messung nach weiteren 30 Sek. mit Filter S 50. (Z. analyt. Chem. **135**. 241—50. 1952. München, Univ., Inst. für Physiologie u. Ernährung der Tiere, Abt. für Vitaminforschung u. -Prüfung.) WALTER. 4587

Otto A. Bessey, O. H. Lowry und E. B. Davis, *Die Messung von Thiamin im Harn.* Mit der verbesserten Thiochrommeth. wurde ein vereinfachtes Verf. zur *Thiamin* (I)-Best. im Harn ausgearbeitet, das beschrieben wird. Es beruht auf einer I-Absorption in einer Decalso-Säule in geeigneter Lsg., Elution, Ansatz von 3 aliquoten Teilen, von denen einer einen I-Zusatz erhält, ein zweiter keinen Zusatz u. der dritte mit Benzolsulfonylchlorid behandelt wird u. als Blindprobe dient. Alle 3 Proben werden nach Oxydation mit $K_3[Fe(CN)_6]$ u. einer A.-H_2O_2-Lsg. im Fluorometer gemessen. Der gesuchte I-Geh. ergibt sich aus: Zugesetzte I-Menge·$(R_2—R_3)$ $(R_1—R_2)$, wobei R_1, R_2 u. R_3 die Messungsergebnisse der drei Proben bedeuten. Es ergab sich eine gute Übereinstimmung dieser Blindproben mit solchen, die mit Bisulfitlsg. hergestellt wurden. Eine Butylalkoholextraktion erwies sich bei diesem Verf. als überflüssig. (J. biol. Chemistry **195**. 453—58. März 1952. New York, Public Health Res. Inst. of the City, Inc., Div. of Nutrit. and Physiol.) SCHWAIBOLD. 4587

Margaret Barrett und Gladys Everson, *Speicherung von B-Vitaminen in normal sich entwickelnden Foeten als Nachweis für erhöhte Vitaminbedürfnisse der Ratte für die Fortpflanzung.* 1. Mitt. *Thiamin und Riboflavin.* Da der Bedarf der Ratte an B-Vitaminen, bes. bei bestimmten physiol. Zuständen, z. B. bei Trächtigkeit, wenig bekannt ist u. die Gehh. in den zahlreich beschriebenen Versuchsfuttergemischen starke Unterschiede aufweisen, wurden Unterss. zur Feststellung des Bedarfs der trächtigen Ratte an *Thiamin* (I) u. *Riboflavin* (II) durch Best. der Übergangsgeschwindigkeit dieser Faktoren vom Muttertier zum Foetus bei n. gehaltenen Tieren sowie der laufenden Veränderung der im Organismus gespeicherten Mengen durchgeführt. Bei der verwendeten Grundnahrung war der I- u. II-Geh. 13,2 bzw. 8,1 γ/g oder die tägliche Aufnahme 150—180 bzw. 100—120 γ. Die Speicherung im Muttertier wies keine bedeutenden Schwankungen von I u. II (Gehh. ca. 2 bzw. 2,6 γ je g Körpergewicht) auf, bei der Leber aber eine Steigerung im Verlauf der Trächtigkeitsperiode. Das Placentagewebe enthielt relativ geringe Mengen I u. II. Bis zum 18. Tag benötigen die Foeten wenig I u. II, von da ab mehr, u. am 21. Tag wurden ca. 75 γ I aufgenommen. Bei II war der Verlauf ähnlich u. der erhöhte Tagesbedarf ca. 60 γ. Die I- u. II-Ausscheidung im Harn war im Verlauf der Trächtigkeit wenig erhöht. (J. Nutrit. **45**. 493—505. 10/12. 1951. Ames, Iowa State Coll., Agricult. Exp. Stat., Home Econom. Res. Dep., Nutrit. Labor.) SCHWAIBOLD. 4587

Harvye Lewis und Gladys Everson, *Speicherung von B-Vitaminen in normal sich entwickelnden Foeten als Nachweis für erhöhte Vitaminbedürfnisse der Ratte für die Fortpflanzung.* 2. Mitt. *Pantothensäure und Biotin.* (1. vgl. vorst. Ref.) Die Durchführung der Unterss. erfolgte wie bei denen der 1. Mitteilung. *Pantothensäure* (I) u. *Biotin* (II) wurden mit *Lactobacillus arabinosus* bestimmt, I nach Behandlung der Gewebe mit Hühnerleberenzym, II nach Hydrolyse mit 4n H_2SO_4 während 2 Std. unter Druck. Die I- u. II-Zufuhr an die Muttertiere mit der Nahrung war 500—600 bzw. 2,5 γ täglich. Der Bedarf an diesen Faktoren für die Bldg. des Placentagewebes ist gering, bes. der an I. Der höchste Bedarf des Foetus an I wurde am 20. u. 21. Tage mit 600 γ täglich festgestellt, ebenso derjenige an II mit 3,0 γ. Unter diesen Bedingungen wurde im Verlauf der Trächtigkeit keine Verarmung der Gewebe der Muttertiere an I u. II beobachtet. Die angeführten Mengen sind demnach als der Mindestbedarf während der letzten Periode der Trächtigkeit bei der Ratte anzusehen. (J. Nutrit. **46**. 27—35. 10/1. 1952.) SCHWAIBOLD. 4587

Barnett Sure, Leslie Easterling und **Sequan Jeu,** *Die spezifische Wirkung von Niacin auf das Wachstum.* Während bei Riboflavin u. Pyridoxin Beobachtungen über Wachstumswirkungen durch spezif. Förderung der Ausnutzung von Nährstoffen vorliegen, waren derartige Unterss. bei *Niacin* (I) nicht durchführbar, da bei der Ratte bisher die Erzeugung eines I-Mangelzustandes nicht möglich war, wahrscheinlich wegen Eigensynthese. Durch Verfütterung einer an Casein armen, Mais u. 2% Sulfathalidin (zur Verhinderung der I-Bldg. durch Darmbakterien) enthaltenden Nahrung, wobei zunächst 2 Wochen der gesamte Vitamin-B-Komplex entzogen wurde, gelang es, einen I-Mangelzustand zu erzeugen, dessen Symptome beschrieben werden (Wachstumshemmung, rauhes Haar, Alopecie, Ophthalmie). Bei paarweiser Fütterung mit Zufuhr gleicher Nahrungsmengen zeigten die Tiere mit I-Zulagen von 100 γ täglich in 10 bis 12 Wochen eine im Mittel um 93% größere Gewichtszunahme als die Tiere ohne I-Zulagen. Demnach besitzt I eine spezif. Wachstumswirkung. (J. Nutrit. **46**. 55—60. 10/1. 1952. Fayetteville, Univ., Dep. of Agricult. Chem.) SCHWAIBOLD. 4587

D. V. Tappan, U. J. Lewis, U. D. Register und **C. A. Elvehjem,** *Niacinmangelzustand bei Rhesusaffen.* Auf frühere eigene Verss. u. solche anderer Autoren zur Erzeugung von *Niacin* (I)-Mangelzustand, die ohne Erfolg waren, wird hingewiesen. Bei Verss. mit einer nur 9% Casein enthaltenden synthet. Nahrung wurde beobachtet, daß die Versuchstiere dabei nach einigen Monaten Gewichtsabnahmen u. verminderte Hämoglobinwerte aufweisen, wenn I in der Nahrung fehlt. Durch I-Zulagen, die bei den verschied. Tieren in unterschiedlicher Höhe erforderlich waren (5—10 mg wöchentlich), wurde das Wachstum normalisiert. Durch *Tryptophan* (II) ist ein Ersatz des benötigten I möglich, doch sind die notwendigen II-Mengen sehr hoch. Die I-Bldg. aus II ist demnach bei dieser Tierart geringfügig. Der I-Bedarf von Affen bei verschied. Diäten wird erörtert. (J. Nutrit. **46**. 75—85. 10/1. 1952. Madison, Univ., Coll. of Agricult., Dep. of Biochem.) SCHWAIBOLD. 4587

H. E. Sauberlich, *Die Wirkung von Aureomycin und Penicillin auf die Vitaminbedürfnisse der Ratte.* Im Hinblick auf Beobachtungen, daß durch *Aureomycin* (I) der Vitamin-B_{12}-Bedarf des Huhnes verringert wird, wurden Unterss. durchgeführt, ob derartige Antibiotica bei der Ratte auch den Bedarf an anderen Vitaminen verringern. Bei den Verss. wurden Diäten mit verschied. Kohlenhydraten (Saccharose, Dextrin, Stärke) verwendet. Während Zusatz von 0,01% *Penicillin* (II) zur vollständigen Nahrung keine Wrkg. hatte, wurde dagegen bei Fehlen oder geringen Gehh. von *Thiamin* (III), *Pyridoxin* (IV), *Pantothensäure* (IV) oder, bis zu einem gewissen Grad, von *Riboflavin* eine deutliche Wachstumssteigerung verursacht. Durch I wird bei Mangel an III oder IV eine ähnliche Wrkg. erzielt. Die Wrkg. von I u. II bei Mangel an III u. IV trat unabhängig von der Art des Kohlenhydrates in der Nahrung auf. (J. Nutrit. **46**. 99—108. 10/1. 1952. Auburn, Alabama Polytechn. Inst., Agricult. Exp. Stat., Dep. of Anim. Husband and Nutrit.) SCHWAIBOLD. 4587

G. Guhr, *Therapie der Hyperemesis gravidarum mit Vitamin B_6.* Nach den Erfahrungen des Vf. an 15 Fällen von Hyperemesis gravidarum (H. g.) genügen im allg. 3 Injektionen zu je 50 mg *Vitamin B_6* an 3 aufeinanderfolgenden Tagen (täglich 1 Ampulle *Benadon* [HOFFMANN-LA ROCHE A.-G., Grenzach] zu 2 ml, entsprechend 50 mg Vitamin B_6), um die H. g. prakt. zu beenden. Vf. vertritt die Ansicht, daß die Wrkg. des Adermins in einer Regulierung des durch Überproduktion des Hypophysenvorderlappens während der Schwangerschaft gestörten Kohlenhydratstoffwechsels besteht, wobei das Vitamin B_6 als Baustein der Co-Fermente die Veratmung der Brenztraubensäure bewirkt. (Med. Klin. **47**. 914—15. 4/7. 1952. Hamburg.) REISS. 4587

Henry M. Lewis, Egbert J. Henschel und **Gerald M. Frumess,** *Parenterale Multivitamintherapie bei resistenter Akne vulgaris.* 20 Patienten mit resistenter Akne vulgaris erhielten wöchentlich 2 cm^3 einer Multivitamininjektion intramuskulär (10000 USP. E. *Vitamin A*; 1000 USP. E. *Calciferol*; 10 mg *Thiaminhydrochlorid*; 1 mg *Riboflavin*; 3 mg *Pyridoxinhydrochlorid*; 20 mg *Nicotinamid*; 50 mg *Ascorbinsäure*; 2 mg α-*Tocopherol* in wss. Lsg. mit 4% *Sorbitanmonolauratderiv.* u. 0,5% *Chlorbutanol* zur Konservierung). Heilung konnte nicht erzielt werden, doch erwies sich in 17 Fällen diese Therapie als wertvoll. (A. M. A. Arch. Dermatol. Syphilol. **65**. 484—85. April 1952. Denver.) BROSEMANN. 4587

H. C. Heinrich, *Eine einfache Methode zur colorimetrischen Bestimmung der B_{12}-Vitamine.* 1. Mitt. Durch Hydrolyse mit 5n HCl bei 90—100° kann in 1—2 Std. aus *Vitamin B_{12}* die kobalthaltige „*Rote Säure*" (I) quantitativ abgespalten werden. Durch 1—2 std. Schütteln von I mit Octyl- oder Heptylalkohol wird der entsprechende Ester von I erhalten, der 2 Maxima (5520 u. 3410 Å) im Absorptionsspektr. aufweist, deren Extinktionskoeffizienten sich wie 1:1,7 verhalten. Die Best. erfolgt im Photometer

EPPENDORF (Filter 546 mμ) mit einer Empfindlichkeit von 0,1 γ B_{12}. Anorgan. Co stört die Best. nur bei Verwendung niederer aliphat. Alkohole. Die in Leberextrakten des Handels vorhandenen Leberfarbstoffe müssen vor Anwendung der Meth. entfernt werden. Zwischen Cyano- u. Hydroxocobalamin kann durch das Verf. nicht unterschieden werden. (Z. analyt. Chem. **135.** 251—58. 1952. Hamburg, Univ., Physiol.-Chem. Inst.) WALTER. 4587

Frank C. Spencer und John M. Beal, *Der Nutzen einer Lösung von 25%iger Glucose und 5%igem Alkohol in der parenteralen Ernährung.* 15 Patienten erhielten insgesamt 138 Infusionen von je 1 Liter mit 25% Glucose + 5% Alkohol. Mehr als 95% der Glucose wurde gewöhnlich resorbiert. Keine Phlebitis oder Glucosurie, keine sichtliche Veränderung der Kohlenhydrattoleranz. (Ann. Surgery **135.** 234—38. Febr. 1952. Los Angeles, Calif., Univ. of California, u. Veterans Administr. Center Hosp.) BROSEMANN. 4589

Theodore B. van Itallie, William R. Waddell, Robert P. Geyer und Fredrick J. Stare, *Klinische Anwendung der intravenösen Fettinjektion.* Bericht über Erfahrungen bei der intravenösen *Fett*-Injektion an 35 Patienten. Es wurden mit Phosphatiden stabilisierte Emulsionen von 10, 12,5 u. 15% Fettgeh., entsprechend 1100, 1325 u. 1600 cal/Liter, in Mengen von 500—2000 ml je Infusion verabreicht u. dabei keine Schäden an Leber u. Erythrocytenmembranen beobachtet. Nebenerscheinungen, wie Fieber, Übelkeit u. Blutdruckschwankungen, werden auf Verunreinigungen der Fette zurückgeführt. Vff. weisen auf die Bedeutung der intravenösen Fettinfusion als hohe Kalorienzufuhr bei der parenteralen Ernährung hin. (A. M. A. Arch. intern. Med. **89.** 353—57. März 1952. Boston, Harvard School of Publ. Health, Dep. of Nutr.; Peter Bent Brighem Hosp.; Massachusetts Gen. Hosp.) KRUSEN. 4589

N. Zirelsson und M. Kerow, *Einfluß der erhöhten Ernährung auf die Fleischqualität des Tieres.* Vff. führten Fütterungsverss. mit Kaninchen durch, wobei eine Serie verstärkt gefüttert wurde. Dadurch erhöhten sich das Gewicht, die Fruchtbarkeit u. die Fleischqualität der Versuchstiere infolge des erhöhten Hämoglobingeh. des Blutes (21,5—38%). (Мясная Индустрия СССР [Fleisch-Ind. UdSSR] **23.** Nr. 2. 79—86. März/April 1952.) ECKE. 4589

J. De Ley, *Neue Gesichtspunkte über den intermediären Kohlenhydratstoffwechsel.* Übersicht mit 75 Literaturangaben. (Meded. vlaam.se chem. Veren. **14.** 1—19. Jan./Febr. 1952. Gent, Rijksuniv., Veeartsenschool, Biochem. Labor.) WESLY. 4596

C. Adrian M. Hogben, *Gastrischer Anionenaustausch: seine Beziehung zum unmittelbaren Mechanismus der Salzsäuresekretion.* In der isolierten Magenschleimhaut durchgeführte Verss. bestätigen die selektive Permeabilität für HCO_3', wobei die auftretenden Potentialänderungen gemessen wurden. Die Beobachtungen führen zur Aufstellung eines Schemas, an dem unter Einführung eines hypothet. Kations der Austausch von HCO_3' gegen Cl′ erklärt wird. Während der sekretor. Phase wird außerdem CO_2 aufgenommen, das über H_2CO_3 mit nachfolgender Dissoziation für die notwendige Acidität sorgt. (Proc. nat. Acad. Sci. USA **38.** 13—18. Jan. 1952. Kopenhagen, Univ., Labor of Zoophysiol.) ITZEROTT. 4597

R. Remy, *Das Glykogenanlagerungsvermögen der gesunden und kranken Leber.* (Vgl. C. **1952.** 6392.) Die *Glykogen* (**I**)-Anlagerung der Rattenleber ist nach intravenöser Zufuhr von *Invertzucker* (**II**) um 15% u. nach peroraler **II**-Verabreichung um 50—60% höher als nach alleiniger Verabreichung von *Glucose* (**III**) oder *Fructose* (**IV**). Dasselbe wurde bei mit CCl_4 vergifteten Tieren beobachtet, obwohl die absolute **I**-Bldg. geringer war. Der Blutzuckeranstieg von Versuchspersonen nach 1 mg Adrenalin war nach **II**-Injektion um 36% höher als nach **III**. Der Blutzuckerspiegel erreichte nach Injektion von 250 mg **II**/kg Körpergewicht schneller die n. Höhe als nach **III**. Das bessere **I**-Anlagerungsvermögen von **II** wird durch erleichterte Bldg. des 75% **III** u. 25% **IV** enthaltenden „Gleichgewichtsesters" erklärt, der eine Vorstufe zu **I** darstellt. Bei Ratten wird die **I**-Bldg. nach **II** u. **III** durch 1,25—2,5 mg/100 g *Methionin* um das 2—3fache gesteigert, während bei höheren Dosen davon keine Wrkg. oder sogar Hemmung beobachtet wurde. 42 Literaturangaben. (Schweiz. med. Wschr. **82.** 547—40. 17/5. 1952. Bielefeld, Städt. Krankenhaus.) KRUSEN. 4597

A. L. Underwood, W. F. Neuman und G. L. Rouser, *Untersuchungen über die renale Exkretion von Beryllium.* Die Clearance von injiziertem unlösl. ^{7}*Be* (in lösl. Form injiziert mit Citronensäure) ist beträchtlich niedriger als die von *Inulin* (**I**), wie Verss. an Kaninchen ergaben. Bei Zugabe von Citrat, das mit Be einen lösl. Komplex bildet, erreicht die ^{7}Be-Clearance häufig die Werte der **I**-Clearance. Die Art der Be-Exkretion in der Niere ist noch ungeklärt. Durch in vitro angestellte Verss. konnte gezeigt werden, daß lösl. Be bei der Mischung mit Blut in eine nicht ultrafiltrierbare Form übergeführt wird. (Proc. Soc. exp. Biol. Med. **79.** 97—99. Jan. 1952. Rochester, Univ., School of Med. and Dent., Dep. of Radiation Biol. and Biochem.) KRUSEN. 4597

O. Braun-Falco, *Neueres zur Histopathologie des Skleroedema adultorum (Buschke).* Auf Grund histochem. Unterss. wird als anatom.-patholog. Substrat bei *Skleroedema adultorum* (BUSCHKE) ein vermehrter Geh. an *Hyaluronsäure* in den Cutisschichten nachgewiesen. Diese ist für die von verschied. Autoren beobachtete Metachromasie verantwortlich. Die früher beobachteten Lücken u. Hohlraumbildungen zwischen den kollagenen Faserbündeln in den mittleren u. tieferen Anteilen der Cutis erhalten insofern ihre Erklärung, als die wasserlösl. Hyaluronsäure bei den gewöhnlichen Fixationsverff. mit wss. Lsgg. aus dem Gewebe herausgelöst wird. Das gehäufte Vork. von Mastzellen in den histolog. Präpp. läßt sich dadurch begründen, daß sie wahrscheinlich als Hyaluronsäurebildner anzusehen sind. Der immer wieder beobachtete gute therapeut. Effekt von Schilddrüsenpräpp. beruht vermutlich auf der durch eine erhöhte Schilddrüsenhormonproduktion hervorgerufenen Verminderung der mesenchymalen Grundsubstanz an Hyaluronsäure. Als auslösendes Moment kommen verschiedenartige Infekte in Frage, die mit spezif. Maßnahmen, z. B. Penicillintherapie, angegangen werden müssen. (Dermatol. Wschr. **125**. 409—14. 1952. Mainz, Univ., Hautklinik.) GIBIAN. 4597

Rolf Emmrich, Das Bluteiweißbild. Diagnose u. Therapie d. Bluteiweißstörungen. Stuttgart: Enke. 1952. (100 S. m. 22 Abb. u. 13 Tab.) gr. 8° = Vorträge aus d. prakt. Medizin. H. 30. DM 11,80.

E_6. Pharmakologie. Therapie. Toxikologie. Hygiene.

C. Montag, *Die Behandlung des Röntgenkaters mit Avil und Vitaminen.* Vf. berichtet über gute Erfolge bei der Behebung des Röntgenkaters mit dem Antihistaminicum *Avil* (I; HOECHST) bei Bestrahlung von Mamma- u. gynäkolog. Carcinomen, bei denen zu 20—30% leichte u. zu 15% mittelschwere Erscheinungen durch die Bestrahlung auftraten. Als günstigste Dosierung wurde im allg. 3mal täglich ½ 50 mg-Tablette I verabreicht. Der gewünschte Effekt konnte damit fast immer ohne Nebenwirkungen erreicht werden. Ist die Notwendigkeit einer zusätzlichen Therapie gegeben, dann sind Vitamine zu verabreichen, per os waren *Nicotinsäureamid* (II), *Vitamin* B_6 u. B_{12} wirksam; per injectionem bewährte sich nur die intravenöse Mischspritze in folgender Zusammensetzung: *Vitamin C* 0,5 g, *Vitamin* B_1 0,2 g, II 0,1 g, *Vitamin* B_6 0,1 g u. B_{12} 15 γ. Zur Behebung aller Beschwerden genügt eine Injektion. (Therap. d. Gegenwart **91**. 148—49. April 1952. Marburg/Lahn, Univ., Strahleninst.) DOSSMANN. 4601

C. R. B. Blackburn, H. L. Webster und D. Kerr Grant, *„Pheniodol"-Exkretion: Beobachtungen am Harn von Patienten mit Leberschäden.* Vff. verfolgten die urinale Ausscheidung des Gallenblasenkontrastmittels *Pheniodol* (I; *α-Phenyl-β-[4-oxy-3.5-dijodphenyl] propionsäure*) nach Verabreichung von 24—42 mg I je kg Körpergewicht an 3 Patienten mit Leberschäden u. 2 Kontrollpersonen. Obwohl die Kranken in den ersten 12 Std. mehr I als die Kontrollen ausschieden, war die Gesamt-I-Exkretion bei Leberschäden geringer, was auf eine verminderte intestinale Absorption u. bes. auf eine herabgesetzte I-Extraktion der Leber aus dem Blut zurückgeführt wird. (Med. J. Australia **39**. I. 321—23. 8/3. 1952. Sidney, Royal Prince Alfred Hosp.) KRUSEN. 4601

George L. Nardi, *Verteilung und Dosis von injiziertem Radiokohlenstoff in den Geweben.* Mäuse erhielten intravenöse Injektionen von je 1,728 mg *Glycin* mit akt. ^{14}C in der Methylen-Gruppe u. einer Aktivität von 4,57 μC/mg. Die Tiere wurden in Abständen von 6 Std. bis zu 43 Tagen nach der Injektion getötet u. der Geh. von Knochen, Gehirn, Herz, Eingeweiden, Niere, Leber, Magen, Milz, Pankreas, Colon u. Lungen an ^{14}C untersucht. Die Messungen zeigten, daß sich die akt. Substanz unverzüglich im Körper verteilt, eine bevorzugte Ablagerung in bestimmten Geweben, z. B. dem Skelett, konnte nicht festgestellt werden. Die Ausscheidung über Urin u. Fäces erfolgt sehr schnell. (Amer. J. Roentgenol. Radium Therapy **67**. 989—90. Juni 1952. Berkeley, Calif., Univ. of California, Radiat. Labor. and Div. of Med. Physics.) REUSSE. 4601

Liane Brauch Russell und W. L. Russell, *Strahlenschäden an Embryo und Fetus.* Unter Bezugnahme auf die in den letzten Jahren veröffentlichten Unterss. über Strahlenschädigungen am Embryo wird das Problem vom gynäkolog. Standpunkt aus eingehend diskutiert. Eigene Verss. an Mäusen ergaben, daß der Embryo während der verschied. Phasen seiner Entw. differierende Strahlensensibilität zeigt. Bezogen auf den menschlichen Embryo scheint die Zeit von der 2. bis zur 6. Woche nach Eintritt der Schwangerschaft durch besondere Empfindlichkeit ausgezeichnet zu sein. Später ist diese geringer. Dosen, die stark genug sind, um Abnormalitäten hervorzurufen, verursachen nicht in allen Fällen gleichzeitig Abort oder pränatalen Exitus. Die Schäden am Fetus werden prim. auf unmittelbare Einflüsse an diesem, erst in zweiter Linie auf solche am mütterlichen Organismus zurückgeführt. Vff. raten daher davon ab, Bestrahlungen im Beckenraum ohne Abschirmung des Uterus vorzunehmen, wenn die Möglichkeit einer Konzeption gegeben ist. Zulässig sind ausschließlich diagnost. Bestrahlungen mit Dosen kleiner als 25 r. — Literatur. (Radiology **58.** 369—77. März 1952. Oak Ridge, Tenn., Oak Ridge Nat. Labor., Biol. Div.) REUSSE. 4601

Alfred Tillich, *Über die Wirkung des Ultraschalles im Organismus.* Nach Besprechung der bekannten Wirkungen des Ultraschalls (US) werden die biol. Veränderungen u. Rkk. des Gesamtorganismus nach US-Einw. behandelt. Objektiv nachweisbar ist der Einfl. von US auf Blutzuckersenkung u. reakt. Leukocytose. Die Wrkg. von US als gezielte Reizkörpertherapie wird besprochen, sie wird mit kleinen, kurzfristig verabreichten Dosen durchgeführt. (Strahlentherapie **87.** 528—43. 1952. Graz.) DOSSMANN. 4601

Justus Lehmann und **Rolf Hohlfeld,** *Der Gewebestoffwechsel nach Ultraschall und Wärmeeinwirkung.* Verss. der Vff. an Mäusen ergaben, daß die durch Ultraschall (US) im Gewebestoffwechsel erzielten Veränderungen therm. Natur sind; denn die Stoffwechselkurven nach US u. Übererwärmung (44,1°) gleichen einander. Die Stoffwechseländerungen bestehen in herabgesetztem O_2-Verbrauch u. herabgesetzter CO_2-Abgabe entsprechend der durch US-Absorption erreichten Gewebstemperatur. Die Frage, ob ein nichttherm. US-Effekt an der Rk. beteiligt ist, bleibt offen. Als wesentlichster Faktor für die Therapie wird die Atmungssteigerung bei kleinen Schalleistungen entsprechend den erreichten Temperaturwerten angesehen. (Strahlentherapie **87.** 544—49. 1952. Frankfurt/M., Univ., 1. Med. Klinik.) DOSSMANN. 4601

Herbert Brettschneider, *Die Wirkung des Ultraschalls auf die Entwicklung des Hühnchens und des Froscheies.* Prüfung der Embryonalentw. an 60 Hühnereiern. Ultraschall (US) bedingt Entwicklungsverlangsamung, die erzielten Organveränderungen lassen darauf schließen, daß das junge unbebrütete Blastoderm des Hühnchens auf US mit Defektbldg. des Zentralnervensyst. u. der Kreislauforgane reagiert. Die Froschentw. wurde durch US beschleunigt, der Vorgang wird auf vermehrte Bldg. von Zellteilungs- u. Wachstumshormon zurückgeführt. (Strahlentherapie **87.** 517—27. 1952. Münster, Univ., Anatom. Inst.) DOSSMANN. 4601

C. Guy Lane, *Therapeutische Dermatitis.* Vf. definiert „therapeut. Dermatitis" als eine nach Anwendung eines Therapeuticums auftretende Hautentzündung. Es werden in 2 Tabellen mehrere Präpp. aufgeführt, die solche Verbb. (z. B. *Benzocain, Procain, Thymol, J, Phenol* u. a.) enthalten, die bei empfindlichen Personen zu Sensibilisierungen u. Hauterkrankungen führen können. Die Komplikationen werden besprochen, allg. Hinweise sowohl für vorbeugende Maßnahmen als auch für die Therapie werden gegeben. (New England J. Med. **246.** 77—81. 17/1. 1952. Boston.) R. KÖNIG. 4607

L. Heilmeyer, I. Heilmeyer und **R. Bilger,** *Contebenbehandlung auf dem Wege der Aerosolinhalation.* Während die Verstäubung von *Conteben* (I)-Trockenpulver unbefriedigende Ergebnisse zeigte, konnten durch Inhalationen einer 5%ig. I-Suspension mit dem PARI-Inhalator Blut-I-Konzz. von 0,2—0,7 mg-% erreicht werden. Bei 500 mg verbrauchtem I wurden 68—176 mg mit dem Harn wieder ausgeschieden. Durch broncholyt. Therapeutica wie *Aludrin* wurde bei 4 Patienten eine um 50% höhere Ausscheidung erzielt. Die Verss. zeigen, daß sich auf dem Inhalationswege eine wirksame I-Therapie durchführen läßt. (Klin. Wschr. **30.** 46. 1/1. 1952.) KRUSEN. 4610

W. P. Sweetnam und **E. F. Murphy,** *Die Behandlung tuberkulöser Meningitis bei Kindern mit Isonicotinsäurehydrazid.* Bericht über 4 Fälle, die 8—10 Wochen beobachtet wurden. Sie erhielten *Isonicotinsäurehydrazid* (I) 8 mg/kg/Tag oral allein (1 Fall) oder kombiniert mit *Streptomycin* (II) (3 Fälle). Der Erfolg mit I allein war überzeugend, das Ergebnis der anderen Fälle nicht eindeutig. Die Dosierung wurde gut vertragen, Steigerung auf 16 mg/kg bedingte Intoleranzerscheinungen. Die Vorteile der I-Therapie verglichen mit II werden besprochen (Lancet **263.** 160—61 26/7. 1952. Manchester, Royal Inst.) DOSSMANN. 4610

—, *Daraprim bei Malaria.* Bericht über ein neues Antimalariamittel *Daraprim* (I) = *2.4-Diamino-5-p-chlorphenyl-6-äthylpyrimidin,* das im Tiervers. große Wirksamkeit gegenüber verschied. Malariaparasitenarten gezeigt hatte. Im allg. gute Erfahrungen mit I in den verschied. Ländern. Abweichungen der Ergebnisse verschied. Berichterstatter werden darauf zurückgeführt, daß die einzelnen Malariaerreger sehr unterschiedlich auf die verschied. Präpp. reagieren. Ähnlichkeit von I mit *Proguanil* wird hervorgehoben, beide sind zur Behandlung offener Malaria nicht geeignet, ihre wichtigste Eig. wird in der Unterdrückung der Infektion gesehen. Die Wirkungsweise von I läßt Verknüpfung mit dem Folsäurestoffwechsel vermuten. (Lancet **263.** 170. 26/7. 1952.) DOSSMANN. 4610

R. N. T.-W. Fiennes, *Antrycide und die Zukunft der Rindertrypanosomiasis.* Bericht über die Behandlung von Tyrpanosomenerkrankungen von Rindern mit *Antrycide* (I). Prophylakt. Verabreichung von I erzeugte Immunität für ca. 6 Monate (Dosis nicht angegeben). (Veterin. Rec. **64.** 423—25. 19/7. 1952. Kabete, Kenya, East African Vet. Res. Organ.) GOEBEL. 4610

Charles A. Carton, *Behandlung der Kryptokokkosis des Zentralnervensystems. Eine Übersicht und Bericht über vier Fälle, welche mit Actidion behandelt wurden.* Die bei der Kryptokokkeninfektion des Zentralnervensyst. angewandten Pharmaca werden besprochen, u. es wird auf die Therapie mit *Vaccinen, Protoanemonin, Actidion* (I), *Präpp. von B. subtilis* u. die Fieberbehandlung näher eingegangen. 4 Erkrankungsfälle, welche mit I behandelt wurden, werden beschrieben: 2 Kranke wurden klin. u. nach den Laboratoriumsbefunden gebessert, einer davon prakt. geheilt, die beiden anderen starben. Die Toxizität von I wird ausführlich besprochen u. die unbefriedigende Wrkg. von I festgestellt. Die Derivv. von B. subtilis wirken in ihrer gegenwärtigen Form noch zu toxisch. — Umfassende Literaturangaben. (Ann. intern. Med. **37.** 123—54. Juli 1952. New York, Columbia Univ., Coll. of Phys. and Surg., Dep. of Neurol., Dep. of Neurosurg., u. Presbyterian Hosp.) WOLFGANG ALBRECHT. 4610

Hermann Stefan, *Neue Therapie der Chorea minor „Sydenham“.* Zur Behandlung der infektiös-tox. Gehirnerkrankung Chorea minor wird u. a. As-Behandlung in Form von *Arsenetten* (ZYMA BLAES A. G., München), Dosierung 3 mal täglich 1 Tablette durch 6 Wochen, empfohlen. (Therap. d. Gegenwart **91.** 140—41. April 1952.) DOSSMANN. 4610

Jean Cottet, *Die Lepra und ihre Behandlung.* Vortrag. Vf. gibt zunächst einen ausführlichen Überblick über die Biologie u. Symptomatologie der Lepra (40 Literaturhinweise). Für die Behandlung stand früher das Chaulmoograöl zur Verfügung, während heute die *Sulfonamide* (I; *Promin, Diason, Sulphetron, Cimedon, Promizol, Ciloprin, Exosulfonyl*) die wichtigste Rolle spielen. Wertvolle Adjuvantien scheinen *Streptomycin* u. *Dihydrostreptomycin* zu sein. Auch die *Thiosemicarbazone* u. *Aureomycin* versprechen Erfolge, ebenso, nach einer Arbeit von ROLLIER (Maroc Méd. **XXX.** [1951.] 644), *Salsepareille.* Die therapeut. Resultate bei Anwendung der I sowie ihre Toxizität u. Verträglichkeit werden besprochen. (Semaine méd., Beilage zu Semaine Hôpitaux Paris **28.** 448—56. 10/6. 1952.) R. KÖNIG. 4610

Paul Laviron und **Jean Cottet,** *Die Lepra.* Ident. mit vorst. referierter Arbeit. (Presse méd. **60.** 849—50. 7/6. 1952.) R. KÖNIG. 4610

H. Franke und **H. G. Horst,** *Zur Diagnose, Klinik und Therapie der Erwachsenentoxoplasmose.* (Vgl. C. **1952.** 562.) 44 Fälle, davon 14 mit sicherem Nachw. des Erregers. Die besten Therapieergebnisse bei akuter Toxoplasmose wurden intravenös mit *Solu-Supronalum,* täglich 8 g, Gesamtdosis 60 g, erzielt; subakute u. chron. Fälle sprachen weniger gut an. Mit *Fuadin,* täglich 3,5—5,0 cm^3 intramuskulär 5—8 Tage lang, keine sichere Besserung des Krankheitsbildes. Die neuerdings empfohlenen Kuren mit *Germanin,* Gesamtdosis 10 g, u. *Aureomycin,* 30 g, werden erwähnt. Ergebnisse mit *Supronal* u. *Sulfadiazin* befriedigen nicht; ca. 150 Literaturangaben. (Z. klin. Med. **149.** 255—320. 18/4. 1952. Würzburg, Univ., Med. Klinik.) DOSSMANN. 4610

Philip V. Rogers, *Partielle Sterilisation durch Verfütterung von Sulfaguanidin an Ratten.* Verfütterung von *Sulfaguanidin* (I) an Ratten bewirkt eine deutliche Verminderung der Nachkommenschaft. Gleichzeitig dadurch hervorgerufene Schilddrüsenunterfunktion wird durch Verfütterung von getrockneter Schilddrüse aufgehoben, jedoch nicht die sterilisierende Wrkg. von I. Auch die Beigabe von Bierhefe hatte keine Besserung der Fruchtbarkeit zur Folge. (Amer. J. Physiol. **169.** 111—17. 1/4. 1952. Baltimore, Md., Johns Hopkins Hosp., u. Clinton, N. Y., Hamilton Coll.) DUCHO. 4610

F. Hauschild, *Zur Frage der Verordnung von sulfonamidhaltigen Medikamenten bei banalen Infektionen.* Vf. vertritt die Meinung, daß die Anwendung sulfonamidhaltiger Medikamente wegen der Gefahr der Sensibilisierung bzw. Allergie sowie wegen Resistenzsteigerung der Erreger nur dringenden Fällen vorbehalten bleiben soll. (Dtsch. Gesundheitswes. **7.** 1305—06. 9/10. 1952. Leipzig, Univ., Pharmakolog. Inst.) LOCH. 4610

C. Scholten, *Die jetzige Stellung der Mandelsäure in der Chemotherapie von Coliinfektionen.* Bei der Behandlung von Coliinfektionen ist *Mandelsäure* den *Sulfonamiden* u. *Antibioticis* überlegen, weil keine Resistenzerscheinungen auftreten u. keine Gefahren damit verbunden sind. (Dtsch. med. Wschr. **77.** 306—07. 7/3. 1952. Düsseldorf-Oberkassel.) REICHLE. 4610

Bernfried Leiber und **Erich Stopka,** *Perorale Penicillinbehandlung im Säuglingsalter.* Der Vorteil der peroralen *Penicillin* (I)-Behandlung beim Säugling gegenüber der gleichen Therapie beim Erwachsenen wird im Hinblick auf die abweichenden Aciditätsverhältnisse herausgestellt. Die Höhe der Dosierung richtet sich nach dem Ausmaß der Resorption im Magen-Darm-Kanal. Vff. geben im ersten Lebensjahr 8—12 mal $2 \cdot 10^4$ E. I innerhalb 24 Std., bei Frühgeburten unter 1800 g Körpergewicht zur Prophylaxe 10^4 E. in gleichen Zeitabständen, bei Infektion kann die I-Menge erhöht werden. I wird in gelöster Form in Mengen von 0,5—1 cm³ den Säuglingen in die Mundhöhle gespritzt. (Dtsch. Gesundheitswes. **7.** 823—26. 26/6. 1952. Jena, Univ., Kinderklinik.) DOSSMANN. 4611

G. Laage, ***Endobronchiale Penicillinbehandlung bei Lungenabszessen.*** Lokale endobronchiale *Penicillin*-Behandlung (100000 I.E. in 5—10 cm³ physiol. NaCl-Lsg.) mittels Bronchoskopierohr oder bei wiederholter Behandlung mit Nelatonkatheter erwies sich in Fällen von Lungenabszessen, die nach der üblichen Therapie ohne Erfolg behandelt wurden, als wirksam. Beschreibung von 7 Fällen mit teilweise chron. Lungenabszessen, die als geheilt entlassen werden konnten. (Dtsch. Gesundheitswes. **7.** 1019—21. 7/8. 1952. Zwickau, Heinrich-Braun-Krankenhaus.) ITZEROTT. 4611

Fritz Beck und Wilhelmine Löhlein, *Über das Vorkommen von Hefen in Urinsedimenten penicillinbehandelter Kranker.* Unters. der Urinsedimente von 168 Haut- u. Geschlechtskranken, die mit größeren Dosen *Penicillin* (I) behandelt worden waren. Der Sedimentbefund dieser Kranken von I-Therapie war gänzlich frei von krankhaften Formelementen. In 60% der Fälle waren nach I-Behandlung Hefen der Saccharomycetengruppe nachweisbar, deren Häufigkeit durch die Höhe der I-Dosis nicht beeinflußt wurde. Später als 4 Wochen nach Absetzen von I waren keine Hefen mehr nachzuweisen. Vff. schließen, daß das Vork. der Hefen mit der I-Medikation an Personen mit bes. physiol. Stoffwechselverhältnissen in Zusammenhang steht; es wird als Folgeerscheinung eines von Schutzstoffen enthemmten Zellstoffwechsels aufgefaßt. Da beim Diabetes solche Hefenbefunde bekannt sind, wird diskutiert, ob der intermediäre Stoffwechsel durch I vorübergehend chem.-fermentativen Beeinflussungen unterworfen ist, die denen beim Diabetes ähnlich sind. (Z. Haut- u. Geschlechtskrankh. **13.** 54—58. 15/7. 1952. Nürnberg, Allg. Städt. Krankenhaus.) DOSSMANN. 4611

David H. Hollander, Thomas B. Turner und E. Ellen Nell, *Die Wirkung von über längere Zeit verabreichten subkurativen Penicillindosen während der Inkubationsperiode der experimentellen Syphilis.* Einzelne subkurative Dosen von *Penicillin* (I) verlängern die Inkubationszeiten (I.Z.) der experimentellen Kaninchensyphilis entsprechend der I-Dosierung, z. B. 3 mg/kg I um ca. 1 Woche. In wöchentlichen Abständen wiederholte Applikationen von subkurativen I-Dosen (2—4 mg/kg) bewirken außerordentliche Verlängerung der Inkubationszeit. Bei 2—20 Wochen dauernder Medikation von wöchentlich 2 mg/kg I wurden von 21 Tieren 4, bei 4 mg/kg von 21 Tieren 13 geheilt. dieser Tiere zeigten 2—3 Wochen nach Absetzen der I-Verabreichung erneute Krankheitssymptome. Symptomlose Infektionen wurden nicht beobachtet. Auch bei den stark verzögerten I.Z. zeigten die Tiere keine Änderung der serolog. Rkk. sowie keine Bldg. von Antikörpern. Die erhaltenen Ergebnisse werden unter besonderer Berücksichtigung ihrer Bedeutung für die Humanmedizin ausführlich diskutiert. (Bull. Johns Hopkins Hosp. **90.** 105—20. Febr. 1952. Baltimore, Md., Johns Hopkins School of Hyg. and Publ. Health, Dep. of Bacteriol.) KRUSEN. 4611

P. Beickert und H. Noetzel, ***Todesfall bei Penicillinüberempfindlichkeit.*** **Bericht** über einen Fall von traumat. Meningitis, der nach 5 Mill. O.E. *Penicillin* (I) intramuskulär u. 2 mal 20000 O.E. I intrathecal durch zentrale Atemlähmung ad exitum kam. Sektion ergab eine akute Encephalitis, als deren Ursache eine allerg. Rk. auf I angenommen wird. Vff. warnen deshalb vor kritikloser I-Behandlung jeder banalen Infektion. (Klin. Wschr. **30.** 37—39. 1/1. 1952. Freiburg/Br., Univ., Hals-, Nasen-, Ohren-Klinik, u. Path. Inst., Neuropath. Abt.) KRUSEN. 4611

Lajos Helmeczi, György Máramarosi und Zoltan Fekete, ***Therapeutische und Laboratoriumsversuche mit Bismocillin.*** (Vorl. Mitt.) Vorläufiger günstiger Bericht über Behandlung von 18 Syphilitikern mit dem Kombinationspräp. ***Bismocillin*** (VIRRASZTÓ) mit der Zus. *Procainpenicillin G* 120000 E.; ***Bismutum subsalicylicum*** 0,20 g; ***Aluminiummonostearat*** 0,15 g; *Ol. Helianthi* ad 5 cm³. Nebenerscheinungen wurden nicht beobachtet bei bis zu insgesamt 5 Injektionen in Abständen von je 6 Tagen. (Dermatol. Wschr. **125.** 414—18. 1952. Debrecen, Ung., Med. Univ., Klinik für Haut- u. Geschlechtskrankheiten.) GIBIAN. 4611

Georg Henneberg, *Streptomycinnachweis im Stuhl bei meningitis tbc-kranken Kindern. Ein Beitrag zur Beeinflussung der Coliflora durch Streptomycin.* Es wurde festgestellt, daß bei parenteraler *Streptomycin* (I)-Behandlung von Kindern mit tuberkulöser Meningitis im Darm Colibakterien auftreten, die I-resistent sind. Bei 149 Stuhlproben während oder nach I-Therapie war die Colibakterienflora 112mal gänzlich oder teilweise resistent. Die zu verschied. Zeiten resistent gewordene Coliflora hielt sich auch nach Absetzen von I bis zu 106 Tagen. Bei in-vitro-Verss. wurden Colibakterienstämme in verschied. Tempo resistent, die Höhe der Resistenz war nicht abhängig von der vorhandenen I-Konzentration. (Mschr. Kinderheilkunde **100**. 57—63. Febr. 1952. Berlin, Robert-Koch-Inst. für Hyg. u. Infektionskrankheiten.) DOSSMANN. 4611

André Plichet, *Behandlung des Paludismus mit Terramycin.* 15 Fälle von Paludismus (Malaria) konnten durch 6-stündliche Gaben von insgesamt täglich 35—222 mg *Terramycin* (I) nach 4—10 Tagen geheilt werden, wobei sich zeigte, daß bei frühzeitiger Behandlung eine Wiederholung der Anfälle vermieden werden kann, während I bei späterer Anwendung langsamer in der Wrkg. ist. (Presse méd. **60**. 891. 14/6. 1952.) KRUSEN. 4611

Frank L. Meleney, Balbina A. Johnson und Paul Teng, *Weitere Erfahrungen mit lokal und allgemein angewandtem Bacitracin in der Behandlung verschiedener chirurgischer und urologischer Infektionen sowie bestimmter verwandter innerer Infektionen.* 161 Patienten erhielten intramuskuläre *Bacitracin*-Infektionen (6-stündlich 20—30000 E., zum Teil zusätzlich lokal am Ort der Infektion) wegen bestehender Infektionen, 29 weitere prophylaktisch. Über 75% der Patienten hatten vorher erfolglos andere Antibiotica erhalten. Günstiger Erfolg bei 78%. Leichtere Nierenschädigungen traten bei 30%, schwere bei 2% auf. — 48 Literaturangaben. (Surgery, Gynecol. Obstetr. **94**. 401—25. April 1952. New York, N. Y., Presbyterian Hosp., Columbia Univ., Coll. of Phys. and Surg.) BROSEMANN. 4611

John G. Martin, *Bacitracin zur Behandlung von „shipping"-Fieber beim Vieh.* Bericht über 18 Färsen, die zum Teil mit *Bacitracin* (I) allein oder kombiniert mit *Procainpenicillin* (II) behandelt wurden. Die Verss. ergaben, daß I u. II bei „shipping"-Fieber synerget. wirken; werden die Präpp. je allein angewandt, dann ist der gewünschte schnelle Erfolg nicht zu erzielen. Günstige Dosierung: im allg. erhielten Kälber unter 1 Jahr $1 \cdot 10^6$ E. II intramuskulär u. $5 \cdot 10^3$ E. I subcutan, über 1 Jahr: $1{,}2 \cdot 10^6$ E. II u. 10^4 E. I. (J. Amer. veterin. med. Assoc. **121**. 38. Juli 1952. Boone, N. C.) DOSSMANN. 4611

A. J. S. McFadzean und Peter D. Stewart, *Chloramphenicol bei akuter Shigadysenterie.* Im gleichen Zeitraum wurden 96 Fälle mit *Chloramphenicol* (I) u. 92 Kontrollfälle mit *Sulfadiazin* (II) behandelt. Verabreicht wurden I u. II bis drei Tage nach Negativwerden des Stuhls, I: Initialdosis von 30 mg/kg, anschließend täglich 30 mg/kg, Gesamtdosis 7,75—16 g; II: Erste Dosis 2 g, dann 4stündlich 1 g bis zur Totaldosis von 38 g. Fieberdauer I: maximal 24 Std., II: im Mittel 2,2 Tage. Normalisierung des Stuhles mit I: 3,5, mit II: 5,6 Tage. Bei beiden Gruppen keine Rückfälle. Nebenerscheinungen bei I milde Glossitis 5 Fälle, Pruritus ani 4 Fälle; bei II je ein Fall mit schwerer Hämaturie u. akuter intravasculärer Hämolyse. Bei I-Therapie in allen Fällen Verschwinden aller Symptome nach 4 Tagen, bei II waren nach 6 Tagen noch 9 Fälle positiv. I ist auch erfolgreich bei II-resistenten Fällen. (Lancet **263**. 166—68. 26/7. 1952. Hongkong, Univ.) DOSSMANN. 4611

Marc Oltramare, *Vorbeugung von Rückfällen bei der Behandlung von Brucellosen.* Durch Einführung der Antibiotica (I) *Aureomycin, Chloromycetin* u. *Terramycin* ist bei der Behandlung der Brucellosen ein wesentlicher Fortschritt erzielt worden. Vf. bespricht die möglichen Ursachen für das Auftreten von Rückfällen u. sieht in einer Kombination von I mit *Sulfonamiden* den besten Weg zu ihrer Vermeidung. Die Kombination von I mit einer intravenösen Vaccinetherapie wird wegen der zahlreichen Komplikationen, die beobachtet wurden, abgelehnt. (Rev. méd. Suisse romande **72**. 450—58. Juli 1952. Genève, Univ., Clin. thérapeut.) R. KÖNIG. 4611

John W. Dougherty, *Fixierte Arzneimitteleruption nach Aureomycin und Terramycin. Bericht eines Falles.* Nachdem *Aureomycin* peroral zweimal ohne Neben-Rkk. vertragen worden war, kam es bei einem Patienten 2 Monate nach erneuter Gabe zu urticariellen Erscheinungen, die nach wiederholter Gabe 4 Monate später an den gleichen Stellen auftraten, desgleichen nach *Terramycin* 10 Tage später. (A. M. A. Arch. Dermatol. Syphilol. **65**. 485—86. April 1952. New York.) BROSEMANN. 4611

Eleanor A. Bliss, Patricia Todd Warth und Perrin H. Long, *Untersuchungen über Kombinationen von Antibioticis in vitro und bei experimentellen Infektionen von Mäusen.* Die Wirkungen von zweifachen Kombinationen von *Penicillin* (I), *Aureomycin* (II), *Chloromycetin* (III), *Terramycin* (IV) u. *Streptomycin* (V) sind in vitro u. in vivo abhängig von Testmeth., Testorganismus u. Konzz. der Antibiotica. Häufig wurde nur ein additiver Effekt beobachtet. Ausgesprochene synergist. Wirkungen zeigten Kombinationen von I u. V sowie von II oder IV mit III. Antagonismus trat auf bei Kombinierung von

III mit I oder V, während I u. II je nach Meth. antagonist. oder synergist. wirkten. Die in-vitro-Unterss. wurden mit 18 Bakterienstämmen nach der sogenannten Endpunktmeth. (steigende Verdünnungen) u. durch Vermehrungsstudien vorgenommen. Zu den experimentellen Infektionen wurden je ein Pneumococcus- u. Streptococcusstamm u. Klebsellia pneumoniae verwendet. (Bull. Johns Hopkins Hosp. **90.** 149—69. Febr. 1952. Baltimore, Johns Hopkins Univ., School of Med., Dep. of Preventive Med.) KRUSEN. 4611

W. Möbius, *Zur Fermenttherapie bei Verdauungsstörungen.* Es wird über Erfolge bei Verdauungsstörungen verschied. Ursache, bes. bei bestehender Subfermentie des Duodenalsaftes, mit dem Fermentpräp. „*Combizym*" (Hersteller: LUITPOLD-Werk, München) berichtet, das neben den pancreat. Enzymen auch ein pflanzliches Enzymsyst. mit Cellulase u. Hemicellulasen enthält. (Pro Medico [Mainz] **21.** 245—47. Juli 1952. Mainz, Univ., Med. Klinik.) DUCHO. 4614

O. Braun-Falco und G. Weber, *Zur Behandlung frischer Keloide mit Hyaluronidase.* Günstiger Bericht über die Behandlung frischer (!) *Keloide* mit lokalen *Hyaluronidase*-Injektionen (*Kinetin* [SCHERING], *Apertase* [HOECHST], *Luronase* [BAYER]). Die Besserung des klin. Befundes geht mit Wiederauftreten der Sensibilität u. Durchblutungssteigerung einher. Die Erklärung der Ansprechbarkeit wird in der von ASBOE-HANSEN (C. **1951.** I. 3069 u. **1951.** II. 2061) nachgewiesenen *Hyaluronsäure*-Anreicherung in frischen Keloiden gesehen. (Dermatol. Wschr. **125.** 465—68. 1952. Mainz, Univ., Hautklinik.) GIBIAN. 4614

Valy Menkin (unter Mitarbeit von **Rosalie Boylan Hebeler**), *Untersuchungen über die Kristallisation des Pyrexins, eines pyrogenen Faktors aus entzündlichen Exsudaten. Pyrexin* wurde am Kaninchen getestet. Zu seiner Darst. wird Exsudat bei saurer Rk. mit $(NH_4)_2SO_4$ (I) $^1/_3$ gesättigt, das Präzipitat mit W. gewaschen u. SO_4^{--}-frei dialysiert. Nach Wiederauflösung wird es ein zweites Mal bei Halbsättigung mit I gefällt, die überstehende Fl. mit Eisessig $^1/_1$ versetzt u. kalt kristallisiert. Die Kristalle geben keine MOLISCH-Rk., es handelt sich vermutlich um ein Dipeptid. Rekristallisation verringert die Wrkg. nur gering. (Arch. int. Pharmacodynam. Thérap. **89.** 229—36. 1/3. 1952. Philadelphia, Temple Univ., School of Med., Agnes Barr Chase Found. for Cancer Res.) JUNG. 4616

H. Bommert, *Erfahrungen mit dem neuen Kurznarkoticum Isopropylchlorid. Isopropylchlorid* wurde in 620 Fällen zur Rauschnarkose bei kurzdauernden Eingriffen verwendet. Seine Vorzüge sind: geringe Excitation, schnelles Erwachen u. Fehlen der sonst üblichen Folgebeschwerden wie Übelkeit usw. Kreislaufbeeinflussungen wurden nicht beobachtet, ein Zwischenfall konnte nicht geklärt werden. Die Anwendung geschieht als Tropfnarkose. (Die Medizinische **1952.** 696—700. 17/5. Bochum, Krankenanst. „Bergmannsheil", Chirurg. Klinik.) DAUTZENBERG. 4621

Arthur B. French, Theodore P. Barss, Chester S. Fairlie, Armand L. Bengle jr., Chester M. Jones, Robert R. Linton und Henry K. Beecher, *Stoffwechselwirkungen der Anästhesie auf den Menschen.* 5. Mitt. *Vergleich der Wirkungen der Äther- und Cyclopropananästhesie auf die kranke Leber.* (4. vgl. C. **1952.** 1368.) Nach der Operation Lebergesunder u. -kranker wurden Leberfunktionsprüfungen durchgeführt, die nach Äther- oder Cyclopropananwendung keine deutlichen Unterschiede erkennen ließen. (Ann. Surgery **135.** 145—63. Febr. 1952. Boston, Mass., Massachusetts Gen. Hosp., Harvard Med. School, Dep. of Anaesth. u. Med.) BROSEMANN. 4621

Tilden C. Everson und Mary Jane Fritschel, *Die Einwirkung von Operationen auf die Plasmawerte der für den Menschen wichtigen Aminosäuren.* Die Werte der 10 unentbehrlichen Aminosäuren (γ/cm^3 Plasma) waren 171,6 vor, 137,7 unmittelbar nach, 161,0 am 1., 164,9 am 2. u. 161,3 am 7. Tag nach der Operation. *Lysin* erreichte seinen Normalwert am 3., *Threonin* u. *Arginin* nach den 7., die übrigen am 1. postoperativen Tag. Ähnliche Werte wurden nach Ae.-Narkosen ohne Operation gefunden. Das Absinken der Plasmawerte wird auf die gesteigerte Adrenalinausschüttung während Narkosen oder Operationen zurückgeführt. (Surgery **31.** 226—32. Febr. 1952. Chicago, Ill., Univ. of Illinois, Coll. of Med., Dep. of Surg.) BROSEMANN. 4621

A. Erni, *Elektroencephalographische Untersuchungen narkotischer und hypnotischer Arzneien.* Eingehende method. Angaben über die elektroencephalograph. Technik am Kaninchen unter Verwendung eingeheilter Elektroden. Geprüft wurde die Wrkg. von *Chlf.*, *A.*, *Numal*, *Veronal-Na*, *Phenobarbital* u. *Nesdonal.* Durch Vgl. der frontalen mit der occipitalen Ableitung bzw. der durch das Narkoticum bewirkten Veränderungen soll differenziert werden, ob ein mehr cortical oder mehr thalam. wirkendes Mittel vorliegt. (Arch. int. Pharmacodynam. Thérap. **89.** 175—96. 1/3. 1952. Bern, Labor. Gordonoff.) JUNG. 4621

Jean Cheymol und **Alfred Quinquaud,** *Die brechreizerregenden Gifte in der Barbituratnarkose.* Am Hund wurden verschied. brechreizerregende Stoffe in *Somnifen*-Narkose geprüft. Während die meisten Mittel (*Apomorphin, Morphin, Emetin, Nicotin, Pikrotoxin, Pilocarpin, Chinin, Natriumsalicylat, Kaliumantimonyltartrat,* alle intravenös oder subcutan) ihre Wrkg. verlieren, desgleichen per os gegebene *Ipecacuanha* u. *Senfmehl,* bleibt die Wrkg. bei *Methylenblau* u. den Herzglykosiden (intravenös) u. per os verabfolgten Elektrolyten (z. B. $CuSO_4$) erhalten. Dieses entspricht den Ergebnissen in Chloralosenarkose (vgl. C. R. Séances Soc. Biol. Filiales **139.** [1945.] 646). (C. R. Séances Soc. Biol. Filiales **146.** 48—49. Jan. 1952. Fac. de Méd., Labor. de Pharmacol.) DAUTZENBERG. 4621

Donald C. Brodie, E. Leong Way und **Elizabeth Lowenhaupt,** *Untersuchungen über 9-Aminoacridin-Antagonismus gegenüber Morphin und verwandten Verbindungen.* Histopatholog. Unterss. an Mäusen, Ratten u. Kaninchen, die *9-Aminoacridin* (I) intravenös 10 mg/Körpergewicht in 48 Std. Intervall erhalten hatten, ergaben keine patholog. Befunde an Myocard, Lungen, Leber u. Gallenblase, Pankreas, Nebennieren u. Nieren. Gegen die tox.-narkot. Wrkg. von *Morphin* (II) u. *dl-Methadon* zeigt I bei Ratten temporär günstigen Einfl. auf Atmung u. Katatonie, nicht aber sichtbaren Schutz gegen letale Dosen. Nach II-Gaben konnte bei Mäusen mit I keine Wrkg. erzielt werden. Hunde, denen II gegeben worden war, erwachten aus dem Koma nach I (intravenös). Gegenüber *Natriumpentobarbital* oder *Chloralhydrat* war I intravenös ohne Wirkung. Dieser Unterschied wird mit dem Verh. der Chemorezeptoren des Carotissinus auf diese Substanzen erklärt. (Arch. int. Pharmacodynam. Thérap. **89.** 1—9. Febr. 1952. San Francisco, Univ. of California.) BÖHM. 4622

Walter Kley, *Über die allergischen Erkrankungen der Nase.* Nach einer allg. Besprechung der allerg. Erkrankungen der Nase geht Vf. näher auf die Behandlung des Heufiebers u. der Rhinitis vasomotorica ein. Für die spezif. Behandlung werden subcutane Injektionen von *Helisen* (BAYER) genannt, während sich für die unspezif. Behandlung vor allem gewisse Antihistaminpräpp. (*Antistin, Benadryl, Pyribenzamin, Luvistin, Soventol, Atosil, Neobridal, Thephorin, Avil, Cosavil, Synopen*) bewährt haben (Dosierung muß individuell erfolgen, z. B. ½—1 Tablette, 3 mal/Tag). Ferner kommen in Frage: *Pervitin, Privin, Antistin-Privin, Ca*-Präpp., sowie *Barbitursäure*-Derivv. zur Beruhigung des vegetativen Nervensystems. (Aerztl. Wschr. **7.** 289—93. 28/3. 1952. Würzburg, Univ., Klin. für Ohren-, Nasen- u. Kehlkopfkranke.) KORTE. 4625

Fritz Neuwald, *Über die spasmolytische Fraktion der Kamillenblüten. In Chamillin* (I) konnte KOFLER zwei verschied. kristalline Präpp. mit F. 118° bzw. F. 225° feststellen. Es handelte sich um *7-Methoxycumarin* (II) u. *7-Oxycumarin* (III). Nach FISCHER (persönliche Mitt.) soll die früher beobachtete zweite Modifikation ein Umwandlungsprod. von II in *α-Bis-Herniarin* (F. 181°) durch Licht sein. Die vorläufige Bezeichnung I ist zu streichen u. durch *Herniarin* (= *7-Methoxycumarin* = *Umbelliferonmethyläther*) zu ersetzen. POWER u. BROWNING (J. chem. Soc. [London] **105.** [1914.] 2280) isolierten letztere Verb. u. III aus den Blüten von Matricaria chamomilla L. (Z. Naturforsch. **7b.** 60. Jan. 1952.) KORTE. 4628

Fr. Meyer, *Über die Pharmakologie spasmolytischer Stoffe aus Kamillenblüten.* (Vgl. vorst. Ref.) Größere Dosen als 2,5 mg *Cumarin* (I) u. 3 mg *7-Methoxycumarin* (II)/100 cm³ Bad-Fl. zeigten am isolierten Meerschweinchendarm gleichstarke Tonussenkung u. Verminderung der Spontanbewegung. I u. II hatten geringere spasmolyt. Wirksamkeit als *Atropin, Papaverin, Syntropan* oder *Bentyl.* An Katzen konnte durch I u. II eine geringe reversible Blutdrucksenkung nachgewiesen werden. Auch nach Decerebrierung u. Durchtrennung beider Carotiden u. Nn. vagi wurden die gleichen Rkk. beobachtet. Ein Wirkungsunterschied von I u. II konnte an Froschherzen (STRAUB) nicht festgestellt werden. Die Atmung von E. coli u. Bäckerhefe wurde durch I oder II (0,1—0,5%ig. Lsg.) im WARBURG-App. nicht beeinflußt. Von einer therapeut. Verwendung von II als Spasmolyticum wird wegen seiner geringen Wirksamkeit u. notwendigen hohen Dosierung abgeraten. (Z. Naturforsch. **7b.** 61. Jan. 1952.) KORTE. 4628

Alfred Enders, *Die Kreislaufwirkung des Parathions. Parathion* (I) bewirkt am isolierten Froschherzen Red. der Förderleistung, am Warmblüterherzen Überleitungsstörungen. Beide Wirkungen sind gegen *Atropin* resistent. Ein Blutdruckabfall durch I am Warmblüter kann dagegen durch jenes aufgehoben werden. (Arch. int. Pharmacodynam. Thérap. **89.** 169—74. 1/3. 1952. Freiburg, Univ., Pharmakol. Inst.) JUNG. 4630

Go Lu, *Doppelte vasomotorische Wirkungen des Sparteins. Spartein* (I) bewirkt am Hund in Dosen von 0,5—30 mg/kg intravenös einen Blutdruckabfall u. Bradycardie, parallel nimmt das Beinvol. zu, das Vol. von Niere, Milz u. Darm ab. Die Herzleistung ist nicht wesentlich verändert. Nach wiederholter Gabe von 40 mg/kg I innerhalb 30 Min. u. unter künstlicher Atmung führt I schließlich nur noch zu Bradycardie, begleitet von einer leichten Blutdrucksteigerung. Die prim. Hypotension bzw. die periphere Vasodilatation wird durch 5 mg/kg *Atropin* oder 10 mg/kg *Tripelennamin* bzw. *Diphenhydramin* nicht beeinflußt. Aufgehoben wird sie durch Denervierung, *Nicotin*, *Dibenamin* oder *Ergotoxin*. Bei intraarterieller Gabe ist I unwirksam bzw. wirkt es verengernd. Dasselbe wird am isolierten Bein oder der isolierten Niere gesehen. Bei Gabe in die Carotis ist die Wrkg. nicht anders als bei intravenöser Gabe. I-Gabe in die Cisterne bewirkt auch keine Hypotension. Da nach I-Gabe die Wrkg. von Carotisverschluß, *Nicotin* u. *Acetylcholin* (nach *Atropin*) auf den Blutdruck fehlt, greift es ähnlich wie *Tetraäthylammonium* an den Ganglien an. Diese Wrkg. läßt sich direkt am Halsganglion der Katze demonstrieren. Die sek. pressor. Rk. beruht auf direktem Angriff an der Gefäßmuskulatur. (Arch. int. Pharmacodynam. Thérap. **89.** 129—44. 1/3. 1952. San Francisco, Stanford Univ., School of Med., Dep. of Pharmacol.) JUNG. 4630

Go Lu, *Spartein und der Kreislauf beim Säuger. Spartein* bewirkt beim Säuger (meist Hund) Bradycardie, Verminderung der Herzsystole, Steigerung der Diastole u. Abnahme der Herzkraft bzw. zunehmende Insuffizienz. Cardioton. Wirkungen besitzt es nicht. Wiederholte Gabe führt meist zu Blutdruckabfall, gelegentliche pressor. Wirkungen sind ein Hinweis auf die Komplexität der Wirkung. Es vermag Arrhythmien durch *Adrenalin*, chem. u. elektr. Reizung zu durchbrechen u. den n. Rhythmus wieder herzustellen. (Arch. int. Pharmacodynam. Thérap. **89.** 209—22. 1/3. 1952. San Francisco, Stanford Univ., School of Med., Dep. of Pharmacol. and Therap.) JUNG. 4630

Zelman Freeman, *Einige Beobachtungen über die Verwendung von Hexamethoniumbromid bei der ambulanten Behandlung von Personen mit erhöhtem Blutdruck.* (Vgl. C. **1951.** II. 713.) Vf. bespricht unter Berücksichtigung der neueren Literatur zunächst die Wirkungsweise des *Hexamethoniumbromids* (I). Etwa 6 Monate dauernde Verss. an 6 Personen (Dosis: 250 mg I, 3 mal/Tag bis 2,5 g alle 6 Std.) ließen erkennen, daß die orale Applikation von I zwar eine deutliche Blutdrucksenkung hervorruft, welche aber nur von kurzer Dauer ist. Vf. hält deshalb die ausgedehnte Verwendung des nicht ungefährlichen Präp. im Augenblick für nicht gerechtfertigt. (Med. J. Australia **39 I.** 704—08. 24/5. 1952. Sydney.) R. KÖNIG. 4630

Benton D. King, John D. Elder jr. und Robert D. Dripps, *Die Wirkung intravenöser Verabfolgung von Meperidin auf den Kreislauf von Menschen und die Kreislaufreaktion auf Neigungsänderung.* Bei 26 Personen wurde nach 100—150 mg *Meperidin* intravenös (*Demerol*; WINTHORP-STEAMS, INC.) nach Erhöhung des Kopfes um 60° der Eintritt von Gefäßkollaps gesteigert, aber in geringerem Maße als nach Morphin. (Surgery, Gynecol. Obstetr. **94.** 591—97. Mai 1952. Philadelphia, Pa., Hosp. of the Univ. of Pennsylvania, u. Univ. of Pennsylvania, School of Med.) BROSEMANN. 4630

Jacob K. Berman und James E. Hull, *Die Behandlung von Aneurysmen mit fibroblastischen Stoffen. Experimentelle und klinische Beobachtungen bei Gebrauch von Natriumdicetylphosphat. Na-Dicetylphosphat* (I) [$3\,C_{16}H_{33}OH + P_2O_5 \rightarrow (C_{16}H_{33}O)_2PO(OH) + C_{16}H_{33}O{-}PO(OH)_2$] wurde experimentell bei Ratten u. Hunden sowie bei 6 Aneurysmen klin. angewandt, um eine Bindegewebsbldg. zu erzeugen. I hat kaum nekrot. Wrkg. u. kann bei Aneurysmen allein oder in Verb. mit anderen Behandlungsmethoden mit Erfolg angewandt werden. (Surgery, Gynecol. Obstetr. **94.** 543—49. Mai 1952. Indianapolis, Ind., Gen. Hosp., u. Indiana Univ., Med. Center.) BROSEMANN. 4630

Hans Seliger, *Die Bedeutung der Chylomikronen für die Genese der Arteriosklerose und deren Beeinflussung durch Magnesiumoleat.* Während bei den 30 jüngeren Versuchspersonen die Zahl der Chylomikronen (I) schon 2½—3 Std. nach Einnahme der Mahlzeit (0,5 g Ölmargarine, Weißbrot, Tee) am höchsten war u. am Ende der 6. Std. zur Höhe des Fastens zurückkehrte, wurde bei den älteren Personen (bis 76 Jahre) der Höhepunkt erst nach 8—12 Std., die Rückkehr zur Fastennorm nach 24 Std. erreicht. Nach Darreichung von täglich 2 mal 3 Tabletten *Theomagnol* (*Theobromin* + *Mg Oleat*; NORDMARK) an diesen Personenkreis waren diese Größen 7½ bzw. 18 Stunden. Da die bei den älteren Personen stark erhöhte Zahl der I deutlich gesenkt wurde, eröffnet sich eine Möglichkeit zur Beeinflussung der Arteriosklerose. (Med. Klin. **47.** 722. 23/5. 1952. Schmiedefeld/Rstg.) FRÜHWALD. 4630

A. J. Linzbach, *Die Anzahl der Herzmuskelkerne in normalen, überlasteten, atrophischen und mit Corhormon behandelten Herzkammern.* Die Anzahl der Herzmuskelkerne pro Flächeneinheit von 110 Herzkammern (n. u. patholog.) wurden bestimmt. Bei 20 Herzen, die mit *Corhormon* behandelt wurden, waren qualitativ u. quantitativ keine Abweichungen von den Normalfällen festzustellen. (Z. Kreislaufforsch. **41.** 641 bis 658. Sept. 1952. Berlin, Städt. Krankenhaus am Urban.) LOCH. 4630

Wladislas Kopaczewski, *Die Rolle biochemischer Faktoren bei Durchtritt von Hydrosolen durch eine Lipidbarriere.* Verschied. Substanzen üben eine hemmende oder fördernde Wrkg. auf den Durchtritt wasserlösl. Farbstoffe durch eine Schicht aus Mandelöl aus. Es werden *Atropin*, *Acetylcholin*, *Campher*, *Nicotin*, *Adrenalin*, *Na-Salicylat*, *l-Ascorbinsäure* geprüft. Keinen Einfl. haben *Coffein*, *Digitalin*, Soja-*Lecithin* u. *Theophyllin*. (C. R. hebd. Séances Acad. Sci. **234**. 1491—93. 31/3. 1952.) ITZEROTT. 4633

Robert Jaretzky, *Die Wirkung von Cystinol auf Diurese und Ausscheidung harnpflichtiger Stoffe im Tierexperiment.* Verss. an Albinoratten mit *Cystinol* (I). In einer Verdünnung von 1:25 besitzt I nur eine leichte diuret. Wirkung. Stärkere Konzz. rufen eine Minderung der Harnausscheidung hervor, die bis zur Harnhemmung gehen kann. In jedem Fall fördert I die Harnsäure- u. Cl-Ausscheidung, dagegen führt I nicht zu einer Eiweißausscheidung im Harn. (Therap. d. Gegenwart **91**. 139—40. April 1952. Braunschweig, T. H., Pharmakolog. Inst.) DOSSMANN. 4634

B. H. Lyons, *Cerebralthrombose nach Hg-haltiger Diuresis.* Im Anschluß an den Bericht eines Falles von Gehirnthrombose nach Gabe eines Hg-haltigen Diureticums wird darauf hingewiesen, daß von ähnlichen Fällen in letzter Zeit häufiger berichtet wird. Eine kurze Zusammenstellung anderer, bereits beschriebener, nachteiliger Wirkungen Hg-haltiger Mittel wird gegeben. (Canad. med. Assoc. J. **66**. 545—48. Juni 1952. Winnipeg.) KÖNIGSDORF. 4634

A. Dönhardt, *Zur Kritik der Cholintherapie.* Vf. fand, daß in der Wirksamkeit verschied. *Cholin*(I)-Präpp., wie I-Chlorid (MERCK), I-Honigwürfel (*CHW 53*), I-Kapseln (HÖCHST), I-Citrat, *Hepsan* u. andere organ. I-Verbb., kein Unterschied besteht. Bei Hepatitis war mit I-Behandlung die mittlere Behandlungsdauer etwas kürzer als bei den Kontrollen, 305 bzw. 269 Fälle. Bei akuter gelber Leberatrophie war der Zusammenbruch der Leber weder durch I noch durch andere Präpp. aufzuhalten. Bei Lebercirrhose dürfte mit I unter Umständen eine echte Heilung zu erzielen sein. Eine prophylakt. Frühbehandlung mit I wird empfohlen. (Therap. d. Gegenwart **91**. 124—26. April 1952. Hamburg-Altona, Allg. Krankenhaus.) DOSSMANN. 4640

S. Baloueff, *Choleretische Wirkung des N-Acetylsalicylamids. N-Acetylsalicylamid* wirkt am Hund in Dosen von 25—100 mg/kg stark choleretisch. Mit steigender Dosis nimmt weniger das Wirkungsmaximum als die Wirkungsdauer zu. Diese beträgt nach 25 mg/kg ca. 30 Min., nach 100 mg/kg ca. 2 Stunden. (Arch. int. Pharmacodynam. Thérap. **89**. 237—44. 1/3. 1952. Liège, Univ., Inst. de Therap. exper., Dep. de Pharmacodynam., Soc. Belge d'Azote et des Prod. Chim. du Marly, Labors. des Rech. pharmaceut.) JUNG 4640

H.-A. Oelkers, *Zur Pharmakologie einiger Antacida.* Unters. von Al-Hydroxydgel = *Aludrox* (I), Al-Hydroxydpulver (II) u. Mg-Trisilicat (III) auf antacide Wrkg. bei 2 magergesunden Personen. Fortlaufende p_H-Messungen im Magen ergaben, daß II u. III nur wenig wirksam sind, während I in wenigen Min. mit 0,1n HCl reagiert u. eine starksaure Rk. des Magensaftes prakt. unmittelbar auf p_H 3,8 herabsetzt. (Therap. d. Gegenwart **91**. 137—39. April 1952. Hamburg.) DOSSMANN. 4645

René Schubert und Herbert Fischer, *Über den neueren Stand der Behandlung des Wurmbefalles* (*Ascaris lumbricoides, Enterobius s. Oxyuris vermicularis, Taenien*). Übersichtsreferat. Als zuverlässigstes Bandwurmmittel gilt noch heute der Meerfarn als *Filmaronöl*, ferner werden besprochen die Acridinderivv. *Atebrin*, *Acranil* u. das Zn-Präp. *Cestodin*. Ascaridenmittel: *Ascaridol* (BAYER) ist dem Ol. chenopodii vorzuziehen, wenngleich es selbst nicht ganz ungefährlich ist. In Amerika ist das weniger giftige *Hexylresorcin* sehr verbreitet, empfohlen wird auch das vermifug wirkende *Helminal*. An Oxyurenmitteln werden u. a. besprochen: *Gentianaviolett*, *Kristallviolett*, *Rosaniline*, *Phenothiazin* (*Contaverm*, *Reconox*, *Phenoxur*). Von neueren Präpp. werden noch herausgestellt: *Egressin* (MERCK), die Hexachlorcyclohexanpräpp. *Hexaverm*, *Vermexan*, *Justoverm* u. vor allem die fermentativ wirkenden Präpp. *Nematolyt* u. *Vermizym*. Von den wichtigsten Mitteln werden Kurschemata u. Dosierungen angegeben, die Heilungsaussichten u. Nebenwirkungen nach eigenen Beobachtungen u. Mitt. aus der Literatur diskutiert. (Therap. d. Gegenwart **91**. 127—30. April. 172—76. Mai 1952. Tübingen, Univ., Med. Klinik.) DOSSMANN 4649

Ryle A. Radke, *Amöbenruhr mit Leberabsceess und Pleuraerguß, behandelt mit Quinacrine (Atabrin) und Carbarson.* Bericht über 1 Fall, der zunächst mit *Quinacrine* (0,1 g 4mal/Tag oral u. 75—100 cm³ einer 0,1%ig. Lsg. jeden 2. Tag intrapleural instilliert nach Durchführung einer Thoracozentese) behandelt wurde. Nach 15 Tagen erfolgte unter Beibehaltung dieser Behandlung Applikation von *Carbarson* (0,25 g 3mal/Tag, insgesamt 55 Tage). Nach einer Beobachtungszeit von 6 Monaten waren Abstriche in bezug auf Entamoeba histolytica negativ, wobei Leber u. Lunge einen n. Befund ergaben. (Military Surgeon **110.** 343—45. Mai 1952. Fort Knox, Ky., U. S. Army Hosp., Med. Serv.) R. KÖNIG. 4649

Ross A. Gortner jr. und **Reuben K. Kenigsberg,** *Faktoren bei den verschiedenen erosiven Wirkungen von Grapefrucht und Grapefruchtsaft auf die Molaren von Ratten.* Zur Aufklärung der Ursachen für die verschied. erosive Wrkg. von sauren Früchten u. den daraus hergestellten Säften, die 3—10 mal wirksamer sind (vgl. BIERI u. Mitarbeiter, Arch. Biochemistry **11.** [1946.] 33 u. früher) wurden systemat. Verss. mit diesen Prodd. u. einer künstlichen „Frucht" durchgeführt. Zur Ausschaltung der Speichelwrkg. wurden bei einem Teil der Tiere die Speicheldrüsen entfernt. Nach 7 Tagen Versuchsdauer wurden die Zähne nach dem früher ausgearbeiteten Verf. geprüft. Es wurde bestätigt, daß die Zahnerosion bei Verfütterung von frischem Saft beträchtlich stärker ist als bei Verfütterung der Frucht. Der Speichel hatte keinen Einfl. auf das Ausmaß der Erosion. Verss. mit künstlicher Frucht (Zusatz von Agar oder Gelatine zum Saft) ergaben, daß hier keine größere Erosion auftritt als bei Verfütterung der natürlichen Frucht. Die Unterschiede in der Wrkg. der Frucht u. deren Saft beruhen demnach auf mechan. Verschiedenheiten (Konsistenz der sauren Materialien u. verschied. Art der Aufnahme) u. nicht auf der Bldg. von schädlichen Stoffen oder Zerstörung von Schutzstoffen beim Pressen. (J. Nutrit. **46.** 133—40. 10/1. 1952. Middletown, Wesleyan Univ., Dep. of Biol. and Chem.) SCHWAIBOLD. 4655

Otto E. Bumiller, *Zwei neue Mundkrankheiten.* Besprochen wird *Penicillin* (I)-Stomatitis: a) aphthöse u. b) mycot. Form, sowie *Palapont*(II)-Gingivitis. a) tritt nach parenteraler, b) nach lokaler Anwendung von I auf. Therapie bei a): *Polybion* (MERCK), oral bzw. intramuskulär als Dragées oder Injektionslsg., *Vitamine,* speziell *Vitamin C,* bei zusätzlichen allerg. Erscheinungen *Avil* (HÖCHST); b) tritt nur bei übermäßigem Gebrauch von I-Lutschtabletten auf, Behandlung mit Pinselungen u. Spülungen nach den Grundsätzen der Pilzerkrankungen. Die II-Nebenerscheinungen treten bei Brücken durch Reibung der Umschlagfalte des Kiefers an dem Material auf. Auf welche Ursachen die II-Nebenwirkungen zurückzuführen sind, ist noch nicht geklärt. (Dtsch. zahnärztl. Z. **7.** 801—06. 15/7. 1952. Augsburg.) DOSSMANN. 4655

Irving Schuman, *Praemedikation — eine Wohltat in der Zahn- und Kieferchirurgie.* Die Vorteile einer guten medikamentösen Vorbereitung vor dem Eingriff werden erläutert u. Anwendung u. Wrkg. von *Barbital-Na, Luminal, Nembutal-Na, Seconal, Bromural, Demerolhydrochlorid, Dolophin = Adanonhydrochlorid = dl-6-Dimethylamino-4.4-diphenyl-3-heptanonhydrochlorid, Dromoranhydrobromid = dl-3-Oxy-N-methylmorphinanhydrobromid,* sowie der die Speichelsekretion hemmenden Verbb. *Atropinsulfat* u. *Scopolaminhydrobromid* geschildert. (Dental Items Interest **74.** 391—406. Mai 1952. New Rochelle, N. Y.) DAUTZENBERG. 4655

Eberhard Badelt, *Über die Behandlung der Kopfseborrhoe.* Vf. weist auf Erfolge mit dem Präp. *Criniton* (DR. ATZINGER, Passau) hin, welches als Emulsion Thymol, Salicyl, Spir. urticae, S, Fette u. äther. Öle enthält. Es wird 2 mal in der Woche in die Kopfhaut einmassiert u. nach 15 Min. ausgespült. Schuppen u. Schmerz sind bereits nach 2 maliger Anwendung verschwunden. (Therap. Gegenwart **91.** 135—36. April 1952. München.) DOSSMANN. 4661

William Snyder, *Asteroldihydrochloridtherapie bei Haarinfektionen mit Mikrosporon Audouini.* 94 Patienten mit Mikrosporon Audouini-Infektion des Haupthaares wurden mit *Asteroldihydrochlorid* (HOFFMANN-LA ROCHE, INC., Nutley, N. Y.; *Dihydrochlorid des 2-Dimethylamino-6-[β-diäthylaminoäthoxy]-benzothiazol;* 5%ig. Salbe in Polyäthylenglykol [Carbowax 1500]) behandelt. 60 konnten weiter verfolgt werden. 15 wurden geheilt, 21 gebessert, 24 nicht beeinflußt. Vorübergehende Entzündung trat in 15 Fällen auf. (A. M. A. Arch. Dermatol. Syphilol. **65.** 464—65. April 1952. Philadelphia, Pa., Univ. of Cincinnati, Coll. of Med.) BROSEMANN. 4661

Helmut Boericke, *Kritische Betrachtungen zu einer neuen Psoriasistherapie.* Vf. berichtet über 4 Fälle von Psoriasis, die durch die Therapie nach ROST (Nebennierenrindenhormon-Injektionen, Vitamin C, kaliumarme Diät) nur vorübergehend gebessert wurden. (Dtsch. Gesundheitswes. **7.** 919—22. 17/7. 1952. Schneeberg.) KRUSEN. 4661

B. V. Jager, *Proteinbindende Eigenschaften und klinische Wirkungen von 3-Oxy-2-phenylcinchoninsäure.* 35 Personen mit verschied. sogenannten Kollagenkrankheiten erhielten 1—16 Monate lang peroral täglich 15—50 mg/kg *3-Oxy-2-phenylcinchoninsäure* (I). Bei 21 Fällen von Rheumatoidarthritis wirkte I besser lindernd als Salicylate, ohne jedoch den eigentlichen Krankheitsablauf zu beeinflussen. Bei akutem rheumat. Fieber, Lupus erythematosus, Skleroderma u. chron. Gichtarthritis war I ohne besondere Wirkung. Der I-Blutspiegel lag bei den behandelten Personen zwischen 5,5 u. 18,0 mg I/100 ml Serum mit einem Durchschnitt von 9,4 mg/100 ml. An Nebenerscheinungen wurden bei 13 Personen Hautausschläge u. bei 8 Diarrhoen beobachtet. Die Blutbeschaffenheit wurde durch I nicht verändert. In-vitro-Unterss. über die Protein bindenden Eigg. von I ergaben, daß das Serumalbumin am stärksten gebunden ist. Größenordnungsmäßig folgen Mucoprotein u. γ-Globulin. (Bull. Johns Hopkins Hosp. **90.** 121—30. Febr. **1952.** Salt Lake City, Utah, Univ., Coll. of Med., Dep. of Med.) KRUSEN. 4670

K. Rott, *Zur Frage der Behandlung des Muskel- und Gelenkrheumatismus mit Spirosal „forte"-Bayer. Spirosal forte* (I; BAYER) enthält den *Monosalicylsäureester* des *Äthylenglykols* in $33^1/_3$% ig. Verdünnung mit einem Zusatz von 0,5% Hexamethylendisenföl. I bewährte sich bei äußerer Anwendung, 2—3mal täglich, bei allen akuten, subakuten u. chron. rheumat. Erkrankungen. (Therap. Gegenwart **91.** 146. April 1952. Erlangen.) DOSSMANN. 4670

Otto Beutl und **Anton Clementschitsch,** *Beitrag zur Iontophoresebehandlung der Periarthritis humeroscapularis und Epicondylitis humeri.* Die guten Erfolge von *Ursica*(I) u. *Forapin* (II) bei rheumat. Erkrankungen veranlaßten Vff., diese Therapeutica durch Iontophorese anzuwenden. Dosierung jeden 2. Tag mit 10 mA von der Anode aus. Der beste Erfolg trat bei I nach 4—5maliger, bei II nach 6—10maliger Anwendung ein. Physikal. Behandlungsmaßnahmen, die vorher keinen Erfolg gezeigt hatten, schlugen nach der Iontophorese gut an. Hautreizerscheinungen wurden nicht festgestellt, auch nicht bei II, das sonst Quaddeln hervorrufen kann. Wenn auch nicht alle Fälle geheilt wurden, so war doch eine wesentliche Besserung u. Schmerzfreiheit zu erreichen. (Wiener med. Wschr. **102.** **36.** 12/1. 1952. Wien, Wilhelminenspital.) BERGER. 4670

Elston L. Belknap, *EDTA in der Behandlung der Bleivergiftung.* Bericht über 3 Fälle von *Pb*-Vergiftung, die nach *EDTA* (I; *Äthylendiamintetraacetat*)-Therapie wesentlich gebessert wurden. I beschleunigt durch Bldg. einer Pb-Komplexverb. die Pb-Exkretion. Trotz beobachteter Knochenmarksschädigung empfiehlt Vf. I-Therapie unter genauer Überwachung. (Ind. Med. Surgery **21.** 305—06. Juni 1952. Milwaukee, Wis.) KRUSEN. 4675

B. J. Ireland, *Ein Fall von Kohlenoxydvergiftung. Behandlung durch Blutaustauschtransfusion.* Bericht über einen Fall von *CO*-Vergiftung bei einer 76jährigen Frau, die trotz Blutaustauschtransfusion nach 23 Tagen durch Lungenembolie ad exitum kam. Der letale Ausgang wird auf das Alter der Patientin zurückgeführt. (Med. J. Australia **39 I.** 331—32. 8/3. 1952. Sydney, St. Vincent's Hosp.) KRUSEN. 4675

Raoul Lecoq, *Die Rolle der lipotropen Faktoren beim durch Äthylalkohol gestörten Stoffwechsel.* (Vgl. C. **1952.** 3371.) Lipotrope Substanzen, wie *Cholin, Methionin, Pantothen-* u. *Pyridoxinsäure,* greifen gleichermaßen akt. bei der alkohol. oder Brenztraubensäurevergiftung in den Stoffwechsel ein, dagegen zeigt Inosit keine Wirkung. *Cystein* u. *Bernsteinsäure* haben keine Schutzwirkungen; dagegen neutralisieren *Glutathion* u. *Ascorbinsäure* die alkoh. Schädigung. Alle mitgeteilten Ergebnisse wurden am Kaninchen erzielt. (C. R. hebd. Séances Acad. Sci. **234.** 1474—77. 31/3. 1952.) ITZEROTT. 4675

G. Wicke, *Akutes Lungenödem durch Einatmung von Gärprodukten in einem Futtersilo.* Nach Einstieg in einen ca. 10 m tiefen Silo, in dem Rübenblätter seit einiger Zeit gärten, kam es bei einem 16jährigen Jungen zu Übelkeit u. Bewußtlosigkeit. Als Folge der Einatmung der Zersetzungsprodd. der gärenden Rübenblätter war ein akutes Lungenödem mit Exsudation in das Lungengewebe im rechten Mittelfeld entstanden. Schilderung der klin. u. röntgenolog. Befunde. Abklingen der Erscheinungen nach 40 Stunden. Keine Angaben über das auslösende Agens. (Fortschr. Gebiete Röntgenstrahlen **76.** 799. Juni 1952. Hannover, Friederikenstift, Innere Abt.) ZELLER. 4675

Gordon C. Meacham, Frederick W. Tillotson und **Robert W. Heinle,** *Leberschäden nach verlängerter Urethantherapie.* Bericht über einen Fall, der ein Jahr lang wegen Myelomatose erfolgreich mit *Urethan* (I) behandelt worden war; danach war das Entstehen einer Leberinsuffizienz zu beobachten, die offenbar den Tod des Patienten zur Folge hatte. Die Obduktion ergab Nekrosen an der zentralen Lebervene u. an der Leberpforte. Die vaskulären Läsionen ähnelten den bei Tieren mit I experimentell erzeugten Erscheinungen. Beim Menschen ist nach langer I-Therapie die Hervorrufung von Läsionen an der Leber nicht auszuschließen. (Amer. J. clin. Pathol. **22.** 22—27. Jan. 1952. Cleveland, O., Univ. Hosp., u. Western Reserve Univ., School of Med., Dep. of Med. and Pathol.) DOSSMANN. 4675

Joseph Shilen, *Industrieller Fortschritt durch Gesundheit in der Industrie. Gesundheitsschädliche Gase.* Nach der Definition des Begriffes Gas wird in Form einer Übersicht die Atmungsphysiologie u. die Klassifikation der schädlichen Gase u. Dämpfe dargelegt. Zum Schluß eine kurze Zusammenstellung der Vorsichtsmaßnahmen. (Commonwealth Pennsylvania, Dep. Health, Bur. ind. Hyg. 5/6. 1—9. 1952. Harrisburg. Commonwealth of Pennsylvania, Dep. of Health.) ZELLER. 4681

V. K. Rowe, D. D. McCollister, H. C. Spencer, E. M. Adams und D. D. Irish, *Die Toxizität von Tetrachloräthylendämpfen für Laboratoriumstiere und Menschen.* Ratten, Meerschweinchen, Kaninchen u. Affen wurden der Einw. von *Tetrachloräthylendämpfen* ausgesetzt u. die beobachteten klin. Erscheinungen beschrieben. Auch Versuchspersonen wurden in die Unterss. eingeschlossen. Daraus wird geschlossen, daß die höchste zulässige Dampfkonz. in der Atemluft 200 p.p.m. nicht übertreffen u. daß der Durchschnittswert, der aus laufenden Proben bei 7—8 std. Exposition errechnet wird, nicht höher als 100 p.p.m. liegen dürfe. (A. M. A. Arch. ind. Hyg. occupat. Med. 5. 566—79. Juni 1952. Midland, Mich., Dow Chemical Co.) ZELLER. 4681

Enrique Bassas Grau, La histamina y la terapéutica antihistamínica en dermatología. Barcelona: Edic. BIP. 1952. (156 S. m. Abb.) ptas. 35,—.

M. K. Plano, Skin therapeutics; prescription and preparation. Houston, Tex.: Elsevier Press. 1952. (290 S.) $ 6,50.

F. Pharmazie. Desinfektion.

M. Herzog, *Die Tinkturen des DAB. 7.* Vorschläge für die Tinkturen des neuen Deutschen Arzneibuches an Hand der einschlägigen Literatur (27 Zitate) zwecks krit. Stellungnahme. (Pharmazie 7. 464—72. Aug. 1952. Berlin, Deutsche Arzneibuchkommission; Leipzig, VEB „Homöopharm" Dr. Willmar Schwabe.) BARZ. 4750

Hans Seel, *Die Notwendigkeit chemischer und pharmakologischer Wertbestimmung der Arzneipflanzen (Standardisierung).* Da nach Vf. unsere Kenntnisse von den Arzneipflanzen in physiol., pharmazeut.-chem. u. klin.-pharmakol. Beziehung noch ziemlich unzulänglich sind, macht er zwecks Ausschaltung der von ihm genannten zahlreichen Unsicherheitsfaktoren genaue Vorschläge für eine systemat. Standardisierung der Arzneipflanzen, die bereits bei der wachsenden Pflanze zu beginnen hat. (Pharmazie 7. 502—04. Aug. 1952. Berlin-Friedenau.) BARZ. 4782

—, *Über die cardiotonische Wirksamkeit der Oleanderblätter (Nerium Oleander).* (Vgl. C. **1952.** 3700.) In bezug auf die cardioton. Wirksamkeit entspricht der aus den Oleanderblättern erhaltene Extrakt mehr dem Strophanthus- als dem Digitalisextrakt u. ist etwa dem Adonis- oder dem Scillaextrakt gleichzusetzen. Eine vorherige Entfettung scheint nicht erforderlich zu sein, während eine vorsorgliche Stabilisierung des Extraktes vorteilhaft sein dürfte. Der Trockenextrakt scheint toxischer zu sein als der fl. Extrakt. (Schweiz. Apotheker-Ztg. 89. 721—23. 27/10. 1951.) FIEDLER. 4782

E. Soos, *Wie Augentropfen in der Apotheke hergestellt und abgegeben werden sollten.* Auf Grund eines krit. Rückblicks auf die Literatur (23 Zitate) über die Herst. von Augentropfen (I) empfiehlt Vf. folgendes: I sind unter möglichst asept. Bedingungen mit absol. sterilem W. zu bereiten. Die Präpp. sollen annähernd denselben osmot. Druck (entsprechend einer 0,9%ig. NaCl-Lsg.) u. annähernd dasselbe p_H (ca. 7) wie die Tränen-Fl. haben. Die Isotonie läßt sich durch NaCl-Zusatz, die Isohydrie durch Puffersubstanzen erreichen. Als Konservierungsmittel hat sich *Zephirol* 1 : 50000 (offizinell nach U. S. P. XIV) bes. gut bewährt. I sollten nur in völlig klarem, faserfreiem Zustande in eigenen Pipettengläsern (alkaliarmes Glas!) abgegeben u. nur begrenzte Zeit (3—6 Monate) verwendet werden. (Scientia pharmac. 20. 100—08. 30/6. 1952. Wien, Univ., Pharmakognost. Inst.) BARZ. 4790

H. A. Glastonbury, *Veränderungen im Blausäuregehalt von Chlorodyne beim Aufbewahren.* Zur Herst. von *Chlorodyne* (Tinctura Chlorof. et Morph. B. P. C.) (I) benötigt man 0,125% HCN. Von verschied. Herstellern stammende I-Proben verloren im Laufe der Zeit bis zu 90% ihres theoret. HCN-Gehalts. Die möglichen Ursachen (Hydrolyse, Rk. mit reduzierenden Zuckern in Ggw. oder Abwesenheit von NH_3) wurden untersucht, u. man stellte fest, daß der HCN durch Rk. mit der Carbonylgruppe der Dextrose verschwindet, wobei das aus dem Süßholzextrakt stammende NH_3 (0,14%) katalyt. wirkt. — Diskussion. (J. Pharmacy Pharmacol. 4. 711—16. Okt. 1952. May & Baker, Ltd.) BARZ. 4790

L. Rosenthaler, *Über den Cinnameingehalt des Tolubalsams.* Nach einem von ihm beschriebenen Analysenverf. fand Vf. in 6 harten u. zerreiblichen Tolubalsamen als Mittel aus mehreren Bestimmungen folgende Werte für den Geh. an *Cinnamein* (die von sauren Anteilen befreiten Ae.-lösl. Bestandteile): I 7,5 (%), II 13,4, III 5,2, IV 9,6, V 10,5 u. VI 8,5. Es ist wahrscheinlich, daß bei halbweichen Balsamen noch höhere Werte gefunden werden können. Beträchtlich niedrigere Werte ($<4\%$) ermittelten NEUBURGER u. WEIL (Pharmac. Acta Helvetiae 22. [1947.] 523). (Pharmaz. Ztg.-Nachr. 88. 716—17. 25/9. 1952. Bern.) BARZ. 4790

—, *Neue Arzneimittel. Glutisal* (RAVENSBERG CHEMIE GMBH., Löhne): Tabletten mit 0,5 g Salicylamid-Aminophenazon. — *Gallestol-Tropfen* (EFEKA FRIEDRICH & KAUFMANN, Hannover): Podophyllin 0,05 (g), Hexamethylentetramin 1,5, K–Na-Monotrichloracetaldehyd (? Der Referent), Extractum Frangulae, Extractum Chelidonii je 2, Decoctum Bursae pastoris forte ad. 20. Cholereticum u. Cholekineticum. — *Hexobion* (E. MERCK, Darmstadt): Vitamin B_6, Tabletten zu 20 mg, Ampullen zu 50 mg. — *Marbadal „C"* (FARBENFABRIKEN BAYER, Leverkusen): Vaginaltabletten mit 0,5 g Marbadal, 0,05 mg Cyren B u. Kohlenhydraten. — *Normovagin* (CHEMIEWERK HOMBURG AG., Frankfurt/M.): Vaginalkugeln mit 0,17 g Milchsäure, 0,3 g Ca-Lactat, 0,4 g Milchzucker, 0,42 g Harnstoff u. 0,1 mg Dioxydiäthylstilben. — *Thiobis* (Hersteller wie vorst.): Suspension von Acetylmethionin-Wismut in Öl. Gegen Lues. — *Thiomedon-Calcium* (Hersteller wie vorst.): Lsg. des Ca-Salzes des Acetylmethionins. 1 Ampulle = 120 mg Ca u. 0,9 g *dl*-Acetylmethionin. — *Sanaphyll-Salbe* u. *Sanaphyll-Puder* (Dr. F. SASSE, Berlin): Enthalten Chlorophyll. — *Polybion „forte"* (E. MERCK, Darmstadt): Dragees mit je 15 mg Vitamin B_1 u. Vitamin B_2, 50 mg Nicotinsäureamid, 25 mg pantothensaures Ca u. 10 mg Vitamin B_6. — *Ferritrat* (NORDMARK-WERKE): Injizierbares organ. Eisenkolloid, 1 cm^3 = 20 mg Fe^{III}. — *Nicofol* (Hersteller wie vorst.): Ampullen zu 15 (mg) Folsäure, 30 Nicotinsäureamid u. 50 Pantothensäure. — *Aktamin* (SCHERING AG., Berlin): Ampullen mit 1 mg *l*-Noradrenalin als Bitartrat. Gegen Kollaps u. Schockzustände. — *Cytobion „forte"* (E. MERCK, Darmstadt): Ampullen mit 30 γ Vitamin B_{12}. — *Styptobion* (Hersteller wie vorst.): Tabletten zu 0,1 g Vitamin C, 0,1 g Rutin u. 20 mg 2-Methyl-1.4-naphthohydrochinondibutyrat (Vitamin-K-Wrkg.). Tabletten, Hämostypticum. — *nh-Dragees* (C. F. ASCHE & Co., Hamburg): Dragees mit 0,1 (mg) Diäthylstilböstrolpropionat, 0,05 Scopolaminhydrobromid, 0,05 Hyoscyaminhydrobromid, 0,05 Secalealkaloide, Papaverin, N-Methyläthylphenylbarbitursäure, Aminophenazon, Coffein. — *Plastulen* (Hersteller wie vorst.): Gelatinekapseln mit 0,324 g $FeSO_4$ u. 0,048 g Hefekonzentrat. — *Penifen-Wundpuder* (FARBWERKE HOECHST, Frankfurt/M.): 3 mg Surfen u. 1000 I.E. Penicillin in Milchzucker. — *Anertan-Buccletten* (C. F. BOEHRINGER & SÖHNE GMBH., Mannheim): Enthalten Methyltestosteron. — *Novex-Puder* (Hersteller wie vorst.): Enthält 2.2'-Dioxy-5.5'-dichlordiphenylsulfid. Antimykoticum. — *l-Arterenol* (FARBWERKE HOECHST, Frankfurt/M.): *l*-Noradrenalin 1 : 1000. — *Cyclospasmol* (CHEM. FABRIK TEMPELHOF, PREUSS & TEMMLER, Berlin): Zäpfchen in 2 Stärken mit 100 (30) [mg] Cyclohexylphenylacetyldiäthylaminoäthanol, 50 (30) Phenyldiallylacetamid, 150 (75) Dimethylaminophenazon. Spasmolyticum. — *Klimöstrol* (M. WOELM, Eschwege): Dragees mit 0,1 mg Indenöstroldiacetat u. 0,3 g Sekundal. Gegen klimakter. Beschwerden. (Apotheker-Ztg. **3.** 53. April. 66. Mai. 119—20. Juli. 141—42. Aug. 185—87. Okt. 209. Nov. 1951.) HOTZEL. 4800

S. Rocchietta, *Neue Chemotherapeutica mit antituberkulöser, antilepröser und bakteriostatischer Wirkung. B 53:* Saurer Dialkylester der Bernsteinsäure, Anwendung bei Nierentuberkulose. — *B 390:* Deriv. des Pentadecylamins, Tuberkulostaticum. — *B 283:* 2-Anilino-3-imino-5-phenylphenazin. Bei renaler Tuberkulose u. Lepra. (Minerva med. [Torino] **42.** II. 733. 7/11. 1951.) HOTZEL. 4800

G. E. Foster, E. L. Kendrick, E. Walton und **W. D. Williams,** *Mit Kreosot stabilisierte Äthylester des Hydnocarpusöls.* Die Stabilität der Äthylester (I) von Hydnocarpusöl (B. P.) mit u. ohne Kreosot (II)-Zusatz wurde untersucht, wobei die Proben 3 Monate lang bei 40° u. 5 Jahre bei Zimmertemp. aufbewahrt wurden. Werden die I in vollgefüllten, gut verschlossenen Flaschen aufbewahrt, erleiden sie eine nur geringe Zersetzung. An der Luft entstehen aus den I schnell Peroxyde, u. die Rk. wird sauer. Solche I verursachen bei der Injektion starke Reizwirkung. Die Zugabe von 4 Vol.-% II zu den I verhindert weitgehend die Oxydation, die beim Aufbewahren in teilgefüllten Behältern eintritt. — Analysenangaben (Tabelle) für die Standardisierung der mit 4 Vol.-% stabilisierten I. — Angabe einer colorimetr. Best. von II in I. — Diskussion. (J. Pharmacy Pharmacol. **4.** 730—37. Okt. 1952. Dartford, Wellcome Chem. Works.) BARZ. 4806

Fritz Hagelstein, *Wie die Voraussetzungen zur Vermeidung des Wasserfehlers in sterilen Injektionslösungen technisch erfüllt werden.* Vf. zeigt an Hand von 7 Abb. die zur Vermeidung pyrogener Substanzen in W. für Sterilisationszwecke nötigen Maßnahmen. Im einzelnen beschreibt er die Herst. von stets frisch dest. W. für alle Defekturen u. Flaschenspülungen, die Aufbereitung der Lsgg. mittels Glasfiltergeräte u. Hebevorr., die asept. Filtration mit Einzelabfüllung am Grundstativ u. die Abfüllung unter keimfreier Luft. Vf. betont die Vorzüge des von ihm zum Universalstativ „ASRA" für keimfreie Filtration aller Art modifizierten Stativs „ASRA" (für asept.

Kaltsterilisation). (Pharmazie 7. 482—87. Aug. 1952. Altona-Hamburg, Allg. Krankenhaus, Apotheke.) Barz. 4836

Giulio Cenci, *Chinesischer Rhabarber (Rheum palmatum var. tanguticum) und Rheum rhaponticum.* Vf. gibt verschied. Rkk. zur Unterscheidung der beiden genannten Rhabarber-Arten an u. hält die mit Formalin u. H_2SO_4 eintretende intensive Rotfärbung mit rötlichem Nd. des Ae.-Extraktes von Rheum rhaponticum für am meisten geeignet. Offizineller Rhabarber gibt wegen des Fehlens des Rhaponticins (Rhapontin? Der Referent) diese Rk. nicht. Hinweis auf Unterschiede des „chines." Rhabarbers verschied. Herkunft. (Fitoterapia [N. S.] 22. 244—45. Okt.-Dez. 1951.) Ippen. 4880

L. K. Sharp, *Zur Bestimmung der Methyl- und Propylester der p-Oxybenzoesäure.* In Abänderung (Fortfall der vorherigen Verseifung der Ester) der Meth. der Dän. Pharmakopöe 1948 schlägt Vf. folgendes Verf. vor: Etwa 1 g Ester wird in einem Gemisch von 2 ml 20%ig. NaOH-Lsg. u. 20 ml W. ohne Erwärmen gelöst, u. es wird mit W. auf 100 ml aufgefüllt. 20 ml dieser Lsg. werden in einer Stöpselflasche unter Schütteln mit 50 ml einer 0,1n Br_2-Lsg. u. 6 ml HCl behandelt. Unter häufigem Schütteln läßt man die verschlossene Flasche 40 Min. (beim Methylester) oder 20 Min. (beim Propylester) stehen. Dann gibt man 10 ml einer 10%ig. KJ-Lsg. hinzu u. titriert das freigesetzte Jod mit 0,1n $Na_2S_2O_3$. 1 ml Brom entspricht 0,003802 g Methyl-p-oxybenzoat bzw. 0,004505 g Propyl-p-oxybenzoat. Das Auftreten geringer Mengen freier p-Oxybenzoesäure läßt sich nicht vermeiden. (J. Pharmacy Pharmacol. 4. 648—50. Sept. 1952. London, Univ., School of Pharmacy, Pharmac. Chem. Res. Labors.) Barz. 4880

A. Jindra und **J. Rentz**, *Die Bestimmung von Lokalanästheticis durch Ionenaustausch.* Vff. arbeiteten zwecks Abtrennung der Base nach einem chromatograph. Verf. unter Benutzung der bereits früher (vgl. C. **1950.** II. 2586) beschriebenen Analysentechnik. 20—50 mg (auf ±0,01 mg genau gewogen) gewichtskonstante Einwaage werden im 35 ml-Becherglas unter Zusatz von 15 ml A. in 5 ml dest. W. gelöst. Vor Gebrauch wird die regenerierte u. ausgespülte Säule mit 5 ml heißem A. (95%ig) gewaschen, u. man gibt nun die Substanzlsg. durch die mit 8—10 g des Anionenaustauschers Amberlit IRA-400 gefüllte Säule (60 Tropfen/Min.). Dann wird mit 30 ml heißem A. (96%ig) nachgewaschen. Das gesammelte Eluat wird mit 0,1n HCl (Methylrot als Indicator) titriert oder es wird potentiometr. titriert. Die Säule wird mit einigen ml dest. W. gewaschen u., wie üblich, regeneriert. Auf diese Weise wurden analysiert die Hydrochloride von: *Procain* (I), *Larocain*, *Tutocain*, *Nupercain*, *Amylocain*, *Amethocain* u. *Diocain*. — Genauigkeit (im Mittel) +0,27%, —0,48%. Lokalanästhetica in galen. Präpp. lassen sich in Abwesenheit von Elektrolyten auch so bestimmen. Als Beispiel geben Vff. die Best. von I in einer Salbe mit 2% I-Hydrochlorid in Weichparaffin. (J. Pharmacy Pharmacol. 4. 645—47. Sept. 1952. Prag, Univ., Inst. für Pharmazeut. Chemie.) Barz. 4880

Joseph Schlefers (Erfinder: **Franz Grüber**), Erfurt, *Herstellung eines Schutzmittels gegen Heuschnupfen, -fieber und -asthma*, dad. gek., daß eine Creme oder Salbe als Grundmasse mit einer mit Mastix u. Extractum Hamamelidis Virginicae versetzten Glycerinlsg. zu einer Salbe verarbeitet wird. — Rezept. (**D. B. P. 845 245** Kl. 30h vom 21/10. 1948, ausg. 31/7. 1952.) Schindler. 4793

Sterling Drug, Inc., New York, N. Y., V. St. A. (Erfinder: **Elmer John Lawson** und **Chester Merle Suter**), *3-Trifluormethyl-4-chlorphenol.* Man diazotiert 3-Trifluormethyl-4-chloranilin u. erhitzt das Diazoniumsalz mit W. oder wss. H_2SO_4. $Kp._{27}$ 120—122°; n_D^{25} 1,4928; F. 43°. — *Fungistat.* u. *anthelmint.* wirksam. (**E. P. 668 924** vom 11/1. 1950, ausg. 26/3. 1952. A. Prior. 15/1. 1949.) Brösamle. 4807

Sterling Drug, Inc., Wilmington, Del., übert. von: **Raymond O. Clinton**, Albany County, N. Y., V. St. A., *N-(tert.-Aminoalkylmercaptoalkyl)-diphenylacetamide* zeigen *pharmakol. Wirkungen.* — *N-[2-(2'-Diäthylaminoäthylmercapto)-äthyl]-diphenylessigsäureamid.* Aus 2-(Diäthylaminoäthylmercapto)-äthylamin u. Diphenylacetylchlorid in W. + $NaHCO_3$. F. 56—57°; *Citrat*, F. 80°. (**A. P. 2 555 917** vom 3/7. 1948, ausg. 5/6. 1951.) Langer. 4807

Soc. des Usines Chimiques Rhône-Poulenc, Paris, Frankreich, *N^1-p-Chlorphenyl-N^5-isopropylbiguanid.* Man isomerisiert das aus p-Chlorphenylcyanamid u. Isopropylguanidin nach Schwz. P. 277 982 dargestellte Salz durch Erhitzen z. B. in einer Suspension von Toluol, Bzl. oder Anisol auf ca. 70—100°. *Malariamittel* („Chloriguane"). (**Schwz. P. 281 275** vom 20/11. 1948, ausg. 3/6. 1952. F. Prior. 20/2. 1948.) Brösamle. 4807

Spofa Spojené Farmaceutické Zavody, Národní Podnik, Prag, Tschechoslovakei, *Herstellung basischer Äther.* Metallverbb. der allg. Formel ROM, in der R einen Aryl-

bzw. Aralkylrest u. M ein 1wertiges Metall, bes. Alkalimetall, bedeuten, werden bei erhöhter Temp. mit Cyclohexanen, die eine Hal- u. NY_2-Gruppe in o-Stellung zueinander tragen, wobei Hal Cl oder Br u. Y einen Alkylrest bzw. NY_2 den Rest eines sek. heterocycl. Amins bedeuten, in organ. Lösungsmitteln, wie absol. A., Xylol, Toluol, Bzl., Ae., Dioxan, kondensiert. Die sek. gebildeten Metallhalogenide werden abfiltriert u. die rohen bas. Reaktionsprodd. durch Dest. im Hochvakuum isoliert. — *Antihistamin.*, *spasmolyt.* u. *anästhet.* Eigenschaften. — Beispiel: Aus Na-Phenolat u. 1-Chlor-2-diäthylaminocyclohexan wird in absol. A. bei 10 std. Erhitzen unter Rückfluß *1-Phenoxy-2-diäthylaminocyclohexan* erhalten. $Kp._2$ 140—160°; *Pikrat*, F. 115—116° (aus A.). (**E. P. 662 591** vom 16/8. 1949, ausg. 5/12. 1951. Tschech. Prior. 19/8. 1948.) BEIERSDORF. 4807

Parke, Davis & Co., Detroit, übert. von: **George Rieveschl jr.** und **William R. Coleman**, Grosse Pointe, Mich., V. St. A., *Tertiäre Amine* der Formel I, worin R ein niederes Alkyl oder Alkenyl, R_1 H oder CH_3 u. X Cl oder Br bedeuten, wirken *sympatholytisch*. Sie entstehen durch Einw. halogenierender Verbb. auf die entsprechenden Alkohole. — (II = -1-naphthylmethylamin). — *Methyl-β-chloräthyl*-II. Aus Methyl-β-oxyäthyl-II u. $SOCl_2$ in sd. Benzol. *Hydrochlorid*, F. 198—199°. — Analog: *Äthyl-β-chloräthyl*-II, *Hydrochlorid*, F. 171—172°. — *Äthyl-β-bromäthyl*-II, *Hydrobromid*, F. 167—168°. — *β-Chloräthylpropyl*-II, *Hydrochlorid*, F. 185,5—186,5°. — *β-Chloräthylisopropyl*-II, *Hydrochlorid*, F. 182—183°. — *β-Chloräthylallyl*-II, *Hydrochlorid*, F. 160—163°. — *β-Chloräthyl-n-butyl*-II, *Hydrochlorid*, F. 145—146°. — *β-Chloräthylisobutyl*-II. — *β-Chloräthyl-sek.-butyl*-II. — *β-Chloräthyl-n-amyl*-II. — *β-Bromäthyl-n-hexyl*-II. — *β-Chlorpropyläthyl*-II. — *β-Chlorpropylallyl*-II. — *β-Brompropylisopropyl*-II. (**A. P. 2 573 605** vom 2/12. 1946, ausg. 30/10. 1951.) LANGER. 4807

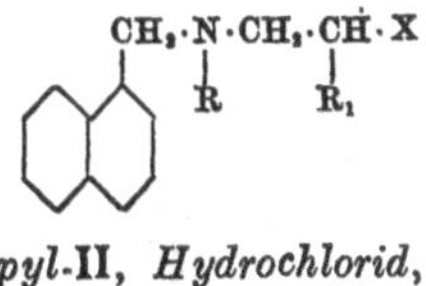

Parke, Davis & Co., Detroit, übert. von: **George Rieveschl jr.**, Grosse Pointe Woods, Mich., V. St. A., *N-Fluorenyl-N-alkyl-β-halogenalkylamine* der Formel I, worin R ein niedermol. Alkyl oder Alkenyl, R_1 H oder CH_3 u. X Cl oder Br bedeuten, wirken *sympatholytisch*. Sie entstehen aus den entsprechenden Alkoholen durch Rk. mit halogenierenden Verbindungen. — (II = -β-chloräthyl-9-fluorenylamin.) — *Methyl*-II. Aus Methyl-β-oxyäthyl-9-fluorenylamin u. $SOCl_2$ in sd. Äther. *Hydrochlorid*, F. 183°. — *Äthyl*-II, *Hydrochlorid*, F. 198°. — *Propyl*-II. — *Isopropyl*-II, *Hydrochlorid*, F. 217°. — *Allyl*-II. — *n-Butyl*-II. — *n-Hexyl*-II. — (III = -9-fluorenylamin.) — *Äthyl-β-bromäthyl*-III. — *Methyl-β-brompropyl*-III. — *Allyl-β-chlorpropyl*-III. (**A. P. 2 573 608** vom 11/4. 1949, ausg. 30/10. 1951.) LANGER. 4807

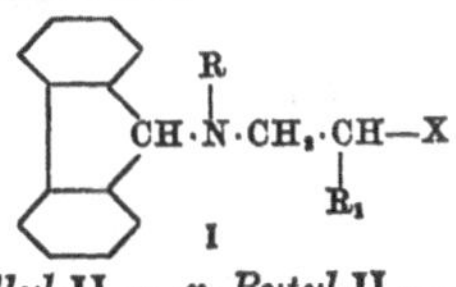

Michael Erlenbach und **Adolf Sieglitz**, Frankfurt/M.-Höchst, *1-(α-Furyl)-1-phenyl-3-methylaminopropan*, $Kp._{18}$ 174—176°, *Chlorhydrat*, F. 136°, ein *Antihistaminicum*, erhält man durch Anlagerung von C_6H_5MgBr an α-Cyan-β-furyl-(α')-acrylsäuremethylester, Zerlegung des Anlagerungsprod. mit verd. Säure zum α-Cyan-β-furyl-β-phenylpropionsäuremethylester, $Kp._4$ 172—174°, Verseifung u. Decarboxylierung dieses Esters zum β-Furyl-β-phenylpropionitril, F. 53°, Hydrierung des Nitrils u. Red. des gebildeten Amins in Ggw. von CH_2O. (**Schwz. P. 280 676** vom 21/9. 1949, ausg. 1/5. 1952. D. Prior. 1/10. 1948.) BRÖSAMLE. 4807

Badische Anilin- & Soda-Fabrik, Ludwigshafen/Rh., *N-(β-N'-Phenyl-N'-benzylaminoäthyl)-pyrrolidin*, F. 194—195°, $Kp._2$ 197—199°, erhält man durch Kondensation von N-(β-Chloräthyl)-pyrrolidin mit N-Benzylanilin. — *Antihistaminicum*. (**Schwz. P. 280 677** vom 25/11. 1949, ausg. 3/6. 1952. D. Prior. 10/12. 1948.) BRÖSAMLE. 4807

Cassella Farbwerke Mainkur (Erfinder: **Werner Zerweck** und **Wilhelm Kunze**), Frankfurt/M.-Fechenheim, *Herstellung von 1.4-Dihydrazinophthalazinen*. Man behandelt 1 (Mol) Phthalsäuredinitril (I) oder seine Kernsubstitutionsprodd. mit mindestens 3 Hydrazin, zweckmäßig unter Zusatz schwacher Säuren u. bei $<100°$. Aus I wird *1.4-Dihydrazinophthalazin*, F. 191—193° (Zers.), erhalten, dessen *Diacetyl-Verb.* bei 334° (Zers.) u. *Triacetyl-Verb.* bei 237° schmilzt. — *Heilmittel*. (**D. B. P. 845 200** Kl. 12p vom 22/3. 1951, ausg. 28/7. 1952.) BRÖSAMLE. 4807

United States of America, übert. von: **Aaron M. Altscheel** und **Leah E. Castillon**, New Orleans, La., V. St. A., *Gossypol-Aminosäurepräparat* für pharmazeut. Zwecke. Gossypol u. eine Aminosäure, wie Glycin, werden in verd. NaOH (p_H wenigstens 9) bei Raumtemp. durch inniges Vermischen zur Rk. gebracht. (**A. P. 2 582 949** vom 18/5. 1951, ausg. 22/1. 1952.) KRANZ. 4807

Hoffmann-La Roche & Co. Akt.-Ges., Basel, Schweiz, *Herstellung von Vitamin-A-acetat* (I). Zu einer sd. GRIGNARD-Lsg. aus 10 (Gewichtsteilen) Mg, 50 C_2H_5Br u. 100 Voll. Ae. gibt man innerhalb 1 Std. die Lsg. von 18 1-Oxy-3-methylpenten-(2)-in-(4) in 50 Voll. Ae., kocht im Ölbad von 60—70° 3 Std. unter Rückfluß, fügt unter Eiskühlung innerhalb 1 Std. 33 4-[2'.6'.6'-Trimethylcyclohexen-(1')-yl]-2-methylbuten-(2)-al-(1) in 50 Voll. Ae. zu u. kocht 3 Std. unter Rückfluß, gießt das kalte Reaktionsgemisch unter Rühren in 40 NH_4Cl + 200 Eis, nimmt in Ae. auf, wäscht mit 5%ig. H_2SO_4 u. W., trocknet, engt ein, löst in 75%ig. CH_3OH u. extrahiert mit PAe. (Kp. 30—70°). Die CH_3OH-Lsg. wird mit W. verd., das in 88%ig. Ausbeute ausfallende *1.6-Dioxy-3.7-dimethyl-9-trimethylcyclohexenylnonadien-(2.7)-in-(4)* in PAe. aufgenommen u. isoliert. Gelbes, zähes Öl, n_D^{20} 1,535. Durch Lösen in PAe. u. Kühlen auf —15° erhält man eine krist. Form, F. 57°. — 1 dieses Prod. frisch in 5 (Voll.) Pyridin + 5 PAe. gelöst u. innerhalb 24 Std. bei —15° mit 0,29 CH_3COCl in 5 Voll. PAe. versetzt, das Reaktionsprod. auf Eis + W. gegossen, die PAe.-Schicht mit $1nH_2SO_4$, Bicarbonatlsg. u. W. gewaschen, mit K_2CO_3 getrocknet u. durch Einengen 1,1 öliges *1-Acetoxy-3.7-dimethyl-6-oxy-9-trimethylcyclohexenylnonadien-(2.7)-in-(4)*, n_D^{21} 1,518, erhalten. — An 1 dieser Verb. wird in 5 Voll. CH_3OH in Ggw. von 0,1 4%ig. Pd-Kohle (an die vorher Chinolin adsorbiert wurde) bei Raumtemp. 1 Mol H_2 angelagert, das Reaktionsprod. nach Filtrieren mit W. verd. u. mit PAe. extrahiert, die PAe.-Lsg. zuerst mit wss., dann mit 95%ig. CH_3OH ausgezogen u. aus letzterem Extrakt öliges *1-Acetoxy-3.7-dimethyl-6-oxy-9-trimethylcyclohexenylnonatrien-(2.4.7)*, n_D^{21} 1,5140, $D.^{24}_4$ 0,9965, isoliert. — 1 dieser Verb. in 3 Voll. Toluol wird bei 93° Badtemp. zur Lsg. von 0,35 (Voll.) $POCl_3$ in 2 Pyridin + 4 Toluol gegeben u. 15 Min. gerührt, mit PAe. verd., auf Eis gegossen, die PAe.-Schicht mit $1nH_2SO_4$, $NaHCO_3$-Lsg., 92%ig. CH_3OH u. W. gewaschen, mit Na_2SO_4 getrocknet u. I als rotbraunes Öl, n_D^{20} ca. 1,560, erhalten. Reinigung durch Chromatographieren u. Kristallisation, z. B. aus $(CH_3)_2CO$ + Feinsprit. — I ist beständiger als der freie Alkohol. Als Antioxydans eignen sich z. B. bes. Tocopherole, die auch während der Synth. anwesend sein können. (**D. B. P. 839 353** Kl. 12o vom 26/11. 1949, ausg. 19/5. 1952. Schwz. Priorr. 18/10. 1945, 30/1. 1947 u. 27/2. 1948.) MÜLLER-MEININGEN. 4809

Upjohn Co., Kalamazoo, übert. von: **David I. Weisblat** und **Barney J. Magerlein**, Kalamazoo, Mich., V. St. A., *N^{12}-Arylsulfonylderivate der Folsäure.* Man läßt z. B. N^{12}-(p-Toluolsulfonyl)-pteroinsäurechlorid in wss.-alkal. Milieu mit einem Ester der Glutaminsäure reagieren, z. B. mit *l*(+)-Glutaminsäurediäthylester, u. erhält so den *Diäthylester* der *N^{12}-(p-Toluolsulfonyl)-folsäure.* — Zwischenprod. zur Herst. von *Folsäure.* (**A. P. 2 562 223** vom 31/7. 1948, ausg. 31/7. 1951.) BRÖSAMLE. 4809

Farbenfabriken Bayer, Leverkusen (Erfinder: **Ernst Auhagen** und **Johannes Schmid**, Wuppertal), *Gewinnung von Vitamin B_{12}*, dad. gek., daß man Mikroorganismen, z. B. Actinomyceten, auf Nährlsgg. wachsen läßt, dann, vorzugsweise nach Unterbrechung des Wachstums, ehe die Hauptmenge des Vitamins in die Nährlsg. übergetreten ist, die Zellen abtrennt u. aus diesen das Vitamin B_{12} durch Extraktion gewinnt. Diese geschieht mit W. oder wss. organ. Lösungsmitteln, aus denen das Vitamin nach den für die Anreicherung des Antiperniciosafaktors bekannten Verff., z. B. chromatograph., angereichert wird. (**D. B. P. 842 527** Kl. 30h vom 9/9. 1949, ausg. 26/6. 1952.) SCHINDLER. 4809

Glaxo Laboratories Ltd., Greenford, England, *3.5-Dijod-4-(4'-methoxyphenoxy)-N-acetyl-l-phenylalaninäthylester* dient als Zwischenprod. zur Herst. von *Thyroxin.* — Aus *l*-3.5-Dinitro-4-(4'-methoxyphenoxy)-N-acetylphenylalaninäthylester, H_2 u. Pd-Kohle in Eisessig bei 60—70° u. 75 at, bei anschließender Einw. von $NaNO_2$ + H_2SO_4 u. Rk. mit NaJ_3-Lösung. F. 138—139°; $[\alpha]_D$ +40°. (**Schwz. P. 277 300** vom 22/10. 1948, ausg. 1/12. 1951. E. Priorr. 23/10. 1947 u. 25/8. 1948.) LANGER. 4809

Franz Berger, Handbuch der Drogenkunde. Erkennung, Wertbestimmung u. Anwendung. Bd. 3: Fructus-Ligna. Wien, Düsseldorf: Maudrich. 1952. (VIII + 558 S. m. 245 Abb. u. 5 Taf.) 8°. DM 65,—.

—, Apotheker-Jahrbuch. Zugl. 37. Jg. d. Handbuchs d. Dt. Apothekerschaft. Bearb. v. d. Schriftl. d. Dt. Apotheker-Ztg. 1952. Stuttgart: Wissenschaftliche Verl.-Ges. 1951. (XIX + 599 S.) 8°. DM 22,—.

G. Analyse. Laboratorium.

R. J. Hader und **W. J. Youden**, *Experimentelle Statistiken.* Übersicht u. Hinweise auf die Literatur u. Methoden für die statist. Auswertung experimenteller Daten. — 154 Literaturzitate. (Analytic. Chem. **24.** 120—24. Jan. 1952. Raleigh, N. C., North Carolina State Coll., Inst. of Statistics, u. Washington, D. C., Nat. Bur. of Stand.) FRETZDORFF. 5000

Fritz Lieneweg, *Temperaturmeßfehler durch Aufbau und Einbau von Thermometern.* Um die Anzeigefehler, die durch inneren Aufbau u. Einbau der Thermometer bedingt sind, rechner. zu erfassen, führt Vf. den Begriff der „scheinbaren relativen Wärmeübergangszahl" in irgendeinem Medium ein, die er in Beziehung setzt zur inneren u. äußeren Wärmeübergangszahl u. zur Wärmeübergangszahl in Luft, u. berechnet daraus Kennzahlen für spezielle Thermometer. Zur weiteren prakt. Berechnung sind Kennzifferwerte u. Wärmeübergangszahlen einer Kurvenschar zu entnehmen. (Arch. techn. Mess. **1952.** 107—10. Mai. Karlsruhe, Siemens & Halske A. G., Werk für Meßtechnik.) Miething. 5016

Antoine-Pierre Rollet, *Über die genaue Bestimmung der Siedetemperatur von Gemischen. Experimentelle Anordnung und Korrekturen.* Die App. ist eine Weiterentw. der von Swietoslawski angegebenen. Sie vermeidet vor allem das Auftreten von Überhitzungserscheinungen. Wesentliches Merkmal ist an dieser Rückflußapp. der durch einen Widerstandsdraht auf ca. Kp.-Temp. geheizte Dampfraum. Durch eine Pumpe werden Fl. u. Dampf um ein in einem Dewar-Gefäß untergebrachtes Thermometer gespült, nach gewisser Zeit wird der Rückfluß abgestellt u. dann die Zeit gemessen, bis eine bestimmte Menge Fl. in eine Ampulle hineindestilliert. Am Beispiel eines *Bzl./Toluol*-Gemisches beschreibt Vf. die Kp.-Best., in dem in einem Diagramm die Tempp. als Funktion der pro Zeiteinheit kondensierten Fl. aufgetragen werden, u. zwar sowohl vom reinen Bzl. als auch vom Gemisch. In der Nähe des Kp. zeigt Bzl. einen geraden Kurvenverlauf, das Gemisch dagegen weist zunächst eine gekrümmte Kurve auf, die dann auch in eine Gerade übergeht. Diese Gerade wird rückwärts auf die Abscisse 0 extrapoliert, u. der Abstand Δ T zwischen dem Schnittpunkt der beiden Geraden mit der T-Achse gibt die Erhöhung des Kp. gegenüber dem des reinen Bzl. an. Die Meßgenauigkeit beträgt 0,002—0,003°. (C. R. hebd. Séances Acad. Sci. **234.** 2193 bis 2195. 26/5. 1952.) Roeder. 5020

M. T. Morra, *Ein neuer kontinuierlicher Extraktor für nichtmischbare Flüssigkeiten.* Die App. arbeitet nach dem gleichen Prinzip wie die bisherigen Verff., nur daß eine bes. intensive Mischung beider Phasen durch einen mechan. Rührer erzielt wird, der so einreguliert ist, daß die den zum Destillationskolben führenden Überlauf erreichende Fl. immer nur aus der leichteren Extraktionsmittelphase besteht. (Farmaco [Pavia] **6.** 249—51. März/April 1951.) Ippen. 5034

J. S. Hopwood, *Abtrennung flüchtiger Lösungsmittel. Ein leicht zu handhabender Apparat.* In einem aufgesetzten Rückflußkühler werden die Dämpfe des Lösungsm. kondensiert u. das Kondensat durch einen seitlichen Syphon abgeleitet. (Pharmac. J. **168.** [4] **114.** 180. 15/3. 1952.) Blumrich. 5038

Arnold Lassieur, *Die Ausrüstung des Laboratoriums.* Das Drage-Viscosimeter beruht auf der Messung der Torsion einer Feder, die an dem in Kugellagern drehbaren Stator des die Fl. rührenden Synchronmotors angreift. Es wird in 5 Modellen hergestellt mit Meßbereichen von 0,1—10000 Poisen u. einer Ablesegenauigkeit von $\pm 2^0/_{00}$. (Chim. analytique [4] **34.** 43—44. Febr. 1952.) Blumrich. 5040

Maurice Françon, *Doppelbrechungsinterferenzmikroskop mit Ringlichtquelle.* Kleine Abweichungen der opt. D. in durchsichtigen Objekten werden in dem beschriebenen Instrument durch Auftreten verschied. Farben, für die das Auge bes. empfindlich ist, gut sichtbar. Eine dünne, senkrecht zur opt. Achse geschnittene Platte eines einachsigen Kristalls liegt zwischen Objekt u. Objektiv. Polarisiertes Licht geht von einer ringförmigen Blende aus durch das Mikroskop u. einen gekreuzt stehenden Analysator. Die Purpurfarbe des bei richtiger Wahl der Blende aus Teilen der Enden des sichtbaren Spektr. zusammengesetzten Lichtes ändert sich dann empfindlich mit der opt. D. des Objekts. — Berechnung der Plattendicke, Anwendung auf undurchsichtige Objekte (Metallographie). (Rev. Opt. théor. instrument. **31.** 170—76. April 1952.) Blumrich. 5056

H. Kaiser, *Über ein „vollständiges" Rechengerät für spektrochemische Analysen.* Ein Rechengerät für die Absorptionsspektralphotometrie wird beschrieben. Es gestattet, aus den Meßwerten die Konzz. der Komponenten in Mehrstoffsystemen oder Stoffgemischen auf halbautomat. Wege zu bestimmen. Die mathemat. Theorie ist schemat. dargestellt, u. daraus ergibt sich der Aufbau des Gerätes. (Spectrochim. Acta [London] **4.** 351—65. 1951. Dortmund, Staatl. Materialprüfungsamt Nordrhein-Westfalen, Spektrochem. Labor.) D. Brück. 5063

R. St. J. Emery, *Ein Apparat für die quantitative spektrographische Analyse in kontrollierter Atmosphäre.* Beschreibung einer Elektrodenkammer aus Glas mit Quarzfenster zur Anregung von Spektren in einer beliebigen Atmosphäre oder unter vermindertem Druck. (Spectrochim. Acta [London] **4.** 513—15. 1952. Ettingshall, Wolverhampton, G. K. N. Res. Labors.) Eichhoff. 5063

R. O. Scott und **A. M. Fraser,** *Elektrodenklammern für die spektrochemische Analyse.* Beschreibung einer einfachen, leicht auseinander nehmbaren Elektrodenklammer, die durch eine Feder gewünschter Stärke zusammengehalten wird. (Spectrochim. Acta [London] **4.** 472. 1952. Craigiebuckler, Aberdeen, Macaulay Inst. for Soil Res.) Eichhoff. 5063

G. W. J. Kingsbury und **R. B. Temple,** *Ein neuer Elektrodenhalter zum Betrieb eines Kohlebogens in inerter Atmosphäre.* Beschreibung von zwei einfachen Typen von Elektrodenhaltern, von welchen der eine völlig geschlossen u. mit Lichtaustrittsfenstern sowie Ein- u. Auslaßstutzen für das Inertgas versehen ist, während bei dem anderen das Gas durch einen durchbohrten Elektrodenträger in die Kammer eintritt u. aus zwei nicht verschlossenen Öffnungen, die gleichzeitig dem Lichtaustritt dienen, austritt. (Spectrochem. Acta [London] **4.** 473—75. 1952. Teddington, Chem. Res. Labor.) Eichhoff. 5063

Georges Déjardin und **Joseph Janin,** *Herstellung einer Quecksilberlampe hoher Leistung für photochemische Zwecke.* Die für Chlorierungen, Photoprint-Verff. usw. gedachte Hg-Entladungslampe hat folgende Daten: Länge 134 cm, Durchmesser 28 mm, Leistung 3 kW, Brennspannung u. -strom 570 V, 8 A, Hg-Druck ca. 0,5 at. (J. Physique Radium **13.** 34 S. April 1952.) Rudolph. 5063

M. B. Hall und **R. G. Nester,** *Ein konzentrierter Zirkoniumbogen als Infrarotquelle für Infrarotspektroskopie.* Abänderung der handelsüblichen 100 Watt-Zr-Lampe mit konz. Bogen durch Einbau der Elektroden in einen Lampenkörper aus Glas, der mit einem Kühlmantel versehen u. durch ein mit Glyptal aufgekittetes Fenster aus Steinsalz oder Tl-Bromid-Jodid abgeschlossen u. mit Ar gefüllt ist. Diese Lampen haben sich in jahrelangem Gebrauch als ausgezeichnete, punktförmige Infrarotquellen, bes. für die Infrarot-Mikrospektroskopie, bewährt. (J. opt. Soc. America **42.** 257—58. April 1952. Wilmington, Delaware, E. I. du Pont de Nemours and Co., Chem. Dep.) Eichhoff. 5063

A. Walsh, *Echelette-Zonenplatten zur Verwendung für die Spektroskopie im fernen Infrarot.* Diskussion der Verwendung von Echelette-Zonenplatten zur Fokussierung von Infrarotstrahlung des Wellenbereiches 50—500 μ u. Angabe des Prinzips eines damit aufgebauten Infrarotspektrometers. (J. opt. Soc. America **42.** 213. März 1952. Melbourne, Australia, Sci. and Ind. Res. Organis., Div. of Ind. Chem., Chem. Phys. Sect.) Eichhoff. 5063

Earle K. Plyler und **Joseph J. Ball,** *Filter für den Infrarotbereich.* Messung der Infrarotdurchlässigkeit von Aufdampfschichten aus *Te*, *Bi*, *Sb* u. *MgO*. Diese Filter sind im Sichtbaren undurchlässig u. haben kurzwellige Begrenzungen von 1—3 μ. Durch Aufrauhen der Oberfläche von Spiegeln aus Ag u. Ag_2S wurden Reflexionsfilter für den Bereich von 10—40 μ hergestellt. (J. opt. Soc. America **42.** 266—68. April 1952. Washington, D. C., Nat. Bur. of Stand.) Eichhoff. 5063

Charles E. White, *Fluorometrische Analyse.* **Überblick über die von Oktober 1949** bis Okt. 1951 veröffentlichte Literatur, App. u. Anwendung der fluorometr. Analyse. — 180 Literaturangaben. (Analytic. Chem. **24.** 85—90. Jan. 1952. College Park, Md., Univ. of Maryland.) Fretzdorff. 5063

W. J. Blaedel und **H. V. Malmstadt,** *Direkt anzeigender und Differentialfrequenzmesser für Hochfrequenztitrationen.* (Vgl. C. **1951.** I. 3542.) Vff. beschreiben ausführlich unter Angabe von Schaltzeichnungen u. Einzelteillisten ein Gerät, das unmittelbar die Impulsfrequenz sowie deren Differentialquotienten mit der Zeit abzulesen gestattet. Hochfrequenztitrationen können damit leicht u. zuverlässig u. bei scharfem Endpunkt mit einem Gerätefehler von $<0{,}1\,\%$ ausgeführt werden. (Analytic. Chem. **24.** 450—54. März 1952. Madison, Wis., Univ. of Wisconsin.) Weitbrecht. 5066

W. J. Blaedel und **H. V. Malmstadt,** *Auswahl des Endpunktes bei Hochfrequenztitrationen. Vergleich des differentiellen und gewöhnlichen Verfahrens.* (Vgl. vorst. Ref.) An der titrimetr. Best. von *NaCl* mit n/10 $Hg(NO_3)_2$, von *KSCN* mit 0,02n $AgNO_3$ u. von $NaOH + Na_2CO_3$ mit 0,025n HCl zeigen Vff., daß die Endpunktsbest. bei dem direkten Verf. meist infolge einer geringen Krümmung der Frequenzkurve ungenau ist. Als Verbesserung wird die Differentialtitrationsmeth. vorgeschlagen, nach der man in der Nähe des Endpunktes bei tropfenweiser Zugabe der Meßlsg. die Frequenzdifferenz gegen das Vol. bestimmt. Zur Vereinfachung dieses Verf. dient weiter ein selbstregistrierendes Milliamperemeter in Verb. mit einer näher beschriebenen Bürette von einstellbar konstanter kleiner Zulaufgeschwindigkeit, die in der Nähe des Endpunktes gewählt wird. So ist das Differentialverf. sehr zeitsparend u. besitzt eine Genauigkeit von 0,01—0,02 ml. (Analytic. Chem. **24.** 455—59. März 1952.) Weitbrecht. 5066

V. A. Stenger, *Anforderungen an Redoxurtitersubstanzen.* Diskussion der von SÖRENSEN, MCBRIDE u. KOLTHOFF aufgestellten allg. Erfordernisse für Redoxstandards an den Beispielen von $Na_2C_2O_4$, As_2O_3, KJ, KJO_3, $KBrO_3$ u. $K_2Cr_2O_7$. Außer der Reinheit u. Haltbarkeit ist die Anwendbarkeit für bestimmte Zwecke durch genaue quantitative Unterss. der Umsetzungen sicherzustellen. (Analytic. Chem. **23.** 1540—43. Nov. 1951. Midland, Mich., Dow Chem. Co.) BLUMRICH. 5070

F. W. Pritchard, *Ein modifizierter „thermischer Leitfähigkeits"-Gasanalysator zur Messung von Methan in Luft oder Kohlendioxyd.* Die Verwendung eines konvektiven an Stelle eines konduktiven Wärmetransportes vom Heizdraht des Gasanalysators, der die Wärmeleitfähigkeit mißt, gestattet unter bestimmten Umständen die Best. einer 3. Gaskomponente in Ggw. von 2 bekannten anderen Gasen. Dieses Prinzip wird auf die Best. von Methan in Ggw. von N_2–CO_2–O_2-Mischungen, auf die Best. von CO_2 in Ggw. von Luft + Methan, Luft + Wasserdampf u. Luft + H_2-Gemischen angewendet. (J. sci. Instruments **29.** 116—17. April 1952. Cheltenham, Gloucestershire, National Coal Board Central Res. Establ., Stoke Orchard.) FRETZDORFF. 5088

a) Elemente und anorganische Verbindungen.

Philip W. West, *Anorganische Mikrochemie.* (Vgl. C. **1952.** 1213). Allg. Überblick über die im letzten Jahr veröffentlichten verbesserten u. neuen Methoden in der anorgan. Mikroanalyse. — 394 Literaturangaben. (Analytic. Chem. **24.** 76—85. Jan. 1952. Baton Rouge, La., Louisiana State Univ., Coates Chem. Labors.) FRETZDORFF. 5100

Clement J. Rodden und Clara Gale Goldbeck, *Anorganisch-volumetrische Analyse.* (Vgl. C. **1951.** I. 3092.) Allg. Überblick über die neueren (1950/51) Titrationsverff. in der anorgan. analyt. Chemie. — 248 Literaturangaben. (Analytic. Chem. **24.** 102—08. Jan. 1952. New Brunswick, N. J., U. S. Atomic Energy Commiss.) FRETZDORFF. 5100

R. Freier, *Chemische Sauerstoffbestimmung in wässerigen Lösungen mit o-Tolidin.* 5—100 γ O_2/Liter lassen sich in wss. Medium gut mit o-Tolidin als Redoxindicator colorimetr. bestimmen. Vf. teilt die Grundlagen u. Vorschriften für die Herst. der Eichkurven u. für die Ausführung der Best. mit u. diskutiert die Funktion der Mn^{2+}-Ionen bei der Reaktion. (Chemiker-Ztg. **76.** 340—43. 25/5. 1952. Berlin-Dahlem, KWI. für physikal. Chem. u. Elektrochem.) MOSLÉ. G 239

A. D. Horton, P. F. Thomason und F. J. Miller, *Spektralphotometrische Bestimmung von anorganischem Fluorid.* Die auf Zugabe von „*Thoron*"-Reagens (*1-[o-Arsonophenylazo]-2-naphthol-3.6-disulfonsäure*) zu $Th(NO_3)_4$-Lsg. eintretende Rotfärbung wird durch Fluoridionen abgeschwächt (vgl. THOMASON, PERRY u. BYERLY, Analytic. Chem. **21.** [1939.] 1239). Diese Rk. wird zur spektralphotometr. Fluoridbest. im Bereich von 0—50 μg herangezogen. Der Fehler der Best. beträgt $\pm 4\%$. — Aus der Probe (bis 2 cm^3) wird das Fluor mit 0,75 cm^3 70%ig. $HClO_4$ in Ggw. einiger Quarzsplitter bei 125—135° mit Wasserdampf abdestilliert. Das über einem NaOH-Plätzchen aufgefangene Destillat (12 cm^3) wird mit 0,35 cm^3 konz. HCl auf p_H ca. 2 angesäuert, mit einigen Kristallen KJ versetzt u. 3 Min. stehengelassen. Dann gibt man 0,1 cm^3 85%ig. Hydrazinhydrat, 1,0 cm^3 $Th(NO_3)_4$-Lsg. (120 μg Th^{4+}/cm^3) u. 0,375 cm^3 0,2%ig. Thoronreagenslsg. hinzu, füllt mit dest. W. auf 15 cm^3 auf u. vergleicht nach 15 Min. die Färbung in einem Spektralphotometer bei 545 mμ mit einer dieselben Mengen Reagens u. konz. HCl enthaltenden Vergleichslösung. Der Fluoridgeh. wird einer Eichkurve entnommen, die dem BEERschen Gesetz nicht gehorcht. Die Gesamtdauer einer Analyse einschließlich Wartezeit vor der Photometrierung beträgt 40 Minuten. (Analytic. Chem. **24.** 548—50. März 1952. Oak Ridge, Tenn., National Labor., Analytic. Chem. Div.) FORCHE. G 246

Leonard P. Pepkowitz und Edwin L. Shirley, *Mikronachweis von Schwefel.* Die zu untersuchende Substanz wird mit einem Gemisch von 160 ml konz. HCl + 100 ml 47%ig. HJ + 40 ml 30%ig. H_3PO_2 gekocht, dabei der in der Substanz enthaltene S, gleichgültig, ob als SO_4'', S'' oder elementarer S vorliegend, zu H_2S reduziert. Der H_2S wird in einer sauren Ammoniummolybdat/KSCN-Lsg. aufgefangen u. red. das Molybdat zu rotem Mo-Rhodanid. Mit Hilfe dieser Rk. läßt sich noch 0,5 γ S nachweisen. Weder CH≡CH noch SO_2 rufen eine Rotfärbung der Reagenslsg. hervor. As, Sb, Se u. Te stören nicht, falls sie nicht in flüchtige Verbb. übergeführt werden. Nitrate dürfen nicht anwesend sein, da sie H_2S zu S oxydieren. Einige organ. Substanzen, wie z. B. Thiophen, müssen vor der Red. mit CuO verbrannt werden. (Analytic. Chem. **23.** 1709—10. Nov. 1951. Schenectady, N. Y., Knolls Atomic Power Labor., General Electric Co.) FRETZDORFF. G 253

Boleslaw L. Dunicz und **Terkel Rosenqvist**, *Bestimmung von Mikrogrammengen von Sulfidschwefel.* Die beschriebene Meth. beruht auf der Oxydation von H_2S zu Sulfat mit Kaliumhypochlorit u. Best. des Sulfats nach den üblichen Verfahren. Die systemat. Unters. der Oxydation von S^{2-} zu SO_4^{2-} zeigt die Abhängigkeit dieser Rk. von p_H u. Temperatur. Bei p_H 8—11 u. 14—15 ist die Oxydation quantitativ, im dazwischenliegenden p_H-Bereich verläuft sie unvollständig, u. es scheidet sich koll. S aus. Bei 0° u. p_H 12 werden nur ca. 50% des vorhandenen Sulfidschwefels zu Sulfat oxydiert. Am günstigsten für analyt. Arbeiten ist eine Hypochloritlsg. vom p_H 14,4. Die Meth. ist immer dann anwendbar, wenn der S als H_2S vorliegt oder in H_2S übergeführt werden kann. (Analytic. Chem. **24**. 404—06. Febr. 1952. Chicago, Ill., Univ., Inst. for Study of Metals.) FRETZDORFF. G 253

Clark E. Bricker und **Philip B. Sweetser**, *Photometrische Bestimmung von Mikromengen Arsen.* Ce^{IV}-Ionen zeigen eine starke Absorptionsbande bei 320 mμ, während Ce^{III}-, As^{II}- u. As^{V}-Ionen in diesem Gebiet nicht absorbieren. Diese Tatsache erlaubt die Anwendung des UV-Bereiches für die photometr. Endpunktsbest. bei der Titration geringer As-Mengen mit Ce(IV)-Sulfat. Die Genauigkeit dieser Meth. beträgt 1—2°/₀₀ Die für diese Best. benötigte sehr verd. Ce(IV)-Sulfatlsg. (10^{-4} n.) ist nach geeigneter Vorbereitung ca. 2 Monate haltbar. (Analytic. Chem. **24**. 409—11. Febr. 1952. Princeton, N. J., Univ.) FRETZDORFF. G 265

Robert E. Eckel, *Eine photometrische Chloroplatinatmethode zur Ultramikrobestimmung von Kalium.* Nachdem das organ. Material der zu untersuchenden Substanz verascht ist, wird K als K_2PtCl_6 mit einem bekannten Überschuß von H_2PtCl_6 gefällt. Der Überschuß der H_2PtCl_6 wird mit Essigester/Butanol extrahiert u. quantitativ durch die Lichtabsorption des Reagenses bei 264 mμ bestimmt. Fehler ca. 1,3—8% entsprechend der vorhandenen K-Menge. (J. biol. Chemistry **195**. 191—97. März 1952. Cleveland, O., Western Reserve Univ., School of Med., Dep. of Biochem.) FRETZDORFF. G 275

Russell H. Atkinson, Joseph Steigman und **C. F. Hiskey**, *Analytische Chemie von Niob und Tantal. Kritische Analyse der vorhandenen Methoden.* Krit. Übersicht über die für die Trennung von Nb u. Ta gebräuchlichen Methoden. Vff. diskutieren die infolge des koll. Charakters der Lsgg. u. der Ndd. sowie der durch die chem. Ähnlichkeit der Elemente notwendigen doppelten Fällungen auftretenden groben Fehler in der Best. von 2 Nb–Ta-Mineralien. Zur Behebung der Schwierigkeiten wird vorgeschlagen, die Trennung in nichtwss. Phase vorzunehmen. (Analytic. Chem. **24**. 477—80. März 1952. Brooklyn, N. Y., Polytechnic Inst. of Brooklyn.) WEITBRECHT. G 332

b) Organische Verbindungen.

C. O. Willits und **C. L. Ogg**, *Organische Mikrochemie.* (Vgl. C. **1951**. II. 2230.) Allg. Überblick über die in den Jahren 1950/1951 veröffentlichten Verbesserungen u. neuen Verff. in der qualitativen u. quantitativen organ. Mikroanalyse. — 164 Literaturangaben. (Analytic. Chem. **24**. 70—76. Jan. 1952. Philadelphia, Pa., Eastern Reg. Res. Labors.) FRETZDORFF. 5350

R. Belcher und **R. Goulden**, *Analysen für die Industrie.* (Vgl. C. **1952**. 4664.) Beschreibung verschied. für die Technik geeigneter Verff. zur Best. von C, H u. F in fluorhaltigen organ. Verbb. an Hand der Literatur (29 Zitate). (Ind. Chemist **27**. 511—13. Nov. 560—62. Dez. 1951.) P. ECKERT. 5352

A. J. Monte Bovi, A. Halpern, H. Koretsky und **T. Dunne**, *Die Mikrobestimmung von Halogenen.* Die organ. Substanz wird mit Na-Äthylat zers. u. anschließend das Halogen potentiometr. durch Titration mit 0,01n $AgNO_3$ bestimmt. (Amer. J. Pharmacy Sci. support. publ. Health **124**. 12—16. Jan. 1952. Brooklyn, N. Y., E. Fougera Co., Inc., u. St. John's Coll. of Pharm.) FRETZDORFF. 5352

Riyoichi Hayatsu, *Mikroanalyse von Nitroverbindungen.* 2. Mitt. *Mikrovolumetrische Bestimmung von Nitration.* (Vgl. J. Pharmac. Soc. Japan **70**. [1950.] 376.) Der Zusatz von *$FeSO_4$* bei der Zn-Staubred. des NO_3' zu NH_3 gibt der Mikro-KJELDAHL-Meth. für Nitratbest. zuverlässige Genauigkeit. Bei 3—5 mg Einwaage 0,06 maximale Differenz in den %-Werten, für NO_3'. — 3—5 mg der Probe werden im Mikro-KJELDAHL-Kolben (vgl. PREGL u. ROTH, Die quantitative organ. Mikroanalyse, 1947) in wenig dest. W. gelöst u. 1,2 g NH_3-freier Zn-Staub u. 0,7 g $FeSO_4$ zugegeben; die Vorlage enthält 5 cm³ 0,01n HCl (gegenüber dem zu erwartenden NO_3' in geringem Überschuß) u. 1 Tropfen Methylrot. Nach Zugabe von 15 cm³ 40%ig. NaOH wird nach KJELDAHL verfahren. Dauer ca. 10 Minuten. (J. pharmac. Soc. Japan [Yakugakuzasshi] **71**. 207—08. März 1951. Sankyo Co. Ltd., Takamine Res. Labor. [Orig.: japan.]) SCHULER. 5352

K. G. Cunningham, William Dawson und **F. S. Spring**, *Mikrobestimmung der Molekulargewichte von Pikraten durch eine spektrophotometrische Methode.* Es wird eine Meth.

zur Best. des Mol.-Gew. eines Pikrates durch Unters. seiner Lichtabsorption im UV beschrieben. An einer Reihe von *Monopikraten*, u. zwar von *Acenaphthen*, *1-Bromnaphthalin*, *2-Methoxynaphthalin*, *2.5-Dichloranilin*, *Chinolin*, *8-Oxychinolin*, *Adenin*, *2-Methylpyridin*, *1-Methylmorpholin*, *4-Methylglyoxalin*, *Carbazol*, *Cocain*, *Narcotin* *Strychnin*, *Vermicin* u. *Cordycepin* wurde die Brauchbarkeit der Meth. geprüft. Der für Cordycepinpikrat gefundene Wert entspricht einem Mol.-Gew. von 251 für Cordycepin, was mit der vom Vf. früher (C. **1951**. I. 3206) angenommenen Formel $C_{10}H_{13}O_3N_5$ übereinstimmt. (J. chem. Soc. [London] **1951**. 2305—06. Sept. Glasgow, Royal Techn. Coll.) GOTTFRIED. 5364

Peter C. Markunas und John A. Riddick, *Titrimetrie in Eisessig. Bestimmung von Cholinsalzen von Carbonsäuren.* Das Cholinsalz wird in Eisessig gelöst u. mit 0,1n$HClO_4$ titriert. Der Endpunkt der Titration wird entweder potentiometr. oder mit Kristallviolett als Indicator bestimmt. Handelt es sich um eine wss. Lsg. des Cholinsalzes, gibt man zu der essigsauren Lsg. noch Essigsäureanhydrid hinzu. Genauigkeit der Meth. $\pm$0,2%. Angabe von Beleganalysen für *Cholindihydrogencitrat*, *Cholingluconat*, *Cholinbicarbonat* u. *Cholinhydrogentartrat*. (Vgl. hierzu C. **1952**. 4504.) (Analytic. Chem. **24**. 312—13. Febr. 1952. Terre Haute, Ind., Commercial Solvents Corp., Res. and Develop. Dep.) FRETZDORFF. G 920

K. Heyns und W. Walter, *Beitrag zur Papierchromatographie von Glycylpeptiden.* Vff. fanden in ihren Unterss. an Glycylpeptiden in Übereinstimmung mit den Arbeiten anderer Autoren, daß der Fleck des Hexaglycins über den des Pentaglycins hinausläuft. Dies konnte jedoch nur auf WHATMAN-Papier Nr. 1 festgestellt werden, nicht auf SCHLEICHER & SCHÜLL-Papier. Die Unterss. wurden auf Nonaglycin ausgedehnt. Hier war auch auf WHATMAN-Papier mit Ninhydrin keine Färbung mehr zu beobachten, deutlicher kam hier jedoch die Neigung der Glycylpeptide zu stärkerer „Schweif"-Bldg. mit steigender Zahl der Glycylreste zum Vorschein. Die Vermutung einer abbauartigen Zers. des Nonaglycins auf dem Papier konnte durch Partialhydrolyse des Eluats u. erneutes Chromatographieren widerlegt werden. Die Nichtfärbbarkeit mit Ninhydrin u. Bldg. von „Schleiern" oder „Untergrundfärbungen" wird vermutlich von einer Überlagerung durch Gemische höherer Polypeptide herrühren. (Naturwissenschaften **39**. 64. Febr. 1952. Hamburg, Univ., Chem. Inst.) ENDRASS. G 950

Raymond Allouf und Michel Macheboeuf, *Papierchromatographie durch gleichzeitige Verwendung von zwei beweglichen Phasen.* Vff. knüpfen an die papierchromatograph. Arbeitsweise von CARTER (C. **1952**. 111) an, der gleichzeitig zwei bewegliche Phasen (5%ig. wss. KH_2PO_4-Lsg. u. wassergesätt. Isoamylalkohol) auf das Papier einwirken läßt. Mit *Cholin*, *Atropin*, *Codein*, *Thebain* u. *Narcotin* bzw. mit den von CARTER selbst benutzten Verbb. *Hypoxanthin*, *Adenosin*, *Thymin* u. *Cytidin* wird das Verf. krit. nachgeprüft. Nach dem Ergebnis der Verss. bietet das Verf. von CARTER gegenüber der älteren Arbeitsweise mit einer wss. Phase keinen Vorteil. Vff. haben vielmehr festgestellt, daß bei dem 2-Phasensyst. die Schichtdicke des Isoamylalkohols, in den das Papier eingetaucht wird, u. die Länge der von der beweglichen Phase durchlaufenen Front die Stellung der Flecke wesentlich beeinflussen kann u. veränderte Versuchsbedingungen zu völlig unterschiedlichen Ergebnissen führen. Gestützt auf einige Modellverss. empfehlen Vff. eine neue, ebenfalls auf einem 2-Phasensyst. beruhende Meth., die gewissermaßen durch einen sogenannten „Gegenstrom" eine gute Trennung ermöglicht. (Bull. Soc. Chim. biol. **34**. 215—27. Jan./Febr. 1952. Paris, Inst. Pasteur.) POHLOUDEK-FABINI. G 3272

Robert R. Redfield und E. S. Guzman Barron, *Quantitative Bestimmung von Aminosäuren in Eiweißhydrolysaten durch Papierchromatographie.* Vff. beschreiben eine Meth. der quantitativen Best. von papierchromatograph. getrennten Aminosäuren aus Totalhydrolysaten. Die Papierchromatographie erfolgt absteigend eindimensional auf Streifen von 60 cm Länge mit einer Reihe von Alkoholgemischen [85% n-Butanol–15% W.; 80% Äthanol–20% W. mit 0,5% Harnstoff (I); 83% Methanol (II)–15% W.–2% Eisessig mit 0,5% I; 80% II–18% W.–2% 2.4-Lutidin mit 0,5% I; 80% II–20% W. mit 0,10% Dimethylamin (alle Angaben in Vol.-%)]. Die Anfärbung erfolgt nach einer von Vff. modifizierten Ninhydrin-Rk. (bzw. Isatin-Rk. für Prolin). Ausgewertet werden die Chromatogramme durch direkte Photometrierung der Flecken auf dem Papier. Die angeführten Entwicklergemische gestatten eine Trennung u. Best. von: *Arginin*, *Lysin*, *Cystin*, *Histidin*, *Asparaginsäure*, *Glutaminsäure*, *Glykokoll*, *Serin*, *Oxyprolin*, *Threonin*, *Alanin*, *Prolin*, *Tyrosin*, *Tryptophan*, *Valin* (**III**), *Methionin*, *Phenylalanin* (**IV**), *Isoleucin* (**V**), *Leucin* (**VI**). Der mittlere Fehler der Einzelbest. beträgt $\pm$**4,36**% bei 52 Bestimmungen. Es wird die Bausteinanalyse von Rinderserumalbumin sowie eines synthet. Gemisches von **III, IV, V, VI** angeführt. (Arch. Biochem. Biophysics **35**. 443—61. Febr. 1952. Chicago, Ill., Univ., Dep. of Med., Chem. Div.) NEHRING. G 4070

d) Medizinische und toxikologische Analyse.

H. Lestradet und **E. Azérad,** *Die Bestimmung des Chlors in Organflüssigkeiten. Eine schnelle, am Krankenbett anwendbare Methode.* Der *Cl*-Geh. in Organ-Fll. wird durch Titration mit $Hg(NO_3)_2$-Lsg. u. Diphenylcarbazon als Indicator bestimmt. Vff. beschreiben eine einfache, transportable Titrationsanordnung, die die Ausführung der Best. am Krankenbett gestattet. (Presse méd. **60.** 373. 19/3. 1952. Paris, Hôpital Beaujon; Inst. national d'Hygiene.) FRETZDORFF. 5725

Paul Green und **Eunice Wade,** *Bestimmung des wahren Blutzuckers mit Anthron.* 0,1 ml Blut wird mit 5 ml 5%ig. Trichloressigsäure enteiweißt u. im klaren Filtrat der Geh. des Blutzuckers colorimetr. mit DREYWOODs Anthronreagens bestimmt. (Canad. med. Assoc. J. **66.** 175. Febr. 1952. Winnipeg, Man., Deer Lodge Hospital, Dep. of Veteran's Affairs.) FRETZDORFF. 5727

Liese L. Abell, Betty B. Levy, Bernard B. Brodie und **Forrest E. Kendall,** *Eine vereinfachte Methode zur Bestimmung des Gesamtcholesterins im Serum und der Nachweis ihrer Spezifität.* Das zu untersuchende Serum wird mit alkoh. KOH auf 37—40° erwärmt, um das Cholesterin (I) in Freiheit zu setzen. Anschließend wird I mit einem gemessenen Vol. PAe. extrahiert. In einem aliquoten Teil des Extraktes wird nach dem Verdampfen des PAe. I mit der Farb-Rk. nach LIEBERMANN-BURCHARD bestimmt. Daß diese Meth. sehr spezif. ist für I, weisen Vff. mit Hilfe der Gegenstromverteilungsmeth. nach. Ein Vgl. mit der Meth. von SCHOENHEIMER-SPERRY zeigt gute Übereinstimmung der Ergebnisse. (J. biol. Chemistry **195.** 357—66. März 1952. New York, Columbia Univ., Med. Div.; New York Univ., Med. Div.; Goldwater Memorial Hospital, u. Bethesda, Md., National Heart Inst., National Inst. of Health.) FRETZDORFF. 5728

T. Y. Toribara und **P. S. Chen jr.,** *Trennung von Beryllium aus biologischem Material.* Für die Unterss. wurde das Radioisotope ^{7}Be, trägerfrei in Mengen $<10^{-10}$ g angewendet. Nach der Veraschung des organ. Materials (*Blut, Knochen, Gewebe*) auf nassem Wege wurde das Be durch elektrolyt. Abscheidung der andern Kationen an der Hg-Kathode abgetrennt. Lediglich Al bleibt beim Be. Eine weitere Trennung erreicht man durch Ausschütteln des Be-Acetylacetonats mit Bzl. u. Reextraktion des Be mit HCl. Al braucht nicht abgetrennt zu werden, wenn weiterhin nach der Morin-Meth. gearbeitet wird. (Analytic. Chem. **24.** 539—42. März 1952. Rochester, N. Y., Univ., School of Med. and Dent.) FRETZDORFF. 5750

M. Sebryuns und **A. Lagasse,** *Neuer Beitrag zum histochemischen Studium der Thalliumvergiftung. Nachweis des Giftes im Polarisationsmikroskop.* Der histochem. Nachw. von Tl als TlJ kann mit einem Polarisations- oder Elektronenmikroskop besser als mit einem Lichtgerät durchgeführt werden. Beschreibung der Methode. (Ann. Méd. légale Criminol. **31.** 469—73. Okt./Nov./Dez. 1951. Gand, Univ., Labor. de Méd. lég., d'Histolog. et de Physique.) KRUSEN. 5764

Karl Hinsberg u. **Richard Merten,** Chemische Bestimmungsmethoden im klinischen Laboratorium und ihre Auswertung in der Praxis. München, Berlin: Urban & Schwarzenberg. 1952. (VII + 291 S. m. 42 Abb.) 8°. DM 18,60.

Bruno Lange, Colorimetrische Analyse. 4. neubarb. u. erw. Aufl. Unter Mitw. v. **Hermann Hirschmüller** u. **Karl Menzel,** Weinheim/Bergstr.: Verl. Chemie. 1952. (XXIII + 395 S. m. 104 Abb. u. 18 Tab.) gr. 8°. DM.23,80.

Walther Adolf Roth, Refraktometrisches Hilfsbuch. Begr. v. **W. A. Roth** u. **F. Eisenlohr,** neubear. v. **Fritz Eisenlohr** u. **Fritz Löwe.** 2. verb. Aufl. Berlin: de Gruyter. 1952. (X + 145 S. + 12 S. m. 35 Abb. u. 1 Taf.) 8° = Arbeitsmethoden d. modernen Naturwissenschaften. DM 18.—.

H. Angewandte Chemie.

I. Allgemeine chemische Technologie.

L'Air Liquide, Soc. An. pour l'Étude et l'Exploitation des Procédés Georges Claude, (Erfinder: **Alfred Étienne**), Paris, *Zerlegung von Gasgemischen* (I) **durch Kälte, bei denen** der Wärmeaustausch zwischen dem I u. den abgeschiedenen Gasen erfolgt, dad. gek., daß die unmittelbare Berührung nur mit einem Teil eines der abgeschiedenen Gase erfolgt, wobei der übrige Teil dieses Gases in unmittelbare Berührung mit der Füllmasse eines der Regeneratoren oder der Austauscher über die ganze Höhe desselben strömt. Bei der Zerlegung von Luft kann man so in einem üblichen, in einem Regenerator untergebrachten Temperaturaustauscher einen Teil des abgeschiedenen N_2 strömen lassen, der hierdurch außen zurückgewonnen wird, ohne seine Reinheit einzubüßen. — Arbeitsschema. (**D. B. P. 842 358** Kl. 17g vom 4/1. 1951, ausg. 26/6. 1952. F. Prior. 4/1. 1950.) SCHINDLER. 5855

Directie van de Staatsmijnen in Limburg, Heerlen (Erfinder: **Pieter Jan Haringhuizen,** Geleen), Holland, *Zerlegung von Gasgemischen durch fraktionierte Kondensation* unter Druck in Verbindung mit Wiederverdampfung der kondensierten Fraktionen, dad. gek., daß man die Kondensatmengen, die unter höheren Drucken verdampfen, ebenso wie die Drucke derart wählt, daß dem Kältedefizit auf der hohen Temperaturseite ein Kälteüberschuß auf der niederen Temperaturseite gegenübersteht. Bei der Zerlegung von Koksofengas, bei der ein Teil der fl. CH_4-Fraktion bei höherem als n. Druck verdampft wird, soll der Gesamtdruck z. B. über 20 at sein, so daß die Kälteverluste z. B. bei —75° mit Hilfe von Kälte gedeckt werden, die durch Expansion der unter höherem als n. Druck verdampften CH_4-Fraktion unter äußerer Arbeitsleistung frei wird. — Diagramme, Zeichnungen. (**D. B. P. 847 292** Kl. 17g vom 8/1. 1949, ausg. 21/8. 1952. F. Prior. 22/2. 1944.) SCHINDLER. 5857

L'Air Liquide, Soc. An. pour l'Étude et l'Exploitation des Procédés Georges Claude (Erfinder: **Alfred Étienne**), Paris, *Trennung von Gasgemischen* (I) *durch Rektifikation.* Ein fl. I, das am Ende einer Hochdruckkolonne aufgefangen wurde, wird auf einen mittleren Druck entspannt u. in Wärmeaustausch mit dem rektifizierenden Gas gebracht, u. zwar bei einer Temp., die niedriger als die des I ist vor der Entspannung, worauf das durch diese Verdampfung erzeugte I, gegebenenfalls nach teilweiser Wiedererwärmung, durch äußere Arbeitsleistung entspannt wird. Anwendung bei der Trennung von Luft in N_2 u. O_2. — Zeichnung. (**D. B. P. 842 213** Kl. 17g vom 1/3. 1949, ausg. 23/6. 1952.) SCHINDLER. 5857

Johann Köttermann, Hänigsen, und **Günter Schaper,** Lehrte (Hann.), *Auflösen von Schäumen* auf sd. Flüssigkeitsoberflächen, dad. gek., daß oberhalb der Siedeoberfläche der Schaum durch ein abfallendes ungekühltes Rohr abgenommen, zerstört u. außerhalb der Beheizung dem Kessel von unten als Fl. wieder zugeführt wird. — Vorrichtung. (**D. B. P. 824 789** Kl. 12a vom 18/8. 1950, ausg. 13/12. 1951.) SCHINDLER. 5865

Danly Machine Specialties, Inc., übert. von: **James C. Danly,** River Forest, und **Vasil Georgeff,** Chicago, Ill., V. St. A., *Herstellen von festen Bremsscheiben.* Ein geflochtenes Asbestband mit metall. Verstärkungsfäden von größerer Breite als die Dicke der fertigen Scheibe wird mit wärmehärtbarem Bindemittel (I), dem feinverteiltes Blei zugesetzt ist, getränkt u. das Band spiralförmig zu einer Scheibe fest aufgewickelt. Bei gleichbleibendem Durchmesser wird die Scheibendicke unter Druck zusammengepreßt, der Überfluß an I abgepreßt u. das Ganze durch Wärme ausgehärtet. (**A. P. 2 585 539** vom 14/1. 1951, ausg. 12/2. 1952.) SCHLITT. 5893

Allied Laboratories, Inc., Kansas, Missouri, V. St. A., *Behandlung von Flüssigkeiten mit UV-Licht.* Man läßt die Fl. in dünner Schicht auf der Innenwand (I) einer zylindr. Kammer herunterlaufen, wobei die UV-Lichtlampe zentral angeordnet ist u. I rotiert, um die Verteilung in dünner Schicht sicherzustellen. (**Finn. P. 25 691** vom 15/9. 1948, Auszug veröff. 30/4. 1952. A. Prior. 30/9. 1947.) J. SCHMIDT. 5903

Directie van de Staatsmijnen in Limburg, Heerlen, Holland, *Durchführung von Reaktionen zwischen Gasen und feinverteilten Stoffen.* Die Rkk. werden in einer senkrechten Kolonne mit mehreren, übereinander angeordneten Reaktionsräumen durchgeführt, wobei die herabfallenden Teilchen in jedem Reaktionsraum von der Senkrechten abgelenkt werden u., sobald sie in die senkrechte Richtung zurückkehren, erneut auf den Gasstrom treffen. (**Finn. P. 25 687** vom 7/3. 1949, Auszug veröff. 30/4. 1952. Holl. Prior. 8/3. 1948.) J. SCHMIDT. 5903

Imperial Chemical Industries Ltd., London, übert. von: **Peter William Reynolds** und **Anthony Arthur Leonhard Challis,** Norton-on-Tees, England, *Herstellung stückiger Katalysatoren* zur Hydrierung, spaltenden Hydrierung u. reduktiven Aminierung. Stücke einer Cu, Co, Ni oder Fe enthaltenden Legierung mit Si oder Al werden zwecks Extraktion des Al oder Si bei Tempp. $>100^0$ (180—300°) mit Phenol oder Methanol in fl. oder dampfförmiger Phase behandelt. (**E. P. 664 851** vom 4/5. 1949, ausg. 16/1. 1952.) STEIL. 5905

Imperial Chemical Industries Ltd., London, übert. von: **Leslie Victor Johnson** und **Roy Pittwell,** Norton-on-Tees, England, *Herstellung von Metalloxydkatalysatoren* zur Isomerisierung, Polymerisierung, Alkylierung, Entalkylierung u. zum Spalten organ. Verbindungen. Die Al_2O_3, gegebenenfalls noch SiO_2, ZrO_2, ThO_2 u. TiO_2 enthaltenden Katalysatoren werden bei Tempp. $<500^0$ mit PCl_5, POF_3, PF_5 zwecks Erhöhung ihrer Aktivität behandelt. Der fertige Katalysator enthält 4—20 Gew.-% F. (**E. P. 666 812** vom 2/9. 1949, ausg. 20/2. 1952.) STEIL. 5905

Hermann Ost und Berthold Rassow, Lehrbuch der chemischen Technologie. 24. neubearb. Aufl. Hrsg. v. Berthold Rassow. Leipzig: J. A. Barth. 1952. (XV + 1259 S. m. 453 Abb. u. 15 Taf.) gr. 8°. DM 29,70.

II. Feuerschutz. Rettungswesen.

Fr. Mügge, *Unfallverhütung in der Textilindustrie.* Allg. gehaltene Ausführungen an Hand von Beispielen. (Melliand Textilber. **33.** 47—50. Jan. 1952.) P. Eckert. 5936

H. Hanel, *Die Entzündlichkeit von Braunkohlenstäuben.* Es werden die Bedingungen der Entzündlichkeit schwebenden u. lagernden Braunkohlenstaubes an heißen Flächen ermittelt u. die Gründe für die Selbstentzündung von Braunkohlenstaub diskutiert. (Bergbautechnik **1.** 133—41. Sept. 1951. Freiberg.) Braukmann. 5936

K. G. Liebscher, *Die Bekämpfung der Kohlensäure im thüringischen Werra-Kalibergbau.* Das Auftreten u. die Maßnahmen zur CO_2-Bekämpfung im Kalibergbau werden behandelt. (Bergbautechnik **1.** 113—19 u. 143. Sept. 1951. Erfurt.) Braukmann. 5936

H. v. Czetsch-Lindenwald, *Gewerbeschutzsalben gegen Lösungsmittel.* Außer der prophylakt. Wrkg. gegen Säuren, Laugen, Netz- u. Waschmittel müssen Gewerbeschutzsalben als „dritte Haut" die Entstehung von Allergien verhindern. Die von Hopf aufgestellten u. näher beschriebenen Forderungen für Gewerbeschutzsalben lassen sich nicht in einer Allzweck-Salbe vereinigen, so daß die Aufteilung in Gruppen bzgl. spezieller Wirksamkeit notwendig ist. Aus einer großen Anzahl von Salben, hergestellt zwischen 1939 u. 1945, die Vf. mittels einer eigenen Versuchsanordnung gegen 22 der gebräuchlichsten Lösungsmittel geprüft hat, werden 10 Muster als geeignete Filmbildner ausgesondert u. die an sie zu stellenden Bedingungen aufgestellt. Abschließend werden die Zus. der Muster u. ihre Wrkg. auf die Haut im einzelnen beschrieben. (Fette Seifen einschl. Anstrichmittel **53.** 751—52. Dez. 1951. Wolfsberg/Kärnten.) O. König. 5940

A. J. Breslin, *Die Überwachung des Berylliumoxyds in der keramischen Industrie.* Dank der Befolgung der von der Atomenergiekommission gegebenen Empfehlungen sind in den letzten Jahren keine Vergiftungsfälle (Lungenschädigungen) durch Be-Verbb. bekanntgeworden. Zur Vermeidung solcher Schäden werden folgende gewerbehygien. Maßnahmen besprochen: Die Konz. an Be darf während der Arbeitszeit auf dem Fabrikgelände 2 γ/m^3 nicht überschreiten. Man erreicht diese strenge Forderung durch sorgfältige Planung der Fabrikanlage, zweckmäßige Aufstellung von Exhaustoren, dauernde Staubüberwachung, Reinhaltung der Arbeitsräume mit Staubsaugern u. sorgfältige persönliche Hygiene. (Amer. ceram. Soc. Bull. **30.** 395—98. Nov. 1951. New York.) Hentschel. 5940

III. Elektrotechnik.

K. Stache, *Schichtpreßstoffe in der Hochspannungstechnik.* Zusammenfassender Bericht über die Bestandteile der Schichtpreßstoffe (Faserstoffe u. Harze). Als Harze werden bes. solche auf Phenol- u. Kresolbasis angewandt, weniger Harnstoffharze, *Melamin-*, *Anilin-*, *Polyester-* u. *Siliconharze.* Die Schichtpreßstoffe werden überwiegend als Halbmaterial verwendet, weniger als Formpreßteile. Vf. berichtet über die Technologie des Materials u. seine techn. Verwendung im Transformator- u. Kondensatorbau, für Durchführungen u. im Schalterbau. (Chem. Techn. **4.** 223—28. Mai 1952.) Reusse. 5956

H. Stamm, *Schichtpreßstoffe in der Hochspannungstechnik.* (Vgl. auch vorst. Ref.) Nach allg. Bemerkungen über technolog. Fragen wird darauf hingewiesen, daß Verbesserungen der chem. Zus. der Schichtpreßstoffe mit dem Ziel einer Erhöhung der elektr. Isolation u. einer Herabsetzung der Verluste erforderlich sind. (Chem. Techn. **4.** 228—29. Mai 1952.) Reusse. 5956

René Fouret, *Zentrierung der Kathode in einer auseinandernehmbaren Röntgenröhre.* Die beschriebene elektr. Zentrierungsmeth. beruht darauf, daß die Anode mit der Kathode einen zylindr. Kondensator bildet, dessen Kapazität ein Minimum ist, wenn die Kathode gegenüber der Anode zentriert ist. Das Prinzip der Zentrierung beruht demnach darauf, diese Kapazität zum Minimum zu machen. (C. R. hebd. Séances Acad. Sci. **232.** 1651—53. 30/4. 1951.) Gottfried. 5974

—, *Photoelektrische Germaniumzellen.* Es werden die Eigg. der neu entwickelten *Germanium*-Photozellen beschrieben. (Techn. cinématogr. **23.** [N. S.] 159—61. Juni 1952.) W. Günther. 5976

A. Güntherschulze, *Vakuum- und Gasgleichrichter.* Übersicht. (Elektron Wiss. Techn. **5.** 390—95. Febr. 1952. München.) v. Harlem. 5976

Siemens-Schuckertwerke Akt.-Ges., Berlin und Erlangen (Erfinder: **Fritz Weigel,** Schwabach), *Mehrschichtige elektrische Folienisolation.* Eine Polyamidfolie wird vor dem Verkleben mit einer dielektr. Celluloseesterfolie mit einem Überzug aus einem in Aceton lösl. Phthalsäure-Glycerin-Kondensationsprod. versehen. Als Klebstoff dienen bes. Emulsionen aus Polyvinylacetat oder Polyarcylsäureester. (**D. B. P. 845 066** Kl. 21c vom 7/8. 1949, ausg. 28/7. 1952.) KESSEL. 5957

Siemens-Schuckertwerke Akt.-Ges., Berlin und Erlangen (Erfinder: **Hans Ritter**, Neuhaus bei Höchstadt/Aisch), *Elektrisch isolierende Vernietung* von Metallplatten, -schienen usw. Die Nietlöcher werden wenigstens zum Teil mit einem spiralig aufgewickelten, die Nietlöcher beiderseits überragenden, in Querrichtung gereckten Kunststoff- (z. B. Polystyrol-) Folienstreifen ausgefüllt, der dann in Richtung der Nietlochachse warm geschrumpft wird, so daß sich auf den beiden Außenseiten der zu verbindenden Stücke Nietköpfe bilden. (**D. B. P. 843 434** Kl. 21c vom 23/7. 1950, ausg. 7/7. 1952.) KESSEL. 5957

Westinghouse Electric Corp., East Pittsburgh, übert. von: **Wayne E. Blackburn**, Wilkinsburg, Pa., V. St. A., *Selengleichrichter*. Die Se-Schicht trägt eine Sperrschicht aus Cd- oder Zn-Selenid, Cd- oder Mg-Selenit oder Cd-Selenat u. darüber eine Cd-Gegenelektrode. (**A. P. 2 554 237** vom 29/10. 1945, ausg. 22/5. 1951.) KESSEL. 5977

Varley Dry Accumulators Ltd., Abraham Jonasz Szper, Barking, Essex, und **Leonard Fuller**, London, England, *Trockensekundärelement* vom Typ Blei-Schwefelsäure. In einem zylindr. Gefäß (I) aus Polystyrol ist die Innenwandung mit einer rohrartigen Pb-Folie überzogen, die aber nicht bis zum oberen Rand von **I** reicht, sondern nur bis zu dem inneren Deckel (**III**) aus porösem keram. Material (**II**). Im Innern schließt sich an die Folie, dicht anliegend, die negative Elektrode in Form eines Ringes aus akt. **II** an. Die stabförmige Anode steckt zentral in einem zylinderförmigen Preßling aus akt. **II** u. ist durch **III** u. den Außendeckel hindurchgeführt. Zwischen Anode u. Kathode befindet sich eine poröse Separatorschicht aus Kieselgur, die Anodenpreßling u. negative Elektrode auch noch überdeckt. Auf ihr ruht **III**. Seitlich von dem im Außendeckel zentral angeordneten positiven Pol ist der negative Pol angeordnet, der, an **III** vorbei, mit der Pb-Folie verbunden ist. — Abbildungen von Änderungen des Aufbaus. (**E. P. 667 096** vom 7/2. 1949, ausg. 27/2. 1952.) BAUR. 5971

International General Electric Co., Inc., New York, N. Y. (Erfinder: **Willard A. Roberts**, Euclid, O.), V. St. A., *Quecksilberdampf-Gasentladungsleuchtröhre* mit sonnenlichtähnlicher Lichtemission. Die für $\lambda <$ ca. 2800 Å prakt. undurchlässige Röhrenwandung trägt eine Leuchtschicht aus einem mit aktivierten Erdalkaliphosphat, z. B. einem ungeschmolzenen u. ungesinterten $Ca_3(PO_4)_2$. (**D. B. P. 846 265** Kl. 21f vom 26/9. 1950, ausg. 11/8. 1952. A. Prior. 28/5. 1943.) KESSEL. 5973

Vickers Inc., Detroit, Mich., übert. von: **Otto Saslaw**, Red Bank, N. J., V. St. A., *Halbleiterphotozelle*, bes. *Selenzelle*. Die auf einer metall. Trägerplatte (I) angeordnete Halbleiterschicht wird durch Aufsprühen mit einer niedrigschm. Metallschicht (II) (bes. aus einem Bi-Sn-Cd-Eutektikum) versehen, die als Gegenelektrode dient. Eine ähnliche **II** wird auf einer metall. leitenden Deckplatte (**III**) angebracht. **I** u. **III** werden so zusammengepreßt, daß die beiden **II** aufeinanderliegen. Dann wird elektr. formiert, so daß die Stromwärme die beiden **II** zusammenschweißt. (**A. P. 2 555 247** vom 28/7. 1949, ausg. 29/5. 1951.) KESSEL. 5977

IV. Wasser. Abwasser.

Eskel Nordell, *Wasserreinigung für Brauereien*. Besprechung der bekannten Aufbereitungsverff. für Kühlwasser u. Kesselspeisewasser. Das zum Flaschen- u. Faßwaschen, für Pasteurisierung u. für sonstige Reinigungszwecke benötigte W. wird zweckmäßig zusammen mit dem Kesselspeisewasser durch Austausch enthärtet, um Filmbldg. auf Flaschen usw. zu verhindern. Für das Brauwasser läßt sich durch passende Auswahl oder Kombination der Verff. bei wechselnder Rohwasserzus. durch Entsalzung u. späteren Zusatz erwünschter Mineralsalze eine gleichmäßige, der jeweiligen Biertype entsprechende Versorgung erzielen. (Amer. Brewer **85**. Nr. 7. 40—50. Juli 1952. New York, Permutit Co.) MANZ. 6016

Nelson T. Nemerow, *Lösung eines Abwasserproblems durch Zusammenarbeit*. Nach Sammlung, Ausgleich, Abstumpfung u. bei Ableitung der am stärksten verschmutzten Baumwollfärbereiabwässer in die städt. Entwässerung entsprechend dem Anfall an häuslichem Abwasser können die Abwässer des Werkes in der Kläranlage durch Alaunflockung mit 120 mg/Liter Zusatz bei 67% BSB-Minderung u. 86% Minderung der Verfärbung mit anschließender biol. Behandlung auf 86% BSB_5-Minderung u. 60% Minderung des Cl-Bedarfes gereinigt werden. (Textile Wld. **102**. 151. 250—52. Juni 1952. North Carolina State Coll.) MANZ. 6042

A. T. Palin, *Mono- und Dichloraminbestimmung in Wasser. Erwiderung und Bemerkungen*. Entgegen der Darst. von WILLIAMS (vgl. C. **1952**. 3387) hat das Verf. des Vf.

einen Anstoß zur Weiterentw. der amperometr. Meth. gegeben. (Water Sewage Works **99.** 25. Jan. 1952. Newcastle-on-Tyne, England, Newcastle and Gateshead Water Co.) MANZ. 6060

D. B. Williams, ***Mono- und Dichloraminbestimmung im Wasser.*** Entgegnung zu der Kritik von PALIN (vgl. vorst. Ref.). Die NCl_3-Bldg. macht bei bes. stark verschmutzten Wässern Schwierigkeiten, die mit CCl_4 keine gut trennbaren Ausschüttelungen ergeben. (Water Sewage Works **99.** 77. Febr. 1952.) MANZ. 6060

Monsanto Chemical Co., St. Louis, Mo., übert. von: **John W. Lefforge,** Anniston, Ala., V. St. A., *Wasserbehandlungsmittel* mit verbesserter Löslichkeit. Es besteht aus einem wasserlösl., mol. dehydrierten Alkaliphosphat (I), dessen Molverhältnis Na_2O: P_2O_5 = 1:1,3 beträgt, u. das mit W. ein in W. verhältnismäßig unlösl. Gas entwickelt. Außerdem enthält es ein die Benetzung verzögerndes Mittel (II), II besteht aus einem geraden, kettenförmigen, aliphat. einwertigen Alkohol mit 6—12 C-Atomen, oder aus einem prim. aliphat. Amin mit 6—10 C-Atomen, oder aus einer gesätt. aliphat. Carbonsäure mit 6—10 C-Atomen, oder aus einem ungesätt. KW-stoff mit 6—12 C-Atomen für jede Doppelbindung in der aliphat. Kette. Zur p_H-Regulierung, nicht über p_H 8, dient ein Zusatz von Natriumcarbonat, Natriumbicarbonat u. Natriumpercarbonat (III). Durch die Gasblasenbldg. wird das Mittel bis zur vollständigen Auflösung im W. schwimmend gehalten. Zus.: 80—96 Gew.-% I, 20—2 Gew.-% II, 0,02—2 Gew.-% III. (**A. PP. 2 575 176, 2 575 177, 2 575 178** u. **2 575 179** vom 15/12. 1947, ausg. 13/11. 1951, u. **E. PP. 665 455, 665 456, 665 457** vom 4/5. 1948, ausg. 23/1. 1952. A. Prior. 15/12. 1947.) REICHELT. 6025

Imperial Chemical Industries Ltd., London und **Leslie Marshall Mark** und **Eric Frederick Thurston,** Northwich, England, ***Wasserbehandlung mit Kalk und/oder Soda*** in Ggw. von vorher gebildetem Nd. (I), der von aufwärts strömendem W. durch Einhaltung ausreichender Geschwindigkeit in Suspension gehalten wird. Durch Zugabe von 0,1—5 mg/Liter eines glasigen Natriumpolyphosphates mit einem Molverhältnis von Na_2O:P_2O_5 = 1:12 wird die Menge des $CaCO_3$ u. $Mg(OH)_2$, die sich aus dem W. auf I ankrist., erhöht. (**E. P. 665 481** vom 2/5. 1950, ausg. 23/1. 1952.) REICHELT. 6025

Commanditaire Vennootschap I. C. Van der Velde-Henning Franzen, Den Haag, Holland, *Reinigung von Wasser,* bes. in Kühlanlagen mit Hilfe des elektr. Stromes. Durch Verwendung von Cu- u. Al-Anoden wird Cu in Lsg. gebracht u. Algenwachstum verhindert. Durch in Lsg. gebrachtes Al wird $Al(OH)_3$ gebildet, welches die zerstörten Algen u. die Wasserstein bildenden Salze absorbiert, es bildet sich nur ein leicht zu entfernender Schlamm. (**E. P. 662 625** vom 19/12. 1949, ausg. 5/12. 1951. Holl. Prior. 29/11. 1949.) REICHELT. 6029

Carles Antonie Hajosi dit Lemarin, Paris, Frankreich, ***Bekämpfung der Korrosion und Kesselsteinbildung und Entfernung des Kesselsteins durch Anwendung elektrischen Stromes*** von einer von einer Fl. umspülten Metallwand. Dieser wird ein period. veränderliches, jedoch gegenüber einer mit der Fl. in Kontakt befindlichen Elektrode (I) negatives Potential erteilt, welches während der seine Spitzenwerte trennenden Zwischenräume geringer ist als die EMK. des von der Wand, der Fl. u. der I gebildeten Elementes. (**D. B. P. 838 721** Kl. 85b vom 1/10. 1950, ausg. 12/5. 1952. F. Priorr. 24/2. 1948 u. 17/2. 1949.) REICHELT. 6031

Karl A. Hofer, Cologny-Genève, Schweiz, ***Lösen von carbonathaltigem Kesselstein*** in Warmwasserversorgungs-, Kühl- u. Kesselanlagen mittels Mineralsäuren unter Verwendung von Korrosionsschutzmitteln für Metalle. Die Säuren werden mit Waschwässern oder Laugen, die bei der Reinigung von aus Verbrennungsprozessen herrührenden Gasen oder Abgasen anfallen, versetzt oder verdünnt. (**D. B. P. 838 278** Kl. 85b vom 12/9. 1950, ausg. 8/5. 1952.) REICHELT. 6031

Magno-Syn-Werk G. m. b. H. (Erfinder: **Josef Tregl**), Duisburg, ***Herstellung eines körnigen Filtermaterials, besonders für die Wasserreinigung.*** Geformtes $Ca(OH)_2$ u./oder $Mg(OH)_2$ wird mit schwerlösl. Hydroxyde bildenden Metallsalzlsgg., wie solchen des Mg, Fe, Mn oder Cu, behandelt u. ausgewaschen. (**D. B. P. 841 878** Kl. 85b vom 25/11. 1948, ausg. 19/6. 1952.) REICHELT. 6041

V. Anorganische Industrie.

M. L. Warlamow, ***Zur Theorie des Prozesses in der Absorptionszone von Nitrose–Schwefelsäure-Systemen.*** Es wurde die funktionelle Abhängigkeit der Änderung der NO-Konz. u. der NO_2-Konz. in der Absorptionszone von Nitrose–Schwefelsäure-Anlagen aus dem gleichzeitigen Ablauf der NO-Oxydation u. der Absorption der Stickoxyde (N_2O_3) bestimmt. Aus den aufgestellten Diagrammen konnte die Zus. der Stickoxyde in den einzelnen Türmen u. das Vol., sowie die den Verlauf des Turmprozesses charakterisierenden Parameter gefunden werden. In den im Gang des Gases ersten GAY-LUSSAC-Türmen bes. intensiv arbeitenden Turmsyst. ist die säurebildende Wrkg. des Durchgangs von SO_2 groß u. überwiegt die Oxydation von NO zu NO_2 in der Gasphase, die bei der Vorbereitung der Stickoxyde vorausgesetzt werden muß. Der Korrekturkoeff. für die Geschwindigkeitskonstante der NO-Oxydation für die im Gang des Gases späteren GAY-LUSSAC-Türme ist annähernd gleich 1 u. wird um so kleiner, je näher der Turm dem Einleitungsende steht. Der Anteil des in der Gasphase oxydierten NO ist gering im Verhältnis zur Gesamtänderung der Konz. des NO, wobei für die im Gasgang ersten Türme die Säurebldg. die Menge des durch NO-Oxydation gebildeten NO_2 überwiegt. Die Änderung in der Zus. der Stickoxyde in der Gasphase der Absorptionszone kann wahrscheinlich auch infolge von Desorption von NO aus auf Wasserzugabe gebildeter Nitrose entstehen. (Журнал Прикладной Химии [J. angew. Chem.] **25**. 3—12. Jan. 1952.) FÖRSTER. H 253

Badische Anilin- & Soda-Fabrik, Ludwigshafen/Rh. (Erfinder: **Hans Bähr**, Herne), *Kühlung von Gemischen aus NH_3, Wasserdampf und CO_2 und/oder H_2S.* Diese Gemische werden mit einer wss. Lsg., die NH_3 u./oder NH_4-Salze der Kohlensäure u. des H_2S enthält, in Berührung gebracht, u. deren Menge u. Temp. wird so bemessen, daß die Gemische auf 4—80°, bes. 50—60°, gekühlt werden. Die Fl. wird nach der Kühlung im Kreislauf erneut verwendet. (**D. B. P. 845 795** Kl. 12k vom 20/11. 1942, ausg. 4/8. 1952.) NEBELSIEK. H 243

American Zinc, Lead & Smelting Co., St. Louis, Mo., übert. von: **Walter H. Mc Intire** Knoxville, Tenn., V. St. A., *Gewinnung von Ammoniumfluorid.* Man läßt F-haltige Abgase eine wss. Schicht natürlicher Mg-Silicate passieren u. erhält eine wss. Lsg. von Mg-Silicofluoriden. Zu dieser fügt man NH_3 u. erhält einen Nd. von $Mg(OH)_2$ u. SiO_2. Die Lsg. besteht aus NH_4F. (**A. P. 2 584 895** vom 28/10. 1949, ausg. 5/2. 1952.) NEBELSIEK. H 243

Republic Steel Corp., Cleveland, O., übert. von: **Herman P. Meissner**, Watertown, und **Richard W. Hyde**, Arlington, Mass., V. St. A., *Gewinnung von Fe-freiem Ammoniumsulfat.* Man bringt verbrauchte Beizlsgg. der Fe-Verarbeitung mit einem NH_3-haltigen Koksofengas zusammen, so daß das p_H jener Lsg. auf 8,1—8,5 eingestellt wird. Den dabei entstandenen, aus gefällten Fe-Verbb. bestehenden, schwarzen Schlamm trennt man ab u. erhält eine wss. $(NH_4)_2SO_4$-Lsg., aus der man durch Verdampfen die Kristalle gewinnt. (**A. P. 2 584 280** vom 9/1. 1947, ausg. 5/2. 1952.) NEBELSIEK. H 243

Bayerische Stickstoff-Werke Akt.-Ges., Berlin (Erfinder: **Rudolf Wendlandt** und **Paul Hölemann**, Piesteritz), *Konzentrierte Salpetersäure aus Stickoxyden, Sauerstoff bzw. solchen enthaltenden Gasen und Wasser.* Die Gas-Dampf-Gemische werden zwischen 80 u. 130° ungesätt. oder nur nahezu gesätt. unter Vermeidung von Kondensation in einer solchen Zus., daß das Verhältnis der Summe der Molzahlen von NO_2 u. O_2 zu der Molzahl des H_2O-Dampfes > 10 ist, über Katalysatoren (metall. Elemente der 6. bis 8. Gruppe des Period. Syst. auf Trägern, wie Kieselgel, Bimsstein) geleitet u. sodann einer Kondensation bzw. Dephlegmation unterworfen. Das nach Abscheidung der HNO_3 nicht kondensierte Gemisch wird unter Abzweigung eines Teilstromes zwecks Verhinderung der Anreicherung von Fremdgasen im Kreislauf in den Betrieb zurückgeführt u. dadurch die Zus. der Frischgemische auf das erforderliche Molverhältnis eingestellt. (**D. R. P. 759 365** Kl. 12i vom 8/3. 1940, ausg. 4/8. 1952.) ZÜRN. H 243

I. G. Farbenindustrie Akt.-Ges., Frankfurt/M. (Erfinder: **Karl Traulsen**, Wolfen), *Herstellung von Hydroxylammoniumsulfat.* Nitrite der Alkalien oder Erdalkalien werden vorteilhaft in Anwesenheit von den Nitriten zugrunde liegenden Basen in äquivalenter Menge, mit äquivalenten Mengen von SO_2, gegebenenfalls unter Zusatz von Sulfiten, bei niederer Temp. u. guter Durchmischung bis zur Erreichung eines p_H von 6—4 behandelt, worauf man die weitere Zugabe von SO_2 sofort unterbricht u. das gebildete Hydroxylamindisulfonat unmittelbar durch Erhitzen hydrolysiert. Man erreicht quantitative Umsetzung der Nitrite. (**D. R. P. 756 961** Kl. 12i vom 30/4. 1939, ausg. 21/8. 1952.) ZÜRN. H 243

I. G. Farbenindustrie Akt.-Ges., Frankfurt/M. (Erfinder: **Friedrich Schubert**, Krefeld, **Ernst Knebel**, Ludwigshafen/Rh., und **Gerhard Schulze**, Mannheim), *Kontinuierliche Herstellung von hydroxylamindisulfosaurem Alkali.* Eine Lsg. von Alkalinitrit u. Alkalibisulfit führt man kontinuierlich einem Behälter zu, in dem die Lsg. durch Einleiten von SO_2 u. guter Durchrührung auf ein p_H von ca. 4—6 eingestellt wird. Dann führt man die so erhaltene Reaktionslsg. kontinuierlich einem 2. Gefäß mit Rührvorr. zu, in dem durch weiteres Einleiten von SO_2 die Rk. bei einem $p_H <$ ca. 2,5 zu Ende geführt wird. Die Entstehung von NO wird hierbei verhindert, so daß das Nitrit mit fast quantitativer Ausbeute umgesetzt wird. (**D. R. P. 752 207** Kl. 12i vom 27/3. 1942, ausg. 28/8. 1952.) ZÜRN. H 243

Farbenfabriken Bayer (Erfinder: Friedrich Schubert), Leverkusen, *Herstellung von ClO_2.* Mischungen von kristallwasserfreiem Chlorit, bes. $NaOCl_2$, mit kristallwasserhaltigen Salzen, wie $Na_2SO_4 \cdot 10\,H_2O$, werden mit Chlorgas umgesetzt. Explosionen werden so vermieden, weil die Schmelzwärme des Glaubersalzes (I) jeden Wärmestoß kompensiert. Durch Rekristallisieren zu I wird eine Verstopfung des Reaktionsturmes verhindert. Zusätzlich kann man jedoch noch W. aufsaugende Verdünnungsmittel, wie Kieselgel, Ziegelmehl, Bimssteingranulat, zusetzen. (**D. B. P. 841 745** Kl. 12i vom 4/6. 1950, ausg. 19/6. 1952.) ZÜRN. H 247

Novadel-Agene Corp., Belleville, N. J., V. St. A., *Herstellung von ClO_2.* NO_2 in einem Verdünnungsgas mit einer relativen Feuchtigkeit von wenigstens 30% bei 25° wird durch ein festes Chlorat, z. B. $NaClO_3$, geleitet. Man gewinnt das Ausgangsgasgemisch bes. durch Einw. von elektr. Entladungen auf Luft. (**E. P. 663 239** vom 25/3. 1949, ausg. 19/12. 1951. A. Prior. 29/3. 1948.) ZÜRN. H 247

Pure Oil Co., übert. von: Charles A. Porter und George W. Rollin, Chicago, Ill., V. St. A., *Reinigen von Rohschwefel durch Verdampfen.* Der Rohschwefel wird in einem geschlossenen Gefäß auf Siedetemp. erhitzt. Hierbei scheiden sich die leichten, C-haltigen Verunreinigungen (I) oben auf der Schmelze, die schweren, mineral. I unten ab. Beide I wurden nach außen abgeführt u. aufgearbeitet. Aus der Mitte der Schmelze führt man den S in einen Überhitzer u. leitet das Gemisch aus S-Dampf (II) u. geschmolzenem S in den Dampfraum des 1. Gefäßes (III), in dem sie sich trennen u. aus dem II abgezogen wird. Der Rohschwefel wird laufend in geschmolzenem Zustand III zugeführt. (**A. P. 2 582 794** vom 23/5. 1946, ausg. 15/1. 1952.) ZÜRN. H 253

Badische Anilin- & Soda-Fabrik (Erfinder: Gerhardt Kondela und Karl Wintersberger), Ludwigshafen/Rh., *Herstellung von $SOCl_2$.* Ein Gemisch von SCl_2, Cl_2 u. SO_2 oder von SCl_2 u. SO_2Cl_2 wird bei erhöhter Temp. u. gegebenenfalls bei erhöhtem Druck durch Katalysatoren, z. B. A-Kohle, geleitet. An Stelle von SCl_2 kann man auch entsprechende Mengen von S_2Cl_2 u. Cl_2 verwenden. Neben $SOCl_2$ entstehen keine gasförmigen Stoffe. (**D. B. P. 842 041** Kl. 12i vom 14/4. 1944, ausg. 23/6. 1952.) ZÜRN. H 253

Deutsche Gold- & Silber-Scheideanstalt vormals Roessler, Frankfurt/M. (Erfinder: **Ernst Wagner,** Konstanz). *Herstellung von Gasruß* durch unvollständiges Verbrennen von KW-stoffen neben O_2 u. andere Gase enthaltenden Gasgemischen. Dabei verwendet man solche Mischungen, die mehr als 1 (Teil), bes. über 1,5 O, auf 4 N enthalten. (**D. B. P. 845 683** Kl. 22f vom 13/5. 1941, ausg. 5/8. 1952.) NEBELSIEK. H 260

Sulzer Frères Soc. An., übert. von: Hans Deringer, Winterthur, Schweiz, *Entfernung und Gewinnung von CO aus Gasen.* Die üblichen Cu-Lsgg. zur Absorption des CO halten durch Verringerung des Zersetzungsdruckes (I) das CO fester, wenn man in ihnen $MgCl_2$-Ndd. bildet, z. B. durch Zusatz von Mg-Salzen, Carnallit, Kainit. Man kann auch in 2 Stufen absorbieren, indem man eine übliche Cu-Absorptionslsg. vorschaltet, die das CO leichter abgibt, u. den Rest des CO in der neuen Lsg. absorbiert. Die neuen Lsgg. zeichnen sich auch dadurch aus, daß bei Lsg. größerer CO-Mengen der I der CO-Komplexverbb. nicht ansteigt. (**A. P. 2 580 527** vom 7/6. 1947, ausg. 1/1. 1952. Schwz. Prior. 11/6. 1946.) ZÜRN. H 260

Merck & Co., Inc., Rahway, N. J., übert. von: **Günter H. Gloss,** Redwood City, Calif., V. St. A., *Gewinnung von wasserfreiem $MgCO_3$.* Man läßt einen wss. $MgCO_3$-Schlamm bei ca. 90° unter Druck mit Na_2CO_3 oder $NaHCO_3$ reagieren, um bas. $MgCO_3$ zu erhalten. Dieses erhitzt man unter Druck auf ca. 200—260°. (**A. P. 2 580 168** vom 19/8. 1946, ausg. 25/12. 1951.) NEBELSIEK. H 282

American Zinc, Lead & Smelting Co., St. Louis, Mo., übert. von: **Walter H. McIntire,** Knoxville, Tenn., V. St. A., *Gewinnung von Magnesiumsilicofluoriden.* Man leitet F-haltige Gase in einen Turm, in dem von oben W. herabgesprüht wird. Die auf diese Weise erhaltene HF-Lsg. passiert nun eine Schicht aus natürlichen Mg-Silicaten, z. B. Olivin oder Serpentin, wobei sich $MgSiF_6$ bildet. (**A. P. 2 584 894** vom 28/10. 1949, ausg. 5/2. 1952.) NEBELSIEK. H 282

Farbenfabriken Bayer (Erfinder: Friedrich Schubert), Leverkusen, *Herstellung von Erdalkali-Alkali-Chromat.* Äquivalente Mengen von Erdalkali- u. Alkalichromat werden gemischt u. auf ca. 350—800°, bes. 650—700°, erhitzt. (**D. B. P. 845 796** Kl. 12m vom 15/9. 1950, ausg. 4/8. 1952.) NEBELSIEK. H 335

James G. Vail and others, Soluble silicates, their properties and uses. V. 1: Chemistry. New York: Reinhold. 1952. (869 S. m. Abb. u. Diagr.) $ 9,—

VI. Silicatchemie. Baustoffe.

Demassieux und **G. Petit,** *Die Anwendung der Polarographie zur Untersuchung der chemischen Eigenschaften von Gläsern.* Zur Best. der geringen Mengen an Kationen, die ein Glas bei der Behandlung mit heißem W. an dieses abgibt, ist die polarograph. Meth. bes. geeignet. Am Beispiel von 2 PbO-haltigen Gläsern (als Glasfasern) wird gezeigt, daß ein Vielfaches an Na^+ im Vgl. zu Pb^{++} durch Ionenaustausch mit W. abgegeben wird. Durch Überziehen mit Siliconharz läßt sich der Austausch der Pb^{++}-Ionen prakt. völlig verhindern. (Chim. et Ind. **67.** 63—66. Jan. 1952.) HENTSCHEL. 6200

Erich Kniep, *Perlon, ein neuer Hilfsstoff in der keramischen Industrie.* Kurz besprochen werden die Herst. des Perlons sowie dessen chem., physikal. u. technolog. Eigenschaften. Im Anschluß hieran wird auf die Eignung von Perlongeweben für Filterstoffe in der keram. Industrie eingegangen u. deren Vorzüge gegenüber Baumwolltüchern aufgezeigt. (Sprechsaal Keram., Glas, Email **85.** 371—73. 20/8. 1952.) P. ECKERT. 6206

Richard Aldinger, *Das Mahlen des Emails.* Prakt. Hinweise über Emailmühlen, Mühlenanlagen u. Mahlverfahren. (Sprechsaal Keram., Glas, Email **85.** 249—51. 5/6. 1952.) MARKHOFF. 6212

R. J. Beals und **R. L. Cook,** *Cordieritporzellan mit niedrigem Ausdehnungskoeffizienten.* Um keram. Massen mit niedrigem Ausdehnungskoeff. zu erhalten, wird der krist. Anteil, die lineare Ausdehnung (mit dem Interferometer) u. die Porosität in einer Reihe von Mischungen untersucht, wie sie dem Cordieritfeld im tern. Syst. $MgO-Al_2O_3-SiO_2$ entsprechen. Dabei ergab eine Mischung aus 35,6% Talk, 40,0% Florida-Kaolin u. 24,4% Al_2O_3, 10 Std. bei 1400° gebrannt, einen Ausdehnungskoeff. von $12,5 \cdot 10^{-7}$ zwischen 20—300°. Auf Grund röntgenspektrograph. Unterss. (mit SrF_2 als innerem Standard) enthält diese M. 80% Cordierit. Eine andere M. aus 36,7% Talk, 59,1% Kaolin u. 4,2% Al_2O_3 bei 1400° gebrannt, hatte einen Cordieritgeh. von 97% u. einen Ausdehnungskoeff. von $10,2 \cdot 10^{-7}$; den niedrigsten Ausdehnungskoeff. von $9,8 \cdot 10^{-7}$ zeigte eine M. aus 47,91% Talk, 39,27% Kaolin u. 12,82% Al_2O_3 mit 96% Cordierit bei 1400° gebrannt. Zur Herst. von M. mit möglichst hohem Cordieritgeh. muß man die Gemische bei mindestens 1350°, aber nicht oberhalb 1450° brennen. (J. Amer. ceram. Soc. **35.** 53—57. 1/2. 1952. Urbana, Ill., Univ., Dep. of Ceram. Engng.) HENTSCHEL. 6214

K. Gatzka, *Porzellanzähne, ihre Herstellung und ihre Eigenschaften.* Vf. gibt einen kurzen geschichtlichen Überblick über die Entstehung des Zahnersatzes u. erläutert die Herst. künstlicher keram. Zähne. Es werden Pulvergemische aus Natron-Feldspat, Quarz u. Kaolin entweder direkt oder nach Frittung u. anschließender Zerkleinerung mit W. u. organ. Bindemitteln plastifiziert, in Bronzemulden zu zahnartigen Körpern gequetscht u. nach Austrocknung durch Erhitzung der Form auf ca. 200° dieser letzteren entnommen. Die so erhaltenen Zahnrohlinge werden zum Brennen auf mit groben Quarzsand bestreute Schamotteplatten gesetzt u. in einer getrennten Muffel das Ausbrennen der organ. Bindemittel bei ca. 800° vorgenommen. Der eigentliche Brand erfolgt in elektr. oder gasbeheizten Brennöfen bei Tempp. zwischen 1200 u. 1350° je nach Art der benutzten Masse. Durch geeignete Rezepte, Einfärbung, Frittung u. durch ein neuzeitliches Vakuumbrennverf. ist es gelungen, die Transparenz der benutzten Massenkombinationen als auch die Festigkeit in jeder Hinsicht zu verbessern. (Ber. dtsch. keram. Ges. e. V. Ver. dtsch. Emailfachleute e. V. **29.** 158—63. Mai 1952. Sprendlingen.) PISTOR. 6214

W. Mann, *Das Schmelzverhalten von Segerkegelmassen im Erhitzungsmikroskop.* Es wird das LEITZsche Erhitzungsmikroskop in seiner neuesten Weiterentw. näher beschrieben. Mit dieser App. ist es möglich, die Sinterung, das Erweichen u. Schmelzen anorgan. Stoffe bei Tempp. bis zu 1600° photograph. in den einzelnen Phasen festzuhalten. Infolge der unmittelbaren Nähe der Lötstelle des Thermoelementes bei dem Prüfkörper werden zuverlässige Erweichungs- u. F.-Bestimmungen erzielt. Das Schmelzverh. von Segerkegelmassen, d. h. alle sichtbar auftretenden Nebenerscheinungen, wie Blättern gewisser Proben u. Verpuffungsvorgänge, hervorgerufen durch Gasaustreibungen, wird besprochen. Die Meßergebnisse werden diskutiert. Vf. empfiehlt, den Heizofen des Erhitzungsmikroskops mit Hilfe eines Programmreglers zu steuern. (Ber. dtsch. keram. Ges. e. V. Ver. dtsch. Emailfachleute e. V. **29.** 163—68. Mai 1952. Bonn/Rh., Labor. des Guilleaume-Werkes, Beuel.) PISTOR. 6216

A. H. B. Cross und **P. F. Young,** *Beobachtungen über das Verhalten von feuerfesten Steinen bei Wiedererhitzung.* Es wurde bei Wiedererhitzung die lineare Ausdehnung bzw. Zusammenziehung von 10 Bränden von feuerfestem Material unter Beachtung gleichmäßiger Erhitzung während des Vers. gemessen. Jeder Stein wurde in 24 Teile zerschnitten. Dabei wurden typ. Unterschiede der einzelnen Teile im Schwindverh. festgestellt. Die gemessenen Eigg. hängen ab von der therm. u. physikal. Vorgeschichte der feuerfesten Steine u. von den Eigg. der Rohmaterialien. (Trans. Brit. ceram. Soc. **51**. 80—94. Jan. 1952.) SEIDEL. 6218

H. J. Hamjian und **W. G. Lidman**, *Borcarbid als Grundstoff für ein Cermet.* (Vgl. C. **1952**. 6116.) Nachdem in Vorverss. [durch Erhitzen des in einer Vertiefung der Borcarbid(I)-Probe befindlichen Metallpulvers über seinen F.] festgestellt worden war, daß Fe, Ni u. Co an I gutes Haftvermögen zeigen, wurden die mechan. Eigg. von heiß gepreßtem I mit denjenigen eines Cermet aus 36% Fe u. 64% I verglichen. Eine mkr. Prüfung zeigt, daß dieses Cermet aus 2 Phasen besteht, nämlich I u. einer als Bindemittel wirkenden Grundmasse, Das heiß gepreßte I ist dem Cermet bzgl. des Bruchmoduls überlegen, dagegen besitzt Cermet eine höhere Temperaturwechselbeständigkeit, u. bei 1600° F ist Cermet auch beständiger gegen Oxydation. Die D. des Cermet wurde zu 3,17—3,29 gemessen. (J. Amer. ceram. Soc. **35**. 44—48. 1/2. 1–52. Cleveland, O., National Advisory Com. Aeronautics.) HENTSCHEL. 6220

G. W. Kukolew und **L. G. Melnitschenko**, *Über die Beschleunigung der Naßmahlung von Zementrohstoffen durch Verminderung der Feuchtigkeit des Schlammes.* Eine Steigerung der Leistungsfähigkeit der Zerkleinerungsvorr. für Zementrohstoffe u. Verbesserung der technolog. Eigg. des Rohschlammes läßt sich durch Verminderung des Wasseranteiles durch Zusatz von Verflüssigungsmitteln erreichen. Als solche können verwandt werden: Ätznatron, Soda, Wasserglas, Sulfitcelluloseablaugen, Sirup, Wasserglasauszug aus Torf sowie Gemische der vorgenannten Stoffe. (Журнал Прикладной Химии [J. angew. Chem.] **24**. 231—40. März 1951.) v. MICKWITZ. 6222

B. Butterworth und **D. B. Honeyborne**, *Ziegel und Tone aus dem Vorkommen bei Hastings.* Aus 12 Ziegelsteinen, die aus dem Vork. bei Hastings stammten, wurden Proben entnommen u. den Normenprüfungen unterworfen. Festigkeit u. Porosität schwankte stark, der Geh. an lösl. Salzen war gering, u. die Steine zeigten wenig Neigung zum Ausblühen. Sie waren dauerhaft unter schwerer Beanspruchung. Chem. u. Röntgenunterss. zeigten, daß das Material neben den Begleitmineralien Quarz, Calcit, Gips u. $Fe(OH)_3$ u. Oxyden, wie Goethit, Hämatit u. Lepidocrocit, in der Hauptsache zu gleichen Teilen Illit, Kaolinit u. ein chloritähnliches Mineral enthält. Über die Struktur des letzteren Minerals konnten noch keine Schlüsse gezogen werden. Es werden die Beziehungen zwischen der Mineralzus. der Tone u. dem keram. Verh. untersucht. (Trans. Brit. ceram. Soc. **51**. 211—59. April 1952.) K. SEIDEL. 6228

A. Rittgen, *Das Dilatometer und seine Anwendung in der keramischen Industrie.* Einleitend beschreibt Vf. die Arbeitsweise beim modernen Differentialdilatometer nach BOLLENRATH. Beschrieben werden: Anwendung des Dilatometers im prakt. Betrieb zur Unters. der Rohstoffe (Kaoline, Tone, Bentonit, Glimmer), roh bzw. vorgebrannt; die Quarzumwandlungen in Tonen in Abhängigkeit von der Temp., Brenndauer, Atmosphäre u. Kornfeinheit; Pegmatit; Einfl. derselben Menge Pegmatit auf verschied. Tone; Zusammenhang zwischen dem Quarzgeh. nach der rationellen Analyse u. dem Ausdehnungskoeffizienten. Erörtert wird weiterhin die Anwendung des Dilatometers zur Unters. von Rohmassen (Steingut, Porzellan, Glasuren); die Messungen an feuchten Massen; Einstellung von Massen für den Tunnelofen an Hand der Ausdehnungsmessung; das Problem Füllmasse, Deckmasse in der Fußplattenindustrie u. die Auswirkung des Plattendruckes innerhalb einer Platte. Die Anwendung des Dilatometers erstreckt sich noch auf die Unters. von gebrannten Massen (Steingut, Porzellan, Glasur), auf den Einfl. der Herst., Brenntemp. u. Brennführung, sowie auf die Fabrikationsfehler bei Fußbodenplatten (Abblättern, Entmischung, Farbänderung) u. Feuchtigkeitsdehnung von Wandplatten. An Hand zahlreicher Kurven werden die verschied. Vorgänge veranschaulicht. (Ber. dtsch. keram. Ges. e. V. Ver. dtsch. Emailfachleute e. V. **29**. 143—58. Mai 1952. Trier.) PISTOR. 6240

Clyde Orr jr. und **P. T. Bankston**, *Ein rasches Adsorptionsverfahren aus flüssiger Phase zur Bestimmung der spezifischen Oberfläche von Tonen.* Das zur Best. der spezif. Oberfläche von Tonen innerhalb weniger als 2 Std. durchführbare Verf. wird so ausgeführt, daß man ca. 1 kg der sorgfältig getrockneten Tonprobe in einen 150 cm^3-ERLENMEYER einwägt, dann 100 cm^3 einer an *Stearinsäure* (I) nahezu gesätt. Methanollsg. hinzugibt, verschließt u. ca. 30 Min. gründlich schüttelt. Alsdann wird in einem aliquoten Teil der Lsg. der Geh. an I durch konduktometr. Titration ermittelt. In einer Blindprobe ist der NaOH-Verbrauch des Methanols zu bestimmen. Da bei monomol. Bedeckung ein Fettsäuremol. die Fläche von $20{,}5 \cdot 10^{-20} m^2$ einnimmt, läßt sich aus der Menge adsorbierter I pro g Ton die spezif. Oberfläche berechnen. An 11 Kaolin- u. Tonproben wird gezeigt, daß die so ermittelten Oberflächenwerte mit den nach der Gas-

adsorptionsmeth. von BRUNAUER, EMMETT u. TELLER gefundenen befriedigend übereinstimmen. (J. Amer. ceram. Soc. **35.** 58—60. 1/2. 1952. Atlanta, Ga., Inst. Technol.)
HENTSCHEL. 6248

G. Pièce, *Verfahren zur Bestimmung der Hauptbestandteile der im Bauwesen verwendeten Gipsarten.* Das Untersuchungsschema umfaßt die Best. 1. des *Gesamtwassers* W-% durch Trocknung bei 400°; 2. der *Feuchtigkeit* F-% durch Gewichtsabnahme bei 50° in 24 Std.; 3. des *gesamten $CaSO_4$* S-% durch Auflösen von 2 g Probe in 100 ml W. + 25 ml HCl (1:1), 5 Min. Kochen, Filtrieren u. Fällen eines aliquoten Teils mit $BaCl_2$ u. Best. als $BaSO_4$; 4. des *lösl. Anhydrits* A-% durch Gewichtszunahme in der Feuchtkammer (bei 18—22°) während 6 Std. mit folgender Trocknung bei 50° in 24 Std., wonach $CaSO_4 \cdot \frac{1}{2}H_2O$ hinterbleibt; 5. des *Halbhydrats* B-% durch die Gewichtszunahme b-% von 5 g Probe mit 10 ml W. nach 1 Std. in der Feuchtkammer u. 24 Std. bei 50° unter Korrektur für den Geh. an Feuchtigkeit oder Anhydrit gemäß B = 5,37 (b + F) bzw. B = 5,37 (b —0,265 A); 6. des *langsam abbindenden Anhydrits* C-% durch die Gewichtszunahme c-% von 5 g Probe mit 15 ml W. nach 3 Tagen in der Feuchtkammer u. 24 Std. bei 50° gemäß C = 3,78 (c—b). Ausführung 1—6 vgl. Orinal. Aus diesen Werten wird der Geh. berechnet an 1. *Gips*, $CaSO_4 \cdot 2H_2O$ G-% = 4,78 (W —0,062 B—F); 2. an *totgebranntem Gips* oder *natürlichem Anhydrit* D-% = S + W — A — B — C — G — F, 3. an *Verunreinigungen* I-% = 100 — S — W. Als akt. Bestandteile sind zu rechnen: A + B + C, als inakt. D + G + F + I. Das Schema ist konventionell u. nicht ohne weiteres auf Spezialgipse oder Bindemittel mit natürlichem Anhydrit zu übertragen. (Schweiz. Arch. angew. Wiss. Techn. **18.** 62—64. Febr. 1952. Zürich, Gips Union S. A., Usine de Bex.) METZENER. 6254

Soc. An. des Manufactures des Glaces et Produits Chimiques de Saint-Gobain, Chauny & Cirey, Paris, Frankreich, *Kontinuierliche Herstellung von Glas.* Man stellt das Glas aus frischer Glasmasse u. Glasabfall her, wobei das Abfallglas in einer sehr heißen Zone geschmolzen u. dann in einer etwas kühleren Zone mit der Glasschmelze aus frischen Stoffen durch eine Wirbelbewegung gründlich vermischt wird. Diese wird durch Erhöhung der Temp. in einzelnen Teilen der Mischzone erzielt. (**Finn. P. 25 693** vom 24/2. 1949, Auszug veröff. 30/4. 1952. F. Prior. 25/2. 1949.) J. SCHMIDT. 6175

Cellit Oy., Tammerfors, Finnland, *Gießen von Leichtbeton.* Um beim Gießen von Leichtbeton eine Entmischung zu verhindern, wird in der Gußform ein perforiertes Blech oder ein ähnliches Sieb bzw. Drahtnetz auf- u. abwärtsbewegt. (**Finn. P. 25 712** vom 11/7. 1949, Auszug veröff. 30/4. 1952.) J. SCHMIDT. 6225

Radio Corp. of America, New York, N. Y., V. St. A. (Erfinder: **F. H. Nicoll** und **F. E. Williams**), *Herabsetzen des Lichtreflektionsvermögens von Glasflächen.* Man taucht die Gläser kurze Zeit in eine H_2SiF_6-Lsg., die gelöstes SiO_2, Na- u. Ca-Ionen enthält, bes. bei 60—100°. Die Lsg. kann auch noch Mineralsäure enthalten. Vorzugsweise stellt man die Lsg. durch Auflösen des gleichen oder eines ähnlichen Glases in HF her. (**Schwed. P. 132 017** vom 18/8. 1945, ausg. 19/6. 1951. A. Prior. 18/8. 1944.) J. SCHMIDT. 6189

Österreichisch-Amerikanische Magnesit Akt.-Ges. (Erfinder: **Felix Trojer**), Radenthein, Kärnten/Österreich, *Mörtel zur Vermauerung basischer oder neutraler feuerfester Steine*, z. B. für Aufbau oder Auskleidung von Raffinations- u. Schmelzöfen für Leichtmetalle (Al), der neben Magnesiamehl (ganz oder teilweise ersetzbar durch Tonerdemehl) Metallfluoride oder Mischungen dieser Verbb. enthält, die in Ggw. von MgO bzw. Al_2O_3 bei Tempp. unter 1000° schmelzen. (Gegebenenfalls Kryolith in Mischung mit anderen Fluorverbb.) Das trockene Mörtelgemenge weist ca. 70—95(%) MgO oder Al_2O_3 oder Mischungen daraus u. ca. 5—30 Fluorverbb. auf. Als Bindemittel finden organ. ausbrennbare Stoffe, z. B. 1—5 der Mörtelmasse Sulfitablauge Verwendung. Z. B. wird ein Trockenmörtel aus 60 Sintermagnesia (0—0,1 mm), 30 Schmelzkorund (0—0,1 mm) u. 10 Kryolith (0—0,1 mm) vermengt. Gegebenenfalls erfolgt Zusatz einer Distanzkörnung (1—2 mm), frei von Fe u. SiO_2, die bei Erreichung der Betriebstemp. ihr Vol. vermindert oder weich u. plast. wird (Rohmagnesit, Tonerde). Zweck des Zusatzes von Distanzkorn ist, die vermauerten Steine beim Aufbau des Mauerwerkes in dem zum Ausgleich der Wärmeausdehnung erforderlichen Abstand zu halten. (**Oe. P. 170 292** vom 30/8. 1950, ausg. 11/2. 1952.) BEWERSDORF. 6227

Badische Anilin- & Soda-Fabrik, Ludwigshafen/Rh. (Erfinder: **Wilhelm Chorbacher,** Neustadt an der Weinstraße, und **Julius Beck,** Ludwigshafen-Oppau), *Herstellung gipshaltiger Massen.* Dem Gips werden vor oder beim Anrühren mit W. Verbb. zugesetzt, die durch Umsetzung von Stärke oder stärkehaltigen Stoffen mit Monochloressigsäure oder deren Salzen erhalten wurden. Durch diese Zusätze wird der Gipsmörtel bereits beim Anrühren mit W. oder bald danach pastig u. behält diese Eig.

längere Zeit bei, bis das vollständige Erhärten einsetzt. (**D. B. P. 837 822** Kl. 80b vom 27/6. 1943, ausg. 2/5. 1952.) HANS HOFFMANN. 6227

Karl Stauß, Dresden, *Formbare Masse aus Torf.* Erdfeuchter Torf wird zur Zertrümmerung seiner unzers. Bestandteile zerkleinert u. homogenisiert, bis die koll. Huminstoffe sich zu einer einheitlichen, die Trümmer der unzers. Bestandteile umklammernden M. zusammenschließen, u. gegebenenfalls nach Zumischung von Kohle, Säge- oder Hobelspänen, Pflanzenmehl von Stroh, Heidekraut, Schilfrohr, Schäben, Coniferennadeln, Seetang oder, zwecks Herst. von Baustoffen, mit Sand, Lehm, Ton, Kaolin, Glas, Ziegelmehl, Gesteinsmehl, Papier oder Müllabfällen unter leichtem Druck an der Luft oder durch Wärme ausgeformt. Elastizität u. Wasserfestigkeit können durch Zugabe von Bitumina, Teer, Öl oder Gasruß erhöht werden. (**D. B. P. 831 321** Kl. 39b vom 15/10. 1948, ausg. 14/2. 1952.) SALZMANN. 6229

VII. Agrikulturchemie. Schädlingsbekämpfung.

N. Atanasiu, *Über die Löslichkeit der Phosphorsäure in Lactatlösung bei verschiedener Bodenreaktion.* Bei Behandlung der Böden mit verschied. Lsgg. ergab sich, daß die Löslichkeit der Phosphorsäure in NH_4CH_3COO u. 1% NaOH bei den verschied. Böden verschieden ist (vgl. RAUTERBERG u. Mitarbeiter C. **1951**. I. 640). Kritik der daraus hergeleiteten Faktoren für die Korrektur der Lactatwerte bei verschied. Bodenreaktion. Eine Korrektur der Lactatwerte kann nur durch eine pflanzenphysiol. Meth. geschehen. (Z. Pflanzenernähr., Düng., Bodenkunde **55**. (**100**.) 52—56. 1951. Paulinenaue, Westhavelland, Inst. zur Steigerung der Pflanzenerträge.) SCHEIFELE. 6304

E. Rauterberg, *Die Auswertung von Bodenuntersuchungsergebnissen.* Stellungnahme zu den Ausführungen von ATANASIU (vgl. vorst. Ref.) u. Ablehnung von dessen Schlußfolgerungen. (Z. Pflanzenernähr., Düng., Bodenkunde **55**. (**100**.) 57—65. 1951. Berlin-Dahlem, Techn.-Univ. Berlin-Charlottenburg, Inst. für Pflanzenernähr., Bodenchem. u. Bodenbiol.) SCHEIFELE. 6304

Denizot und **Mathieu**, *Phosphorsäurefixierung durch den Boden.* Eine Gabe von 100 kg P_2O_5/ha als Superphosphat wird fast vollständig vom Boden fixiert, so daß zur Erhaltung eines gewissen Geh. an leicht lösl. P_2O_5 die Gaben erhöht werden müssen. Die Schnelligkeit der Fixierung hängt in hohem Maße von dem Geh. des Bodens an Ton u. freiem Fe, sowie von seinem Säuregeh. ab. (C. R. hebd. Séances Acad. Agric. France **37**. 585—87. 1951. Dijon.) GRIMME. 6304

J. F. Loneragan, *Die Wirkung der Düngerphosphorsäure auf die Aufnahme von Zink durch Lein.* Eine erhöhte Phosphorsäuregabe setzte den Zinkgeh. bei Lein herab. Bei hohen Phosphorsäuregaben zeigten sich Zinkmangelerscheinungen nach 4 Wochen, welche in der 6. Woche ein Maximum erreichten. (Austral. J. sci. Res., Ser. B. **4**. 108—14. Mai 1951. Nedlands, W. A., Univ. of Western Australia, Inst. of Agricult.) GRÜTZ. 6304

Walther Trappmann, *Vereinheitlichung und Kennzeichnung der chemischen Pflanzenschutzmittel.* Normierungsvorschläge. (Nachrichtenbl. dtsch. Pflanzenschutzdienstes [Braunschweig] **4**. 71—74. Mai 1952.) WINIKER. 6312

P. W. Ssasonow, *Der Einfluß von HCH auf Pflanzen in Abhängigkeit von der Zeit der Anwendung und der angewandten Menge.* Im Feldvers. an Sommerweizen wird festgestellt, daß die Bestäubung mit *Hexachlorcyclohexan* (I) am wirksamsten in den frühen Vegetationsperioden ist. Hier nimmt die Ertragssteigerung bei Erhöhung der I-Dosen von 100—1000 g/ha stark zu, weniger während der Bestockung. In der späteren Phase tritt keine Ertragssteigerung zwischen 500 u. 1000 g/ha I ein. Ebenso wie bei DDT sind die minimalen insekticiden Dosen von I bei Weizen u. Luzerne viel geringer als die Schwellendosen. Bei Hopfen, Gurken u. Melonen liegen sie in der Nähe oder sogar unter den Schwellendosen. (Доклады Всесоюзной ордена Ленина Академии Сельскохозяйственных Наук имени В. И. Ленина [Ber. Allunions landwirtsch. (Lenin-Orden) Lenin-Akad.] **17**. Nr. 6. 38—40. Juni 1952. Allunions Wiss. Forschungsinst. für Pflanzenschutz.) LEBTAG. 6312

Nikolaus Malmus, *Die Cercospora-Blattfleckenkrankheit der Rübe und ihre Bekämpfung.* Die einzig sichere Bekämpfung besteht derzeit im Spritzen der Rübenbestände mit hochprozentigen Cu-Präpp. (45—50% Cu) auf Basis Kupferchlorid oder Kupferoxydhydrat. Pro Spritzung u. pro Hektar sind 4—5 kg Präp. erforderlich. (Mitt. Landwirtsch. **67**. 531—33. 26/7. 1952.) WINIKER. 6312

K. Stoll, *Die Kohlschwärze. Entstehung, Schadwirkung und Bekämpfung.* Zur Bekämpfung der Kohlschwärze wird wiederholtes Spritzen der Samenbestände mit Fungiciden unter Zusatz von Netzmitteln empfohlen. Geeignet sind *Kupferkalk* u.

Polybar in Verbindung mit Netzmitteln wie *Nekal* oder *Tezet*. (Nachrichtenbl. dtsch. Pflanzenschutzdienst [Berlin] [N. F.] **6.** (**32.**) 81—90. Mai 1952. Aschersleben, Zweigstelle der Biol. Zentralanst. für Land- u. Forstwirtschaft.) WINIKER. 6312

P. S. Hewlett, *Vergleich insekticider Aktivierung.* Aus den Ergebnissen orientierender Verss. ergab sich, daß durch geringe Zusätze von *(3.4-Methylendioxy-6-propylbenzyl)-butyldiäthylenglykoläther* bzw. *n-Octylisosafrolsulfoxyd* die gebräuchlichen Insekticide (Pyrethrin, Allethrin, Gammexan) sehr stark in ihrer Wrkg. aktiviert werden. Die beiden Verbb. selbst wirken nicht insekticid. (Nature [London] **169.** 844—45. 17/5. 1952. Slough.) GRIMME. 6312

H. Böttcher, *Bekämpfung von Kohlfliege und Drehherzmade mit modernen Insektengiften.* Verss. mit Insekticiden auf E- (*Wofatox*, **I**) u. HCCH-Basis (Hexitan, **II**) ergaben gute Erfolge in der Bekämpfung von Kohlfliege u. Drehherzmade, bes. bei der Vorbehandlung der Pflanzen. **II** war bei der Vorbehandlung etwas wirksamer als **I**, befriedigte aber nicht bei der Stäubung. Wahrscheinlich war der Stäubetermin zu spät gewählt, oder es hätten 2 Stäubungen vorgenommen werden müssen. (Nachrichtenbl. dtsch. Pflanzenschutzdienst [Berlin] [N. F.] **6.** (**32.**) 92—94. Mai 1952. Halle/Saale.) WINIKER. 6312

R. Roesler, *Die Stachelbeermilbe (Bryobia praetiosa Koch) in der Pfalz.* Die Stachelbeermilbe ist gegenüber den üblichen Bekämpfungsmitteln etwas weniger empfindlich als die übrigen Tetranychiden. Nach Laubaustrieb wirkten von den Schwefelmitteln 3%ig. Schwefelkalkbrühe u. 1%ig. *Solbar* (Bariumpolysulfidmittel) mit nur ca. 80 bis 90%ig. Abtötung etwas besser als Netzschwefelpräpp. mit Netzmittelzusatz. Mit *E 605* (0,035%ig.) u. *Systox* (0,03—0,05%ig.) wurden die besten Erfolge (meist 100%ig. Abtötung) erzielt. (Höfchen-Briefe Wiss. Prax. **5.** Nr. 1. 15—18. 1952. Neustadt/Weinstraße. Landesanst. für Wein-, Obst- u. Gartenbau.) WINIKER. 6312

Rosemarie Wolfram, *Versuche über Getreidebehandlung mit kontaktinsekticiden Stäuben.* Vf. berichtet über Verss. mit *Geigy 33* u. *Hortex* (jeweils 500 g pro ½ Tonne Roggen oder Weizen führten zu 100%ig. Abtötung der Kornkäfer) u. weist an Hand der Literatur auf Bedenken bzgl. einer eventuellen Gesundheitsschädigung des Verbrauches hin. (Mühle **89.** 405—06. 26/6. 1952.) WINIKER. 6312

K. Sellke, *Kornkäfereinstäubemittel und ihr Verhalten im behandelten Getreide. DDT-HCCH-* oder nur *HCCH*-haltige Kornkäfereinstäubemittel gewähren monatelangen Dauerschutz gegen Neubefall durch Kornkäfer. Sowohl DDT- als HCCH-Mittel verbleiben trotz Reinigung oder monatelanger Lagerung zum größten Teil im Getreide. Der Vorteil der nur HCCH-haltigen Mittel besteht lediglich in der damit erreichten mindestens um 90% geringeren Beimischung der insekticiden chlorierten Benzole zum Getreide, deren Unbedenklichkeit in tierphysiol. Beziehung vom Vf. als zur Zeit noch nicht feststehend angesehen wird. (Nachrichtenbl. dtsch. Pflanzenschutzdienst [Berlin] [N. F.] **6.** (**32.**) 121—27. Juli 1952. Berlin, Biol. Zentralanst.) WINIKER. 6312

Taubitz, *Erfahrungen bei Großaktionen gegen Maikäfer zur Vermeidung von Engerlingsschäden.* Am besten bewährten sich Mischungen von DDT u. Hexa. (Dtsch. Zuckerind. **2.** 196—97. 20/6. 1952.) WINIKER. 6312

Gerhard Laue, *Die neuen Cumarinmittel zur Rattenbekämpfung.* Überblick. — 41 Literaturangaben. (Nachrichtenbl. dtsch. Pflanzenschutzdienst [Berlin] **6.** (**32.**) 127—30. Juli 1952. Delitzsch, Chem. Fabrik Delitia.) WINIKER. 6312

G. D. Aitchison und **P. F. Butler,** *Gipsblockfeuchtigkeitsmesser für die Ermittlung der Tension im Bodenwasser.* Für die Best. der Bodenfeuchtigkeitstension an Ort u. Stelle kann neben den bis zu einem pF 3 anwendbaren Tensiometern die Gipsblockmeth. im Bereich pF 2,4—4,2 angewandt werden. Zwischen Bodenfeuchtigkeitstension u. Blockwiderstand besteht bei langsamen Änderungen der Bodenfeuchtigkeit in salzfreien Böden für die 3 Blocktypen über einen großen Teil des Empfindlichkeitsbereiches eine lineare Beziehung. (Austral. J. appl. Sci. **2.** 257—66. Juni 1951. Adelaide, Univ., C. S. I. R. O. Div. of Soils.) MANZ. 6324

S. H. Yuen und **A. G. Pollard,** *Technik und Anwendung von Pflanzengewebetesten auf die Verfügbarkeit von Bodenphosphat.* Der chem. Gewebetest auf Phosphat (**I**) wurde bei Buchweizen, Kartoffeln, Stangenbohnen, Karotten, Klee u. Knöterich geprüft. Extraktion erfolgte mit MORGAN-Reagens (**II**; 0,5n Essigsäure, durch Na-Acetat auf p_H 4,8 gepuffert). Zwischen extrahierter **I**-Menge u. Extraktionsdauer besteht während der ersten 4 Std. ein lineares Verhältnis. In den ersten 15 Min. wurden 3—21% (je nach Pflanzenart) des Gesamt-**I** extrahiert; die Mengen an extrahierbarem **I** variierten zwischen 20—76%. Über 60% der extrahierten **I** waren anorganisch. Bei der Extraktionsdauer von $\leqq$30 Min. waren die mit **II** oder mit W. extrahierten **I**-Mengen gleich. —

Die bei Anwendung des Gewebetestes zur I-Best. auftretenden sehr hohen Variabilitätskoeffizienten zeigten, daß die Probe nicht sehr zuverlässig ist. (J. Sci. Food Agric. 2. 537—42. Dez. 1951. Imp. Coll. of Sci. and Technol., Agric. Chem. Dep.) Rang. 6324

W. I. Schtatnow, *Zur Methodik der Bestimmung der biologischen Bodenaktivität.* Die Best. der biol. Aktivität des Bodens erfolgt in der Weise, daß das aus dem Boden entweichende CO_2 durch 10—15 ml 0,1n NaOH oder KOH in einer Porzellanschale aufgefangen wird, die durch eine 1,5—2 cm in den Boden ragende Glocke aus Metall oder Glas abgedeckt ist. Nach 3—5 Std. wird mit 0,1n HCl u. Phenolphthalein titriert. Die Best. der biol. Bodenaktivität in Abhängigkeit von Bodenlockerung, Einbringung von organ. oder mineral. Düngemitteln, Wurzelresten sowie vom Zeitpunkt des Umpflügens ergab gute Ergebnisse. (Доклады Всесоюзной ордена Ленина Академии Сельскохозяйственных Наук имени В. И. Ленина [Ber. Allunions landwirtsch. (Lenin-Orden) Lenin-Akad.] 17. Nr. 6. 27—33. Juni 1952. Allunions Wiss. Forschungsinst. für Düngemittel, Agrotechnik u. Agrobodenkunde.) Lebtag. 6324

Imperial Chemical Industries Ltd., London (Erfinder: **Wilfred Archibald Sexton,** Blackley, und **William Gladsone Templeman,** Bracknell), England, *Unkrautvertilgung* durch Verwendung der Ester der Arylcarbaminsäuren, bes. der *Äthyl-* oder *Isopropylester* der *Phenylcarbaminsäure,* im Gemisch mit Streckmitteln in Pulverform oder in wss. Dispersion. Auch n-Butylphenyl-, Äthylchlorphenyl- u. Äthyl-o-methoxyphenylcarbamat sind geeignet. Zweisamenlappige Gewächse, Kartoffeln, Mangold u. Zuckerrüben werden nicht geschädigt, Gräser u. dgl. vernichtet. (**D. B. P. 833 274** Kl. 451 vom 23/10. 1948, ausg. 6/3. 1952. E. Prior. 12/5. 1941.) Karst. 6313

Buckman Laboratories, Inc., Memphis, Tenn., V. St. A., *Bakterioides und fungicides Gemisch,* bestehend aus einer organ. Hg-Verb. der Formel RHgX (worin R einen aromat. Rest u. X ein Anion bedeuten) u. einem der isomeren Trichlorphenole bzw. einem Salz derselben, z. B. aus Oxyphenylmercuriacetat u. einem Alkalisalz des 2.4.6-Trichlorphenols. (**Schwz. P. 281 281** vom 3/5. 1947, ausg. 16/6. 1952. A. Prior. 11/9. 1946.) Kettner. 6313

Pierre I. Biès, Frankreich, *Insekticide und fungicide Pasten.* Cu oder seine Legierungen, wie Messing, auch Abfälle, werden in Ggw. von Alkalien oder Erdalkalien, z. B. NO_2CO_3 oder CaO, der Elektrolyse in 15%ig. NaCl-Lsg. unterworfen. Das sich ausscheidende Cupro- u. Cuprihydroxyd kann mit Luftverblasen vollständig in $Cu(OH)_2$ übergeführt werden. Es wird durch Filtration oder Dekantation abgetrennt u. mit Dispergier- u. Schutzstoffen vermischt als Paste oder Brei angewendet. (**F. P. 973 705** vom 19/11. 1941, ausg. 14/2. 1951.) Wittholz. 6313

E. I. du Pont de Nemours & Co., übert. von: **James Arthur Bittles jr.** und **Robert M. Joyce jr.,** Wilmington, Del., V. St. A., *Fluoralkanphosphorsäuren* der Formel $H(CF_2—CF_2)_nPO(OH)_2$, worin n mindestens 1 ist, erhält man nach der Gleichung: $HPO(OR)_2 + n\,CF_2 = CF_2 \rightarrow H(CF_2—CF_2)_nPO(OR)_2$ u. Verseifung der Ester (R = Alkyl). — Ein Gemisch aus 104 (Teilen) Diäthylphosphit u. 50 Tetrafluoräthylen wird in Ggw. von 1,5 Benzoylperoxyd im Autoklaven 8 Std. auf 90° erhitzt. Man erhält ein Gemisch von Diäthylpolyfluoralkanphosphonaten mit durchschnittlich 6 C-Atomen. Hydrolyse mit konz. H_2SO_4 bei 100° liefert das entsprechende Säuregemisch. — *Bakterioide, Insekticide.* (**A. P. 2 559 754** vom 29/6. 1950, ausg. 10/7. 1951.) Brösamle. 6313

Farbwerke Hoechst, vormals Meister Lucius & Brüning (Erfinder: **Fritz Maennchen**), Frankfurt/M.-Höchst, *Chlornitrophenthiazin-9-oxyde* erhält man durch Nitrieren von Phenthiazin (I) in verd. wss. HNO_3 (II) u. anschließende Chlorierung in der gleichen Säure. — Beispiel: 200 (Gewichtsteile) techn. reines I werden bei Raumtemp. in 1200 20%ig. II eingetragen, innerhalb 3 Std. auf 80—85° aufgeheizt u. 8 Std. auf dieser Temp. gehalten, anschließend wird Cl_2 bei gleicher Temp. eingeleitet, bis der Cl_2-Geh. ca. 20% beträgt, Nd. wird mit W. neutral gewaschen u. getrocknet. 305 (92%) gelbes Pulver, F. ca. 220°, 20,45 (%) Cl u. 8,82 N, berechnet für *Dichlormononitrophenthiazin-9-oxyd,* 21,27 Cl u. 8,51 N. — *Dichlordinitrophenthiazin-9-oxyd,* F. 190—195° (Zers.). — Ausgangsstoffe für *Schädlingsbekämpfungsmittel.* (**D. B. P. 837 536** Kl. 12p vom 2/7. 1950, ausg. 28/4. 1952.) Müller-Meiningen. 6313

Emil Effenberger, Inzell, Kr. Traunstein, *Wildverbiß- und Schädlingsbekämpfungsmittel,* bes. *gegen Kartoffelkäfer,* enthaltend Schieferteeröl, (I) als Haftmittel u. Geruchskomponente (II). I wird durch Zusatz von Holz- oder Torfdestillaten spritzbar gemacht. Der Geruch wird durch Zusatz geeigneter II variiert. Das Mittel tötet Blatt- u. Schildläuse ab u. ist für Pflanzen, Wild, höhere Tiere u. Menschen unschädlich. (**D. B. P. 828 322** Kl. 451 vom 28/6. 1950, ausg. 17/1. 1952.) Karst. 6313

Gebr. Borchers Akt.-Ges., Goslar (Erfinder: **Hermann Reisener**, Oker) *Ester der Ortho- bzw. Thiophosphorsäure* erhält man durch Kondensation von in Xylol feinstverteiltem Na-Alkoholat mit $POCl_3$ bzw. $PSCl_3$ bei höchstens 20° u. anschließender weiterer Kondensation des erhaltenen Prod. mit p-Nitrophenol-Na (I), p-Nitranilin, Na-Malonsäureester oder deren Homologen. — Na-Äthylat wird in Xylol mit $PSCl_3$ bei 20° 6 Std. gerührt, dann gibt man I zu, erhitzt innerhalb 6 Std. auf 140° u. hält weitere 6 Std. auf dieser Temp.; durch Filtrieren u. Eindampfen erhält man *Thiophosphorsäure-O.O-diäthylester-O-(p-nitrophenyl)-ester*. — *p-Nitranilidophosphorsäurediäthylester*. — *Diäthylmalonylthiophosphorsäure-O.O-diäthylester*. — Verwendung als *Insekticide*. (**D. B. P. 848 041** Kl. 12o vom 13/7. 1949, ausg. 1/9. 1952.) KRAUSS. 6313

Walter Jost, Barendorf bei Iserlohn, *Verlängerung der Blütezeit von Schnittblumen und Blüten und Frischhaltung von Gemüsen*. Spurenelemente, bes. die in Messingwalzwerken oder in der sonstigen metallverarbeitenden Industrie anfallenden feingemahlenen metallhaltigen Fabrikationsrückstände werden als Mittel zur Verlängerung der Blütezeit von Schnittblumen u. dgl. dem W. zugesetzt, in welches sie eingestellt werden. Die als Stimulantia wirkenden Spurenelemente halten Blätter u. Blüten sehr lange frisch u. blühend. (**D. B. P. 826 376** Kl. 451 vom 10/5. 1949, ausg. 7/1. 1952.) KARST. 6313

Heinz Drees, Kleines Pflanzenschutz-Lexikon. Frankfurt a. M.: Verl. Kommentator. 1951. (132 S. m. Abb.) 8°. DM 5,80.

—, Handbuch der Pflanzenkrankheiten. Begr. v. **Paul Sorauer**. Hrsg. v. **Otto Appel** u. **Hans Blunck**. Bd. 6: Pflanzenschutz, Verhütung u. Bekämpfung d. Pflanzenkrankheiten. 2. neubearb. Aufl. Lfg. 1. Berlin, Hamburg: Parey. 1952. (XV + 448 S. m. 3 Abb.) gr. 8°. DM 78,—.

VIII. Metallurgie. Metallographie. Metallverarbeitung.

P. Bardenheuer, *Gase in Metallen*. Erörtert wird die Löslichkeit der Gase in Metallen u. deren Temperaturabhängigkeit. Die in Metallen auftretenden Schäden werden durch eine Änderung der Löslichkeit verursacht. Das Verh. des H_2 beim Beizen von Stahl, die Ansammlung von H_2 im Werkstoff unter hohem Druck sowie die durch H_2 verursachten Werkstoffschäden werden besprochen. Die Gasaufnahme fester Metalle wird in der Wärme erhöht. Erörtert wird die Gasaufnahme fl. Metalle sowie die Wrkg. von Reaktionsgasen. Beim Nachsetzen gashaltiger Stoffe in eine Metallschmelze liegt die Gefahr einer unerwünschten Gasaufnahme vor. Es werden Entgasungsverff. in der Metallurgie, z. B. zum Entgasen eines Stahlbades durch Kochen, Verdrängen u. Ausspülen, besprochen. (Metall **6**. 351—56. Juli 1952. Altena/Westf.) HOCHSTEIN. 6380

E. Diepschlag, *Die Anwendbarkeit der Regelungstechnik in der Hüttenindustrie*. Studien zur Feststellung, ob u. wieweit in einem Hochofenwerk die Regelungstechnik einzubauen ist, erstrecken sich auf den Hochofen selbst u. auf die Vorwärmung des dem Hochofen zugeführten Gebläsewindes. (Ber. Verh. sächs. Akad. Wiss. Leipzig, math.-naturwiss. Kl. **99**. Nr. 3. 1—37. 1952.) HABBEL. 6400

C. C. Hodgson und **W. Fairhurst**, *Das Glühen und die Wärmebehandlung von zähem Gußeisen*. Durch das Glühen wird Perlit u. Zementit aufgelöst. Mn soll niedrig sein, Si ist nach oben wegen abnehmender Zähigkeit begrenzt. Vorteilhaft ist folgende Zus.: 2,9—3,2 (%) *C*, 2—2,3 *Si*, unter 0,3 *Mn*, unter 0,05 *P*, nicht unter 0,05 *Mg*. Beste Glühbehandlung: 950° mit nachfolgender langsamer Abkühlung. Bei 1,5 Si ist die Festigkeit im vergüteten Zustand etwas höher als bei 2 Si, was auf Zers. der martensit. Grundmasse u. Ausscheidung von zahlreichen Graphitteilchen zurückgeführt wird. — Zahlentafeln, Gefügebilder. (Metallurgia [Manchester] **45**. 283—88. 296. Juni 1952. Leyland Motors, Ltd.) K. STEIN. 6404

A. W. Chasowa, T. G. Demidowa und **M. N. Kunjawski**, *Gewinnung und Wärmebehandlung von Gußeisen mit globularem Graphit*. Für die Herst. des Gußeisens wird eine Legierung verwendet, die aus 15—25% Mg u. Rest aus Ferrosilicium besteht. Auf diesem Wege wird Gußeisen mit 2,4—3,8 (%) C, 2,2—3 Si, 0,45—0,85 Mn u. 0,02 bis 0,07 Mg erhalten, dessen Graphitausbildung in Abhängigkeit von der aufgenommenen Mg-Menge steht. Bei einem höheren Mg-Geh. tritt neben globularem Graphit auch noch Zementit auf, während bei geringeren Gehh. der Graphit flockenförmig auftritt. Als Graphitisierungswärmebehandlung wird ein mehrstd. Glühen bei 850—950° empfohlen, bei dem der Zementit vollständig in Graphit zerfällt. Als weitere Wärmebehandlungen werden die Normalisierung, die graphitisierende Niedertemperaturglühung, das Glühen auf körnigen Perlit, die Gewinnung von metastabilen Gefügen nach Härten von 870—900° u. Anlassen bei 350—600° sowie die Oberflächenhärtung besprochen u. die erreichbaren Festigkeitswerte angegeben. (Литейное Производство [Gießereiwesen] **1952**. Nr. 4. 22—28. April.) HOCHSTEIN. 6404

Ja. R. Rausin, *Über die Stahlhärtung aus der Schmiedehitze heraus.* Es wird gezeigt, daß ein bei 900—950° fertig geschmiedeter u. bei dieser Temp. sofort gehärteter Stahl hinsichtlich der Festigkeit nicht schlechter ist als ein n. gehärteter Stahl. Jedoch ist zu beachten, daß die Schmiedeendtemp. von den technolog. Stahleigg. bestimmt wird. Die Rißbldg. u. der Verzug legierter Stähle wird stark mit einer Erhöhung der Härtetemp., d. h. der Temp. der Beendigung des Schmiedens, erhöht. Die Erhöhung der Schmiedeendtemp. wirkt sich auf die Durchhärtungsfähigkeit günstig aus. Diese wird an einem Stahl bei Schmiedeendtempp. von 800—1000° graph. dargestellt. Unterss. zeigen die gemeinsamen Einflüsse des Schmiedens u. des Härtens auf die Festigkeitseigg. der behandelten Gegenstände. (Вестник Машиностроения [Nachr. Maschinenbau] **32.** Nr. 4. 45—**49.** April 1952.) HOCHSTEIN. 6408

Ss. G. Bogdanow, *Verfestigung von in Wärmebehältern erkalteten Schmiedestücken.* Die Abkühlung eines Stahlgegenstandes von 900—950° erfolgte langsam in einer Wärmegrube. Zum Vgl. wurden andere Schmiedestücke durch 5—6std. Erwärmung auf 850—870° bei 3—4std. Haltezeit bei dieser Temp. u. nachfolgender Abkühlung an Luft normalisiert. Ein Härtevgl. der beiden verschieden behandelten Schmiedestücke ergab, daß die in den Wärmegruben erkalteten eine höhere Festigkeit u. Härte aufwiesen als die normalisierten. Auch nach einer Vergütung der verschieden erkalteten Stähle besaßen die in Wärmegruben erkalteten eine höhere Festigkeit. Ihr Gefüge bestand aus Ferrit u. sorbit. Perlit, während die normalisierten Stähle aus reinem Ferrit u. Perlit bestanden. (**Вестник Машиностроения** [Nachr. Maschinenbau] **32.** Nr. 4. **49—51.** April 1952.) HOCHSTEIN. 6408

Pierre Chevenard, *Präzision in der Metallurgie und Metallurgie der Präzision.* Ausführliche Wiedergabe der in C. **1951.** II. 3231 referierten Arbeit. (Mém. Soc. Ing. Civils France **104.** 1—44. 1951.) BARZ. 6410

—, *Aussortieren von Wolframstahl aus gewöhnlichem Stahlschrott.* Da Stähle mit 10—30% W wesentlich rostbeständiger als C-Stähle sind, werden die Schrottstücke angeschliffen u. in eine NH_4Cl-Lsg. getaucht. Nach 15 Min. haben die C-Stähle einen goldbraunen Rostanflug, während der Schnelldrehstahl blank bleibt. (Metallurgia [Manchester] **45.** 252. Mai 1952.) K. STEIN. 6410

—, *Borhaltige Stähle.* Stähle mit 0,002% B u. mit Gehh. an Cr, Ni u. Mo, die ca. 50% niedriger liegen als in den entsprechenden Normstählen, sollen beim Vergüten 75° höher abgeschreckt u. 75° tiefer angelassen werden. (Materials and Methods **33.** Nr. 4. 7 u. 9. April 1951.) KREITZ. 6410

Werner Gründer und Bela Bunji, *Ein Beitrag zur Flotation kaolinreicher Blei-Zinkerz.e* Mit steigendem Kaolinanteil im Fördergut wird der Pb-Geh. im Abgang der Pb-Flotationsmaschine größer u. entsprechend das Pb-Ausbringen kleiner. Es wurde erkannt, daß bei einem teilweise komplexen Pb–Zn-Erz eine feinere Mahlung unter 0,15 mm notwendig ist. Zur Verbesserung des Aufbereitungserfolges jedoch mußte der hohe Kaolinanteil (10—20 Gew.-%), der in der hochviscosen Trübe die Sulfidteilchen am Aufschwimmen hindert, vor der Flotation abgetrennt werden. Durch Verwendung eines Rechenklassierers wird für die Bldg. der Kaolinsuspension gesorgt, die zu Schlammflotationszellen gepumpt wird, um die feinen mitgeschlämmten Sulfidteilchen kollektiv abzutrennen. Der gewaschene Klassiererrücklauf wird in Kugelfallmühlen fein gemahlen. Durch das Verf. konnte das Pb-Ausbringen um 6—7% gesteigert u. die Anreicherungshöhe im Pb-Endkonzentrat von ca. 68 auf 76% gebracht werden. (Z. Erzbergbau Metallhüttenwes. **5.** 182—85. Mai 1952. Belgrad u. Zvečan.) HOCHSTEIN. 6430

L. Grand, *Sandgegossene Berylliumbronze.* Überblick über die gießtechn. Eigg., über die Kalt- u. Warmverformungsfähigkeit sowie über die erreichbaren Festigkeitseigg. von Berylliumbronze mit 97,2—97,8 (%) *Cu*, 1,9—2,3 *Be* u. 0,3—0,5 *Ni* oder *Co.* Als Feinungszusätze kommen noch 0,1—0,2 *B*, ca. 0,1 *Zr* oder *Ti* zur Verwendung. Als günstigste Aushärtungsbehandlung wird ein Abschrecken von 720—800° nach 1—3std. Haltezeit u. 4—5std. Anlassen bei 280—300° angegeben. (Metal Ind. [London] **80.** 481—84. 489. 13/6. 1952.) HOCHSTEIN. 6432

H. M. Miekk-oja, *Ausseigerung von Eisen und Phosphor an den Korngrenzen in Messing mit 70% Kupfer und 30% Zink während des Kornwachsens.* Es wurde festgestellt, daß bei Fe-Gehh. von mindestens 0,007% geringe Anteile von P (0,002—0,019%) das Kornwachstum bis zu Tempp. von 670° stark hindern. Korngrößen von 0,02 bis 0,05 mm werden durch eine Glühbehandlung in einem weiten Temperaturbereich leicht erreicht. Jedoch werden noch größere Körner nicht leicht erreicht, u. beim Glühen im Gebiete von 575—670° wird oft ein ungleichmäßiges Gefüge erhalten. Wenn der Fe-Geh. unter 0,005% liegt, beschleunigen kleine P-Gehh. das Kornwachstum bei hohen Tempp.,

u. daher kann hierbei jede gewünschte Korngröße ohne Schwierigkeit leicht erreicht werden. Beim Fehlen von P steigt die Korngröße/Temperatur-Kurve langsam u. stetig an. Zur Erklärung der Anomalien in den Korngröße/Temperatur-Kurven bei kleinen Gehh. von verschied. Verunreinigungen wird angenommen, daß während des Kornwachsens Fe u. P ohne Bldg. einer besonderen Phase an den Korngrenzen ausseigern, wo sie die Wanderung der ursprünglichen Atome durch die Übergangszone behindern. Wenn jedoch die Temp. hoch genug ist, herrscht ein Einfl. der Entropie vor, wodurch eine Dispersion der Atome der Verunreinigungen durch das Gitter hervorgerufen wird. Es wird die Dicke der Eisenatomschichten an der Übergangszone berechnet. — Schrifttumsangaben. (J. Inst. Metals **80.** 569—76. Juni 1952. Pori, Ontokuenpu Metal Works.) HOCHSTEIN. 6432

—, *Incoloy — eine neue Nickellegierung. Incoloy* ist eine walzbare, korrosions- u. zunderbeständige u. hochdauerstandfeste Cr–Ni-Legierung mit 35 (%) *Ni*, 20 *Cr*, 45 *Fe*, welche die bisher für die gleichen Verwendunsgebiete benutzten Legierungen mit 70% Ni ersetzen kann. (Mining **J. 237.** 110. 3/8. 1951.) KREITZ. 6434

G. B. Greenough, Catherine M. Bateman und Edna M. Smith, *Röntgenuntersuchungen über das Kriechen.* Zwei Al–Ag-Legierungen, eine davon in fester Lsg. u. die andere mit einer Ausscheidung, wurden röntgenograph. untersucht. Während sich die erstere in gleicher Weise wie Reinaluminium verhielt u. eine ausgeprägte Zellenentw. während des Kriechens zeigte, brachte die andere keine Spuren solcher Zellen zum Vorschein. Unterss. wurden auch von der Erholung der Proben, die schnell auf 300° erhitzt wurden, durchgeführt. Es wurde bestätigt, daß beim Glühen bei 300° in Abwesenheit einer Spannung nur eine geringe Erholung auftrat u. daß eine Zellenbldg. stattfand, wenn die Proben bei dieser Temp. kriechen konnten. Die Zellenentw. wurde nicht sichtbar, bis die Kriechspannung größer wurde. Der Einfl. der Belastungsgeschwindigkeit schien klein zu sein. — Schrifttumsangaben. (J. Inst. Metals **80.** 545—50. Juni 1952. Sheffield, Univ.) HOCHSTEIN. 6442

Rudolf Freitag, *Neue Wege zum Uranmetall.* **Uran als** Nebenprod. der Superphosphatherstellung. (Metall **6.** 329. Juni 1952. Marburg/Lahn.) HABBEL. 6448

A. T. Hamill, *Haltbarkeit von Stanzmatrizen.* Es wird die Überlegenheit von Carbiden über gegossene Nichteisenlegierungen sowie von hochgekohltem Schnelldrehstahl über hochgekohlte u. hochchromhaltige Legierungen als Bauwerkstoff von Stanzmatrizen nachgewiesen. Die Werkstoffe werden im abgeschreckten u. angelassenen Zustand verwendet. (Machinist **95.** 14—16. 6/1. 1951. Westinghouse Electric Co.) HOCHSTEIN. 6476

W. R. Weir, *Kontinuierliches Glühen.* Zum Blankglühen von Stahlband wird eine Schutzgasatmosphäre verwendet, die durch Verbrennung von *Butan* oder *Leuchtgas* mit einem Verhältnis zum Luftanteil von 17:1 bzw. 2,6:1 hergestellt wird. Bei der Butanverbrennung hat das Schutzgas eine Zus. von 4,5—5 (%) CO_2, 0,0 O_2, 9—10 CO, 15—16 H_2 u. 0,2—0,3 CH_4, während bei Verbrennung von Leuchtgas das Schutzgas aus 5,5—6 CO_2, 0,0 O_2, 11—11,5 CO, 9—10 H_2, 0,0 CH_4, 0,1 Leuchtstoffe besteht. (Steel **128.** Nr. 18. 68. 70. 72. 74. 84. 30/4. 1951. Hamilton, Ontario, Can., Dominion Foundries and Steel, Ltd.) HOCHSTEIN. 6492

Caroll B. Mershow, *Wärmebehandlung von Metallen.* **1. Mitt. Überblick.** (Ind. Heating **18.** 1576—84. Sept. 1951. Coraopolis, Pa., Continental Equipment Co.) PAHL. 6492

E. Knuth-Winterfeldt, *Über das elektrolytische Polieren für die Mikrographie von siliciumreichen Leichtmetallegierungen.* Als Elektrolyt wird eine Lsg. aus 600 (cm^3) Methylalkohol, 400 Monobutyläther des Diäthylenglycols (Butylcellosolve), 100 konz. HCl u. 2 VOGELs Sparbeize verwendet. Nach der anod. Behandlung wird die Stromrichtung kurzzeitig gewechselt u. das Verf. nach Bedarf mehrfach wiederholt. Durch die Stromumkehr wird der durch die anod. Einw. entstandene Film abgelöst. Für die visuelle Prüfung genügt in mehrfachem Wechsel eine anod. Behandlung von 28 u. eine kathod. Behandlung von 2 Sekunden. Z. B. wurde eine Al-Legierung mit 11,9(%)Si, 0,54 Fe, 0,70 Cu, 1,04 Mg u. 2,55 Ni poliert. Die Verss. wurden mit dem Disaelectropol-App. durchgeführt. — Abbildungen. (Rev. de l'Aluminium **28.** 84—86. März 1951.) MARKHOFF. 6514

Erich Franke, *Fortschritte in der Entwicklung korrosionsbeständiger Werkstoffe.* 1. Mitt. *Stahl und Eisen.* Übersichtsbericht an Hand von Veröffentlichungen des Jahres 1950 mit 168 Schrifttumsangaben. (Werkstoffe u. Korrosion **3.** 265—74. Juli 1952. Clausthal-Zellerfeld.) MARKHOFF. 6538

Karl Bungardt und Hans-Joachim Rocha, *Einfluß der Zusammensetzung nichtrostender Stähle auf die Schwefelsäure- und Salzsäurebeständigkeit.* Bei den austenit. *Cr–Ni*-Stählen sind zwei Gruppen zu unterscheiden, die sich in nichtoxydierenden Säuren unterschiedlich verhalten, nämlich die Stähle, bei denen die Eig. des Cr ausgenutzt wird, um die Legierung zu passivieren, u. die Stähle, die trotz ihres Geh. an Cr mehr den Charakter von Ni-Legierungen annehmen. Das korrosionschem. Verh. der ersten Gruppe ist gek. durch einen schroffen Übergang von vollständiger Passivität zu starker Aktivierung bei Überschreitung einer bestimmten Beanspruchungsgrenze. Cr, Mo, Ti einerseits, Luftsauerstoff, Metallsalze u. geringe Gehh. an Oxydationsmitteln andererseits, vergrößern den Passivitätsbereich. Die Legierungen der zweiten Gruppe haben eine geringere Korrosionsgeschwindigkeit, ohne im eigentlichen Sinne passiv zu sein. Die Korrosionsgeschwindigkeit ändert sich kontinuierlich mit der Konz. u. Temp. der Säure; O_2 u. Gehh. an oxydierenden Stoffen wirken im Gegensatz zu der ersten Gruppe ungünstig auf die Verwendbarkeit. Dieses Verh. ist in erster Linie durch einen Geh. an Ni (20—30%) bedingt. (Werkstoffe u. Korrosion 3. 209—11. Mai/Juni 1952. Krefeld, Deutsche Edelstahlwerke A.-G.) HOCHSTEIN. 6538

Heri Grubitsch, *Anfangskorrosion und Inhibitorwirkung*. Berichtet wird über Verss. zur Klärung der Ursachen der erhöhten Anfangsgeschwindigkeit der Lsg. von *Fe* in Säuren. Ihr Ergebnis deutet auf das Vorhandensein akt. Stellen der Oberfläche hin. Löslichkeitsverss. in 0,1nHCl mit 5% Urotropinzusatz als Inhibitor ergaben, daß dieser in neutralen Lsgg. als anod. Inhibitor, in sauren Lsgg. als kathod. u. anod. Inhibitor wirkt. In beiden Fällen findet eine auffällige Verringerung der Stromstärke in einem künstlichen Lokalelement statt, so daß der Ablauf der Lokalelement-Rk. verzögert wird. — Zeichnung. Diagramme. (Suomen Kemistilehti A 24. 161—75. 1951. Helsinki, TH, Chem. Labor.) MARKHOFF. 6538

G. Schikorr, *Die „umgekehrte Abhängigkeit" der Korrosion der Metalle von einigen Einflußgrößen*. Behandelt wird das Steigen u. Fallen der Korrosionsgeschwindigkeit in Abhängigkeit von der Salz- u. Säurekonz., der Menge u. der Bewegung sowie der Temp. des angreifenden Mediums, vom Regen u. von der Zus. des metall. Werkstoffs. — Schrifttumsübersicht. (Metall 6. 356—60. Juli 1952. Stuttgart, Chem. Landesuntersuchungsanstalt.) MARKHOFF. 6538

G. Dassetto, *Korrosionsbeständigkeit von Aluminium- und Aldreyleiter*. Die hohe Korrosionsbeständigkeit von Al hoher Reinheit (99,5%) u. der Legierung Aldrey rührt von der Eig. her, sich bei Berührung mit Luft oder W. mit einer sehr dünnen, aber dichten u. zähen Oxydschicht, die sich unmittelbar nach einer Verletzung wieder bildet, zu schützen. Hierdurch werden die beiden Werkstoffe gegenüber einer durch einen hohen Prozentsatz von SO_2, H_2S u. CO_2 durchsetzten Luft widerstandsfähiger als Cu. Aldrey besitzt eine vollkommene Homogenität, die der vollständigen Lsg. der Verb. Mg_2Si in den Al-Kristallen zuzuschreiben ist. Dieser Aufbau hat einen Einfl. auf die Korrosionsbeständigkeit, die sowohl in mit Salzdämpfen gesätt. Luft als auch bei Koronaentladungen nicht vermindert wird. Es wird von der guten Korrosionsbeständigkeit von als Freiluftleitern in verschied. Klimen benutzten Al- u. Aldreydrähten berichtet. (Aluminium Suisse 2. 96—99. Mai 1952.) HOCHSTEIN. 6538

Carlo Coli, Turin, Italien, *Herstellung von hochwertigem Stahl*. Bei der zusätzlichen Behandlung des fl., in einem sauren Ofen zubereiteten Stahles mit einer bas. Schlacke wird der prakt. P-freie Stahl nach Reinigung u. Desoxydation in einen Behälter gegossen, in den bas. Schlacke eingebracht wurde bzw. wird. Durch die n. Einw. der Schlacke auf den fl. Stahl erlangt dieser zusätzlich zu den durch seine Herst. in einem sauren Ofen gewonnenen Eigg. auch noch die Eigg. von in bas. Öfen zubereiteten Stählen. Der Stahl kann in einem elektr. Induktionsofen hergestellt u. das fl. Stahlbad mit erwärmter bas. Schlacke in Berührung gebracht werden. (**Oe. P. 170 112** vom 23/6. 1948, ausg. 25/1. 1952. It. Prior. 9/12. 1940.) HOCHSTEIN. 6409

National Steel Corp., übert. von: **Floyd L. Morrison**, Weirton, W. Va., V. St. A., *Verblasen von Stahl*. In einem Konverter wird eine aus fl. Roheisen u. festem Stahlschrott bestehende Charge eingesetzt u. solange mit an O_2-angereicherter Luft, vorzugsweise Luft mit 25—35 Gew.-% O_2, geblasen, bis der feste Einsatz eingeschmolzen ist. Dann wird nur mit Luft weitergeblasen u. die Schmelze fertiggemacht. Bei Anwendung des Verf. können erhöhte Schrottsätze verwendet werden. In der ersten Blasperiode wird ein sehr schnelles Einschmelzen des Schrottes unter starker Verringerung des Si-Geh. ohne Beschleunigung der C-Entfernung erreicht. — Abbildung. (**A. P. 2 584 151** vom 12/11. 1947, ausg. 5/2. 1952.) HOCHSTEIN. 6409

Hüttenwerke Ruhrort-Meiderich Akt.-Ges., Duisburg-Ruhrort, *Herstellung von Transformatoren- und Dynamostählen*. Im bas. Windfrischverf. werden Transformatoren- u. Dynamostähle mit über 1,5% Si durch die in nachfolgender Reihenfolge vorzunehmenden Maßnahmen hergestellt: a) das zu verblasende Roheisen wird vor dem Einsatz in den Konverter weitgehend entschwefelt; b) darauf wird die Einschmelze im Konverter ohne jeden Zuschlag an Kalk oder Kühlmittel bis zum Einsetzen der Entkohlung vorgeblasen u. die dabei gebildete Mangansilicatschlacke entfernt; c) nach Zugabe von Kalk u. Kühlmittel erfolgt ein verhältnismäßig kaltes Fertigblasen auf niedrige P-Gehh. u. anschließend wird d) die Charge derart nachbehandelt, daß der zusammen mit der Restschlacke ausgeleerte Stahl schlackenfrei umgefüllt u. nach Zusatz entsprechender Mengen Ferrosilicium, Calcium–Silicium u. Al unter einer Carbidschlacke legiert, desoxydiert u. nach genügend langem Abstehenlassen vergossen wird. Zweckmäßig wird die Entschwefelung des Roheisens mit Alkalien, bes. Na_2CO_3, durchgeführt. (**Oe. P. 170 615** vom 6/5. 1949, ausg. 10/3. 1952. A. Prior. 1/10. 1948.) HOCHSTEIN. 6409

American Steel and Wire Co., New Jersey, N. J., V. St. A., übert. von: **Charles H. Campbell**, Bedford, **Ronald E. Griffiths**, Cleveland Heights, und **Willis T. Cramer**, Rocky River, *Herstellung von elektromagnetischem Draht für Registrierapparate.* Stahl mit 0,06—0,12 (%) C, 8—12 Ni, 17—20 Cr, Rest hauptsächlich Fe wird zu einer Stange warm ausgewalzt u. abwechselnd geglüht u. zu Draht kaltgezogen, wobei der gezogene Draht ein metastabiles austenit. Gefüge u. einen Durchmesser von 0,51—0,2 mm erhält. Anschließend wird der Draht bei 815—1010° geglüht u. ihm durch mehrfaches Ziehen eine 70 % ig. Kaltverformung erteilt. Hierbei muß das Ziehen zwischen 45 u. 80° erfolgen. Der auf 0,15—0,08 mm Durchmesser fertiggezogene Draht besitzt eine feine Ausscheidung von Cr–Fe-Carbid u. von in der austenit. Grundmasse verteiltem Ferrit. Der Draht besitzt eine Koerzitivkraft zwischen 160 u. 450 Oe u. eine Remanenz zwischen 1500 u. 6000 Gauß. (**A. P. 2 578 782** vom 4/11. 1948, ausg. 18/12. 1951.) HOCHSTEIN. 6411

Friedrich Strasser jr., Basel, Schweiz, *Metallegierungen hoher Festigkeit* bestehen aus 10—15 (%) *Cu*, 6—14 *Ti*, 5—10 *Ni* u. mindestens einem Leichtmetall u./oder Schwermetall. Zur Herst. der Legierungen werden die Komponenten Cu, Ti u. Ni in der absteigenden Reihenfolge ihrer FF. in ein Metallbad, z. B. Al, eingebracht. Nach dem Abschrecken wird die Legierung einer Wärmebehandlung zwischen 90 u. 180° unterworfen. Als Anwendungsgebiet wird die Armierung von Flugzeugen angegeben. (**Schwz. P. 277 070** vom 19/9. 1950, ausg. 1/11. 1951.) GÖTZE. 6421

Deutsche Gold- und Silber-Scheideanstalt vormals Roessler, Frankfurt/M. (Erfinder: **Adolf Voigt**, Oberkassel, Siegkr.), *Trennung von Wismut und Zinn.* Oxyd. u./oder sulfid. Rohstoffe, z. B. Elektrolyseschlamm, mit 42,3 (%) Pb, 20,9 Bi u. 10,2 Sn, werden unter Bldg. eines Bi-Metallregulus u. eines Sn-haltigen Steins mit geschmolzenem Alkalisulfid, z. B. Na_2S, zur Umsetzung gebracht. (**D. B. P. 836 251** Kl. 40a vom 28/8. 1943, ausg. 10/4. 1952.) HANS HOFFMANN. 6429

Metallgesellschaft Akt.-Ges., Frankfurt/M. (Erfinder: **Karl Löhberg**, Niedernhausen, Taunus, und **Hans Wirschinger**, Duisburg-Wanheim), *Aufbereitung von Altweißmetallen.* Zur Entfernung von *Pb* aus Sb- u. Pb-haltigen Sn-Legierungen, bes. Altweißmetallen, werden diese unter vermindertem Druck auf so hohe Tempp. erhitzt, bis das Pb verdampft. Es kommen Drucke von weniger als 5 mm Hg u. Tempp. von ca. 1100° in Frage. (**D. B. P. 843 754** Kl. 40a vom 20/10. 1950, ausg. 14/7. 1952.) HANS HOFFMANN. 6429

Metallwerke Unterweser Akt.-Ges. (Erfinder: **Werner Goedecke**), Friedrich-August-Hütte bei Nordenham, *Aufarbeitung der bei der Bleiraffination anfallenden Abstriche.* Bei Durchführung des Verf. nach D. B. P. 824 695 läßt man das den Flammofen verlassende Pb in einen Behälter fließen, durch welchen ein z. B. aus Metalldraht bestehendes Siebband in ununterbrochener Folge geführt ist, das den größten Teil der Oxydhaut mitnimmt. Der Rest der auf dem Pb schwimmenden Oxydhaut wird anschließend in einer Reihe hintereinander angeordneter Kammern an Überläufen abgezogen. — Abbildungen. (**D. B. P. 830 111** Kl. 40a vom 9/3. 1950, ausg. 31/1. 1952. **Zusatz zu D. B. P. 824 695; C. 1952. 5481.**) HANS HOFFMANN. 6431

Kurt Diess (Erfinder: **Kurt Diess**), Frankfurt/M., *Sauerstoffreiche Metalle für Gleitzwecke.* Metalle u. Legierungen, bes. *Cu-* u. *Ni*-Legierungen, eignen sich für auf Gleitung, Reibung u. Verschleiß beanspruchte Werkstücke, wenn man ihnen O_2 in Gehh. einverleibt, die ein eutekt. Gefüge mit einer feinen Verteilung der Komponenten ergeben. Der O_2-Geh., der zur rein eutekt. feinen Verteilung benötigt wird, soll nicht mehr als 50 (%) unterschritten u. nicht mehr als 200 überschritten sein. Die Legierungen können sowohl auf dem Schmelz- als auch auf dem Sinterwege hergestellt werden, sie lassen sich befriedigend kalt u. warm verformen u. zeigen überraschend hohe Laufeigenschaften, bes. bei hochbeanspruchten Motorenlagern. (**D. B. P. 832 803** Kl. 40b vom 27/10. 1948, ausg. 28/2. 1952.) GÖTZE. 6433

A. Johnson & Co., Stockholm, Schweden, *Gewinnung von Legierungen mit hohem Zr-Gehalt* durch elektrolyt. Ausfällung des Zr aus einer Mischung geschmolzener $ZrCl_4$-haltiger Alkalihalogenide unter Verwendung von Zn als Kathode, Graphit als Anode. Man erhält anfangs eine Legierung (I) mit 85 (%) Zn u. ca. 15 Zr. Erhitzt man diese in feinpulverisierter Form im Hochvakuum 2 Std. bis auf 700°, so steigt der Zr-Geh. auf ca. 35 an. Nach weiterem 4std. Erhitzen auf ca. 800° erhält man eine I mit ca. 98 Zr u. nur 0,05 Zn. (**E. P. 660 908** vom 21/3. 1949, ausg. 14/11. 1951. Schwed. Prior. 19/3. 1948.) NEBELSIEK. 6437

Svit, Národní Podnik, Gottwaldov, Tschechoslowakei, *Herstellung eines Einsatzhärtepulvers für die Oberflächenhärtung von Stählen.* Durch Tränken von körniger Holzkohle mit einer Lsg. von Na- u. Ba-Formiat u. durch Trocknung der getränkten Holzkohle wird ein Einsatzhärtepulver hergestellt, wobei die Formiatlsg. derart zusammengesetzt ist, daß die Holzkohle nach der Trocknung 2,5—7,5% an Na- u. Ba-Formiat enthält u. hierbei das Gewichtsverhältnis des Na-Formiats zum Ba-Formiat 1:2 bis 2:1 beträgt. Das Pulver eignet sich bes. für die Einsatzbehandlung von Cr-Stählen, wobei die Gefahr der Bldg. von übereutektoid. Zementit in der Einsatzhärteschicht vermieden wird. Hierdurch wird die Sprödigkeit der Schicht verhindert. (**Oe. P. 170 614** vom 2/5. 1949, ausg. 10/3. 1952. Tschech. Prior. 26/6. 1948.) HOCHSTEIN. 6493

Vadolt Trust, Vaduz, Liechtenstein, *Wärmebehandlung von Stahl.* Zur Verbesserung der Festigkeitseigg. wird Stahl mit 0,5—0,6 (%) C, 0,5—0,75 Mn, 1,6—2 Si, Rest Fe mit den üblichen Verunreinigungen unmittelbar nach einer Erhitzung auf eine Temp. zwischen 860 u. 930° 9—12 Min. in einem Warmbad von 390—415° gehalten. Der so behandelte Stahl besitzt hohe Dehnungswerte bei hoher Härte u. eignet sich zur Herst. von Drahtfedern, Hochdruckkesseln, Rohren, Tiefziehblechen, Kurbelwellen, Panzerplatten u. dergleichen. (**E. P. 661 109** vom 14/7. 1948, ausg. 14/11. 1951. Schwz. Prior. 27/11. 1947.) HOCHSTEIN. 6493

Finow Kupfer- und Messingwerke Akt.-Ges. (Erfinder: **Justus Wortmann**), Finow (Mark), *Messingschweißdraht* besteht aus 55—75 (%) *Cu*, 0,1—0,5 *Si*, 0,1—0,5 *Mn*, Rest *Zn* mit einem Zusatz von 0,1—0,4 *Sn* u. 0,05—0,2 *As*. Vorteilhaft enthält der Draht noch 0,03—0,05 *P*. — Beispiel: 63 (%) Cu, 0,2 Si, 0,2 Mn, 0,2 Sn, 0,07 As, 0,03 P, Rest Zn. Der Draht besitzt große Leichtflüssigkeit, große Festigkeit u. gute Verformbarkeit. (**D. R. P. 757 558** Kl. 49h vom 6/10. 1938, ausg. 17/7. 1952.) MARKHOFF. 6507

Westf. Kupfer- und Messingwerke Akt.-Ges., vorm. Casp. Noell, Lüdenscheid/Westf., *Schweißdraht* besteht aus 52—85 (%) *Cu*, 0,05—1 *Mn*, 0,05—0,8 *Si*, 0,05—0,5 *As*, Rest *Zn*. Mit dieser Legierung wird ein einwandfreier Schmelzfluß erzielt u. Oxydbldg. verhindert. (**D. B. P. 843 343** Kl. 49h vom 3/1. 1951, ausg. 7/7. 1952.) MARKHOFF. 6507

Eugen Dürrwächter, Pforzheim, *Schweißelektroden für Widerstandsschweißung* bestehen aus 0,3—15 (%) *SnO*, Rest *Cu*. Bis zu 15 des Cu können durch *Ni* u./oder *Co* ersetzt sein, außerdem kann noch bis 5 *Ag* zugegen sein. Die Herst. der Elektroden erfolgt durch Sintern der pulverförmigen Bestandteile in einer inerten Gasatmosphäre unter 1000°, vorzugsweise zwischen 860 u. 900°. (**D. B. P. 819 458** Kl. 40b vom 20/10. 1949, ausg. 31/10. 1951.) GÖTZE. 6507

Kauko Kalervo Kotilainen und Vesa Kullervo Kotilainen, Malm, Finnland, *Schweißpulver*, enthaltend 28—38 (%) Alkali- oder Erdalkalifluoride, 25—35 Al- oder Alkalisilicate, 17—25 NaCl, 4—10 Mg-Silicat oder MgO, 3—8 Bimsstein u. 2—6 TiO_2 (**Finn P. 25 297** vom 14/5. 1949, Auszug veröff. 29/9. 1951.) J. SCHMIDT. 6507

Henkel & Cie G. m. b. H. (Erfinder: **Hans Rogner und Georg Ziehr**), Düsseldorf, *Schützen von Eisen gegen den Angriff saurer Flüssigkeiten.* Den sauren Fll. werden Alkylpyridiniumsalze u. lösl. Salze von HCNS als Sparbeizmittel zugesetzt, gegebenenfalls außerdem noch Hexamethylentetramin. — Beispiel: Einer 20%ig. HCl von 50° oder einer 20%ig. H_2SO_4 von 80° werden 0,0166 (%) NH_4SCN, 0,0166 $(CH_2)_6N_4$ u. 0,0083 Laurylpyridiniumsulfat zugesetzt. Die Korrosionsverminderung beträgt bis 99,3% des Blindwertes. (**D. B. P. 843 636** Kl. 48d vom 28/10. 1950, ausg. 10/7. 1952.) MARKHOFF. 6513

Albert R. Stargardter, Baltimore, Md., V. St. A., *Beizen von Eisen und Stahl, besonders nichtrostendem Stahl.* Als Beizlsg. wird eine wss. Lsg. von 10—20% $Fe_2(SO_4)_3$ u. 2—5% HF verwendet, der bis zu 2% eines Oxydationsmittels, wie Alkali- oder Erdalkalichlorate, -perchlorate, -persulfate oder -chlorite, zugesetzt sind. Das Oxydationsmittel hat die Aufgabe, das beim Beizen in der Lsg. entstehende $FeSO_4$ in $Fe_2(SO_4)_3$ überzuführen. Die Beizlsg. hat eine lange Lebensdauer. — Z. B beizt man mit einer Lsg. von 16 (Gew.-%) $Fe_2(SO_4)_3$, 3 HF u. 0,3 $KClO_3$ bei einer Temp. von 160—170° F (71—77° C) Teile aus 18/8 Cr-Ni-Stahl nach Vorbeizung in einer Lsg. mit 4 (%) H_2SO_4 u. $Fe_2(SO_4)_3$. (**A. P. 2 564 549** vom 2/7. 1945, ausg. 14/8. 1951.) MARKHOFF. 6513

General Motors Corp., Detroit, Mich., übert. von: **Harold William Schultz,** Dayton, O., V. St. A., *Herstellen von Aluminiumplattierungen auf Eisen.* Das auf die gereinigten Fe-Oberflächen angeordnete Al-Blech wird bei 700—975° F (371—523° C) einem solchen Preßdruck unterworfen, daß eine Verminderung der Dicke auf 85—30% eintritt. Das Zusammenpressen von Auflage u. Unterlage kann auch mittels erhitzter Rollen in inerter Atmosphäre vorgenommen werden, ohne daß die Teile selbst bes. erhitzt werden. Man erhält eine gute Bindung zwischen Fe u. Al. — Abbildung. (**E. P. 668 456** vom 13/6. 1950, ausg. 19/3. 1952. A. Prior. 21/6. 1949. **Zusatz zu E. P. 628 197.**) MARKHOFF. 6517

Beratungsstelle für Autogen-Technik e. V., Knapsack, Bez. Köln (Erfinder: **Hans von Hofe**, Krefeld), *Herstellung oxydarmer Metallschichten beim Zerstäuben schmelzflüssiger Stoffe.* Als Druckgas wird CO oder ein Gemisch von CO u. Luft verwendet. Bei Anwendung des Gemisches muß der Anteil an CO größer sein als zur vollständigen Red. des in der Preßluft enthaltenen O_2 nötig ist. Außerdem muß das Mischungsverhältnis derart gewählt werden, daß dissoziierbarer Wasserdampf nicht gebildet wird. — Abbildung (**D. B. P. 846 044** Kl. 48b vom 10/4. 1951, ausg. 7/8. 1952.) MARKHOFF. 6517

United States Steel Co., New Jersey, übert. von: **John G. Donelson** und **Viljo W. Vaurio**, Pittsburgh, Pa., V. St. A., *Wärmevorbehandlung von zu verzinnenden Blechen.* Eisenbleche mit 0,025—0,11 (%) *C*, 0,25—0,50 *Mn*, 0,01 *Si*, 0,06 *Cu*, bis 0,015 *P*, bis 0,05 *S*, Rest *Fe*, werden vor der Verzinnung bei Tempp. von 650—730°, vorzugsweise bei 675°, in einer reduzierenden Atmosphäre geglüht, die unter 0,1 CO_2, unter 0,1 Wasserdampf, zwischen 2—7 H_2, 0—3,5 CO, Rest N_2, mit der Maßgabe enthält, daß der Gesamtgeh. an H_2 u. CO 7% nicht überschreitet. Durch das Verf. wird die Korrosionsbeständigkeit der verzinnten Bleche erhöht. (**A. P. 2 587 605** vom 9/12. 1947, ausg. 4/3 1952.) HOCHSTEIN. 6525

Republic Steel Corp., Cleveland, übert. von: **Clarence J. Duby**, Youngstown, O., V. St. A., *Thermische Nachbehandlung von elektrolytisch verzinnten Bändern.* Die Bänder werden induktiv durch hochfrequenten elektr. Strom so hoch erhitzt, daß die Sn-Schicht schmilzt. Man erhält glänzende, dichte Sn-Überzüge. — Abbildung. (**A. P. 2 576 902** vom 13/11. 1943, ausg. 27/11. 1951.) MARKHOFF. 6525

Helmut Löpfert, Metallische Werkstoffe. 3. durchges. u. erw. Aufl. Leipzig: Akademische Verl.-Ges. 1952. (VIII + 284 S. m. 140 Abb.) 8° = Lehrbücher d. Feinwerktechnik. Bd. 7. DM 14,—.

Oskar Oelsner, Grundlagen zur Untersuchung und Bewertung von Erzlagerstätten. Gera: Thüringen-Verl. 1952. (84 S.) 8°. DM 4,40.

Pal Ogden and **Ralph Scorah**, The effect of high temperature steam on a nickel-chromium-iron alloy. Columbia: Univ. of Mo. 1952. (47 S. m. Abb. u. Diagr.)

Otto Vogel, Handbuch der Metallbeizerei. Bearb. v. **Hermine Vogel** u. **Alfred Keller**, unter Mitw. namhafter Fachleute. Bd. 2: Eisenwerkstoffe. 2. erw. Aufl. Weinheim/Bergstr.: Verl. Chemie. 1951. (XVI + 538 S. m. 390 Abb.) 4°. DM 63,—.

E. Brandenberger, *Grundriß der allgemeinen Metallkunde.* München-Basel: Ernst Reinhardt-Verlag. 1952. (333 S. mit 168 Abb. i. Text.) Lwd. DM 14,—.

Vf. kennzeichnet in gedrängter Darst. die besondere Stellung der Metallkunde als Bindeglied zwischen der Auffassung des Ingenieurs u. naturwissenschaftlicher Betrachtungsweise. Der Stoff ist gegliedert in die Hauptabschnitte: Reinmetalle, Legierungen aus Substitutionsmischkristallen, Legierungen aus Einlagerungsmischkristallen, Legierungen aus intermediären Kristallen u. chem. Rkk. an Metallen. Die Literatur ist bis 1951 berücksichtigt. Das Buch wird dem Praktiker wie dem forschenden Metallurgen ein willkommener Leitfaden sein. BARZ. 6350

S. C Britton, *The Corrosion Resistance of Tin and Tin Alloys.* Greenford (Middlesex): Tin Research Institute. 1952. (77 S.) 3s. 6d.

In dieser wertvollen Monographie ist alles zusammengefaßt, was über die Korrosion von Zinn und Zinnlegierungen und über den Schutzwert von Zinn und Zinnlegierungen bekanntgeworden ist. Die einzelnen Abschnitte sind stark unterteilt und mit viel Literatur versehen, die bis 1951 reicht. Unter den Überzügen sind auch die jetzt oft genannten, sehr korrosionsfesten Legierungen von Sn—Cu und Sn—Ni behandelt, die als Ersatz von Nickelüberzügen Bedeutung bekommen werden. J. FISCHER. 6538

IX. Organische Industrie.

E. Shamash, *Höhere Alkylchloride und ihre Anwendungen.* Neben Beschreibung der wichtigsten physikal. Eigg. wird die Herst. der prim. Alkylchloride aus den entsprechenden Alkoholen kurz erwähnt. Neben ihrer Verwertung als Alkylierungsmittel wird vor allem auf die Herst. u. Weiterverarbeitung der Chloride auf die höheren Alkylamine eingegangen, die vornehmlich in Emulgatoren, Textilhilfsmitteln usw. Anwendung finden. (Chem. Products chem. News **14**. [N. S.] 220—23. Juni 1951. Leda Chemicals Ltd.) NOWOTNY. H 510

J. Biermans und **P. Henrard**, *Äthylendiamintetraessigsäure.* Bericht über Eigg., Herst. u. Verwendung in der Seifen-, Textil-, Nahrungs- u. Heilmittelindustrie sowie zur Wasserenthärtung u. in der Analyse auf Grund zahlreicher Literaturangaben. (Ind. chimique **39**. 6—12. Jan. 1952.) STEINER. H 950

E. Benk, *Über Phenylphenole.* Übersicht über Eigg. u. Anwendung. (Seifen-Öle-Fette-Wachse **77**. 315—16. 20/6. 1951. Stuttgart-Zuffenhausen.) FREYTAG. H 2260

Farbwerke Hoechst, vormals Meister Lucius & Brüning (Erfinder: **Hermann Petri**), Frankfurt/M., *Herstellung von niedrigmolekularen, aliphatischen, bromierten Kohlenwasserstoffen oder bromierten Chlorkohlenwasserstoffen*, dad. gek., daß man aliphat. chlorierte KW-stoffe mit HBr in fl. Phase in Ggw. von Katalysatoren (I) oder in der Gasphase bei erhöhter Temp. an Kontakten (II) umsetzt. Als I ist bes. wasserfreies $AlCl_3$ (III) u. als II akt. C oder akt. Tonerde brauchbar. — Aus CH_2Cl_2 u. HBr in Ggw. von III erhält man bei 30—35° CH_2ClBr neben geringen Mengen CH_2Br_2. Aus 1.2-Dichloräthan entsteht *1-Chlor-2-bromäthan.* (**D. B. P. 843 844** Kl. 12o vom 21/5. 1944, ausg. 14/7. 1952.) G. König. H 510

Bergwerksverband zur Verwertung von Schutzrechten der Kohlentechnik G. m. b. H. (Erfinder: **Konrad Keller**), Dortmund-Eving, *Wiedergewinnung von Halogenwasserstoffen* (I) aus solche enthaltenden Gasen, dad. gek., daß man die Gase durch mehrere hintereinandergeschaltete, mit Thioharnstoff (II)-Lsg. beschickte Wäscher leitet u. aus den hierbei gebildeten Anlagerungsverbb. von II u. I die letzteren durch Einw. von Wärme regeneriert u. gegebenenfalls durch Dest. abscheidet. Die Temp. der Wasch-Fl. läßt man in den einzelnen Wäschern in Richtung des Gasweges abnehmen. (**D. B. P. 840 838** Kl. 12o vom 16/9. 1944, ausg. 5/6. 1952.) G. König. H 510

Rudolf Decker und Hellmuth Holz, München (Erfinder: **Walter Fritz und Erich Schaeffer**, Burghausen), *Chlorieren von Trichloräthylen* (I) *zu Pentachloräthan* bei erhöhter Temp. in Ggw. von chlorübertragenden Katalysatoren, dad. gek., daß, bes. unter vermindertem Druck, in eine Rektifikationskolonne Cl_2 u. I, dieses zweckmäßig darüber, eingeleitet werden. Eine Erniedrigung der Temp. in der Reaktionszone kann man auch durch den Zusatz von inerten Fll., wie CCl_4, erreichen. — Vorrichtung. (**D. B. P. 843 843** Kl. 12o vom 14/4. 1942, ausg. 14/7. 1952.) G. König. H 510

Lech-Chemie Gersthofen, Gersthofen (Erfinder: **Paul Heisel, Augsburg**), *Herstellung von Nitromethanen* durch Rk. von Chloracetaten mit Alkalinitriten in wss. Lsg., dad. gek., daß die Rk. mit Ba- oder Mg-Chloracetat durchgeführt wird. (**D. R. P. 767 509** Kl. 12o vom 26/3. 1939, ausg. 15/9. 1952.) G. König. H 510

Farbenfabriken Bayer (Erfinder: **Harry Welz**), Krefeld-Uerdingen, *Nitrierung von Kohlenwasserstoffen* der aliphat. u. cycloaliphat. Reihe mit HNO_3 (I), gek. durch die Verwendung einer I, in der die Löslichkeit von organ. Verbb. in I herabsetzende Salze (II) gelöst sind. Als II kommen bes. in Betracht: Alkalihalogenide (Na-, KCl) u. Sulfate [Na_2SO_4, K_2SO_4, $MgSO_4$ u. $Al_2(SO_4)_3$]. — Octan in Ggw. von wasserfreiem K_2SO_4 mit 60%ig. I bei 130—140° 20 Min. im Schüttelautoklaven behandelt, ergibt *Mononitrooctan* (Kp. 96°/20 Torr.), neben höher nitrierten Octanen u. Oxydationsprodd., die vorwiegend aus Carbonsäuren bestehen. Aus Cyclohexan vorwiegend *Mononitrocyclohexan* (Kp. 88°/20 Torr.). (**D. B. P. 842 042** Kl. 12o vom 29/12. 1949, ausg. 23/6. 1952.) G. König. H 510

Rudolf Decker und Hellmuth Holz, München (Erfinder: **Erich Schaeffer**, Burghausen, und **Hans Scheidemandel**, München), *Gleichzeitige Herstellung von Vinylchlorid und einem Polychloräthylen*, wobei ein gasförmiges Gemisch von C_2H_2 u. einem gechlorten Äthan mit mindestens 3 C-Atomen bei 180—300° über poröse Körper allein oder zweckmäßig in Verbindung mit Chloriden, wie $BaCl_2$ oder Schwermetallchloriden, geleitet wird, dad. gek., daß bei Überdruck, vornehmlich bei 1—3 atü, gearbeitet wird. HCl kann anwesend sein. Der Katalysator kann geringe Mengen, bes. bis 2% Hg oder Hg-Verbb., wie $HgCl_2$, enthalten, u./oder die Ausgangsstoffe können ununterbrochen oder zeitweise mit dampfförmigem Hg beladen werden, u./oder auf den Katalysator können geringe Mengen Hg oder $HgCl_2$ aufgebracht werden. (**D. B. P. 847 003** Kl. 12o vom 28/8. 1942, ausg. 18/8. 1952.) G. König. H 520

Dow Chemical Co. (Erfinder: **William Carrel Baumann und Elmer Leroy McMaster**), Midland, Mich., V. St. A., *Herstellung von Chlormethylmethyläther*, dad. gek., daß man in eine Mischung von annähernd äquimol. Anteilen von CH_2O u. Methylal, die man bei einer Reaktionstemp. zwischen 0 u. 60° hält, HCl einführt, bis die Mischung an HCl gesätt. ist, u. daß man darauf die wss. u. organ. Schichten der Reaktionsmischung voneinander trennt. Die Rk. wird vorteilhaft in Ggw. von $CaCl_2$ ausgeführt. (**D. B. P. 848 354** Kl. 12o vom 11/2. 1951, ausg. 4/9. 1952. A. Prior. 7/6. 1950.) G. König. H 560

Badische Anilin- & Soda-Fabrik (Erfinder: **Werner Rohland**), Ludwigshafen/Rh., *Herstellung von symmetrischem Dichlordimethyläther*, dad. gek., daß man auf polymeren CH_2O, gegebenenfalls in Ggw. von wasserabspaltenden Metallhalogeniden (I), $SOCl_2$ einwirken läßt. Als I sind geeignet: $ZnCl_2$, $SnCl_4$, $FeCl_3$ u. $SbCl_5$. (**D. B. P. 849 102** Kl. 12o vom 4/4. 1943, ausg. 11/9. 1952.) G. König. H 560

Soc. des Usines Chimiques Rhône-Poulenc, Paris, Frankreich, *Vinylallyläther* (Kp.$_{740}$ 65°) erhält man durch Einw. von C_2H_2 auf Allylalkohol unter Druck bei 70 bis

100° in Ggw. größerer Mengen (20—40 %) K-Allylat. — Verwendung für die Herst. von Polymeren. (**Schwz. P. 280 834** vom 2/4. 1949, ausg. 1/5. 1952. F. Prior. 15/6. 1948.) G. KÖNIG. H 560

Rudolf Decker und Hellmuth Holz, München (Erfinder: **Hans Anselm, Kurt Kamler** und **Eligius Nickl,** Burghausen), *Herstellung von 2.6-Dimethylheptan-2.4.6-triol* (I), dad. gek., daß man auf Aceton oder auf ein Gemisch von Diacetonalkohol mit Aceton eine alkoh. oder wss. Lsg. von Alkali bei Tempp. unterhalb 0° einwirken läßt u. den nach Abscheiden des Kondensationsmittels aus dem Reaktionsgemisch gewonnenen Triacetondialkohol bei Ggw. von Nickelskelettkatalysatoren, gegebenenfalls unter erhöhtem Druck, bei nicht über 100° liegenden Tempp., bes. bei 40—50°, mit H_2 reduziert. I ist ein farbloses Öl, $Kp._{20}$ 158°, erstarrt zu weißen Kristallen bei 55°. (**D. B. P. 849 240** Kl. 12o vom 29/10. 1940, ausg. 11/9. 1952.) G. KÖNIG. H 580

Badische Anilin- & Soda-Fabrik, Ludwigshafen/Rh. (Erfinder: **Georg Schiller,** Mannheim), *Herstellung von Polyalkoholen* durch katalyt. Hydrierung von Zuckern unter erhöhtem Druck u. bei erhöhter Temp., dad. gek., daß man die wss. Zuckerlsg. zusammen mit H_2 kontinuierlich von unten her in mit stückigen Hydrierkatalysatoren gefüllte Druckgefäße leitet u. die Verweilzeit so einstellt, daß am oberen Ende des Druckgefäßes neben dem im Kreislauf geführten überschüssigen H_2 vollständig hydrierte Lsgg. abgezogen werden. Aus Traubenzucker erhält man prakt. reinen Sorbit, F. 92°. (**D. B. P. 845 340** Kl. 12o vom 18/8. 1950, ausg. 31/7. 1952.) G. KÖNIG. H 580

Badische Anilin- & Soda-Fabrik, Ludwigshafen/Rh. (Erfinder: **Joachim Naggatz-**Krefeld), *Herstellung organischer Schwefelverbindungen* durch Rk. nichtaromat., sauerstoffhaltiger Verbb. mit SO_2 u. Cl u. alkal. Verseifung der so erhaltenen Sulfochloride, dad. gek., daß man während oder nach der Verseifung reduzierend wirkende Stoffe zusetzt. Als solche Stoffe sind genannt z. B. Na-Hyposulfit, Formaldehydsulfoxylat, Hydroxylamin, Hydrazin u. organ. Sulfinsäuren. Die erhaltenen Sulfonate sind hellgelb u. verfärben sich nicht. (**D. B. P. 840 689** Kl. 12o vom 24/7. 1942, ausg. 5/6. 1952.) SCHINDLER. H 600

Farbwerke Hoechst, vormals Meister Lucius & Brüning (Erfinder: **Georg Kränzlein, Johannes Heyna** und **Willy Schumacher**), Frankfurt/M.-Höchst, *Vinylsulfone* erhält man durch Überführen von β-Oxyäthylalkyl- oder Arylsulfonen der allg. Formel $HOCH_2 \cdot CH_2 \cdot SO_2 \cdot R$ (R = aliphat. oder aromat. Rest, erhalten durch Erhitzen der entsprechenden sulfinsauren Salze mit β-Chloräthylalkohol) mit konz. oder wasserfreier H_2SO_4 in Ggw. oder Abwesenheit von organ. Lösungsmitteln in ihre Schwefelsäureester; diese werden dann mit Alkalien behandelt. — β-Oxyäthylphenylsulfon wird bei 50—70° 1 Std. mit 100%ig. H_2SO_4 verrührt, dann gießt man auf Eis u. versetzt mit NaOH, wobei *Vinylphenylsulfon* ausfällt, aus CCl_4, F. 72°. — *Vinyl-(4-tolyl)-sulfon,* F. 66—67°.— *Vinyl-(2-naphthyl)-sulfon,* aus Cyclohexan, F. 101—102°. — *Vinyl-(4-aminophenyl)-sulfon,* aus W., F. 75°. — *Vinyl-(4-acetylaminophenyl)-sulfon,* aus W., F. 123—124°. — *Vinyläthylsulfon,* $Kp._1$ 84—85°. — *Vinylsulfon* aus dem *Azofarbstoff* aus diazotiertem 4-Aminophenyl-(β-oxäthyl)-sulfon u. β-Naphthol, aus Chlorbenzol, F. 212—213°. — Zwischenprodukte. (**D. B. P. 842 198** Kl. 12o vom 9/1. 1942, ausg. 23/6. 1952.) KRAUSS. H 600

N. V. de Bataafsche Petroleum Mij., Den Haag (Erfinder: **George Willard Hearne** und **Merrill Lincoln Adams,** San Francisco, Calif., V. St. A.), *Herstellung ungesättigter Carbonylverbindungen,* die unmittelbar neben der Aldehyd- oder Ketongruppe 2 durch eine olefin. Bindung miteinander verbundene C-Atome von aliphat. Charakter enthalten, dad. gek., daß man ein Olefin, das wenigstens 3 C-Atome enthält, mit O_2 in Ggw. von Cu_2O, vorteilhaft in Anwesenheit von Wasserdampf bei höheren Tempp., z. B. ca. 150 bis 450°, zur Rk. bringt. CO_2 kann man aus dem Reaktionsprod. mittels Ätzalkalilsg. entfernen. Olefine kann man mit einem nichtpolaren Lösungsm. (KW-stoffe) gewinnen. — Propylen, O_2 u. Wasserdampf leitet man bei 368° über Cu_2O auf porösem Siliciumcarbid u. erhält Acrolein. Wird CuO angewendet, so wird dieses durch das Olefin red. zu Cu_2O u. wird während der ganzen Rk. in diesem Zustand gehalten. Neben Acrolein erhält man geringe Mengen CH_2O u. Acetaldehyd. — Aus β-Butylen erhält man bei 380—400° Methylvinylketon. (**D. B. P. 848 492** Kl. 12o vom 2/10. 1948, ausg. 4/9. 1952. A. Prior. 22/2. 1943.) G. KÖNIG. H 650

Imperial Chemical Industries Ltd., London (Erfinder: **Philip Geoffrey Harvey** und **Sidney Arthur Lamb,** Norton-on-Tees), England, *Herstellung von sauerstoffhaltigen Verbindungen, besonders Aldehyden,* aus Alkenmischungen, welche auch Di- u./oder Polyene enthalten, die aliphat. oder alicycl. sein können, dad. gek., daß aus der Mischung die Di- u./oder Polyene entfernt werden u. dann die sich ergebende fl. Mischung bei erhöhter Temp. u. Drucken in Ggw. einer ausreichenden Menge Co-Metall, bes. von mindestens

0,1 Gew.-% Co, in Suspension oder in Form einer gelösten Co-Verb. mit einer Mischung von CO u. H_2 behandelt wird, deren Mol.-Verhältnis CO:H_2 mindestens 1:4 u. vorzugsweise 1:3 beträgt. Die Di- u./oder Polyene können durch fraktionierte, azeotrop. oder extraktive Dest. oder durch selektives Hydrieren, ferner durch Polymerisation oder Lösungsmittelextraktion entfernt werden. Vorteilhaft hält man die Reaktionstemp. zwischen 130 u. 190° u. den Reaktionsdruck zwischen 200 u. 300 at. (**D. B. P. 843 849** Kl. 12o vom 13/9. 1950, ausg. 14/7. 1952. E. Prior. 12/9. 1949.) G. König. H 660

Deutsche Gold- & Silberscheideanstalt vormals Roessler (Erfinder: **Heinrich Brendlein**), Frankfurt/M., *Herstellung von Propionaldehyd aus Acrolein* (I) durch Hydrieren in Ggw. von Metallkatalysatoren (II) u. unter Druck, dad. gek., daß man hochprozentiges I (ca. 80%) unterhalb seines Kp. mit H_2 bei ca. 20—200 at behandelt. Als II sind Raney-Ni, Oxyde oder Salze von Co, Cu u. dgl. genannt. (**D. R. P. 755 524** Kl. 12o vom 10/9. 1938, ausg. 21/8. 1952.) Schindler. H 670

Farbenfabriken Bayer, Leverkusen (Erfinder: **Stanislaus Deichsel**, Wuppertal-Vohwinkel), *Herstellung von Propargylaldehyd*, dad. gek., daß man Propargylalkohol unter milden Bedingungen oxydiert u. den entstehenden Aldehyd laufend im Vakuum abdestilliert. Als Oxydationsmittel ist bes. MnO_2 geeignet. (**D. B. P. 849 547** Kl. 12o vom 12/12. 1943, ausg. 15/9. 1952.) G. König. H 670

Distillers Co. Ltd., Edinburgh (Erfinder: **Edward James Gasson** und **Alfred Frank Millidge**, Epsom), England, *Herstellung von 2.4.4-Trimethylpentanal* durch Isomerisation von 1.2-Epoxy-2.4.4-trimethylpentan mit Hilfe von Säuren, dad. gek., daß man starke Säuren, bes. H_2SO_4, H_3PO_4 oder p-Toluolsulfonsäure, in Konzz. von weniger als 25% in einem Zweiphasengemisch mit dem Epoxyd (I) in innige Berührung bringt u. die Temp. in dem Reaktionsgemisch zwischen 80° u. seinem Kp. hält. Inerte Lösungsmittel für I, die mit der wss. Säure nicht mischbar u. von ihr nicht verändert werden, können angewendet werden. (**D. B. P. 839 797** Kl. 12o vom 14/9. 1950, ausg. 26/5. 1952. E. Prior. 21/9. 1949.) G. König. H 670

Distillers Co. Ltd., Edinburgh, Schottland (Erfinder: **Edward James Gasson** und **Alfred Frank Millidge**, Epsom, Surrey, England), *Herstellung von 2.4.4-Trimethylpentanal. 1.2-Epoxy-2.4.4-trimethylpentan* wird mit starken Säuren, bes. H_2SO_4, H_3PO_4 oder p-Toluolsulfonsäure, in 25—100%ig. Konz. unter Rühren in einem die Säuren nicht oder wenig lösenden organ. Lösungsm., z. B. KW-stoffen, Halogen-KW-stoffen oder höheren Äthern bei $<40°$ behandelt u. so isomerisiert. — Z. B. werden 100 (Teile) einer 25%ig. Epoxydlsg. in Cyclohexan 30 Min. mit 1 H_3PO_4 (100%) behandelt; die abgetrennte organ. Lsg. wird mit K_2CO_3-Lsg. gewaschen u. destilliert. (**D. B. P. 840 991** Kl. 12o vom 14/9. 1950, ausg. 9/6. 1952. E. Prior. 21/9. 1949.) Herbst. H 670

Badische Anilin- & Soda-Fabrik (Erfinder: **Fritz Hanusch**), Ludwigshafen/Rh., *Herstellung von Carbonsäuren* durch Rk. von Olefinen mit CO u. W. bei erhöhter Temp. u. erhöhtem Druck in Ggw. von Fe-Verbb. als Beschleuniger, dad. gek., daß man in fl. Phase arbeitet u. eine wss. Fe-Salzlsg. verwendet. Nach dem Beispiel wird Äthylen in eine wss. $FeCl_3$-Lsg. bis zu 20 at gedrückt. Nachdem mit CO auf 40 at gebracht wurde, wird auf 250° erhitzt. Es entsteht Propionsäure. Zusatz von Fe-Pulver zur $FeCl_3$-Lsg. oder $Fe_2(SO_4)_3$-Lsg. vergrößert die Ausbeute. (**D. B. P. 848 357** Kl. 12o vom 9/7. 1940, ausg. 4/9. 1952.) Schindler. H 800

Badische Anilin- & Soda-Fabrik, Ludwigshafen/Rh. (Erfinder: **Otto Wiedemann**, Chur, Schweiz), *Herstellung von Carbonsäureestern* aus Äthern u. Carbonsäuren, dad. gek., daß die Rk. in Ggw. nicht flüchtiger Katalysatoren (I) bei erhöhter Temp. erfolgt. Als I sind H_3PO_4, mit H_3PO_4 beladene A-Kohle, Al_2O_3, SiO_2 genannt. Nach den Beispielen werden aus Dimethyläther u. Ae. mit Eisessig bei 210—320° die entsprechenden Ester hergestellt. (**D. B. P. 847 591** Kl. 12o vom 17/11. 1944, ausg. 25/8. 1952.) Schindler. H 810

Henkel & Cie. G. m. b. H. (Erfinder: **Ludwig Mannes**), Düsseldorf, *Gewinnung von Carbonsäuren* aus den durch Abkühlen erhaltenen wss. Kondensationen (I) von bei der Oxydation von Paraffin-KW-stoffen mit mol. O_2 oder Luft entstehenden Abgasen dad. gek., daß man die I zunächst fraktioniert dest. unter Verwendung der in ihnen enthaltenen wasserunlösl. Anteile als Schleppmittel für das W. sowie unter Rückführung des entwässerten Destillates, bis das W. prakt. abdest. ist, worauf man den Rest unter Zusatz von mit W. u. HCOOH (II), nicht aber mit W. u. Essigsäure oder höheren Homologen tern. Siedegemische bildenden Stoffen, z. B. Trichloräthylen, erneut dest., bis prakt. alle II übergegangen ist, u. gegebenenfalls den Destillationsrückstand durch einfache Dest. in seine Bestandteile zerlegt. — Beispiel. (**D. B. P. 847 145** Kl. 12o vom 20/5. 1942, ausg. 21/8. 1952.) Schindler. H 810

Joh. A. Benckiser G. m. b. H. Chemische Fabrik, Ludwigshafen/Rh. (Erfinder: **Hermann Rudy**, Leinsweiler, Westmark), *Ununterbrochene Herstellung von Ameisensäure* aus CO u. Alkaliverbb. bei erhöhten Tempp. u. Drucken, dad. gek., daß man CO in die wss. Lsg. eines Alkali-, NH_4- oder Aminsalzes einer mehrbas., bes. einer anorgan. Säure, z. B. H_3PO_4, so lange bei erhöhten Tempp. u. Drucken einleitet, bis sich sauer reagierende alkaliärmere Salze neben der äquivalenten Menge Na-Formiat gebildet haben, daß man dann entspannt u., gegebenenfalls nach Zusatz von W., bis zur Trockne dest. u. diese Arbeitsgänge wiederholt. Nach dem Beispiel wird bei 45 atü u. 200—220° gearbeitet. (**D. B. P. 842 790** Kl. 12o vom 23/5. 1944, ausg. 30/6. 1952.) SCHINDLER. H 810

Publicker Industries, Inc., übert. von: **Frederick C. Visor**, Philadelphia, Pa., V. St. A., *Crotonsäure* erhält man durch Oxydation von Crotonaldehyd, indem man durch dessen säurefreie Lsg. in Bzl. oder Ligroin in Ggw. von 0,1—5% tert.-Butylhydroperoxyd, $(NH_4)_2S_2O_8$ oder dgl. O_2 leitet. — Beispiel. Man kann nach dem Verf. auch andere α.β-ungesätt. Carbonsäuren mit 3—6 Ketten-C-Atomen erhalten. (**A. P. 2 577 829** vom 9/8. 1947, ausg. 11/12. 1951.) MÜLLER-MEININGEN. H 810

Farbwerke Hoechst, vormals Meister Lucius & Brüning (Erfinder: **Hermann Petri**), Frankfurt/M., *Herstellung von Trichloracetonitril* durch Rk. von Monochloracetonitril in fl. Phase mit Cl_2 bei ca. 60°. Aufarbeiten durch fraktionierte Destillation. — Beispiel. (**D. B. P. 846 999** Kl. 12o vom 27/5. 1949, ausg. 18/8. 1952.) SCHINDLER. H 810

E. I. du Pont de Nemours & Co., übert. von: **Richard E. Brooks** und **Irving D. Webb**, Wilmington, Del., V. St. A., *Acylhalogenide* der allg. Zus. R·CO·X (R = tert. Alkyl C_4—C_7, X = Cl oder Br) erhält man durch Rk. von Alkylhalogeniden RX mit CO in Ggw. von wasserfreiem BF_3 (I) oder $SbCl_3$ bei —25 bis +200° u. 10—1000 at. — Beispiel: Ein äquimol. Gemisch aus tert. Butylchlorid (II) u. I wird 1¹/₄ Std. bei 0° u. 700 at mit CO behandelt, wobei man je (Mol) II 0,49 *Trimethylacetylchlorid* erhält. Weiter wird beschrieben die Herst. von: *α.α-Dimethylpropionylbromid*. (**A. P. 2 580 070** vom 11/3. 1948, ausg. 25/12. 1951.) MÜLLER-MEININGEN. H 810

Imperial Chemical Industries Ltd., London, England, *Aminoguanidinsulfat* (I). Man trägt in eine Suspension von Nitroguanidin in einer wss. Lsg. von $(NH_4)_2SO_4$ allmählich Zn ein, bis die Red. zur Aminoguanidinstufe beendet ist, wobei 30° nicht überschritten werden sollen u. durch Zugabe einer Säure (H_2SO_4) das p_H des Reaktionsgemisches auf ca. 7,5 gehalten wird. Dann wird der während der Rk. gebildete Schlamm von oxydiertem Zn von der erhaltenen I-Lsg. abgetrennt. (**Schwz. P. 281 123** vom 21/5. 1948, ausg. 3/6. 1952. E. Prior. 21/5. 1947.) BRÖSAMLE. H 880

Edwin L. Gustus und **Nicholas D. Cheronis**, Chicago, Ill., V. St. A., *Organosilamine bzw. Aminosilane* erhält man, indem man Organohalogensilane statt mit W. mit überschüssigem NH_3 oder substituiertem NH_3 in einem inerten Lösungsm. hydrolysiert. — 31,4 (g) Äthyltrichlorsilan werden in 200 trocknem Ae. gelöst u. mit 120 cm³ fl. NH_3 unter Ausscheidung von NH_4Cl umgesetzt. Man wäscht die Lsg. mit Ae. u. erhält nach dem Abdampfen einen öligen Rückstand. Durch Erhitzen des Prod. wird unter NH_3-Abspaltung ein Film gebildet. — Beispiele. (**A. P. 2 579 418** vom 24/1. 1949, ausg. 18/12. 1951.) MÖLLERING. H 980

X. Färberei. Organische Farbstoffe.

—, *Neue Farbstoffe und Textilhilfsmittel.* FARBWERKE HOECHST: *Küpendruckmarineblau HR* doppelter Teig wird nach dem allg. gebräuchlichen Pottasche–Rongalit-C-Verf. ohne Vorred. auf Baumwolle, Viscosereyon u. Zellwolle in einem schönen, satten Marineton erhalten. — *Velustrol HPS* ist ein anionakt. Weichmacher für Schlichte u. Appretur nach einem neuen Verf. auf Paraffinbasis. Ergibt einen vollen u. weichen Griff. — *Wollechtviolett FR*, einheitlicher saurer Wollfarbstoff. Egalisiert in schwach saurer Flotte gut u. ist daher bes. für die Apparaturfärberei geeignet. Hervorgehoben wird die Wassercarbonisier- u. Dekaturechtheit, ferner ist der Farbstoff chrombeständig. Er reserviert Baumwolle, Viscose- u. Acetatreyon. (Reyon, Zellwolle andere Chemiefasern **30.** 455—56. Aug. 1952.) P. ECKERT. 7018

W. Kertscher, *Die javanische Batikindustrie.* (Vgl. C. **1952.** 4848.) Behandelt werden das Auftragen der Wachszeichnung nut den Tjap (Stempel), die Arbeitsweise beim Stempeldruck, die Kombination von Druck- u. Handbatiks sowie die Zus. der Wachsreserve. Hinsichtlich des Färbens der Batiks wird das Färben mit Indigo besprochen. Eingegangen wird ferner auf das Färben mit synthet. Farbstoffen. Abschließend wird dann die Soga-Färbung beschrieben. Arbeitsvorschriften u. Flottenzuss. werden gegeben. (Melliand Textilber. **33.** 435—38. Mai. 634—36. Juli. 868—70. Sept. 1952.) P. ECKERT. 7020

F. Molzer, *Neueste Erfahrungen in der Kontinuefärberei mit Küpenfarbstoffen nach dem Pigmentklotzdämpfverfahren.* Allg. Ausführungen u. prakt. Hinweise unter Anführung besonderer Färbevorschriften. Vor allem wird auch auf die Verbesserung der Echtheitseigg. der Färbungen eingegangen. (Reyon, Zellwolle andere Chemiefasern **30.** 436—38. Aug. 1952.) P. Eckert. 7020

Gerhard Herrmann, *Das Färben von Baumwollkreuzspulen mit Schwefelfarbstoffen.* Prakt. Arbeitsvorschriften unter Anführung geeigneter Farbstoffe. (Dtsch. Textilgewerbe **54.** 832—33. 835. 5/9. 1952.) P. Eckert. 7020

O. W. Clark, *Neuzeitliche Verfahren des Packfärbens.* Beschrieben wird das Färben von Baumwollgarn u. Reyon nach dem Packsyst., vor allem mit Küpen- u. Azofarbstoffen. Die Vor- u. Nachteile der einzelnen Apparaturen werden besprochen u. Färbevorschriften unter Angabe geeigneter Farbstoffe angeführt. (Canad. Text. J. **68.** Nr. 12. 54—57. 59. 63. 65. 67. 8/6. 1951.) P. Eckert. 7020

Ultrakust-Gerätebau Dr. Ing. Oswald Raudszus, Ruhmannsfelden, Ndb. (Erfinder: **Ernst Breuning** und **Herbert Meiß,** Albeck, Kr. Ulm/Donau), *Beizen von Garnen, Geweben usw.* Die Beizlsg. wird während des Beizvorganges Ultraschallwellen so niedriger Frequenz ausgesetzt, daß zwar eine Dispergierung, jedoch keine Koagulation eintritt. Zusätzlich kann durch Anwendung von Ultraschall hoher Frequenz eine Umwandlung des Sols zum Gel vorgenommen werden. (**D. B. P. 843 246** Kl. 8m vom 11/5. 1949, ausg. 7/7. 1952.) v. Schiller. 7017

Hans Seligman-Schürck & Co., Basel (Erfinder: **Theodor Haefeli,** Ennetbürgen), Schweiz. *Erzeugung von farbigen Mustern auf Gewebebahnen* (I). Eine I wird in einem Farbbad, in welchem eine zu einem Farbstoff entwickelbare Substanz (II) prakt. gelöst ist, imprägniert u. hierauf nach dem Hindurchführen durch eine Abquetschvorr. mittels eines Transportbandes u. Führungs- u. Spannorganen um einen aus lichtdurchlässigem Werkstoff hergestellten, frei drehbaren Zylinder (III), auf welchem eine das zu reproduzierende Muster (IV) aufweisende Schablone aufliegt bzw. dessen Mantelfläche selbst das IV aufweist, unter Andrücken gegen die Schablone bzw. den Zylindermantel geführt. Die I wird während ihres Umlaufens um einen Teil des III mittels einer im III angeordneten Lichtquelle durch das IV belichtet, so daß die entwickelbare II an den belichteten Stellen der I bei erhöhter Temp. entweder unter Bldg. des farbigen IV auf der Faser zum Farbstoff entwickelt wird, worauf zur Entfernung der unentwickelten II geseift wird, oder daß die entwickelbare II an den belichteten Stellen zerstört wird u. zur Entw. der unzerstörten, an den nicht belichteten Stellen befindlichen II das Geweboband durch ein Entwicklungsbad geführt u. zur Entfernung der an den belichteten Stellen zerstörten II geseift wird, worauf gewaschen u. getrocknet wird. — Vorrichtung. (**D. B. P. 843 248** Kl. 8n vom 2/3. 1949, ausg. 7/7. 1952. Schwz. Prior. 2/3. 1948.) v. Schiller. 7021

Courtaulds Ltd., London (Erfinder: **John Boulton,** Wilmslow, **Clifford Collier Wilcock,** Braintorce, **Hermann Gorge** und **Henry Ward Best-Gordon,** Manchester), England, *Herstellung pigmentgefärbter Gewebe* mit verbessertem Widerstand gegen Waschen u. Reiben. Man trägt eine wss. Dispersion eines feingepulverten Pigments auf, welche ca. 2—4 Gew.-% Alginsäure oder ein wasserlösl. Metallalginat enthält, trocknet u. behandelt so, daß in dem Gewebe eine Rk. zwischen der Alginverb. (I) u. mindestens einer Verb. bewirkt wird, welche mit der I reagiert, z. B. CH_2O, Hexamethylentetramin oder Paraformaldehyd, u. eine wasserunlösl. Verb. bildet, die das Pigment fixiert. (**D. B. P. 843 244** Kl. 8m vom 2/12. 1948, ausg. 7/7. 1952. E. Priorr. 4/6. 1946 u. 3/6. 1947.) v. Schiller. 7021

Interchemical Corp., New York, N. Y., V. St. A., *Komposition für das Bedrucken oder Dekorieren von Textilgeweben,* die eine Emulsion einer wss. Lsg. eines Farbstoffes u. einen mit W. nicht mischbaren Verdickungsstoff enthält. Die innere Phase der Emulsion wird von einer wss., einen gegebenenfalls unentwickelten Farbstoff enthalttenden Fl. u. die äußere Phase von einer mit W. nicht mischbaren Lsg. einer Mehrzahl von filmbildenden Substanzen u. mindestens einem organ. Lösungsm. gebildet; von den Filmbildnern ist eine ein Elastomeres, z. B. natürlicher oder synthet. Kautschuk, ein Alkydharz, Aminoplast oder ein Harnstoff-CH_2O-Harz. (**D. B. P. 843 247** Kl. 8n vom 1/1. 1949, ausg. 7/7. 1952. A. Prior. 24/5. 1940.) v. Schiller. 7023

Joseph Bancroft & Sons Co. (Erfinder: **George Alan Billingsley jr.** und **William Persson Hall**), Wilmington, Del., V. St. A., *Wässerige Druckpaste für die Herstellung dauerhafter, farbiger, glänzender Mustereffekte* auf Stoffen aus pflanzlichen Fasern. Sie enthält durch Wärme härtbare, harzbildende Stoffe u. einen Küpenfarbstoff in Form seiner freien Leukobase, z. B. einen Anthrachinon- oder Thioindigofarbstoff. Der Stoff wird in gewünschter Musterung bedruckt, danach bis zu einem Feuchtigkeitsgeh. von 5—15% des Stoffgewichtes über dem natürlichen Geh. an Feuchtigkeit getrocknet, dann durch mechan. Druck ausübende, zwecks Polymerisation der harzbildenden Stoffe u. ihre Überführung in unlösl. Form erhitzte Kalander geschickt u. gewaschen. (**D. B. P. 845 337** Kl. 8n vom 1/1. 1949, ausg. 31/7. 1952. A. Prior. 9/4. 1948.) v. SCHILLER. 7023

Ciba Akt.-Ges., Basel (Erfinder: **Willi Widmer**, Bottmingen, Baselland, und **Arthur Buehler**, Rheinfelden), Schweiz, *Nachbehandeln von Färbungen* (**I**), die mit sauren, eine o-Amino-o'-oxyazogruppierung in chromiertem Zustand enthaltenden Farbstoffen hergestellt sind. Man behandelt die I mit Aldehyden, bes. CH_2O. (**D. B. P. 848 637** Kl. 8m vom 30/12. 1948, ausg. 4/9. 1952. Schwz. Prior. 4/11. 1947 u. 22/7. 1948.) v. SCHILLER. 7029

Ciba Akt.-Ges., Basel, Schweiz, *N-α-Furoylacetyldehydrothio-p-toluidinsulfonsäure* (**I**). Man behandelt N-Acetoacetyldehydrothio-p-toluidinsulfonsäure (aus Dehydrothio-p-toluidin mit konz. H_2SO_4 oder Oleum in wss.-alkal. Medium mit α-Furoylchlorid u. verseift das erhaltene Produkt. I ist ein helles Pulver, das sich mit Diazoverbb. zu *Azofarbstoffen* kuppeln läßt. (**Schwz. P. 280 725** vom 30/3. 1950, ausg. 16/5. 1952. **Zusatz zu Schwz. P. 277 023; C. 1952. 8051.**) BRÖSAMLE. 7053

I. G. Farbenindustrie Akt.-Ges. (Erfinder: **Richard Fleischhauer** und **Ernst Korten**), Frankfurt/M., *Monoazofarbstoffe*. Aromat. Amine der allg. Formel I werden mit Pyrazolonsulfonsäuren oder peri-Aminooxynaphthalindisulfonsäuren II gekuppelt. Hierbei bedeutet X einen Aryl-, Aralkyl- oder Cycloalkylrest oder einen Alkylrest mit weniger als 12 C-Atomen u. Y den Rest einer von aromat. Gruppen freien aliphat. oder einer cycloaliphat. Carbonsäure mit mindestens 6 C-Atomen, wobei X + Y zusammen mindestens 12 C-Atome enthalten müssen; Z ist eine CO- oder SO_2-Gruppe u. R ein aliphat. oder einkerniger aromat. KW-stoffrest. Die Prodd. färben tier. Fasern u. Mischgewebe gelb bis rot mit guter Walk-, Wasch- u. Seewasserechtheit. — Beispiel: 1-Amino-4-(N-cyclohexyl-N-cyclohexylacetylamino)-benzol → 1-(2'-Chlor-5'-sulfophenyl)-3-methyl-5-pyrazolon. (**D. R. P. 767 109** Kl. 22a vom 26/1. 1938, ausg. 19/1. 1952.) KALIX. 7053

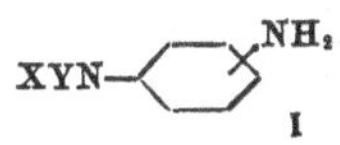

I

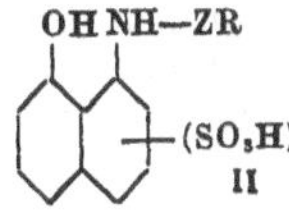

II

Badische Anilin- & Soda-Fabrik, Ludwigshafen/Rh. (Erfinder: **Willy Braun**, Heidelberg), *Halogenaminoanthrachinone* entstehen bei der Rk. von Aminoanthrachinonen mit Halogen in geschmolzenem $AlCl_3$. — *1.4-Diamino-6-bromanthrachinon*. Man trägt Br_2 in eine Schmelze aus 1.4-Diaminoanthrachinon, wasserfreiem $AlCl_3$ u. wasserfreiem Na_2SO_3 bei 80—85° ein. Dunkelviolettes Pulver, F. 264—266°. Färbt Acetatseide blauviolett. *Dibenzoylderivat*, F. 300°. — (I = „bromanthrachinon") *1.4-Diaminodi*-I, F. 290°. — *1.2-Diaminomono*-I, F. 263°. — *2-Amino-3*-I. — *1-Amino-2*-I. — *1.4-Dimethylaminodi*-I. — *1-Amino-4-benzoylaminomono*-I, F. 210°. — *1.5-Diamino-2.6-di*-I, F. 274°. — *1.8-Diaminodi*-I, F. 223°. — *1-Amino-4-oxymono*-I färbt Acetatseide violett. (**D. B. P. 844 451** Kl. 12q vom 1/8. 1950, ausg. 21/7. 1952.) LANGER. 7059

XIa. Farben. Anstriche. Lacke. Naturharze.

Bruno Waeser, *Die Technik des Filtrierens und Klärens*. Überblick unter bes. Berücksichtigung der Lack- u. Farbenherstellung. — 17 Literaturangaben. (Dtsch. Farben-Z. **6**. 393—98. Okt. 1952. Elmshorn bei Hamburg.) WINIKER. 7090

Hans Hebberling, *Wichtiges vom Farbkorn*. Vf. beschreibt kurz die Rolle, die dem Farbkorn beim Anreiben u. Anteigen im Bindemittel sowie im fertigen Anstrich zukommt. (Dtsch. Drogisten-Ztg. **7**. 310—12. 15/6. 1952. Obing im Chiemgau.) WINIKER. 7092

H. Rabaté, *Die roten Erze („boues rouges") und die Industrie der Farben und Pigmente*. Kurzer Überblick über Zus. u. Eigg. der „boues rouges" (bauxitähnliche rote Erze), die sich als Pigmente für Rostschutzfarben u. Lacke aus ölmodifizierten Alkydharzen bestens bewährt haben. (Peintures, Pigments, Vernis **28**. 523—24. Aug. 1952.) WINIKER. 7092

J. D. von Mikusch und **E. Bergner**, *Die Verwendung von Leindotteröl und daraus bereiteten Standölen in Rostschutzfarben*. Leindotteröl (I) polymerisiert u. trocknet langsamer als Leinöl (II). Durch Verkochen mit Holzöl lassen sich die filmbildenden Eigg. so weit verbessern, daß etwa eine mit der von II vergleichbare Trocknungsgeschwindigkeit erzielt wird. Als Bindemittel für Rostschutzfarben ist dünnes I wenig geeignet, vor allem nicht für Deckfarben. Das Standöl ist als II-Ersatz brauchbar, bes. bei Zusatz von Holzöl. Als Streckmittel für II würde I in Mangelzeiten sicher brauchbar sein, ebenso zur Herst. von Alkydharzen, wobei allerdings wegen des höheren Linolensäuregeh. eine stärkere Vergilbung als bei Sojaöl zu erwarten ist. (Dtsch. Farben-Z. **6**. 391—93. Okt.

1952. Hamburg-Harburg, F. Thörl's Vereinigte Harburger Ölfabriken A. G., u. Hamburg, Degronitwerk M. Wüstney & Dr. E. Berger.) WINIKER. 7096

Temple C. Patton, *Herkunft, Gewinnung und Anwendung von dehydratisiertem Ricinusöl in der Anstrichmittelindustrie.* Dehydratisiertes Ricinusöl (Ricinenöl) wird u. a. verwendet in Luftlacken, Aluminiumbronzefarben, weißen Fassadenfarben, weißen Emaillelackfarben, Wandfarben, Emulsionsfarben, Markierungsfarben, Schiffsbodenfarben, Zn-Chromatgrundierungen für Al u. Mg u. Konservendosenlacken. — Rezepthinweise. (Off. Digest Federat. Paint Varnish Product. Clubs **1952**. 177—202. März. Bayonne, N. J., Baker Castor Oil Co.) SCHEIFELE. 7096

Roland J. Scheer, *Oberflächenfehler an Lackdrähten; Untersuchungen an Prüflingen, hergestellt mit dem Vorprüfverfahren für Drahtlacke.* Auf Grund mkr. Unterss. von Oberflächenfehlern an Lackdrähten kommt Vf. zu dem Schluß, daß der Lackfilm des Lackdrahtes nicht geschichtet, sondern einheitlich verschmolzen ist. Ferner sind Blasenbldg. u. Oberflächenfehler nicht auf das Lösungsm. des Drahtlacks zurückzuführen. Sie werden vielmehr zum größten Teil bedingt durch die Schmelzeigg., das Wiederaufschmelzen der ersten Schichten u. die Fähigkeit der unteren Schichten, die folgende Schicht chem. zu binden. 10 Abbildungen typ. Oberflächenfehler. (Dtsch. Farben-Z. **6**. 398—400. Okt. 1952. Sigtuna, Schweden.) WINIKER. 7106

R. Scalfarotto, *Die Epoxyharze in der Lackindustrie.* Struktur, chem. u. physikal. Merkmale; lacktechn. Anwendung durch Veresterung, Kombination mit anderen Filmbildnern; Eigg. der resultierenden Lackfilme (Haftfähigkeit, Elastizität, chem. Resistenz, Härte, Abriebfestigkeit, Ungiftigkeit, dielektr. Eigg., Einbrennbarkeit). — Rezepthinweise. (Pitture e Vernici **8**. 83—105. Febr. 1952.) SCHEIFELE. 7106

General Electric Co. Ltd., London, England, *Leuchtstoffgewinnung.* Man unterwirft Halogenphosphate der Zus. $3Me_3(PO_4)_2 \cdot 1Me^1L_2$, welche 2wertige Metalle (Me, Me^1), wenigstens zur Hälfte aus Ca u./oder Sr bestehend, u. Halogene (L), ebenfalls wenigstens zur Hälfte aus Cl, F oder Br oder deren Mischungen bestehend, oder solche Bestandteile enthalten, die zur Bldg. der genannten Halogenphosphate führen, unter Zusatz von Aktivatoren (Sb oder Sb-Verbb.) einer Hitzebehandlung. (**D. B. P. 849 881** Kl. 22f vom 22/11. 1949, ausg. 18/9. 1952. E. Prior. 17/6. 1942.) NEBELSIEK. 7093

Soc. An. de Produits Industriels, Frankreich, *Silicathaltige Farben für feuer- und hitzebeständige Anstriche.* Dem als Bindemittel für die Pigmentfarben verwendeten Na- oder K-Wasserglas wird feinvermahlenes Glaspulver oder ein gleichartiges pulverisiertes Silicat zugesetzt, nachdem es zweckmäßig vorher mit einer Säure u./oder einer Base oder auch mit einer verd. Silicatlsg. behandelt worden ist, um mehrwertige Kationen gegebenenfalls auszutauschen. (**F. P. 977 478** vom 16/7. 1942, ausg. 2/4. 1951.) GRÄGER. 7097

Egon Meier, Friedberg, Hessen, *Herstellung von Grundiermitteln für rostfähiges Metall,* welche gegen das Lösungsm. des nachfolgenden Anstrichmittels beständig sind. Lacken oder Lackfarben (I) werden unter Zugabe von Zweityplösungsmitteln, z. B. Diacetonalkohol (II), solche Kunstharze, die mit I an sich unverträglich sind, einverleibt. — Beispiel: 100 (Teile) Phthalatharz, 15 Harnstofformaldehydharz, 90 Mischung aus Methyl- u. Äthylacetat, 30 II, 10 Toluol, 20 ZnO. Man erhält eine wetterfeste Grundlackfarbe, die nach dem Auftrocknen von nachfolgenden benzolhaltigen Anstrichmitteln nicht aufgelöst wird. (**D. B. P. 831 290** Kl. 22g vom 28/5. 1950, ausg. 11/2. 1952.) REICHELT. 7097

Badische Anilin- & Soda-Fabrik, Ludwigshafen/Rh. (Erfinder: **Heinrich Kobbe,** Egg, Zürich, Schweiz), *Verminderung des Absetzens von Pigmenten in Lacken,* dad. gek., daß man ihnen geringe Mengen hochmol. wachsartiger Stoffe (I) zusetzt, deren lineare C-Kette durch mehrere Gruppen —O—, —COO— u./oder —OCOO— unterbrochen ist. Als I sind genannt: Polykohlensäureester des 1.4-Butandiols, Polyester des 1.4-Butylenglykols mit Bernsteinsäure u. dergleichen. (**D. B. P. 843 130** Kl. 22h vom 7/7. 1950, ausg. 7/7. 1952.) SCHINDLER. 7097

Siemens-Schuckertwerke Akt.-Ges., Berlin und Erlangen (Erfinder: **Wilhelm Wolf,** Katzwang, Mfr.), *Abbeizen von Lackschichten,* bes. von Lackdrähten, dad. gek., daß ein Gemisch von 2 oder mehreren organ. Stoffen verwendet wird, von denen der eine aus konz. Essigsäure u. der andere aus Trichloräthylen, Acetylentetrachlorid oder Acetin allein oder einer Mischung dieser Stoffe besteht. Das Umsetzungsverhältnis soll **1:1** bis 1:3 betragen. Eintauchzeit 1—10 Min. bei erwärmtem Lösungsmittel. (**D. B. P. 842 106** Kl. 22g vom 2/10. 1948, ausg. 23/6. 1952.) SCHINDLER. 7101

N. V. de Bataafsche Petroleum Mij., Den Haag, Holland (Erfinder: **Knapel Frederick Schiermeier und Walter Ernest Heinz,** San Francisco, V. St. A.), *Korrosionsverhin-*

derndes Mittel, dad. gek., daß es im wesentlichen aus einer Lsg. eines teilweise veresterten, mehrwertigen Alkohols in einem KW-stoff besteht, worin der Teilester einen F. vorzugsweise unter 40° besitzt, das Verhältnis zwischen OH-Radikalen (I) u. Esterradikalen mindestens 1:1 ist u. er mindestens 2 I aufweist, die durch nicht mehr als 3 direkt verbundene Atome getrennt sind. Als Teilester sind genannt: Glycerinmonooleat u. Sorbitanmonostearat. — 5 Rezepte. (**D. B. P. 843 728** Kl. 22g vom 27/7. 1950, ausg. 10/7. 1952. A. Prior. 13/3. 1945.) SCHINDLER. 7107

Spangenberg-Werke Willy Spangenberg (Erfinder: **Willy Johann Albrecht Spangenberg**), Hamburg, *Herstellung trocknender Anstrichmittel*, dad. gek., daß man hochmol. Fettsäuren (I), bes. synthet. mit mehr als 20 C-Atomen, wie sie z. B. bei der Aufarbeitung der Oxydationsprodd. von Paraffinen anfallen, mit ungesätt. Carbonsäuren enthaltenden I u./oder Harzsäuren u. Glycerin (II) oder anderen mehrwertigen Alkoholen erhitzt. Die I können z. B. mit Tallöl oder dessen Destillaten oder Bestandteilen erhitzt u. dann verestert werden. — Z. B. wird Pech aus der Dest. natürlicher Spalt-I mit Mohnöl-I auf 180° u. nach Zugabe von II auf 240° erhitzt. Bei einer SZ. von ca. 25 wird das Kondensationswasser im Vakuum abdestilliert. Nach Verdünnen u. Siccativieren wird ein Firnis für wetterfeste Anstriche erhalten. (**D. B. P. 843 277** Kl. 22h vom 11/11. 1948, ausg. 7/7. 1952.) SCHINDLER. 7107

Klaus Zimmermann, Vergleichende Farbtabellen. Ridgway-Ostwald, Ostwald-Ridgway. Zum Gebrauch f. Naturwiss. u. Technik. Bearb. Frankfurt/M.: Verl. Dr. P. Schöps. 1952. (47 S.) gr. 8°. DM 7,—.

XIb. Plaste (Kunstharze. Plastische Massen).

Georg Schulz und **Gerhard Müller**, *Polyvinylbutyral*. Überblick über Entw., Herst., Eigg. u. Verwendungsmöglichkeiten. (Kunststoffe **42**. 298—301. Okt. 1952. Frankfurt/M.-Höchst.) WINIKER. 7172

Reinhard Buchwald, *Bedrucken von Kunststoffen*. Überblick über die modernen Verff. zum Bedrucken von Folien (PVC, Viscose, Pliofilm, Polyäthylen, Polystyrol). — 10 Literaturhinweise. (Kunststoffe **42**. 350—51. Okt. 1952. Ludwigshafen/Rh.) WINIKER. 7172

P. Dornbusch, *Prägen*. Kurzer Überblick über einfache u. kombinierte Prägeverff. für Folien, namentlich Weich-PVC. — 7 Litaraturhinweise. (Kunststoffe **42**. 352—53. Okt. 1952. Krefeld.) WINIKER. 7172

Alfred Müller, *Polyamide und Polyester*. Nach einem kurzen Überblick über den Entwicklungsstand der Jahre 1944/45 umreißt Vf. die in der Polyamidentw. in den letzten Jahren gemachten Fortschritte. Schließlich wird noch auf die Fortschritte in der Entw. der auf der Grundlage linearer Polyester aufgebauten Kunststoffprodd. hingewiesen. — 20 Literaturangaben. (Kunststoffe **42**. 301—02. Okt. 1952. Ludwigshafen/Rh.) WINIKER. 7180

S. Nitzsche, *Entwicklungen und Erfahrungen auf dem Gebiete der Siliciumkunststoffe*. Fortschrittsbericht über Siliconöle, Siliconimprägniermittel, Siliconantischaummittel u. Silicongummi. — 11 Literaturhinweise. (Kunststoffe **42**. 311—14. Okt. 1952. Burghausen.) WINIKER. 7188

G. B. von Hartmann, *Schichtstoffherstellung*. Überblick über die moderne Entw. auf dem Gebiet der Schichtstoffherstellung. — 11 Literaturhinweise. (Kunststoffe **42**. 329—31. Okt. 1952. Groß-Umstadt.) WINIKER. 7204

—, *Din 53480. Prüfung von Isolierstoffen. Bestimmung der Kriechstromfestigkeit*. Deutsche Norm, Entwurf Juli 1952. Zur Best. der Kriechstromfestigkeit finden Verwendung: das *Nekal*-Tropfverf. (mit Schneidenelektroden), das Nekal-Tauchverf. u. das Dampfverfahren. (Kunststoffe **42**. 261—64. Sept. 1952.) WINIKER. 7210

H. Suhr, *Erläuterung zum Entwurf Din 53480 (Juli 1952)*. (Vgl. vorst. Ref.) (Kunststoffe **42**. 264—65. Sept. 1952. Berlin-Charlottenburg, Physikal.-Techn. Reichsanst.) WINIKER. 7210

W. Woebcken, *Tropfverfahren zur Beurteilung der Kriechstromfestigkeit von Isolierstoffen*. Durch Benutzung eines vom Vf. entwickelten automat. Tropfengebers ist die reproduzierbare Best. des Kriechstromverh. von Isolierstoffen nach der Nekal-Tropfmeth. möglich. (Kunststoffe **42**. 253—56. Sept. 1952. Bonn, Klöckner-Moeller G. m. b. H., Kunststofflabor.) WINIKER. 7210

Erich Berg, *Prüfung der Kriechstromfestigkeit nach praktischen Gesichtspunkten*. Auf Grund einer krit. Prüfung der bisher üblichen Prüfmethoden (Nekal-Tropfverf. mit Schneidenelektroden, Nekal-Tropfverf. mit Ringelektroden, Nekal-Tauchverf., amerikan. Hochspannungs–Lichtbogen-Verf., Micafil–Hochspannungs–Dampf-Verf., Niederspannungs–Hochstrom–Drahtabschmelz-Verf., deutsches Niederspannungs–Lichtbogen-Verf.) entwickelt Vf. ein neues Prüfverfahren. Hierbei wird die therm. Beanspruchung durch eine dosierbare u. reproduzierbare Lichtbogeneinw. nachgebildet. Auf der gezündeten Prüfstrecke brennt kurzzeitig ein Lichtbogen mit niedriger Lichtbogenspannung, wobei die Feldstärke der Brennspannung so gering ist, daß während der Brenndauer keine Spannungsbeanspruchung eintritt. Erst kurze Zeit nach Verlöschen des Lichtbogens tritt die Prüfspannung (2500 V) auf. Die Feldstärke am Glimmpunkt bei der Nekal-Prüfung wird mindestens so hoch sein wie bei der Brennspannung des Lichtbogens. Es handelt sich also bei dem neuen Verf. nicht wie beim amerikan. oder beim Micafil-Verf. um eine Hochspannungsprüfung. Das neue Verf. ermöglicht: Nachbldg. der Kriechstromursachen u. der Kriechstromwrkg., Prüfung des Isolationswertes nach jeder Kriechstrombeanspruchung, Unters. des Feuchtigkeitseinfl. als selbständige oder zusätzliche Ursache. Schaltschema u. Abb. des neuen Prüfgeräts nebst Aufnahmen von damit erhaltenen Prüfspuren. (Kunststoffe **42**. 257—60. Sept. 1952. Egerpohl, Fa. Bisterfeld & Stolting, Werk III, Physikal. Labor.) WINIKER. 7210

Monsanto Chemical Co., St. Louis, Mo., übert. von: **Thomas Boyd und Fred J. Lucht**, Springfield, Mass., V. St. A., *Fein granuliertes Polyvinylchlorid* erhält man durch Polymerisation in wss. Emulsion bei Verwendung von 0,1—3% Emulgator in Form eines aliphat. Säureesters (Säurerest 10—20 C-Atome) eines Polyäthylenglykols, dessen Glykolrest ein Mol.-Gew. von 400—4000 aufweist. Geeignet sind z. B. Polyäthylenglykolmonooleat oder -monolaureat. Auch die Herst. von Mischpolymerisaten mit Vinylacetat oder Diäthylmaleat ist möglich. (**A. P. 2 580 277** vom 22/6. 1948, ausg. 25/12. 1951.) MÖLLERING. 7173

Dr. Alexander Wacker, Gesellschaft für elektrochemische Industrie G. m. b. H., München (Erfinder: **Josef Heckmaier** und **Herbert Reinecke**, Burghausen/Obb.), *Emulsionspolymerisation von Vinylchlorid* (I), auch im Gemisch mit anderen polymerisierbaren Verbb., in Ggw. von Per-Verbb. erfolgt unter Verwendung von Salzen, Sulfaten oder Sulfonaten von kurzkettigen aromat. Säuren, wie Benzoesäure (II) oder Fettsäuren mit <10 C-Atomen als Emulgator. — Ein Gemisch von 360 (g) W., 120 I, 6 Na-Salz einer Vorlauffettsäure der Paraffinoxydation mit 4—8 C-Atomen oder 6 Na-Salz von II, 0,75 Na_3PO_4 u. 0,36 $K_2S_2O_8$ wird 50 Std. auf 40° erwärmt. Die Aufarbeitung des Polymerisates erfolgt wie üblich. (**D. B. P. 842 119** Kl. 39c vom 11/11. 1950, ausg. 23/6. 1952.) MÖLLERING. 7173

Eastman Kodak Co., übert. von: **Louis M. Minsk** und **Eric W. Taylor**, Rochester, N. Y., V. St. A., *Polymerisation von Vinylacetat* (I). Man erhitzt in Ggw. organ. Peroxyde u. gegebenenfalls unter Einw. von UV-Strahlung eine 25—85%ig. Lsg. von I in tert. Butanol bis 72°. Bes. geeignete Viscositäten ergeben Lsgg. mit 40—60 (%) I u. 0,01—2 Benzoylperoxyd. (**A. P. 2 582 055** vom 28/4. 1948, ausg. 8/1. 1952.) MÖLLERING. 7173

Siemens & Halske Akt.-Ges., Berlin und München (Erfinder: **Willi Mertens**, Berlin), *Herstellen von Folien aus Polyvinylalkohol* (I). Eine, geringe Zusätze von Seifenlsgg. u. gegebenenfalls Weichmacher enthaltende I-Lsg. wird vor dem Ausgießen auf eine glatte Unterlage bei erhöhter Temp. mit Luft bis kurz vor der Gelierung durchmischt. (**D. B. P. 843 013** Kl. 39a vom 2/10. 1948, ausg. 3/7. 1952). SCHLITT. 7173

Farbwerke Hoechst, vormals Meister Lucius & Brüning, Frankfurt (Erfinder: **Werner Stark**, Hofheim), *Perl- oder kornförmige Polymerisate* erhält man aus monomeren Vinylverbb., indem man in wss. Lsgg. die Umsetzungsprodd. aus Polyvinylalkohol (I) u. Aldehydsulfonsäuren polymerisiert. Z. B. polymerisiert man eine durch Verseifung von Polyvinylacetat erhaltene I-Lsg. mit Benzaldehyd- oder Butyraldehysulfonsäure Als Katalysatoren dienen Peroxyde. — Prodd. für Lackherstellung. (**D. B. P. 849 006** Kl. 39c vom 21/3. 1951, ausg. 11/9. 1952.) MÖLLERNIG. 7173

Dow Chemical Co., übert. von: **John Leo Schick**, Midland, Mich., V. St. A., *Vinylchlorid–Vinylidenchlorid-Mischpolymerisat.* Die Polymerisation (mit einem Überschuß an Vinylchlorid) erfolgt in einem geschlossenen Kessel in wss. Suspension (W.:Monomere = 1:1 bzw. 4:1) in Ggw. von 0,2—1 (%) 2.4-Dichlorbenzoylperoxyd u. 1—5 γ-$Al(OH)_3$ bei 25—65°. Das Prod. ist bes. lichtstabil. (**A. P. 2 538 049** vom 21/5. 1949, ausg. 16/1. 1951.) SALZMANN. 7173

Shell Development Co., San Francisco, übert. von: **Marguerite Naps**, Oakland, und **Fred E. Condo**, El Cerrito, Calif., V. St. A., *Mischpolymerisate aus ungesätt. Nitrilen.* In wss. Emulsion polymerisiert man in Ggw. von z. B. Laurylsulfat-Na u. $K_2S_2O_8$ Gemische aus 65 (%) Methacrylnitril (I), 25 Acrylnitril (II) u. 10 Vinylacetat, bzw. allg. 80—60 I, 30—10 II u. 5—15 eines ungesätt. Esters aus einer Monocarbonsäure von 1—6 C-Atomen u. einem Alkohol von 1—6 C-Atomen u. mindestens einer Doppelbindung. (**A. P. 2 579 008** vom 24/5. 1948, ausg. 18/12. 1951.) MÖLLERING. 7173

B. F. Goodrichs Co., New York, N. Y., übert. von: **William D. Calvert**, Cuyahoga Falls, O., V. St. A., *Polyäthylenfolien* als Mitläufer bzw. Zwischenleinen oder Abdeckung für unvulkanisierte Kautschukoberflächen. Es wird ein Polyäthylen mit einem Mol.-Gew. >6000 verwendet, das wiederholt verwendbar u. nach Beschädigung zu neuen Folien aufarbeitbar ist. Füll- u. Farbstoffe können zugesetzt werden. (**A. P. 2 541 498** vom 29/1. 1948, ausg. 13/2. 1951.) OVERBECK. 7173

Bakelite Corp., New York, N. Y., V. St. A., *Organische Zinnverbindungen* der Formel $R_2Sn(OR_1)_2$, wobei R Alkyl oder Aryl u. R_1 einen Alkoholrest bedeuten, erhält man durch Rk. von R_2SnO mit einem Alkohol; aus Dibutylzinnoxyd (I) u. Äthylenglykol (II) in äquimol. Mengen ein II-Deriv. der Zus. $(C_4H_9)_2Sn(OC_2H_4O)$, F. 195—200°. — Weitere Reaktionsprodd.: aus I u. Butylalkohol, F. 110—115°; aus I u. Diäthylenglykol, F. 120 bis 130°; aus I u. Pentaerythrit, F. 125—128°. — *Hitzestabilisierungsmittel* für *Polyvinylchloridharze*. (**E. P. 664 133** vom 1/12. 1949, ausg. 2/1. 1952. A. Prior. 15/12. 1948.) BRÖSAMLE. 7173

Chemische Werke Albert (Erfinder: **Karl Brückel**), Wiesbaden-Biebrich, *Herstellung lichtbeständiger modifizierter Phenolharze*, dad. gek., daß *Naturharze*, gegebenenfalls in Mischung mit Fettsäuren, mit härtbaren Kondensationsprodd., die aus Einkernphenolen (I) u. Dimethylolaceton (II) gebildet sind, umgesetzt werden. Es finden auch Prodd. Verwendung, die durch Kondensation von I mit Aceton u. CH_2O gewonnen wurden. — 188 (Teile) C_6H_5OH, 236 II, 40 NaOH (10 %ig) werden 6 Std. bei 70° kondensiert, das W. durch Vakuumdest. entfernt. 35 des fl. Harzes u. 200 geschmolzenes *Kolophonium* werden bei 110—200° verrührt, 20 Glycerin bei 250° zugegeben (SZ. <20). Das Harz hat einen F. von 90—100°, ist in Lackbenzin, polymerisierten Ölen (Leinölstandöl) lösl., mit Nitrocellulose verträglich. (**D. B. P. 829 926** Kl. 22h vom 2/10. 1948, ausg. 31/1. 1952.) SCHREIBER. 7177

Chemische Werke Albert (Erfinder: **Arthur Greth, Gerhard Stieger** und **Fritz Lemmer**), Wiesbaden, *Abgewandelte Maleinatharze*. Aus ungesätt. Naturharzsäuren durch Kondensation mit $\alpha.\beta$-ungesätt. Dicarbonsäuren, bes. Maleinsäure oder deren Anhydrid, erhaltene hochmol. Kunstharzsäuren werden im Gemisch mit natürlichen Harzsäuren u./oder mehrbas. Säuren u. synthet. aliphat. Fettsäuren aus der Paraffinoxydation mit mehrwertigen Alkoholen, bes. Glycerin, verestert. (**D. R. P. 757 120** Kl. 39c vom 28/5. 1939, ausg. 31/1. 1952.) MÖLLERING. 7177

United States of America, übert. von: **John C. Cowan** und **Howard M. Teeter**, Peoria, Ill., V. St. A., *Kunstharze*. Alkylendiamine, bes. Äthylendiamin, werden mit einem bes. aus Maleinsäureanhydrid u. Methyloleat erhaltenen Addukt im Mol-Verhältnis 1:1 auf 120—225° erhitzt, bis ein lineares, bieg- u. schmelzbares Polyamid vorliegt mit einem Mol.-Gew. >3000 u. ausreichender Löslichkeit in organ. Lösungsmitteln. (**A. P. 2 582 235** vom 16/7. 1948, ausg. 15/1. 1952.) MÖLLERING. 7181

XII. Kautschuk. Guttapercha. Balata.

Irvin M. Krieger und **Samuel H. Maron**, *Das Fließverhalten von synthetischem Kautschuklatex*. 1. Mitt. *Nachprüfung einiger Fließgleichungen*. Durch Viscositätsmessungen an handelsüblichem Kautschuklatex Typ III (I) [wss. Butadien–Styrol-(50:50)-Mischpolymerisatdispersion mit Harzseife] mittels Capillar- u. Rotationsviscosimetern bei 25° wurde die Gültigkeit einiger Gleichungen für das Fließverh. nachgeprüft. Sämtliche I-Proben zeigten kein thixotropes Verhalten. I ergab nur unterhalb 25 % Feststoffgeh. NEWTONsches Fließen. Die Linearität der logarithm. aufgetragenen Meßwerte beweist die Gültigkeit der exponentiellen Fließgleichung von FARROW, LOWE u. NEALE. Bei über ca. 45 % Feststoffgeh. müssen jedoch andere Exponentialgleichungen bei hohen u. niedrigen Schubspannungen angewendet werden. Die Tatsache, daß alle mittels 3 Capillar- u. einem Rotationsviscosimeter bestimmten Punkte eines Schubgeschwindigkeits-Schubspannungs-Diagramms eine einzige Kurve ergeben, zeigt die Anwendbarkeit der Exponentialgleichung bei der Best. des Fließverh. von I. Ähnliche Ergebnisse wurden auch bei anderen Kautschuklatextypen gefunden. (J. Colloid Sci. 6. 528—38. Dez. 1951. Cleveland, O., Case Inst. of Technol., Dep. of Chem. and Chem. Engng., Phys. Chem. Labor.) SCHÄFF 7222

S. H. Maron, B. P. Madow und **I. M. Krieger**, *Das Fließverhalten von synthetischem Kautschuklatex*. 2. Mitt. *Konzentrationsabhängigkeit des Fließens beim GR-S-Latex Typ V*. (1. vgl. vorst. Ref.) Die an GR-S-Latex Typ V [wss. Butadien–Styrol-(80:20)-Mischpolymerisatdispersion mit Dresinate 731 u. K-Oleat] mittels Capillar- u. Rotationsviscosimetern durchgeführten Messungen zeigen, daß nur unterhalb 25 Vol.-% Kautschuk

NEWTONsches Fließen auftritt u. daß die exponentielle Fließgleichung zur Umwandlung der Viscositätsdaten in Schubgeschwindigkeits- u. Schubspannungswerte dienen kann. Oberhalb 40 Vol.-% Kautschuk sind jedoch andere Exponentialgleichungen gültig. Der Befund, daß mit steigendem Kautschukanteil die Viscosität abnimmt, wird auf das Auftreten eines Ordnungszustandes zurückgeführt, der die BROWNsche Bewegung der Teilchen einschränkt u. das Fließen längs mehr oder weniger definierter Ebenen bewirkt. Eine erweiterte EINSTEIN-Gleichung gilt bei 0—60 Vol.-% Kautschuk. Die Grenzform dieser Gleichung ist mit der EINSTEIN-Gleichung ident. (Faktor ca. 2,5). Die Extrapolation der Gleichung sagt unendliche Viscosität bei einem Gesamtvolumenanteil Kautschuk + adsorbierter monomol. Seifenschicht von ca. 75—77% voraus. Dieser Wert entspricht etwa dem, den man durch Aneinanderpacken von Kugeln maximal erreichen kann. (J. Colloid Sci. 6. 584—91. Dez. 1951.) SCHÄFF. 7222

Maurice Morton, P. P. Salatiello und Harold Langfield, *Polymerisationsgeschwindigkeiten in Emulsionssystemen.* Vff. untersuchten die Emulsionspolymerisation von Butadien u. Styrol unter Verwendung verschied. Initiatoren. Styrol verhielt sich der Theorie entsprechend, d. h. das Wachstum der Latexteilchen war lediglich temperaturabhängig. Für eine gegebene Temp. kann also die Polymerisationsgeschwindigkeit zu Teilchengröße in Beziehung gesetzt werden. Im Falle des Butadiens wurde nur für das Initiatorsyst. Cumolhydroperoxyd–Triäthylentetramin theoriegemäßes Verh. festgestellt. Die Beziehung Polymerisationsgeschwindigkeit–Teilchengröße ist also für jedes Initiatorsyst. verschieden. Die einzige verläßliche Meth. zur Bewertung eines Initiatorsyst. ist die Best. der Polymerisationsgeschwindigkeit pro gebildete Latexpartikel. (Ind. Engng. Chem. **44.** 739—42. April 1952. Akron, O., Univ.) WINIKER. 7224

John D. Ferry, Edwin R. Fitzgerald, Lester D. Grandine jr. und Malcolm L. Williams, *Temperaturabhängigkeit der dynamischen Eigenschaften von Elastomeren; Relaxationsverteilungen.* Unter Heranziehung der Literatur (16 Hinweise) gelang es Vff. durch Einführung von red. Variablen u. Aufstellung einiger einfacher Hypothesen bzgl. der Natur von Relaxationserscheinungen, die Temperatur- u. Frequenzabhängigkeit kautschukartiger Stoffe in Beziehung zu setzen. Es ist möglich, auf Grund dieser Beziehungen verschied. dynam. Eigg. kautschukartiger Stoffe (vulkanisiert u. nicht vulkanisiert) vorherzusagen. (Ind. Engng. Chem. **44.** 703—06. April 1952. Madison, Wis., Univ. of Wisconsin.) WINIKER. 7224

Will H. Shearon jr. (unter Mitarbeit von R. A. Reinke und T. A. Ruble), *Ölruß.* Überblick über die Herst. (einschließlich Betriebskontrolle) von Ölruß u. seine Anwendungsmöglichkeiten in der Kautschukindustrie. (Ind. Engng. Chem. **44.** 685—94. April 1952. Lake Charles, La., Continental Oil Black Co., u. Amarillo, Tex., Continental Carbon Co.) WINIKER. 7226

A. Ss. Kusminski, L. I. Ljubtschanskaja, N. G. Chitrowa und Ss. I. Bass, *Der Einfluß von Ruß auf die Entwicklung der Oxydationsprozesse in Kautschuk und Gummi.* Bei Heraufsetzung des Zusatzes von Ruß von 10 auf 50 (Gewichtsteile) je 100 Kautschuk wird die Oxydation verlangsamt u. die Menge des aufgenommenen O_2 verringert. Die inhibierende Wrkg. des Rußes ist durch den teilweisen Zerfall der Kautschukperoxyde an dessen Oberfläche bedingt. Die inhibierende Wrkg. von Ruß äußert sich bei der autokatalyt. Oxydation viel stärker als in Ggw. von Phenyl-β-naphthylamin, weil beim freien Prozeß die Vernichtung einer Peroxydgruppe eine Ketten-Rk. von 6—8 Akten unterbricht, während bei der inhibierten Oxydation jedem Abbruch an Ruß die Vernichtung nur eines akt. Zentrums entspricht. Der Einfl. von Ruß auf den Oxydationsprozeß äußert sich auch darin, daß der an Ruß adsorbierte Inhibitor unwirksam wird. Die von WINN, SHELTON u. TURNBULL (vgl. C. **1947.** 804) mitgeteilte Katalyse der Kautschukoxydation durch Ruß erklären Vff. mit der verringerten Inhibitorkonzentration. (Доклады Академии Наук СССР [Ber. Akad. Wiss. UdSSR] [N. S.] **82.** 131—33. 1/1. 1952. Wiss. Forschungsinst. der Gummiindustrie.) ZELLENTIN. 7226

A. P. Pissarenko, *Die Abhängigkeit der gefügebildenden Wirkung von Füllstoffen von der Art ihrer Einbringung in den Kautschuk.* Es wird der Einfl. von Gasruß als hochakt. u. Kreide als wenig akt. Füllstoff auf *Natriumbutadienkautschuk* (I) beim direkten Einmischen auf der Walze sowie beim Einrühren in eine 8%ig. I-Lsg. in Toluol untersucht. Durch Best. der aus der Mischung herauslösbaren I-Menge wurde die Bindungsfähigkeit der beiden Füllstoffe für I ermittelt. Die maximale Bindungsfähigkeit von Gasruß beim Einwalzen liegt bei 105 Vol.-%, wobei 90% I in den unlösl. Zustand übergehen. Beim Einführen von Gasruß in die Lsg. werden nur ca. 60% I unlöslich. Bei Kreide sind keine Unterschiede zu beobachten. Eine Ultraschallbehandlung erhöht die Bindungsfähigkeit. Bei zu langer Beschallung war ein zerstörender Eingriff in das koll. Syst. festzustellen.

Diese Tatsache wurde auch durch rheolog. Unterss. bestätigt. Bei der Verarbeitung von in Lösungsmitteln gelöstem I werden auch durch Anwendung von Ultraschall die bei der Verarbeitung auf der Walze erzielbaren Werte nicht erreicht. (Легкая Промышленность [Leichtind.] **11.** Nr. 12. 22—23. Dez. 1951.) ZELLENTIN. 7226

John Rehner jr., *Thermodynamik und Mechanik der Füllstoffverstärkung.* Nach einer kurzen Übersicht über die früheren, thermodynam. begründeten Theorien der Füllstoffverstärkerwrkg. wird eine Gleichung für die „Verstärkungsenergie" RE durch Kombination der Thermodynamik u. der Elastizitätstheorie großer Deformationen abgeleitet. Sie enthält je ein Glied für die elast. Energie u. die Oberflächenenergie. RE wird definiert als Differenz zwischen der Energie der Füllstoff-Kautschuk-Mischung u. der der einzelnen Komponenten. RE steht in Zusammenhang mit der Wärme, die durch „Ausdehnung" des Kautschuks infolge Füllstoffeinarbeitung entsteht, mit dem YOUNG-Modul des Kautschuks, der Zahl der Füllstoffteilchen, dem größten Teilchendurchmesser d, dem Kautschukvol., der Gesamtenergie Γ pro Flächeneinheit für das Eindringen (Benetzen) des Füllstoffs im Kautschuk u. mit der mittleren Kohäsions- oder Aggregationsenergie δ pro Teilchen zwischen den Teilchen des ursprünglichen Aggregats. Die Bedeutung von RE in seiner Beziehung zur wirklichen Verstärkung wird erörtert. RE wird als negatives Maß der Verstärkung betrachtet. Berechnungen für die Größenordnung der 2 Energieglieder u. von Γ u. δ wurden durchgeführt. In Mischungen mit sehr akt. Füllstoffen (wie Ruß in Naturkautschuk) sind Γ in der Größenordnung von 100 erg/cm^2 u. das Oberflächenenergieglied vorherrschend, δ ist bei sehr akt. Füllstoffen viel kleiner als $\Gamma\pi d^2$, bei weniger akt. Füllstoffen von der gleichen Größenordnung wie $\Gamma\pi d^2$ u. bei unwirksamen Füllstoffen größer als $\Gamma\pi d^2$. Voraussagen aus der Verstärkungsgleichung werden durch verfügbare experimentelle Daten nachgeprüft u. einige Abweichungen erörtert. Ausdrücke für die erforderlichen Korrekturen der Gleichung werden angegeben, wenn die Teilchendispersion unvollständig oder eine Funktion der Füllstoffkonz. ist. (J. Polymer Sci. **7.** 519—36. Nov. 1951. Linden, N. J., Standard Oil Development Co., Esso Labor.) SCHÄFF. 7226

F. H. Fritz und L. R. Mayo, *Vulkanisation von Neopren W. Einfluß der Metalloxyde.* Die Verarbeitungssicherheit von Neopren W wird bei Verwendung von *Permalux* (Di-o-tolylguanidinsalz des Dicatecholborats), *Retarder W* (Salicylsäure) u. *2-MT* (2-Mercaptothiazolin) in Ggw. von S als Beschleuniger durch Art u. Menge der Metalloxyde (MgO, ZnO) beeinflußt, ohne daß dadurch die Eigg. des Vulkanisats leiden. *NA-22* (2-Mercaptoimidazolin), *Tonox* (Diaminodiphenylmethan) u. *DPG* (Diphenylguanidin) in Ggw. von S eignen sich ebenfalls zur Vulkanisation von Neopren W, doch üben hier die Metalloxyde keinen Einfl. auf die Verarbeitungssicherheit aus. MgO u. ZnO tragen merklich zu den guten Alterungseigg. von Neoprenvulkanisaten bei; 2% derselben (bezogen auf Neopren) sind hierfür erforderlich. (Ind. Engng. Chem. **44.** 831—33. April 1952. Wilmington, Del., E. I. du Pont de Nemours & Co., Inc.) WINIKER. 7228

N. F. Jermolenko und D. S. Ginsburg, *Quellung von vulkanisiertem Kautschuk in gemischten Medien.* Unterss. an Vulkanisaten bestimmter Zus. (Naturkautschuk 100; S 4; „Kondensat K-1" 1,25; Aldol 1; ZnO 25; Lampenruß 35; Schlämmkreide 50; Stearinsäure 1; Kienteer 2) erfolgten in CCl_4, Bzl., $CHCl_3$, $(CH_3)_2CO$, A. u. in bin. Gemischen CCl_4 + Bzl. (beide nicht polar), $CHCl_3$ + Bzl. (polar u. nicht polar sowie ohne Einfl. auf die Polarität des ersteren), A. + Bzl., A. + CCl_4, $(CH_3)_2CO$ + CCl_4 (polar u. nicht polar mit Einfl. auf die Polarität des ersteren) u. A. + $(CH_3)_2CO$ (beide polar). Das Mischungsverhältnis betrug 100:0; 75:25; 50:50; 25:75; 0:100. Die Quellung wurde in Volumenprozenten des aufgenommenen Lösungsm. zum Vol. des Vulkanisats ausgedrückt. Das Quellungsmaximum des Kautschukvulkanisats in CCl_4-Benzolgemischen fällt mit Zunahme des Benzolgeh. vom reinen CCl_4 zum reinen Bzl. ab. Die Quellung in Gemischen stark polarer mit nicht polaren Lösungsmitteln steigt mit Erhöhung der Konz. der unpolaren Komponente. Das Quellungsmaximum ändert sich entgegengesetzt der Änderung der mol. Polarisation des Lösungsmittelgemisches. Eine Gesetzmäßigkeit für die Änderung der Quellungsgeschwindigkeitskonstanten mit der Zus. des Lösungsmittelgemisches ist nicht erkennbar. Lediglich bei den CCl_4 + Bzl.-Gemischen ist ein Anstieg der Konstante mit Erhöhung des Benzolgeh. festzustellen. (Коллоидный Журнал [Kolloid-J.] **13.** 182—87. Mai/Juni 1951. Minsk, Chem. Inst. der Akad. der Wiss. der WeißrussSSR.) ZELLENTIN. 7228

K. E. Gui, C. S. Wilkinson jr. und S. D. Gehman, *Schwingungscharakteristiken von Mischungen für Laufdecken.* Vff. untersuchten die Charakteristiken der nichtlinearen Schwingung von Laufdeckenmischungen aus Naturkautschuk u. bes. GR-S in Abhängigkeit von der Temp., den Mischungsbestandteilen u. der Art der Schwingung. Es konnte gezeigt werden, daß die Nichtlinearität nicht durch den vibrationsbedingten Temperaturanstieg bedingt ist. Die Vibrationseffekte wurden sowohl an mit verstärkenden (Ruß) als an mit nichtverstärkenden Füllstoffen (z. B. Plioliteharze) hergestellten Mischungen beobachtet. Vff. deuten diese Erscheinungen mit Hilfe der rheolog. Eigg. von Kautschuklsgg. u. Rohkautschuk. — 20 Literaturhinweise. (Ind. Engng. Chem. **44**. 720—23. April 1952. Akron, O., Goodyear Tire and Rubber Co.) Winiker. 7230

J. A. Hurry, T. D. Bolt und W. E. French, *Die Ableitung eines elektrostatischen Potentials bei Kautschukvulkanisaten.* Da der spezif. Widerstand oder die Leitfähigkeit eines Kautschukvulkanisats kein ausreichendes Kriterium für die Fähigkeit des Prod., sich nicht elektrostat. aufzuladen, darstellt, entwickelten Vff. eine Meth. (potential „bleed-off" test), die diese Eig. ermittelt. Mit einem elektrostat. Voltmeter wird die Anwesenheit bzw. Größe der erzeugten stat. Ladung bei dynam. Verss. bestimmt. (India Rubber Wld. **124**. 689—95. Sept. 1951. Denver, Colo., Gates Rubber Co.) Schäff. 7248

Phillips Petroleum Co., Del., übert. von: **James E. Pritchard,** Phillips, Tex., V. St. A., *Weichmacher für synthetischen Kautschuk.* Ein festes 1.3-Butadien-Styrol-Mischpolymerisat wird bei 38—65° 40—70 Std. lang in Ggw. eines Oxydationsmittels, bes. O_2, mit einem Alkylmercaptan, bes. einem solchen mit 8—16 C-Atomen, umgesetzt, bis 5—50% der Doppelbindungen abgesätt. sind. (**A. P. 2 543 867** vom 27/8. 1945, ausg. 6/3. 1951.) Overbeck. 7227

Deutsche Shell Akt.-Ges., Hamburg, und **Metallgesellschaft Akt.-Ges.,** Frankfurt/M. (Erfinder: **Carl Zerbe,** Hamburg-Poppenbüttel), *Herstellung von Weichmachern* für natürlichen oder künstlichen Kautschuk oder Kunststoffe, bes. Vinylpolymerisate. Selektivextrakte von Mineralölen werden bei höchstens 30—40° mit H_2SO_4-Monohydrat u. anschließend mit (z. B. 10%) akt. Bleicherde behandelt. (**D. B. P. 843 752** Kl. 39b vom 24/5. 1949, ausg. 14/7. 1952.) Overbeck. 7227

Allied Chemical & Dye Corp., New York, N. Y., übert. von: **Theodore A. Bulifant,** Hackensack, N. J., V. St. A., *Weichmacher für hellfarbige Kautschukmischungen,* bestehend aus einem Selektivextrakt aus Wassergas-, Koksofen- oder Gasanstaltspech mit einem Erweichungspunkt von 65—120° u. <5% in Bzl. unlösl. Anteilen. (**A. P. 2 540 651** vom 15/7. 1948, ausg. 6/2. 1951.) Overbeck. 7227

N. V. de Bataafsche Petroleum Mij., Den Haag (Erfinder: **Johan Michael Goppel,** Amsterdam), Holland, *Stabilisieren von Reaktionsprodukten von Polymerisaten.* Mindestens 15% S enthaltende Reaktionsprodd. von Naturkautschuk oder kautschukartigen Polymerisaten oder Mischpolymerisaten mit SO_2 werden bes. gegen Alkalien dadurch stabilisiert, daß man sie unter Zusatz von Stabilisatoren (z. B. Melamin oder Hexamethylentetramin + Thioharnstoff), bes. in einer O_2-armen oder -freien Atmosphäre, ½—4 Std. auf 50—250°, bes. 100—140°, erhitzt. (**D. B. P. 843 899** Kl. 39b vom 15/5. 1949, ausg. 14/7. 1952. Holl. Prior. 18/5. 1948.) Overbeck. 7227

I. G. Farbenindustrie Akt.-Ges., Frankfurt/M. (Erfinder: **Paul Heisel,** Gersthofen über Augsburg), *Stabilisieren von kautschukartigen Polymerisaten* (zur Verhütung der Cyclisierung) durch Zusatz von 1—3% von Kondensationsprodd. aus Terpenen mit aromat. Oxyverbb. zu den Emulsionen der Polymerisate vor der Ausfällung. Verfärbungen u. Geruch sind nur schwach. (**D. R. P. 756 873** Kl. 39b vom 13/9. 1939, ausg. 17/7. 1952.) Overbeck. 7227

Polyplast Gesellschaft für Kautschukchemie m. b. H., Hannover, *Zusatzstoffe für Kautschuk,* bestehend aus Harzen, die aus Butadienderivv. bestehen, die in der 1-Stellung eine Cyangruppe u. eine veresterte Carboxylgruppe enthalten u. in den 2-, 3-, 4-Stellungen alkyliert oder aryliert sein können, z. B. $NC—C(COOR_1)=C(R_2)—CH=CHR_3$, wobei R_1 Alkyl oder Aryl, R_2 u. R_3 H, Alkyl oder Aryl bedeuten. Verwendung in natürlichem oder synthet. Kautschuk u. deren Mischungen mit anderen Polymerisaten als Dispergator, Elastikator u. Anticyclisierungsmittel. (**D. B. P. 845 565** Kl. 39b vom 1/12. 1949, ausg. 4/8. 1952.) Overbeck. 7227

English Clays Lovering Pochin & Co. Ltd. (Erfinder: **Norman Owen Clark** und **Thomas Webster Parker**), Cornwall, England, *Kautschukfüllstoff.* Ton, z. B. Kaolin, bes. nach einer Vorbehandlung mit 2%ig. HCl, dessen wss. Suspension vorzugsweise einen p_H-Wert von ca. 1,5 hat, wird mit einem organ. bas. Stoff, z. B. einem bas. Farbstoff, einem aliphat. oder aromat. Amin oder einer quaternären Base, bis etwa zur neutralen Rk. behandelt. Verstärkender Füllstoff. (**D. B. P. 847 486** Kl. 39b vom 7/11. 1948, ausg. 25/8. 1952. E. Prior. 11/11. 1947.) Overbeck. 7227

Standard Oil Development Co., Del., übert. von: **Winthrope C. Smith,** Elizabeth, N. J., V. St. A., *Flammensichere Kautschukmischungen.* Natürlicher oder künstlicher

Kautschuk erhält neben den üblichen Mischungsbestandteilen einen Zusatz von 15 bis 60% eines 80—95% Cl enthaltenden Chlorparaffins mit 2 oder 3 C-Atomen u. bis zu 150% eines sich zwischen 200 u. 300° zersetzenden Metallcarbonats, z. B. $MgCO_3$, $ZnCO_3$ oder $PbCO_3$. (**A. P. 2 545 977** vom 13/7. 1946, ausg. 20/3. 1951.) OVERBECK. 7227

E. I. du Pont de Nemours & Co., übert. von: **Arthur A. Baum**, Wilmington, Del., V. St. A., *Blähmittel für Schwammkautschuk*, bestehend aus einer mittels öllösl. Dispergiermittels hergestellten Dispersion von feingemahlenem $(NH_4)_2CO_3$, $(NH_4)HCO_3$, Na_2CO_3 oder $NaHCO_3$ in Öl. (**A. P. 2 544 483** vom 27/11. 1948, ausg. 6/3. 1951.) OVERBECK. 7227

Joseph Anton Talalay, New Haven, Conn., V. St. A., *Herstellung von Schwammkautschuk*. Kautschuklsgg. oder -dispersionen, gegebenenfalls mit einem Geh. an fl. oder adsorbierten Gasen oder gasentwickelnden Stoffen, werden durch Druckverminderung gebläht, worauf der entstandene Schaum in üblicher Weise verfestigt u. vulkanisiert wird. Vorher können Fasermassen eingebettet werden, die durch z. B. Kautschukmilchüberzüge vernetzt sein können. (**D. B. P. 846 462** Kl. 39b vom 14/3. 1936, ausg. 14/8. 1952. E. Prior. 14/3. 1935.) OVERBECK. 7227

Marinus Johannes Dijkman, Hevea; thirty years of research in the Far East. Coral Gables, Fla.: Univ. of Miami Press. 1952. (351 S. m. Abb. u. Diagr.) $ 6,—.

XIII. Ätherische Öle. Parfümerie. Kosmetik.

J. D. Briasco und **J. Murray**, *Ätherische Öle aus Podocarpaceen Neuseelands*. 1. Mitt. *Dacrydium colensoi*. Blätter u. Zweige von Dacrydium colensoi geben 0,3% äther. Öl, das, im November dest., die Eigg. $D.^{20}_4$ 0,917; n_D^{20} 1,50; $[\alpha]$ —8° hat. Dest. in Vakuumkolonne ergibt 16 Fraktionen (Konstanten in Tabelle), in denen chem. u. unter Zuhilfenahme eines n/D-Diagrammes (—)-α-Pinen, Myrcen, (—)-Limonen, Terpinolonen, (+)-Longifolen, (+)-β-Cadinen, (+)-Macrocarpol, Phyllocladen u. di- u. tricycl. Sesquiterpene nachgewiesen werden. (J. appl. Chem. **2.** 187—92. April 1952. New Zealand, Univ. of Otago, Chem. Dep.) MÜHLMEISTER. 7262

U. G. Nayak, Sukh Dev und **P. C. Guha**, *Ätherisches Öl aus Hymenatherum tenhifolium Cass. Abtrennung von Hymentheren, einem neuen acyclischen Monoterpen.* Die Composite Hymenatherum tenhifolium Cass., aus Mexico stammend, in Bangalore wild wachsend, ein bis 25 cm hohes einjähriges Kraut, gibt, bei je nach Jahreszeit 0,20 bis 0,07%, im Durchschnitt 0,12% Ausbeute, ein bisher unbekanntes aromat. äther. Öl. Eigg.: $D.^{24}$ 0,8130; $[\alpha]_D^{24}$ —5° 16′; $n_D^{24,5}$ 1,4712; VZ. 0,97; AZ. 83,9; SZ. 0,2; Kp. 160 bis 280°, davon 60% bei 160—170°. Durch fraktionierte Dest. bei 28 mm wurde zu fast 50% ein Monoterpen von $D.^{25}$ 0,8014; $[\alpha]_D^{25}$ —6° 4′; n_D^{25} 1,4693; $Kp._{86}$ 94,5—95,5° isoliert, für das der Name Hymentheren vorgeschlagen u. die Formel $(CH_3)_2 \cdot C{=}CH \cdot CH{=}CH \cdot CH(CH_3) \cdot CH{=}CH_2$ bestimmt wird. (J. Indian chem. Soc. **29.** 23—28. Jan. 1952. Bangalore, Ind., Inst. of Sci., Organ. Chem. Labor.) MÜHLMEISTER. 7262

H. Führer, *Vetiveröl und Vetiverriechstoffe in der Parfümerie*. Kurzer Überblick nebst 2 Rezeptbeispielen für Puderparfüms. (Parfümerie u. Kosmet. **33.** 358—59. Okt. 1952.) WINIKER. 7276

—, *Cremeshampoos*. Überblick über Zus. u. Herst., nebst einem Rahmenrezept. (Parfümerie u. Kosmet. **33.** 363—64. Okt. 1952.) WINIKER. 7284

R. Heilingötter, *Die kationaktive Haarwäsche*. Allg. Ausführungen. — 17 Literaturhinweise. (Parfümerie u. Kosmet. **33.** 356—58. Okt. 1952.) WINIKER. 7284

H. Hansel, *Biologische Haarfarbewiederhersteller*. Bemerkungen zur Verwendung von Panthenol u. Cu-Verbindungen. — 49 Literaturhinweise. (Parfümerie u. Kosmet. **33.** 359—60. Okt. 1952.) WINIKER. 7284

Harry Hilfer, *Shampootönungen*. Erörterung der Bedingungen, unter denen die besten Ergebnisse bei Shampoo-Haartönungen erzielt werden. Kationakt. Farbstoffe u. Waschmittel werden bes. hervorgehoben. (Drug Cosmet. Ind. **68.** 590—91. 667. Mai 1951.) FREYTAG. 7284

Paolo Rovesti, *Verwendung von Fruchtsäften in der Kosmetik*. Vf. umreißt die bisherigen Forschungen über den Einfl. von Säften verschied. Früchte auf die Haut. Ihre „eubiot." Wrkg. ist durch dermatolog. Verss. belegt. Die Säfte dürfen nur unverändert angewendet werden, denn ihr Wert wird von dem Gleichgewicht, in dem die Bestandteile sich untereinander befinden, bestimmt. Eine besondere Aufgabe ist die Sterilisierung, ohne die oligodynam. Bestandteile u. erforderlichen natürlichen Eigg. zu zerstören. Am besten eignen sich die Konzentrierung der Säfte durch „Sublimation", d. h. Verdampfung bei —15 bis —20°, sowie Konservierung mit einer nichtionogenen Verb. von hohem Sterilisiervermögen. Die kosmet. Anwendung wurde unter Vermeidung großer Mengen von Fettstoffen versucht. Man beschränkte sich auf einige leicht resorbierbare Öle u. lipotrope Substanzen (Polyglykole, Glycerin, Phytosterine, Pektine, Arabane, nichtionogene Emulgatoren, Lecithine, Cholesterine usw.), um den Endprodd. Körper zu verleihen. Hinsichtlich der physiol. Wrkg. solcher Präpp. kann von einer tatsächlichen dermatolog. Homöopathie gesprochen werden. Auch Gemüsesäfte zeigen unzweifelhafte „euderm." Wrkg., wie weitere Unterss. ergeben haben. (Ind. Parfumerie 7. 1—2. Jan. 1952. Milano, Institut de Recherches sur les Dérivés végétaux.) FREYTAG. 7284

C. Piffault, P. Blanquet und J. Higué, *Bemerkungen über zum Schutz der Haut gegen Sonnenstrahlung benutzte Präparate. Spektrophotometrische Untersuchung einiger verwendeter Vehikel und aktiver Substanzen.* Es wurden verschied. vegetabil. Öle, Lanolin u. Dark Red Vet. Petrolatum sowie mehr als 300 Verbb. eingehend spektrophotometr. untersucht. Nur ca. 50 davon besitzen einen geeigneten Absorptionskoeffizienten. Die Handelspräpp. erfüllen nicht immer ihren Zweck. Vff. fordern, daß die Hersteller ihren Artikeln die spektrophotometr. Kurve beilegen. — Literaturangaben. (Ind. Parfumerie 7. 3—9. Jan. 1952.) FREYTAG. 7284

Firmenich & Cie., successeurs de la Soc. An. M. Naef & Cie. (Erfinder: **Max Stoll**), Genf, Schweiz, *Cyclische 1.2-Ketole mit 10—18 Ringgliedern* erhält man durch monomol. innere Kondensation von Estern aus 1-wertigen niedermol., aliphat. Alkoholen u. offenkettigen, geraden oder verzweigten, gesätt. oder ungesätt. u. gegebenenfalls ketalisierte Keto- oder verätherte OH-Gruppen enthaltenden Dicarbonsäuren mit 10—18 C-Atomen. Ein derartiger Ester, der keine freien Keto- u. OH-Gruppen u. keine α-ständige Doppelbindung enthält, wird langsam in ein zum Sieden erhitztes, gerührtes (z. B. Kettenrührer) Lösungsm., das ein feinverteiltes, geschmolzenes Alkalimetall enthält, eingeleitet, wobei unter O_2-Ausschluß gearbeitet wird. — Aus mit Äthylenglykol ketalisiertem 8-Ketopentadecan-1.15-dicarbonsäuredimethylester erhält man durch Erhitzen auf 140° mit Na in Xylol unter N_2 in 83%ig. Ausbeute *10-Ketocycloheptadecanol-(1)-on-(2)*, n_D^{60} 1,4822; $D.^{55}_4$ 1,036. *Mono-3.5-dinitrobenzoat*, F. 106—107°. — *Cyclodecanol-(1)-on-(2)*, F. 38—39°. *Oxim*, F. 99—100°. — *Cyclotridecanol-(1)-on-(2)*, F. 45 bis 46°; n_D^{55} 1,4786; $D.^{55}_4$ 0,9840. *Oxim*, F. 98—99°. — *Cyclopentadecanol-(1)-on-(2)*, F. 57—58°; n_D^{55} 1,4765; $D.^{55}_4$ 0,9632. Moschusgeruch. *Oxim*, F. 110—110,5°. — *Cyclohexadecanol-(1)-on-(2)*, F. 58—59°, hat leichten Moschusgeruch. — *3-* (oder *15*)*-Methylcyclopentadecanol-(1)-on-(2)*, $n_D^{1,77}$ 1,4874; $D.^{17,5}_4$ 0,9743; $Kp._{0,8}$ 146—149°, Moschusgeruch. — *Cycloheptadecanol-(1)-on-(2)*, F. 55—56°. *Oxim*, F. 121—122. — *Cyclooctadecanol-(1)-on-(2)*, F. 59—60°. — *4-Methylcyclopentadecanol-(1)-on-(2)* u. *14-Methylcyclopentadecanol-(1)-on-(2)* bei n. Temp. fl. Gemisch. — Verwendung zur synthet. Herst. von *Parfümen*. (**D. B. P. 841 913** Kl. 12o vom 16/12. 1948, ausg. 19/6. 1952, u. **E. P. 655 349** vom 5/11. 1947, ausg. 18/7. 1951. Beide A. Prior. 6/12. 1946.) KRAUSS. 7277

Deutsche Hydrierwerke A. G. (Erfinder: **Winfried Hentrich**, Riehen, Basel, Schweiz, und **Wolfgang Gündel**), Düsseldorf, *Herstellung von Acylierungsprodukten mehrwertiger Alkohole*, dad. gek., daß man auch diese Alkohole Säurechloride der allg. Formel R·X·COCl, in welcher R einen höhermol. lipophilen Rest u. X die Reste O oder NR′ bedeuten, wobei R′ H oder ein KW-stoffrest sein kann, oder daß man an Stelle der Säurechloride der allg. Formel R·NH·COCl die durch HCl-Abspaltung aus diesen erhaltenen Isocyanate auf diese Alkohole einwirken läßt. Nach dem Beispiel werden 1.1.1-Trimethyloläthan u. Dimethylanilin in Dioxan mit Chlorkohlensäureoctadecenylester zum entsprechenden Mischester umgesetzt. Mit W.-in-Öl-Emulsion als *Grundlage für Hautpflegemittel*. (**D. B. P. 848 187** Kl. 12o vom 11/4. 1941, ausg. 1/9. 1952.) SCHINDLER. 7285

XIV. Zucker. Kohlenhydrate. Stärke.

Arthur Schwieter, *Trocknung mit ultraroten Strahlen.* Vf. gibt in seinem Vortrag einen Überblick über die Trocknung mit ultraroten Strahlen unter besonderer Berücksichtigung der Erfordernisse der Zuckerindustrie. (Zucker 5. 278—82. 15/6. 1952. Braunschweig.) WINIKER. 7400

F. Schneider, A. Emmerich und H. G. Schneider, *Über die Vorgänge an Kationenaustauschern im Alkali–Calcium-Cyclus. Ein Beitrag zur Enthärtung von Dünnsaft.* Vff. besprechen an Hand von Laboratoriumsverss. die die Austauschenthärtung von Dünnsaft bestimmenden Faktoren. Bei der Enthärtung der stark K-Salz-haltigen Dünnsäfte wird zunächst das Na aus dem Austauscher weitgehend durch K˙ verdrängt, alsdann tauscht das Ca˙˙ gegen K˙ aus. Der Austausch wird im wesentlichen bestimmt von der Austauschgeschwindigkeit im Verhältnis zur Strömungsgeschwindigkeit der Lsg. über den Austauscher. Hohe Tempp. u. geringe Strömungsgeschwindigkeiten begünstigen den Austausch im Hinblick auf die techn. nutzbare Kapazität. Letztere hängt von der Regeneration ab. Alkaliionen greifen in das Austauschgleichgewicht ein u. erniedrigen die Kapazität. Das Durchschlagen von Härte in den „Weichsaft“ ist größer, als nach dem Alkaligeh. der Fabrikdünnsäfte zu erwarten ist. Dies beruht nach Ansicht der Vff. auf der Anwesenheit von das Ca-Komplex bindenden Substanzen (organ. Oxysäuren). N-haltige Substanzen werden aus dem Dünnsaft nur in untergeordneter Menge entfernt. Ein Einfl. derselben auf den Ca-Austausch konnte nicht festgestellt werden. Eine entfärbende Wrkg. tritt vor allem bei Kohleaustauschern in Erscheinung (ca. 10% der ursprünglichen Farbe unter n. Fabrikbedingungen). (Zucker-Beih. **1952**. 57—70. März. Braunschweig, TH, Inst. für landwirtschaftl. Technol. u. Zuckerind.) WINIKER. 7412

A. Brieghel-Müller, *Progressive Vorscheidung. Eine mathematische Studie.* Mathemat. Studie des Problems des progressiven Kalkgesetzes in der kontinuierlichen Vorscheidung des Rübensaftes u. Best. der sie bedingenden Faktoren. (Z. Zuckerind. **2**. 307—10. 20/9. 1952. Kopenhagen.) WINIKER. 7412

Hans Lorenz, *Vollkontinuierliche Schleuderung in der Zuckerindustrie.* Vortrag. (Zucker **5**. 282—87. 15/6. 1952.) WINIKER. 7414

Pieter Honig, *Ein Beitrag zur Klärung von Rohrzuckersäften.* Überblick über die Entw. u. die wissenschaftlichen Grundlagen der Rohrzuckersaftklärung. (Sugar **47**. 31—36. Juni 1952. New York, N. Y., West Indies Sugar Corp.) WINIKER. 7440

XV. Gärungsindustrie.

B. Drews und **B. Lampe**, *Verarbeitung von Kartoffelreibsel auf Spiritus unter Verwendung von Pilzmalz als Verzuckerungsstoff.* Die Alkoholausbeute der mit Pilzmalz allein u. in Kombination von Pilz- u. Darrmalz verzuckerten Maischen liegt etwas höher als die mit Darrmalz allein verzuckerten Ansätze. (Branntweinwirtschaft **73**. 241—42. 25/7. 1951. Berlin, Inst. für Gärungsgewerbe.) HAEVECKER. 7536

Georg Haeseler und **Sigrid Ullmann**, *Viscosität von Spirituosen.* Vff. geben aus der Literatur Viscositätszahlen solcher Substanzen in wss. Lsg., die für die Zus. von Spirituosen hauptsächlich verwendet werden: A., Rohrzucker, Stärkesirup. Eigene Messungen an 19 Spirituosen des Handels (HÖPPLER-Viscosimeter bei 20°) schwankten zwischen 2,5 u. ca. 1000 cP. Hierbei wurden die niedrigsten Werte (2,5—2,8 cP) bei extraktarmen Trinkbranntweinen (Kornbranntwein, Weinbrandverschnitt) u. die höchsten (468 bis ca. 1000 cP) bei Emulsionslikören (Eierlikör, Schokoladenlikör) gefunden. Vor allem bei Schokoladenlikör machte sich als Viscositätsanomalie Thixotropie bemerkbar. (Branntweinwirtschaft **74**. 219—23. 25/6. 1952. Berlin, Inst. für Gärungsgewerbe.) WINIKER. 7536

Horst Flygare, *Der Blausäuregehalt Badischer Steinobstbranntweine.* Unterss. an 59 bad. Steinobstbranntweinen ergaben, daß die Werte für freie Blausäure zwischen 0,2 u. 45,3 mg/Liter u. für Gesamtblausäure zwischen 0,6 u. 48,75 mg/Liter liegen. Kirschwasser enthält wesentlich mehr Blausäure als die anderen untersuchten Steinobstbranntweine. (Alkohol-Ind. **65**. 189—91. 2/4. 1952. Karlsruhe, Unters.- u. Forsch.-Labor. für Wein u. Branntwein.) WINIKER. 7536

W. Kleber und **E. Paukner**, *Zur Auflösung des Malzes. Vorschlag zur Einführung der Viscositätsmessung an Stelle der Feinmehl–Grobschrott-Differenz als Kriterium für die „Auflösung“.* Vff. geben einen Überblick über den gegenwärtigen Stand der Malzlösungenbeurteilung u. unterziehen die Ausbeutedifferenzmeth. einer krit. Betrachtung. Anschließend wird die Viscosität der Laborwürze als Kriterium für den Lösungsgrad des Malzes diskutiert. Vorverss. anläßlich einer Vergleichsreihe zur Gegenüberstellung von Müdigkeitsmessung, Viscositätsmessung u. Ausbeutedifferenz der gleichen Malze ließen die Gesetzmäßigkeiten der Viscosität von Kongreßwürzen erkennen. Eine Fehlerrechnung der Viscositätsmessung ergab eine prakt. Fehlergrenze von nur $\pm 0{,}0176$ cP. Abschließend geben Vff. eine Beschreibung der Methodik u. der Errechnung des Viscositätswertes der Kongreßwürzen nebst einem Beurteilungsschema. (Brauwelt, Ausg. B. **1952**. 433—36. 15/5. 463—66. 22/5. München, Wissenschaftl. Stat. für Brauerei.) WINIKER. 7544

J. Janensch, *Biertrübungen durch Torulahefen mit Esterbildung in Vollbieren.* Kurzer Bericht über 2 Fälle von Torulahefetrübungen in 12%ig. Vollbieren mit ausgesprochener Aromabldg., die deutlich an Porter erinnerte. (Brauerei **6**. 103—04. 3/5. 1952. Biol. Labor. der VLB.) WINIKER. 7550

—, *Die praktische Lenkung des bakteriellen Säureabbaues im Wein.* Es wird die Möglichkeit der Verminderung der im Wein enthaltenen Säure durch den bakteriellen Abbau der Äpfelsäure erörtert. Der Säureabbau der Äpfelsäure hängt bes. davon ab, in welchem Entwicklungsstadium des Weins u. auf welche Art die Maßnahmen zur Einleitung dieses Abbaus durchgeführt werden. Es muß die übermäßige Säure unter allen Umständen bis zum ersten Abstich des Weins abgebaut sein. Der Aufspaltungsvorgang der Äpfelsäure in Milchsäure u. CO_2 kann innerhalb 3—4 Wochen, gegebenenfalls schon früher, beendet sein. Es ist von besonderer Wichtigkeit für den Säureabbau, daß die alkoh. Gärung flott, aber nicht zu stürm. verläuft, wobei die Temp. konstant gehalten werden soll. (Dtsch. Weinbau **7.** 287—90. 20/6. 1952.) WALCKER. 7554

Heinrich Kreipe, *Die Bedeutung der „Ellrodt-Probe" für die Betriebskontrolle in Brennereien.* Vf. gibt einen Überblick über Ausführung u. Bedeutung der ELLRODT-Probe (zur Prüfung vergorener Maischen auf Diastasegeh.). (Branntweinwirtschaft **74.** 121—22. 1. Aprilheft 1952. Berlin, Inst. für Gärungsgewerbe.) WINIKER. 7596

Erich Duvernoy, *Schnellwasserbestimmung in der Brauerei und Mälzerei.* Vf. empfiehlt zur Schnellwasserbest. den Gebrauch des *Dekameters* von SLEVOGT. Bei diesem Gerät wird als Meßprinzip die Änderung der DK. der Substanz bei verschied. Wassergehh. verwendet. (Brauwelt, Ausg. B. **1952.** 437—40. 15/5.) WINIKER. 7598

Ernst Vogt, Der Wein, seine Bereitung, Behandlung u. Untersuchung. 2. Aufl. Stuttgart, z. Z. Ludwigsburg: Ulmer. 1952. (239 S. m. 43 Abb.) 8°. DM 9,50.

XVI. Nahrungs-, Genuß- und Futtermittel.

Fukujiro Fujikawa und Shigeru Hatanaka, *Fungistatische Konservierungsmittel für Lebensmittel.* 41. Mitt. Folgende Verbb. wurden in Konzz. von 0,01—0,001% zu Sojasauce gegeben: *Salicylsäure, m-Chlorsalicylsäure, Thiosalicylsäure, m-* (I) u. *p-Aminosalicylsäure, p-Aminobenzoesäure* u. *-äthylester* u. *o-Aminobenzoesäure.* Nur I verhinderte bei der Konz. von 0,007% noch bis zum 3. Tage das Schimmeln. Zum Vgl. verhinderte *p-Oxybenzoesäure-n-propylester* in derselben Konz. bis zum 30. Tage das Schimmeln. (J. pharmac. Soc. Japan [Yakugakuzasshi] **71.** 17—18. Jan. 1951. Kyoto, Coll. of Pharm. [Orig.: japan., Auszug: engl.]) SCHULER. 7634

Fukujiro Fujikawa und **Akimasa Tokuoka,** *Fungistatische Konservierungsmittel für Lebensmittel.* 42. Mitt. (41. vgl. vorst. Ref.) In einer 30tägigen Prüfung auf Schimmelverhütung bei Sojasauce wurden folgende Verbb. in Konzz. von 0,01—0,001% mit *n-Propyl-p-oxybenzoat* (X) verglichen: *Resorcylaldehyd* (I, R=R'=R'' = H), *Orcylaldehyd* (I, R = CH_3, R'=R'' = H), *Dichlororcylaldehyd* (I, R = CH_3, R'=R'' = Cl), *Atranol* (IV), *Monochloratranol* (V), *Chlorisoatranol* (I, R = CH_3, R' = Cl, R'' = H), *Monochlorisohämatoninsäure* (I, R = CH_3, R' = Cl, R'' = COOH), *β-Orcylaldehyd* (I, R=R' = CH_3, R'' = H) u. *Chlor-β-orcylaldehyd* (I, R=R' = CH_3, R'' = Cl). Nur Atranol u. Chlorisoatranol verhinderten bis zum 30. Tage noch bei Konzz. von 0,003—0,005% die Schimmelbldg., X erst bei 0,007%. β-Orcyl- u. Chlor-β-orcylaldehyd waren etwa gleich X, die übrigen weit schwächer. (J. pharmac. Soc. Japan [Yakugakuzasshi] **71.** 18—19. Jan. 1951. [Orig.: japan., Auszug: engl.]) SCHULER. 7634

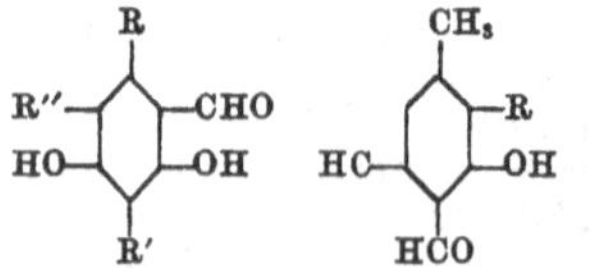

I IV R = H V R = Cl

J. Pominski, W. O. Gordon, E. J. McCourtney, H. L. E. Vix und **E. A. Gastrock,** *Gewinnung von Erdnußprotein.* Beschreibung einer Versuchanlage. Die Ausbeute an Protein (I), wurde durch wiederholtes Peptisieren sowie vorheriges Mahlen des Erdnußmehls erheblich verbessert (um ca. 10%). Die I-Lsgg. konnten geklärt werden, u. es gelang, mit Hilfe einer Vertikalzentrifuge das ausgefällte I kontinuierlich abzutrennen. (Ind. Engng. Chem. **44.** 925—28. April 1952. New Orleans, La., Southern Regional Res. Labor.) WINIKER. 7646

Konrad Lang, *Die Vitaminierung des Mehles.* Vf. empfiehlt eine Vitaminierung mit 4,5 g Aneurin (I) pro Tonne Mehl. Diese Menge I stellt bzgl. der I-Zufuhr lediglich die im Getreidekorn vor der Verarbeitung vorhandenen Verhältnisse wieder her, führt also nicht zur Überbetonung eines einzelnen Nahrungsfaktors. (Mühle **89.** 223—24. 10/4. 1952. Mainz, Johannes-Gutenberg-Univ., Physiol.-chem. Inst.) WINIKER. 7670

M. Staub und G. Reid, *Über die Entstehung von Diacetyl in fadenziehendem Brot.* An Hand von Modellverss. konnte gezeigt werden, daß nur Mesentericusstämme, die aus einem fadenziehenden Brot weitergezüchtet waren, Brot wieder fadenziehend machen können. Diacetyl, welches in jedem fadenziehenden Brot nachweisbar ist, konnte nur in einem Vers. bei der Beimpfung steriler Nährböden nachgewiesen werden. Die bei diesem bakteriellen Abbau von Kohlenhydraten auftretenden Stoffe 2.3-Butandiol u. Acetoin konnten quantitativ als Ni-Dimethylglyoxim bestimmt werden. Die Oxydation von Acetoin zu Diacetyl mittels Belüftung geht nur schwer vor sich. Mittels der 2.3-Butandiol- u. Acetoinbest. könnte eine Diagnose über den Gesundheitszustand des Brotes möglich sein. (Mitt. Gebiete Lebensmittelunters. Hyg. **43.** 58—66. 1952. Zürich, Kantonales Labor.) HAEVECKER. 7674

Friedrich Güldenpfennig, *Die Klärung von Süßmosten.* Darst. der zur Klärung von Süßmosten gebräuchlichen Verff. unter besonderer Berücksichtigung der Bedeutung der Vorklärung für die spätere Filtration, nebst einer kurzen Beschreibung der Glanzklärung mit Hilfe des Anschwemm- u. Schichtenfilters. (Branntweinwirtschaft **74.** 202—06. 10/6. 1952. Berlin-Dahlem, Inst. für Obst- u. Gemüseverwertung.) WINIKER. 7706

L. Ja. Walter, Ss. M. Nemetz und S. M. Ssinjakowa, *Der Vitamingehalt in Fischkonserven.* 1 Min. Blanchieren von Störfleisch in Stücken bis 1 kg bewirkte keinen Verlust an *Thiamin* (I) (1,7 mg/kg) u. *Riboflavin* (II) (1,2 mg/kg), bei *Nicotinsäure* (III) (14,2 mg/kg) einen Verlust von 47%. Wurde dagegen mit größeren Stücken (bis 5 kg) unter techn. Bedingungen gearbeitet, so verblieben 95% III im Material. Bei der techn. üblichen Sterilisation in Blechgefäßen von 30 u. 40 Min. bei 121° gehen von I 50% u. von III 32% verloren, während II einen Anstieg zeigt, was auf ein Freiwerden von II-Mengen während des Sterilisationsprozesses hinweist, die bei frischen Prodd. analyt. nicht erfaßt werden. In Glasgefäßen hält sich I besser. Braten des Zanders führt zu keinem Vitaminverlust. Zander in Tomatensauce (65 Min. bei 112° u. dann 40 Min. bei 120° sterilisiert) zeigt bei einer Erhöhung des II-Geh. starke Verluste an I u. III. Unterss. an verschied. Fischkonserven wiesen auf größere III-Mengen bei nur geringen Mengen an I u. II bei starker Streuung der analyt Werte hin. (Рыбное Хозяйство [Fischerei-Wirtsch.] **28.** Nr. 5. 56—59. Mai 1952. Allunions Wiss. Forschungsinst. für Konservenind.) ULMANN. 7752

H. Hostettler und K. Imhof, *Elektronenoptische Untersuchungen über die submikroskopische Struktur von Milch und Milcherzeugnissen.* Durch Auszählungen elektronenmkr. Aufnahmen wurde bzgl. der Größe von Casein (I)-Teilchen festgestellt, daß das Häufigkeitsmaximum bei einem Teilchendurchmesser von ca. 50—100 mμ liegt. Die obere Grenze der Teilchengröße lag bei 800 mμ. Des weiteren stellten Vff. fest, daß Ca einen entscheidenden Einfl. auf Aufbau u. Größe der I-Teilchen ausübt. Die I-Teilchen sind gegen erhöhte Tempp. relativ beständig. Eine leichte Auflockerung der Umrisse wurde erst nach 15 Min. Kochen beobachtet. Mechan. Schütteln bedingt keine Schädigung, wohl aber das Homogenisieren. Die Oberfläche des I ist von großer Bedeutung für die Labwirkung. Es wurde festgestellt, daß die Gerinnungszeit mit abnehmender Teilchengröße zunimmt. Bei der Säure- u. Labgewinnung der Milch lagern sich die I-Teilchen ohne vorherige Dispergierung zu Haufen u. Reihen zusammen u. bilden ein netzartiges Gewebe, in dessen Hohlräumen sich das Milchserum mit den übrigen Milchbestandteilen befindet. Nach der Gewinnung tritt eine allmähliche Strukturverwandlung des I ein. Die runden Teilchen gehen in ein unregelmäßiges Fadensyst. über. Bei der Herst. von Milchkonserven tritt eine Denaturierung des I ein, bes. bei ungezuckerter Kondensmilch, wo an Stelle der ursprünglichen I-Teilchen größere, unregelmäßige Gebilde entstehen. Bei gezuckerter Kondensmilch u. Milchpulver ist die Denaturierung weniger ausgeprägt. Schließlich wurde beobachtet, daß das I der Ziegenmilch in einer viel gröber dispersen Verteilung vorliegt als bei der Kuhmilch. (Landwirtsch. Jb. Schweiz. **66.** ([N. F.] 1.) 309—80. 1952. Liebefeld, Eidg. milchwirtschaftl. u. bakteriol. Anst.) WINIKER. 7756

B. H. Webb, *Neue Methoden der Milchkonservierung.* Kurzer allg. Hinweis auf in den USA angewandte Methoden (Eindicken, Gefrieren, Sterilisieren u. Trocknen). (Ind. lechera **34.** 35—36. Jan. 1952.) WINIKER. 7756

Nis Petersen, *Wie kann der Geschmack von Emmentaler-Käse beeinflußt werden?* Vf. weist auf neuere skandinav. Arbeiten hin, denen zufolge Geschmack u. Aroma sowie der Reifungsprozeß von Emmentaler Käse durch Acidoproteolyten beeinflußt werden. Dies geschieht bes. bei Verwendung pasteurisierter Milch. (Molkerei-Ztg. **6.** 628. 12/6. 1952. Kiel.) WINIKER. 7760

H. Münzberg, *DLG-Kraftfutterstandards.* Neufassung (vom 1/9. 1951) folgender Kraftfutterstandards der Deutschen Landwirts-Gesellschaft: Eiweißkonzentrat für Geflügel, Kükenaufzuchtmehl, Kükenkörnerfutter, Legemehl, Geflügelkörnerfutter, Schweinefutter, Kälberfutter, Milchviehfutter, Mineralstoffmischungen (mit u. ohne Spurenelementen). (Mitt. dtsch. Landwirtschafts-Ges. **66.** Nr. 42 (3) Sonderbeilage 1—3. 20/10. 1951. Frankfurt/M.) WINIKER. 7780

H. Münzberg, *DLG-Kraftfutterstandards 1952/53.* (Vgl. vorst. Ref.) (Mitt. Landwirtsch. **67.** 555—58. 2/8. 1952. Frankfurt/M.) WINIKER. 7780

J. Tiews, *Das Verhalten des Provitamin A (Carotin) wirtschaftseigener Futterpflanzen bei deren künstlicher Trocknung.* Bei den Unterss. des Einfl. der künstlichen Trocknung auf den Gesamtcarotingeh. einiger Futterpflanzen (Rotklee, Luzerne, Grummet, Zuckerrübenblatt, grüner Raps, Weißklee–Gras-Gemenge) wurde festgestellt, daß derselbe schonender Natur ist. Die künstliche Trocknung erfolgte im Schubwendeverf.; Tempp. der Kammern bis zu 250°. (Mitt. dtsch. Landwirtschafts-Ges. **67.** 334—35. 10/5. 1952. München. Univ., Inst. für Physiol. u. Ernährung der Tiere.) WINIKER. 7782

A. Orth, *Der Nährstoffabbau bei der Heulagerung.* Allg. Ausführungen. (Mitt. dtsch. Landwirtschafts-Ges. **67.** 534—35. 26/7. 1952. Hohenheim.) WINIKER. 7782

S. Van den Driessche, *Bestimmung von Metallspuren in Lebensmitteln mit Hilfe des Beckmann-Photometers DU.* Nach einigen allg. Ausführungen u. einer kurzen Beschreibung des BECKMANN-Photometers DU. gibt Vf. einen Überblick über die colorimetr. Bestimmungen von Pb, Zn, Cu, Ag, Fe, die sich bei der Analyse von Lebensmitteln (Fruchtsäfte, Sirupe, Eier, Essig usw.) bewährt haben. — 6 Literaturangaben. (Rev. Fermentat. Ind. aliment. **7.** 7—10. Febr. 1952. Belgien, Ministère des Affaires Economiques et des Classes Moyennes, Labor. Central.) WINIKER. 7788

G. Howard Smith, *Bestimmung von Fettperoxyd in kleinen Proben von magerem und fettem Fleischgewebe durch die Ferrithiocyanatmethode.* Die colorimetr. Ferrithiocyanatmeth. nach LOFTUS HILLS u. THIEL (vgl. J. Dairy Res. **14.** [1946.] 340) zur Best. von Fettperoxyd (I) wurde für die Unters. von getrocknetem u. pulverisiertem Walfleisch (mager u. fett) modifiziert. Als Lösungsm. für das Fett dient Bzn., da hierin im Gegensatz zu anderen Lösungsmitteln der die rote Farb-Rk. hemmende Stoff unlösl. ist. Durch Zugabe von Methanol wird der Extrakt mit den wss. Reagentien mischbar. Die Extraktion von störenden wasserlösl. Antioxydationsmitteln aus dem Gewebe unterbleibt bei diesem Extraktionsverfahren. Bei 10 Ablesungen mit dem photoelektr. Absorptiometer von HILGER-SPEKKER im Bereich von 0,05—1,0 (≡ 0,35 Mol. I-O) betragen die I-Werte im Mittel 48,2 + 3,1. Die Intensität der Farb-Rk. läuft mit der Konz. des Fett-I annähernd proportional. (J. Sci. Food Agric. **3.** 26—31. Jan. 1952. Cambridge, Univ., Dep. of Sci. and Ind. Res., Low Temp. Stat. for Res. in Biochem. and Biophys.) RANG. 7850

Matti Hietaranta und **Torsten Storgårds,** *Über den Nachweis einer Buttersäuregärung im Emmentalerkäse.* Zur Feststellung einer Buttersäuregärung im Emmentalerkäse wird das dän. Verf. von LIND (44. Beretning fra Statens Försögsmejeri) empfohlen. — Abb. der Apparatur. (Karjantuote **35.** 1—6. 11/1. 1952. Helsinki, Univ., Milchwirtschaftl. Inst.) BECKMANN. 7860

Forschungsgemeinschaft Dr. Kremers G. m. b. H. (Erfinder: Georg Demmler), Stuttgart, *Eiaustauschstoff.* Magermilch, Molke u. dgl. werden zunächst von Zuckerstoffen u. Salzen befreit u. dann bei einer die Koagulationsfähigkeit nicht beeinträchtigenden Temp. von <30—35° eingeengt u./oder getrocknet. (**D. B. P. 845 308** Kl. 53i vom 2/10. 1948, ausg. 31/7. 1952.) KRANZ. 7755

N. V. W. A. Scholten's Chemische Fabrieken, Groningen (Erfinder: **Jan Lolkema,** Hoogezand-Sappemeer), Holland, *Nährmittel für Säuglinge,* bestehend aus einer Mischung von z. B. 11 (Gewichtsteilen) eines trockenen Maltose–Dextrin-Präp. mit 10% Citronensäure, 30 Vollmilchpulver u. 4 kalt quellendem Kindermehl. Zur Zubereitung einer Suppe wird die Mischung mit 200 W. angerührt. (**D. B. P. 844 526** Kl. 53e vom 31/12. 1948, ausg. 21/7. 1952. Holl. Prior. 15/7. 1947.) KRANZ. 7757

Arnold B. Steiner und **Aaron Miller,** San Diego, Calif., V. St. A., *Herstellung eines Eiscremegemisches* unter Zusatz eines fein verteilten, eßbaren, hydrophilen, stabilisierenden Koll. u. eines Stearinsäureoxyäthylenesters. Als Koll. ist wasserlösl. Alginat genannt. (**Can. P. 481 273** vom 1/3. 1948, ausg. 26/2. 1952. A. Prior. 3/3. 1947.) M. F. MÜLLER. 7757

Kurt Egger, Signau, Schweiz, *Herstellung einer Richtlösung für die Herstellung von Schmelzkäse.* Man läßt zwischen Siedehitze u. 120° auf ein Gemisch von Na- u. Ca-Citrat in wss. Lsg. Na_2HPO_4, $Na_2H_2P_2O_7$ u. $NaPO_3$ einwirken, worauf man nach beendigter Rk. nochmals eine kleine Menge des sek. Salzes einer mehrbas. Phosphorsäure hinzugibt. (**Schwz. P. 281 118** vom 27/12. 1951, ausg. 3/6. 1952.) MAASS. 7761

Karl Josef Demeter, Bakteriologische Untersuchungsmethoden der Milchwirtschaft. 3. neu bearb. u. erw. Aufl. Stuttgart, z. Z. Ludwigsburg: Ulmer. 1952. (143 S. m. 27 Abb.) gr. 8°. DM 9,80.

Ivan L. Lindahl and others, Feeding qualities for livestock of distiller's corn byproducts from fungal amylase-converted mashes, compared with those from malt amylase-converted mashes. Washington: Govt. Prf. Off. 1952. (31 S.) $ 0,10.

XVII. Fette. Seifen. Wasch- u. Reinigungsmittel. Wachse. Bohnermassen usw.

Pedro Cattaneo, Maria M. González und Germaine Karman de Sutton, *Chemische Zusammensetzung des Öls der Samen der „Fagara coco (Gill) Engl."* Samen dieser, im nördlichen u. mittleren Argentinien vorkommenden Rustaceenart enthalten 24,4% Öl, n 1,4704, JZ. 108,0, VZ. 194,1, SZ. 5,5. Bei Verseifung nach HILDITCH wurden 93,6% Fettsäuren erhalten, JZ. 114,9, VZ. 203,4, mittleres Mol.-Gew. 275,9; Unverseifbares 0,68%, JZ. des Unverseifbaren 75,1. Durch fraktionierte Vakuumdest. der Fettsäuremethylester wurde folgende Zus. in Gew.- (bzw. Mol.-)% ermittelt: *Myristin-* 1,6 (0,93); *Palmitin-* 14,4 (16,77); *Stearin-* 2,8 (2,71); *Öl-* 45,0 (43,98); *Linol-* 23,3 (22,90); *Linolensäure* 11,8 (11,71), welcher Geh. für ein Rustaceenöl auffallend hoch ist. (An. Soc. ci. argent. **153.** 95—101. März 1952.) STEINER. 7894

Renato Isidoro und Livio Pavolini, *Über den Nachweis von Sesamöl nach katalytischer Härtung.* Die typ. Farb-Rkk. des Sesamöls sind bedingt durch die Anwesenheit von Sesamol u. Sesamin. Ersteres erleidet bei der katalyt. Härtung so tiefgehende Veränderungen, daß die bewährten Sesamöl-Rkk. von VILLAVECCHIA u. FABRIS, sowie von BELLIOR keine sicheren Werte mehr geben. Auch das Sesamöl geht durch die Härtung um 80% verloren. Der Rest genügt aber, um mit der Furfurol–Essigsäureanhydrid-Meth. nach PAVOLINI mit Sicherheit noch 5% Gesamthartfett in Gemischen nachzuweisen. (Olii minerali, Grassi Saponi, Colori Vernici **29.** 33—35. März/April 1952. Ancona.) GRIMME. 7894

Hugo Fontana, *Die Hydrierung der mit Schwefelkohlenstoff extrahierten und gereinigten Oliventresteröle.* Stellungnahme zu den früher (vgl. Ion [Madrid] **7.** [1947.] Nr. 74) empfohlenen Methoden u. ausführliche Darst. des eigenen Verf., dessen Ziel es ist, das vorbehandelte Öl mit 0,5% eines $CuO–Cu_2O$-Gemisches, das metall. Cu u. 0,1% $Al(OH)_3$ enthält, von S u. Gummiharzen zu befreien, welche die Hydrierung des Öls mit Ni-Katalysatoren hindern würden. (Ion [Madrid] **12.** 76—78. Febr. 1952.) METZENER. 7894

Lionel K. Arnold und Robert D. Ingebo, *Spiral geflochtenes Metallgewebe als ein Säulenpackungsmaterial für die Befreiung von Sojaöl von Lösungsmitteln.* Mit der Zielsetzung, bei der restlosen Entfernung der Lösungsmittel aus extrahierten Ölen ohne Hitzeschädigung u. bei niedrigem Dampfverbrauch arbeiten zu können, werden auf Grund theoret. physikal.-chem. Betrachtungen systemat. Verss. durchgeführt. Es wird unter Heranziehung von mit Trichloräthylen extrahiertem Sojaöl ein optimal wirkender Verteilerkopf (s. Original) an dei Säule entwickelt, die Abtrennung des Lösungsm. in der Säule in Abhängigkeit vom Packungsmaterial (RASCHIG-Ringe, BERL-Körper) studiert u. die Verteilung der Fl. in der Säule in Ggw. eines spiralgeflochtenen Stahlgewebes systemat. untersucht. Die Ergebnisse lehren, daß der Verteilerkopf unter Herabsetzung des Dampfverbrauches um ca. 20% eine verbesserte Flüssigkeitsverteilung entfaltet; die Kapazität der Säule wird um 30% erhöht, wenn das erwähnte Stahlgewebe als Packungsmaterial eingesetzt wird, wobei die Sojaöl–Trichloräthylen-Miscella (20%ig.) ein Öl mit nur 0,02% Restlösungsm. liefert; technolog. Einzelheiten s. Original. (J. Amer. Oil Chemists' Soc. **29.** 23—28. Jan. 1952. Ames, Io., State Coll., Iowa Engng. Exp. Stat.) TÄUFEL. 7894

Paul F. Spencer, *Toiletteseifen. Herstellungsprobleme.* Es werden einige prakt. Hinweise für die Herst. von Toiletteseifen u. ihre Parfümierung gegeben. (Perfum. essent. Oil Rec. **43.** 154—56. 183. Mai 1952. Cussons Sons & Co. Ltd.) FIEDLER. 7910

Christina M. Cousins, *Sterilisation von Wollgewebe.* Auf Grund vergleichender Verss., die in einer Krankenhauswäscherei zur Klärung der zweckmäßigen Wäsche u. Sterilisation von Wolldecken unter Verwendung von Seife, mit u. ohne Zusatz von Na-Hypochlorit (20 mg-%) u. quaternärer Ammoniumverbb. (I) vorgenommen wurden, wird empfohlen, an Stelle von Seife ein nichtion. Waschmittel zu verwenden u. dem letzten Spülw. 1 zuzusetzen, da am Gewebe adsorbierte Seifenreste die Wirksamkeit von I vermindern würden. (Brit. med. J. **1952.** I. 601. 15/3. London.) K. MAIER. 7912

—, *Fleckenentfernung aus weißem Nylongewebe.* Für die Fleckenbeseitigung wird, wenn das übliche Waschen u. Reinigen erfolglos ist (Flecke entstanden durch zu heißes Bügeln, durch Hautöl an Kragen, Verfärben), „Textone", ein ClO_2-entwickelndes Bleichmittel empfohlen. Zu beachten sind dabei die Anwendungsvorschrift u. die tox. Eigenschaften. (Laundry Dry Cleaning J. Canada **32.** 22. Febr. 1952.) SCHOENMANN. 7916

Bonilauri Dino und Carola Cesare, *Beitrag zur Frage der Bestimmung von Trichloräthylenspuren in Ölen.* Die colorimetr. Meth. von FUJWARA eignet sich nach Verss. der Vff. bestens zur Best. von geringen Mengen Trichloräthylen (I) in Ölen. Ggw. von CS_2 stört den Ausfall der Rk. nicht. In einem geeigneten App. (s. Original) wird I durch

Dest. mit W. u. Xylol aus dem Öl destilliert. Ein aliquoter Teil des Destillats mit 10 cm^3 frisch dest. Pyridin u. 5 cm^3 NaOH gemischt u. 15 Sek. kräftig geschüttelt, darauf im sd. Wasserbad 5 Min. erhitzt u. schnell auf ca. 25° abgekühlt. Bei Ggw. von I entsteht eine typ. weinrote Färbung. Als Vergleichslsg. werden 5 g I mit Xylol auf 100 cm^3 gelöst, von der Lsg. werden 5 cm^3 abermals mit Xylol auf 100 cm^3 aufgefüllt. Die verd. Lsg. enthält dann 25 mg I/1 cm^3. Mit steigenden Mengen cm^3 wird zum Vgl. die Pyridin-Rk. ausgeführt. Blindvers. mit reinem Xylol. Weitere Einzelheiten im Original. (Olii minerali, Grassi Saponi, Colori Vernici **29**. 35—39. März/April 1952. Mailand.) GRIMME. 7932

J. King, *Schwierigkeiten bei der kontinuierlichen Extraktion von flüssig–flüssig.* Kurzbericht. Krit. Stellungnahme zu den beiden offiziellen Bestimmungsmethoden für das Unverseifbare in Fetten (Analyst **58**. [1933.] 203); ferner PALKIN, MURRAY u. WATKINS (Ind. Engng. Chem. **17**. [1925.] 612). Erstere ist nur für die Ermittlung des natürlichen Unverseifbaren brauchbar; sie versagt bei Ggw. von Mineralöl, z. B. in Spermöl, u. erfordert eine Abwandlung der Arbeitsweise. Letztere bietet bei Heranziehung des vorgeschlagenen Extraktors nach PALKIN ebenfalls gewisse Schwierigkeiten (Fremdstoffe im Ae. als Extraktionsmittel; unregelmäßiger Austritt des Ae. aus den 16 Löchern des Extraktionsrohres; Störungen durch den anwesenden A.); Hinweise zur Überwindung dieser Schwierigkeiten. (Chem. and Ind. **1952**. 217. 8/3.) TÄUFEL. 7934

Hermann Haakh, Dori von Candié und Wilhelm Möbus, *Über den Nachweis von Polyglykoläthern und die Wollwäsche mit Leonil O.* Die Herst. eines Gerbstoffes aus Resorcin u. Traubenzucker wird beschrieben. Der Gerbstoff bildet mit allen Leonilen u. ähnlichen Polyglykoläthern einen Nd., der sich zur quantitativen Best. eignet, wenn der Gerbstoff empir. auf das jeweilige Leonil geeicht wird. Auch mit einer Reihe anderer hochmol. Körper (Polyacrylamid, Polyäthylenimin usw.) werden Ndd. gebildet, die sich möglicherweise zu deren quantitativer Best. eignen. — Polyglykoläther lassen sich bei Zusatz von K_2SO_4 quantitativ aus ihren wss. Lsgg. mit n-Butylalkohol ausschütteln oder extrahieren. — Prakt. Anwendung für die Prüfung von Waschflotten u. Wollfett bei Verwendung von Leonilen. (Melliand Textilber. **32**. 699—701. Sept. 1951.) ROSSOW. 7942

Farbenfabriken Bayer, Leverkusen (Erfinder: **Karl Brodersen** und **Matthias Quaedvlieg**, Dessau), *Reine Paraffinsulfonate.* Das durch Sulfochlorierung langkettiger Paraffin-KW-stoffe u. nachfolgende Verseifung erhältliche techn. Paraffinsulfonatgemisch wird mit einer, dem zur Verseifung angewendeten Alkali äquivalenten Menge H_2SO_4 angesäuert, hierauf mit leichtsd. wasserunlösl. Lösungsmitteln, z. B. Bzn., denen zur besseren Abscheidung noch kleine Mengen niedrigsd. Alkohole zugefügt werden können, extrahiert, wobei das Ausgangsparaffin, jedoch nicht das Sulfonat, in das Lösungsm. übergeht. Anschließend wird der Rückstand mit Bzn. oder einem ähnlichen Lösungsm. azeotrop. dest., wobei das Sulfonat als saures Salz im Bzn. zurückbleibt, während sich Na_2SO_4 u. $NaH \cdot SO_4$ in fester Form abscheiden, die durch Abpressen entfernt werden. Nach dem Abdest. des Bzn. aus dem Filtrat erhält man Cl- u. SO_4-Ionen-freie Sulfonate. — Verwendung zur Herst. von Waschmitteln. (**D. B. P. 847 444** Kl. 12c vom 16/8. 1941, ausg. 25/8. 1952.) KRAUSS. 7913

Diamond Alkali Co., Cleveland, übert. von: **George R. McDaniel**, Cincinnati, O., V. St. A., *Natriumsilicat.* $Na_2SiO_3 \cdot 5H_2O$ wird soweit eingedampft, daß der Wassergeh. nur noch 4—4,5 Mol beträgt. Zu der heißen Schmelze setzt man NaOH, so daß das Verhältnis von $Na_2O:SiO_2$ zwischen 1 u. 1,5:1 liegt, u. läßt durch Abkühlen auskristallisieren. Das erhaltene Prod. bleibt auch beim Lagern weiß u. löst sich stets ohne Trübung in Wasser. Es ist bes. als *Wasch-* u. *Reinigungsmittel* allein, oder im Gemisch mit anderen Stoffen, geeignet. (**A. P. 2 582 206** vom 28/9. 1948, ausg. 8/1. 1952.) ZÜRN. 7913

Barry-Wehmiller Machinery Co., St. Louis (Erfinder: **Frederick W. Wehmiller**, Ladue, und **William J. Nekola**, Normandy), Mo., V. St. A., *Wiederverwendbarmachen eines Schaumstromes aus gebrauchter Reinigungsmittellösung,* gek. durch folgende Stufen: Der Schaum wird abgetrennt, die fl. Teiles des Stromes können hierbei aus der abgetrennten Schaummasse frei abfließen, zu gleicher Zeit werden die Schaumblasen, z. B. durch Schütteln, in frei fließende Fl. umgewandelt u. diese wird dem fl. Stromteil beigemischt. Die Schwingungsweiten des Schaumsiebes mit 12—20 Maschen/Zoll betragen ca. 0,75 mm. Feststoffe, z. B. abgelöstes Papier aus der Flaschenreinigung mit z. B. NaOH + Na_2CO_3 + Na_3PO_4-Lsg. werden bei der 1. Schaumtrennung erfaßt u. für sich abgeführt. — Vorrichtug. (**D. D. P. 848 186** Kl. 12a vom 5/8. 1950, ausg. 1/9. 1952. A. Prior. 17/10. 1949.) SCHINDLER. 7917

Cuban-American Sugar Co., New York, übert. von **Oscar J. Swenson**, Ithaca, N.Y., V. St. A., *Gewinnung von Zuckerrohrwachs.* Cachaza wird in fl. Zustand in stehenden Zylindern (II) mit einem im Gegenstrom fließenden Lösungsm. (I), z. B. Hexan, behandelt. Das mit Wachs angereicherte I wird am oberen Teil des II abgezogen. — Zeichnung. (**A. P. 2 554 073** vom 29/5. 1947, ausg. 22/5. 1951.) LÜTTGEN. 7925

C. Lüttgen, *Organische und anorganische Wasch-, Bleich- und Reinigungsmittel.* Heidelberg: Straßenbau, Chemie und Technik Verlagsgesellschaft mbH. 1952. (365 S.) Lwd. DM 48,—.

Das Buch enthält eine Zusammenstellung von ca. 1100 Patentreferaten auf dem Gebiete der Wasch-, Bleich- u. Reinigungsmittel, ohne Berücksichtigung der Herst. der Grundstoffe. Besonderer Wert ist auf die Patente gelegt, die aus zeitbedingten Gründen den Fachkreisen unbekannt blieben. Die Patentliteratur wurde bis 1951 berücksichtigt. — Dem Patentteil geht eine Einführung (32S.) über den Waschvorgang, die dabei auftretenden chem. u. physikal. Vorgänge u. über den chem. Aufbau u. die Entw. der neuen synthet. Waschmittel voraus. Den Abschluß bilden eine alphabet. Warenzeichenübersicht über Waschrohstoffe, Netz- u. Bleichmittel des In- u. Auslandes sowie ein nach Ländern eingeteiltes Patentnummernverzeichnis. — Sowohl für den Hersteller von Wasch-, Bleich- u. Reinigungsmitteln als auch für die Forschungslaboratorien dieses Fachgebietes wird das Buch ein geschätzter Wegweiser sein. BARZ. 7912

XVIII a. Holz. Cellulose. Zellstoff. Papier. Papierdruck. Celluloid. Linoleum.

Rudolf Köhler und Walter Enzensberger, *Melaminharze in der Holztechnik.* Nach einleitenden Ausführungen über die Bedeutung der Melaminharze (I) als Bindemittel in der holzverarbeitenden Industrie gehen Vff. auf die Chemie u. die allg. Eigg. der I ein, bes. wird auf deren Überlegenheit gegenüber Phenol- u. Harnstoffharzen hingewiesen. Ein Überblick über einige spezielle Verff. hinsichtlich der Anwendung der I als Holzleim wird gegeben. Besprochen werden die Anwendung der I in der Lagenholzverleimung, die Verleimung dicker Hölzer mit I sowie die Verwendung gestreckter I in der Sperrholzfabrikation. Abschließend werden Fragen bzgl. der Verwendung von I als Bindemittel zur Herst. von Spanplatten u. Faserplatten erörtert. — Schrifttum. (Holz Roh- u. Werkstoff **10.** 51—56. Febr. 1952.) P. ECKERT. 7952

W. I. Iwanow und B. A. Sacharow, *Über den Zusammenhang der Molekulargewichte von Cellulosen, die aus Viscositäts-, Sedimentations- und Diffusionsmessungen bestimmt wurden.* Verkürzte Wiedergabe der in C. **1950.** II. 2807 referierten Arbeit. (Faserforsch. u. Textiltechn. **3.** 237—38. Juni 1952.) P. ECKERT. 7954

Ferdinand Wultsch und Heinz Salzer, *Untersuchungen über die Eignung der Naßentrindungsverfahren für ungeflößtes Alpenholz.* (Vgl. C. **1950.** 5834.) (Papier **6.** 115—19. April 1952.) P. ECKERT. 7956

Georg Jayme und Günther Wörner, *Über vergleichende alkalische Aufschlüsse von Fichtenholz unter Zusatz von Hypodisulfit und Sulfit.* (Vgl. C. **1952.** 5835.) Es wurden mit Fichtenholz unter Verwendung von Natronlaugen, die Na-Hypodisulfit oder Na-Sulfit oder beide Reduktionsmittel enthielten, Aufschlußverss. durchgeführt. Entgegen anderer Meinung wurde festgestellt, daß dem Hypodisulfit (I) eine spezif. Wrkg. zukommt. Das stärker reduzierende I führt gegenüber dem Sulfit zu einer Verbesserung der Gesamtausbeute. Ferner hat sich ergeben, daß das Restlignin im Zellstoff nur wenig ansteigt. Der Weißgeh. der ungebleichten Zellstoffe wurde durch I wesentlich verbessert. Vff. sind der Ansicht, daß nicht nur das Reduktionspotential der angewandten Lsgg. für die beobachteten Unterschiede der ungebleichten Zellstoffe maßgeblich ist, sondern auch die Möglichkeit des I u. Sulfit, mit den Holzkomponenten verschied. Rkk. eingehen zu können, besteht. (Papier **6.** 220—22. Juni 1952. Darmstadt, TH, Inst. für Cellulosechemie einschl. Holzforschungsstelle.) P. ECKERT. 7958

Georg Jayme und Günther Wörner, *Über ein neues alkalisches Aufschlußverfahren von Pflanzenstoffen.* Gegenstand der Ausführungen ist der alkal. Aufschluß von Pflanzenstoffen mit Laugen hohen Reduktionspotentials. Aufgeschlossen wurde Buchenholz in einer Lauge, die in 100 cm^3 3,48 g NaOH u. 6,25 g Na-Hypodisulfit ($Na_2S_2O_4$) enthielt, die Temp. betrug 165 u. 170°, die Aufschlußdauer 2 Stunden. Erhalten wurden ligninreiche ungebleichte Zellstoffe in Ausbeuten von ca. 70% von sehr hohem Weißgehalt. Schließt man nur bis zu Ausbeuten von 58,5% auf, so erhält man ungebleichte Zellstoffe, die sich nur in zwei Bleichstufen mit zwischengeschalteter alkal. Behandlung in der Kälte zu gebleichten Zellstoffen höchsten Weißgeh. u. hohen Polymerisationsgrades umwandeln lassen, dabei kann auf die Verwendung hochakt. Bleichmittel, wie ClO_2, verzichtet werden. Die Festigkeiten der erkochten Zellstoffe sind im Gebiet optimaler Ausbeute erstaunlich hoch. Angeführt werden Reißlängen bis zu 7960 m u. Falzfestigkeiten bis zu 6174. (Papier **6.** 381—87. 5/9. 1952. Darmstadt, TH, Inst. für Cellulosechemie einschl. Holzforschungsstelle.) P. ECKERT. 7958

Faldner, *Esparto, der Papierrohstoff Spaniens.* Nach einigen allg. Ausführungen über die Eigg., das Vork. u. den Anbau des Espartograses (Pfriemengras) geht Vf.

auf den Aufschluß des Esparto ein. Dieses wird in Spanien in rotierenden Kugelkochern mittels Natronlauge bei einem Druck von 3—4 at, bei einer Gesamtkochdauer von 4 Std. durchgeführt. Das angewandte Ätznatron steht zur Espartomenge in einem Gewichtsverhältnis von 12:100. Auf 1 kg Kocherfüllung werden 2—2% Liter Kochlauge verwendet. Die Ausbeute an gebleichtem Zellstoff beträgt ca. 50%. Abschließend wird die Verarbeitung des gebleichten Espartozellstoffes zu Papier behandelt. (Wbl. Papierfabrikat. **80.** 394—96. Mitte Juni. 633—34. Mitte Sept. 1952.) P. ECKERT. 7958

F. L. Jones, *Die Papierstoffkochung für das Hot Stock Refining-Verfahren.* — Vgl. C. **1952.** 5023. (Pulp Paper Mag. Canada **53.** 92—94. Jan. 1952.) FRIEDEMANN. 7958

Ake Linder, *Tallölraffinierung.* Eingehende Übersicht über die industrielle Verarbeitung des rohen Tallöls, bes. die verschied. Verff. der Dest., die als die hauptsächlichsten gelten, auch in Verb. mit Zentrifugieren der Harzsäuren. Die Entw. der Destillationstechnik gestattet, Fettsäuren u. Harzsäuren aus Tallöl herzustellen. Andere Methoden, wie Extraktion, Behandlung mit Chemikalien, Veresterung, Neutralisierung, therm. Verff., Cracken, Kondensation, sind weniger, u. dann hauptsächlich in USA in Benutzung. (Acta polytechn. [Stockholm] Nr. 95. (1951), Chem. includ. Metallurgy Ser. **2.** Nr. 10. Ing. Vetensk. Akad. Handel. Nr. 207. 7—56. 1952.) GRAU. 7966

E. E. Kurth, D. H. Foster, O. G. Ingles, B. J. F. Ralph und M. H. R. Shipp, *Saure Hydrolyse australischer Hölzer. Hydrolyse des Holzes von Eucalyptus obliqua l'Herit mittels einer Percolationsmethode.* Wird Holz im Autoklaven mit H_2SO_4 hydrolysiert, so können durch Abbau der entstandenen Zucker erhebliche Verluste eintreten. Vff. haben einen Percolator konstruiert, bei dem jede Gefahr der Verkohlung des Holzes vermieden wird. Das Hydrolysat wurde in 100 cm^3-Gefäßen aufgefangen. Die erhaltene Pentose wurde als Furfurol durch Bromierung nach IDDLES u. ROBBINS bestimmt. Der Gesamtzucker wurde nach MUNSEN-WALKER bestimmt, Hexose als Gesamtzuckerpentose. Zweck der Unters. war es, die Ausbeute an Zuckern bei Verwendung 0,5—2%ig. H_2SO_4 bei Filtergeschwindigkeiten von 100, 200 u. 300 cm^3 je Std. u. bei Tempp. von 162—183° festzustellen. Unter 160° wird fast nur Hemicellulose angegriffen, bei 180° ist das Maximum der Hexoseausbeute erreicht. Zu geringe Durchlaufgeschwindigkeit durch den Percolator bewirkt ähnliche Verhältnisse wie im Autoklaven, zu hohe Geschwindigkeit nutzt die Säure ungenügend aus. Gute Ergebnisse wurden mit 2%ig. H_2SO_4 u. 173° erzielt, die Ausbeute an Gesamtzucker war 61,7%, gegenüber 62,4% bei der sogenannten quantitativen Verzuckerung. Die Hydrolyse der resistenteren Cellulose hat den Charakter einer Rk. 1. Ordnung. (Austral. J. appl. Sci. **2.** 184—99. März 1951. Hobart, Univ. of Tasmania.) FRIEDEMANN. 7968

J. Chédin, *Einige Gesichtspunkte zur Nitrierung der Cellulosefasern. (Zugänglichkeit der Fasern für nitrierende Agentien.)* Techn. Nitriergemische aus HNO_3-H_2SO_4-H_2O besitzen ür die Cellulosefaser eine erhöhte Quellfähigkeit, die das Eindringen des eigentlichen Nitrierungsmittels stark erleichtert. Auf diese Weise gelangt man mit solchen Nitriergemischen zu wahren Nitriergleichgewichten zwischen Faser u. Gemisch. Im Gegensatz hierzu vermag ein so gutes Nitriermittel wie Acetylnitrat (das bekanntlich für Alkohole ein hervorragendes Nitriermittel darstellt) nicht in die trockene Cellulosefaser einzudringen, so daß es zu keiner Rk. kommt. Erst nach einer Aktivierung der Cellulosefaser durch eine hintereinander folgenden Behandlung mit W., Eisessig u. CCl_4 vermag die Faser leicht u. vollkommen mit dem Acetylnitrat zu reagieren. Ultrarotaufnahmen haben gezeigt, daß durch die Aktivierung der Cellulosefaser ein Teil der OH-Gruppen entassoziiert wird. Dadurch wird das Eindringen von Acetylnitrat in die Faser u. die Rk. mit den nun freien OH-Gruppen erleichtert. Die Verss. werden beschrieben u. diskutiert. (Kolloid-Z. **125.** 65—72. Febr. **1952.** Paris, Labor. Central des Services Chimiques de l'État.) H. G. FRÖHLICH. 7970

W. Müller-Rid und G. Pausch, *Über die Verwendung von Kegelrefinern zur Aufbereitung verholzter Fasergrobstoffe.* Behandelt werden Verss. zur Aufbereitung von Grobstoff aus Weißschleifereien, aus Braunschleifereien. Ferner werden Vorschläge zur Aufbereitung von Schleifergrobstoff gemacht. (Wbl. Papierfabrikat. **80.** 397—98. 400. 402—06. Mitte Juni 1952. Heidenheim/Brenz, Versuchsanstalt für Papiermaschinenbau der Fa. J. M. Voith GmbH.) P. ECKERT. 7974

Walter Brecht und Karlheinz Klemm, *Das Strukturgemisch eines Holzschliffes als Schlüssel für die Kenntnis seiner technologischen Eigenschaften.* Vff. gehen von der Auffassung aus, daß die technolog. Eigg. n. Holzschliffe durch die beim Schleifen auftretenden Formelemente bestimmt werden. Im Rahmen dieser Betrachtung werden Verss. ausgeführt, die die Formbeständigkeit eines Schliffes sowie die technolog. Bedeutung der Formbestandteile zum Gegenstand haben. Ferner wird über das Wesen u. die Wrkg. des Grenzzustandes sowie über dessen Ermittlung berichtet. (Wbl. Papierfabrikat. **80.** 364—68. 370. Mitte Juni 1952. 451—54. Ende Juni 1952.) P. ECKERT. 7974

Wilhelm Kilpper, *Schrumpfung und Dehnung der Papierbahn in der Papiermaschine.* Im Rahmen der vorliegenden Arbeit wird der Zusammenhang zwischen der Bahnschrumpfung während des Entstehungsprozesses u. den Flächenveränderungen des fertigen Papiers behandelt. Ferner wird auf die Einflüsse hingewiesen, die steigend oder vermindernd auf die „Lebendigkeit" des Papiers einwirken. (Papier **6.** 216—20. Juni 1952.) P. ECKERT. 7984

Helmut Schröter, *Studie über Anwendung und Auswertung der Siebanalyse von Zellstoffen unter Einsatz eines neuen Gerätes.* Besprochen werden: Ein Fasergruppierungsgerät zur Siebanalyse von Zellstoffen, der Untersuchungsbericht u. die Anwendungsmöglichkeiten der Siebanalyse sowie die graph. Best. der mittleren Faserlänge aus den Werten der Siebanalyse. (Wbl. Papierfabrikat. **80.** 388—90. 392. 394. Mitte Juni. 559—63. Mitte Aug. 595—99. Ende Aug. 631—33. Mitte Sept. 1952.) P. ECKERT. 8006

Buffalo Electro Chemical Co., Inc., Buffalo, N. Y., V. St. A., *Behandlung von Holzmassen.* Man behandelt die Massen mit einer alkal. Peroxydlsg. in solcher Menge, daß die Konsistenz der Massen nicht wesentlich geändert wird. Der p_H-Wert soll zwischen 9,5 u. 11 liegen u. der Alkaligeh. in der Lsg. 0,35—1,1 Gew.-% Na_2O betragen. p_H-Wert u. Alkalität sollen während der langdauernden Bleiche (5 Std. bis mehrere Wochen) sich nur wenig ändern, der p_H-Wert höchstens auf 8 absinken. (**Finn. P. 25 753** vom 28/9. 1949, Auszug veröff. 31/5. 1952.) J. SCHMIDT. 7953

A. B. Raméns Patenter, Stockholm, Schweden, *Eindampfen von krustenbildenden Flüssigkeiten, besonders von Sulfitablauge.* Beim Eindampfen solcher Fll. unter Druckerhitzung (I) mit direktem Dampf werden nur ca. 30—40% der einzudampfenden Menge der I unterworfen u. darauf zweckmäßig nach Abscheidung der ausgefällten Anteile mit dem Rest vermischt u. im Vakuum in einer oder mehreren Stufen eingedampft. (**N. P. 78 434** vom 30/11. 1948, ausg. 16/4. 1951.) J. SCHMIDT. 7963

Joseph Meißner, Köln (Erfinder: **Fritz Meißner,** Rodenkirchen, und **Ernst Schwiedessen,** Köln), *Reinigung und Stabilisation von Cellulosederivaten,* bes. Cellulosenitrat. Die in W. aufgeschwemmten Cellulosederivv. werden während des Waschens beschallt. Das Waschwasser wird kontinuierlich mit Ionenaustauschern entsäuert. (**D. B. P. 841 288** Kl. 12o vom 16/2. 1951, ausg. 13/6. 1952.) FABEL. 7971

Farbwerke Hoechst, vormals Meister Lucius & Brüning (Erfinder: **Richard Fleischhauer**), Frankfurt/M., *Herstellung von Celluloseestern.* Als Katalysator dient NH_2SO_3H bzw. deren N-Substitutionsprodukte. (**D. B. P. 842 939** Kl. 12o vom 7/10. 1944, ausg. 3/7. 1952.) FABEL. 7971

Camille Dreyfus, New York, N. Y. (Erfinder: **George Wilbur Seymour, Blanche Babette White** und **Anthony John Bellucci,** Summit, N. J.), V. St. A., *Herstellung von Celluloseestern,* bes. Celluloseacetat. Die Lsg. des prim. Esters wird mit so viel Mg-, Zn- oder Al-Verbb. (z. B. $MgCO_3$) versetzt, daß der saure Katalysator weitgehend neutralisiert wird. Dann wird bei 125° oder höher unter Druck gereift u. durch Zugabe von W. gefällt. (**D. B. P. 843 403** Kl. 12o vom 2/10. 1948, ausg. 7/7. 1952. A. Prior. 6/12. 1945.) FABEL. 7971

Ciba Akt.-Ges., Basel (Erfinder: **Max Matter,** Gümligen, Bern), Schweiz, *Herstellung von Alkylcellulose* (I) *in feinpulveriger Form.* I, die in kaltem W. lösl. u. in heißem W. unlösl. sind, werden aus wss. kalter Lsg. durch Erhitzen auf Kaolin, Kreide, Kieselgur u. dgl. ausgefällt, getrocknet u. gemahlen. (**D. B. P. 841 453** Kl. 12o vom 8/3. 1949, ausg. 16/6. 1952. Schwz. Priorr. 15/8. 1947 u. 19/7. 1948.) FABEL. 7971

Deutsche Gold- und Silber-Scheideanstalt vormals Roessler, Frankfurt/M. (Erfinder: **Wilhelm Gärtner,** Neunkirchen, Odenwald), *Bleichen von mechanisch erzeugtem Zellstoff, wie Holzschliff,* mit Peroxyden im Überschuß. Wenn beim Bleichen, z. B. mit 5—10 (Teilen) Na-Peroxyd auf 100 Trockenstoff, die maximale Weiße erreicht ist, wird der Überschuß des Bleichmittels (I), z. B. durch Abpressen, zu weiterer Verwendung entfernt u. der Bleichvorgang nach Erhöhung der Stoffdichte, z. B. um >200(%) mit höchstens 30, bes. <20, der Gesamtmenge an I zu Ende geführt. (**D. B. P. 846 510** Kl. 55c vom 14/9. 1950, ausg. 14/8. 1952.) VOGEL. 7979

Zschimmer & Schwarz vormals Chemnitz, Brilon/Westf. (Erfinder: **Rudolf Schwarz,** Oberlahnstein, und **Theodor Hennig,** Braubach), *Behandlung von Papierstoff* (I) *und Stoffwasser* (II). Füllstoff (III) wird von I besser zurückgehalten bzw. Fasern u. III werden aus dem II durch Sedimentation oder in Schwimmstoffängern durch Flotation leicht zurückgewonnen, wenn dem I vor dem Sieb bzw. dem II Alginate, Gummitraganth u. ähnliche Quellstoffe, auch in Verb. mit bekannten Zusätzen (Seifen, Leim, sulfonierten Ölen, Alkylarylsulfonaten, Fettkondensationsprodd.) zugefügt werden. (**D. B. P. 845 748** Kl. 55c vom 7/3. 1950, ausg. 4/8. 1952.) VOGEL. 7979

National Cash Register Co., Dayton, O., V. St. A., *Druckpapier.* Um ein Verlaufen der Druckfarbe zu verhindern, wird das Papier mit einem Ton als Füll- oder Überzugsstoff behandelt, der Kristalle nadelähnlicher Struktur besitzt, z. B. mit Attapulgit ($4H_2O \cdot (OH)_2 \cdot Mg_5 \cdot Si_8O_{20} \cdot H_2O$) oder Halloysit ($Al_2O_3 \cdot 2SiO_2 \cdot nH_2O$). (**D. B. P. 844 402** Kl. 55f vom 16/11. 1949, ausg. 21/7. 1952. A. Prior. 18/11. 1948.) ZIERHOLD. 7985

Johann Max Danner und Werner Zerweck, Frankfurt/M., *Herstellung veredelter Faserstoffe aus Papierstoff* für wasserfeste Säcke, Garne, Dämmplatten, Kabelisolierungen, Schreibpapiere, Lampenschirme, Kunstleder, Kolbendichtungen u. Guttaperchaersatz für medizin. Zwecke, dad. gek., daß man dem Stoff äther- oder esterartige Derivv. von Aminotriazin-Aldehyd-Kondensationsprodd. zusetzt. Beispiel: Man veräthert Pentamethylolmelamin mit n-Butylalkohol u. Phthalsäure als Katalysator, dest. das Kondensationsprod. (I) azeotrop. ab, rührt 60 (Teile) einer 50%ig. Lsg. des I in Butanol in eine Lsg. von 2 mit NH_3 aufgeschlossenem Casein u. 2 Na-Oleat in 6 W. ein, füllt die W.-in-Öl-Emulsion (II) mit W. auf 100 auf, gibt 10 II im Holländer zu 100 Sulfitzellstoff, fällt mit 2 Al-Sulfat auf 100 Stoff für wasserfestes Papier. (**Schwz. P. 280 494** vom 6/12. 1949, ausg. 1/5. 1952. D. Prior. 4/1. 1949.) VOGEL. 7984

Firestone Tire & Rubber Co., Akron, O., übert. von: Milton Ray Radcliffe, Winchester, Va., V. St. A., *Stabilisierte kalandrierte Filme aus Polyvinylchlorid* u. seinen Mischpolymerisaten erhält man durch den Zusatz von 0,25—5,0% eines Cd-Alkylmercaptids, in dem die Alkylgruppe 5—20 C-Atome enthält (bes. Cd-Laurylmercaptid), zu der Ausgangsmasse; Verarbeitungstemp. 160°; Filmdicke 0,002 mm. (**A. P. 2 581 915** vom 17/10. 1947, ausg. 8/1. 1952.) SALZMANN. 7995

Robert H. Mosher (ed.), The technology of coated and processed papers. New York: Chemical Pub. Co. (743 S. m. Abb. u. Diagr.) $ 15,—.

Karl Fabel, *Nitrocellulose. Herstellung und Eigenschaften.* Stuttgart: Ferdinand Enke-Verlag. 1950. (VIII + 211 S. mit 12 Abb. i. Text.) Lwd. DM 18,60.

Das Buch ist der 2. Band der Sammlung „Chemische Technologie der Kunststoffe in Einzeldarstellungen" (Herausgeber: Franz Kainer). Vf. gibt eine Zusammenstellung des Schrifttums über Nitrocellulose (berücksichtigt bis 1949), unter Verwertung eigener prakt. Erfahrungen. Das Werk enthält alles Wesentliche, was heute über Herst. u. Eigg. von Nitrocellulose bekannt ist. Das Hauptgewicht liegt auf dem Kunststoff Nitrocellulose, nicht auf dem Sprengstoff. Für den Kunststoffachmann ist das Buch eine wertvolle Ergänzung der einschlägigen Literatur. BARS. 7970

XVIIIb. Textilfasern.

W. A. Hundt und K. Vieweg, *Textilbleiche mittels Natriumchlorit.* $NaClO_2$ hat vor anderen Bleichmitteln den Vorzug, nicht auf Cellulose zu wirken. Man arbeitet bei p_H 3,8—4,0 u. 80—85°; Zusatz von Phosphatpuffer (Na-Pyrophosphat oder -Hexametaphosphat in Mengen von 0,2—1,0, am besten 0,5 g/Liter) empfiehlt sich; das Ansäuern geschieht mit HCOOH oder CH_3COOH. Das Bleichgefäß ist zweckmäßig aus Steinzeug, Hartholz oder rostfreiem Stahl; im letzteren Fall ist das 10—20 cm tiefe Einhängen eines außen mit dem Stahlbehälter leitend verbundenen Al-Streifens zu empfehlen. Um die Bleichung dauerhafter zu machen, empfiehlt sich nachfolgendes H_2O_2-Bad oder Behandlung mit warmer Na_2CO_3-Lsg. mit Zusatz von H_2O_2 oder 0,1% Na_2O_2. (Monit. Textile **14.** 146—51. Mai 1952. Frankfurt/M., Degussa.) MARSSON. 8026

Karl Krüger, *Textilhilfsmittel.* An Hand von Beispielen wird die Bedeutung der Textilhilfsmittel bei der Herst. der Chemiefasern sowie bei der Verarbeitung derselben zu Fertigfabrikaten besprochen. (Reyon, Zellwolle andere Chemiefasern **30.** 407—11. Aug. 1952.) P. ECKERT. 8028

Ed. H. Schoch, *Hochfrequenzerwärmung in der Textilindustrie.* Allg. Ausführungen unter Hinweis auf die besonderen Vorteile, vor allem auch für Reyonindustrie sowie für die Färbereien u. Druckereien. (Textil-Rdsch. [St. Gallen] **7.** 331—32. Juli 1952.) P. ECKERT. 8038

P. Rodet, *Beitrag zur Untersuchung des Abbaus von Cellulosefasern im sauren Milieu.* Im Rahmen eines monograph. Aufsatzes über Cellulose (I) werden Verss. über den Abbau von Baumwolle u. regenerierten I-Fasern mit Säuren (0,62—10n HCl, 4,42 bis 8,86n H_2SO_4, Temp. —4 bis 50°, Zeit bis 500 Std.) beschrieben. Gemessen wurden die folgenden Größen: Durchschnittlicher Polymerisationsgrad, Polydispersität, Quellung, Sorption, Anteil kristalliner Bereiche durch quantitative Röntgenographie u. Gewichtsverlust. Ausführliche Diskussion des micellaren Aufbaus von I u. der Reaktionsfähigkeit der verschied. I-Komponenten. (Ann. Chimie [12] **6.** 786—834. Nov./Dez. 1951.) ZAHN. 8040

Herman Bogaty, Kenneth S. Campbell und William D. Appel, *Die Oxydation von Cellulose durch Ozon in kleinen Konzentrationen.* Feuchte Baumwolltextilien (I) werden durch Ozon (II) selbst in solchen Konzz. angegriffen, wie sie an der Erdoberfläche vorkommen. Die Reißfestigkeit von feuchten I nimmt z. B. um 20% ab u. die Fluidität in Cuoxam ist verdoppelt, wenn man Luft mit 0,02—0,06 Teilen II in 10^6 Teilen 60 Tage einwirken läßt. Trockene I werden unter diesen Bedingungen kaum verändert. Der n. I-Abbau im Freien ist jedoch nur zu einem geringen Teil durch II, überwiegend durch die anderen I-Schädiger, wie Licht, Hitze, wechselweises Befeuchten u. Trocknen sowie Mikroorganismen, bedingt. (Textile Res. J. **22.** 81—83. Febr. 1952. Washington, D. C., National Bureau of Standards.) ZÜRN. 8044

Robert E. Wagner und Eugene Pacsu, *Untersuchungen an Cellulose.* 16. Mitt. *Die Reaktion von Cellulose mit Formaldehyd.* Eine neue Meth. der Formalisierung von Cellulose (I) besteht in der Einw. von CH_2O in der Dampfphase in Ggw. von 1—10% sauren Katalysatoren (Bor-, Essig-, Schwefelsäure) bei Tempp. zwischen 110 u. 150°. Maximal werden 6% CH_2O hauptvalentig von I gebunden. Das Reaktionsprod. aus Baumwolle (II) u. CH_2O wurde z. B. durch Imprägnieren von II mit 10,6% Borsäure, Trocknen bei 55° u. Einw. von 10% Paraformaldehyd vom II-Gewicht im geschmolzenen Glasrohr bei 125° in 24 Std. erhalten. Zur Best. der Zahl der freien Oxygruppen in methylenierter II wurde diese methyliert u. ein maximaler Methoxylgeh. von 32,8% gefunden, was für die Bldg. von Methylenbrücken spricht, da unbehandelte I bis zu einem Methoxylgeh. von 43% methyliert werden kann. Die methylierte CH_2O-I wurde methanolyt. mit 1% trockenem HCl in CH_3OH bei 130° in 70 Std. in ein Gemisch methylierter Methylglucoside zerlegt. Diese wurden durch Chloroformextraktion fraktioniert in das Trimethylmethylglucosid, die Dimethylmethylglucoside u. Monomethylmethylglucoside, die wiederum durch Papyrographie nach Hydrolyse in die freien Methylglucoseisomeren identifiziert wurden. Da keine 2.3-Dimethylglucose gefunden wurde, hatten die prim. Hydroxyle mit CH_2O nicht reagiert. Hierfür spricht auch der sehr niedrige HJO_4-Verbrauch von formalisierter II-Oxydation mit HJO_4 bei p_H 4,2 der Mono- u. Dimethylmethylglucoside, u. die anderen Befunde führten zu folgender Zus. des Glucosidgemisches der methylierten CH_2O-I: 39,1% 2.3.6-Trimethylmethylglucosid, 16,2% 6-Monomethylmethylglucosid, 31,9% unbekanntes Dimethylmethylglucosid, 12,8% unbekanntes Monomethylmethylglucosid, 0,0% 2.3-Dimethylmethylglucosid. Die Methylenbrücken sind daher entweder alle zwischen C_2 u. C_3 oder eine Mischung von C_2–C_2 u. C_3–C_3, wobei die C-Atome verschied. Glucosereste der I angehören. (Textile Res. J. **22.** 12—20. Jan. 1952. Princeton, N. J., Textile Res. Inst., u. Univ., Frick Chem. Labor.) ZAHN. 8044

Herman Bogaty, Arnold M. Sookne und Milton Harris, *Einige Festigkeitseigenschaften von Wolle in Salz- und Säurelösungen.* Einzelne Wollfasern wurden in W., 0,1 mol. HCl, 4 mol. KCl, 4 mol. KCl + 0,1 mol. HCl sowie 4 mol. KCl + 0,01 mol. HCl auf folgende Eigg. geprüft: Elastizitätsmodul, Relative Dehnungsarbeit, bezogen auf W. = 1,0 für 20% Dehnung, Reversible Dehnungsarbeit (Resilienz), Reversible Längung, Quellung in bezug auf W. = 1,0. Die Fasern erholen sich in Salz + Säurelsgg. weniger weit als nur in Salzlsg. eingetauchte Fasern. Der Mechanismus der Dehnung u. Erholung in Abhängigkeit vom Untersuchungsmedium wird diskutiert. (Textile Res. J. **21.** 479—81. Juli 1951. Washington, D. C., Harvis Res. Labors.) ZAHN. 8060

F. W. Dry, R. W. Burley und J. B. Speakman, *Plastizität der Wolle.* RIPA u. SPEAKMAN (vgl. C. **1952.** 1264) u. ZAHN hatten gezeigt, daß die Geschwindigkeit des Kriechens belasteter Wollfasern einer Rk. 1. Ordnung gleicht u. bei ein u. derselben Locke von Lincolnwolle sehr verschied. ist. Neue Verss. mit Neuseeland-, Romney- u. Lincolnwollfasern verschied. Alters u. verschied. Follikelherkunft (vgl. die Meth. zur Best. von DRY, J. Textile Inst. **24** [1933.] T 161) ergaben, daß die Plastizität der Fasern der Reihenfolge, mit welcher die zugehörigen Follikel auftreten, umgekehrt proportional ist. (Nature [London] **169.** 371—72. 1/3. 1952.) ZAHN. 8060

H. Rath und G. Fröb, *Über das Filzen der Wolle.* (Vgl. C. **1952.** 6786.) Nach kurzen Hinweisen auf die verschied. Filztheorien werden an Hand von Verss. filzfrei gemachte u. unbehandelte Wolle in ihren verschied. Eigg. miteinander verglichen u. aus einem solchen Vgl. die Bedingungen abgeleitet, die für das Filzen bzw. Nichtfilzen der Wollfaser von Bedeutung sind. Weiter wurde die Wolle, um das Filzvermögen zu erhöhen, einer chem. Behandlung unterworfen. Nach einer Beschreibung der Versuchsmethodik werden die das Filzvermögen bestimmenden Faktoren ermittelt. Es hat sich gezeigt, daß eine hohe Dehnung vielfach auch ein hohes Filzvermögen bedingt. Diesem Zusammenhang kommt jedoch nicht allg. Geltung zu. Es hat sich nämlich gezeigt, daß im alkal. Medium oberhalb p_H 10 eine hohe Dehnbarkeit, aber ein schlechtes Filzvermögen besteht. Bei Einw. von Cl oder Sulfurylchlorid sowie bei Einbau von Querbindungen wird die Dehnung prakt. nicht geändert, obwohl die Filzfähigkeit stark verändert wird. Ein Einfl. der Hysteris konnte nicht beobachtet werden. — Schrifttum. (Melliand Textilber. **32.** 792—96. Okt. 1951.) P. ECKERT. 8060

Simon Williams, *Die Wertbestimmung einer neuen Faser.* Kurze Betrachtungen über die technolog. Eigg. von Viscose- u. Acetatreyon, Nylon u. Glasfasern sowie über die Beziehungen dieser Eigg. zur Weiterverarbeitung der entsprechenden Fasern. (Rayon synthet. Textiles **33.** 31—58. 61—62. Juni 1952.) P. ECKERT. 8070

August Brötz, *Über Reifenreyon.* **Beschrieben werden die Anforderungen u. Eigg.** die an einen Reifencord gestellt werden müssen. Am besten eignet sich Viscosereyon. In diesem Zusammenhang werden die verschied. Verff. zur Herst. von Reifenkord auf Viscosebasis (Einbad-, Zweibadverf.) geschildert. Schließlich wird auf die Verarbeitung der Garne auf Reifencord u. deren Verwebung eingegangen. Vollsynthet. Fäden sind ungeeignet. Die hierfür maßgeblichen Gründe werden angeführt. (Papier **6.** 368—72. 5/9. 1952.) P. ECKERT. 8074

Th. Kleinert, F. Pospischil und Ph. Wurm, *Über die Bildung von Verkrustungen in Spinnbadeindampfern der Viscoseindustrie.* Auf Grund betrieblicher Erfahrungen u. an Hand von Löslichkeitsunterss. am Syst. H_2SO_4–Na_2SO_4–$CaSO_4$ kommen Vff. zu dem Ergebnis, daß die Heizrohrverkrustungen von Spinnbadeindampfern auf die Ausscheidung von *Glauberit* (Doppelsalz $Na_2SO_4 \cdot CaSO_4$) bzw. von *Glauberit* u. *Thenardit* (wasserfreies Na_2SO_4) zurückzuführen sind. In den techn. Spinnbädern wird zumeist die dem Glauberitgleichgewicht entsprechende $CaSO_4$-Konz. erreicht u. hieraus ergibt sich, daß die Glauberitbldg. in erster Linie von der Höhe der Na_2SO_4-Konz. in den Spinnbädern abhängig ist. Die Glauberitbldg. wird ferner durch steigende Temp. begünstigt, da mit steigender Temp. die dem Glauberitgleichgewicht entsprechende Na_2SO_4-Konz. sinkt. Hieraus geht auch der schädliche Einfl. von Überhitzungen der Heizrohre hervor. (Chemie-Ing. Techn. **24.** 401—02. Juli 1952. Lenzing, Oberösterreich, Zellwolle Lenzing AG.) P. ECKERT. 8074

Franz Grabe, *Die vollsynthetischen Fasern und ihre chemisch-technische Verwendbarkeit.* Besprochen werden die physikal., chem. u. technolog. Eigg. deutscher vollsynthet. Fasern sowie die Eignung u. Verwendungsmöglichkeiten der daraus hergestellten Textilien, bes. für industrielle Zwecke. (Chemiker-Ztg. **76.** 436—38. 5/7. 1952.) P. ECKERT. 8080

A. Cresswell, *Die physikalischen und chemischen Eigenschaften der X-51 Acrylfaser.* Die Faser wird von der AMERICAN CYANAMID CO. in Stamford, Conn., aus Polyacrylsäurenitril als Langfaser u. Flocke hergestellt. Die D. beträgt 1,17 u. der F. 560° F. Die Festigkeit (tr.) wird mit 3,6 g/den u. die Dehnung (tr.) mit 22% bzw. 3,2 g/den (naß) u. 22% (naß) angegeben. Einzelne Angaben über das Kraft–Dehnungs-Diagramm werden gemacht. Hinsichtlich der Festigkeits- u. Dehnungseigg. zwischen Langfaser u. Flocke bestehen Unterschiede. Die entsprechenden Werte werden angeführt. Die Faser ist gegenüber dem Befall von Mikroorganismen beständig, gleichfalls gegenüber Säuren u. Alkalien. Jedoch können bei höheren Tempp. u. höheren Konzz. Schädigungen eintreten. (Canad. Textile J. **69.** Nr. 15. 57—58. 18/7. 1952. American Cyanamid Co.) P. ECKERT. 8080

—, *Polyamidborsten und ihre Anwendung für technische Bürsten.* (Reyon, Zellwolle andere Chemiefasern **30.** 427—28. Aug. 1952.) P. ECKERT. 8080

E. Pieper, *Perlon, der jetzige Stand der Entwicklung und Verarbeitung.* Orientierendes Ref. über den Stand der Technik, Vgl. deutscher u. ausländ. Entw., Diskussion des Problems der stat. Aufladung der Perlonfäden. (Melliand Textilber. **32.** 665—69. Sept. 1951.) ROSSOW 8080

Herbert M. Ulrich, *Textilasbest.* **Im Rahmen der Ausführungen werden behandelt:** Das Vork., der Chemismus, die Gewinnung, die Eigg., die textile Verarbeitung, die Anfärbbarkeit der Asbestfaser, die Bewertung des Spinnasbestes, die Prüfung der Asbestgarne, die quantitative Best. des Cellulosefasergeh. in Mischgespinsten, gleichzeitige Appretur- u. Fettbest. in textilen Asbestmaterialien, die Prüfung des p_H-Wertes von Asbestfasern sowie die Prüfung von Asbestgeweben hinsichtlich ihrer Fähigkeit, Feuerschutz auszuüben. (Melliand Textilber. **33.** 188—90. März. 281—82. April 1952.) P. ECKERT. 8090

E. C. Caspar, *Zur Bestimmung des Weißgrades optisch aufgehellter Textilien.* Beschreibung der Konstruktion u. der Arbeitsweise des Elektronischen Ultra-Photometers nach W. SIGRIST. (Melliand Textilber. **33.** 518—21. Juni 1952. Basel, I. R. Geigy A. G., Textilhilfsmittellabor.) P. ECKERT. 8096

Herman Zill, *„Zillo-Test", das Prüfgerät für synthetische Fasern.* Vf. teilt die synthet. Fasern einschließlich der Acetylcellulose in 7 Gruppen ein. Für jede dieser Gruppen hat Vf. ein geeignetes Lösungsm. bzw. Lösungsmittelgemisch entwickelt. Durch entsprechende Reihenverss. können die Faserarten ermittelt werden. Die Best. erfolgt bei Raumtemp. oder bei Siedehitze. Hierüber werden genaue Angaben gemacht. Die Gruppeneinteilung wird angeführt. (Melliand Textilber. **33**. 453—54. Mai 1952.) P. ECKERT. 8100

Ciba Akt.-Ges., Basel (Erfinder: **Franz Ackermann**, Binningen), Schweiz, *Wasserlösliche Derivate von Aminocumarinen* der Formel I (worin R u. R_1 = H, Alkyl, Aralkyl, u. X eine gegebenenfalls alkylierte oder aralkylierte Aminogruppe bedeuten), die mindestens eine SO_3H-Gruppe enthalten, dienen als *opt. Bleicher*. Sie entstehen z. B. aus den entsprechenden Aminocumarinen durch Rk. mit Aldehydbisulfitverbindungen. — Es wurden hergestellt die Verbb. aus *4-Methyl-7-aminocumarin* (II), Na-Bisulfitlsg. (III) u. CH_2O (IV); *4-Methyl-7-äthylaminocumarin* (V), III u. IV; II, III u. C_6H_5CHO; II u. dem Na-Salz der Benzylchlorid-4-sulfonsäure; II u. Benzylchlorid mit nachfolgender Sulfonierung; *4-Methyl-7-(äthylbenzylamino)-cumarin* u. Sulfonierung; II, III u. Furfurol; *3-Benzyl-4-methyl-7-äthylaminocumarin* u. Sulfonierung; V u. Chlorsulfonsäure; II u. β-bromäthansulfonsaurem Na. (**D. B. P. 842 074** Kl. 12q vom 30/12. 1948, ausg. 23/6. 1952. Schwz. Priorr. 14/6. 1946 u. 14/4. 1947.) LANGER. 8027

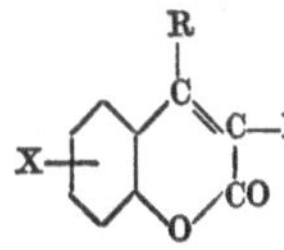
I

Henkel & Cie. G. m. b. H., Düsseldorf-Holthausen, *Alkylcyclohexansulfochloride*, welche die Sulfochloridgruppe weitgehend nur im cycloaliphat. Kern enthalten, erhält man durch Einw. von Cl_2 u. SO_2 auf Alkylcyclohexane, wobei man die Rk. abbricht, ehe die Gesamtmenge bzw. bis höchstens die Hälfte der Ausgangsstoffe sulfochloriert ist. Die Sulfochloride lassen sich in die Sulfonate mit *Wascheigg.*, oder mit NH_3, prim. oder sek. Aminen in Amide, oder mit Alkoholen u. Phenolen in Sulfonsäureester überführen. (**Schwz. P. 279 287** vom 29/3. 1949, ausg. 17/3. 1952. D. Prior. 13/12. 1948.) KRAUSS. 8029

Ultrakust-Gerätebau Dr.-Ing. Oswald Raudszus, Ruhmannsfelden/Ndb. (Erfinder: **Ernst Breuning** und **Herbert Muß**, Albeck, Kr. Ulm/Donau), *Beizen von Garnen* (I), *Geweben* (II) *und dergleichen.* Man setzt die mit hydrolysierbaren Metallsalzen getränkten I oder II Ultraschallwellen (III) so hoher Frequenz aus, daß eine Koagulation u. Hydrolyse der Salze stattfindet. Als Farbstoffträger werden Gele benutzt, die durch III aus dem Sol, mit dem I oder II getränkt wurde, gebildet werden, z. B. SiO_2- oder $Al(OH)_3$-Sol. (**D. B. P. 844 592** Kl. 8m vom 14/5. 1949, ausg. 21/7. 1952.) V. SCHILLER. 8033

Vereinigte Glanzstoff-Fabriken Akt.-Ges., Wuppertal-Elberfeld (Erfinder: **Leonhard Winkens**, Randerath), *Verfahren und Vorrichtung zur Herstellung hochfester Kunstseide aus Viscose* in konz. H_2SO_4 enthaltenden Spinnbädern. Die Fäden werden unmittelbar nach ihrem Austritt aus dem Spinnbad stufenweise u. dabei stetig zunehmend verstreckt. Die einzelnen Stufen der Verstreckung (I) folgen so dicht aufeinander, daß ein Verharren in der durch I der jeweiligen Stufe erteilten Spannung oder ein Nachlassen dieser nicht eintritt, bis der gewollte höchste Grad der I erreicht ist, worauf dann die Fäden gewaschen u. aufgewickelt werden. Unmittelbar über der Spinnbadoberfläche sind 2 Stufenscheibenrollen verschied. Durchmessers angeordnet. (**D. B. P. 842 999** Kl. 29b vom 15/2. 1944, ausg. 3/7. 1952.) SALZMANN. 8075

Phrix-Werke Akt.-Ges., Hamburg (Erfinder: **Richard Eugen Dürr** und **Hugo Koch**, Mölln), *Herstellung matter Kunstfasern oder -fäden oder Filmen aus Cellulosehydrat.* Viscose- oder Kupferoxydammoniak-Celluloselsg. wird elektroosmot. gereinigtes Kaolin in Mengen von 5—10% u. mehr zugesetzt. (**D. B. P. 845 230** Kl. 29b vom 4/7. 1942, ausg. 31/7. 1952.) SALZMANN. 8075

Ciba Akt.-Ges., Basel, Schweiz, *Textilbehandlungsmittel zum Appretieren, besonders Wasserdichtmachen.* Methylolverbb. von Aminotriazinen (oder deren Derivv., bes. Äther, mit niedrigmol., einbas. Alkoholen mit höchstens 4 C-Atomen) werden in Ggw. eines organ. Lösungsm. mit Methylolamiden, die die Gruppe —OCN—CH_2OH enthalten u. an deren freien Bindungen mindestens 1 C-Atom gebunden ist, unter azeotroper Entwässerung umgesetzt. — Von einem Kondensationsprod. aus Hexamethylolmelamin u. Methanol, das ca. 3 Methoxygruppen enthält, werden 300 (Teile) mit 150 Bzl. unter Rückfluß bei 85° entwässert. Dann setzt man 162 Stearinsäure-N-methylolamid zu u. behandelt 4 Std. bei 80—85° u. 510 mm Hg, bis ca. 10 W. entfernt sind. Von der erhaltenen farblosen, festen M. löst man 180 (Teile) in 72 A. u. verd. unter Erwärmen auf 75°. Nach dem Zusatz von HCOOH erhält man eine opalescierende Lsg., die z. B. als Finish für Viscosestapelfasern dienen kann. — Weitere Beispiele. (**E. P. 662 548** vom 3/3. 1949, ausg. 5/12. 1951. Schwz. Priorr. 4/3. u. 9/12. 1948.) MÖLLERING. 8075

British Celanese Ltd., London, England, *Verhinderung der Gasbleiche gefärbter Celluloseäther oder -ester.* Man imprägniert mit einer wss. Emulsion von in Xylol oder Toluol gelösten Inhibitoren, wie N.N'-Diphenyläthylendiamin, N.N'-Diphenylacetamidin, N-Methyl- oder N-Äthyl-N.N'-diphenylacetamidin, N-Phenylmorpholin, N.N'-Diphenylbenzamidin u. a., wobei die Emulgierung durch ein Gemisch von einem anionakt. Emulgiermittel, wie hochsulfonierten Fettsäureestern (Ricinusöl), u. einem in W. unlösl. Netzmittel, wie Polyäthylenglykolmonolauryläther, erreicht wird. Als weitere emulsionsfördernde Mittel können Dioxan, Aceton, A. oder Diacetonalkohol zugesetzt werden. (**E. P. 665 401** vom 1/7. 1949, ausg. 23/1. 1952. A. Prior. 3/7. 1948.) Möllering. 8077

Imperial Chemical Industries Ltd., London (Erfinder: **Robin Hamilton Kendall Thomson**, Kilwinning), England, *Herstellung von Fäden oder Fasern aus gelösten Erdnuß- oder Phosphorproteinen (Casein)*. Die in ein säure–salz-haltiges Bad gesponnenen Fäden werden zuerst in einem mit NaCl u. Na_2SO_4 bzw. $MgSO_4$ gesätt., wss. CH_2O-Bad (p_H-Wert 4—6) bei höchstens 60° einige Zeit belassen u. nachher mit einem mindestens 175 g/Liter H_2SO_4 aufweisenden, also stark angesäuerten wss. 2. CH_2O-Bad bei 55—75°, das mit Na_2SO_4 oder $MgSO_4$ gesätt. ist, ca. 10—15 Min. nachbehandelt. (**D. B. P. 842 826** Kl. 29b vom 1/1. 1949, ausg. 3/7. 1952. E. Prior. 22/8. 1945.) Salzmann. 8079

Imperial Chemical Industries Ltd., England, *Verbesserung der Festigkeit von Eiweißfäden*, die durch Naßverspinnen aus Eiweißlsgg., z. B. Erdnuß- oder Sojaeiweiß, erzeugt u. mit CH_2O in Ggw. einer sauren, konz. Salzlsg. gehärtet worden sind. Man behandelt die unlösl. Fäden nach der Färbung mit der wss. Lsg. eines Salzes, wie Hg-Acetat, Uranylacetat, bas. Cr-Sulfat, Al-Sulfat, Zn-Chlorid, Cd-Acetat. (**F. P. 989 432** vom 22/6. 1949, ausg. 10/9. 1951. E. Prior. 3/8. 1948.) Wittholz. 8079

Perfogit S. p. A., Mailand, Italien, *Niederschmelzen von Polyamiden* zur Herst. von *Spinnfasern*. Das inerte Gas wird im Schmelzraum des mit eingebautem Heizkörper versehenen Schmelztopfes (I), in dem das Schmelzgut gleichmäßig u. kontinuierlich abfließt, durch die am Heizkörper entlanglaufende Schmelze gegen den unteren Teil des I abgeschlossen. — Zeichnungen. (**Schwz. P. 279 247** vom 29/10. 1949, ausg. 1/3. 1952.) Salzmann. 8081

Werner Oeser, Prüfgeräte für die Textilindustrie. 2., wesentlich erw. Aufl. Stuttgart: Poeschel. 1952. (272 S. m. 152 Abb.) 8°. DM 19,50.

Erich Wagner, Mechanisch-technologische Textilprüfungen. 5. vollkommen neubearb. Aufl. Wuppertal-Barmen: Fr. Staats, Abt. Dr. Spohr-Verl. 1952. (VIII + 208 S. m. Abb.) kl. 8° = Handbuch f. Textilingenieure u. Textilpraktiker. T. 14. DM 13,—.

—, Taschenbuch für die Textilindustrie. Verantw.: **Richard Hünlich**. Berlin: Fachverl. Schiele & Schön. 1951. (396 S. m. Abb.) kl. 8°. DM 5,50.

XIX. Brennstoffe. Erdöl. Mineralöle.

W. F. Oreschko und T. Ss. Tisslin, *Untersuchung des Einflusses der thermischen Behandlung von Kohlen auf ihre Oxydation*. Beim Erhitzen von Kohle im N_2-Strom bei verschied. Tempp. u. nachfolgender Oxydation des Rückstands mit Luft wird ein unterschiedlicher Einfl. der Temp. auf die Oxydationsprodd. festgestellt. — Beim Erhitzen auf 270—340° erfolgt therm. Zers. u. Entfernung der polymerisierten, d. h. der mit O_2 reaktionsfähigen Anteile. — Die Entflammungstemp. der Kohle beim Erhitzen auf 390—400° ändert sich nicht, woraus zu schließen ist, daß die flüchtigen Prodd., die bei der Entflammungstemp. gebildet werden, keinerlei Einfl. auf den Brennprozeß haben. — Bei dieser Temp. erfolgte Erweichung der untersuchten Kohle u. ein sprunghafter Anstieg der Temp., wobei Entflammen der Kohle einsetzt. Dieser Vorgang ist durch die therm. Instabilität der entstandenen Anteile bedingt. Bei der Temp. von 430—440° tritt die für den Vorgang charakterist. Verfestigung der plast. M. ein. Die Neigung zum Entflammen nimmt zu, wobei die Bildungsgeschwindigkeit der bei hohen Tempp. entstehenden Anteile wächst. Dabei erfolgt gesteigerte Kristallisationsneigung, d. h. Bldg. von Kristalliten aus der Schmelze, eine Erscheinung, die typ. für die höheren Stufen der Metamorphose ist. — Die Beobachtungen stimmen gut mit früheren Anschauungen überein, wonach eine Wechselwrkg. von O_2 mit der micellaren Struktur der Kohlen angenommen wurde. (Журнал Прикладной Химии [J. angew. Chem.] **25**. 373—83. April 1952. Inst. für fossile Brennstoffe der Akad. der Wiss. der UdSSR.) Huene. 8126

M. Colson, *Brauchbare Kontrollmethoden der industriellen Behandlung von 0—10 mm-Kohlen zur Verkokung*. Es wurden Flotationsverss. an Kohlengemischen mit 20—30% flüchtigen Bestandteilen u. 8% Asche durchgeführt. Eine Flotations-Fl. mit D. 1,28 (Gemisch aus Bzl. u. CCl_4) gibt bei Kohlen mit weniger als 15% flüchtigen Bestandteilen keine Flotationsfraktion. Bei D. 1,60 (CCl_4) werden dagegen Werte von 90% erhalten. Auf Grund eines Diagramms läßt sich aus den Werten der flüchtigen Bestandteile der Fraktionen im Bereiche von 10—34% der %-Geh. an Magerkohle ermitteln. Dies ist auch auf Grund einer angegebenen Formel möglich. Die Durchführung der Meth. wird beschrieben. (Ind. chim. belge **17**. 369—72. 1952.) Boye. 8134

D. Ss. Jemeljanow, *Rolle des Leuchtpetroleums bei der Intensivierung der Kohlenflotation und Verbesserung der Eigenschaften der Konzentrate.* Bei gleichzeitiger Anwendung von Leuchtpetroleum (I) u. leicht- u. mittelschweren Flotationsölen wird die Ausbeute an Kohle in den Konzentraten u. die Leistungsfähigkeit der Anlage erhöht, sowie die Dauer der Flotation u. der Aschengeh. der Konzentrate vermindert. Die Wirkungen treten bes. dann ein, wenn der Zusatz von I erst 1—2 Min. nach Beginn der Flotation erfolgt, sowie bei Mitverwendung bekannter Schaummittel. (Уголь [Kohle] **27**. Nr. 4. 37—40. April 1952.) R. Richter. 8134

Erich Rammler, *Grundlagen für Entstaubungsgradmessungen in Brikettfabriken. 1. Mitt. Meßfälle des Entstaubungsgrades und ihre Genauigkeit.* Die verschied. Möglichkeiten zur Messung des Entstaubungsgrades von Brikettfabrik-Entstaubungsanlagen u. deren Genauigkeit werden behandelt. Die genaue Messung des Entstaubungsgrades erfordert, die zweckmäßigste Meßanordnung auf Grund sorgfältiger Genauigkeitsbetrachtungen auszuwählen. (Bergakademie, Freiberger Forschungsh., Nr. **11**. Ausg. A. Nr. 4. 22—31. 1952. Freiberg.) Eisenbarth. 8136

J. W. R. Rayner, *Vergasung nach der Technik der bewegten Ladung.* Es werden zunächst die Nachteile der konventionellen Methoden der Wassergasherst. aus einer verkokbaren Kohle besprochen. Die deutschen Methoden der Darst., hauptsächlich aus lignit. Kohlen, werden überprüft. Die Einführung des Verf. mit fließenden Feststoffen, wie bei der katalyt. Crackung von Erdölen, eröffnet eine neue Technik für die Gaserzeugungsmethoden. Die 3 Vorgänge (Verkokung der Kohle, Rk. zwischen Wasserdampf u. Koks sowie die Verbrennung eines Teiles des Gases oder Kokses zur Wärmeerzeugung für die Rkk.) werden in 3 zusammenhängenden Kesseln ausgeführt. Die Beschreibung einer halbtechn. Anlage zur Verarbeitung von Koksstaub wird gegeben. Bei späteren Verss. wurde zur Vergasung der Kohle ein Zweikesselsyst. angewandt, wobei Verkokung u. Dampfung in einem Kessel durchgeführt wurden. Ein Fließschema sowie techn. Angaben werden gegeben. Ausgedehnte Disskussion folgt. (J. Inst. Fuel **25**. 50—59. März 1952.) Boye. 8152

S. C. Porter, *Wasser-in-Teer-Emulsionen unter Berücksichtigung von Abdichtmitteln bei wasserfreien Gasbehältern.* Der zur Abdichtung von wasserlosen großen Gasbehältern benutzte Teer wird leicht von dem aus dem Gas kondensierten W. emulgiert, so daß im Winter Ansammlungen bis 65% u. im Sommer bis zu 15% W. auftreten können. Die Ursachen dieser unerwünschten Emulsionsbldg. werden untersucht u. Demulgatoren (*Amin 220*) in Vorschlag gebracht, Beschreibung der Verss. u. Arbeitsweise im prakt. Betrieb im Original. — 19 Literaturhinweise. (Gas Wld. **135**. 592—93. 31/5. 1952. Ipswich District, Eastern Gas Board.) K. O. Müller. 8156

Harry Levin, *Erdöl.* Zusammenstellung der auf dem Gebiet der Unters. von Erdölprodd. während des letzten Jahres erschienenen Veröffentlichungen u. Patente. Gliederung: Rohöl, Gas, Bzn., Leuchtöl u. schwerere Heizöle, Schmieröle, Asphalt, Besonderheiten, Verunreinigungen, Elemente, S u. S-Verbb., Katalysatoren, Verschiedenes. — 129 Literaturzitate. (Analytic. Chem. **24**. 266—70. Febr. 1952. Beacon, N. Y., Texas Co.) Klasske. 8186

E. A. Dolak, *Zur Theorie der radioaktiven Ölgenese.* Die Entstehung des Erdöls durch Radioaktivität ist nicht restlos bewiesen, doch erlaubt das Vork. großer Mengen He in Erdgas den Schluß, daß der radioakt. Zerfall der Materie bei der Entstehung des Erdöls eine gewisse Rolle gespielt hat. (Erdöl-Ztg. **68**. 61—62. Juni 1952. Wien.) Rosendahl. 8188

R. H. Jacoby und **M. J. Rzasa,** *Gleichgewichtsverdampfungsverhältnisse für Stickstoff, Methan, Kohlendioxyd, Äthan und Schwefelwasserstoff in Absorptionsölen–Naturgas und Rohöl–Naturgas-Systemen.* Die K-Werte wurden in 2 verschied. Arten von Mischungen, die in der Industrie der Erdölgewinnung u. Naturgasraffination von Bedeutung sind, ermittelt. Der K-Wert hat große Bedeutung bei der Gleichgewichtsverdampfung in Tankanlagen. Arbeitsweise, Resultate u. graph. Darstellungen neben 8 Literaturhinweisen im Original. (J. Petroleum Technol. **4**. Petroleum Trans., AIME 99—110. April 1952. Tulsa, Okla., Stanolind Oil and Gas Co.) K. O. Müller. 8190

R. A. Salathiel, *Ein neuer Zusatz zur Kontrolle der Filtration von Bohrschlämmen.* Labor- u. Ölfelduntererss. über Verwendung eines sulfonierten Phenol–Formaldehyd-Kondensationsprod. (*SPIF*) haben zu dem Ergebnis geführt, daß man mit Hilfe dieses neuen Prod. den Wasserverlust von Bohrschlämmen kontrollieren kann, wobei es ohne Bedeutung ist, ob der Bohrschlamm aus frischen oder stark salzhaltigen Wässern hergestellt ist. Das neue Prod. unterliegt keiner Fermentierung, noch erhöht es die Viscosität oder den Gelzustand des Bohrschlammes über das zulässige Maß. Anwendungsweise u. Versuchsergebnisse an Hand von Tabellen u. Diagrammen im Original. (J. Petroleum Technol. **4**. Petroleum Trans., AIME 85—90. März 1952. Houston, Tex., Humble Oil and Refining Co.) K. O. MÜLLER. 8190

J. F. Mason jr., *Einige Korrosionsprobleme der Petroleumraffinerie.* Es werden 15 Korrosionsprobleme nach den ASTM-Vorschriften untersucht. Solange weder Mineralsäuren oder Chloride noch stark alkal. Lsgg. als Angriffsmittel in Betracht kommen, hat sich nichtrostender Stahl der Type 502 an Stelle von Flußstahl bewährt. In allen anderen Fällen ist Monel, 70/30 Kupfer-Nickel, Admiraltymetall u. Muntzmetall zu verwenden. (Trans. Amer. Soc. mechan. Engr. **74**. 305—12. April 1952. New York, N. Y., International Nickel Comp.) J. FISCHER. 8194

P.-H. Mensier, *Verwendung pflanzlicher Öle als Motorenkraftstoff.* (Vgl. C. **1952**. 5512.) Da pflanzliche Öle als solche nicht in Motoren direkt verwendbar sind, wird die chem. Umwandlung durch Pyrolyse oder Alkoholyse untersucht. Bei ersterer empfiehlt sich die vorherige Gewinnung des Glycerins durch Fettspaltung. Für die Pyrolyse der Fettsäuren wird ein $ZnCl_2$-Kontakt vorteilhaft verwendet. Ausbeutemäßig vorteilhafter ist aber die Alkoholyse, d. h. Umesterung der Glyceride in Äthyl- oder besser Methylester in Ggw. von kleinen Mengen konz. H_2SO_4. Man erhält bei Anwendung der 5—6fachen theoret. Menge Alkohol mit 95% Ausbeute Fll., die mit Gasöl vollständig mischbar sind u. gute Verbrennungseigg. zeigen. Die Cetanzahl liegt bei 60, der Verbrauch wenig höher als bei Gasöl. Die Umesterung mit wasserfreiem Methanol geht bei ca. 30—40° mit ausreichender Geschwindigkeit vor sich. (Oléagineux **7**. 69—74. Febr. 1952.) SCHMELING. 8210

A. Seifert, *Untersuchungen verschiedener Dieselmotoren für Ackerschlepper mit Normal- und HD-Ölen und Dieselkraftstoffen verschiedenen Schwefelgehalts.* Bei Verwendung von Dieselkraftstoffen mit einem S-Geh. von 0,94 u. 1,1% in wassergekühlten Schleppermotoren, die mit HD-Ölen geschmiert wurden, wurde das Ansetzen von unlösl. Oxydationsprodd. verhindert, Ölkohle u. Ruß in feinverteiltem Zustand in Schwebe gehalten, die Bldg. von Ölschlamm vermieden. Diese HD-Öle besitzen auch außer den genannten Eigg. die Fähigkeit, bei Dieselkraftstoffen mit hohem S-Geh. (3,87%) die Wrkg. des höheren S-Geh. zu neutralisieren. Zylinder- u. Kolbenring verschleiß bei gleichen Betriebsbedingungen ist bei Verwendung der HD-Öle geringer als bei Normalölen. Steigt der S-Geh. des Dieselkraftstoffes von 0,94 u. 1,10% auf 3,87%, dann tritt bei Verwendung des gleichen HD-Öles ein dreifach höherer Zylinder- u. Kolbenringverschleiß auf. Eine Hemmung der Ölalterung bei HD-Ölen konnte nur bedingt beobachtet werden. — Versuchsdurchführung, Diagramm, Berechnungen im Original. (Automobiltechn. Z. **54**. 51—56. März. 77—81. April 1952. Braunschweig-Völkenrode, Inst. für Schlepperforschung.) K. O. MÜLLER. 8212

R. W. Hurn und **H. M. Smith**, *Kohlenwasserstoffe aus dem Dieselölsiedebereich.* Die chem. Faktoren der Kraftstoffverbrennung im Dieselmotor werden in einer bei konstantem Vol. arbeitenden Verbrennungsbombe des BUREAU OF MINES untersucht. Der Verlauf der Verbrennung wird mittels Oscillographen registriert. Es wird der Zündverzug bei verschied. Temp. von reinen KW-stoffen, u. zwar von n-Heptan u. den folgenden Homologen mit grader C-Atom-Anzahl bis C_{18}, den entsprechenden α-Olefinen u. von fünf Naphthenen von C_7—C_{12} gemessen. Die Temperaturempfindlichkeit der Zündwilligkeit ist bei den n-Paraffinen geringer als bei den Ungesättigten mit insgesamt schlechterer Zündfähigkeit. Das Zündverh. wird in Kurven dargestellt, die mit der motor. bestimmten Cetanzahl verglichen werden. Da die Druck–Temp.-Bedingungen bei der motor. Cetanzahlbest. veränderlich sind, wird zwecks Berücksichtigung der Temperaturempfindlichkeit der Kraftstoffe vorgeschlagen, für typ. Kraftstoffe bestimmter Provenienz die beschriebenen Kurven aufzunehmen, die Rückschlüsse auf das Verh. der Kraftstoffe in Motoren verschiedenster Art zulassen. (Ind. Engng. Chem. **43**. 2788—93. 10/12. 1951. Bartlesville, Okla., Bur. of Mines, Petroleum Exp. Station.) SYDOW. 8212

C. Becher jr., *Aufbau und Anwendung der Bohröle.* Die bestehenden Normen DIN 6558 berücksichtigen die erforderlichen Eigg. nur zum Teil. Vf. hat aus der Praxis heraus noch folgende Eigg. zugrunde gelegt: Wassergeh.; Verh. der wss. Lsgg. bzw. Verdünnungen mit dest. W. u. dem zur Verfügung stehenden Gebrauchswasser; Rostvers. der Verdünnung mit dest. W. u. dem Gebrauchswasser. Die Prüfungen des Verh. der Verdünnungen u. der Rostverss. wurden mit Verdünnungen 1:10, 1:20, 1:40 u. 1:60 vorgenommen. Außerdem wurde der p_H-Wert der wss. Verdünnungen 1:10 u. 1:60 festgestellt. Bei der richtigen Einschätzung der ermittelten Werte waren stets Beurteilungen möglich, die von der Praxis bestätigt wurden. (Chem. Techn. **4**. 156—58. April 1952. Erfurt.) ROSENDAHL. 8220

—, *Mitteilung über die Schmierung von Kältemaschinen.* Es werden die Anforderungen, welche an Schmieröle für die Kälteindustrie zu stellen sind, zusammengestellt. Bilder der Apparaturen zur Ausführung der diesbezüglichen Messungen sind beigegeben. (Rev. prat. Froid **7.** Nr. 6. 20—24. März 1952.) K. L. WOLF. 8220

A. Cameron, *Hydrodynamische Schmierung von rotierenden Scheiben bei reinem Gleiten. Ein neuer Typ von Ölfilmbildung.* Es wird gezeigt, daß es möglich ist, zwischen Scheiben einen Ölfilm unter reinen Gleitbedingungen (ohne Rollen) zu erhalten. Die klass. hydrodynam. Theorie der Schmierung vermag diesen Effekt nicht zu erklären. Hier wird in die Schmiergleichung für dünne Filme eine Änderung der Viscosität mit der Filmdicke eingefügt. Vereinfachende Annahmen über Temp. in der Grenzschicht u. im Film führen zu gut anwendbaren Ergebnissen. (J. Inst. Petroleum **37.** 471—86. Aug. 1951.) K. L. WOLF. 8220

Marjorie J. Vold und Robert D. Vold, *Über die Beschaffenheit von seifeneingedickten Abschmierfetten.* Auf Grund von Phasendiagrammen von Ca- u. Li-Stearat in Cetan u. Decalin u. von Na-Stearat in Cetan wird gezeigt, daß Fettsysteme von augenscheinlich ähnlichen Phasenbedingungen untereinander hinsichtlich der Eigg., z. B. Röntgenbeugungsbild, Flüssigkeitsabgabe unter Druck, Fließwerten, Nutzleistung auf reibenden Flächen u. dgl., differieren. Nach Ansicht der Vff. beruht dies auf dem Vorhandensein eines wohldefinierten Strukturtypus der dispergierten Seifenteilchen, eine Hypothese, die ihre Stütze in elektronenmkr. Aufnahmen der Abschmierfette findet. — 22 Literaturhinweise. (J. Inst. Petroleum **38.** 155—63. März 1952. Univ. of Southern California, Dep. of Chem.) K. O. MÜLLER. 8222

F. J. Nellensteyn und J. E. W. van den Driessen Mareeuw, *Augenblicklich verlaufende Reaktionen zwischen trockenen Gasen und Lösungen von Asphaltbitumen und Teer.* Die Unters. der sofort erfolgenden Rkk. zwischen mehreren Asphaltarten u. Steinkohlenteer einerseits u. HCl, HBr, HJ, HF, BF_3, SiF_4 u. $COCl_2$ andererseits, bestätigt die von Vff. schon früher vertretene Hypothese (C. **1942.** II. 2106; Chem. Weekbl. **41.** [1945] 5), derzufolge diese Rkk. Dissoziationsprodd., sogenannten freien Radikalen, zuzuschreiben sind. Die Ergebnisse der Best. der magnet. Susceptibilität bei verschied. Tempp. führen zu der gleichen Erkenntnis. Einige Anwendungen der genannten Rkk. werden erörtert. (Chem. Weekbl. **48.** 158—60. 15/3. 1952. Rijkswegenbouwlabor.) WESLY. 8224

Heimo Schöberl, *Über die Ermittlung des Sauerstoffgehaltes von Kohlen.* Vf. zeigt, daß keine der Methoden zur direkten Best. von Sauerstoff in organ. Substanzen bei Anwendung auf Kohlen unmittelbar richtige Ergebnisse für den wahren Sauerstoffgeh. ($O_{org.}$) der eigentlichen Brennstoffsubstanz geben kann. An einem Analysenbeispiel werden die auftretenden Fehler quantitativ verfolgt. Prakt. erscheint es am aussichtsreichsten, den Wert für $O_{org.}$ nach einer abgeänderten Differenzmeth. zu bestimmen, indem an Stelle des Aschengeh. der wahre Geh. an mineral. Bestandteilen eingesetzt u. bei der Elementaranalyse der Carbonatkohlenstoff berücksichtigt wird. (Brennstoff-Chem. **33.** 241—44. 23/7. 1952. Essen, Gaswärme-Inst. der Vereinigten Inst. für Wärmetechnik.) K. O. MÜLLER. 8246

Elwin B. Hall, Los Angeles, **Ernest F. Snyder,** Long Beach, und **Carl S. Seybold jr.,** Gardena, Calif., V. St. A., *Öl- oder Gasbohrungen.* Das Ausspülen der Bohrungen erfolgt mittels einer wss. Lsg., die 1,5—5 (%) Na-Pyrophosphat, 1—5 eines anion. Reinigungsmittels, wie Schwefelsäureester von Fettalkoholen, Sulfonaphthenate, bes. Alkylarylsulfonate oder deren Salze, wie Salze von Penta-, Hexa-, Hepta- oder Octadecylbenzolsulfonaten, u. 0,25—2 eines nichtionisierbaren Reinigungsmittels enthält. Die wss. Lsg. soll ein p_H von 3,5—4,5 besitzen. Als nichtionisierbare Mittel kommen in Betracht: Polyäthylenglykolmonoisooctylphenyläther, Sorbitanmonolaurat, Fettsäureester eines mehrwertigen Alkohols oder Diäthylenglykolmonolaurat. Diese Lsg. verhindert die Bldg. eines Nd. von Kalkverbb., entfernt aber die harzigen oder bituminösen Bestandteile, die sich in der Bohrung abgesetzt haben. (**A. P. 2 580 765** vom 7/1. 1949, ausg. 1/1. 1952.) H. HAUSWALD. 8187

Standard Oil Development Co., Elizabeth, N. J., übert. von: **Richard A. Salathiel,** Houston, Tex., V. St. A., *Zementierung von Ölbohrungen.* Hierzu verwendet man einen pumpfähigen Brei, der zu 40—75 (%) aus Portlandzement (I), 5—35 koll. Ton (II), z. B. Bentonit, u. 0,1—1,0 wasserlösl. Salz der Ligninsulfonsäure (bezogen auf den trocknen Zement) u. W. als Rest besteht. — Beispiel: 16 II, 0,5 ligninsulfonsaures Ca u. ca. 10 Gall. W. für je 94 lbs. I. (**A. P. 2 582 459** vom 3/11. 1948, ausg. 15/1. 1952.) H. HAUSWALD. 8187

„Shell" Refining and Marketing Co. Ltd. (Erfinder: **Frances Patrick Hiron, Barry Joseph Donovan** und **Philip James Garner**), London, England, *Abtrennung von Mineral-*

ölsäuren aus Mineralölrückständen, in denen sie als wasserlösl. oder in W. dispergierbare Seifen (I) im Gemisch mit wasserunlösl. Bestandteilen enthalten sind. Die Mischung wird mit einem wss. Extraktionsmittel (z. B. wss. Lsgg. von Alkoholen mit einem Alkoholgeh. bis zu 10%), im Verhältnis zur Seife von 4 : 1 bis 35 : 1, bei > 100° extrahiert, wobei eine diese I in Lsg. oder Dispersion enthaltende wss. Schicht u. eine im wesentlichen in W. unlösl. Bestandteile des Rückstandes enthaltende Ölschicht anfällt. Zweckmäßig extrahiert man bei 130—180° u. einer Verweilzeit von ½—5 Std.; die Trennung der Schichten erfolgt vorteilhaft bei 60—70°. In den Beispielen werden im wesentlichen *Naphthensäuren* bzw. *Erdölsulfonsäuren (Mahoganysäuren)* abgetrennt. — Vgl. Tabellen. **D. B. P. 833813** Kl. 12o vom 16/8. 1949, ausg. 13/3. 1952. E. Priorr. 18/8. 1948 u. 25/7. 1949.) KRAUSS. 8193

L. Sonneborn Sons, Inc., übert. von: **Hunter Miley**, Petrolia, Pa., V. St. A., *Wiedergewinnung von SO_2 aus Säureschlamm.* Säureschlamm (I) aus der H_2SO_4-Raffination von Erdöl wird fortlaufend im Gegenstrom mit einem überhitzten Gas (> 500° F) zwecks Wärmeaustauschs in eine Zersetzungszone geleitet. Bei genügend langer Berührung zwischen I u. dem Gas, das mindestens 75 Vol.-% Dampf enthält, u. bei genügend hoher Temp. wird der größte Teil des in I enthaltenen KW-stoffmaterials verkokt. Koks u. die gasförmigen Zersetzungsprodd. werden fortlaufend abgezogen u. letztere kondensiert, wobei man SO_2-Gas von hoher Reinheit gewinnt. (**A. P. 2 587 640** vom 12/8. 1947, ausg. 4/3. 1952.) UNGER. 8195

Shell Development Co., übert. von: **Earle W. Reiley jr.** und **Lewis J. Duke**, San Francisco, Calif., V. St. A., *Raffinieren von Erdöldestillaten*, bes. von Gasöldestillaten, welche beim nichtkatalyt. Spalten von Gasöl erhalten wurden. — Das Ausgangsöl wird auf 1 Barrel mit 1—1,5 lbs. 87—95%ig. H_2SO_4 behandelt, u. nach Abtrennung des Säureschlammes wird das Öl mit 1—1,5 lbs. Ton pro Barrel bei 95—110° F unter Ausschluß von Luft verrührt, um die sauren Anteile aus dem Öl zu adsorbieren. Danach wird die Behandlung mit Ton bei 135° F durch Verrühren unter Zuführung von Luft wiederholt. Schließlich wird die Behandlung mit Ton, wobei 2 lbs. auf 1 Barrel Öl angewandt werden, nochmals wiederholt. (**Can. P. 481 564** vom 12/12. 1949, ausg. 4/3. 1952. A. Prior. 4/1. 1949.) M. F. MÜLLER. 8195

A. R. Lee, Types of road surfacing and maintenance using tar or asphaltic bitumen. 2nd. ed. London: H. M. S. O. 1952. (28 S. m. Abb.) s. 1 d. 9

—, Handbuch der Mikroskopie in der Technik. Hrsg. v. Hugo Freund. Unter Mitw. zahlreicher Fachwissenschaftler. Bd. 2: Mikroskopie der Bodenschätze. T. 1: Mikroskopie der Steinkohle, des Kokses und der Braunkohle. Frankfurt/Main: Umschau-Verl. 1952. (759 + LXII + 46 S. m. 589 Mikroaufn., Zeichngn. u. Porträts sowie 32 farb. Mikroaufn.) gr. 8° u. 8°. DM 135,—.

XXI. Leder. Gerbstoffe.

Charles Gastellu, *Anwendungen von p_H und r_H in der Gerberei.* Vortrag. (Bull. Assoc. franç. Chimistes Ind. Cuir Doc. sci. techn. Ind. Cuir **14**. 45—66. März 1952. Lyon.) WINIKER. 8330

—, *Infrarottrocknung in der Lederindustrie.* Kurze Übersicht über die Infrarottrocknung. In der Lederindustrie kommt die Infrarottrocknung vor allem für die Trocknung von Chromleder u. Appreturen in Frage. Der Vorteil liegt in der starken Verkürzung der Trockenzeiten. (Ledertechn. Rdsch. [Zürich] **3**. 78—80. 1951.) O. ENGEL. 8332

—, *Maschinen für die Gerberei und Lederherstellung.* Beschreibung einiger verbesserter u. neuer Maschinen, wie Abwelk-, Entfleisch-, Falz-, Krispel-, Glanzstoß-, Bügel-, Präge-, Blanchier-, Enthaarungs-, Wasch- u. Bimsmaschinen, sowie Streck-, Trocken- u. Färbeapparate, Gerbfässer u. Wasserenthärtungsanlagen für die Gerberei u. Lederherstellung. (Leather Trades' Rev. **102**. 71—73. 3/10. 1951.) H. G. FRÖHLICH. 8332

Fritz Stather, *Boemotan SK, ein neuer synthetischer Austauschgerbstoff.* Boemotan SK (I), ein synthet. Gerbstoff auf Phenolbasis, kann allein u. in Kombination mit pflanzlichen Gerbstoffen verwendet werden. Eine gegebenenfalls auftretende Schlammbldg., bes. in Verb. mit Fichtenrindenextrakt, kann durch zweckmäßige Anwendung von I weitgehend behoben werden. Zus. von I (in %): Gerbstoffe 26,4, Nichtgerbstoffe 12,8, Unlösliches 0, W. 60,8; Mineralstoffgeh. (Glührückstand) 7,6, Fe-Verbb. (Fe_2O_3) 0,07, Kalkverbb. (CaO) 0,35, NH_4-Verbb. ($[NH_4]_2SO_4$) 0,75, Al-Verbb. (Al_2O_3) 0,13. Die Aussalzbarkeit beträgt bei $^1/_3$ bzw. $^2/_3$ NaCl-Sättigung 51,8 bzw. 33,3%. (Dtsch. Schuh- u. Leder-Z. **1**. 241—43. Sept. 1952. Freiberg, Sachsen, Deutsches Lederinst.) WINIKER. 8336

F. Grall, *Die sulfochlorierten Paraffine und ihre Anwendung in der Gerberei.* Vf. gibt einen Überblick über Herst., physikal.-chem. Eigg. u. gerbereitechn. Anwendung der sulfochlorierten Paraffine (I). Zum Gerben werden die I meist nicht allein, sondern zusammen mit Formaldehyd, Al- u. Cr-Salzen verwendet. (Bull. Assoc. franç. Chimistes Ind. Cuir Doc. sci. techn. Ind. Cuir **14.** 25—34. Febr. 1952.) WINIKER. 8336

Ch. Faure, *Betrachtungen über die Färbung des Leders. Färbung und Gerbung.* Allg. Ausführungen. (Bull. Assoc. franç. Chimistes Ind. Cuir Doc. sci. techn. Ind. Cuir **14.** 35—43. Febr. 1952.) WINIKER. 8336

Soc. An. des Manufactures des Glaces et Produits Chimiques de Saint Gobain, Chauny & Cirey, Frankreich, *Gerbmittel aus Schwarzlaugen.* Die konz. Laugen oder das aus ihnen gefällte Lignin wird mit Sulfonierungsmitteln, wie $CaHSO_3$, NH_4HSO_3, SO_3, SO_2, H_2SO_4, rauchender H_2SO_4, SO_3HCl, SO_2Cl_2 u. $SO_2 + Cl_2$ mehrere Std. im Autoklaven bei 170—195° u. 3—5 atü behandelt, woran sich noch eine Kondensation mit Phenolen, Polyphenolen, Phenolsulfonsäuren oder anderen sulfonierten Verbb., sowie mit Aldehyden, Harnstoff, Aminen oder Mischungen dieser Stoffe anschließen kann. (**F. P. 992 898** vom 25/9. 1944, ausg. 24/10. 1951.) WITTHOLZ. 8337

Farbenfabriken Bayer (Erfinder: **Gustav Mauthe, Hermann Noerr,** Opladen, und **Martin Meister**), Leverkusen-Bayerwerk, *Wasserlösliche, organisch gebundenen S enthaltende Ligninabkömmlinge* erhält man durch Oxydation von aus Lignin oder seinen Abkömmlingen, bes. Ligninsulfosäuren, durch Behandeln mit Alkalien erhältlichen alkalilösl., jedoch in saurem Milieu schwer- oder unlösl., Prodd. in Anwesenheit von lösl. Salzen der H_2SO_3 in alkal. Lsg. mit O_2-haltigen Gasen oder O_2-abgebenden Stoffen. Als Ausgangsstoffe können die nach D. R. P. 740 269 (vgl. C. **1943.** II. 2333) oder nach F. P. 878 122 erhaltenen Prodd. verwendet werden. — In Ätznatron u. W. gibt man bei 180° ligninsulfonsaures Na u. erhitzt ½ Std. unter Kneten auf 260°. Die Schmelze wird in W. gelöst, angesäuert, wobei sich eine harzige M. abscheidet; durch diese wird nach Lösen mittels W., Ätznatron u. Na_2SO_3 bei 90° ca. 7 Std. ein Luftstrom geleitet. Nach dem Ansäuern mit HCl erhält man ein in W. mit saurer Rk. lösl. Harz, dessen Lsg. gelatinefällende Eigg. hat. In weiteren Beispielen wird Fichtenholzsulfitablauge, BERGIUS-Lignin, Sulfitcelluloseablauge, kalkfreie Buchenholzsulfitablauge verwendet. Verwendung zur Herst. von *Gerbmitteln.* (**D. B. P. 843 697** Kl. 12o vom 4/10. 1940, ausg. 10/7. 1952.) KRAUSS. 8337

Pierre L. N. Herbinet und **John A. Ch. A. Hoveman,** Frankreich, *Gerben von Fellen,* Häuten u. dgl. mit 1—4 cm³/Liter rohes Kreosotöl enthaltenden Emulsionen in 1—4 Tagen. Darauf Spülung mit W. u. Trocknung. Dem Kreosotöl können auch kleine Mengen sulfonierter Öle zugesetzt sein. Dem Trocknen kann noch eine Behandlung mit Dekahydronaphthalin oder Terpentinöl folgen. (**F. P. 986 638** vom 29/11. 1943, ausg. 2/8. 1951.) WITTHOLZ. 8337

Forestal Land, Timber & Railways Co. Ltd., London (Erfinder: **Theodore White** und **Jeremy Ralph Barnes,** Hastings), England, *Herstellung von Leder.* Häute werden mit einem nichtharzartigen Kondensationsprod. (I) eines oder mehrerer Aldehyde (II) mit einem oder mehreren Ketonen (III) imprägniert u. mit einer alkal. Lsg. behandelt, deren Alkalitätsgrad genügt, um Verharzung von I zu bewirken, ohne das Leder anzugreifen, bis das Harz eingedrungen ist, bes. bei p_H 11 u. höher. II: CH_2O, Acet- oder Crotonaldehyd, III: Aceton, Methyläthyl- oder Methylpropylketon. (**E. P. 666 619** vom 14/10. 1949, ausg. 13/2. 1952.) v. SCHILLER. 8341

XXII. Leim. Klebstoffe usw.

Eugen Bock, *Der Entwicklungsstand des Klebens und Leimens mit Kunststoffen.* Überblick. — 13 Literaturangaben. (Kunststoffe **42.** 344—45. Okt. 1952. Leverkusen.) WINIKER. 8388

T. J. Meyrick und **J. T. Watts,** *Polyisocyanate als Klebemittel für die Polyesterfaser Terylen und Kautschuk.* Polyisocyanate eignen sich als techn. Bindemittel für Terylen u. Kautschuk. Die Methoden werden besprochen. (India Rubber J. **122.** Nr. 12. 7—8. 22/3. Nr. 13. 5—6. 29/3. 1952. Manchester, Imp. Chem. Ind., Dyestuffs Div., Rubber Serv. Dep.) SCHÄFF. 8388

B. B. Chemical Co. of Canada Ltd., Montreal, Quebec, Can., übert. von: **Thomas Clifton Morris,** Lexington, und **Eric Clifford Johnson,** Somerville, Mass., V. St. A., *Klebmittel für Vinylharze.* Man verwendet hierfür einen Latex eines Butadien–Acrylnitril-Kautschuks mit bis zu 10—50% Acrylnitril (I), der außerdem einen die Viscosität erhöhenden Stoff u. ein Netzmittel enthält. Um etwa eine poröse Unterlage mit einer plastizierten wasserfesten Vinylharzplatte zu überziehen, bestreicht man entweder eine oder beide zu vereinigenden Flächen mit dem genannten ca. 40%ig. Latex, dessen Mischpolymerisat ca. 25 Gew.-% I enthält, u. der als Netzmittel 0,25—8, bes. 2—4% eines wasserlösl. sulfonierten KW-stoffes (alkylierten Aromaten) u. 1—8%, bes. 3—6%

Ammoncaseinat enthält, läßt trocknen u. preßt die Flächen gegeneinander. Man kann die Vinylharzfläche auch mit einer nicht quellenden oder lösenden organ. Fl. vorher abwaschen. (**Can. P. 481 484** vom 31/5. 1947, ausg. 4/3. 1952. A. Prior. 1/8. 1946.) PANKOW. 8389

Metallgesellschaft A.-G. (Erfinder: **Günther Hanke**), Frankfurt/M., *Verbinden von synthetischem Kautschuk mit anderen Werkstoffen*, z. B. Metall, Holz oder Porzellan. Zwischen die zu verbindenden Oberflächen wird eine gegebenenfalls nach Komponenten getrennt zu verwendende Zwischenschicht aus synthet. Kautschuk, bes. Butadien-Styrol- oder -Acrylsäurenitril-Mischpolymerisat, als wss. Dispersion in Mischung mit Hämoglobin u. beim Erhitzen eine fortschreitende Erhärtung erfahrenden Kondensationsprodd. des Phenols u. seiner Homologen oder des Harnstoffs, Thioharnstoffs u. deren Homologen mit Aldehyden, bes. Formaldehyd, aufgebracht. (**D. B. P. 817 524** Kl. 39b vom 23/8. 1939, ausg. 3/6. 1952.) OVERBECK. 8389

Dunlop Rubber Co. Ltd., London (Erfinder: **William Arthur Gurney,** Castle Bromwich), England, *Verbinden von Kautschuk mit festen Stoffen.* Die mit dem Kautschuk zu verbindende Oberfläche, wie Metall, Holz oder Kunstharzteile, wird mit einem wärmehärtbaren Kunstharz, bes. Phenolaldehydharz, überzogen. Auf diesen Überzug wird eine filmförmige Zwischenschicht aus einem organ. Polyisocyanat oder Polyisothiocyanat, bes. Alkyldiisocyanat, Aryldiisocyanat oder Polyarylmethanpolyisocyanat, bes. Triphenylmethantriisocyanat, aufgebracht. Hierauf wird die Kautschukschicht unter Druck aufvulkanisiert u. gleichzeitig das Kunstharz ausgehärtet. Der Zwischenfilm kann natürlichen oder künstlichen Kautschuk enthalten. (**D. B. P. 839 265** Kl. 39b vom 5/9. 1950, ausg. 19/5. 1952. E. Priorr. 15/3. u. 4/5. 1949.) OVERBECK. 8389

Karl Micksch, Taschenbuch der Kitte und Klebstoffe. 3. Aufl., vollst. neu bearb. u. erg. v. **Erich Plath**. Stuttgart: Wissenschaftliche Verl.-Ges. 1952. (366 S.) kl. 8°. DM 19,50.

XXIV. Photographie.

E. Mutter, *Ein Streifzug durch ausländische Zeitschriften. Die Entwickler.* Zusammenfassende Ausführungen über Entwicklerprobleme: physikal. u. chem. Entw., Kornverteilung u. topograph. Aufbau des Bildes in der Emulsionsschicht, Auswrkg. des Sulfitgeh. im Entwickler, der Schleier u. seine Ursachen. (Photo-Revue **64.** 141—44. Juli 1952.) W. GÜNTHER. 8590

F. Kottler, *Die logarithmisch-normale Verteilung von Teilchengrößen. Homogenität und Heterogenität.* Die Verteilung von Teilchengrößen gehorcht bei vielen Vorgängen des Wachstums oder des Zerfalls einem logarithm.-n. Gesetz (a + b log x). Im Anschluß an früher vom Vf. behandelte Fälle, wo Teilchen zu einer homogenen Population gehörten, werden kompliziertere Fälle mit heterogenen Populationen behandelt. Beispiele solcher Fälle trifft man bei den Teilchen *photograph. Emulsionen.* Unter Benutzung der experimentellen Befunde von LOVELAND u. TRIVELLI wird das analyt. Verf. kurz erläutert. Auf Grund der Ergebnisse mit diesem Verf. lassen sich Einblicke über das Wachsen von Silberhalogenidkörnern gewinnen. (J. physic. Chem. **56.** 442—48. April 1952. Rochester, N. J., Eastman Kodak Co.) HENTSCHEL. 8596

W. Ss. Tschelzow, *Chemische Grundlagen der schwarz-weißen sowie der Farbphotographie.* Allg. Übersicht der chem. Grundlagen der Schwarz-Weiß-Photographie sowie der Farbenphotographie (mit dreischichtigen Filmen u. Photopapieren); Wrkg. der Entwickler u. Angabe der hauptsächlich verwendeten Farbstoffe; spektrale Lichtempfindlichkeit der Ag-Halogenidphotoschichten. (Химия в Школе [Chem. Schule] **1952.** Nr. 3. 23—32. Mai/Juni.) V. WILPERT. 8630

D. C. Gresham, *Ein neuer Beitrag zu den photographischen Problemen der Farbenphotolithographie.* Nach einleitenden Ausführungen über den farbenlithograph. Prozeß u. seine Probleme beschreibt Vf. ein Verf., mit dessen Hilfe die Tonwiedergabe bei Farbreproduktionen korr. werden kann. — Zunächst wird auf n. Weg ein Rasternegativ vom Original hergestellt. Das Negativ wird in einem Farbentwickler entwickelt u. anschließend das Silberbild gebleicht, ohne das Halogensilber an unbelichteten Stellen zu entfernen. Dann wird die Platte in die Kamera wieder eingesetzt u. ohne Zwischenschaltung des Rasters einer Zweitbelichtung teils durch das Original, teils durch weißes Papier unterworfen, wobei ein Positiv entsteht. Dieses Positiv wird in einem kontrastreichen Entwickler zu einem Silberbild entwickelt. Dann fixiert man die Platte, die nun ein Rasterpositiv aus Ag neben einem Rasternegativ aus Farbstoff an komplementären Stellen enthält. Schließlich wird das Farbstoffbild entfernt, wonach das zurückbleibende Rasterpositiv den theoret. Forderungen weitgehend entspricht. Bei der Herst. der farbigen Rasternegative werden die gebräuchlichen Farb-

MIX
Papier | Fördert gute Waldnutzung
FSC® C083411

Zeitfracht Medien GmbH
Ferdinand-Jühlke-Straße 7
99095 Erfurt, Deutschland
produktsicherheit@kolibri360.de